AF825787

衬页

Fachchinesisch: Typografie

题
词

Meinen Söhnen Elias und Pius.

书
名
页

Susanne Zippel

Fachchinesisch Typografie

Chinesische Schrift verstehen und anwenden

Grundlagen multilingualen Erfolges in den Märkten von morgen

Verlag Hermann Schmidt Mainz

Sorry, this page is not available
Fissler
umanschuh
吃
亲
新
大力支持地铁建设
吴江路
Wujiang Rd
大汶口文化早期
period of Dawenk
出
口
EXIT
전면광고
하이모
Hi-MO
ARTNATURE
ERDINGER WeiBbier with fine yeast (500ml) 45
艾丁格精酵啤酒
铁广物流有限公
TIEGUANGWULIUYOUXIANGONG
广州 往返特快行包专线 37 小时
하이모에이
021 6405 30
800 6200 577

欢迎来到拜尔斯道夫中国
廣角鏡
決策者的工具
WIDE ANGLE
no.441
中南海面臨的朝鮮難題
如何評價馬英九的政績
A Dinner Setting 晚宴
QUIET AN EXHIBITION
A MULTI-MEDIA GROUP EXHIBITION
Think about Us.
SUNTORY DESIGN BOOK 2004
登机口
Gates
-29
头等舱候机室
First Class Lounge
20,22-25
公务舱候机室
Business Class Lounge
19,21,23-25,37
12A
头等舱候机室
First Class Lounge
中国电信
China Telecom
比亚迪汽车
巴菲特一行来访比亚迪圆满成功
明孝陵景区景点索引

简介

Das Buch im Überblick

1

Auftakt

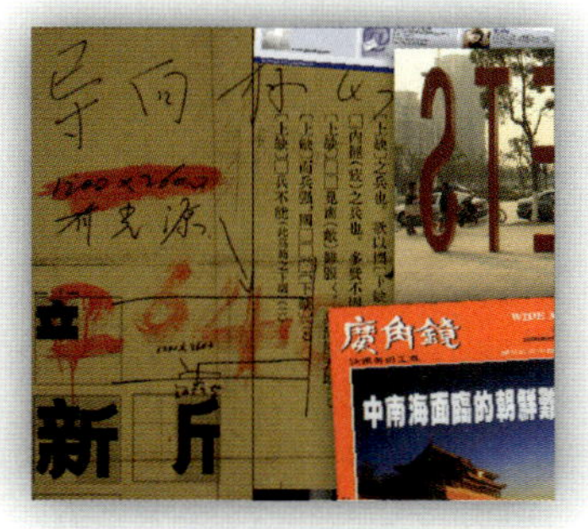

8
Vorwort aus Deutschland

9
Vorwort aus China

11
Wie alles begann …

14
Vier Fälle – viele Ansätze

- Volkswagen / Audi
- Siemens
- Bosch
- Suntory

Wie stellen sich Unternehmen den multilingualen Herausforderungen ihrer multinationalen Standorte?

19

Funktion und Geschichte

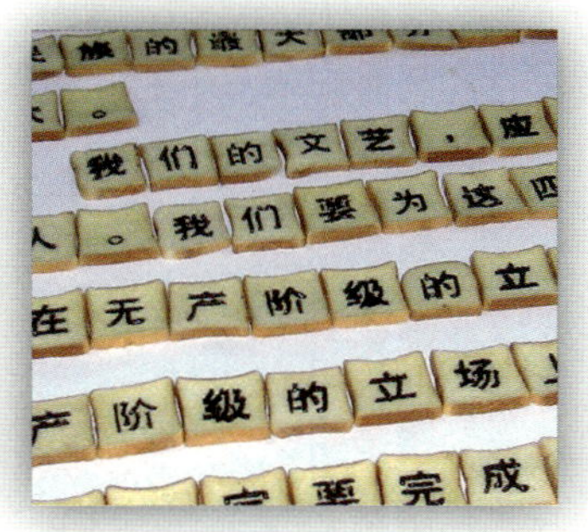

Nur Chinesen sprechen Chinesisch – warum ist es dann eine Weltsprache? Wie »tickt« diese Sprache eigentlich? ■ Warum verwendet das Chinesische bis heute keine Buchstaben, und warum können wir es trotzdem lesen? ■ Wie viele HÀNZÌ gibt es auf der Welt? Was ist das überhaupt? ■ Namen sind Schall und Rauch? Von wegen: in China ist nahezu jeder Name bedeutungsvoll. ■ Warum auch die Japaner mit chinesischen Schriftzeichen schreiben, ihnen das aber nicht deutlich genug ist. ■ Was hat die koreanische Sprache in diesem Buch zu suchen? ■ Und vor welche Rätsel stellen die Vietnamesen die Chinesen?

99

Buchstaben und Schriftzeichen

Unser Alphabet und das graphologische System, nach dem die chinesischen Schriftzeichen aufgebaut sind, könnten unterschiedlicher nicht sein. Dieses Kapitel vermittelt einen Eindruck von der metaphorischen Kraft der Wort-Bild-Zeichen. ■ Welchem bestimmten Prinzip folgen Aufbau und Schreibweise der chinesischen Zeichen – im Gegensatz zu unseren Buchstaben? ■ Was ist die Voraussetzung, um überhaupt mit einem chinesischen oder japanischen Wörterbuch umgehen zu können? Kann man Bilder denn »alphabetisch« sortieren? Jeder chinesische Erstklässler kennt die Antwort.

135

Zeichensatz und Font

Jetzt werden wir praktisch: Mit der Tastatur tippen wir rasend schnell Texte auf den Bildschirm – leichtes Spiel, wenn man kaum mehr als 26 Zeichen für die Verschriftlichung seiner Sprache benötigt – und das in der horizontalen Schreibrichtung, versteht sich. ■ Wo aber verstecken sich die Zehntausenden von Schriftzeichen in einem einzigen CJK-Font für gleich zwei Leserichtungen? ■ Wie integriert die chinesische Typometrie die lateinische? ■ Harmonieren die Familienmitglieder von CJK-Schriften? ■ Wie werden diese überhaupt klassifiziert? Dazu werfen wir einen Blick auf die chinesische Schrifthistorie.

Hinweise zur Benutzung des Buches

- *Durch das gesamte Buch zieht sich – abhängig vom Layout – eine Art chinesisches Schriftmusterbuch mit einem Auszug der in China beliebtesten Fonts. Die gelieferten Zusatzinformationen folgen stets dem gleichen Prinzip:*
  - 01 *Schriftklasse (und -gruppe) [→ 172]*
  - 02 *Fontname*
  - 03 *Sprachkodierung [→ 146 ff.]*
  - 04 *Textbeispiele in verschiedenen Schriftgrößen*
  - 05 *ggf. Bemerkungen*
  - 06 *Bezugsquellen*
- *Vor allem im ersten Kapitel tauchen chinesische Eigennamen und Titelbezeichnungen auf, die sich später nicht wiederholen. Die meisten von ihnen werden auch in chinesischer Sprache wiedergegeben. Sofern die Schriftzeichen in China eine reformbedingte Vereinfachung mitgemacht haben, werden beide – simplifizierte wie traditionelle – Formen dargestellt [→ 64 ff.].*
- *Die für uns lesbare Pinyin-Transkription verwendet im gesamten Buch für ihre Silben die dazugehörigen Diakritika, um ihre Aussprache zu erleichtern [→ 38, 72]. In China selbst ist diese Praxis völlig ungewöhnlich. Selbst professionelle Übersetzer sind häufig nicht mit der korrekten Umschreibung der chinesischen Wortlautung vertraut. Die Autorin empfindet das als Manko.*
- *Für sich häufig wiederholende Fachbegriffe aus den Bereichen der Gestaltungslehre und Typografie wurde auf eine chinesische Übersetzung innerhalb der Texte verzichtet, um den Lesefluss nicht zu erschweren. Ihre kursiven Auszeichnungen verweisen auf die übersetzten Begriffe im Index.*
- *Das Buch geht in unterschiedlicher Intensität auch auf die japanische, koreanische und vietnamesische Sprache ein, da die chinesischen Schriftzeichen für sie von Bedeutung waren und sind. Chinesisch und Japanisch arbeiten nach den gleichen orthotypografischen Prinzipien. Entsprechend häufig zeigt der Praxisteil ab Mitte des dritten Kapitels – neben den vorrangig chinesischen – auch viele japanische Beispiele.*

01 *Serifenlose (Gerade)*
02 *Nimbus Global*
03 *Traditionelles und vereinfachtes Chinesisch, Japanisch, Koreanisch*

04
为什么举例子？

40 / 42 pt

Traditionelles Chinesisch

Hmbgft.:這是另一字樣的一個示例。280 !?…

Vereinfachtes Chinesisch

Hmbgft.:这是另一字样的一个示例。280 !?…

Japanisch

これは別の字形のためのちょうど例である。280 !?

Koreanisch

이것은 다른 인쇄면을 위한 다만 보기이다. 280 !? …

9,5 / 13 pt

05 *Sämtliche Übersetzungen dieses Buches, die in chinesischen Schriftzeichen dargestellt werden, verwenden (mit Ausnahme der japanischen Sprache) diesen sogenannten Global Font [→ 145].*

06 *URW++, Hamburg*

前言。

Vorwort aus Deutschland.

Wir trafen Susanne Zippel erstmals auf einem Seminar. Bis tief in die Nacht diskutierten wir miteinander und mit Erik Spiekermann über Schrift und Typografie – was sonst?

Dann ging sie nach China. Mit Ihrem Mann. Und den zwei Söhnen. Und wir sahen uns auf der *»Peking Book Fair«* wieder. Wir von den Eindrücken von Peking im Vor-Olympia-Bau-Boom ebenso überfordert wie von den ungeschriebenen Gesetzen der Kommunikation und des Miteinanders. Sie – nach noch gar nicht so langer Zeit – akklimatisiert, bestens informiert, vernetzt und mit Souveränität und Kompetenz über die vielen, vielen Missverständnisse sprechend, die entstehen, wenn internationale Konzerne den *rising market China* erobern wollen. Und das geht nicht ohne Typo-Know-How.

Wir flogen zurück, sie blieb. Und sie blieb dran am Wunsch, die Regeln chinesischer Typografie zu durchschauen und aufzubereiten – ein Unterfangen, für das disziplinierte und systematische Deutsche ja geeignet sind.

Sie erzählte von ihrem Vorhaben. Wir waren fasziniert. Sie schickte erste Manuskriptansätze. Nie direkt per Mail, sondern über Umwege, Freunde, Bekannte … »Postboten«, denen wir an dieser Stelle danken.

Susanne Zippel ist wieder da. Und sie gilt inzwischen als eine der renommiertesten Expertinnen für den Umgang mit chinesischen, japanischen und koreanischen Schriftzeichen.

»Sprache wird durch Schrift erst schön« hieß das Seminar, in dem wir uns kennenlernten. Nachhaltige Kommunikation mit den umworbenen Zielgruppen in Fernost wird nur dann erfolgreich sein, wenn diese sich auch visuell respektvoll angesprochen fühlen. Dafür legt Susanne Zippel die Grundlage.

Dafür ist kein Dank groß genug.

Karin & Bertram Schmidt-Friderichs
Mainz im Sommer 2011

前
言
。

Vorwort aus China.

Unsere Generation erlebt den tiefgreifendsten weltweiten Umbruch in den letzten 400 Jahren. Damals begannen die Europäer in die Welt zu reisen. Und wo immer sie ankamen, waren sie in der Lage, mal mit Gewalt, mal mit Überzeugungskraft, ihre eigenen Spielregeln zu implementieren: ihre Umgangsformen, ihren Glauben, ihr Weltbild, aber auch ihre Sprache und nicht zuletzt ihre Schrift. Zu Beginn des 20. Jahrhunderts übernahmen die Amerikaner diese Aufgabe von den Europäern. Und bis vor wenigen Jahren hatten weder die Amerikaner noch die Europäer Zweifel daran, dass sie weltweit über die überlegenste Kultur verfügen.

Diese Zeiten gehen nun vorbei.

Allen voran die Chinesen wollen nun selbst bestimmen, was richtig und was falsch, was gut und was schlecht ist für sie, aber auch für die Welt. Zum ersten Mal in der Geschichte entsteht eine multipolare Weltordnung, in der die westliche Kultur nicht mehr dominieren, sondern nur eine unter mehreren Kulturen sein wird. Ihre Überzeugungskraft muss sich nunmehr im Wettbewerb bewähren.

Wir im Westen stehen also vor dramatischen Umstellungen. Wir müssen lernen, dass unsere eigenen Standards nicht das Maß aller Dinge sind. Wir müssen lernen, uns mit denjenigen Kulturen zu einigen, die andere Vorstellungen über das globale Zusammenleben haben, auch wenn wir diese Vorstellungen nicht teilen. Das gilt in besonderem Maße für China, weil es die einzige Hochkultur hervorgebracht hat, die sich seit Jahrtausenden völlig unabhängig von der westlichen Kultur entwickelt hat.

Inzwischen wird es höchste Zeit, den Lernprozess zu starten. Denn die Macht Chinas ist im letzten Jahrzehnt unerwartet schnell gewachsen. China ist bereits der größte Gläubiger der Amerikaner, die wie der gesamte Westen hochverschuldet sind. Gleichzeitig ist die amerikanische Armee, die gegenwärtig größte und modernste der Welt, nicht mehr in der Lage, andere Kulturen dauerhaft zu besiegen und eigene Standorte dort zu implementieren. Die Weltwirtschaftskrise hat die Aufholjagd noch beschleunigt. Die Geschichte ist voller Beispiele, wie eng wirtschaftliche beziehungsweise militärische Macht die Durchsetzungsfähigkeit kultureller Eigenheiten begünstigen. Anderseits sollte man die Trägheit globaler Veränderungen nicht unterschätzen. Die beeindruckende Medienmacht der USA – mit Hollywood, CNN und Wallstreet Journal – sucht weiterhin ihresgleichen. Und dem Erfolg einer britischen Buchserie wie »Harry Potter« haben Bücher aus anderen, nicht-westlichen Ländern noch wenig entgegenzusetzen. Die Ausbildungszentren der globalen Eliten sind ebenfalls weiterhin westlich geprägt: Oxford, Harvard, St. Gallen oder auch die Sorbonne haben einen verlockenden Klang, mit dem es selbst chinesische Elite-Universitäten noch lange nicht aufnehmen können. Und vor allem bleibt Englisch auf absehbare Zeit die Weltsprache ohne Alternative – so faszinierend, komplex und voller Tradition die chinesischen Zeichen auch sein mögen.

Dennoch sieht es danach aus, als ob sich unsere Position schon bald dramatisch relativieren wird. Insofern ist das vorliegende Buch ein Produkt seiner Zeit. Es lotet die kulturellen Folgen eines politisch-wirtschaftlichen Aufstiegs aus. Vielleicht wird es in 100 Jahren einmal als Dokument einer Zeitenwende verstanden werden.

Mit Sicherheit kann man jedoch schon jetzt feststellen: Vor 20 Jahren wäre es in dieser Form noch nicht entstanden. Anfang der Neunziger war Chinesisch im Westen noch ein Orchideenfach. Kein Manager eines westlichen Unternehmens wäre auf die Idee gekommen, in eine internationale Geschäftskommunikation das Chinesische ernsthaft einzubeziehen, geschweige denn sich ausführlich mit der Schrift Chinas zu beschäftigen, um das Image des Unternehmens und seiner Produkte besser verkaufen zu können. Diese Pionierarbeit hat Susanne Zippel nun vollbracht – auf gestalterisch hohem Niveau, tiefgehend und dennoch unterhaltend.

Bereits beim Durchblättern dieses Buches wird einem klar, dass Schriften allein schon Welten für sich darstellen. Wir lesen beispielsweise linear und kausal, denn ein einzelner unserer Buchstaben ist ohne die anderen bedeutungslos. Chinesen dagegen lesen kontextuell, jedes ihrer Zeichen hat eine eigene Bedeutung, die sich verändern kann, je nachdem, neben welchen anderen Zeichen es steht. Und immer wieder zeigt sich, dass die Chinesen auch kontextuell denken, wir jedoch eher linear – eine Ursache vieler Missverständnisse im interkulturellen Alltag.

Man muss also noch lange kein Chinesisch können, um beim Lesen dieses Buches zur Einsicht zu kommen, dass die Beschäftigung mit den »fremden« Eigenheiten unserer globalen Partner für unser Zusammenleben auf der Welt unabdingbar ist. Und sei es nur, um unsere kulturellen Errungenschaften, auf die wir weiterhin stolz sein können, überzeugender verbreiten zu können.

Frank Sieren
Peking im Frühjahr 2011

Frank Sieren ist Korrespondent der Zeit und Wirtschaftswoche und Autor der Bestseller »Der China-Code« und »Der China-Schock«. Er lebt seit 16 Jahren in China, die London Times nennt ihn einen der »führenden deutschen Chinakenner«.

Die Autobahnstrecke zwischen Shànghǎi 上海 und Sūzhōu 苏州 / 蘇州 ist flankiert von unzähligen Werbedisplays. Hier muss gerade eine versehentlich auf den Kopf gestellte Plane erneut aufgehängt werden. Der Displayvermieter macht Werbung Guǎnggào 广告 / 廣告 in eigener Sache. In Amerika wurden vor einigen Jahren Testpersonen Dias gezeigt, auf denen chinesische Schriftzeichen gespiegelt oder auf den Kopf gestellt waren. In 90 % der Fälle erkannten die Probanden die Fehler. Dies belegt, dass die Schriftzeichen als ästhetisch stimmig erscheinen und sich die Kriterien der visuellen Gestaltungsgrundlagen in Ost und West nicht wesentlich unterscheiden.

… to understand the grammar of typography, one must also gain a knowledge and understanding of language and how it is adapted to function in various social contexts.

David Jury

一切如何开始了……

Wie alles begann …

Peking, im Sommer 2007. Am Ende eines Workshops mit chinesischen Studenten über Plakatkunst stürmten einige Teilnehmer sichtlich aufgeregt auf mich zu: *»Please, show us how to use our characters!«* Das erstaunte mich. Wie sollte ich das leisten – eine Europäerin, mit dem lateinischen Alphabet aufgewachsen und des Chinesischen kaum mächtig, geschweige denn zu Hause in den Tausenden von Schriftzeichen? Was könnte ich diesen jungen Menschen zeigen?

Nach weiterem Nachdenken fragte ich mich schließlich: Warum sollte eine Deutsche, die in China lebt, über chinesische Schriftzeichen sprechen können? Vielleicht weil eine in Amerika lebende Chinesin* das in meinen Augen beste Buch zur Entwicklung einer lateinischen Druckschrift geschrieben hat? Oder weil das heutige China ohnehin im Wirtschafts- und Kulturtransfer, in der täglichen Business Communication und dem Jetstream der Globalisierung bereits untrennbar mit der westlichen Welt verflochten ist?

Das Thema hatte mich schon beim Überschreiten der Kontinente vor vielen Jahren beschäftigt. Die chinesische Sprache ist nicht zu erlernen, ohne sich dabei auch dem mühsamen Studium der Schriftzeichen hinzugeben. Und schnell erkennt man deren Schönheit. Doch geht es hier nicht nur um gesetzte Worte – *»Kulturen unterscheiden sich nicht durch unterschiedliche Sprachen, sondern vor allem aufgrund verschiedener Konventionen.«* [Lin-Huber] Nach Sichtung der angebotenen Literatur stellte sich heraus, dass in China selbst kaum noch Publikationen aus dem Fachbuch- oder Magazinbereich zu finden sind, die vollständig in HÀNZÌ gesetzt sind. HÀNZÌ (*sprich: Hansse*) – das sind jene sagenhaften Zeichen, um die es geht. Kunstvolle chinesische Schriftzeichen, die dem westlichen Betrachter eher wie kleine Bilder vorkommen. Fein gegliederte, fernöstliche Runen, in ihren Häkchen und Schwüngen ähnlich den frühen Neumen vormittelalterlicher europäischer Gesangsnotation, gebogen wie Bambuszweige, gekrümmt wie Pagoden, gestützt durch Säulen, Bögen, gewinkelt und gebuchtet, im Westen vorzugsweise assoziiert mit Tusche, Pinsel und edlem Papyrus. HÀNZÌ sind exotisch, unzugänglich, für uns fremder als ägyptische Hieroglyphen. Eine Welt tut sich dem auf, der seinen Blick in dieser Schrift verweilen lässt.

Und doch ist BÁIHUÀWÉN, die Schriftsprache, zu der die HÀNZÌ gehören wie unsere Buchstaben zum lateinischen Alphabet, eine Alltagsschrift. BÁIHUÀWÉN ist trotz mancher historischer Vereinfachungsversuche und Modifikationen, die sie über die Jahrhunderte erfahren hat, noch immer das in China geschriebene Chinesisch – was sonst? Nichts Besonderes für den, der die

* KAREN CHENG: *Anatomie der Buchstaben*

UNGLAUBLICH, ABER WAHR: Hangzhou, Herbst 2007. Nach dem Auslöffeln einer explosiv-scharfen Nudelsuppe zeigte sich auf dem Grund meiner Schale ein lateinisches A – eine Idee war geboren. Mit dem Griff zum Fotoapparat wurde der Anfang zu diesem Buch gemacht. In China spricht man in Bildern. Sie verstehen zu wollen, bedeutet, sich auf die Reise in eine andere Welt zu begeben.

Schrift beherrscht, aber ein Buch mit sieben Siegeln für jemanden, der sie lernen möchte. Das geht auch Chinesen so. Und so nähern sie sich der eigenen Schriftsprache der Einfachheit halber über den Umweg der Schrift eines anderen Kulturkreises. Schon ein chinesisches Schulkind lernt als erstes das Pīnyīn, eine Lautschrift in lateinischen Buchstaben, dem chinesischen Passanten bekannt als Transkriptionszeichen für die eigene Sprache. Das Pīnyīn bildet die Basis für den späteren Einstieg in die um ein Vielfaches komplexere Schrift der Hànzì. Ein weiter Weg.

Das ehemals von der Außenwelt abgekapselte Land zog die Konsequenzen aus der Flut fremder Einflüsse, die mit der Öffnung Chinas hereinströmten und schützte seine Bürger vor dem Ertrinken, indem es doppelt effizient war: Unter der Mithilfe lateinischer Buchstaben schritt nicht nur die Alphabetisierung der Bevölkerung rasch voran, gleichzeitig ging man offensiv einem Phänomen entgegen, das in den Straßen der Großstädte Chinas Einzug gehalten hatte: die englische Sprache. Mit dem römischen Alphabet ist eine fremde Kultur omnipräsent, die sich zunächst physisch breit machte und heute das Treiben und Rasen, 10.000 Kilometer von seinem ursprünglichen Zentrum entfernt, bestimmt.

Die Berufsroutine eines chinesischen Designers wird also heute auch des internationalen Standards wegen vom lateinischen Alphabet begleitet. Weltweit wird in visuellen Medien zunehmend mehrsprachig kommuniziert. Das Setzen und damit In-Bezug-Setzen der je nach Kulturraum verschiedenen Zeichensysteme lässt beinahe eine zusätzliche Teildisziplin traditioneller Typografie entstehen. Brauchen wir einen interkulturellen typografischen Codex? Vielen Anwendern zwischen den Welten würde dieser sicher nutzen.

Wie kann dieser Nutzen aussehen? Geht es dabei um den Erhalt der kulturellen Wahrnehmungsvielfalt oder um das Finden eines allgemeingültigen Minimalkonsenses? Fangen wir klein an. Zunächst geht es um das grundsätzliche Verständnis und die Sensibilisierung für visuelle Unterschiede, insbesondere hier um das Zusammenwirken von chinesischen und lateinischen Schriftzeichen. Dazu kommt die Beherrschung der kulturspezifischen typografischen Regeln, die die Lesegewohnheiten und damit die Gestaltungstrends in den verschiedenen Kulturräumen wider-

Schriftzeichen, Suppen, irgendetwas Chinesisches ist doch überall.

Aus Japan bekannt sind die Lamen- oder Soba-Suppen, die man mal eben, im Vorbeigehen, als Fastfood, heiß und stärkend, einnimmt. Sie sind dort eigentlich ein uralter Exportschlager aus China: Jetzt auch bei uns! »Le Lamian« und darunter drei edle Schriftzeichen – das verströmt einen kulinarischen Duft à la »Chinesisch essen wie Gott in Frankreich«. Wahrscheinlich sind die typisch chinesischen Suppen mit den ureigenst handgezogenen Nudeln, eben den Lāmiàn, so fantasievoll zusammengestellt wie der Restaurantname im Herzen Berlins: »Glückliche Nudelsuppe«: lè = glücklich
lā = ziehen
miàn = Nudeln

spiegeln. Typografie ist dabei immer eine künstlerische, gestalterische Disziplin. Sie wird somit ohne Zweifel subjektiv beurteilt. Dennoch aber setzen sich Regeln durch, bei aller Veränderung und Wandlungsfreude kreativer Anschauungen. Und um nicht in Beliebigkeit und Zufall, in Experiment und Fragmentarisierung stecken zu bleiben, entstehen hilfreiche Regelwerke. Zur Orientierung, zum Nachschlagen, zum Vergleichen, zum Zuordnen, zum Bewerten, zum Angleichen. Zum Freibleiben. Das Brechen bestehender Regeln ist gerade in der Freiheit der Gestaltung erlaubt und gewollt.

Werden wir praktisch. Allein im letzten Jahr ist die Anzahl käuflich zu erwerbender HÀNZÌ-Fonts exponentiell nach oben geschnellt; noch kann sie einem Vergleich mit den Zigtausenden von lateinischen Alphabeten nicht standhalten. In China kauft man in Paketen, die von unterschiedlichen Qualitätsauffassungen verschnürt werden. Wer hierzulande chinesische Schriften als Datensatz zur professionellen Nutzung kaufen möchte, bezahlt bei LINOTYPE beispielsweise für einen Schnitt allein fast 500 Euro, für eine ganze Schriftenfamilie ist man schnell bei 2.500 Euro und mehr. Wenn man weiß, dass ein chinesischer Font oft mehr als 18.000 Zeichen enthält und dass zum Aufbau einer solchen Zeichenstruktur allein für ein lateinisches Alphabet manchmal Jahre benötigt werden, rechtfertigen sich diese Preise möglicherweise. Einem chinesischen Typensatz ist auch immer ein lateinisches Alphabet implementiert. Für das geschulte Auge eines westlichen Gestalters allerdings sind diese Formen noch nicht »erwachsen«. Hier eröffnet sich ein gewaltiges kreatives Potenzial für Type-Designer aus Ost und West.

»Bei intelligenter Typografie ist die Wahl der Schrift fast egal«, behaupteten KARIN und BERTRAM SCHMIDT-FRIDERICHS in einem Vortrag vor Studenten in Peking. In diesem Sinne soll das vorliegende Buch nur zum Teil eine sprach- und schriftgeschichtliche Abhandlung und Gebrauchsanweisung für multilinguale Typografie werden. Vielmehr soll es zur lustvollen Auseinandersetzung mit zwei völlig unterschiedlichen kulturellen Schriftsystemen ermuntern.

Warum zunächst nicht mehr? Weil es in sämtlicher schriftlicher Kommunikation immer auch um eine Respektbezeugung gegenüber dem Leser, dem Kunden geht. Es geht um Sorgfalt, die der Eile zwischen Auftrag und Automatisierung oft entgegensteht. Das ist eine anspruchsvolle Aufgabe. Für viele professionelle Gestalter und interessierte Laien wird dieses Buch überhaupt der erste Berührungspunkt mit einem anderen Schriftsystem sein. Es soll daher in erster Linie Interesse und ein Bedürfnis nach Vertiefung wecken. Was ich nicht wahrnehme, beschäftigt mich nicht. Was mich nicht beschäftigt, kann mich nicht ärgern, aber auch nicht erfreuen. Ich will Wahrnehmung fördern und Freude wecken.

Susanne Zippel
Suzhou und Berlin im Juni 2011

Volkswagen und Audi.

AUSLÄNDISCHE UNTERNEHMEN, die ihre Produkte in China fertigen und platzieren wollen, müssen ein Joint Venture mit einem chinesischen Unternehmen eingehen und eine landessprachliche Lesart der Firmen- und Markennamen anbieten. Es ist eine hohe Kunst, westliche Eigennamen ins Chinesische hinüberzutransportieren: Bei größtmöglicher Annäherung an die originale Lautung ist die den chinesischen Schriftzeichen innewohnende Bedeutung sensibel zu berücksichtigen [→62]. Die Übersetzung für VOLKSWAGEN kommt einem Geniestreich gleich: DÀZHÒNG QÌCHĒ 大众汽车 heißt nichts anders als »Volkswagen« – da muss auf ähnliche Aussprache in der Muttersprache kein Wert mehr gelegt werden. ■ VOLKSWAGEN KAM BEREITS 1984 nach China und ging 1991 zuerst eine Fusion mit der Konzerngruppe FIRST AUTOMOTIVE WORKS (FAW) ZHŌNGGUÓ DÌYĪ QÌCHĒ JÍTUÁN 中国第一汽车集团 ein, an der sich seit 1995 auch AUDI beteiligt. Die deutsche Automobilmarke genießt in China hohes Prestige, auch die chinesische Staatsriege lässt sich im AUDI chauffieren. ■ GEWORBEN WIRD IN DEN verschiedenen chinesischen Medien ungewöhnlich rational und technisch orientiert, sprich: »deutsch«; obwohl man den Chinesen in aller Regel eine Vorliebe für das Laute und Bunte bescheinigt. Lokale Werbestrategen predigen gar, die Farben Schwarz oder Grau in Chinas Werbelandschaft zu umgehen. AUDI leistet es (sich), seine visuelle Identität hierzulande selbstbewusst durchzuhalten. □

ÀODÍ 奥迪 – SICH GEHEIMNISVOLL VERFÜHREN LASSEN.

AUDI FIRMIERT IN CHINA unter der Dachmarke des deutsch-chinesischen Joint Ventures VOLKSWAGEN und FAW YĪQÌ-DÀZHÒNG 一汽-大众. Eine eigene Logomarke für die in chinesischen Texten verwendete Bezeichnung ÀODÍ 奥迪 gibt es nicht [Stand: Juli 2011].

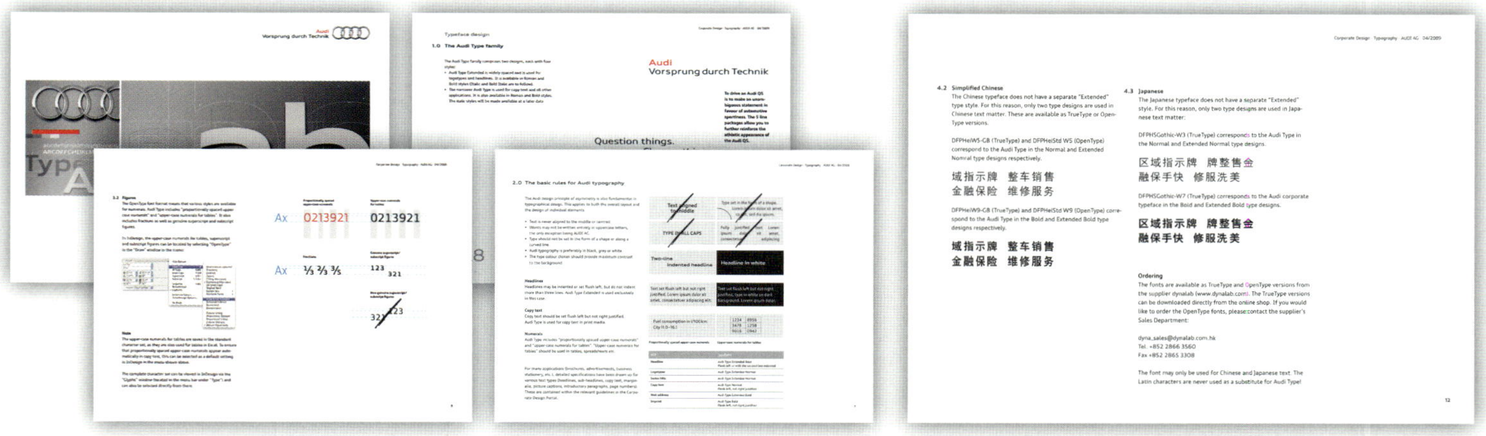

FÜR DIE CORPORATE-DESIGN-GUIDELINES zeichnet das »AUDI AG Brand Strategy Department« in Ingolstadt verantwortlich. Sie werden international über das Internet abgerufen und den lokalen Erfordernissen entsprechend angepasst. Zwischen deutschen und den chinesischen Gestaltern des Pekinger Ablegers der Agenturgruppe Lintas 灵狮广告 besteht, eigenen Aussagen zufolge, keinerlei Kontakt. Die chinesische AUDI-Hausschrift ist – im Paket mit einigen Dutzend weiterer chinesischer und japanischer Fonts – auch bei verschiedenen Schriftanbietern Deutschlands frei erhältlich [Abb. Mitte und unten: © Audi AG, Ingolstadt].

博世在中国。

Bosch.

BOSCH 博世

Das Technologie- und Dienstleistungsunternehmen, das seine Wurzeln in Stuttgart hat, beschäftigt etwa 285.000 Mitarbeiter in mehr als 150 Ländern, davon über 29.000 allein in China, über 2.000 in Korea und 7.500 in Japan. ■ Die Mitarbeiterzeitung *Bosch-Zünder* – im Jahre 1919 noch von Firmengründer Robert Bosch selbst aus der Taufe gehoben – wird seit 2005 in neun Sprachen verlegt *[→ 207]*. Während ihr im Deutschen so prägnanter Titel auch für alle andere Sprachen unangetastet bleibt, findet man in China das Firmenlogo in die Welt der landessprachlichen Schriftzeichen übertragen – eine seltene Ausnahme unter den *visual identities* westlicher Unternehmen. Dafür erzeugt sie eine starke Identifikation der chinesischen Bosch-Mitarbeiter mit dem gesamten, weltweit tätigen Unternehmen. ■ Die Hausschrift *Bosch Sans* ist derzeit als lateinischer, kyrillischer, griechischer und türkischer Zeichensatz vorhanden. Weitere Sprachen werden momentan durch Ausweichschriften abgebildet. Ihre Auswahl erfolgt in zentraler Abstimmung mit der Corporate-Design-Leadagentur edenspiekermann sowie URW++ als Schrifthersteller; Kriterien waren ähnliche Versalhöhen und Strichstärken. Ab 2012 ist ein umfassender Ausbau zum Global Font geplant *[→ 144 ff.]*. □

Bóshì 博世 – Vielfalt und Nachhaltigkeit.

2011 erschien die »Sonderausgabe zum 125-jährigen Bestehen von Bosch« der Mitarbeiterzeitung Bosch-Zünder. Sie endet mit einer Geschichte im Manga-Stil über den jungen Robert Bosch, womit die Firmengründung in die Gegenwart geholt wird. Alle neun Sprachversionen haben japanischsprachige Sprechblasen, die von hinten nach vorn sowie von oben nach unten zu lesen sind [→ 77], daneben steht in der jeweiligen Landessprache die Übersetzung. So wird eine Brücke über alle Kontinente, Kulturen und Sprachen geschlagen.

[Abb.: © Robert Bosch GmbH, Stuttgart]

西门子在中国。

Siemens.

Der mehr als 160 Jahre alte Innovationskonzern ist schon über 100 Jahre in Fernost präsent. Die internationale Ausrichtung muss sich selbstverständlich auch in der Unternehmenskommunikation widerspiegeln. Dazu gehört die Erweiterung der *Hausschrift*-Familie. ■ Die Hausschrift komplettiert – neben dem Firmenlogo und vielen weiteren gestalterischen, akustischen oder haptischen Parametern – als wesentlicher Bestandteil das *Corporate-Design-Konzept*, dessen Aufgabe darin besteht, das Selbstverständnis, die *Corporate Identity* eines Unternehmens visuell zu transportieren. Als verbindendes Element zwischen dem abstrakten Gebilde Marke und dem konkreten Produkt in der Hand bietet die Hausschrift ein hohes Potential an Unterscheidungs- und Alleinstellungsmerkmalen innerhalb eines unternehmerischen Erscheinungsbildes. Für den *global player* gehört es heute zur anspruchsvollen Aufgabe, seine visuelle Identität den verschiedensten Kulturen und Sprachen anzupassen, ohne seine Prägnanz aufzuweichen. ■ Zwischen 2002 und 2008 zeichnete der Schriftgestalter Hans-Jürg Hunziker im Auftrag von URW++ Hamburg für das deutsche Unternehmen Siemens Xīménzi 西门子 eine gleichnamige Hausschrift im klassischen Kanon Antiqua (Serif), Grotesk (Sans) und Egyptienne (Slab). In Zusammenarbeit mit weltweiten Partnern entstand eine international kompatible *Schriftsippe*. Die passenden chinesischen Schriftzeichen wurden aus dem nicht exklusiv genutzten Font *HY-Hei* der Pekinger Type-Foundry Hanyi Keyin extrahiert und der *Siemens* in der Strichstärke angepasst *[→ 173]*. □

Xīménzǐ 西门子 – das Tor zum Westen.

Kaum eine Corporate Typeface ist so vielsprachig ausgebaut wie die des deutschen Unternehmens Siemens, dessen Aktivitäten bereits Mitte des 19. Jahrhunderts in Fernost begannen. Den eigenen hohen Anspruch, nachhaltige Antworten auf wirtschaftliche sowie soziale und ökologische Fragen zu bieten, vermittelt der Konzern elegant auch in seinen visuellen Kommunikationsmedien.

[Abb.: © Siemens AG, München]

三得利在中国。

Suntory.

Selten bietet sich Schriftgestaltern die Möglichkeit, die Überarbeitung eines *Corporate Designs* umfassend zu begleiten. Der Bad Homburger Schriftenhersteller Linotype war maßgeblich an der Entwicklung der neuen *Corporate Identity* der japanischen Unternehmensgruppe Suntory beteiligt. Das Expertenteam für den Auswahl- und Fertigungsprozess stand unter der Leitung um den künstlerischen Leiter Akira Kobayashi *[→ 77]* und dem britischen Designer Matthew Carter. Seit Januar 2005 präsentiert sich Suntory, eines der weltweit führenden Getränkeproduzenten, mit einer neuen Unternehmensschrift und einem neuen Logo, das insbesondere das Engagement des Konzerns zur Erhaltung natürlicher Wasserressourcen widerspiegelt. □

Sāndélì 三得利 – dreifacher Nutzen.

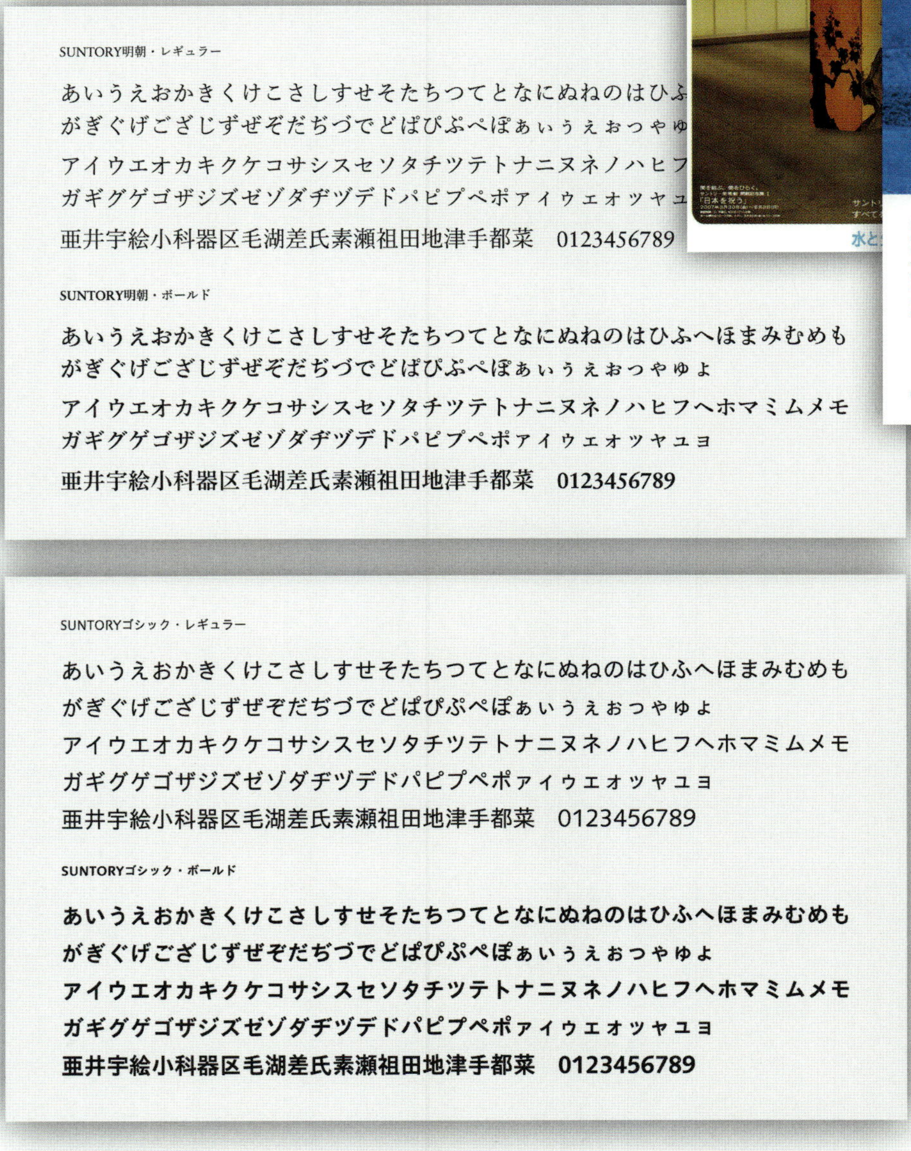

SUNTORY明朝・レギュラー

あいうえおかきくけこさしすせそたちつてとなにぬねのはひふ
がぎぐげござじずぜぞだぢづでどばぴぷぺぽぁぃぅぇぉっゃゅ
アイウエオカキクケコサシスセソタチツテトナニヌネノハヒフ
ガギグゲゴザジズゼゾダヂヅデドパピプペポァィゥェォッャュ
亜井宇絵小科器区毛湖差氏素瀬祖田地津手都菜　0123456789

SUNTORY明朝・ボールド

あいうえおかきくけこさしすせそたちつてとなにぬねのはひふへほまみむめも
がぎぐげござじずぜぞだぢづでどばぴぷぺぽぁぃぅぇぉっゃゅょ
アイウエオカキクケコサシスセソタチツテトナニヌネノハヒフヘホマミムメモ
ガギグゲゴザジズゼゾダヂヅデドパピプペポァィゥェォッャュョ
亜井宇絵小科器区毛湖差氏素瀬祖田地津手都菜　0123456789

SUNTORYゴシック・レギュラー

あいうえおかきくけこさしすせそたちつてとなにぬねのはひふへほまみむめも
がぎぐげござじずぜぞだぢづでどばぴぷぺぽぁぃぅぇぉっゃゅょ
アイウエオカキクケコサシスセソタチツテトナニヌネノハヒフヘホマミムメモ
ガギグゲゴザジズゼゾダヂヅデドパピプペポァィゥェォッャュョ
亜井宇絵小科器区毛湖差氏素瀬祖田地津手都菜　0123456789

SUNTORYゴシック・ボールド

あいうえおかきくけこさしすせそたちつてとなにぬねのはひふへほまみむめも
がぎぐげござじずぜぞだぢづでどばぴぷぺぽぁぃぅぇぉっゃゅょ
アイウエオカキクケコサシスセソタチツテトナニヌネノハヒフヘホマミムメモ
ガギグゲゴザジズゼゾダヂヅデドパピプペポァィゥェォッャュョ
亜井宇絵小科器区毛湖差氏素瀬祖田地津手都菜　0123456789

SUNTORY

Akira Kobayashi empfahl eine Reihe von Schriften, die von Linotype speziell für Suntory anzupassen waren. Die sechsmonatige Überarbeitung der Schriftfamilien fand ihren Abschluss im Herbst 2004 mit der Vorstellung der Suntory Syntax und Suntory Sabon mit insgesamt zwölf lateinischen Schriftschnitten sowie den japanischen Familien Suntory Mincho [Abb. oben] und Suntory Gothic [Abb.: © Suntory Ltd., Tokyo].

SUNTORY

第一章

[→259]

Manche Fremdsprachen sind fremder als andere.

Susanne Hornfeck

墙纸上的中文。陌生而美丽。

Fremd und schön. Chinesisch auf der Tapete.

Dem Europäer begegnen chinesische Schriftzeichen meist in eher dekorativen Zusammenhängen. Eine fein gezeichnete, puristisch anmutende, exotische Welt bildhafter Sprache und Schrift aus einer definitiv anderen Hemisphäre unseres Planeten hat in der westlichen Welt ihre Moden, ob als Beiwerk boomender Tee- oder Einrichtungskultur oder als bildhafte Vorlage zur Tätowierung von Körperteilen. Das Fremde erscheint als das Schöne und bisweilen Schönere, das Symbolische wird zum ästhetischen Accessoire vermarktbarer Trends. Aus der Sicht eines chinesischen Beobachters mag die westliche Rezeption dieser uralten Kulturschrift deshalb nicht selten amüsant erscheinen, handelt es sich doch um einen oberflächlich adaptierten und in diesem Sinne naiven Gebrauch eigentlich aussagekräftiger Sinnzeichen chinesischen Alltags. Der chinesischen Schrift an sich liegt denn auch in ihrem Gebrauch in China wenig grundsätzlich Exotisches zugrunde. Den bedeutungsvollen Hauch fernöstlicher Archaik erhält es in unserer Wahrnehmung tatsächlich erst durch westliche Phantasien und deren plakative Vermarktung. ■ Aber seltsam. Die Faszination, die diese Zeichen offenbar auch ohne Kenntnis ihrer Bedeutung auslösen, ist vielleicht mit der Liebe zur Kunst zu vergleichen: Die Komposition von Strichen und Flächen, Farben und Formen spricht unsere ästhetischen Empfindungen an, auch wenn wir sie nicht deuten können. Die Faszination der chinesischen Schrift, die der Schönheit ihrer Formen und ihrer offensichtlichen Kunstfertigkeit in der bildhaften Reduktion auf das Wesentliche entspringt, wurde nicht immer von allen unserer Landsleute geteilt. Johann Gottlieb Herder (1744–1803) konnte sich einst noch angeekelt und voller Ressentiments über die ferne Schriftkultur Chinas äußern: *»Welch ein Mangel an Empfindungskraft im Großen und welche unselige Feinheit in Kleinigkeiten gehört dazu, dieser Sprache aus einigen rohen Hieroglyphen die unendliche Menge von 80.000 zusammengesetzten Charakteren zu erfinden. Welch unseliger Fleiß gehört zum Pinseln ihrer Schriften. Diese Schrift entnervt die Gedanken zu Bildzügen und macht die ganze Denkart der Nation zu gemalten oder in die Luft geschriebenen willkürlichen Charakteren.«* [Baus] ■ Knüpfen wir an. Was wissen wir hier und heute mehr über diese *»rohen Hieroglyphen«* als damals Johann Gottlieb Herder? Das zivilisationsgeschichtliche und informationsgesellschaftliche Zusammenrücken der Kulturen im Zuge einer auch informationalen Globalisierung zieht noch nicht automatisch Verstehen, Verständnis und Toleranz für das Fremde nach sich. Dem Reiz des Unbekannten folgt bei ernsthafter Tauglichkeitsprüfung im Rahmen seiner Sprachgeschichte durchaus die leichtfertige Frage des Europäers, warum bisher jeder Versuch gescheitert ist, dieses ausgesprochen unpraktisch und skurril erscheinende Schriftverfahren auch in China der Einfachheit halber zu ersetzen. Immerhin hat sich doch augenscheinlich das lateinische Alphabet für so viele Sprachen erfolgreich durchgesetzt. Lässt man diese Betrachtungshaltung einen Moment wirken, steht eigentlich schon die Antwort im Raum. Impliziert sie nicht wie jede rein duale Sicht auf die gesellschaftliche Vielfalt den leicht bitteren Beigeschmack, sich als Wissender auf der richtigen Seite der Betrachtung zu sehen? Ist diese Schriftsprache des Ostens tatsächlich nur dem Festhalten an Althergebrachtem und einem trotzigen Widerstand gegen alle Neuerungen zu verdanken? Die Diskussion um die Beibehaltung oder Abschaffung des in der Tat umständlichen chinesischen Schriftsystems ist denn auch über 100 Jahre alt und beschäftigt in einer modernen und globalen Welt mehr denn je die Gemüter. ■ Um es vorweg zu nehmen: Umstände und Motive, die zum Erhalt der chinesischen Schrift beigetragen haben, sind keinesfalls vordergründig in Nationalstolz und Traditionalismus des chinesischen Volkes zu finden, sondern in den Besonderheiten der Sprache und ihrer dynamischen Entwicklung. Es gibt immer mindestens zwei Wahrheiten. Auf beide werden wir zu sprechen kommen. □

Der nach filmischer Vorlage benannte Schuhladen schmückt seine Wände mit dem Dekor lieblicher Chinesinnen auf niedlicher Tapete – die perfekte Kulisse für ein »Chuh«-Geschäft in einem Berliner Szeneviertel.

语言和方言。翻译里的损失。

Sprachen und Dialekte. Lost in Translation.

Mit dem Aufschlagen dieses Buchs werden wir entführt in eine ferne Welt, in eine fremde Kultur. Mit etwas Mut und viel Neugierde begeben wir uns hinein in ein Abenteuer, das uns am Ende nicht mehr wie eines vorkommen wird. Doch am Anfang ist es wie mit jeder Reise in ein Land, in dem eine unbekannte Sprache gesprochen wird. Man fühlt sich erst einmal etwas verloren. ■ Angekommen auf dem Flughafen oder Bahnhof entdecken wir hilfesuchend auf Hinweisschildern vielleicht Fragmente von vertrauten Buchstabenfolgen oder werden günstigerweise gleich auf Englisch angesprochen, in einer Sprache also, mit der wir heute fast überall schon sehr weit kommen. Was aber, wenn uns völlig unvertraute Schriftzeichen begegnen, die wir nicht lesen können? Vielleicht können wir den Aufforderungen der Schilder folgen, doch was wir entziffern und verstehen, sind bestenfalls Zeichen und Bilder, deren Bedeutungen wir aus unserem heimischen Umfeld genauso oder ähnlich kennen. ■ Trotz der Prägnanz piktografischer Zeichen oder Zeichensysteme unterliegen diese in ihrer allgemeinen Verständlichkeit gewissen Einschränkungen. Einen Ruhetag von Geschäften an Sonn- und Feiertagen beispielsweise mit einem kreuzförmigen Zeichen zu kennzeichnen ist sicherlich in einer nicht-christlichen Kultur unbrauchbar. Ein Stoppschild warnt den automobilen Weltenbummler nicht durch seine landessprachliche Aufschrift, sondern weil Form und Farbe eines roten Oktogons sprachübergreifend konventionalisiert sind. Die Navigation durch den öffentlichen Raum unterliegt mittlerweile weitgehend einem internationalen Standard, und es werden immer neue Zeichen, Formen und signalassoziierte Farben vereinbart, um die Verkehrssicherheit zu erhöhen und eine nonverbale Kommunikation zu erleichtern. ■ Betrachtet man ein Fluchtweg- bzw. Eingangs-/Ausgangs-Piktogramm, stellt man fest, dass es sich hierbei nicht nur um ein Zeichen handelt, sondern dass es bereits aus zwei Symbolen besteht: der schematischen Darstellung eines Raumgrundrisses mit Türöffnung und aus einem Richtungspfeil, der jeweils das Hinein oder Hinaus angibt. Die Stellung, die diese beiden Symbole zueinander einnehmen, ergibt jeweils die Bedeutung: Der Ein- oder Ausgang ist aus der Perspektive des Betrachters gesehen rechts oder links. ■ Damit sind wir mitten im Thema: Auch das Chinesische hat sich die Kombinationsmöglichkeiten von piktografischen Bildern zu Hilfe genommen, um damit seinen immensen Wortschatz in einer *Wort-Bild-Schrift* wiederzugeben. Gehen wir noch einmal einen Schritt zurück: Was wissen wir eigentlich von China, seiner Sprache und Schrift? Ein Blick auf die Weltkarte macht deutlich, wie weit entfernt dieses Land tatsächlich liegt. Mit immensen kontinentalen Distanzen erklärt sich vielleicht die grundlegende Andersartigkeit dieser Kultur und ihrer Sprache und Schrift. Oder die unsere, je nach Blickwinkel. Ein weiterer Blick auf die Landkarte verrät, dass China in seiner geografischen Ausdehnung größer ist als Europa. Kann es also überhaupt das *eine* Chinesisch geben, das in diesem riesigen Areal durchgängig von allen Landsleuten gesprochen und geschrieben wird? □

Zeichen des Himmels: Aleph oder Kreuz oder beides? Das Abendland deutet zwei einfache gekreuzte Balken als Symbol des Christentums. Je nach Kontext wird das als segensreich oder unheilverkündend empfunden. Oft taucht das Kreuz zusammen mit Alpha und Omega (A und Ω) auf, den ersten und letzten Buchstaben des klassischen griechischen Alphabets. Zusammen stehen sie für das Universum, das Allumfassende.

Aus dem Chinesischen übersetzt bedeutet Shòu piào chù 售票处 »Kasse«. Die englische Übersetzung muss für Besucher aller Sprachen reichen, während der Sinn des eindeutigen Piktogramms für »Eingang« nochmals in fünf Sprachen abgesichert wird.

多面的中国。语言和方言。

China sind viele. Babel beginnt vor der Haustür.

Man braucht den Radius des eigenen Wahrnehmungsbereichs noch nicht allzu weit zu ziehen, um festzustellen, dass man schneller in Sprachlosigkeit verloren gehen kann als man die Heimat verlassen hat. Hat schon einmal ein Berliner versucht, im urschwäbischen Bäckerladen das Sonderangebot der Woche zu kaufen? Ich bin beim ersten Versuch gescheitert und weiß bis heute nicht, was mir damals entgangen ist. Und dabei rede ich nicht nur von den vielen unverständlichen Zisch-Lauten, mit denen mir die Verkäuferin die liebevoll handschriftlich hingemalte Werbung auf der Tafel vor dem Geschäft übersetzen wollte, deren Begriffe ich nicht verstand. Ich konnte sie zwar lesen, aber mundartlich eben nicht verstehen. Die Übersetzung der lokalspezifischen Bezeichnung der Backware ins Hochdeutsche oder die Abbildung des Sonderangebots hätte mich vielleicht zum Kauf animiert. ■ Was uns in jedem Kulturkreis von Geburt an mit auf den Weg gegeben wird, ist die *Langue*. Zieht man in Betracht, dass sich jeder Mensch physisch und psychisch vom anderen unterscheidet, dass Charakter und eigene Stimmlage persönliche Redemuster prägen sowie individuelle mentale Stimmungen den jeweiligen Ausdruck und die Aussprache der *Parole* beeinflussen, dann ist zu ermessen, welche intellektuellen Anforderungen das Sprechen und Verstehen anderer *Langues*, also anderer Sprachen, an den Einzelnen stellt. Oft ist es nicht minder anstrengend, seine eigene Muttersprache zu verstehen, wenn sie von einem Fremdsprachler gesprochen wird. Noch eklatanter offenbaren sich die Hindernisse, wenn sich mehrere Menschen unterschiedlicher geografischer Herkunft in einer dritten, gemeinsamen Fremdsprache unterhalten müssen. ■ Genauso geht es nicht wenigen Chinesen im eigenen Land, denn die verschiedenen Dialektgruppen des Chinesischen unterscheiden sich in Aussprache und Syntax so stark voneinander, dass man sich auch hier auf einer Brücke zum Dialog treffen muss. China, das sind viele. Gleichzeitig aber ist dieses kontinentale Land seit Jahrtausenden eine gemeinsame, geeinte Nation, so groß die Fläche und so unterschiedlich die Sprache der Regionen auch sein mag. Einen großen Anteil an der Stabilität dieser Einheit in der Vielfalt dieses riesigen Landes hat die Schriftsprache, die schriftliche Form der Sprache als bezogene Grundsprache, als jene Brücke zum Dialog. □

Die Langue …

… bezeichnet das (allgemeine, überindividuelle, soziale) Sprachsystem (eines Volks) als ein System von Zeichen und grammatischen Regeln. Sie stellt gewissermaßen das sprachliche Inventar einer Einzelsprache dar. Langue ist der Gegenbegriff zu Parole.

Die Parole …

… ist definiert als die konkrete räumlich-zeitliche Realisierung der Langue in sprachlichen Äußerungen (Redeweise). Die Parole bedeutet somit die Anwendung der Langue.

Die Begriffe wurden von dem Schweizer Sprachwissenschaftler Ferdinand de Saussure (1857–1913) geprägt. Sie leiten sich aus dem Französischen ab.

Bis heute gibt es keine allgemein anerkannte Definition zum Verhältnis von Sprache und Dialekt. Über die Gesamtzahl der Sprachen weltweit wird viel spekuliert, man geht inzwischen von 6.000 bis 6.500 aus. Der Sprache werden Dialekte als Subsysteme untergeordnet. Seit einigen Jahren ist in der linguistischen Forschung die Tendenz zu beobachten, regionalen Sprachvarianten und regionalen Sonderentwicklungen in der Sprachklassifizierung mehr Bedeutung beizumessen [→ 31].

中文是世界的语言。世界如何告诉？

Chinesisch ist eine Weltsprache. Wie spricht die Welt?

UM ES GLEICH VORWEGZUNEHMEN: Der kleinste gemeinsame Nenner zwischen den weltsprachlichen Gewichtungen ist gegenwärtig die englische Sprache. Wer sich auf internationalem Parkett bewegt, spricht Englisch. Es hat sich als Handelssprache schlechthin durchgesetzt und wird als diese akzeptiert. Englisch ist selbstverständliche Kommunikationsgrundlage in der Welt der Finanzen, des Internet, des Tourismus sowie des Bildungsexports. Und es ist die am meisten verbreitete Sprache, obwohl ihre eigentlichen *native speakers* nur etwa 5 % der Weltbevölkerung ausmachen. Verglichen damit ist Chinesisch allein für fast viermal so viele Menschen amtliche Erstsprache *[Stand: Mai 2010, UN/DESA]*. ■ DIE CHINESISCHE ODER SINITISCHE SPRACHE ist ein Primärzweig der sinotibetischen *Sprachfamilie*. Sie gliedert sich allerdings in zahlreiche regionale Varianten und *Dialekte* auf, die teilweise so stark ausdifferenziert sind, dass manche Forscher sie als verschiedene Sprachen bzw. als einen Komplex mehrerer chinesischer Sprachen bezeichnen, deren Sprecher meist auf dem chinesischen Festland und in Taiwan leben. Durch Auswanderungsströme ist sie heute auf dem gesamten Globus vertreten, insbesondere in vielen südostasiatischen Ländern, wie Singapur, Indonesien und Malaysia. Die größte Sprachgruppe bilden die ethnischen Chinesen, die HÀNZÚRÉN 汉族人/漢族人. Der Abweichungsgrad der sinitischen Sprachen untereinander rechtfertigte nach rein wissenschaftlichen Maßstäben durchaus eine Klassifikation verschiedener Sprachen. Gemäß der chinesischen Terminologie aber werden die unterschiedlichen Formen als Dialekte, FĀNGYÁN 方言, verstanden. ■ UNTER DIESEM LINGUISTISCHEN GESICHTSPUNKT gibt es keine andere Sprache, die muttersprachlich von so vielen Menschen gesprochen wird wie die chinesische. Sie gehört damit zu den größten Kultursprachen der Welt und hat eine alte, ehrwürdige und umfangreiche Literatur hervorgebracht, ohne die die menschliche Zivilisation um vieles ärmer wäre: Wer von uns hat nicht schon die berühmten chinesischen Weisheiten zitiert, kennt nicht die Worte des Konfuzius, KǑNGZI 孔子 (vermutlich 551–479 v. Chr.) oder hat in seiner Jugend nicht das *»Tagebuch eines Wahnsinnigen«* von LǓ XÙN 鲁迅/魯迅 (1881–1936), dem Mitbegründer der modernen Literatur Chinas, in der Hand gehabt? ■ DOCH AM ENDE GEHT ES UM DIE ZUKUNFT: Handelsverträge, die heute in und mit China Gültigkeit wahren sollen, müssen in ihrer chinesischsprachigen Version unterschrieben sein. Damit dringt die auf eine vermeintlich abgezirkelte und überschaubare Region begrenzte Sprache plötzlich noch bis in die letzte Nische des Erdballs vor. □

VIELE WELTUMSPANNENDE ORGANISATIONEN, NUR SECHS VERBINDENDE SPRACHEN

AU	*African Union (Afrikanische Union)*
CPLP	*Comunidade dos Países de Língua Portuguesa (Gemeinschaft portugiesisch-sprachiger Länder)*
FIFA	*Fédération Internationale de Football Association (Internationale Föderation des Verbandsfußballs)*
IKPO	*Internationale kriminalpolizeiliche Organisation (Interpol)*
IOC	*International Olympic Committee (Internationales Olympisches Komitee)*
LU	*Lateinische Union*
MSF	*Médecins sans frontières (Ärzte ohne Grenzen)*
OAS	*Organization of American States (Organisation amerikanischer Staaten)*
OIF	*Organisation internationale de la Francophonie (Internationale Organisation der Frankophonie)*
RSF	*Reporters sans frontières (ROG – Reporter ohne Grenzen)*
UEFA	*Union of European Football Associations (Vereinigung Europäischer Fußballverbände)*
UNASUR	*Unión de Naciones Suramericanas (Union südamerikanischer Nationen)*
UNO	*United Nations Organization (Vereinte Nationen)*
WTO	*World Trade Organization (WHO – Welthandelsorganisation)*

Die Weltsprachen und ihre Ausbreitung

Sprache[1]	Amts- oder Verkehrssprache > Amtssprache internationaler Organisationen	Muttersprache[2] [in Millionen]	Zweit- oder Fremdsprache[3] [in Millionen]	Etymologische Herleitung	Schriftsprache
Mandarin	VR China, Taiwan, Singapur	850	415	sinotibetisch > sinitisch	Chinesische Schriftzeichen
Hindi (Hindustani)	Indien, Fidschi	541	360	indogermanisch > indoiranisch > indoarisch	Devanagari, weitere
Spanisch	Argentinien, Spanien, Chile, Mexiko, 17 weitere Staaten > EU, LU, OAS, UNASUR, UNO	388	60	indogermanisch > italisch > romanisch	Lateinisches Alphabet
Englisch	GB, Irland, USA, Kanada, Australien, Südafrika, Singapur 100 weitere Staaten > AU, EU, Europ. Gerichtshof, Europarat, IKPO, UNO	330	1.100	indogermanisch > germanisch > westgermanisch	Lateinisches Alphabet
Arabisch	Ägypten, Irak, Israel, Syrien, fast 30 weitere Staaten	210	20–80	afroasiatisch > semitisch > westsemitisch	Arabisches Alphabet
Portugiesisch	Angola, Brasilien, Mosambik, Portugal, sechs weitere Staaten > AU, CPLP, EU, LU, Mercosul, UNASUR, OAS	210	130	indogermanisch > italisch > romanisch	Lateinisches Alphabet
Russisch	Russland, Weißrussland, Kasachstan, Kirgisistan, Ukraine > UNO	164	114	indogermanisch > slawisch > ostslawisch	Kyrillisches Alphabet
Französisch	Frankreich, Belgien, Schweiz, Kanada, 37 weitere Staaten > AU, EU, Europ. Gerichtshof, Europarat, FIFA, IKPO, IOC, LU, OAS, UEFA, UNO	160	130	indogermanisch > italisch > romanisch	Lateinisches Alphabet
Deutsch	Deutschland, Belgien, Italien (Südtirol), Liechtenstein, Luxemburg, Österreich, Schweiz > EU, UNO	105	75	indogermanisch > germanisch > westgermanisch	Lateinisches Alphabet

[1] Weltbevölkerung: 6,9 Mrd. Menschen, darunter 1,34 Mrd. in China

[2] Sprachliche Varianten eingeschlossen

[3] Verbreitung weltweit

Quelle: UN, AA, bpb, Bernhard Bartsch, Stand: Mai 2011

Kalligrafische Schriften, Kurialschriften

HYDaLiShuJ
Vereinfachte Zeichen

字体设计的艺术？

36 / 39 pt

Hmbgft.:字体是一种最基本的视觉设计元素，设计师使用它就如同建筑师们使用玻璃，石料，钢铁和无数其他材料一样。280!?…

9,5 / 13 pt

Hmbgft.:字体是一种最基本的视觉设计元素，设计师使用它就如同建筑师们使用玻璃，石料，钢铁和无数其他材料一样。280!?…

6 / 9,5 pt

Diese Schrift ist auch mit traditionellen chinesischen Schriftzeichen erhältlich.

Hanyi Keyin, Peking

Standardchinesisch. Mandarin oder Putonghua?

Zu allen Zeiten der wechselnden chinesischen Dynastien gab es eine überregionale Hoch- oder richtiger: höfische Sprache, die dem Dialekt der jeweiligen Hauptstadt entsprach, so dass die kaiserlichen Angestellten aus den teilweise weit voneinander entfernt liegenden Provinzen der riesigen Reiche mit dem Palast und untereinander kommunizieren konnten. Man kann davon ausgehen, dass sich die Ausbreitung dieser Sprachen ausschließlich auf die höheren Gesellschaftsschichten beschränkte. Mitte des 14. Jahrhunderts bildete sich für die Benennung der offiziellen Amtssprache der Begriff Guānyǔ 官语/官語 heraus, Staatsdiener wie Minister und Beamte waren die Guānyuán 官员/官員. Inzwischen war der Kaisersitz von Nanjing nach Peking verlegt worden, und so basierte die Amtssprache entsprechend der geografischen Lage auf den *Dialekten des Nordens*, den Běifānghuà 北方话/北方話. Zwar weisen sie lokal teilweise starke Unterschiede zueinander auf, wirken gegenüber den Dialekten des zerklüfteten Südens von China allerdings bis heute geradezu homogen. Die nördlichen Regionalsprachen erfuhren auf diese Weise eine erhebliche Aufwertung und werden noch immer – wahlweise neben Běifānghuà – vor allem in wissenschaftlicher Lektüre als Guānhuà bezeichnet. ■ Das elitäre Hochchinesisch, Guānyǔ oder eben das *Mandarin*, unter dem es im Westen bekannt ist, gewann in den ersten Dekaden des 20. Jahrhunderts an Popularität, als die Autoren der modernen Literaturströmung »*Volkstümliche Sprache* Báihuàwén 白话文/白話文« es für die Schriftsprache aufgriffen und in Synthese mit der Alltagssprache zum neuen literarischen Anspruch erhoben. Vorher waren geschriebene Texte in *klassischem Chinesisch* verfasst worden, dem Wényànwén 文言文, das jahrhundertelang völlig abgekoppelt von der Umgangssprache des gemeinen Volkes gepflegt wurde *[→ 44]*. Die Schriftsteller und Sprachwissenschaftler um Lǔ Xùn oder Zhù Wénxíong, der als einer der ersten den Terminus Pǔtōnghuà 普通话/普通話 einführte, waren die Wegbereiter einer normierten, verbindenden gesprochenen Sprache, die sich niederschlägt in der verständlichen Schriftsprache der Báihuàwén-Autoren. Ihre zeitgemäße und beispielhafte Grammatik wurde von offizieller Seite zum Standard der modernen Literatursprache erhoben. ■ Pǔtōnghuà meint im wörtlichen Sinne *die gemeinsame Sprache* und ist heute die *Lingua franca* der sinitisch-stämmigen Bevölkerung. Sie ist die *Amts- und Verkehrssprache* in der Volksrepublik China und der Republik Taiwan; in der Republik Singapur ist es eine von vier Amtssprachen (neben Malaiisch, Tamilisch und Englisch). Dies ist zu einem großen Teil das Ergebnis von Anstrengungen sowohl der chinesischen Regierung auf dem Festland als auch der Regierung in Taiwan, eine chinesische Hochsprache als vereinigendes Element durchzusetzen, wie es bereits seit dem Sturz der kaiserlich-feudalen Monarchie gefordert wurde. Angesichts der riesigen Ausdehnung und der äußerst heterogenen sozialen Bevölkerungsstruktur Chinas wird die flächendeckende Übernahme des Peking-Dialekts als basierende Hochsprache allerdings ein auf ferne Zukunft angelegtes Unternehmen bleiben. ■ In Taiwan wird die Bezeichnung Guóyǔ 国语/國語 verwendet, übersetzt *Nationalsprache*, in Singapur und unter den Überseechinesen spricht man von Huáyǔ 华语/華語 als chinesischer Sprache. Es sind noch eine ganze Reihe weiterer Begriffe als Eigenbezeichnung für die chinesische Sprache gebräuchlich. Zhōngwén 中文 ist dabei wohl der übergreifendste, denn er steht im Wesen für die geschriebene chinesische Sprache, die mehr oder weniger unabhängig von den meisten chinesischen Dialekten ist. ■ Auf die Frage, welche Sprachen man bei uns im Land spricht, würden wir sicher nicht ernsthaft auf die Idee kommen, zu antworten: »Bei uns wird Hochdeutsch gesprochen«. Genauso ist es unter Chinesen unüblich, von der eigenen Sprache als Pǔtōnghuà zu reden. Landläufig spricht man von Hànyǔ 汉语/漢語, obwohl damit ursprünglich die – in vielen Ausprägungen zerfallende – Sprache der Hànzú 汉族/漢族 gemeint ist, einer Volksgruppe, die den größten Anteil der chinesischen Gesamtbevölkerung weltweit stellt *[→ 30]*. Während der Hàn 汉/漢-Dynastie, die seit dem 3. Jahrhundert vom Gebiet des Hàn-Flusses ausgehend auf gewaltige Expansion setzte, entwickelte sich erstmals das Gefühl einer ethnischen Identität im vereinten Großreich China, auf die sich unter anderem bis heute ein ausgeprägter Nationalstolz der Hàn-Chinesen gründet. ■ Die Herkunft der in westlichen Ländern verwendeten Bezeichnung *Mandarin,* verallgemeinernd für die chinesische Sprache, ist nicht zweifelsfrei geklärt. Ganz sicher ist die Bezeichnung aber unzureichend. In Deutschland taucht sie erstmals im 17. Jahrhundert auf. Eine Hypothese besagt, dass den portugiesischen Seefahrern, die in Ostasien unterwegs waren, die Sprache der Guānyuán als chinesische Hochsprache schlechthin galt, und so übertrugen sie ihre Bezeichnung für einen chinesischen kaiserlichen Beamten, den Mandarin, auch auf den Sprachbegriff. Andere Quellen schreiben den Engländern die Erfindung des Wortes Mandarin zu. In jedem Falle aber hält es sich bis heute hartnäckig als Überbegriff für die chinesische Sprache, obwohl das sogenannte Mandarin das Hochchinesische einschließt. □

Eigenbezeichnungen für die chinesische Sprache

Pǔtōnghuà	普通话/普通話	*Hochchinesisch*
Hànyǔ	汉语/漢語	*(Hoch-)Chinesisch, chinesische Sprache, Mandarin*
Běijīng fāngyán	北京方言	*Peking-Dialekt, Hochchinesisch, Mandarin*
Hànwén	汉文/漢文	*Chinesische Schrift*
Huáyǔ	华语/華語	*Chinesische Sprachen*
Guóyǔ	国语/國語	*Nationalsprache (nur in Taiwan)*
Zhōngwén	中文	*Chinesisch, geschriebenes Chinesisch*
Báihuà	白话/白話	*Alltags- oder volkstümliche Sprache*
Báihuàwén	白话文/白話文	*Moderne chinesische Literatursprache*
Wényán	文言	*Klassisches Chinesisch, klassische Literatursprache*
Wényánwén	文言文	*Texte im klassischen Chinesisch, Literatursprache*
Běifānghuà	北方话/北方話	*Dialekt(-e) des Nordens*
Guānyǔ	官语/官語	*ehem.: Amtssprache, heute: Amtssprache in Taiwan*

Die chinesischen Sprachen oder Dialektbündel und ihre Ausdehnung in China

Chinesischer Dialektverbund		Deutschsprachige Bezeichnung	Hauptverbreitungsgebiet
Guānhuà*	官话 / 官話	Mandarin	China, Taiwan, Singapur
Wúyǔ	吴语 / 吳語	Wu	China: Zhejiang, Shanghai und Jiangsu, südliches Anhui
Yuèyǔ	粤语 / 粵語	Kantonesisch	China: Guangxi, Guangdong, Hongkong
Minyǔ	闽语 / 閩語	Min	China: Fujian, Hainan, Taiwan
Xiāngyǔ	湘语 / 湘語	Hunan	China: Hunan, Hubei
Kèjiāhuà	客家话 / 客家話	Hakka	Süd-China, Hainan, Taiwan
Gànyǔ	赣语 / 贛語	Kan	China: Jiangxi; auch Hubei, Hunan, Anhui, Fujian

* Aus dem nördlichen Guan-Dialekt entwickelte sich Putonghua, das Hochchinesisch.

Kalligrafische Schriften, Kurialschriften

FZLiShu-S01S
Vereinfachte Zeichen

字体设计的艺术？

36 / 39 pt

Hmbgft.:字体是一种最基本的视觉设计元素，设计师使用它就如同建筑师们使用玻璃，石料，钢铁和无数其他材料一样。280!?…

9,5 / 13 pt

Hmbgft.:字体是一种最基本的视觉设计元素，设计师使用它就如同建筑师们使用玻璃，石料，钢铁和无数其他材料一样。280!?…

6 / 9,5 pt

Diese Schrift ist auch mit traditionellen chinesischen Schriftzeichen erhältlich.

Founder Electronics, Peking

Die Völker der Volksrepublik China

Offizielle Bezeichnung	Gebräuchlicher deutscher Name sowie andere Bezeichnungen	Hànzì	Pīnyīn	Bevölkerung [in Millionen]	Eigene Schriftsprache
Han	Han-Chinesen	汉族	Hànzú	etwa 1.14 Mrd.	Hanzi
Zhuang	Zhuang	壮族	Zhuàngzú	16,17	Lateinisch [→74]
Man	Mandschu, Mandschuren	满族	Mǎnzú	10,68	Mandschurisch (ausgestorben)
Hui	Hui, chines. Muslime, Dunganen	回族	Huízú	9,91	Arabisch, Lateinisch, Kyrillisch
Miao	Miao, Hmong	苗族	Miáozú	8,94	Lateinisch als Grundlage
Uygur	Uiguren	维吾尔族	Wéiwú'ěrzú	8,39	Arabisch-Persisch [→74]
Tujia	Tujia	土家族	Tǔjiāzú	8,02	—
Yi	Yi, veraltet: Lolo, oder Nosu	彝族	Yízú	7,76	Yi
Mongol	Mongolen	蒙古族	Měnggǔzú	5,81	Mongolisch [→74]
Zang	Tibeter	藏族	Zàngzú	5,41	Tibetisch [→74]
Buyei	Bouyei	布依族	Bùyīzú	2,97	Bouyei
Dong	Dong, Kam	侗族	Dòngzú	2,96	Lateinisch
Yao	Yao	瑶族	Yáozú	2,63	Lateinisch
Chosen	Koreaner	朝鲜族	Cháoxiǎnzú	1,92	Koreanisch
Bai	Bai	白族	Báizú	1,85	—
Hani	Hani, Akha	哈尼族	Hānízú	1,44	Lateinisch
Kazak	Kasachen	哈萨克族	Hāsàkèzú	1,25	Kyrillisch (außerhalb Chinas)
Lizu	Li	黎族	Lízú	1,23	Lateinisch als Grundlage
Dai	Dai	傣族	Dǎizú	1,12	Tai Lü, -Nüa, -Pong, -Dam
She	She	畲族	Shēzú	0,71	—
Lisu	Lisu	傈僳族	Lìsùzú	0,63	Lisu oder Frazer-Schrift
Gelao	Gelao	仡佬族	Gēlǎozú	0,58	—
Dongxiang	Dongxiang	东乡族	Dōngxiāngzú	0,51	Arabisch
Lahu	Lahu, Kawzhawd, Kucong	拉祜族	Lāhùzú	0,45	—
Sui	Sui	水族	Shuǐzú	0,41	ursprüngl. modifiz. Hanzi
Va	Va, Wa, Parauk	佤族	Wǎzú	0,40	—
Naxi	Naxi, Nahsi, Nakhi	纳西族	Nàxīzú	0,31	Dongba, Geba (ausgestorben)
Qiang	Qiang	羌族	Qiāngzú	0,30	—
Tu	Tu, Monguor, Tsagaan Mongol	土族	Tǔzú	0,24	lateinischer Versuch
Mulao	Mulam	仫佬族	Mùlǎozú	0,21	—
Xibe	Xibe, Sibe	锡伯族	Xībózú	0,19	Xibenisch (adapt. Mongolisch)
Kirgiz	Kirgisen	柯尔克孜族	Kē'ěrkèzīzú	0,16	Kyrillisch
Daur	Daur, Dahuren, Daghuren	达斡尔族	Dáwò'ěrzú	0,13	lateinischer Versuch
Jingpo	Jingpo, Jingpho, Jingp'o, Kachin	景颇族	Jǐngpōzú	0,13	lateinisch
Maonan	Maonan	毛男族	Máonánzú	0,11	—
Salar	Salar	撒拉族	Sālāzú	0,10	Arabisch
Blang	Blang, Bulang	布朗族	Bùlǎngzú	0,09	—
Tajik	Tadschiken	塔吉克族	Tǎjíkèzú	0,04	Kyrillisch (außerhalb Chinas)
Achang	Achang, Ngac'ang, Maingtha	阿昌族	Āchāngzú	0,04	—
Prumi	Prumi, Primi	普米族	Pǔmǐzú	0,03	—
Ewenki	Ewenken, Tungusen	鄂温克族	Èwēnkèzú	0,03	Kyrillisch (außerhalb Chinas)
Nu	Nu	怒族	Nùzú	0,03	—
Gin	Vietnamesen, Gin, Kinh	京族	Jīngzú	0,02	Lateinisch (außerhalb Chinas)
Jino	Jino	基诺族	Jīnuòzú	0,02	—
Deang	De'ang, Palaung	德昂族	Dé'ángzú	0,02	—
Bonan	Bonan	保安族	Bǎo'ānzú	0,02	—
Russ	Russen	俄罗斯族	Éluósīzú	> 0,01	Kyrillisch
Yugur	Yugur, Gelbe Uiguren	裕固族	Yùgùzú	> 0,01	—
Uzbek	Usbeken, Ozbek	乌孜别克族	Wūzībiékèzú	> 0,01	Kyrillisch, Lateinisch
Monba	Monba, Moinba	门巴族	Ménbāzú	< 0,01	—
Oroqen	Oroqen, Orotschonen	鄂伦春族	Èlúnchūnzú	< 0,01	—
Derung	Derung, Drung	独龙族	Dúlóngzú	< 0,01	—
Tatar	Tataren	塔塔尔族	Tǎtǎ'ěrzú	< 0,01	Kyrillisch (außerhalb Chinas)
Hezhen	Hezhen, Golden, Nanai	赫哲族	Hèzhézú	< 0,01	Nanaiisch (außerhalb Chinas)
Gaoshan	(Ureinwohner Taiwans)	高山族	Gāoshānzú	< 0,01	—
Lhoba	Lhoba	珞巴族	Luòbāzú	< 0,01	—

Mandarin (Pǔtōnghuà)
普通话 / 普通話

Beijing-Dialekt
Chengde-Dialekt
Chifeng-Dialekt
Hailar-Dialekt
Karamay-Dialekt

Nordost-Mandarin
Changchun-Dialekt
Harbin-Dialekt
Qiqihar-Dialekt
Shenyang-Dialekt

Jiaoliao-Mandarin
Dalian-Dialekt
Qingdao-Dialekt
Weihai-Dialekt
Yantai-Dialekt

Jilu-Mandarin
Baoding-Dialekt
Jinan-Dialekt
Shijiazhuang-Dialekt
Tianjin-Dialekt
Lan Yin Mandarin
Dungan
Lanzhou-Dialekt
Urumqi-Dialekt
Xining-Dialekt
Yinchuan-Dialekt

Zhongyuan-Mandarin
Hanzhong-Dialekt
Kaifeng-Dialekt
Kashgar-Dialekt
Luoyang-Dialekt
Nanyang-Dialekt
Qufu-Dialekt
Tianshui-Dialekt
Xi'an-Dialekt
Xuzhou-Dialekt
Yan'an-Dialekt
Zhengzhou-Dialekt

Südwest-Mandarin
Changde-Dialekt
Chengdu-Dialekt
Chongqing-Dialekt
Dali-Dialekt
Guiyang-Dialekt
Hainan Junjiahua
Kunming-Dialekt
Liuzhou-Dialekt
Wuhan-Dialekt
Xichang-Dialekt
Yichang-Dialekt

Jianghuai-Dialektgruppe
Hefei-Dialekt
Nanjing-Dialekt
Nantong-Dialekt
Xiaogan-Dialekt
Yangzhou-Dialekt

Jin-Dialektgruppe
Baotou-Dialekt
Datong-Dialekt
Handan-Dialekt
Hohhot-Dialekt
Taiyuan-Dialekt
Xinxiang-Dialekt

Wú 吴 / 吳

Taihu-Dialektgruppe
Changzhou-Dialekt
Hangzhou-Dialekt
Jiaxing-Dialekt
Ningbo-Dialekt
Shanghai-Dialekt
Suzhou-Dialekt
Wuxi-Dialekt

Taizhou-Dialekt

Oujiang-Dialektgruppe
Lishui-Dialekt
Qingtian-Dialekt
Wenzhou-Dialekt

Wuzhou-Dialektgruppe
Jinhua-Dialekt
Yiwu-Dialekt
Yongkang-Dialekt

Chuqu-Dialektgruppe
Lishui-Dialekt
Quzhou-Dialekt
Shangrao-Dialekt

Xuancheng-Dialekt

Hui-Dialektgruppe
Jixi-Shexian
Xiuning-Yixian
Qimen-Dexing
Yanzhou-Dialekt
Jingde-Zhanda

Xiāng 湘

Chang Yi-Dialektgruppe
Changsha-Dialekt
Hengyang-Dialekt
Yiyang-Dialekt
Zhuzhou-Dialekt

Lou Shao-Dialektgruppe
Loudi-Dialekt
Shaoyang-Dialekt
Shuangfeng-Dialekt

Chen Xu-Dialektgruppe
Chenxi-Dialekt
Xupu-Dialekt

Gan 赣 / 贛

Dongkou-Dialekt
Funing-Dialekt
Fuzhou-Dialekt
Ji'an-Dialekt
Leiyang-Dialekt
Nanchang-Dialekt
Xianning-Dialekt
Yichun-Dialekt
Yingtan-Dialekt

Hakka (Kèjiā) 客家

Dapu-Dialekt
Huizhou-Dialekt
Jiaoling-Dialekt
Longyan-Dialekt
Meizhou-Dialekt
Wuhua-Dialekt

Yuè 粤 / 粵 (Kantonesisch)

Yue Hai-Dialektgruppe
Standardkantonesisch
Dongguan-Dialekt
Qingyuan-Dialekt
Zhaoqing-Dialekt
Zhuhai-Dialekt

Siyi-Dialektgruppe
Enping-Dialekt
Jiangmen-Dialekt
Kaiping-Dialekt
Taishan-Dialekt
Xinhui-Dialekt

Gaoyang-Dialektgruppe
Maoming-Dialekt
Yangjiang-Dialekt

Guinan-Dialektgruppe
Beihai-Dialekt
Wuzhou-Dialekt

Pinghua
Nanning-Dialekt

Mǐn 闽 / 閩

Min Nan-Dialektgruppe
Chaozhou-Dialekt
(Teochew oder auch Shaozhou Tuhua)
Quanzhou-Dialekt
Penang Hokkien
Shantou (Swatow)
Taiwanesisch
Xiamen (Hokkien)
Zhangzhou-Dialekt

Min Dong-Dialektgruppe
Fuqing-Dialekt
Fuzhou (Hokchiu)

Min Zhong
Sanming-Dialekt

Min Bei
Jian'ou-Dialekt

Pu Xian-Dialektgruppe
Putian-Dialekt
Xianyou-Dialekt

Qiong Wen-Dialektgruppe
Hainan-Dialekt
Zhanjiang-Dialekt

Shao Jiang

Nicht zugeordnete Dialekte:

Danzhou-Dialekt (Hainan)
Linghua (Hunan)
Maojiahua (Hunan, Hubei)
Pingdi Yaohua (Guangdong)
Wutunhua (Ost-/Nord-Tibet)

Die chinesische Bevölkerung setzt sich zu etwa 92% aus Han-Chinesen sowie aus offiziell anerkannten 55 ethnischen Minderheiten in der Volksrepublik China und 14 Nationalitäten in Taiwan zusammen. Knapp die Hälfte von ihnen verfügt über eine eigene Schriftsprache. Einige Verschriftlichungen blieben im Versuchsstadium stecken, darunter auch solche, die lateinische Buchstaben zu Hilfe nahmen. Viele von ihnen sind inzwischen vom Aussterben bedroht, auch wenn Linguisten in China die Forschungsarbeit über die Sprachen der Minoritäten als dankbares Betätigungsfeld betrachten.

Kalligrafische Schriften, Kurialschriften

FZLiShuII-S
Vereinfachte Zeichen

字
体
设
计
的
艺
术
？

36 / 39 pt

Hmbgft.!?字体是一种最基本的视觉设计元素，设计师使用它就如同建筑师们使用玻璃，石料，钢铁和无数其他材料一样。280！？…

9,5 / 13 pt

Hmbgft.!?字体是一种最基本的视觉设计元素，设计师使用它就如同建筑师们使用玻璃，石料，钢铁和无数其他材料一样。280！？…

6 / 9,5 pt

Diese Schrift ist auch mit traditionellen chinesischen Schriftzeichen erhältlich.

Founder Electronics, Peking

Wir sind in der Sprache gewesen, vor allem in der Schrift, wie Fische im Wasser. Die Fische aber kennen das Wasser nicht.

Derrick de Kerckhove

语言的图像表现。语言与文字的共存。

Verschriftlichung der Sprache. Die Koexistenz von Sprache und Schrift.

SPRACHE UND SCHRIFT WAREN SEIT JEHER in China unmittelbar aufeinander bezogen. Durch die starke Durchdringung von Sprache und Schrift ließe sich eine Betrachtung der Schriftentwicklung in China losgelöst von der sprachgeschichtlichen Entwicklung kaum bewerkstelligen. Die linguistische Forschung kann sich ohnehin nur auf schriftliche Zeugnisse weit zurückliegender Zeiten stützen, um Rückschlüsse auf syntaktische und phonologische Eigenheiten einer Sprache zu ziehen, die sich wiederum in der Schriftsprache niederschlagen. ■ EIN HISTORISCHER RÜCKBLICK zeigt, dass anscheinend dialektale Unterschiede im chinesischen Sprachgebiet vorhanden, aber noch nicht so stark ausgeprägt waren, wie es heute der Fall ist. Über die geografische Ausbreitung der chinesischen Sprache lassen sich nur dort genaue Aussagen treffen, wo man auf Schriftzeugnisse zurückgreifen kann. Über die antiken Sprachen des nachbarlichen Chinas oder Südchinas ist so gut wie nichts bekannt. Die ältesten Hinweise auf die chinesische Sprache finden sich auf 3.500 Jahre alten, rein piktografischen Inschriften von *Orakelknochen* der SHĀNG-Dynastie 商朝 (1550 – 1027 v. Chr.). Später entwickelten sich ideografische, stark symbolhafte Schriftzeichen hinzu. Sie bilden die Vorläufer der vorklassischen Sprache der ZHŌU-Dynastie 周朝 (11. – 3. Jh. v. Chr.), auch als *Altchinesisch* oder *archaisches Chinesisch* bezeichnet. Aus der Spätzeit der ZHŌU-Dynastie ist dann eine starke Zunahme des *Lautrebus'* in den Schriftzeichen zu erkennen, ein Hinweis darauf, dass ihren bisher rein bildlichen Inhalten nun auch eine phonetische Komponente implementiert wurde *[→ 49, 51]*. Während dieser Zeit bildeten sich erste Innovationen grammatischer Strukturen heraus. Mit der Verfeinerung der Schriftsprache aber wurde vor allem dem gesamten Schrifttum Chinas der entscheidende Grundstein zur Vereinheitlichung der geschriebenen Zeichen gelegt. Die entstandenen Texte dieser Zeit wurden prägend für das *klassische Chinesisch*, welches sich mit der nachfolgenden QÍN-Dynastie 秦朝 (221 – 207 v. Chr.) herausbildete. ■ WÄHREND DER QIN-DYNASTIE wurde das vereinte chinesische Kaiserreich gegründet. Eine erste soziokulturelle, bis heute nachhaltige Errungenschaft dieser Epoche war die Standardisierung und Lexikalisierung der bis dahin bereits fast ins Uferlose gewachsenen Schriftzeichen *[→ 57]*. Die Schriftsprache des sich nun etablierenden *klassischen Chinesisch*, der zweiten sprachgeschichtlichen Phase Chinas, koppelte sich nach und nach von der gesprochenen Sprache ab und wurde zum allgemeinen Verständigungsmedium über die Dialektgrenzen innerhalb Chinas hinaus. Das *klassische* – oder auch *vormoderne* – geschriebene *Chinesisch* WÉNYÁN 文言 wurde jedoch jahrhundertelang ausschließlich von einer kleinen Bildungselite beherrscht. Seit dem 6. und 7. Jahrhundert begegnet man dann auch in der Lyrik schon dem umgangssprachlichen Ton der

DER (ODER DAS) REBUS IST …

… uns heute noch bekannt als Bilderrätsel: Eine Reihe von Bildern und Zeichen, deren homophoner Wortlaut durch Aneinanderfügung und Abstraktion einen oder mehrere neue Begriffe ergibt, die mit den Bildern in keinem sachlichen Zusammenhang stehen. □ Eine weitere Aufgabe kann darin bestehen, Unterschiede zwischen zwei auf den ersten Blick gleich aussehenden Bildern zu finden. □ Der größte Teil chinesischer Schriftzeichen sind nach dem Rebusprinzip zusammengesetzte Ursprungszeichen. Eine Komponente trägt die phonetische Einheit, die andere transportiert die Bedeutung [→ 51].

Báihuà 白话 /白話, der *Volkssprache*, die seit dem 13. Jahrhundert ebenso Roman und Drama beherrschte. ■ Das in viele Sprach- und Dialektgruppen aufgegliederte Chinesisch hat sich seit Beginn der nachzuvollziehenden Sprach- und Schriftgeschichte über die gleichen Schriftzeichen verständigt, wenn auch ihre Aussprache in den einzelnen Regionen unterschiedlich war. Man kann davon ausgehen, dass das Chinesische bis heute die einzige gesprochene Sprache weltweit ist, die auf eine ununterbrochene schriftliche Tradition von mehr als drei Jahrtausenden zurückblicken kann. Mit der engen Koexistenz der chinesischen Sprache und Schrift nimmt China eine Sonderstellung in den Sprachen und Schriftsprachen der Welt ein, denn die Schrift ist das einigende Band Chinas, das *»über Raum und Zeit hinweg den Mitgliedern einer schriftkundigen Elite die Möglichkeit bot, in eine persönliche Beziehung zu treten. Sie ist ein wesentlicher Grund für die in der Welt einmalige politische und kulturelle Kohärenz Chinas.«* [Ledderose] □

Die drei Phasen der sprachgeschichtlichen Entwicklung Chinas

Vorklassik			
Altchinesisch oder archaisches Chinesisch	上古汉语 / 上古漢語	*Shànggǔ Hànyǔ*	*ca. 11. bis 3. Jh. v. Chr.*
Klassik / Vormoderne			
Klassisches Chinesisch	文言文	*Wényánwén*	*Literatursprache der Bildungselite, 3. Jh v. Chr. bis Beginn 20. Jh.*
Mittel-chinesisch	中古汉语 / 中古漢語	*Zhōnggǔ Hànyǔ*	*Umgangssprache und Schriftsprache der volkstümlichen Literatur, seit 2. Jh. v. Chr.*
Moderne			
Umgangs-sprachliches Chinesisch	近代汉语 / 近代漢語 oder 现代汉语 / 現代漢語	*Jìndài Hànyǔ* oder *Xiàndài Hànyǔ*	*Zeitgenössisches Chinesisch, offizielles Hochchinesisch seit Mitte des 20. Jh. mit Schriftsprache Báihuàwén* 白话文 / 白話文

fragrans): ～酒 Osmanthusschnaps *m*; Duftblütenwein *m*
桂皮 guìpí Kassiarinde *f*; Kaneel *m*; Zimt *m*
桂魚 guìyú Mandarinfisch *m* (*Siniperca chuatsi*)
桂圆 guìyuán getrocknete Longane: ～肉 getrocknetes Fleisch der Longanfrucht
桂枝 guìzhī 〈中药〉 Kassiazweig *m*

桧(檜) guì 〈植〉 chinesischer Wacholder (*Sabina chinensis*)

跪 guì knien *vi*; niederknien *vi*; sich auf die Knie werfen; einen Fußfall machen: 她～着擦地板。Sie wischte kniend (od. auf ihren Knien) den Fußboden auf.
跪拜 guìbài kniefällig verehren; einen Kotau machen
跪倒 guìdǎo sich auf die Knie werfen; auf die Knie fallen: ～在她面前 sich vor ihr auf die Knie werfen / ～在敌人的脚下 dem Feind zu Füßen fallen
跪射 guìshè 〈军〉 Schießen im Anschlag kniend
跪姿 guìzī Anschlag kniend: ～射击 im Anschlag kniend schießen

鲅(鱥) guì Elritze *f*; Pfrille *f* (*Phoxinus phòxinus*)

鳜 guì Mandarinfisch *m* (*Siniperca chuatsi*)

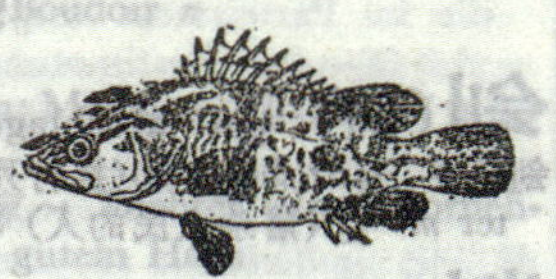

鳜

gǔn

衮(袞) gǔn Festkleidung des Kaisers; kaiserlicher Prunkornat
衮衮 gǔngǔn 〈书〉 ①(继续不断) unaufhörlich; stetig; anhaltend ②(众多) zahlreich
衮衮诸公 gǔngǔn zhūgōng 〈讽〉 die hochgeehrten Nichtstuer oben

绲 gǔn 〈书〉 ①(带子) Band *n*; Gewebestreifen *m* ②(绳) Strick *m*; Seil *n*; Schnur *f*

辊 gǔn 〈机〉 Walze *f*; Rolle *f*
辊筒印花 gǔntǒng yìnhuā 〈纺〉 Walzendruck *m*; Rouleaudruck *m*

滚(滾) gǔn ①(翻转;滚动) rollen *vi*; wälzen *vt*: 一块巨石从山上～下来。Ein riesiger Stein rollte vom Berg herunter. / 从马背上～下来 kopfüber vom Pferd stürzen / ～鞍下马 vom Sattel springen / 几滴泪珠从她脸上簌簌～了下来。Ein paar Tränen rollten ihr übers Gesicht. / ～铁环 Spielreifen treiben / 这段树干重得～不动。Dieser Baumstamm ist so schwer, daß man ihn nicht herumwälzen kann. / 他痛得在地上翻～。Er wälzt sich vor Schmerzen auf dem Boden. / 江水滔滔,～～入海。Der Strom wälzt seine Fluten ins Meer. ②(走开) sich davonscheren; sich trollen; verschwinden *vi*: ～出去! Hau schon ab! 或 Mach, daß du fortkommst! ③〈方〉 (达到沸点) kochen *vi*; sieden *vi*; aufwallen *vi*; brodeln *vi*: 水～了。Das Wasser siedet (od. kocht, brodelt). ④(一种缝纫方法) einen Saum anbringen; säumen *vt*: 袖口上～一条边 einen Saum an den Ärmel ansetzen / 裙子～上花边 den Rock säumen / ～边女衫 mit einem Saum besetzte Damenbluse
滚槽机 gǔncáojī 〈机〉 Kannelierapparat *m*; Walzenfurchmaschine *f*
滚齿机 gǔnchǐjī 〈机〉 Zahnradfräser *m*; Zahnrad-, Abwälzfräsmaschine *f*
滚蛋 gǔndàn 〈骂〉 scher dich zum Teufel! 或 verschwinde!
滚刀 gǔndāo 〈机〉 Gewinde-, Strehlbohrer *m*; Schnecken-, Abwälzfräser *m*; Walzenmesser *n*
滚动 gǔndòng rollen *vi*: ～磨擦 〈物〉 rollende Reibung; Rollreibung *f* / ～轴承 〈机〉 Walzenlager *n*
滚翻 gǔnfān 〈体〉 Rolle *f*; Purzelbaum *m*
滚瓜烂熟 gǔnguā lànshú etw. wie am Schnürchen aufsagen können
滚滚 gǔngǔn rollen *vi*; sich wälzen; wallen *vi*: ～的浓烟 schwarz nach oben quellender Rauch / 历史车轮～向前。Das Rad der Geschichte rollt vorwärts. / 江水～东去。Der Strom wälzt sich nach Osten. / 天空乌云～。Schwarze Wolken ballen sich am Himmel zusammen.
滚雷 gǔnléi 〈军〉 Rollmine *f*
滚轮 gǔnlún 〈体〉 Rhönrad *n*
滚水坝 gǔnshuǐbà 〈水〉 Überlaufdamm *m*
滚烫 gǔntàng siedend heiß; brühheiß 又作"滚热"
滚筒 gǔntǒng Walze *f*; Rolle *f*: ～印刷机 Zylinderpresse *f*
滚圆 gǔnyuán kugelrund
滚轧 gǔnzhá 〈机〉 walzen *vt*: ～机 Walzwerk *n*
滚针轴承 gǔngzhēn zhóuchéng 〈机〉 Nadellager *n*
滚珠 gǔngzhū 〈机〉 (Lager-)Kugel *f*: ～轴承 Kugellager *n*
滚柱轴承 gǔnzhù zhóuchéng 〈机〉 Rollenlager *n*; Walzenlager *n*
滚子链 gǔnzilián Rollenkette *f*; Gallsche Kette

磙(䃂) gǔng ①(磙子) Walze *f*: 石～ steinerne Walze ②(用磙子压平) etw. mit einer Walze platt walzen; planieren *vt*; einebnen *vt*: ～地 Boden planieren
磙子 gǔnzi ①(碾轧器具) Walze *f* ②(碌碡) Steinwalze *f*

gùn

棍 gùng ①(棒) Stange *f*; Stock *m*; Stab *m*: 木～ Holzstange *f* / 一根铁～ ein Eisenstab / 挨了几～ Stockschläge bekommen ②(对某些人的贬称) Schuft *m*; Lump *m*; Halunke *m*; Strolch *m*; Gauner *m*: 恶～ Schurke *m*; Rohling *m* / 赌～ Glücksspieler *m*; Hasardeur *m* / 讼～ Winkeladvokat *m*; Rechtsverdreher *m*
棍棒 gùnbàng ①(指武术器械) Keule *f*; Prügelstock *m*; Knüppel *m* ②〈体〉 Gymnastikkeule *f*
棍子 gùnzi Stange *f*; Stock *m*; Stab *m*

guō

过(過) guō ①〈口〉 (超越) weit über die Grenze hinaus; übermäßig; zu sehr: ～费 sich in übertrieben hohe Kosten stürzen; übermäßigen Aufwand treiben ②〈姓〉 Guo
另见 guò; guo

郭 guō ①(城外加造的土墙) äußerer Wall einer Stadt ②〈姓〉 Guo

埚(堝) guō 见"坩埚" gānguō

聒 guō geräuschvoll; lärmend
聒耳 guō'ěr in js Ohren gellen
聒噪 guōzào 〈方〉 von Lärm erfüllt; lärmend; geräuschvoll

锅(鍋) guō ①(烹饪用具) (Koch-)Topf *m*: 沙～ Tontopf *m* / 炒菜～ Sautierpfanne *f* ②(液体加热器具) Kessel *m*: 热水～炉 Wasserkessel *m* / 汽～ Dampfkessel *m* ③(象锅样的容器) topfförmiger Behälter: 烟袋～儿 Pfeifenkopf *m*
锅巴 guōbā verkrusteter Reisbelag in einem Topf; Reiskruste *f*
锅炉 guōlú (Dampf-)Kessel *m*: 火管～ Heizrohrkessel *m* / 水管～ Wasserrohrkessel *m* / ～防垢剂 Kesselsteinlösemittel *n* / ～房 Kesselraum *m* / ～给水 Kesselspeisewasser *n*
锅台 guōtái flacher, oberer Teil eines chinesischen Küchenherdes; Kochherd *m*: 围着～转 am Herd gefesselt sein

中文的音节原理。

Einsilbig, doch keinesfalls wortkarg. Das Silbenprinzip der Chinesischen Sprache.

Wir fühlen uns unverstanden und fragen beleidigt nach: *»Spreche ich Chinesisch?«* Reine Rhetorik. Warum bemühen wir nicht das *Owambo* aus dem südlichen Afrika oder das lateinamerikanische *Quechua*, indigene Sprachen aus weit entfernten Regionen, die ebenso viel Exotik verströmten? Stattdessen hat sich das Chinesische in die Liste unserer Redewendungen eingereiht – wir bitten um Verstehen und gehen doch den Umweg über das Unbekannte. Dabei ist die chinesische Sprache kein Mirakel, wenn man nur einen kurzen, aber intensiven Blick auf sie wirft – immerhin wird sie von einem Milliardenvolk gesprochen. Man stellt jedoch schnell fest, dass sich ihre lexikalische und grammatische Struktur grundsätzlich von den indogermanischen Sprachen unseres Kulturkreises unterscheidet. ■ Das Chinesische ist eine *monosyllabische* und (wie das Vietnamesische) eine *isolierende* Sprache *[→ 42]*. Das bedeutet, sie kennt keine grammatischen Partikel oder Bindeelemente. Im Gegensatz zu den *flektierenden* Sprachen sind im Chinesischen die kleinsten veränderbaren Elemente die Wörter selbst, die als isolierte Einheiten nebeneinander stehen. Vereinfacht könnte man sagen, dass ein Wort einem *Morphem* entspricht. Sie wird von einer logografischen Schrift wiedergegeben, in der für jedes *Morphem* ein bestimmtes *Wort-Bild-Zeichen* steht, dem sich ein einsilbiger *Lautwert* zuordnen lässt. Gegenüber den europäischen Sprachen ist somit das Chinesische eine im Wortsinn gleichsam einsilbige Sprache, deren zeichenhafte Wortgewalt inzwischen in einer mehr als dreitausend Jahre ▸

Ein Morphem ist …

… inhaltlich und formal die kleinste bedeutungstragende Einheit in einem Sprachsystem (Langue). □ Man unterscheidet freie und gebundene Morpheme je nach der Möglichkeit, ob sie in einem Satz frei auftreten können oder nicht. Gebundene Morpheme sind die Endungen in Ableitungen (z. B. -lich, -sam, -ung), die Flexionsendungen (z. B. -en, -st, -t) sowie unselbständig vorkommende lexikalische Morpheme (z. B. Him- in Himbeere, Schorn- in Schornstein). Grundmorpheme sind die lexikalischen Kerne von Worten (z. B. Tisch, blau, in). Wurzelphoneme benötigen grammatische oder ableitende Zusätze, um vollständig ausgesprochen zu werden, wie das zum Beispiel bei Verbstämmen der Fall ist. Diese Zusätze, also Morpheme ohne Grundbedeutung, sind immer gebundene Morpheme (Affixe). Phoneme sind die nicht inhaltstragenden, aber kleinsten bedeutungsunterscheidenden Elemente eines Morphems in der lautlichen Wiedergabe. Grapheme sind die grafischen Ausdrucksmittel dieser Elemente, zum Beispiel Buchstaben und Ziffern. □ Das lateinische Alphabet entspricht somit einer phonemischen Unterteilung gesprochener Laute. Es ist keine Wiedergabe rein akustischer Phänomene, sondern nur ihre Annäherung. Das Phonem konnte erst im Zusammenhang mit dem Vokalalphabet entstehen. Vor die deutsche Silbe »ein« können die Konsonanten n / f / k gesetzt werden und es entstehen je nach Auswahl völlig neue Bedeutungen (nein, fein, kein) der weiterhin einsilbigen Worte. Die Konsonanten sind in diesem Fall Phoneme. □ Phoneme sind aber keine Ableitungen aus der gesprochenen Sprache. Denn es ist kaum möglich, einen Konsonanten ohne Vokal, das heißt nicht als Silbe, auszusprechen. Einen Konsonanten dennoch zu isolieren und ihm eine wichtige syntaktische Bedeutung, seine Funktion als Phonem, zu geben, ist ein mentaler Vorgang, der nur aus dem vollständigen Vokalalphabet, das die Sprache unabhängig von ihrer akustischen Erscheinungsform in ihre kleinsten Teile zerlegt, entstehen kann [De Kerckhove]. □ Insofern ist das Chinesische keine phonemische, sondern eine morphemische oder morphosyllabische Sprache.

Die nebenstehende Seite des »Neuen Chinesisch-Deutschen Wörterbuches« (Peking, 2006) verdeutlicht das einsilbige Wortprinzip der chinesischen Sprache. Die in den Klammern stehenden Schriftzeichen sind Langzeichen, also die Zeichenformen, welche bis zur Schriftreform in China Mitte des letzten Jahrhunderts üblich waren. Nur einige tausend von ihnen wurden der sogenannten Vereinfachung unterzogen und werden heute Kurzzeichen genannt [→ 64, 67]. In modernen Wörterbüchern werden i.d.R. beide Schreibweisen angegeben.

▸ währenden Tradition steht. ■ DIE LINGUISTISCHE FORSCHUNG geht davon aus, dass im chinesischen Sprachraum früher durchaus Beugeformen und – verglichen mit heute – ein weit größerer Variantenreichtum an Silben existierte. Mit einer kontinuierlichen Verringerung lautlicher Unterscheidungsmerkmale reduzierte sich der Silbenbestand erheblich. Im Altchinesischen vermutet man beispielsweise noch Konsonantengruppen, wie in KLAM oder GLAM. Derartige Konsonantenhäufungen im Anlaut verschwanden völlig; oder ein abschließender *n*-Laut absorbierte das abschließende *m*, so dass aus Silben wie LAM und LAN später nur noch LAN übrig bieb *[→ 70]*. ■ ES HAT SICH GEZEIGT, dass während der Ausbildung einer *Langue*, d.h. eines Sprachsystems *[→ 23]*, ganz bestimmte Laute und Lautzusammensetzungen entstehen, die mehr oder weniger häufig miteinander kombiniert werden. Die Silben der chinesischen Sprache, die sich im Laufe einer langen Entwicklung herausbildeten, weisen heute einen enormen Grad an *äquivoken* Begriffen *[→ 39]* auf, also an gleichlautenden Wörtern, die mehrdeutig sind. ■ AUSSCHLIESSLICH EINSILBIGE WÖRTER mit ähnlichem Klang lassen sich verbal-akustisch schwieriger ausdifferenzieren als mehrsilbige. Für die Entwicklung des Hochchinesischen gilt dies um so mehr, als das Nordchinesische, allen voran der *Pekinger Dialekt,* langsam zur Leitsprache wurde, die aber immer mehr zu lautlicher Vereinfachung neigte. Durch die häufige Verwendung *homonymer,* d.h. gleichlautender Wörter entsteht daher im Gespräch ein gewisser Interpretationsspielraum, der unter anderem durch Attribute nonverbaler Kommunikation wie Gestik, Mimik oder Tonalität der Stimme gefüllt wird. In der Folge bildete sich unter den Chinesen eine ausgeprägte Fähigkeit zu kontextueller Kommunikation heraus. ■ DIES GILT AUCH für andere Sprachen, welche eine starke Häufung verbaler Uneindeutigkeiten aufweisen. Ein Beispiel dafür ist das *Japanische*, das jedoch mehrsilbig *(polysyllabisch)* ist und eine Vielzahl von grammatischen Suffixen besitzt *[→ 76 ff.]*. □

LOGOGRAMME SIND ...

... Zeichen wie Pikto- und Ideogramme oder andere abstrakte Zeichen, welche sich kaum noch oder nicht mehr mit einem Teil der Wirklichkeit assoziieren lassen und aufgrund von Konventionen mit einem ganz bestimmten Wort in Verbindung gebracht werden. Man bezeichnet sie auch als »Wort-Bild-Zeichen«.

KREUZ-WORT-BILD-RÄTSEL

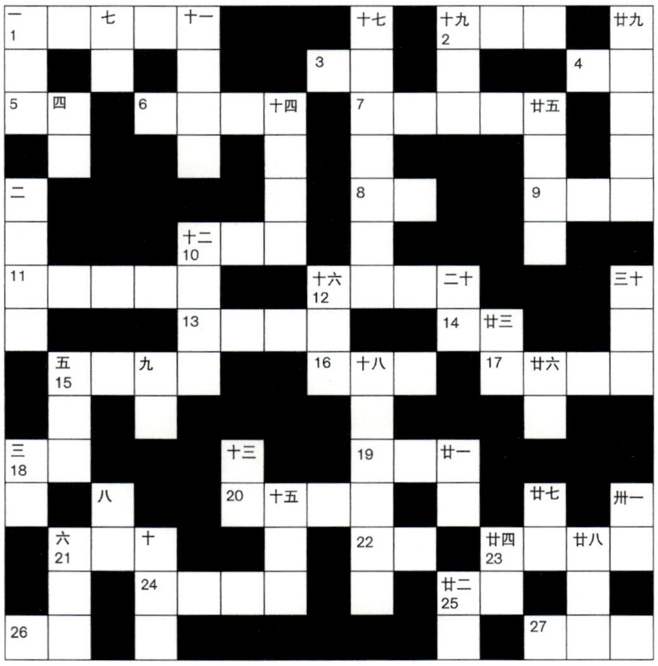

DAS KREUZWORTRÄTSEL IST WEDER eine chinesische Erfindung, noch ist nebenstehendes Beispiel ein chinesisches Produkt. Es stammt aus der chinesischsprachigen Ausgabe eines ursprünglich amerikanischen Periodikums. In China ist dieser Denksport so gut wie unbekannt. Während Kreuzworträtsel in Alphabetsprachen nur wenige schwarze Felder aufweisen, überwiegen sie hier, denn chinesische Wörter bestehen hauptsächlich aus nur zwei silbisch belegten Schriftzeichen. Die Unmenge an chinesischen Zeichen ermöglicht zudem nur wenige kombinierbare Wiederholungen. In die längeren Zeichenketten wären hier denn auch Sprichwörter oder Handlungen einzutragen.

Viele Wörter mit ähnlicher Aussprache und unterschiedlicher Bedeutung

Elf der wichtigsten Schriftzeichen des Lautes Xing (in üblichen kleinen Reisewörterbüchern finden sich 15 bis 17 verschiedene Zeichen). Wie das Beispiel zeigt, gibt es trotz teilweise gleicher Betonung durch die differenzierten Schreibweisen der Schriftzeichen keine Unterscheidungsschwierigkeiten beim Lesen.

兴	XĪNG	Freude
星	XĪNG	Stern, Planet
兴	XÍNG	aufgeregt, gedeihen, (auf-)blühen
行	XÍNG	gehen, reisen, Okay!, akzeptabel, möglich (sein), im Umlauf (sein), vorübergehend, bald u.v.m.
刑	XÍNG	Strafe, Bestrafung
形	XÍNG	Form, Gestalt, Aussehen, Substanz
型	XÍNG	Art, Typ, Modell, Gussform, Bauweise, Baureihe
醒	XǏNG	auf-/erwachen (nach Umtrunk), erwachen, erwachsen
幸	XÌNG	Glück, glücklich, froh
性	XÌNG	Charakter, Geschlecht, Eigenschaft, -ität (Suffix)
姓	XÌNG	Familienname

Zusammengesetzte Wörter bilden neue Bedeutungen

Einige mögliche Kombinationen des Schriftzeichens Xíng 形. Im Kontext mit anderen Schriftzeichen erweitern sich Bedeutungen oder konkretisieren sich Begriffe, die weder flektiert noch durchgekoppelt werden. Welche assoziative Kraft die Schriftzeichen haben, zeigt die Kombination für das Wort »Adjektiv«, das sich aus den Begriffen »Substanz« + »Inhalt« + »Wort« zusammensetzt.

形成	XÍNG CHÉNG	formen, Gestalt (an-)nehmen, (heraus-)bilden
形容	XÍNG RÓNG	beschreiben, imitieren, Erscheinen, Auftreten
形容词	XÍNG RÓNG CÍ	Adjektiv
形式	XÍNG SHÌ	Form
形势	XÍNG SHÌ	Situation, Lage, Kondition
形态	XÍNG TÀI	Form, Gestalt
形状	XÍNG ZHUÀNG	Form, Gestalt
情形	QÍNG XÍNG	Umstände, Lage, Verhältnisse

Kalligrafische Schriften, Kurialschriften

FZLiShuII-S
Vereinfachte Zeichen

字体设计的艺术？

36 / 39 pt

Hmbgft.!?字体是一种最基本的视觉设计元素，设计师使用它就如同建筑师们使用玻璃，石料，钢铁和无数其他材料一样。280！？…

9,5 / 13 pt

Hmbgft.!?字体是一种最基本的视觉设计元素，设计师使用它就如同建筑师们使用玻璃，石料，钢铁和无数其他材料一样。280！？…

6 / 9,5 pt

Diese Schrift ist auch mit traditionellen chinesischen Schriftzeichen erhältlich.

Founder Electronics, Peking

读音和语义的区别。

Differenziert in Klang und Sinn. Homophonie und Homonymie.

Mit der Homonymie, dem akustischen Gleichklang inhaltlich völlig unterschiedlicher Begriffe, wurde ein für unsere westlichen Ohren gravierendes Problem der chinesischen Sprache angesprochen. Auch unser Sprachraum kennt viele *Äquivokationen*, wie nebenstehende Übersicht zeigt, doch bergen sie bei Weitem nicht so viel Verwirrung stiftendes Potential. Das Chinesische fand einen bemerkenswerten Weg, seine ähnlich klingenden Worte auf einer weiteren – geradezu sinnlichen Ebene – auszudifferenzieren: Von frühester Zeit an half sich die Sprache mit *Wort-Tönen*, das heißt, einzelne Silben werden unterschiedlich intoniert, womit sich ihre jeweilige Bedeutung ändert. Als möglicherweise weit hergeholter, aber sicher verständlicher Vergleich seien die musikalischen Töne bemüht: Das hohe C kann *piano* oder *forte*, *staccato* oder *tenuto* gespielt werden und damit in klanglicher Hinsicht einen völlig unterschiedlichen Charakter annehmen. ■ Aufgrund der chinesischen Sprachentwicklung des Hochchinesischen ist der gesamte Bestand der einfachen, nicht zusammengesetzten Wörter auf nur noch knapp 420 Silben verteilt, die sich in der Aussprache unterscheiden. Mittels vier unterschiedlicher sprachlicher Ausdrucksvarianten und eines zusätzlichen neutralen phonetischen Stilmittels, der Tonlosigkeit, steigert sich aber die Zahl beim Sprechen unterscheidbarer Silben auf 1.300. Ohne den Einsatz dieser weiteren Dimension phonetischer Tonalitäten könnte der gewaltige chinesische Wortschatz akustisch gar nicht hinreichend ausdifferenziert werden. ■ Geht man vom Umfang eines kleinen Wörterbuchs mit 4.200 Wörtern aus, kommt auf zehn Wörter je eine gleichlautende Silbe. Tatsächlich ist die Verteilung jedoch sehr ungleichmäßig. Von den 4.200 Wörten werden zum Beispiel nur zwei mit Run ausgesprochen, wohingegen allein Yi 69 mal auftaucht. □

Die Ausdifferenzierung hochchinesischer Silben durch Töne

Die fünf möglichen Wort-Töne der chinesischen Hochsprache können grafisch dargestellt werden. Ihr Unterschied entspricht in etwa dem Gewicht der Vokale in den deutschen Wörtern Zacken, Zecken, Zicken, Zocken und Zucken.

1. Ton	2. Ton	3. Ton	4. Ton	5. Ton
bleibt hoch und gleichmäßig	*beginnt in einer mittleren Tonhöhe, die ansteigt*	*beginnt mit einem mittleren Ton, wird tiefer und steigt wieder an*	*beginnt mit einem hohen Ton und entwickelt sich zu einem tiefen Ton*	*wird eben und ausdruckslos gesprochen*

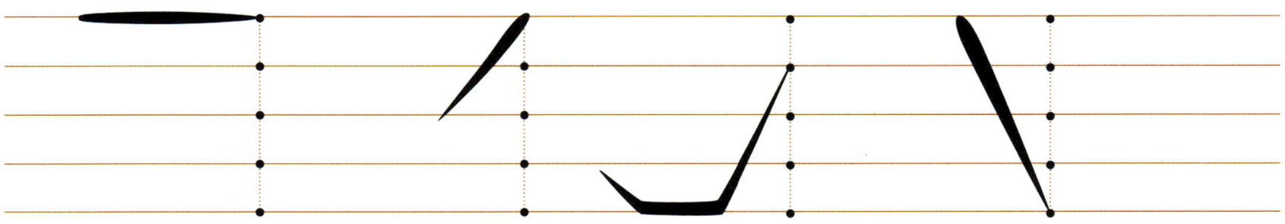

Wird das Chinesiche mittels Pīnyīn geschrieben, einer auf der Lateinschrift basierenden Transkriptionsform, verdeutlichen Diakritika die unterschiedlichen Töne [→ 74]. Häufig wird die Silbe Ma zur Anschauung herangezogen, weil die Aneinanderreihung der Beispielwörter eine nette Phrase ergibt: »Schimpft die pockennarbige Mutter das Pferd (aus)?«

mā	má	mǎ	mà	ma
妈	麻	马	骂	吗
Mutter	*Hanf / Pocken*	*Pferd*	*schimpfen*	*Fragepartikel*

Äquivokation
Verwendung gleicher Wörter für verschiedene Begriffe

Homonymie
Gleichklang bei unterschiedlicher Bedeutung, oft unterschiedlicher Herkunft

Polysemie
gemeinsame sprachliche Wurzeln, aber inzwischen abgeleitete Bedeutungen

Homografie
gleiche Schreibweisen bei leicht unterschiedlicher Aussprache

Homophonie
gleiche Aussprache, aber verschiedene Schreibweisen

Äquivokation …

… bedeutet die Doppelsinnigkeit oder Mehrdeutigkeit gleichlautender (äquivoker) Begriffe. Nach philosophischem Verständnis ist der Begriff Äquivokation etwas weiter gefasst als Homonymie und Polysemie, weil er jede Art von sprachlicher Mehrdeutigkeit abdeckt.

Tau = Niederschlag, Seil, 19. griechischer Buchstabe
bow = verbeugen, Bügel, Bogen, Schleife
Xíngshì = Gestalt, Situation, strafrechtlich, unterzeichnen

Homonyme *(dt. umgangssprachlich: »Teekesselchen«) …*

… sind Wörter, die gleichlautend ausgesprochen werden, aber verschiedene Bedeutungen haben und sich grammatisch voneinander unterscheiden, z.B. durch Genus, Plural, Konjugation. Etymologisch müssen sie keine gemeinsamen Quellen haben.

Reif = Ring, Eiskristalle, ausgereift [Adjektiv]
Bank = Geldinstitut, Flussbett (»river bank« – verwandt mit »bed«)
Xíngshì = Gestalt, Situation, strafrechtlich, unterzeichnen

Homophone …

… sind gleichlautende Wörter mit unterschiedlicher Schreibweise, was ein Hinweis darauf sein kann, dass diese Wörter früher nicht gleichlautend waren.

Festname = Name eines Fests, Festnahme = Verhaftung
ice cream = Eiscreme, I scream = ich schreie
Xíngshì = 形式 Gestalt, 形势 Situation, 刑事 strafrechtlich, 行事 unterzeichnen

---

Homographe oder Homogramme …

… sind Wörter, welche jeweils die gleiche Schreibweise, aber unterschiedliche Bedeutungen und häufig auch eine leicht differenzierte Aussprache haben. Bei exakt gleicher Aussprache sind sie zugleich Homophone.

Hochzeit = Vermählung (kurzes »ò«), Höhepunkt (langes »o«)
wind |wind| = Wind, blasen, |waind| = Biegung, schlängeln, drehen
Xíngshì = 形式 Gestalt, Förmlichkeit, Gebilde, Modus, gestalten, formal, formell, für, was, welche

---

Polyseme oder Lemma *(dt. umgangssprachlich: »Teekesselchen«) …*

… sind gleichlautende Begriffe, die in verschiedenen Kontexten unterschiedliche Bedeutungen haben. Sie lassen sich etymologisch meist auf eine gemeinsame Quelle zurückführen. Im Unterschied zur Homonymie sind bei polysemen Lexemen die Bedeutungsvarianten nicht mit wesentlichen grammatischen Unterschieden verbunden.

Schwester = Geschwister, Krankenpflegerin, Klosterfrau
bank = Geldinstitution, Synomym für »rely upon«: (»You can bank on me.« = »Verlass dich auf mich!«)
Xīng = 星 Stern: In Kontexten: Planet, Woche, Fahrrad u.v.m.

Kalligrafische Schriften, Grasschriften

FZHuangCao-S
Vereinfachte Zeichen

字
体
设
计
的
艺
术
？

36 / 39 pt

Hmbgft.!?字体是一种最基本的视觉设计元素，设计师使用它就如同建筑师们使用玻璃，石料，钢铁和无数其他材料一样。280！？…

9,5 / 13 pt

Hmbgft.!?字体是一种最基本的视觉设计元素，设计师使用它就如同建筑师们使用玻璃，石料，钢铁和无数其他材料一样。280！？…

6 / 9,5 pt

Founder Electronics, Peking

双重概念、同义词复合词、对象关系。

Trickreich Klarheit schaffen. Begriffsverdoppelung und Synonym-Komposita.

WIE IST ES NUN MÖGLICH, eine Sprache wie die chinesische, die aus so vielen Homophonen besteht, zu handhaben? *»Es ist völlig unmöglich,«* behauptet BERNHARD KARLGREN *[→ 68]*, *»es sei denn, der Sprecher greift zu einem weiteren Hilfsmittel.«* Die chinesische Sprache hat nämlich im Lauf der Zeit einen Trick gefunden, trotz der Homophonie Eindeutigkeit herzustellen. Wichtigstes Mittel sind die sogenannten *Synonym-Komposita*: Wortsilben unterschiedlicher Aussprache, die eine gleiche oder verwandte Bedeutung haben, werden aneinandergesetzt. Dies verhält sich in etwa so, als würde man *anhalten* durch *anhalten-stoppen* ausdrücken. ■ ÄHNLICHE FORMEN FINDEN sich auch im anglochinesischen *Pidgin-English*, einem gebrochenen, verkürzten Englisch, das sich als pragmatisch vereinfachter Geschäftsjargon im 19. Jahrhundert ursprünglich zwischen britischen und chinesischen Handelsreisenden etabliert hatte. Dort findet sich beispielsweise das Substantiv *look-see* in der Bedeutung *a quick glance*, was auf deutsch so viel heißt wie *sich schnell Übersicht verschaffen*. ■ DAS GESPROCHENE CHINESISCH verbindet also mehrdeutige einsilbige Wörter mit anderen, die für sich selbst genommen möglicherweise wiederum mehrdeutig belegt sind. In ihrer Kombination stellen sie ein gewisses Maß an Eindeutigkeit her. Auf diese Weise hat sich die heutige chinesische Sprache in den vergangenen 3.500 Jahren allmählich von einer *mono-* zur *polysyllabischen* Sprache entwickelt. Die Addition von synonymen Ergänzungswörtern ist im Text oft unnötig und wird deshalb beim Schreiben auch weitgehend ignoriert, da die Schriftzeichen zur inhaltlichen Ausdifferenzierung trotz *homophoner* Lautung ausreichen *[→ 44]*. ■ IN DER UMGANGSSPRACHE wird eine Begriffsverdoppelung auch dann angewandt, wenn dies gar nicht nötig erscheint. Außerhalb linguistischer Wissenschaftlichkeit ist dies vielleicht mit der Selbstverständlichkeit einer allem innewohnenden Balance zu erklären. Im Westen ist uns diese ontologische Grundannahme eher bekannt als das *Yin-Yang-Prinzip* östlichen Weltverständnisses: Alles, was ist, besteht aus dem Zusammenspiel zweier sich ergänzender, energetisch gegenläufiger (An-)teile oder Kräfte. Auch die Sprache des Alltags folgt anscheinend diesem Prinzip bestmöglicher und weitgehender Ausgeglichenheit der Gewichtungen. Benötigt also ein Wort ob seiner schon vorhandenen Klarheit und Eindeutigkeit nicht unbedingt eine spezifizierende Doppelungssilbe, so wird diese um der Komplettierung dieses Dualitätsprinzips willen dennoch wiederholt. Der Satz »Ich muss ihn fragen« verwandelt sich im Fall einer Nachdruck verleihenden, aber höflich-vermittelnden Sprachform zur Gemination (*lat.: geminare* = verdoppeln): »Ich frage(frage) einfach kurz nach. YĀO WÈNWÈN TĀ 要问问他 / 要問問他 .« □

EIN SYNONYM ...

... ist mit einem anderen Wort bedeutungsähnlich oder sinnverwandt. Der Begriff leitet sich aus dem Griechischen ab.

EIN KOMPOSITUM ...

... ist die Zusammensetzung von Wörtern durch die Verbindung mindestens zweier selbständig vorkommender Wörter oder Wortteile. Der Begriff leitet sich aus dem Lateinischen ab.

Synonym-Komposita: Die Kombination zweier Synonyme zur Bildung eindeutiger Begriffe

Zusammensetzungen zweier Silben gleicher oder ähnlicher Bedeutung erreichen eine Eindeutigkeit, die bei Aussprache einer einzelnen Silbe aufgrund der Homophonie nicht gesichert ist. In der Schriftsprache sind die Kombinationen oft nicht nötig, wenn ein Schriftzeichen eindeutig belegt ist.

需	XŪ	brauchen, bedürfen	要	YÀO	müssen, mögen, erfordern, werden u.a.	需要	XŪYÀO	brauchen
朋	PÉNG	Freund, helfen	友	YO3U	Freund	朋友	PÉNGYOU	Freund, Freundin
帮	BĀNG	helfen, beistehen	助	ZHÙ	helfen, beistehen, unterstützen	帮助	BĀNGZHÙ	helfen, Hilfe

Wortverdoppelung: Die Kombination gleicher Wörter zur Bildung eindeutiger Begriffe

Die sukzessive Reduzierung der Sprechsilben hat Kombinationen gleicher Wörter geschaffen, die sinnverwandte Wörter bilden.

个	GÈ	Zähleinheit/Partikel für Menschen, Personen	个个	GÈGÈ	jeder, alle
偏	PIĀN	geneigt, parteiisch, wider Erwarten	偏偏	PIĀNPIĀN	ausgerechnet, unbedingt
天	TIĀN	Jahreszeit, Himmel, Tag, Wetter	天天	TIĀNTIĀN	täglich

Semantik-Kombinationen zur Bildung eindeutiger Begriffe

Die Kombination mehrdeutig belegter Wörter stellt Eindeutigkeit her, indem einem vielfältig eingesetzten Tätigkeitswort ein gleichsam eingeschlossenes Objekt hingefügt wird. [Hier nur eine kleine Auswahl an Kombinationsmöglichkeiten.]

看 KÀN anrufen, aufpassen, behandeln, denken, sehen, schauen, suchen, überlegen				
病	BÌNG	Krankheit, erkranken, krank sein	看病	Arztbesuch, ärztl. Behandlung, Hausbesuch
成	CHÉNG	glücken, gelingen, verwandeln in, vollenden, fähig	看成	jn./etw. in/als/für jn./etw. betrachten
出	CHŪ	herauskommen, hinausgehen, verlassen u.v.m.	看出	einsehen, erkennen, etwas herauslesen
书	SHŪ	Buch, Geschriebenes	看书	lesen
跌	DIĒ	absetzen, fallen, absinken, hinfallen	看跌	auf Baisse spekulieren

Balance-Kombinationen

In der gesprochenen Sprache werden bedeutungstragende Silben oft mit einer bedeutungslosen zweiten Silbe gebildet, um eine rhythmische Silben-Balance zu erzeugen. Oft werden hier ZI 子, ER 儿 und TOU 头 angehängt. Die Schriftsprache kann auf diese Anhänge meist verzichten.

桌	ZHUŌ	Bedeutung: Tisch	桌子	Aussprache: ZHUŌZI
画	HUÀ	Bedeutung: Bild	画儿	Aussprache: HUÀR [das anlautende E der zweiten Silbe wird verschluckt]
码	MĂ	Bedeutung: Kai, Yard	码头	Aussprache: MĂTOU

Kombinationen selbständiger Begriffe zur Bildung zusammengesetzter Wörter (Kompositum)

Eine bedeutungstragende Substantiv-Silbe wird mit einer zweiten selbständigen bedeutungstragenden Substantiv-Silbe kombiniert (im Deutschen ebenso bekannt als Kompositum im Sinne von Sitzungssaal, Tagesordnungspunkt usw.)

桌	ZHUŌ	Tisch			
书	SHŪ	Schreiben, Buch	书桌	SHŪZHUŌ	Schreibtisch, Pult, Schulbank
布	BÙ	Tuch, Stoff	桌布	ZHUŌBÙ	Tischdecke

Kombinationen selbständiger Begriffe zur Bildung moderner Wortschöpfungen

Durch bestimmte Silbenkombinationen werden Begriffe dargestellt, die während der Zeit der Ausformung der Schriftzeichen noch nicht existierten, weshalb es für sie – verständlicherweise – keine einsilbigen Alternativen gibt [→68].

电	elektrisch	脑	Gehirn			电脑	DIÀNNĂO	Computer
电	elektrisch	梯	Treppe, Leiter			电梯	DIÀNTĪ	Fahrstuhl
自	selbst	动	bewegen	梯	Treppe, Leiter	自动梯	ZÌDÒNGTĪ	Rolltreppe

Kalligrafische Schriften, Normalschriften

HYKaiTiJ
Vereinfachte Zeichen

字体设计的艺术？

36 / 39 pt

Hmbgft.!?字体是一种最基本的视觉设计元素，设计师使用它就如同建筑师们使用玻璃，石料，钢铁和无数其他材料一样。280!？…

9,5 / 13 pt

Hmbgft.!?字体是一种最基本的视觉设计元素，设计师使用它就如同建筑师们使用玻璃，石料，钢铁和无数其他材料一样。280!？…

6 / 9,5 pt

Diese Schrift ist auch mit traditionellen chinesischen Schriftzeichen erhältlich.

Hanyi Keyin, Peking

分析——孤立型语言。放弃了综合性和变位。

Analytisch-isolierender Sprachbau. Verzicht auf Synthese und Flexion.

DIE MODERNEN CHINESISCHEN SPRACHEN sind – im Gegensatz zu den westeuropäischen *synthetischen* – in höchstem Maße *analytisch-isolierend*. Grammatische Funktionen eines Begriffs, wie Anzahl, Zeit oder Fall, werden durch unabhängige Kennzeichnungswörter sowie durch deren Position innerhalb eines Satzes deutlich gemacht. Geht aus dem Kontext Eindeutigkeit hervor, verzichtet man auf diese Kennzeichnungen. Die Wortstellung in Aussagesätzen ist in der Regel Subjekt-Verb-Objekt. Nur eine Handvoll Partikel und Affixe verdeutlichen komplette Aktionen, Fragesätze benötigen lediglich einen angehängten Fragepartikel in Form eines bestimmten Schriftzeichens. ■ DAS FEHLEN VON BEUGEFORMEN für Haupt- und Tätigkeitswörter als Ausdruck einer gewisser Primitivität einer Sprache ist ein weit verbreitetes Vorurteil. Dem muss man entgegenhalten, dass das Lesen von ideografischen Zeichen eine einzigartige Fähigkeit zu Analogiebildung und kontextbezogenem Lesen fördert. Auch wenn der chinesische Sprachaufbau jemandem, der mit komplizierter Grammatik aufgewachsen ist, zunächst relativ einfach erscheint, wohnt ihr doch eine komplexe *Syntax* inne. ■ EIN BLICK AUF DIE INDOGERMANISCHEN SPRACHEN, zu denen auch die deutsche Sprache zählt, verdeutlicht, dass für diejenigen Sprachen, die mehrsilbig und aus einer Vielzahl von Beugeformen aufgebaut sind, eine logografische Schrift auf Dauer nicht geeignet war: Die grammatischen Wortteile konnten nicht mit Hilfe von Gegenstands- oder Inhaltsworten ausgedrückt, sondern mussten phonetisch zerlegt werden. Europäische Sprachen flektieren mittels Konjugationen, Deklinationen, Kasus oder Tempi und haben viele weitere grammatische Satzglieder. Für Sprachen, bei denen das kleinste veränderbare Element der Einzellaut ist, musste die Entwicklung der Schrift zwangsläufig auf eine Lautschrift zulaufen. ■ ZUSAMMENFASSEND KANN MAN SAGEN, dass für die grammatische Struktur des Chinesischen die Kombination von Begriffszeichen ein hervorragendes Mittel ist, diese Sprache niederzuschreiben. Durch das weitgehende Fehlen von Beugungen und Flexionen sowie Nominal- und Verbalformen wurde *»die Auseinandersetzung mit reinen, für sich allein bedeutungslosen Lautkörpern (wie Buchstaben,* Anm. d. Verf.*) verhindert.«* [Bauer] Der gewichtigere Grund dafür, dass sich in China die bildhafte Schriftsprache nicht zu einer phonografischen weiter entwickelte, liegt aber wahrscheinlich in den unzähligen *homonymen* Wörtern verborgen, was mit der kleinen Erzählung von ZHÀO YUÁNRÈN verdeutlicht wird [→ 97]. □

EIN ANALYTISCHER SPRACHBAU …

… kennzeichnet in der Sprachtypologie Sprachen, in denen die grammatische Funktion eines Begriffs durch unabhängige Einzelwörter deutlich gemacht wird. Man spricht in diesem Zusammenhang von analytischen Sprachen.

EIN ISOLIERENDER SPRACHBAU …

… kennzeichnet Sprachen, in denen die grammatische Funktion eines Begriffs durch dessen Position innerhalb eines Satzes deutlich gemacht wird, wodurch die Satzstellung zum zentralen Element wird; man spricht von isolierenden Sprachen. Auch das Englische hat sich im Lauf der Zeit immer mehr zu einer isolierenden Sprache entwickelt.

EIN SYNTHETISCHER SPRACHBAU …

… kennzeichnet Sprachen, in denen die grammatische Funktion eines Worts durch Flexion kenntlich gemacht wird, wodurch weitere Wörter »synthetisiert« werden. Auch die westeuropäischen Sprachen weisen einen synthetischen Sprachbau auf, und tendieren aber zur Abschwächung ihrer Flexion und damit zum analytischen Sprachbau.

Diese Seite ersetzt keinen Sprachkurs, sondern gibt nur einen Eindruck von den völlig unterschiedlichen Bausteinen und Schwierigkeiten westeuropäischer und chinesischer Sprachen. Die vielen chinesischen Schriftzeichen mögen so manchen Lernanfänger verzweifeln lassen, doch das Studium grammatischer Formen und Funktionen der Satzglieder – allein der deutschen Sprache – steht diesem Aufwand in nichts nach, angefangen bei der geschlechtlichen Zuordnung der Nomina, die nicht homogen ist und keiner Logik unterliegt.

der Morgen	the morning	le matin	la mañana
die Nacht	the night	la nuit	la noche
das Finale	the finale	sport: la finale / mus.: le finale	deporte: la final / mús.: el final

Synthetischer Sprachbau mit Tendenz zum analytischen Sprachbau: Beispiel Deutsch

In der deutschen Sprache werden Wörter unterschiedlich ausdrucksstark flektiert. Umgangssprachlich wird zum Beispiel der starke Genitiv von einem Dativ verdrängt. Auch in Vergangenheitsformen oder dem Konjunktiv werden zunehmend synthetische Formen durch sogenannte »abschwächende« Satzkonstruktionen ersetzt.

Meines Bruders jüngere Schwestern äßen den Fisch nie.

[Starke Flexion durch Genus und synthetischen Konjunktiv]

Die jüngeren Schwestern meines Bruders aßen keinen Fisch.

[Flexion durch Genus und synthetisch gebildetes Präteritum]

Die jüngeren Schwestern von meinem Bruder haben keinen Fisch gegessen.

[Starke Abschwächung durch Dativ und analytisches Perfekt]

Synthetischer Sprachbau mit Tendenz zum isolierenden Sprachbau: Beispiel Englisch

Die Stellung der Satzglieder im isolierenden Satzbau entscheidet über die Aussage, wie das Beispiel aus dem Englischen zeigt. Hingegen kommt es durch die Beugung des Relativpronomens im Deutschen, hier des Artikels, zu einer Sinnverschiebung.

My brother did not like the fish.	Mein Bruder mochte den Fisch nicht.
The fish my brother did not like.	Der Fisch, den mein Bruder nicht mochte.
The fish did not like my brother.	Der Fisch mochte meinen Bruder nicht.

Analytisch-isolierender Sprachbau: Beispiel Chinesisch

Im Chinesischen steht jedes Morphem im Satz isoliert nebeneinander, einige wenige Affixe und Partikel übernehmen die analytisch-grammatischen Funktionen für Vergangenheits- oder Mengenformen usw. Für den Satz »Die jüngeren Schwestern meines Bruders aßen Fisch« können die Satzglieder nicht umgestellt werden, sonst isst der Bruder die Fisch-Schwestern oder der Fisch den Bruder. Ein besitzanzeigendes Fürwort wie das Possessiv DE *的 gibt es im Deutschen nicht, stattdessen Possessivpronomen wie »mein, dein, euer« usw.*

我	的	哥哥	的	妹妹	都	吃	魚	了。
Wǒ	DE*	GĒGE	DE	MÈIMEI	DŌU	CHĪ	YÚ	LE.
Ich	[Possessiv]	älterer Bruder	[Possessiv]	jüngere(n) Schwester(n)	alle	aßen	Fisch	[Vergangenheits-partikel]
		Subjekt				Verb	Objekt	

* Bei Verwandschaftverhältnissen ist ein Verzicht auf das Possessiv möglich.

Kalligrafische Schriften, Kurialschriften

FZKai-S
Vereinfachte Zeichen

字体设计的艺术？

36 / 39 pt

Hmbgft.!?字体是一种最基本的视觉设计元素，设计师使用它就如同建筑师们使用玻璃，石料，钢铁和无数其他材料一样。280!?…

9,5 / 13 pt

Hmbgft.:字体是一种最基本的视觉设计元素，设计师使用它就如同建筑师们使用玻璃，石料，钢铁和无数其他材料一样。280!?…

6 / 9,5 pt

Die traditionellen Zeichen auf der Seite

Founder Electronics, Peking

Folgendes Beispiel verdeutlicht das Gegensatzverhältnis von klassischer und moderner Schriftsprache. In Chinas Buchläden findet man unzählige Anthologien mit den Dichtungen berühmter Gelehrter der Vergangenheit. Viele dieser Poeme gehören zur Allgemeinbildung, bestimmte Zeichenverbindungen sind im Laufe der Zeit als Idiome oder »geflügelte Worte« in den Sprachgebrauch eingegangen. Ohne eine langjährige Beschäftigung mit den historischen und persönlichen Hintergründen der Schreiber wären die meisten dieser Geschichten unverständlich, denn heute schreibt man wie man spricht. Die untenstehende Abbildung zeigt beispielhaft den Aufbau eines weiterführenden Lehrbuchs für Studenten der klassischen chinesischen Literatur.

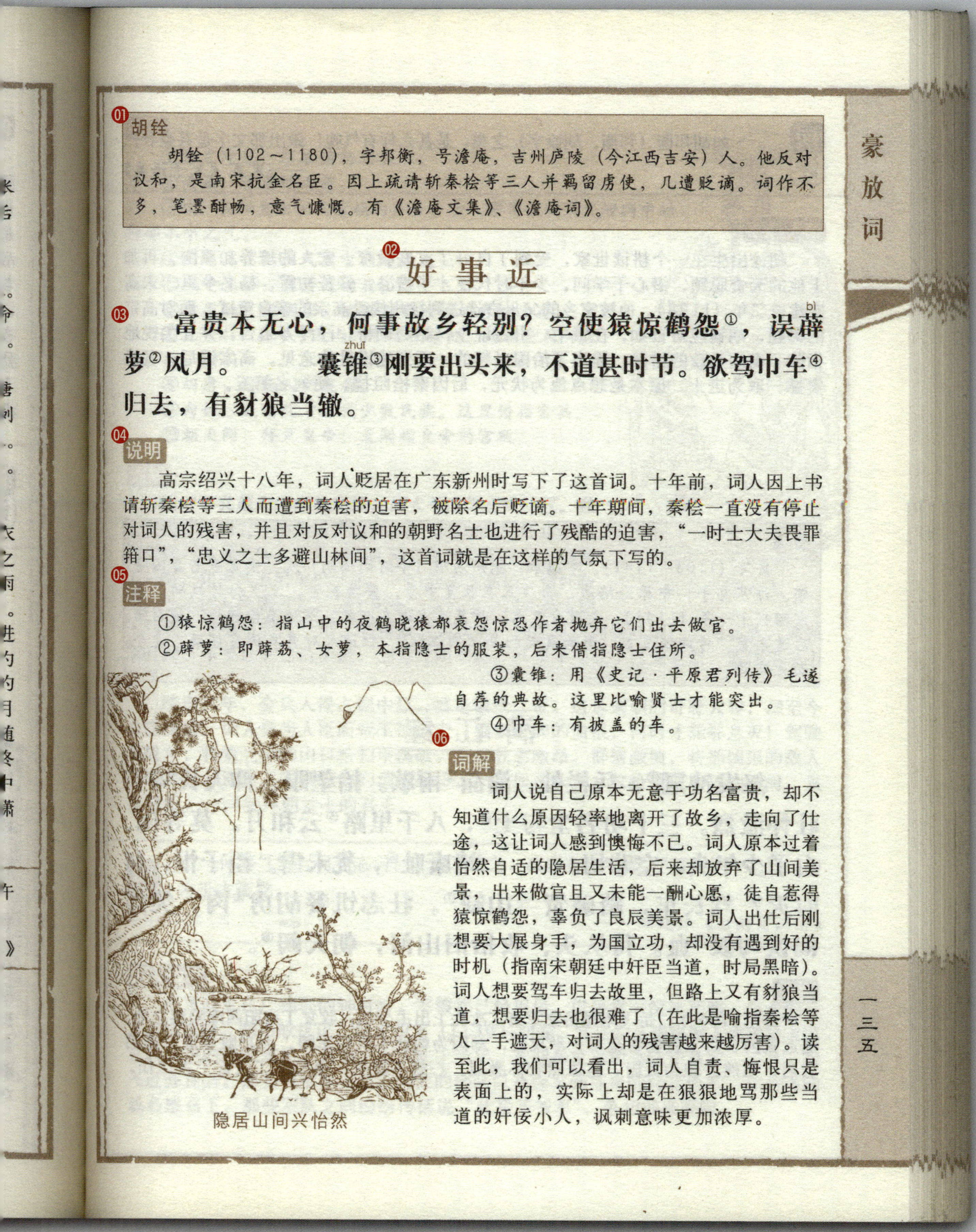

01 胡铨

胡铨（1102～1180），字邦衡，号澹庵，吉州庐陵（今江西吉安）人。他反对议和，是南宋抗金名臣。因上疏请斩秦桧等三人并羁留虏使，几遭贬谪。词作不多，笔墨酣畅，意气慷慨。有《澹庵文集》、《澹庵词》。

豪放词

02 好事近

03 **富贵本无心，何事故乡轻别？空使猿惊鹤怨①，误薜（bì）萝②风月。囊锥（zhuī）③刚要出头来，不道甚时节。欲驾巾车④归去，有豺狼当辙。**

04 说明

高宗绍兴十八年，词人贬居在广东新州时写下了这首词。十年前，词人因上书请斩秦桧等三人而遭到秦桧的迫害，被除名后贬谪。十年期间，秦桧一直没有停止对词人的残害，并且对反对议和的朝野名士也进行了残酷的迫害，“一时士大夫畏罪箝口”，“忠义之士多避山林间”，这首词就是在这样的气氛下写的。

05 注释

①猿惊鹤怨：指山中的夜鹤晓猿都哀怨惊恐作者抛弃它们出去做官。

②薜萝：即薜荔、女萝，本指隐士的服装，后来借指隐士住所。

③囊锥：用《史记·平原君列传》毛遂自荐的典故。这里比喻贤士才能突出。

④巾车：有披盖的车。

06 词解

词人说自己原本无意于功名富贵，却不知道什么原因轻率地离开了故乡，走向了仕途，这让词人感到懊悔不已。词人原本过着怡然自适的隐居生活，后来却放弃了山间美景，出来做官且又未能一酬心愿，徒自惹得猿惊鹤怨，辜负了良辰美景。词人出仕后刚想要大展身手，为国立功，却没有遇到好的时机（指南宋朝廷中奸臣当道，时局黑暗）。词人想要驾车归去故里，但路上又有豺狼当道，想要归去也很难了（在此是喻指秦桧等人一手遮天，对词人的残害越来越厉害）。读至此，我们可以看出，词人自责、悔恨只是表面上的，实际上却是在狠狠地骂那些当道的奸佞小人，讽刺意味更加浓厚。

隐居山间兴怡然

一三五

Hǎo	Shì	Jìn
好	事	近
Gut	*Ereignis*	*nahe*

Fùguì	běn	wú	xīn,	hé	shì	gùxiāng	qīng	bié?	Kōng shì	yuán jīng hè yuàn,	wù
富贵	本	无	心，	何	事	故乡	轻	别？	空 使	猿惊鹤鸣，	误
Wohlstand	*üblich*	*nicht*	*Herz,*	*wegen*	*Angelegenheit*	*Heimatort*	*leichthin*	*nicht tun?*	*Frei tun*	*Affe kreischen Kranich schreien [1],*	*aufgeben*

bìluó	fēngyuè.	Nángzhuī	gāngyào	chū	tóu	lái,	bùdào	shèn	shíjié.	Yù	jià	jīnchē
薜萝	风月。	囊锥	刚要	出	头	来，	不道	甚	时节。	欲	驾	巾车
Kleidung [2]	*Wind Mond [3]*	*Ahle [4]*	*just wollen*	*hinaus*	*Kopf*	*kommen,*	*nicht wissen*	*was*	*Zeitstaffel.*	*Wunsch*	*antreiben*	*Kutsche [5]*

guīqù	yǒu	cháiláng	dāng	zhé.
归去，	有	豺狼	当	辙。
zurückgehen	*gibt es*	*Schakal*	*verhindern*	*Rad [6].*

01 *Zu Beginn werden kurze Hinweise auf die Biografie des Schreibers Hu Quan (1102-1180) geliefert sowie auf die veschiedenen Namensgebungen während seines Lebens (auf deren ausführliche Darstellung hier verzichtet wird).*

02 *Der Titel des Poems bezieht sich nicht nur in gewisser Weise auf den unangenehmen Inhalt, sondern gleichzeitig auf eine ganz bestimmte Versform: Hao Shi Jin verweist stets auf den Rhythmus von 6–5–5–6–7–5 Schriftzeichen.*

03 *Die Zeichen eines Poems wörtlich zu übersetzen ergibt eigentlich keinen Sinn, da sie teilweise – aus dem Kontext gerissen – vollkommen gegenstandslos werden. An dieser Stelle soll lediglich deutlich gemacht werden, wie stark sich die Schriftsprache der Klassik von der gesprochenen Sprache abhob. Beim mündlichen Vortragen war es selbst damaligen Zuhörern oft unmöglich, die Texte zu verstehen. Die horizontale Schreibweise und das Setzen von Interpunktionen waren seinerzeit unüblich.*

04 *Hier wird eine ausführlichere Interpretation des Poems vorgenommen, wobei ganz persönliche Lebensbedingungen, Entscheidungen und gesellschaftliche Bedingungen beschrieben werden: Nach dem Dienst am Herrscherhof schreibt Hu Quan voller Gram im Exil seine Erinnerungen auf. Er wurde weit in den Süden Chinas verbannt, nach Guangzhou, mit dessen Sprache und Kultur er nicht vertraut war.*

05 *Viele Schriftzeichen oder Wörter werden heute nicht mehr verwendet, selbst Chinesen müssen für tiefergehende Erläuterungen neben den hier gebotenen in weiterführenden Lexika nachschlagen.*

[1] 猿惊鹤鸣: Das Bild von aufkreischenden Tieren, die instinktiv Gefahr spüren, wird verwendet, um die Blindheit des Menschen zu verdeutlichen, der kopflastige Entscheidungen wider besseres Wissen trifft. Hu Quan verlässt seine geliebte Heimat, um eine Beamtenkarriere anzutreten, obwohl er um die Gefahren und Intrigen, die auf ihn warten, sehr wohl hätte wissen müssen.

[2] 薜萝: Bìluó ist die Bezeichnung für bestimmte Kleidungsstücke, die man trug, um zurückgezogen an abgelegenen Orten zu leben, sich der Philosophie und Wissenschaft hingebend, abgeschieden vom weltlichen Geschehen. Hu Quan gab dieses erfüllende Leben auf, als er an den Herrscherhof gerufen wurde – in der Hoffnung, seinen Traum von einer besseren Gesellschaft verwirklichen zu können.

[3] 风月: »Wind« und »Mond« stehen hier zusammen sinnbildlich für das »Leben«.

[4] 囊锥: Nángzhuī bedeutet wörtlich »Ahle«. Der Schreiber wollte heraustreten aus der flachen Unbekanntheit und mit seinem Wissen dem Volk dienen.

[5] 巾车: Jīnchē bedeutet übersetzt »Tuch und Gefährt«, gemeint ist die mit einer Plane überzogene Pferdekutsche, mit der er gern fliehen würde.

[6] 辙: Zhé bedeutet eigentlich »Wagenspur«: Im übertragenden Sinne blockieren intrigante Beamtenkollegen das Rollen des Wagenrades, also die Rückkehr Hu Quans in seine Heimat.

06 *Die Übersetzung des Poems in die moderne chinesische Literatursprache ist um ein Vielfaches länger, büßt aber an Kraft der metaphorischen Bildsprache ein.*

Möglichkeit einer Übersetzung:

»Es war sicher nicht meine Bestimmung, Ruhm und Ehre hinterherzujagen, und ich weiß heute wahrlich nicht mehr, warum ich meine Heimatstadt so leichtfertig verlassen konnte. Ich lebte in bodenständigen und angenehmen Verhältnissen, bis mich die Entscheidung, für unsere Regierung zu arbeiten, dazu trieb, dieses Leben aufzugeben. Wie sehr ich diese Entscheidung bedauere! Unser Herrscher vertraute meinen Fähigkeiten bald nicht mehr, sogar meine Kollegen hetzten ihn gegen mich auf, was mich sehr schmerzte. So gab es keine Möglichkeit, meine hehren Träume zu verwirklichen. Nun, verdammt zum Leiden im Exil, nehmen meine Qualen kein Ende, weil diese widerwärtigen Beamten mich bis hierher mit ihren Intrigen verfolgen. Es gibt keinen Weg zurück!«

Die chinesische Schrift nimmt in der heutigen Welt unter allen Schriften eine extreme Sonderstellung ein.

Wolfgang Bauer

中文是最古老的文字吗？是又不是。

Ist das Chinesische die älteste Schrift? Nein und ja.

Über Sprache in einem Buch zu »reden«, kann nur über den Umweg der Schrift erfolgen. Gedanken werden Sprache, Sprache wird Schrift. Dieser Dreiklang bildet eine Einheit. Die verkehrsfähige Verschriftlichung einer Sprache ist das Ergebnis eines langen Entwicklungsprozesses. Deshalb holen wir auf den folgenden Seiten etwas weiter aus und gehen bis an die Wurzeln des chinesischen Schriftsystems zurück, das sich vollkommen isoliert und 10.000 km von Europa entfernt ausgebildet hat und nicht gegensätzlicher zu unserem Buchstabenalphabet sein könnte [→ 104]. ■ Die chinesische Schrift ist sowohl die älteste noch voll funktionierende Schrift als auch die morphologisch altertümlichste. Im Prinzip hat sich in ihrer Identität seit Jahrhunderten nichts verändert. Sie ist auch in ihrer gegenwärtigen Verwendung noch immer eine Art *Wort-Bild-Schrift*. Allerdings ist sie nicht, wie auch in China bisweilen publiziert wird, die älteste je entstandene Schrift, sondern im Gegenteil ***»ein ziemlicher Spätkömmling«*** *[Bauer]*. Wohl aber stimmt, dass die chinesischen Schriftzeichen in der ältesten ohne Brüche existierenden Kultur die älteste noch lebendige Schrift darstellen. ■ Die ältesten uns bekannten Schriftdokumente überhaupt können bereits auf das Ende des 4. Jahrtausends vor Chr. datiert werden. Sie wurden im damaligen Ägypten und Zweistromland, dem heutigen Irak gefunden. In Südmesopotamien war zu diesen Zeiten eine Hochkultur entstanden, deren Träger die

Die Wurzeln des lateinischen und chinesischen Schriftsystems …

… liegen nicht nur in der grafischen Darstellung silbischer Lautkombinationen, sondern begannen auch auf gleichen Breitengraden zu sprießen.

Beispiele phonografischer Schrifttypen

Konsonantisch:	*Arabisch, Hebräisch (Abjad-Alphabete)*
Phonemisch:	*Englisch (lateinisches Alphabet), Russisch (kyrillisches Alphabet)*
	Koreanisch (Jamo)
Silbisch:	*Japanisch (Hiragana und Katakana)*
	Koreanisch (Hangeul)
Phonetisch:	*Pinyin, Bopomofo, Roomaji*
Silbisch-phonetisch:	*Furigana*

Beispiele logografischer Schriften

Silbische Logogramme:	*Sumerisch (Keilschrift)*
	Chinesische Schriftzeichen in China (Hanzi)
	Japan (Kanji)
	Korea (Hanja)

Sumerer waren. Mit ihrer Erfindung der *Keilschrift* entstand die wahrscheinlich älteste Schrift der Welt. Dem gegenüber sind die ältesten in ihrer Bedeutung vergleichbaren Schriftstücke Chinas ein bis anderthalb Jahrtausende jünger. Nicht berücksichtigt bei der Erstellung solcher Zeitschienen werden früheste Formen einer annäherungsweise schriftlichen Fixierung von beispielsweise Eigentumsverhältnissen oder Herstellerzeichen in beiden Hemisphären, wie wir sie in Knoten pflanzlicher Stricke oder Einkerbungen auf Holzbrettern finden. ■ ALS MAN 1953 das jungsteinzeitliche Dorf BÀNPŌ 半坡 nahe der Stadt XĪ'ĀN 西安 in der zentralchinesischen Provinz SHǍNXĪ 陕西/陝西 fand, wurde die bisher größte menschliche Ansiedlung ausgegraben, deren Alter auf mehr als 6.000 Jahre geschätzt wird. Die hier entdeckten rot-blauen Tontäfelchen, welche bereits numerische, kultische oder juristische Bedeutung hatten, sind als Vorläufer von Schriften bekannt, aber noch nicht als solche zu bezeichnen. Den primitiven Stämmen des Neolithikums standen bei weitem noch nicht die Geschicklichkeit und die technischen Mittel zur Verfügung, wie sie für die Herausbildung späterer *Piktogramme* nötig waren. ■ ERSTE ARCHÄOLOGISCHE FUNDE, die auf die Entstehung einer verkehrsfähigen Schrift in China hinweisen, wurden von Wissenschaftlern eher zufällig im Jahr 1899 in ĀNYÁNG 安阳 /安陽 im mittleren Ostchina entdeckt. Seitdem man die piktografischen Inschriften auf den Schildkrötenpanzern und Schulterblättern von Rindern erforschen konnte, wird die Anzahl der verwendeten *Wort-Bild-Zeichen* zu Zeiten der SHĀNG-Ära 商朝 um 1.400 v. Chr. auf bereits astronomische vier- bis fünftausend beziffert. Währenddessen reduzierten sich die *Keilschrift*-Zeichen von anfangs um die 1.500 auf 600, denen effizient lediglich eine Bedeutung zugewiesen war. ■ DA DIE ERSTEN BEKANNTEN INSCHRIFTEN auf kultisch bedeutsamen *Orakelknochen* gefunden wurden, herrscht in China die Auffassung, dass die Schrift als Medium zur Kommunikation mit höheren Mächten erschaffen wurde. Bis in die heutige Zeit bemüht man sich um den harmonischen Einklang des irdischen Zusammenlebens mit dem Kosmos, der Wohlergehen und Wohlstand bringt. Zu allen Vorgängen des Alltags wurden und werden die Götter und Ahnen um Rat gefragt. Daher verbindet sich mit den Ursprüngen der chinesischen Schrift etwas Magisches und Göttliches. ■ GANZ IM GEGENSATZ DAZU wird in Europa die Erfindung der Schrift seit der wissenschaftlichen Reflexion über die Schriftgeschichte allgemein mit wirtschaftlichen Notwendigkeiten begründet, etwa den Bedürfnissen einer wachsenden Verwaltung und differenzierten Dokumentation von Mengen und Sorten land- oder viehwirtschaftlicher Erzeugnisse, aber auch durch den zunehmenden Handel mit anderen Völkern über Wasserwege. □

- ■ *Fundorte ältester chinesischer Schriftzeichen in Anyang*
- ■ *Heutige Ausdehnung der chinesischen Provinzen Shaanxi und Henan*
- ■ *Ausbreitung der chinesischen Schriftzeichen heute*
- ■ *Fundorte von Keilschriften im heutigen Irak*
- ■ *Ausbreitung des lateinischen Schrifttyps heute*
- ■ *Verwendung anderer Schrifttypen*

当照片了解运行。从节点到词的字母。

Als die Bilder laufen lernten. Vom Knoten zum Logogramm.

Die heutigen Formen der chinesischen Schriftzeichen und ihre phonemische Zuordnung stehen am Ende eines jahrtausendelangen Weges. Ihre Entwicklung lässt sich in vier Phasen unterteilen, von denen die erste den enorm langen zeitlichen Abschnitt von 4.000 Jahren bildet. Einfachste Markierungen dienten zunächst zur schriftlichen Verständigung, wie sie im neolithischen Dorf Bànpō der Yǎngsháo-Kultur 仰韶文化 gefunden wurden, und gingen dann im Laufe der Zeit in ikonische Darstellungen über. ■ Entsprechend sind diese ersten Schriftzeichen schematisierte Abbilder der Wirklichkeit, deren Wirkung in einem bestimmten Signalcharakter lag. Gleich von Anfang an entwickelten sich dabei, abhängig von lokalen Einflüssen und Lebensbedingungen, unterschiedliche Bilder für gleiche Bedeutungen. Entgegen allgemeiner Vermutung allerdings haben von den heute verwendeten Schriftzeichen Chinas die wenigsten piktografische Ahnen in der frühesten Schriftgeschichte. Von den Shāng 商-Zeichen, die man auf *Orakelknochen* fand [→ 56], sind nur etwas mehr als ein Viertel je entziffert worden, und nur einigen von ihnen sieht man nach einem intensiven Blick die Verwandtschaft mit ihren modernen Nachkommen an, wie bei den Zeichen für Baum 木, Fluss 川 oder Feuer 火. ■

Wort-Bild-Zeichen, bei denen in der Reihenfolge, in der gesprochen wird, möglichst für jedes Wort ein Bild steht, sind leicht fassbar. Sie stoßen aber schnell an ihre Grenzen, da abstrakte Begriffe hier noch keine Entsprechung finden. So standen bald Gegenständen zugeordnete Bilder zusätzlich symbolhaft für andere Worte. Das Schriftzeichen Sonne 日 steht ebenso für Tag, das Zeichen für Mond 月 bedeutet auch Nacht und Monat. Natürlich muss auch diese Form der Bedeutungsübertragung endlich sein. Mit der Kombination von Piktogrammen schuf man jetzt eine ideografische Zeichenwelt, die wegen ihres stärkeren Mitteilungscharakters schon einen leisen Übergang zu einer »Ideenschrift«, also zu einer wirklichen Schrift ankündigt. Wenn Sonne 日 und Mond 月 sich in einem Zeichen vereinen, wird es hell 明, wenn die Frau 女 unter dem häuslichen Dach 宀 sitzt, ist es ruhig und friedlich 安. ■ Um ein System von Zeichen für ein verkehrsfähiges Schriftsystem tauglich zu machen, müssen diese in der Lage sein, dem gesamten Wortschatz einer Sprache phonemisch zu entsprechen. Diese Richtung wurde in einer weiteren Phase der Zeichenerfindung eingeschlagen. Man bediente sich nun für die Darstellung von abstrakten Begriffen bildhafter Zeichen, die in der phonemischen Belegung ähnlich oder gleich waren, gemäß dem uns bekannten *Rebus-Prinzip* [→ 32]. Diese reinen Bild-Übertragungen nahmen jedoch so schnell überhand, dass sie durch ein *klassifizierendes Zeichen* erweitert wurden [→ 122 ff.], welches jetzt den Begriff näher beschrieb: Ausdifferenzierung durch Addition. ▸

Die vier zeitlichen Abschnitte der Entwicklung chinesischer Schriftzeichen

Primitive Periode *8.000 – 3.000 v. Chr.* *Yuánshǐdài* *原始代*	*Erste Versuche zeichenhafter Verständigung, wie Knoten in Stricken oder Einkerbungen in Holz, später auf Tonscheiben, dienen als Gedächtnisstütze für bestimmte Ereignisse oder als Kalendarien. Einfachste Zeichen stellen wahrscheinlich Zahlzeichen dar, kompliziertere wohl Sippen- oder Stämmenamen. Später werden Gegenstände aus der Umgebung ikonisch erfasst.*
Archaische Periode *3.000 – 1.600 v. Chr.* *Yǐfèiqìdài* *已废弃代*	*Neben ikonischen werden nun symbolische Piktogramme und Ideogramme entwickelt, um abstrakte Begriffe wiedergeben zu können. Über die Formen der Zeichen bestehen noch keine Konventionen, sie werden von Schreibern verschiedener Epochen, Regionen und Dialekte geschaffen. Man zählt bereits fast 5.000 Zeichen.*
Geschichtliche Periode *1.600 v. Chr. – Mitte 20. Jh.* *Lìshǐdài* *历时代*	*Es entstehen alle sinntragenden und phonetischen Zeichen. 221 v. Chr. findet die erste Schriftreform statt, Zeichen werden erstmals kompiliert und lexikalisiert, ihre formalen Strukturen festgelegt, die sich bis 1958 nicht mehr ändern. Trotzdem steigt ihre Anzahl rasant. Alle wichtigen Schreibstile, die heute die historischen Vorbilder für Druckschriften bilden, entwickeln sich [→ 174].*
Gegenwärtige Periode *seit Mitte 20. Jh.* *Xiàndài* *现代*	*Mit der Gründung der Volksrepublik China 1949 wird eine Schriftreform vorbereitet, die 1958 stattfindet. Der Zeichenvorrat zur offiziellen Verwendung wird festgelegt, Aussprachen der Zeichen werden national vereinheitlicht, viele Schriftzeichen vereinfacht, das Umschreibungssystem Hànyǔ Pīnyīn 汉语拼音 mittels lateinischer Buchstaben wird entwickelt [→ 68].*

Piktogramme
Xiàngxíng
象形

sind die frühesten Vorläufer einer später verkehrsfähigen Schrift. Mittels ikonischer (abbildlicher) Zeichen wird Gegenständliches assoziiert.

»Berg«: In der Orakel- und Bronzeschrift werden die drei Bergspitzen noch gleichhoch abgebildet. Seit der Entstehung der Bronzeschrift hob man den mittleren Gipfel hervor.

Indikatoren
Zhǐshì
指示

assoziieren mittels symbolischer (sinnbildlicher) Zeichen abstrakte Dinge oder Gedanken.

»Gas, Luft, Atem, Hauch«: In ältesten Darstellungen bestand das Zeichen aus drei Strichen und bedeutete »Luftströmung«. Um es von der Zahl »Drei« 三 unterscheiden zu können, bekamen die äußeren Striche eine Krümmung. Daraus leiteten sich weitere Zeichen ab; das heutige Langzeichen ist 氣, wie es in Japan noch verwendet wird. In China erhielt es nach der Schriftreform wieder eine klare Form.

Ideogramme
Xíngyìwénzì
形意文字

sind logisch zusammengesetzte Piktogramme, die neue Assoziationen hervorrufen.

Die Kombination aus den Piktogrammen »Mensch« und »Baum« bedeutet u.a. »(sich) ausruhen, etwas einstellen«. Das alte Schriftzeichen zeigt einen Mann, der unter einem Baum sitzt. Wird das Zeichen »Mensch« zum linken Komponenten eines anderen Zeichens, stellt man es vereinfacht dar.

Phonogramme
Xíngshēng
形声

sind nach dem Rebus-Prinzip zusammengesetzte Zeichen: Eine Komponente trägt die phonetische Einheit, die andere transportiert die Bedeutung. Mit fast 90% stellen sie die größte Gruppe aller Zeichen.

»Verdienst, Leistung«: Gōng zeigt eine Schaufel, was ursprünglich »Werkzeug« bedeutete, heute auch »Arbeit« oder »geschickt, fein«. Lì ist ein Pfluggerät, man muss »Kraft« anwenden, um es zu betätigen. Gōng liefert die Aussprache, Lì stellt das Klassenzeichen, also den sinntragenden Teil.

Ableitungen
Zhuǎnzhù
转注

sind sinnverwandte und im Aussehen ähnliche Zeichen, aber mit verschiedener Aussprache; sie weisen gleiche etymologische Wurzeln auf.

»Prüfung«: Kǎo leitet sich von dem Zeichen lǎo ab, das einen greisen, gebeugten Mann zeigt und u.a. für »alt, hohes Alter«, auch »ehrwürdig« steht. Nach konfuzianischer Lehre durften nur alte, erfahrene Männer prüfen.

Leihwörter
Jiǎjiè
假借

sind durch Gebrauch entstanden und weder semantisch noch phonetisch zu assoziieren. Meist wurden vorhandene Zeichen auf Homophone übertragen, für die ursprüngliche Bedeutung haben sich dann wiederum andere Zeichen herausgebildet. Oft sind diese Zeichen etymologisch nicht zu erklären.

»Erwarten, brauchen, wollen, sollen, müssen«, auch als Zukunftsartikel: Ursprünglich bedeutete dieses Zeichen »Hüfte«, eine »Frau« 女 mit in die Hüften gestemmten Armen darstellend. Der Kopf wurde einst von dem Zeichen »Sonne« 日 gebildet, später aber irrtümlicherweise in »nisten« 西 verwandelt.

Kalligrafische Schriften, Kurialschriften

FZKai-T
Traditionelle Zeichen

字體設計的藝術？

36 / 39 pt

Hmbgft.!?字体是一种最基本的视觉设计元素，设计师使用它就如同建筑师们使用玻璃，石料，钢铁和无数其他材料一样。280!？…

9,5 / 13 pt

Hmbgft.:字体是一种最基本的视觉设计元素，设计师使用它就如同建筑师们使用玻璃，石料，钢铁和无数其他材料一样。280!？…

6 / 9,5 pt

Die vereinfachten Zeichen auf der Seite

Founder Electronics, Peking

Xì Eine Hand hält zwei oder drei Schnüre, die ursprüngliche Bedeutung des Zeichens ist »verbinden« oder »übernehmen«. Es taucht in dem Wort »Beziehungen« Guānxì 关系 auf, in China eine wichtige Vokabel.

Guī Je nach Schriftstil wird die »Schildkröte« von der Seite oder von oben dargestellt. Das traditionelle Zeichen erfuhr nach der Schreibreform eine erhebliche Vereinfachung [→ 64].

Guǒ Das Schriftzeichen zeigt einen Strauch mit seiner »Frucht«. In der Orakelknochenschrift wird die Zahl der Früchte, in der Bronzeschrift ihre Größe hervorgehoben. Die kleine Siegelschrift ersetzt den oberen Teil irrtümlich mit »Feld« Tián 田. Damit wirkt das Zeichen heute, als ob die Früchte des Feldes auf einem Baum gedeihen.

Dōng stellte ursprünglich einen beidseitig offenen Sack dar. Mit der Zeit assoziierte man eine hinter Bäumen aufgehende Sonne, so dass es heute nur noch »Osten« bedeutet, zum Beispiel als Wortteil in Dōngjīng 东京. Geschrieben mit dem Langzeichen 東京 liest man es auf japanisch »Tokyo«.

Míng Das Zeichen setzt sich aus »Abend« 夕 und »Mund« 口 zusammen. Nachts ist es zu dunkel, jemanden in der Ferne zu erkennen, man ruft ihn mit »Namen« an [Li].

▸ Denn setzt man für den gleichen Silbenlaut stets das gleiche Zeichen ein, kommt es beim Lesen eines Schriftstücks zwangsläufig zu Uneindeutigkeiten, nicht jedoch, wenn ein weiterer Komponent innerhalb eines Zeichens Eindeutigkeit schafft. Mit diesem Schritt hinein in unendliche Kombinationsmöglichkeiten einzelner Wortzeichen fand man eine kongeniale Lösung, die hinfort hoch entwickelt wurde. Beide Schriftzeichenformen – die mit dem *Rebus* und die mit einem zusätzlichen Zeichen arbeitende – bilden gemeinsam sogar fast sieben Achtel aller heute gebräuchlichen Schriftzeichen. ■ Im Weiteren bildeten sich während dieser sagenhaften schriftgeschichtlichen Epoche alle wichtigen Zeichenformen heraus, die für die folgenden 2.000 Jahre maßgebend waren. Dass dabei Zeichen immer wieder leichte bis drastische Veränderungen erfuhren, ist nur zu verständlich. Die Schreiber gaben ihre handwerklichen Fähigkeiten mit ihren kunstvollen Kalligrafien weiter, in denen sie sicher hin und wieder Zeichen eigensinnig interpretierten; unaufmerksame Schüler mögen *Striche* und *Komponenten* vertauscht und vergessen haben [→ 118]. Aber auch politische und administrative Indifferenzen während Chinas wechselvoller Geschichte trugen zu lebhaften Metamorphosen von Schriftzeichen bei. ■ Die Bildwelt Chinas hat sich im Laufe der Zeit in eine voll verkehrsfähige Schrift verwandelt. Jedem einzelnen Zeichen ist ein *Morphem*, eine bedeutungstragende Einheit, zugeordnet [→ 39, 46]. Damit haben wir es mit einem *logografischen* Schriftzeichensystem zu tun, nicht mit einem rein *ideografischen*, wie immer wieder gern behauptet wird. Chinesische Schriftzeichen sind *Logogramme*, grafische *Wort-Bild-Zeichen*, in denen *Piktogramme, Symbole, Ideogramme* und alle anderen Formen der Zeichenbildung eingeschlossen sind [→ 36]. ■ Mitte des 20. Jahrhunderts wurde noch einmal eine neue Periode der chinesischen Schriftgeschichte besiegelt, die sich bereits Jahrzehnte vorher ankündigte. Mit einer Schriftreform der frisch gegründeten Volksrepublik China erfuhr die Zeichenwelt der Hànzì 汉字/漢字 plötzlich einen teilweise erheblichen Eingriff in ihre Schreibweisen, auch wurde die gesamte Struktur der Lexikalisierung überarbeitet [→ 121]. Hinzu gesellten sich grammatische Satzzeichen eines fremden, nämlich des lateinischen Schriftsystems sowie dessen Schriftzeichen in Form von Buchstaben, mit denen zukünftig die eigenen Schriftzeichen phonetisch einheitlich umschrieben wurden [→ 72]. China bewirkte damit nicht nur eine erhebliche Verringerung der hohen Analphabetenrate im eigenen Land, sondern die Öffnung hin zu einer globalisierten Welt. Auch darin verbirgt sich ein erheblicher Teil des Geheimnisses seines überaus rasanten Wirtschaftserfolges. □

Der Rebus oder das Prinzip der Kombination – ein unendlicher Wortschatz tut sich auf

Im Sinne eines Bilderrätsels werden neue Worte mittels konkreter Bilder assoziiert, die gleich oder ähnlich klingen. Ein Beispiel aus unserer Sprache ist das »Tor«: In Kombination mit einem Menschen gezeichnet, wird es zu dem »Tor«, dem Einfältigen. Der »Wagen« zusammen mit einem Menschen, wird zur Fähigkeit, etwas zu »wagen« [Bauer]. □ *Die Grundbedeutung des Schriftzeichens Tóng 同 ist »gemeinsam, gleich«. Es wurde ursprünglich aus den Zeichen »alle«, »jeder« 凡 und »Mund« 口, der hier für »sprechen« steht, zusammengesetzt: Alle sprechen im gleichen Ton. Tóng 同 bildet für viele Homophone der chinesischen Sprache den tonangebenden Teil eines Schriftzeichens, das mit einem weiteren Klassenzeichen den sinntragenden Teil beisteuert.*

Semantische Komponente		Phonemische Komponente	Phonogramm	Phoneme	Bedeutung
Metall / Gold	金	同	铜	Tóng	Bronze
Mensch	人	同	侗	Tóng	einfältig
Feuer	火	同	烔	Tóng	echt heiß, geil
Wasser	水	同	洞	Dóng	Höhle
Speise	食	同	餇	Tóng	Ernährung
Bambus	竹	同	筒	Tǒng	Röhre
Reise	行	同	衕	Tòng	Fahrbahn

千年存在的字符。中国与欧洲的时间比较。

Jahrtausendresistente Zeichen. Zeitvergleiche zwischen China und Europa.

Während der historisch als *chinesische Klassik* geltenden Kulturperiode bildete sich etwa um 300 v.Chr. auch eine Sprache des klassischen Schrifttums heraus [→ 33]. Sie entfernte sich bis zum Jahr 100 v. Chr. immer weiter von der Umgangssprache, blieb aber auch in nachklassischer Zeit die geltende Schriftsprache. Um diese Zeit entwickelten sich die Schriftzeichen zu einer voll verkehrsfähigen Schrift, obwohl sie an sich noch nicht einem vereinbarten Konsens unterlagen und entsprechend eigenwillig verwendet und individuell interpretiert wurden. *Strichzahl* und *-formen* differierten bei scheinbar gleicher Bedeutung, oder es wurden gleiche Zeichen mit unterschiedlichen Bedeutungen belegt. Immerhin aber war das Medium Schrift jetzt in der Lage, einige der damaligen Sprachen im Gebiet des heutigen China *syntaktisch* und *semantisch* vollständig abzubilden. ■ Lokale Sonderentwicklungen wurden nach der chinesischen Reichseinigung unter dem ersten Kaiser Qín Shǐhuángdì 秦始皇帝, der seit 221 v.Chr. regierte, unterbunden. Noch vor dieser historisch bedeutenden Einigung zu einem großen Kaiserreich hatte der Beamte Lǐ Sī 李斯 die noch relativ archaischen Zeichen zusammengetragen und deren bis dahin recht ungeordnete Schreibweise analysiert und vereinheitlicht. Im Auftrag des Kaisers erstellte er einen maßgebenden Katalog amtlicher Zeichen für offizielle Dokumente und literarische Schriften. Damit entstand ein erstes sortiertes Kompendium mit 3.300 einzelnen in Form und Bedeutung festlegten Wörtern. ■ Die heute verwendeten Schriftzeichen Chinas und einiger anderer Länder des fernöstlichen Asien erfuhren seit jener Standardisierung keine wesentlichen Einschnitte mehr. Seit über 2.000 Jahren blieb die chinesische Schrift bis heute also in ihren wesentlichen Grundzügen unverändert und praktikabel. Das Besondere und Bewundernswerte liegt somit auch in ihrer Langlebigkeit. ■ Wie steht es im Vergleich dazu mit unserem westlichen Alphabet? In der Mitte des zweiten Jahrtausends v. Chr. erbrachte die semitische Kultur des östlichen Mittelmeeres (geografisch angesiedelt etwa im heutigen Libanon), ausgehend von ihrer eigenen Sprache, die entscheidende Leistung der Umgestaltung einer Wort- bzw. Silbenschrift in die spätere europäische Buchstabenschrift. Von den Semiten aus den ägyptischen Hieroglyphen hergeleitet, wurde sie von den Griechen über die Vermittlung der Phöniker bis zum Ende des zweiten Jahrtausends v. Chr. in modifizierter Form übernommen und an die Römer weitergegeben. Den Europäern wurde damit eine mehr oder weniger gebrauchsfertige Schrift zur Verfügung gestellt. Insofern hat der Einfluss der Sprache – ganz im Gegensatz zur Schriftentwicklung in China – für die lateinische Schrift eine eher modifizierende Rolle gespielt. ■ In China wurde bemerkenswerterweise ein Zeichensystem ganz ohne äußere Einflüsse erfunden, vollkommen abgekoppelt von allen Schriftentwicklungen des Westens, das bis heute Bestand hat. □

Grosse Herrscher schreiben auch Schriftgeschichte

Qín Shǐhuángdì 秦始皇帝, »Erster erhabener Gottkaiser von Qin«, eigentlich Yíng Zhèng 嬴政, lebte von 259 bis 210 v.Chr. und war Begründer der Qín 秦 -Dynastie, vor allem aber des vereinten Kaiserreiches China – der erste Kaiser Chinas. Nach dem frühen Tod seines Vaters bestieg er bereits im Alter von 13 Jahren den Königsthron. Den zahlreichen von ihm eingeführten Reformen und Normen standen Zwangsarbeit und rücksichtslose Gewaltherrschaft gegenüber, die Millionen seiner Untertanen das Leben kosteten. Aus diesem Grunde ist sein Ansehen im modernen China äußerst umstritten. Qín Shǐhuángdì ist heutzutage einer der in den westlichen Kulturkreisen bekanntesten fernöstlichen Herrscher. Mit dazu beigetragen hat auch die Entdeckung der seinem Mausoleum vorgelagerten Terrakotta-Armee bei Xi'an.

Fast ein Jahrtausend später erst setzte Karl der Grosse (747 – 814) für die europäische Schriftgeschichte den Meilenstein, für den Shihuángdì in China bereits verehrt wurde: Im Auftrag des fränkischen Königs legte der irische Mönch Alkuin von York (732 – 804) den Grundstein für ein künftig in Mitteleuropa geltendes, vereinheitlichtes Schrifttum. Seine karolingische Minuskel wurde zur Gebrauchsschrift für den mittelalterlichen Alltag. Die Formen des aus ihr entstandenen Schriftstils sind in unseren Kleinbuchstaben und der Kursiven im Wesentlichen bis heute beibehalten worden [Bildquelle: Wikipedia].

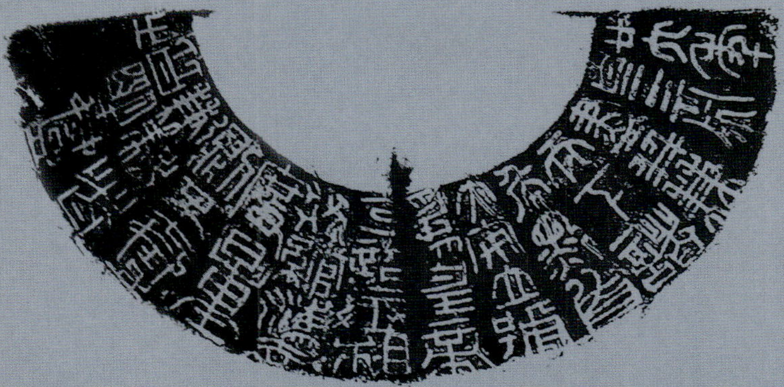

ZWISCHEN DEM SCHRIFTZUG vor dem 2008 in Peking eingeweihten Olympiastadion, im Volksmund »Vogelnest« genannt, und der Abreibung einer TROMMELSTEIN-Inschrift liegen fast 2.500 Jahre Schriftgeschichte. Die verschiedenen Stile der GROSSEN SIEGELSCHRIFT waren Vorbild für die von LĬ SĪ 李斯 und anderen Schriftgelehrten entwickelte KLEINE SIEGELSCHRIFT, deren Zeichenformen bis heute maßgeblich sind [→ 174]. ■ IN XĪ'ĀN BĒILÍN 西安碑林, dem berühmten »Stelenwald Xi'an«, kann man sich durch die verschiedenen kalligrafischen Epochen führen lassen. Vor der Erfindung des Papiers war es üblich, schriftliche Werke in Stein zu gravieren. Heute werden sie für Besucher abgezogen und verkauft.

现状，已有和该有的——到底有多少汉字？

Ist, Haben und Soll. Wie viele Hànzì gibt es nun eigentlich?

Zu Zeiten der europäischen Klassik, zu Lebzeiten Goethes, gelangte das deutsche Geistesleben zu höchster Sprachkultur. Wissenschaftler zählten später einmal aus, wie viele unterschiedliche Wörter Johann Wolfgang Goethe in seinen Werken verwendete – sie sollen auf über 40.000 gekommen sein. Zum Vergleich: Literatur-Nobelpreisträger Günter Grass nutzt noch einen schriftlichen Sprachschatz von 20.000 Wörtern, einem Studienabsolventen stehen immerhin über 4.000 bis 10.000 Wörter zur Verfügung. Umgangssprachlich reichen uns heute tatsächlich nur 400 bis 800, um sämtliche Themen des Lebens hinreichend zu verbalisieren. ■ Das Chinesische hat nun einen ebenso großen Wortschatz wie das Deutsche. Daher müsste die Anzahl der Schriftzeichen in etwa genauso groß sein. Tatsächlich war auch der chinesische Zeichenschatz bis zum 18. Jahrhundert auf fast 49.000 angewachsen. Damals wurde ein bis heute gültiges Standardwörterbuch zusammengestellt und eine Suchmethode festgelegt, die ein systematisches Finden bestimmter Schriftzeichen ermöglicht. Nach diesem Ordnungsprinzip werden bis heute die Wörterbücher in China, Japan und Korea aufgelegt [→ 121]. ■ Das bisher umfangreichste Wörterbuch der Volksrepublik China, das 1990 herausgegebene *Große Wörterbuch der chinesischen Sprache* Hànyǔ Dà Zìdiǎn 汉语大字典 hält heute ca. 50.000 verschiedene Einzelzeichen bereit. Viele dieser Einträge gehören zu geografischen Eigennamen, andere kommen nur in einem einzigen Kontext vor. Ein durchschnittliches Wörterbuch beinhaltet um die 10.000 einzelne Hànzì. Chinesische Studenten arbeiten mit Nachschlagewerken, die einen Wortschatz von etwa 60.000 einzelnen und zusammengesetzten Schriftzeichen umfassen. Um noch eine Vergleichsgröße zu nennen: *Die deutsche Rechtschreibung*, herausgegeben vom Duden Verlag 2010, umfasst ein Stichwortverzeichnis von rund 135.000 Wörtern. ■ Geht man nun allein von den benötigten Zeichen aus, um unsere lateinisch verwurzelten Sprachen zu verschriftlichen, nimmt sich die Anzahl von 52 Buchstaben plus einiger sprachspezifischer Ausformungen außerordentlich überschaubar aus gegen die Zahl der allein heute noch verwendeten Menge chinesischer Zeichen. Es existieren unterschiedliche Aussagen darüber, wie viele Schriftzeichen beherrscht werden sollten für einen durchschnittlich anspruchsvollen chinesischen Text. Für das Lesen und Verstehen von Büchern und Zeitungsartikeln aller Themensparten ohne Wörterbuch ist die Beherrschung von 3.000 bis 4.000 Schriftzeichen Voraussetzung. Gebildete Chinesen beherrschen etwa 6.000 bis 8.000 Zeichen. Eine Liste des *Chinese Language Committee* und des *National Education Department* aus dem Jahr 1988 über die gebräuchlichsten Zeichen beinhaltet 3.500 Zeichen, von denen 2.500 als häufig genutzt eingestuft werden können. Mit diesen 3.500 Hànzì kann man im Durchschnitt 99,48 % eines Textes lesen. Allein 1.000 Schriftzeichen decken statistisch schon 80 bis 90 % eines Textes ab. Trotzdem gilt man bei einer Kenntnis von weniger als 1.000 Schriftzeichen in China noch als Analphabet [Zhou]. ■ Kürzlich zählte das Zeichenarchiv der *Beijing Guo'an Communication Equipment Company* mehr als 90.000 Einträge von je entstandenen Hànzì, womit es das größte Archiv der Welt auf dem Gebiet der Schriftforschung ist. Natürlich besteht die Mehrheit der Einträge aus Varianten und solchen, die nicht mehr in Gebrauch sind; einige von ihnen sind selbst in Aussprache und Bedeutung nur vage überliefert. □

Wer Hänzchen nicht lernt, lernt Hànzì nimmermehr

	Standardliste	*davon: Schulliste*	*Zusätzlich*
Hànzì in China	现代汉语通用字表 7.000	Grund-/Mittelschule 现代汉语常次常用字表 2.500 / 1.000	Vereinfachte Zeichen 简化字总表 2.249
Kanji in Japan [→ 76 ff.]	常用漢字 1.945	Grundschule 学習漢字 1.006	Liste für Namen 人名用漢字 983
Hanja in Südkorea	상용한자 / 常用漢字 1.800	Mittel-/Oberschule 상용한자 / 常用漢字 900 / 900	Liste für Namen 인명용한자자 /人名用漢字 2.964

Chinas Schulkinder lernen früh mit dem Wörterbuch umzugehen. Das hier gezeigte Beispiel bietet umfangreiche Informationen über Schreibweise und Aussprachen eines Hànzì sowie dessen verschiedene Umschreibungsformen [→ 72]. Von Anfang an wird man mit Pīnyīn, Bōpōmōfō, Englisch und dem International Phonetic Alphabet (IPA) vertraut gemacht.

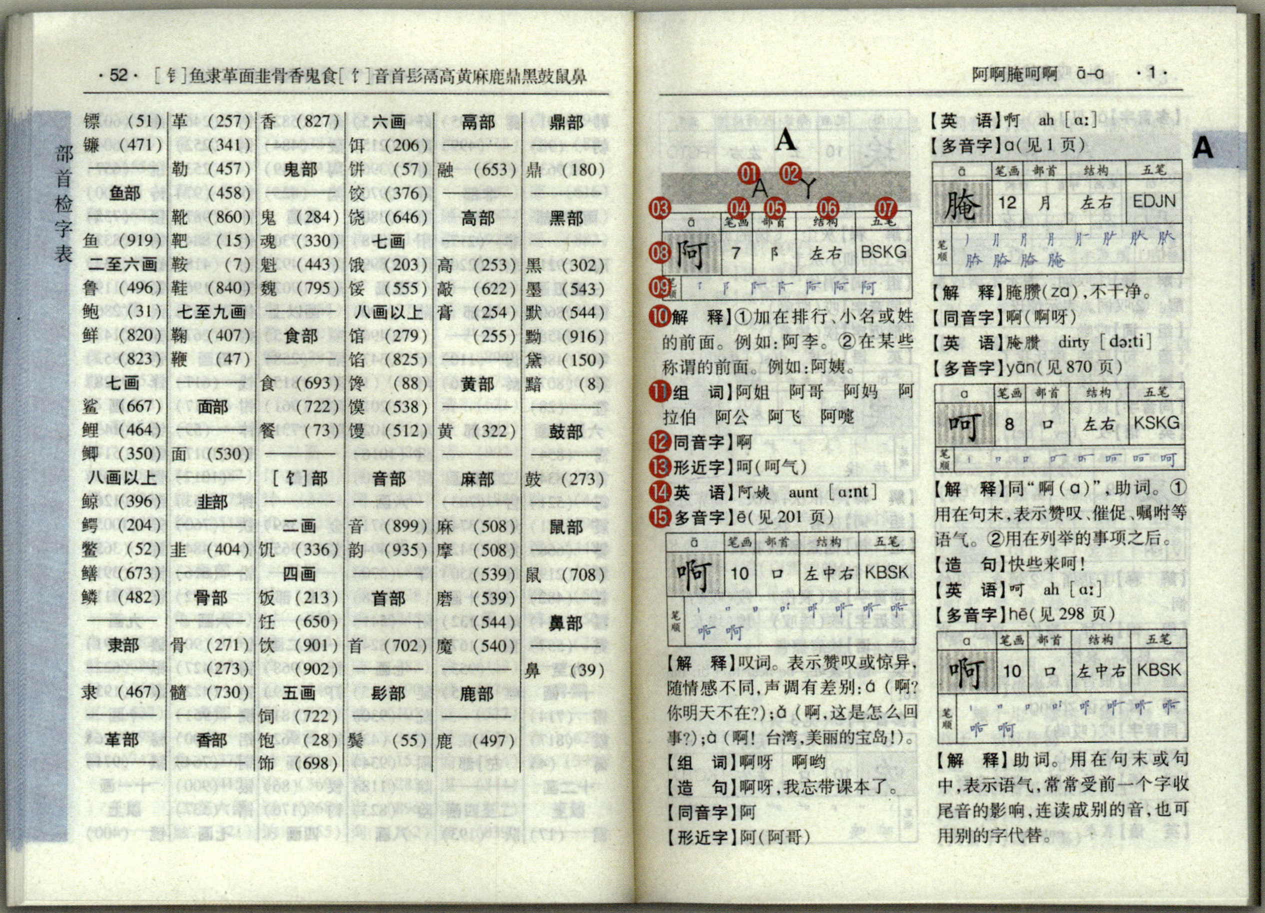
·52· [钅]鱼隶革面韭骨香鬼食[饣]音首髟鬲高黄麻鹿鼎黑鼓鼠鼻

部首检字表

阿啊腌呵啊 ā–ɑ ·1·

A

01 02 A Y

03 ā

04 05 06 07

	笔画	部首	结构	五笔
08 阿	7	阝	左右	BSKG

09

10【解　释】①加在排行、小名或姓的前面。例如：阿李。②在某些称谓的前面。例如：阿姨。

11【组　词】阿姐　阿哥　阿妈　阿拉伯　阿公　阿飞　阿嚏

12【同音字】啊

13【形近字】呵(呵气)

14【英　语】阿姨　aunt [ɑ:nt]

15【多音字】ē(见 201 页)

ā	笔画	部首	结构	五笔
啊	10	口	左中右	KBSK

【解　释】叹词。表示赞叹或惊异，随情感不同，声调有差别：á（啊？你明天不在?）；ǎ（啊，这是怎么回事?）；à（啊！台湾，美丽的宝岛！）。

【组　词】啊呀　啊哟

【造　句】啊呀，我忘带课本了。

【同音字】阿

【形近字】阿(阿哥)

【英　语】啊　ah [ɑ:]

【多音字】ɑ(见 1 页)

ā	笔画	部首	结构	五笔
腌	12	月	左右	EDJN

【解　释】腌臜(zɑ)，不干净。

【同音字】啊(啊呀)

【英　语】腌臜　dirty [də:ti]

【多音字】yān(见 870 页)

ɑ	笔画	部首	结构	五笔
呵	8	口	左右	KSKG

【解　释】同"啊(ɑ)"，助词。①用在句末，表示赞叹、催促、嘱咐等语气。②用在列举的事项之后。

【造　句】快些来呵！

【英　语】呵　ah [ɑ:]

【多音字】hē(见 298 页)

ɑ	笔画	部首	结构	五笔
啊	10	口	左中右	KBSK

【解　释】助词。用在句末或句中，表示语气，常常受前一个字收尾音的影响，连读成别的音，也可用别的字代替。

A

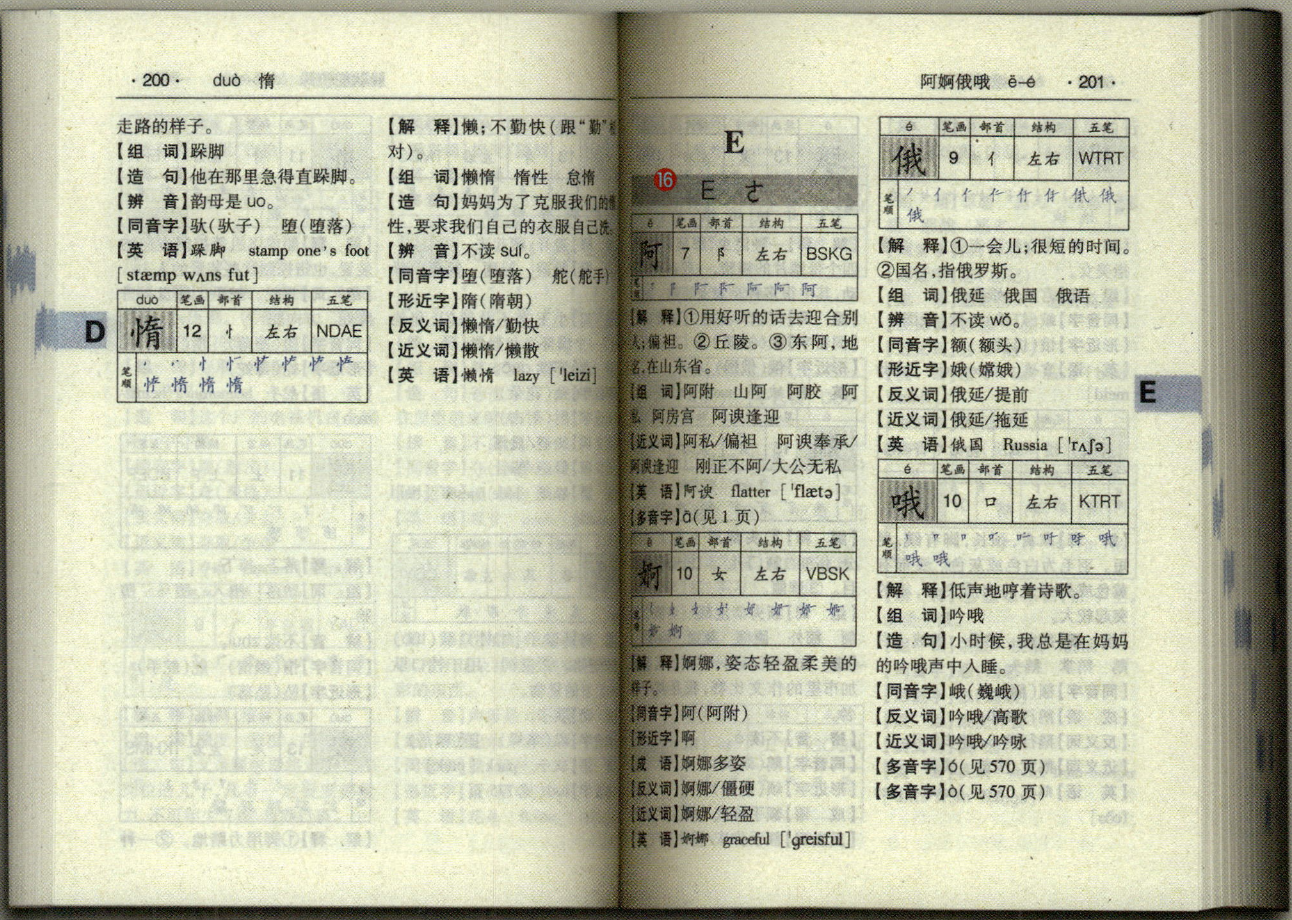
·200· duò 惰

走路的样子。

【组　词】跺脚

【造　句】他在那里急得直跺脚。

【辨　音】的母是 uo。

【同音字】驮(驮子)　堕(堕落)

【英　语】跺脚　stamp one's foot [stæmp wʌns fut]

duò	笔画	部首	结构	五笔
惰	12	忄	左右	NDAE

D

【解　释】懒；不勤快（跟"勤"相对）。

【组　词】懒惰　惰性　怠惰

【造　句】妈妈为了克服我们的惰性，要求我们自己的衣服自己洗。

【辨　音】不读 suí。

【同音字】堕(堕落)　舵(舵手)

【形近字】隋(隋朝)

【反义词】懒惰/勤快

【近义词】懒惰/懒散

【英　语】懒惰　lazy ['leizi]

阿婀俄哦 ē–é ·201·

E

16 E さ

ē	笔画	部首	结构	五笔
阿	7	阝	左右	BSKG

【解　释】①用好听的话去迎合别人。阿谀。②丘陵。③东阿，地名，在山东省。

【组　词】阿附　山阿　阿胶　阿私　阿房宫　阿谀逢迎

【近义词】阿私/偏袒　阿谀奉承/阿谀逢迎　刚正不阿/大公无私

【英　语】阿谀　flatter ['flætə]

【多音字】ā(见 1 页)

ē	笔画	部首	结构	五笔
婀	10	女	左右	VBSK

【解　释】婀娜，姿态轻盈柔美的样子。

【同音字】阿(阿附)

【形近字】啊

【成　语】婀娜多姿

【反义词】婀娜/僵硬

【近义词】婀娜/轻盈

【英　语】婀娜　graceful ['greisful]

é	笔画	部首	结构	五笔
俄	9	亻	左右	WTRT

【解　释】①一会儿；很短的时间。②国名，指俄罗斯。

【组　词】俄延　俄国　俄语

【辨　音】不读 wǒ。

【同音字】额(额头)

【形近字】娥(嫦娥)

【反义词】俄延/提前

【近义词】俄延/拖延

【英　语】俄国　Russia ['rʌʃə]

é	笔画	部首	结构	五笔
哦	10	口	左右	KTRT

【解　释】低声地哼着诗歌。

【组　词】吟哦

【造　句】小时候，我总是在妈妈的吟哦声中入睡。

【同音字】峨(巍峨)

【反义词】吟哦/高歌

【近义词】吟哦/吟咏

【多音字】ó(见 570 页)

【多音字】ò(见 570 页)

E

HYXingKaiJ
Vereinfachte Zeichen

字体设计的艺术?

36 / 39 pt

Hmbgft.!?字体是一种最基本的视觉设计元素，设计师使用它就如同建筑师们使用玻璃，石料，钢铁和无数其他材料一样。280!?…

9,5 / 13 pt

Hmbgft.!?字体是一种最基本的视觉设计元素，设计师使用它就如同建筑师们使用玻璃，石料，钢铁和无数其他材料一样。280!?…

6 / 9,5 pt

Diese Schrift ist auch mit traditionellen chinesischen Schriftzeichen erhältlich.

Hanyi Keyin, Peking

01 Alphabetische Anordnung
02 Bōpōmōfō-Umschreibung
03 Aussprache des Hànzì in Pīnyīn-Phonetik
04 Anzahl der Striche
05 Radikal
06 Komponentenaufbau (z.B. rechts/links)
07 5-Strich-Codierung
08 Hànzì in Druckschrift
09 Reihenfolge der Strichschreibung
10 Erklärung des Zeichens
11 Mögliche Zeichenkombinationen
12 Homophone Hànzì
13 Hànzì ähnlicher Schreibweise
14 Englische Übersetzung und IPA-Umschreibung
15 Weitere Aussprachen mit Verweis zum Hànzì (z.B. Seite 201)
16 Homographes Hànzì mit anderer Aussprache

Der Einfluss dieses Schriftsystems auf das Denken und die gestalterische Sensibilität eines jeden, der Jahre seiner Kindheit damit verbringt, es zu erlernen, ist wohl kaum zu überschätzen, ebensowenig wie das Bewusstsein der Zusammengehörigkeit all derer, die diese Erfahrung gemacht haben.

Lothar Ledderose

正字法就是正确练习。

Kontextuell und kausal. Vom Lesen und Schreiben in Ost und West.

ABGESEHEN VON MISSVERSTÄNDNISSEN bei der Aussprache können auch die starken Ähnlichkeiten in der Schreibweise vieler chinesischer Zeichen für einen Schulanfänger in China oder Japan zur Verwirrung führen *[→ 118]*. Während sich die Rechtschreibregeln westeuropäischer Sprachen allein auf die richtige Stellung simpelster Buchstaben innerhalb eines geschriebenen Wortes beziehen, sind für chinesische Schriftzeichen Anzahl, Stellung und Richtung der *Striche* für eine korrekte Orthografie entscheidend *[→ 116]*. Piktografische Wurzeln schützen nicht vor Verwechslungen und Auslassungen von Strichen der sich oft nur minimal unterscheidenden Zeichen. Ihr Memorieren gleicht einem harten Training. Immer wieder findet man sich in Situationen, wo jemand ein eher selten gebrauchtes Schriftzeichen auf seiner Handfläche nachzuzeichnen versucht, sich seines Rhythmus' versichernd, um es sich so in Erinnerung zu rufen. Es ist vergleichbar mit einem täglich stundenlang übenden Klavierspieler, der nach vielen Jahren komplizierteste Stücke wieder abrufen kann, als hätte er sie für immer in seinem Gehirn abgespeichert. ■ IN CHINA STARTET EIN KIND bereits im sehr jungen Vorschulalter mit einem hohen Pensum, einfache Zeichen zu schreiben. In den ersten Schulklassen wird dann nach und nach der persönliche Zeichenschatz erweitert, und schon mit der zweiten oder dritten Klasse können die Kinder umfangreiche Texte lesen. Was noch nicht entziffert werden kann, wird einfach übergangen. Dieses Übergehen ist als vorausblickende pädagogische Übungstechnik zu verstehen, sich auch bei Verlust von Details Inhalte über den Gesamtkontext zu erschließen. Die hohe Sensibilität für weitreichende Vernetzungen und die schnelle Auffassungsgabe, der man in China begegnet, resultiert ganz sicher auch aus dem frühen, unabdingbaren Umgang mit einer hohen Dichte sinntragender Zeichen. ■ IM GEGENSATZ DAZU sind die sinnleeren Buchstaben unseres Alphabets an Einfachheit nicht mehr zu überbieten *[→ 104]*. Ab einem bestimmten Leistungsstand westeuropäischer Schüler muss nicht mehr von der Unkenntnis der Schreibweise eines einzelnen Buchstabens ausgegangen werden. Die orthografischen Schwierigkeiten liegen hier vor allem im Auseinanderdriften zwischen der Aussprache von Wörtern und ihrer – scheinbar unbegründbaren – graphemischen Belegung mit den Lautzeichen (Buchstaben). *Warum schreiben wir wahre Ware so und nicht soh?* ■ DEN JUNGEN SCHÜLERN BEIDER, westlicher wie östlicher, Hemisphären ist es gemein, in einfachen Lesetexten zunächst die Formen der einzelnen Zeichen wiederzuerkennen und sie dann zu skandieren. Doch gehen daraufhin die Ausbildungen verschiedene Wege: Während der Leser des alphabetischen Textes sich bald mit dem Fixieren und der visuellen Analyse zufriedengeben kann, muss sich der Leser der logografischen Silbenschrift der akustischen Werte der Sprache versichern, um die Richtigkeit der Lektüre zu prüfen, da den Silben von Natur aus nicht deren Aussprache »abzulesen« ist. Er wird von Anfang an gezwungen, seine Zeichen holistisch, also ganzheitlich, zu betrachten. ■ SCHREIBEN UND LESEN VERLANGT immer den doppelten Vorgang der Analyse und Synthese, d.h. die Zeichen oder Zeichenverbindungen auch als Einheiten zu betrachten. Beim Entziffern von kryptischen, kontextuellen Zeichen (hier: chinesische Schriftzeichen) wird das Erkennen und Bestimmen von Formen bevorzugt. Dagegen ist beim Dechiffrieren von zusammenhängenden Zeichen (hier: Buchstaben) das Kombinieren nützlicher, um Laute und Wörter zu rekonstruieren. Die einzelnen Elemente einer Kausalkette sollten daher so simpel wie möglich gehalten sein (Buchstaben). Anders ausgedrückt: Während sich beim Lesen von bildhaften Schriftzeichen Analogien bilden, bevorzugt der alphabetische Leser logische Verbindungen sowie Beziehungen von Ursache und Wirkung. Ein Beispiel: Die aufeinanderfolgenden chinesischen Zeichen 中德 bedeuten stets »chinesisch -deutsch«, während sie kontextfrei für »Mitte, Zentrum« und »Moral, Kraft, Tugend« stehen – Eigenschaften, mit denen ebenso die beiden Länder in Verbindung gebracht werden. Je nach Kontext (und dann in anderer Lautung) bedeutet 中 auch »treffen«. Die deutsche Sprache benötigt unumstößlich ihre definierten Zeichenketten *deutsch* und mindestens *chin*, um bis zur erwünschten Begrifflichkeit vorzudringen. Gleichzeitig rufen sie dann aber niemals andere Assoziationen als die konnotierte hervor. □

自动讲解器
自动导游讲解器
Guide
普通话
广东话
闽南话
藏语
ئۇيغۇرچە
English
اللغة العربية
日本語
Italiano
Suomi
Czech
한국어
Indonesia
ภาษาไทย
Türkçe
বাংলা ভাষা
Hausa
Esperanto
ភាសាខ្មែរ
Български език
Tiêng Viêt Nam

没有句号和逗号。汉语是语言魔方。

Ohne Punkt und Komma.
Chinesisch ist der Magic Cube der Sprachen.

Chinesische Wörter bestanden bis zur Moderne Anfang des 20. Jahrhunderts meist nur aus einer, manchmal aus zwei Silben, d.h. sie wurden von einem, manchmal zwei Zeichen geschrieben, die wiederum alle – bis auf Yī 一 *(Eins)* und Yǐ 乙 *(das Zweite)* – die Summe mehrerer Striche darstellten [→ 117]. ■ Chinesische Schriftzeichen werden stets in ein gedachtes Quadrat eingeschrieben – ein System, das bereits vor mehr als 2.000 Jahren parallel mit der ersten Vereinheitlichung der Schriftzeichen unter Lǐ Sī 李斯 verfügt wurde [→ 52]. Unterschiedliche Zeichenbreiten, vergleichbar mit den Buchstaben *m* und *i*, gibt es also nicht. Hält man sich nun vor Augen, dass sich pro Zeichen ursprünglich bis zu 64 Striche ein und den gleichen Raum teilen mussten, ist eine strikte Reglementierung ihrer Aufteilung nachvollziehbar. Ein modulares »Baukastenprinzip« hilft dabei, die Masse in Maßen (zusammenzu-)halten [→ 117]. ■ Absolut gleiche Zeichenproportionen in einem Text schließen aus, dass Nomen, Eigennamen oder Satzanfänge optisch hervorgehoben werden. Sämtliche Zeichen eines Textes reihen sich aneinander, ohne dass äußerlich Worttrennungen durch *Weißräume* markiert werden [→ 165]. Historisch war es nicht einmal üblich, Interpunktionen zu setzen; jedoch legen eingeritzte Striche in den frühesten Knocheninschriften die Vermutung nahe, dass semantische Einheiten hier bereits abgegrenzt wurden [→ 47]. Heute finden wir Punkte, Kommas und ein spezielles Aufzählungszeichen, auf das der lateinische Zeichensatz neidisch hinüberschielen müsste [→ 264 f.]. Die Anwendung der Satzzeichen Biāodiǎn 标点 / 標點 unterliegt seit 1951 in der Volksrepublik China amtlichen Regeln, die überwiegend den unseren entsprechen. Gegenüber einem lateinischen gibt es für den chinesischen Schriftsatz noch eine ganze Reihe weiterer eklatanter Unterschiede [→ 184 f.]. □

Weisheit auf den Punkt gebracht

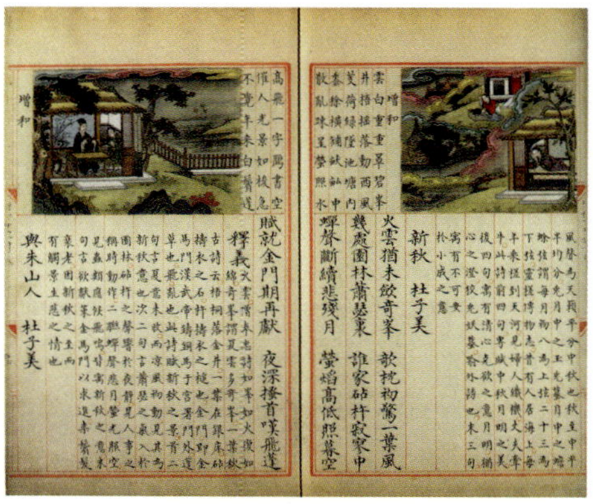

Erst nach dem Druck wurden diesen Buchseiten aus der Ming-Dynastie Interpunktionen hinzugefügt. □ Satzzeichen wurden erst mit dem Kontakt zur westlichen Welt eingeführt. In Schriftdokumenten der chinesischen Klassik erkennt man jedoch kleine, nachträglich gesetzte, meist rote Kreise, die Pausen bezeichnen. Eine – seit der Hàn-Zeit als Satzzäsur Jùdú 句读 / 句讀 bezeichnete – souveräne Akzentuierung eines Textes wies den Bildungsgrad eines Gelehrten oder seiner Schüler aus [Abb: © Wang Jianwei, Suzhou].

*Studenten einer Pekinger Kunstakademie interpretieren ein Zitat von Mao Tse-tung, Máo Zédōng 毛泽东 / 毛澤東, indem sie Schokoladenguss auf Toastbrot-Scheiben als Schriftzeichen schablonieren. Theorie lässt sich ertragen, wenn sie denn den Magen füllt: Lebenshilfen im **Quadrat. Praktisch. Gut.***

Kalligrafische Schriften, Kursivschrift

FZXingKai-S
Vereinfachte Zeichen

字体设计的艺术？

36 / 39 pt

Hmbgft.!?字体是一种最基本的视觉设计元素，设计师使用它就如同建筑师们使用玻璃，石料，钢铁和无数其他材料一样。280!?…

9,5 / 13 pt

Hmbgft.!?字体是一种最基本的视觉设计元素，设计师使用它就如同建筑师们使用玻璃，石料，钢铁和无数其他材料一样。280!?…

6 / 9,5 pt

Diese Schrift ist auch mit traditionellen chinesischen Schriftzeichen erhältlich.

Founder Electronics, Peking

文字的境况如何？一个方向指导。

Wie liegt es mit der Schriftlage? Unterrichtung über Richtungen.

Die Schreibrichtung der chinesischen Schrift ist ein weiteres Alleinstellungsmerkmal gegenüber heutigen Schriftsystemen. Von Anfang an wurden die chinesischen Schriftzeichen vertikal untereinander, die entstehenden Zeilen von rechts nach links angeordnet. Da die *Wort-Bild-Zeichen* aber autark für sich stehen und eigentlich keinen linearen Leserichtungszwängen unterliegen, finden wir alle überhaupt möglichen Schreibrichtungen in China: senkrecht von oben nach unten, horizontal von links nach rechts und sogar umgekehrt. ■ Zeitungen, Magazine und sachliche Publikationen Chinas präferieren die Zeilenanordnung von links oben nach rechts unten, was nicht nur mit dem Einzug der digitalen Technik zu tun hat, sondern vor allem mit dem Einfluss des Westens und damit der zunehmenden Mischung chinesischer Schriftzeichen mit fremden Zeichenformen in Form des lateinischen Alphabets. Kalligrafien nach klassischer Manier sowie belletristische Literatur werden nach wie vor senkrecht geschrieben respektive gesetzt. Entsprechend befindet sich der Rücken eines vor uns liegenden Buches rechts und nicht links, das folglich auf der »falschen« Seite geöffnet, also »von hinten nach vorn« gelesen wird. ■ Denken wir an unsere Handschrift – schnell dahin geworfene Zeilen, horizontal, von links nach rechts, Ligaturen bildend, Wörter abgesetzt, den nächsten Buchstaben eilig aufnehmend –, dann bemerken wir in aller Regel, dass die einzelnen Zeichen nach rechts neigen, vorwärts drängen. Aus dieser Schreibhaltung heraus ist in unserem Kulturkreis vor vielen Jahrhunderten neben der Normalen, einer aufrechten Schriftlage, eine *Kursive* (lat. *currere: »laufen«, »rennen«*) entstanden, die heute zu jeder Schriftfamilie gehört. ■ Chinesische Schriftrollen faszinieren uns ob ihrer wohlüberlegten und trotzdem so schwungvollen, abkürzenden, manchmal wilden Striche – vertikal gerichtete Zeichenverbindungen bildend. Die chinesische Variante der *Kursivschrift* Xíngshū 行书/行書 ist ein gleichnamiger kalligrafischer Schreibstil, der sich schon im 2. Jahrhundert herausbildete *[→ 174]*. Mit dem später aufkommenden Holzschnitt bot sich eine Möglichkeit, diese ästhetische Schreibhaltung zu reproduzieren: *»Der Holzschnitt, der sich aus einer handgeschriebenen Kopie einer ganzen Seite ableitet, bewahrt den Schwung der geschriebenen Schrift, was dem Druck, einer mechanischen Zusammensetzung vorgefertigter Lettern, vollkommen abgeht.«* [Simonet] Das ist einer von vielen Gründen, warum man sich in China der Druckkunst lange Zeit widersetzte und ihre Potentiale nicht als schöpferische Herausforderung annahm. Die Kursive blieb eine abgekoppelte Schriftart, die sich nicht als *echter* Schriftschnitt in Schriftfamilien integrieren konnte *[→ 177]*. ■ Wie aber liegt es mit der chinesischen Druckschrift heute? Das digitale Zeitalter hat einen Boom in der Auseinandersetzung mit dem Thema Schrift ausgelöst. Wir dürfen noch so mache kreative Überraschung erwarten – vielfältige *Schriftschnitte* werden große *Schriftfamilien*, vielleicht ganze *Schriftsippen* wachsen und neue *Schriftarten* entstehen lassen. Vorerst aber wird weiterhin, um das zuweilen starre Schriftbild etwas aufzulockern, das computermögliche Schrägstellen der Zeichen aktiviert *[→ 251]*. □

Türflügel-Beschriftungen öffentlicher Bürogebäude oder Banken beginnen gern im Zentrum der einladenden Öffnung.

Busbeschriftungen werden von der Vorder- zur Hinterseite eines Fahrzeugs gelesen, und wenn es die Fahrtrichtung unterstreicht, wird die Zeile auch mal negativ schräg gestellt.

In der meisterhaften Kalligrafie des Suzhouer Künstlers Wang Jianwei 王鑑伟 verbinden sich »Himmel und Erde« in Wort und Bild – eine Welt tut sich auf: Tiāndì 天地.

专业汉语。现代词汇创造。

Fachchinesisch. Moderne Wortschöpfungen.

兵

Aussenpolitisch betrachtete China sich über Jahrhunderte hinweg als Verschlusssache, was auf lange Sicht den fruchtbaren Austausch mit der anderen Welt erschwerte, ja unmöglich machte. Zur ersten und bis zur Moderne letzten Konfrontation mit fremden Kulturen kam es zwischen dem dritten und neunten Jahrhundert. Über die Seidenstraße und Schifffahrtswege kamen ausländische Handelswaren und neue Religionen ins Reich. Die mitgeführten Fremdworte Wàiláicí 外来词 / 外來詞 warfen so einige Probleme für das völlig isolierte Schriftsystem Chinas auf. Zunächst wurden sie einfach übersetzt, was dazu führte, dass die Essenz der Lehren verwässert und »allzu chinesisch« wurden. Später versuchte man, die Fremdwörter zu transkribieren, was auf Skepsis stieß und eine nationalistische Strömung aufkeimen ließ, da die Begriffe als zu fremdartig empfunden wurden *[Gernet]*. ■ Mit der Überführung Chinas zu einem gleichberechtigten Handelspartner auf dem Weltmarkt, nahm die Zeit der selbstgewählten Abschottung im vergangenen Jahrhundert endgültig ein Ende. Der daraus folgende Informationshunger wird inzwischen jährlich mit über 160.000 Neuerscheinungen auf dem Buchmarkt gestillt; viele von ihnen sind Übersetzungen ausländischer Publikationen. Wie geht man nun heute mit der Herausforderung um, all die neuen *Lehnwörter* Jiècí 借词 / 借詞 zu integrieren? ■ Im öffentlichen Bereich hat, zur »*Erziehung des Volkes zur Internationalität*« per Dekret, überall bereits die englische Sprache Einzug gehalten. Das alphabetische System zwischen die Schriftzeichen zu setzen, ist zwar eine heute verbreitete Methode, Begriffe zu erläutern, doch werden die Analogien eines Sachverhalts zuerst deutlicher über die Imagination der Schriftzeichen transportiert. Da es keine grafische Entsprechung für *Phoneme* gibt, muss ein anderssprachiger Begriff als Träger von Fremdideen zwangsläufig mit den Möglichkeiten des eigenen Schriftsystems dargestellt werden können. Dafür gibt es, wie für alle anderen Sprachen auch, zwei Wege: Zum einen können Begriffe *semantisch* übersetzt werden, wie das per Verfassung in Frankreich gewünscht wird. Der Computer wird zum *ordinateur*, was sicher dem organisierenden, ordnenden Charakter dieses Objektes gerecht wird, jedoch das Neue, das Andersartige geht hier verloren. Oder Begriffe werden – der zweite Weg – transliteriert, was so viel heißt wie »hinüberbuchstabiert". Im Deutschen kennen wir das von der *Homepage*, wofür das Französische *page d'accueil* verwendet, die »Willkommensseite«. ■ Für das Chinesische birgt das natürlich so seine Schwierigkeiten. Das kleinste Element der Schriftsprache ist nicht der Buchstabe, sondern ein ganzes Wort, phonetisch gesehen, eine ganze Silbe. Im Schriftbild fallen diese Art eingefügten Worte auf, da sie nicht bedeutungsmäßig, sondern rein lautlich aufgenommen werden müssen, aber die innewohnende Bedeutung eines für die Transliteration herangezogenen Zeichens nicht ganz auszublenden ist. Das Wort »Kalorien« ist ein Beispiel dafür: Ins Chinesische transkribiert wird es Kǎlùli ausgesprochen, die drei Schriftzeichen 卡路里 bedeuten »Blockieren, Weg, Inneres«. Die hier mitgelieferten Wortbedeutungen ergeben natürlich Kauderwelsch. Grundsätzlich wird heute jedoch ein eingeschränkter Zeichenvorrat für sinisierte Begriffe bereitgehalten. Reine Übersetzungen, so sie möglich sind, bleiben die unproblematischste Lösung. So heißt *Wissenschaft* einfach Kēxué 科学 / 科學, die *klassifizierte Lehre*. ■ Das modulare System, nach dem die Schriftzeichen aufgebaut sind, bietet eine schier unermessliche Vielfalt an Möglichkeiten, die Elemente der verschiedenen Zeichen auseinanderzunehmen und sie neu zusammenzufügen *[→ 110]*. Damit könnten endlos neue Zeichen entwickelt werden, die in ihren Aussagen einer bestimmten Logik folgen und Analogien bilden. Das heißt, die einzelnen Zeichen wären in sich schlüssig zusammengesetzt, sodass den Wortneuschöpfungen eine gewisse Grundaussage immanent ist. Doch nur in seltenen Fällen werden gänzlich neue Zeichen erfunden, mit Ausnahmen für Spezialgebiete wie der Chemie. Immerhin bietet die Schriftsprache bereits einen überaus reichen Fundus an Zeichen. □

Reichen 50.000 Zeichen nicht? Eine hübsche Ausnahme für zeichensetzende Neuerfindungen ist das Doppelzeichen für »Ping-Pong«. Das in England erfundene Tischballspiel (der Begriff wurde im Jahr 1901 als Marke geschützt) ist inzwischen die Volkssportart Nr. 1 in China. Für den dort verwendeten Ausdruck Pīngpāng 乒乓 wurde das alte Zeichen für »Waffe« Bīng 兵 zerlegt. Ursprünglich zeigte es zwei zu Punkten stilisierte Arme, die eine Axt hielten. Diese Punkte wurden jeweils rechts und links in einem der beiden Zeichen weggelassen, sodass man jetzt einen Ball förmlich hin und her springen sieht. Einzeln haben die beiden Zeichen keinerlei Bedeutung.

Transliteration oder Metapher? Im besten Falle beides.

Coca Cola Zero	Können-trinken-können-freuen-Null-Grad	Kěkǒukělè língdù	可口可乐零度
Sprite	Schnee-grünlich	Xuěbì	雪碧
Chemie	Umwandlung-Lehre	Huàxué	化学 / 化學
Windpocken	Wasser-Pusteln	Shuǐdòu	水痘
Thermosflasche	heiß-Wasser-Flasche	Rèshuǐpíng	热水瓶 / 熱水瓶
Tennis	Netz-Ball	Wǎngqiú	网球 / 網球
Ostern	erneut-Leben-Fest	Fùhuójié	复活节 / 復活節
Weihnachten	heilig-Geburt-Fest	Shèngdànjié	圣诞节 / 聖誕節
Designer	anordnen-Konzeption-Meister	Shèjìshī	設計師 / 设计师
Werbung	Öffentlich-sagen	Guǎnggào	广告 / 廣告
BMW	wertvoll-Pferd	Bǎomǎ	宝马 / 寶馬
Bosch	reichhaltig-Welt	Bóshì	博世
Siemens	Westen-Tor-dieses	Xīménzǐ	西门子 / 西門子
Dickens	Barbar-ändern-dieses	Dígèngsī	狄更斯
Goethe	Lied-Moral (德 steht auch für: deutsch)	Gēdé	歌德
Tschaikowski	Brennholz-Wissenschaft-Mann-diese-gründlich	Cháikēfūsījī	柴科夫斯基
Julius Cäsar	freudig-verbreiten	Kǎisā	愷撒 / 恺撒
Marx	Pferd-unterwerfen-denken	Mǎkèsī	马克思 / 馬克思
Faschist	Methode-Westen-diese	Fǎxīsī	法西斯
Bush (G.W.)	Ankündigen-was	Bùshí	布什
Obama	geheimnisvoll-hoffen-Pferd	Àobāmǎ	奥巴马 / 奧巴馬
Merkel	Schweigsam-unterwerfen-auf diese Weise	Mòkè'ěr	默克尔 / 默克爾

Kalligrafische Schriften, Steintafelschriften

HYWeibeiF
Traditionelle Zeichen

字
體
設
計
的
藝
術
？

36 / 39 pt

Hmbgft.!?字體是一種最基本的視覺設計元素，設計師使用它就如同建築師們使用玻璃，石料，鋼鐵和無數其他材料一樣。280!?…

9,5 / 13 pt

Hmbgft.!?字體是一種最基本的視覺設計元素，設計師使用它就如同建築師們使用玻璃，石料，鋼鐵和無數其他材料一樣。280!?…

6 / 9,5 pt

Diese Schrift ist auch mit vereinfachten chinesischen Schriftzeichen erhältlich.

Hanyi Keyin, Peking

文字改革及其方向转变。何去何从？

Schriftreform und Richtungswechsel. Aber wohin?

Zu Beginn des vorigen Jahrhunderts hob mit der Absetzung des letzten chinesischen Kaisers und des feudalen Gesellschaftssystems eine verstärkte Auseinandersetzung mit der internationalen Welt an. Mit den politischen Bestrebungen, China in eine moderne, unabhängige Gesellschaftsform zu überführen, rückte die Frage nach der Bildung der breiten Massen auf die Tagesordnung, was auch das eigene umständliche Schriftsystem in Frage stellte, da es das Land nach außen isolierte und nach innen hemmte. Mit der Gründung der Volkrepublik China verstärkte man die Bemühungen, das besonders auf dem Land weit verbreitete Analphabetentum zurückzudrängen. Im Jahre 1949 gründete sich ein Schriftreform-Komitee, das unmittelbar dem Zentralkomitee unterstellt war. Das zeigt, welchen Stellenwert fortan der Kampf um die Alphabetisierung des Volkes einnahm. ■ Was folgte, war eine heiß geführte Diskussion um die vollständige Abschaffung der schwer und langwierig zu erlernenden Schriftzeichen mittels Ersatz einer *Lautschrift*, welche die intellektuellen Kreise Chinas auf die Barrikaden brachte. Nicht nur, dass die Schriftzeichen einen wesentlichen Teil der nationalen Identität Chinas ausmachen; ein weiterer Grund für die Beibehaltung der Zeichen sind die vielen *Homophone* der Sprache. Würde man nur noch mit Lateinbuchstaben schreiben, käme es unvermeidlich zu unüberbrückbaren Missverständnissen, so die Argumentation. Eine Schrift aus sinntragenden Zeichen schließt bei gleichgesprochenen Wörtern Verwechslungen aus. Die Forderung nach Abschaffung der chinesischen Schriftzeichen käme der Forderung gleich, die Chinesen sollten ihre Sprache zugunsten einer anderen aufgeben. ■ Diese Debatte endete Mitte der fünziger Jahre mit einer sehr rationalen Überarbeitung des Schriftzeichenbestands. Das Resultat war 1956 eine Schriftreform, bei der bestimmte Zeichen gänzlich abgeschafft und viele weitere einer Generalüberholung unterzogen wurden, indem man die Schreibweisen vereinfachte und die Aussprachen vereinheitlichte. Der »*Plan zur Vereinfachung der Schrift* Hànzì Jiǎnhuà Fāng'àn 汉字简化方案/漢字簡化方案« ersetzte über Dekaden hinweg stufenweise häufig gebrauchte Schriftzeichen traditioneller Schreibweise, die sogenannten *Langzeichen* Fántǐzì 繁体字/繁體字, durch *Kurzzeichen* Jiǎntǐzì 简体字/簡體字, die nach einem bestimmten System reduzierte Strichzahlen und -anordnungen aufweisen. Im Zuge dessen wurde auch die horizontale Schreibrichtung favorisiert, um Erleichterung für den schriftlichen Informationsaustausch auf internationalen Kommunikationswegen zu erreichen. ■ Seit dem Jahr 2000 regelt das »*Gesetz zur chinesischen Sprache und Schriftzeichen der Volksrepublik China*« den Gebrauch und die Standardisierung der Zeichen. Die aktuelle, vom chinesischen Bildungsministerium im August 2009 vorgelegte Liste von nunmehr 8.300 definierten Schriftzeichen gibt für mehr als vierzig von ihnen nochmals leichte Veränderungen gegenüber früheren Normen vor. Einige Schriftzeichen, wie »Weisheit, Scharfsinn« Zhé 喆, die für Namensgebungen beliebt sind, kamen gänzlich neu hinzu *[Stand: April 2011]*. ■ Einen unmittelbaren Vergleich der Formveränderungen findet man in diesem Buch durchgängig: Sämtliche chinesisch dargestellten Begriffe werden in *Kurz- und Langzeichen* angegeben. Liest man nur ein Wort, haben dessen Schriftzeichen keine Vereinfachung erfahren. □

Vereinfachte Schriftzeichen in China (*ohne Hongkong und Macao*) **und Japan** *[→ 82]*

Ursprungszeichen	Japanische Neuzeichen Shinjitai 新字体	Chinesische Kurzzeichen Jiǎntǐzì 简体字	Bedeutung
圓	円	圆	*rund, Münze*
學	学	学	*lernen*
國	国	国	*Staat*
鐵	鉄	铁	*Stahl*
廣	広	广	*weitreichend*

Die modernen Fomen der Kommunikation erforderten eine immer striktere Standardisierung der unzähligen Schriftzeichen Chinas. In Zusammenarbeit vieler Wissenschaftler, Expertengremien, Komitees und Büros wurde eine umfassende Schriftreform verabschiedet. Beteiligt waren das Nationale Büro für Presse und Publikation, das Nationale Komitee der chinesischen Sprache, die Staatliche Kommission für Erziehungsfragen, das Ministerium für Radio, Film und Fernsehen und andere mehr. Unter folgenden vier Aspekten wurden Beschlüsse gefasst [Zhou]:

1. **Quantität**
Zur Erleichterung des Lernens und Anwendens der vielen Schriftzeichen wurde die Anzahl beschränkt und festgesetzt. Ein weiteres Ziel war die Unterstützung einer effektiven Implementierung in Computerprogrammen. Seit dem Jahr 1981 ist die Zahl der gebräuchlichsten Schriftzeichen in modernem Chinesisch auf 7.000 festgelegt, der generelle Zeichensatz eines CJK-Fonts umfasst offiziell 20.902 Zeichen.

2. **Form**
Standard wird wichtig als Garant für Kontinuität. Die wichtigsten Schritte zum um- und weitsichtigen Umgang mit den Schriftzeichen sind erfolgt. Vorgabe ist es, den erreichten stabilen Zustand im Umgang mit den Schriftzeichen zu halten. Es wird weiterhin daran gearbeitet, Zeichenkombinationen zu sortieren, d. h. Wörter und Begriffe zu normieren. Ebenso werden die Striche neu klassifiziert, Formen und Bezeichnungen neu definiert. *[Jegliche aktuelle Publikation kann also nur ein Zwischenstand sein, Anm. d. Verf.]*

3. **Aussprache**
Einige Zeichen hatten keine einheitliche Aussprache. 1985 haben oben genannte Expertenrunden Begriffe mit bisher verschiedenen Aussprachen vereinheitlicht. Ein Beispiel: Das Zeichen für den Begriff »schützen, sichern« 庇 wurde wahlweise als Bì oder Pì gelesen. Seine Aussprache wurde für das Hochchinesische strikt auf Bì festgelegt.

4. **Anordnung**
Hier wird Wert auf eine nachvollziehbare Anordnung der chinesischen Schriftzeichen gelegt. Um heute die Mengen an Schriftzeichen in lexikalischen Werken, Archiven, Datenbanken und Computerprogrammen zu verwalten und eine internationale Kommunikation auf schriftlichem Weg reibungslos zu gestalten, ist eine strikte Norm der äußeren Zeichenformen und des Umschreibungssystems Pīnyīn unumgänglich. Dabei wird jeweils vorausgesetzt, dass Phonetik und Semantik eines Zeichens unbekannt sind. In Zukunft wird angestrebt, die Zeichenanordnung für Wörterbücher und Eingabesysteme von Computern vollständig nach der Pīnyīn-Schreibung vorzunehmen. Die Zeichenfindung nach formalen Aspekten erfordert die Vereinbarung über Strichordnung, Radikalzuordnung und Zeichencodierung.

Kalligrafische Schriften, Steintafelschriften

FZWeiBei-T
Traditionelle Zeichen

字
體
設
計
的
藝
術
？

36 / 39 pt

Hmbgft.!?字體是一種最基本的視覺設計元素，設計師使用它就如同建築師們使用玻璃，石料，鋼鐵和無數其他材料一樣。280 !？…

9,5 / 13 pt

Hmbgft.!?字体是一种最基本的视觉设计元素，设计师使用它就如同建筑师们使用玻璃，石料，钢铁和无数其他材料一样。280!？…

6 / 9,5 pt

Diese Schrift ist auch mit vereinfachten chinesischen Schriftzeichen erhältlich.

Founder Electronics, Peking

心情勁靚 向記者說早晨
鬍鬚曾愛女接放工

早前因急性心臟病入院的財政司司長曾俊華，雖然在今日才正式復工，不過「鬍鬚曾」（曾的別稱）在昨日早上十點半左右經已返回政府總部的辦公室，開始準備今日正式上班。「鬍鬚曾」在踏入辦公室時，心情似乎十分「靚」，主動與在場等候的記者講兩聲「早晨」。

由於「鬍鬚曾」昨日並未正式復工，所以他未有在中午時間外出午饍，要由同事買飯盒給他。未知「鬍鬚曾」是否在抱恙期間收到太多的鮮花及果籃，因此他在下午六時左右準備下班時，經已要求司機把一盆的植物及果籃放在車上。

而「鬍鬚曾」在六時半下班時，被在場的記者問及他的情況如何，他則指：「幾好、幾好」。

圖財政司司長曾俊華乘車離開政府總部，由女兒接放工。

不過在場的記者發現「鬍鬚曾」在登上座駕離開前，看到車上有一名女子等待「鬍鬚曾」，因此大感好奇，四出打探，得知該名女子本身就是「鬍鬚曾」的女兒，而該名消息人士又指，「鬍鬚曾」的愛女經常有接他放工的習慣，並非病後特別接爸爸放工。

盧駿

崇光、久光年報 奪「奧斯卡」獎

香港上市公司要出版年報，向股東介紹公司過去一年業績，年報代表公司，封面往往設計得精美。本港崇光百貨（見圖）及內地久光百貨營運商，利福國際〇八年年報在被譽爲「年報奧斯卡」的International ARC Awards中備受嘉許，於「零售：便利店及百貨公司」類別中一共獲得四個獎項，包括「插圖」金獎、「封面圖片/設計」金獎、「整體年報」銅獎及「印刷及製作」榮譽獎。該年報成功從全球二十五個國家逾一千八百個參賽作品中脫穎而出。

利福國際董事總經理劉鑾鴻說：「自利福國際上市以來，集團一直非常注重年報的設計意念、內容及信息披露，令股東在準確清晰地獲取關鍵信息之餘，更可以理解到公司管理層不斷創新的經營理念。」其實，利福不止年報好，股價已創出一年新高，對股東都已有交代。

湯漢主教 國慶感冒失聲

國慶六十周年剛過，好多香港各界代表都有份獲邀到北京參觀閱兵典禮，天主教香港教區湯漢亦獲邀出席。湯主教表示，出發前通知了教廷香港代表他會赴京，唔知係咪行程太過緊密，湯主教一落機，在酒店安頓好行李後要出席國宴，翌日一大清早便起身睇閱兵，之後又要出席文藝晚會，結果患了感冒，更失埋聲，吃了藥才好點。

在京期間，湯主教並沒有與領導人會面和交談，但話始終自己的身分是客人，主人家又在搞喜慶事，不應該在那時候走上前向主人家爭取甚麼。但他強調，如果北京當局願意和他交流，他是十分願意的，又表示願意與北京當局談任何話題。

架勢堂
有狂插 無力撐 甘威神話告急

近日政壇發生大事，等了三年又三年才能上位做立法會議員的甘乃威（見圖），因爲幫助雷曼苦主而「升呢」，受到市民廣泛認識，本來前景不錯，但早兩日爆出懷疑求愛不遂怒炒女助理一事，已經蓋過之前種下的成果，突然變成桃色醜聞主角。

深喉逐步放料狙擊

「甘威」事件因爲夠juicy，成爲政壇以至市民大眾茶餘飯後的話題，話題性較之前的五區總辭更加爆。政壇的風向轉得好快，大家的討論焦點已經變成「甘威」會否因爲事件而落台，落台之後又會由何人填補其空缺，在補選中勝出。

「甘威」事件其實在九月中發生，突然被曝光，並非偶然，懷疑是有自己友放料。事件中兩個主角「甘威」及女助理據報已經解決了糾紛，但忽然有「深喉」向泛民陣營傳媒爆料，殺甘威一個措手不及。

今次甘威被人爆料，撇除當事人有無做過的問題，手法上甚有政治狙擊的味道，因爲第一日甘威被指因爲求愛不遂炒女助理，落重藥話事件涉及性騷擾，聽起來相當嚇人。昨日再爆多些料，話甘威爲擺平事件，向對方額外賠償十萬元，令外界更多遐想，事發至今，爆料非常有鋪排，循序漸進，難怪甘威表現好被動，似乎驚被人爆完再爆。

夾硬上位種下禍根

前日「求愛不遂」事件消息一出，甘威與民主黨立即召開記招否認。此舉被指是民主黨要同甘威劃清界綫的訊息，以免被他拖累，言下再插多甘威一下。雖然民主黨解釋話，因爲正就事件進行內部調查，爲表示公平公正，才會分開召開記者會，但無可否認的是若然民主黨有心力撐，點都會跟他同一陣綫、共同進退。

親泛民傳媒全力追擊甘威，令他形勢告急，政圈中人已經開盤買他請辭機會有幾大，以及一旦他請辭，誰人會出選？有政圈中人拆局，話今次甘威下馬，只係代表民主黨內二綫人物上位的神話破滅，對於泛民在港島的政治格局，根本沒有重大影響。

今次風波的影響有幾大？可從甘威神話的開始說起，去年立法會選舉，本來民主黨計畫由單仲偕空降港島區出戰，因爲「單雞」黨內的人緣好，形象又不錯，加上做開立法會議會，知名度較高，出選較爲穩陣。然而當時甘威堅決不肯退讓，發動黨內少壯派支持，終於起義成功，最終「單雞」未有參選，呢次二綫要做主角，夾硬上位終於成功，卻想不到也種下今天被人狂插、隨時身敗名裂的禍根。

清理門戶揚刀立威

從客觀形勢去看今次事件，「甘威」一旦下馬，下一步自然是進行補選，填補其空缺。究竟誰人可以頂上呢？有人話，「民主女神」譚香文揭露「甘威」「求愛不遂」，未知日後會否參選。

參加補選是個人自由，譚香文當然有權參選，但政圈中人分析，說到實力，民主派陣內仍有人可用，傳統上泛民在港島佔有優勢，甘威一旦落台，相信亦只會是陣營之內換馬，而最終由民主黨幕後大佬屬意的人頂上，機會應該大過二綫少壯派，所以甘威事件講來講去都係「家事」，好有可能成爲一次清理門户和陣營內黨派洗牌的機會，在不影響民主派整體議席下取得揚刀立威的效果，明白了這個竅妙，就知點解陣營之內今次會殺聲震天。

齊秀峰

肥馬 逢周六商台開咪

前商務及經濟發展局局長馬時亨（見圖）上年七月中因病隱退，但這一年來，他仍頻頻出席不少公開活動，早前出任香港大學經濟金融學院的名譽教授，八月底時又接受電台訪問，大講自己對金融海嘯的看法。

今個月十號開始，每個星期六肥馬更會在商台開咪，主持新節目《馬教授，你好！》與學生分享他的個人經歷，啓發學生的人生價值觀。新節目是商台的金禧節目，看來馬時亨唔做官，依然好有吸引力，仲係咁搶手！

「開國大典」圖片展 曾憲梓專誠捧場

「十一」過去，但國慶活動仍然繼續，昨日就輪到六十周年「開國大典」的圖片文物展開鑼，活動仲吸引了不少名人捧場，好似政協副主席董建華、立法會議葉劉淑儀，以及近來非常活躍的行政會議成員梁振英等。至於前人大常委曾憲梓（見圖）雖然行動不便，沒有上京觀禮，但昨日亦專誠出席。

滙豐僱員 投入度創新高

滙豐控股較早前宣布把總裁辦公室遷至本港，作爲本港最大僱主之一的滙豐銀行，早前進行員工調查，發現香港員工對公司的投入度，較去年上升十二個百分點，至百分之七十一，是過去三年有調查以來的最高紀錄。

一家之言
美國醫改夢碎 香港又如何？

想了解推行醫療改革的難度？看看太平洋彼岸的奧巴馬如今的苦戰便一目了然。美國的醫療制度，一向爲人詬病：醫療集團勢力龐大、藥廠利潤豐厚，但卻有數以千萬計的基層民眾得不到基本的醫療服務、中產家庭也要承受醫療保費及開支高昂的痛苦。「看病難、看病貴」的長期民怨，促使美國民主黨以推動普及醫療爲己任。

不過，這「醫改美國夢」如今卻使美國社會出現空前的分裂：民眾固然不滿「看病難、看病貴」的局面，但卻愈來愈怕奧巴馬的醫療改革，會進一步增加醫療開支、加深聯邦政府債台高築的財赤，最終導致加稅。另外，奧巴馬的改革方案提倡開發公營醫療服務，亦被醫療集團、保險財閥等持份者視爲敵對行爲。

在輿論懷疑醫改方案之際，共和黨及新保守主義人士立即火上加油，渲染奧巴馬的醫改是「共產主義」之舉，又以「死亡小組」——一個由政府設立、於將來成立的公營醫療決定要救何人、不救何人的委員會等臆測，肆意恫嚇民眾。漸漸地，美國民眾開始恐慌，全國各地都有歇斯底里的反對聲音；奧巴馬政府亦被逼作出讓步，不再堅持大力發展公營醫療的構想。

奧巴馬四面受敵被逼讓步

奧巴馬的醫改受挫，誠然可惜；但假如把美國的問題與香港的醫療改革類比，則並不恰當：

1）美國的醫改，乃在私營主導的局面中加入公營的元素，政府很難避免要與保險、醫療集團等業界對峙；但香港的醫療服務（尤其是住院服務），卻是公營主導，改革的方向剛剛相反：促進公私營醫療合作、給予私營醫療，以至保險業界和社福機構更多參與機會；

2）美國政府的財赤極度嚴重，故民眾恐怕醫改會帶來大幅加稅；而香港政府目前的財政狀況則相較穩健得多——這當然不是指公帑可以亂花、更不是指香港毋須擔心長遠的醫療開支；但港府最少還有能力承諾增撥醫療資源（把醫療開支佔政府整體開支的比重，由一成五上調至一成七；並預留五百億元對醫療融資改革的投入）；即使將來要全民供款，供款的額數以至豁免貧窮户供款等方面，都有較大的彈性；

況且，香港在討論醫療融資之時，亦同步發展基層醫療、尋求公、私營醫療合作互補的機會，把一些佔用專科門診和公立醫院大量人力物力的工序，開放予私營醫療業界參與，以騰出資源應付重症。不過可惜的是，這些合作機會往往都因爲官僚作風所產生的誤會而告吹。

恐港醫改之路埋下「地雷」

舉個例，不少私家門診都不抗拒提供注射鏈球菌疫苗的服務，以減輕公立醫院爲大量民眾接種疫苗的工作壓力；但醫管局卻要求所有參與的私家醫生，列明醫管局在這項注射服務上劃一向他們提供多少酬金。這便惹來同行感到醫管局似乎打算利用計畫，變相規管私家門診日後所有注射服務的費用，結果拒絕參與。

其實，醫療業界對公私營醫療合作的最大憂慮，就是不公平競爭：「個體户」以至個別私家醫院，在面對龐大的醫管局，以至其他具規模的醫療集團時，往往面對議價能力不足的問題。因此，當局在推動公私營醫療合作時，應力求避免基於一些官僚程序的要求，而讓業界誤以爲政府有意干預私家門診服務的收費釐訂。這些日積月累的誤會，大大傷害了公私營醫療系統之間的互信，亦恐怕會爲香港醫改之路埋下「地雷」。

史泰祖

自成一派
六號地盤不宜再建屏風樓

近年本港的氣溫愈來愈高，即使夏季已過，市區氣溫也普遍達三十三度以上，熱浪逼人。

筆者本周日親身採訪了三個住在深水埗板間屋內的家庭，在三十多度的高溫下，不足百呎的地方，酷熱的滋味自不待言。

其實，市區氣溫急升的受害者豈止板間房住户，連身處摩天大廈的居民也深受其害。究其原因，與政府的土地規劃失當，導致市區屏風樓處處，影響內區通風，造成熱島效應有關。可見規劃失當造成的禍害，無分貧富階層。

將堵塞唯一通風口

隨着全球環保意識的提升，港府近年也開始重視環保，今年預算案就花了頗大篇幅去講環保措施，推動綠色經濟，並成立「綠色建築議會」，提倡環保建築，垂直綠化等概念。而解決市區規劃過於擠逼，以至出現屏風樓的問題，亦是環境局與發展局的政策方向。

近期九龍西發生的一宗土地發展爭議，筆者正好親身體會地區上的官僚作風如何影響環保政策推行。九龍西的四小龍區（碧海藍天、宇晴軒、昇悅居及泓景臺）本身是地產泡沫膨脹遺下的產物，區內發展密度已極擠逼，再加上被多個公共屋邨包圍，空氣流通不佳，整個區域現時單靠附近一塊稱爲「六號地盤」的空地作通風口，將沿海的鮮風吹入內區。但近期房屋署及規劃署卻以該地被劃作「綜合發展區」爲由，不理實際環境，要求在此地興建四幢四十一層高的公屋大廈。四小龍的居民反映，此舉將阻礙該區唯一通風口，造成熱島效應，影響空氣質素及居民健康，並違反政府的綠色生活政策。

事實上，深水埗內已有多處地盤正計畫建公屋，是否需要連最後一片通風口也徵用？筆者曾在不同會議上建議政府將該地皮作低密度發展，例如興建「千人大會堂」，既可滿足區內居民的文化訴求，也可配合西九文化區發展。但規劃署等一直未作積極回應。

與大政策方向相違

政府制訂的政策要上行下效，方可成功，保護環境就更需要實際行動配合。早前西鐵南昌站上蓋興建十一幢屏風樓的問題已引起全城關注，政府匆忙補鑊；豈料現時深水埗四小龍對出六號地盤又再如此。政府爲免予人大腦思維與手腳行動失調的印象，最好當機立斷，糾正十多年前的錯誤，貫徹綠色城市及海濱長廊的方案，不要在海濱興建四幢高樓屏風，以免後悔莫及，爲後人詬病！

梁美芬
立法會議員、
城大法律學院副教授

精神透視
食藥還是停藥 進退兩難

香港人普遍對精神科藥物有誤解，認爲其毒無比。逼不得已要服藥時，也必盡快停藥。尤其是親朋戚友，一定勸人停藥，到該人病情復發時，則避而不見，以免上身。這是基於傳統上對精神病的誤解，標籤效應，以及對各種藥物的作用與副作用的混淆不清所致。

受制普遍誤解困局中

1. 精神科藥物與精神科毒物

藥物是治病，令病情好轉的；毒物是有害，無明顯醫療價值，令身體受損的。以往因爲中文翻譯的問題，一律稱爲精神科藥物，容易使人混淆，把有益的和有害的混在一起，產生誤會。

2. 不同的藥物有不同的副作用

也有人因爲見過一些親友在接受治療後變得呆滯、癡肥，便認定這是精神藥物的普遍副作用，告誡別人一定不可長服。其實他們所見的是重性精神病的病徵。一般輕性精神病及其藥物不會產生這些徵狀，不要穿鑿附會。

3. 新藥與舊藥

另一些人受了宣傳的影響，認爲新藥必好，舊藥必壞，堅持要用新藥和最好的藥。其實眾人口中的新藥，大部分都已面世十年以上。多年的臨牀經驗，新藥的副作用逐漸浮現，發覺並不比舊藥少，只不過是另外的一批副作用而已。所以其實藥是沒有最好的，重要的還是醫師的經驗，結合病人的反應，對症下藥，就是最好的治療。

4. 要靠自己，不要靠藥

另一個普遍的誤會是「心病還須心藥醫」，只要適當輔導，解開心結，病情自然好轉，不應倚賴藥物。這觀念只對初期現象適用。好比糖尿病。輕微的可以靠控制飲食，較重者要服藥或打針，病人都願意接受，不會覺得可以靠自己醫好糖尿病。唯獨對精神病的芥蒂很深，非三數十年不能改過來。這種積習或傳統就是一般人賴以生存的方法，他們只能固守，不願改變，不然他們的腦筋便不能承擔。

話又說回來，作爲治療的一部分，爲甚麼病人應該服藥？這好比一個人跌下水，他不懂游泳，只好求救。在岸邊的親友，不斷鼓勵、打氣，或怪他當初不學好泳術。此人最後力盡而亡。問題是應否在他遇溺之前，拋下一個水泡，讓他游回岸邊，再學游泳？在這個比喻中，水泡就好比藥物，能救人於危。日後假若環境好轉，心理抗壓力强，自然不須靠藥。

曾見過不少病人，受制於這個普遍誤解的困局中，不能自拔。辭退了工作，做運動、作輔導，希望能夠停藥。卻終日不安，夜不能寐，不但損失金錢，也失了生活質素，實在不值得。也有一些人，在治療性的藥物外尋求另類的宣泄管道：酗酒、吸煙、嗑藥、暴食、暴買等等，遺害更大。

勞振威
精神科專科醫生
香港生物精神科醫學會

繁體字上下简体字。高瞻远瞩上下目光短浅。

Langzeichen vs. Kurzzeichen. Nachhaltigkeit vs. Kurzsichtigkeit.

Die Mitglieder des chinesischen Schriftreformkomitees strebten mit der »Verkürzung« vieler chinesischer Schriftzeichen die Erleichterung des Schreiben- und Lesenlernens an *[→ 65]*. Erklärtes Ziel war es, dass kaum ein Zeichen noch mehr als zehn *Striche* aufweisen sollte, was bei weitem nicht gelang. Zum einen sind sich die Zeichen nun ähnlicher geworden, können also schwerer differenziert werden. In anderen Fällen wurden mehrere Zeichen zu einem vereint. Dafür entlehnte man die neuen Formen teilweise den schnellen Handschriften der historischen *Gras- oder Kursivschriften* *[→ 174]*, in welchen die Schreiber – gleichsam stenografisch – bereits vor Jahrhunderten mehrere Zeichen zu einem zusammenfassten. Wieder andere Zeichen wurden gänzlich neu entworfen. Was gut gemeint war, stellte sich in gewisser Hinsicht als »Verschlimmbesserung« heraus, denn dem Einsparungseffekt auf der einen steht eine enorme Verflachung des ehemaligen Formenreichtums der Schriftzeichen auf der anderen Seite gegenüber. ■ Ein erhebliches Problem stellte die sukzessive Einführung der Veränderungen dar. Einige Entscheidungen scheinen vorschnell in Hast getroffen worden zu sein. Das Ergebnis war, dass sich das Druckbild von Publikationen aus den vierziger Jahren des letzten Jahrhunderts von Büchern aus den Fünfzigern und dies sich wiederum von Veröffentlichungen aus den Siebziger Jahren unterschied. Zwar haben diese Veränderungen zunächst erhebliche Erleichterungen für Schulanfänger auf dem Festland Chinas gebracht, doch im Lauf der Zeit kristallisierte sich immer weiter heraus, dass das Lesen ab einem bestimmten Bildungsniveau letztlich mit größeren Schwierigkeiten verbunden war als ehemals. ■ Mit Blick auf die forcierten Bemühungen Chinas, sich in die globale politische und ökonomische Welt zu integrieren, bedeuten die reformierten Schriftzeichen heute einen Nachteil. Denn für Millionen von Chinesen, die außerhalb des Festlands in Taiwan, Hongkong, Malaysia oder Übersee leben, ebenso aber auch für Japaner und Koreaner, sind die neuen Zeichen nicht ohne Mühe zu entschlüsseln. Der Stadtstaat Singapur, in dem Chinesisch eine der Amtssprachen ist, übernahm inzwischen die vereinfachten Zeichen als Standardschrift. ■ Wer heute »nur« die Kurzformen gelernt hat, der tut sich schwer mit dem Lesen von Publikationen aus Taiwan oder Hongkong, wo die Tradition des Schreibens von *Langzeichen* bis heute aufrechterhalten wird. Einige Zeitungen und Zeitschriften gingen daher dazu über, in beiden Schriftformen zu drucken, je nachdem, ob sie nur auf dem chinesischen Festland oder auch außerhalb vertrieben werden. Für den gebildeten Chinesen oder Sinologen in Ost und West bedeutete die Vereinfachung im Wesentlichen lediglich, dass er zu den alten noch einige hundert oder tausend neue Zeichen hinzulernen musste. ■ Ein weiterer negativer Aspekt der Schrifteform, über den selten gesprochen wird, ist ästhetischer Natur: Viele Chinesen empfinden die oft allzu simplen Neuschöpfungen als fade und hässlich, ja als geradezu herzlos. Inzwischen ist längst eine Renaissance der traditionellen Schreibweisen zu beobachten. Der renommierte Sinologe und Verfasser zahlreichen didaktischer Publikationen über die chinesische Schrift, Wolfgang Baus, ist überzeugt, dass *»alles dafür spricht, dass man eines Tages zu den Langzeichen zurückkehren wird und die Kurzzeichen – wie so vieles in der Volksrepublik – eine Episode bleiben werden.«* □

In Hongkong Xiānggǎng 香港 wird eine Schreibweise präferiert, die sich noch traditionsbewusster ausnimmt als die japanische, denn man schreibt in chinesischen Ursprungszeichen. Bis 1997 unterstand »HK« administrativ dem britischen Imperium, als eine der letzte Kolonien weltweit. Die unterschiedlichen Entwicklungen auf dem Festland China und in seiner heute politisch wieder eingegliederten Inselregion begründen auch die betont verschiedenen Handhabungen der eigenen Schrift.

中文的字母表达。拼音和注音符号。

Chinesisch auf Lateinisch. Pīnyīn auf Bopomofo.

Neben der Vereinfachung der Schriftzeichen beinhaltete die Schriftreform in China die Einführung einer vereinbarten Umschreibungsschrift für ihre Verlautung. Die Romanisierungen der hochchinesischen Sprache sind seit 1957 die offiziellen *»Zeichen der Lautzusammensetzungsumschrift für die chinesische Sprache«* Hànyǔ Pīnyīn Wénzì 汉语拼音文字 / 漢語拼音文字. Diese Umschreibungsform nahm sich die römischen Buchstaben zu Hilfe und ergänzte einige Vokale um die diakritischen Zeichen *Akut, Gravis, Hatschek* und *Makron* aus dem vorhandenen Fundus, um so die unterschiedliche Tonalität der *Homonyme* zu visualisieren *[→ 48]*. Obwohl sie augenscheinlich die bis heute beste Lösung aller ausprobierten Transkriptionsversuche in Ost und West ist, gibt auch sie Anlass zu Verwirrung, denn die Aussprache des Chinesischen ist weitaus komplexer als andere Lautsysteme, für die das lateinische Alphabet ebenso verwendet wird, wie z. B. das Lautsystem der japanischen Sprache. ■ Mit dem Hànyǔ Pīnyīn wurde auf dem Festland die 1921 eingeführte phonetische Umschrift Zhùyīn Fúhào 注音符号, einigen geläufiger als Bōpōmōfō ㄅㄆㄇㄈ, abgelöst, deren Zeichen den japanischen Kana-Zeichen nachempfunden waren *[→ 81]*. Seit den siebziger Jahren wird das Pīnyīn weltweit eingesetzt. Jeder von uns kennt es längst auch aus den hiesigen Medien, denn chinesische Eigen- und Ortsnamen werden in der Regel aus dem festen Silbenvorrat der Pīnyīn-Umschrift transkribiert *[→ 73]*. Leider wird dabei konsequent – wie in chinesischen bilingualen Publikationen selbst auch – auf die Akzentsetzung verzichtet, was die korrekte Aussprache eines umschriebenen chinesischen Namens für Chinesisch-Novizen unmöglich macht. ■

Das erste Umschreibungssystem wurde von den britischen Wissenschaftlern Sir Thomas Wade (1818 – 1985) und Herbert Allen Giles (1845 – 1935) entwickelt und ist daher bekannt als das *Wade-Giles-System*. Bis Mitte des 20. Jahrhunderts war es populärer Standard. Wegen der ausgesprochen vielen diakritischen Zeichen erwies es sich jedoch als nicht praktikabel und wurde später von den Bōpōmōfō-Zeichen weitgehend verdrängt. ■ In der Bōpōmōfō-Umschrift werden bis heute taiwanische Klassiker und Kinderbücher annotiert, in China selbst teilweise noch naturwissenschaftliche Publikationen. Das in Taiwan zwischen den Jahren 2000 und 2008 mühsam etablierte Lautsystem Tōngyòng Pīnyīn 通用拼音 wird seit dem 1. Januar 2009 offiziell vom Hànyǔ Pīnyīn abgelöst, was in Zukunft wiederum mit hohem finanziellen Aufwand verbunden sein wird. Obwohl beide Systeme zu 80 % identisch sind, löste dies bei der taiwanischen Bevölkerung große Empörung aus. Auf den Straßen drohte es zu einem Bilderstau zu kommen, da man nun für die Anbringung beider Systeme plädierte. ■ Die Mischung von Hànzì und Buchstaben gehört inzwischen wie selbstverständlich zum Schriftbild im öffentlichen Raum Chinas. Nach amtlicher Liste verwendete Hànzì werden einheitlich gehandhabt und sind von jedermann zu verstehen. Hingegen werden heute bevorzugt seltene oder gar unbekannte traditionelle *Langzeichen* für Eigen- und Firmennamen eingesetzt, um eine gewisse Bodenständigkeit, Qualität oder auch Bildung zu bezeugen. Damit die richtige Aussprache für nicht dem Alltagsgebrauch entlehnte Zeichen sichergestellt wird, hat sich allerorts die Umschreibung der Schriftzeichen in Pīnyīn eingebürgert und damit eine neue verbindende Sprache unter Landsleuten etabliert. Anstatt diese – wie von offizieller Seite propagiert – begrifflich zu zerlegen, wird dem traditionellen typografischen Paradigma der Lückenlosigkeit entsprochen, was dem Lesen, Sprechen und Verstehen freilich hin und wieder außerordentlich abträglich ist *[siehe Abbildung oben]*. □

Klas Bernhard Johannes Karlgren (1889 – 1978), chinesisches Pseudonym Gāo Běnhàn 高本汉/ 高本漢, war ein schwedischer Sprachwissenschaftler und Sinologe. Er versuchte als einer der ersten, das Lautsystem des Mittel- und Altchinesischen zu rekonstruieren, wobei er Methoden der europäischen historischen Sprachwissenschaft auf das Chinesische übertrug. Für seine Arbeitsweisen und -ergebnisse erntete er später nicht nur Lob. Dennoch galten sie als bahnbrechend und bildeten die Grundlage für die gesamte neuere Forschung auf dem Gebiet der historischen Phonologie des Chinesischen und verwandter Sprachen. In seiner erstmals 1923 erschienenen Abhandlung »Schrift und Sprache der Chinesen« wird u. a. deutlich, wie hilfreich heute das in Aussprache und Schreibung vereinheitlichte Hochchinesisch und das später geschaffene Transkriptionssystem Pīnyīn für das Erlernen der chinesischen Sprache ist [Bildquelle: umass.edu].

Viele Umschreibungen vieler Umschreibungen

Wie viele Transkriptionsversuche es bisher gegeben hat, vermag keiner genau zu beziffern, und niemand ist bisher in der Lage, die Silbentöne des Chinesischen grafisch vollständig wiederzugeben. Eine Gruppe chinesischer Linguisten entwickelte die »Romanisierung der Landessprache« Gwoyeu Romatzyh 国语罗马字 / 國語羅馬字, die zwar 1928 offiziell anerkannt wurde, aber auf einige wenige Wörterbücher beschränkt blieb. Ihre besondere Leistung liegt in den nachvollziehbaren Umschreibungsabfolgen aus rein lateinischen Buchstaben, die ganz ohne diakritische Zeichen oder Ziffern auskommen. Gegen das sehr logisch aufgebaute System sprach jedoch ein zu aufwändiger Lernprozess. Trotz Pīnyīn und dem International Phonetic Alphabet bietet heute fast jeder China-Reiseführer zusätzlich eine ganz eigene Umschreibung der Umschreibung an.
Folgender Beispielsatz bedeutet wörtlich übersetzt: »Ich nicht können sprechen Chinesisch.«

Hànzì	我	不	会 / 會	说 / 說	中文。
Übliche Umschreibung in China	Wo	bu	hui	shuo	zhongwen.
Offizielles Hànyǔ Pīnyīn	Wǒ	bù	huì	shuō	zhōngwén.
Gwoyeu Romatzyh	Woo	buh	huey	shuo	jongwoen.
Zhùyīn / Bōpōmōfō	ㄨㄛ	ㄅㄨ	ㄏㄨㄟ	ㄕㄨㄛ	ㄓㄨㄥㄨㄣ.
IPA	U̯ɔ	bu	xu̯eɪ̯	ʂu̯ɔ	d̥ʐʊŋu̯ən.
Langenscheidt (Deutsch)	Wo	bu	huäi	schuo	dschungwēn.
Passport Books (Englisch)	Waw	boo	whey	shaw	joong-win.

Lateinische Buchstaben transkribieren lateinische Buchstaben

Deutsch auf Chinesisch in Pīnyīn: Auf der internationalen Buchmesse 2007 in Peking war Deutschland »Guest of Honor«. Die Pekingerin Huang Yinzi, die in Kassel ihr Studium in Kommunikationsdesign absolvierte, gestaltete einen Mini-Sprachführer für chinesische Betreuer und Teilnehmer, der eine einfache Konversation mit deutschen Gästen ermöglichen sollte. Auch für Sprachlehrbücher ist es üblich, zur Phonetisierung die Silben fremdsprachiger Worte in Pīnyīn-Manier auseinanderzunehmen und neu zusammenzusetzen [Abb. verkleinert].

Serifenschriften, Song-Schriften

HYBaoSongJ
Vereinfachte Zeichen

字体设计的艺术？

36 / 39 pt

Hmbgft.!?字体是一种最基本的视觉设计元素，设计师使用它就如同建筑师们使用玻璃，石料，钢铁和无数其他材料一样。280!？…

9,5 / 13 pt

Hmbgft.!?字体是一种最基本的视觉设计元素，设计师使用它就如同建筑师们使用玻璃，石料，钢铁和无数其他材料一样。280!？…

6 / 9,5 pt

Die komplette Song-Schriftreihe auf Seite → 176

Hanyi Keyin, Peking und URW++, Hamburg

Der Silbenvorrat des Hochchinesischen in Hànyǔ Pīnyīn Wénzì 汉语拼音文字 sowie seine Umschreibung in Bōpōmōfō ㄅㄆㄇㄈ bzw. Zhùyīn Fúhào 注音符号

Zhùyīn Fúhào [Bōpōmōfō] 注音符号	Hànyǔ Pīnyīn 汉语拼音
ㄚ	A
ㄞ	AI
ㄢ	AN
ㄤ	ANG
ㄠ	AO
ㄅㄚ	BA
ㄅㄞ	BAI
ㄅㄢ	BAN
ㄅㄤ	BANG
ㄅㄠ	BAO
ㄅㄟ	BEI
ㄅㄣ	BEN
ㄅㄥ	BENG
ㄅㄧ	BI
ㄅㄧㄢ	BIAN
ㄅㄧㄠ	BIAO
ㄅㄧㄝ	BIE
ㄅㄧㄣ	BIN
ㄅㄧㄥ	BING
ㄅㄛ	BO
ㄅㄨ	BU
ㄘㄚ	CA
ㄘㄞ	CAI
ㄘㄢ	CAN
ㄘㄤ	CANG
ㄘㄠ	CAO
ㄘㄜ	CE
ㄘㄣ	CEN
ㄘㄥ	CENG
ㄔㄚ	CHA
ㄔㄞ	CHAI
ㄔㄢ	CHAN
ㄔㄤ	CHANG
ㄔㄠ	CHAO
ㄔㄜ	CHE
ㄔㄣ	CHEN
ㄔㄥ	CHENG
ㄔ	CHI
ㄔㄨㄥ	CHONG
ㄔㄡ	CHOU
ㄔㄨ	CHU
ㄔㄨㄚ	CHUA
ㄔㄨㄞ	CHUAI
ㄔㄨㄢ	CHUAN
ㄔㄨㄤ	CHUANG
ㄔㄨㄟ	CHUI
ㄔㄨㄣ	CHUN
ㄔㄨㄛ	CHUO
ㄘ	CI
ㄘㄨㄥ	CONG
ㄘㄡ	COU
ㄘㄨ	CU
ㄘㄨㄢ	CUAN
ㄘㄨㄟ	CUI
ㄘㄨㄣ	CUN
ㄘㄨㄛ	CUO
ㄉㄚ	DA
ㄉㄞ	DAI
ㄉㄢ	DAN
ㄉㄤ	DANG
ㄉㄠ	DAO
ㄉㄜ	DE
ㄉㄟ	DEI
ㄉㄣ	DEN
ㄉㄥ	DENG
ㄉㄧ	DI
ㄉㄧㄢ	DIAN
ㄉㄧㄤ	DIANG
ㄉㄧㄠ	DIAO
ㄉㄧㄝ	DIE
ㄉㄧㄥ	DING
ㄉㄧㄡ	DIU
ㄉㄨㄥ	DONG
ㄉㄡ	DOU
ㄉㄨ	DU
ㄉㄨㄢ	DUAN
ㄉㄨㄟ	DUI
ㄉㄨㄣ	DUN
ㄉㄨㄛ	DUO
ㄜ	E
ㄟ	EI
ㄣ	EN
ㄦ	ER
ㄈㄚ	FA
ㄈㄢ	FAN
ㄈㄤ	FANG
ㄈㄟ	FEI
ㄈㄣ	FEN
ㄈㄥ	FENG
ㄈㄛ	FO
ㄈㄡ	FOU
ㄈㄨ	FU
ㄍㄚ	GA
ㄍㄞ	GAI
ㄍㄢ	GAN
ㄍㄤ	GANG
ㄍㄠ	GAO
ㄍㄜ	GE
ㄍㄟ	GEI
ㄍㄣ	GEN
ㄍㄥ	GENG
ㄍㄨㄥ	GONG
ㄍㄡ	GOU
ㄍㄨ	GU
ㄍㄨㄚ	GUA
ㄍㄨㄞ	GUAI
ㄍㄨㄢ	GUAN
ㄍㄨㄤ	GUANG
ㄍㄨㄟ	GUI
ㄍㄨㄣ	GUN
ㄍㄨㄛ	GUO
ㄏㄚ	HA
ㄏㄞ	HAI
ㄏㄢ	HAN
ㄏㄤ	HANG
ㄏㄠ	HAO
ㄏㄜ	HE
ㄏㄟ	HEI
ㄏㄣ	HEN
ㄏㄥ	HENG
ㄏㄨㄥ	HONG
ㄏㄡ	HOU
ㄏㄨ	HU
ㄏㄨㄚ	HUA
ㄏㄨㄞ	HUAI
ㄏㄨㄢ	HUAN
ㄏㄨㄤ	HUANG
ㄏㄨㄟ	HUI
ㄏㄨㄣ	HUN
ㄏㄨㄛ	HUO
ㄐㄧ	JI
ㄐㄧㄚ	JIA
ㄐㄧㄢ	JIAN
ㄐㄧㄤ	JIANG
ㄐㄧㄠ	JIAO
ㄐㄧㄝ	JIE
ㄐㄧㄣ	JIN
ㄐㄧㄥ	JING
ㄐㄩㄥ	JIONG
ㄐㄧㄡ	JIU
ㄐㄩ	JU
ㄐㄩㄢ	JUAN
ㄐㄩㄝ	JUE
ㄐㄩㄣ	JUN
ㄎㄚ	KA
ㄎㄞ	KAI
ㄎㄢ	KAN
ㄎㄤ	KANG
ㄎㄠ	KAO
ㄎㄜ	KE
ㄎㄣ	KEN
ㄎㄥ	KENG
ㄎㄨㄥ	KONG
ㄎㄡ	KOU
ㄎㄨ	KU
ㄎㄨㄚ	KUA
ㄎㄨㄞ	KUAI
ㄎㄨㄢ	KUAN
ㄎㄨㄤ	KUANG
ㄎㄨㄟ	KUI
ㄎㄨㄣ	KUN
ㄎㄨㄛ	KUO
ㄌㄚ	LA
ㄌㄞ	LAI
ㄌㄢ	LAN
ㄌㄤ	LANG
ㄌㄠ	LAO
ㄌㄜ	LE
ㄌㄟ	LEI
ㄌㄥ	LENG
ㄌㄧ	LI
ㄌㄧㄚ	LIA
ㄌㄧㄢ	LIAN
ㄌㄧㄤ	LIANG
ㄌㄧㄠ	LIAO
ㄌㄧㄝ	LIE
ㄌㄧㄣ	LIN
ㄌㄧㄥ	LING
ㄌㄧㄡ	LIU
ㄌㄛ	LO
ㄌㄨㄥ	LONG
ㄌㄡ	LOU
ㄌㄨ	LU
ㄌㄨㄢ	LUAN
ㄌㄨㄣ	LUN
ㄌㄨㄛ	LUO
ㄌㄩ	LÜ
ㄌㄩㄝ	LÜE
ㄌㄩㄣ	LÜN
ㄇㄚ	MA
ㄇㄞ	MAI
ㄇㄢ	MAN
ㄇㄤ	MANG
ㄇㄠ	MAO
ㄇㄜ	ME
ㄇㄟ	MEI
ㄇㄣ	MEN
ㄇㄥ	MENG
ㄇㄧ	MI
ㄇㄧㄢ	MIAN
ㄇㄧㄠ	MIAO
ㄇㄧㄝ	MIE
ㄇㄧㄣ	MIN
ㄇㄧㄥ	MING
ㄇㄧㄡ	MIU

Zhùyīn Fúhào [Bōpōmōfò] 注音符号	Hànyǔ Pīnyīn 汉语拼音								
ㄇㄛ	MO	ㄆㄧㄝ	PIE	ㄙㄣ	SEN	ㄊㄧㄥ	TING	ㄩ	YU
ㄇㄡ	MOU	ㄆㄧㄣ	PIN	ㄙㄥ	SENG	ㄊㄨㄥ	TONG	ㄩㄢ	YUAN
ㄇㄨ	MU	ㄆㄧㄥ	PING	ㄕㄚ	SHA	ㄊㄡ	TOU	ㄩㄝ	YUE
ㄋㄚ	NA	ㄆㄛ	PO	ㄕㄞ	SHAI	ㄊㄨ	TU	ㄩㄣ	YUN
ㄋㄞ	NAI	ㄆㄡ	POU	ㄕㄢ	SHAN	ㄊㄨㄢ	TUAN	ㄗㄚ	ZA
ㄋㄢ	NAN	ㄆㄨ	PU	ㄕㄤ	SHANG	ㄊㄨㄟ	TUI	ㄗㄞ	ZAI
ㄋㄤ	NANG	ㄑㄧ	QI	ㄕㄠ	SHAO	ㄊㄨㄣ	TUN	ㄗㄢ	ZAN
ㄋㄠ	NAO	ㄑㄧㄚ	QIA	ㄕㄜ	SHE	ㄊㄨㄛ	TUO	ㄗㄤ	ZANG
ㄋㄜ	NE	ㄑㄧㄢ	QIAN	ㄕㄟ	SHEI	ㄨㄚ	WA	ㄗㄠ	ZAO
ㄋㄟ	NEI	ㄑㄧㄤ	QIANG	ㄕㄣ	SHEN	ㄨㄞ	WAI	ㄗㄜ	ZE
ㄋㄣ	NEN	ㄑㄧㄠ	QIAO	ㄕㄥ	SHENG	ㄨㄢ	WAN	ㄗㄟ	ZEI
ㄋㄥ	NENG	ㄑㄧㄝ	QIE	ㄕ	SHI	ㄨㄤ	WANG	ㄗㄣ	ZEN
ㄋㄧ	NI	ㄑㄧㄣ	QIN	ㄕㄨㄥ	SHONG	ㄨㄟ	WEI	ㄗㄥ	ZENG
ㄋㄧㄚ	NIA	ㄑㄧㄥ	QING	ㄕㄡ	SHOU	ㄨㄣ	WEN	ㄓㄚ	ZHA
ㄋㄧㄢ	NIAN	ㄑㄩㄥ	QIONG	ㄕㄨ	SHU	ㄨㄥ	WENG	ㄓㄞ	ZHAI
ㄋㄧㄤ	NIANG	ㄑㄧㄡ	QIU	ㄕㄨㄚ	SHUA	ㄨㄛ	WO	ㄓㄢ	ZHAN
ㄋㄧㄠ	NIAO	ㄑㄩ	QU	ㄕㄨㄞ	SHUAI	ㄨ	WU	ㄓㄤ	ZHANG
ㄋㄧㄝ	NIE	ㄑㄩㄢ	QUAN	ㄕㄨㄢ	SHUAN	ㄒㄧ	XI	ㄓㄠ	ZHAO
ㄋㄧㄣ	NIN	ㄑㄩㄝ	QUE	ㄕㄨㄤ	SHUANG	ㄒㄧㄚ	XIA	ㄓㄜ	ZHE
ㄋㄧㄥ	NING	ㄑㄩㄣ	QUN	ㄕㄨㄟ	SHUI	ㄒㄧㄢ	XIAN	ㄓㄟ	ZHEI
ㄋㄧㄡ	NIU	ㄖㄢ	RAN	ㄕㄨㄣ	SHUN	ㄒㄧㄤ	XIANG	ㄓㄣ	ZHEN
ㄋㄨㄥ	NONG	ㄖㄤ	RANG	ㄕㄨㄛ	SHUO	ㄒㄧㄠ	XIAO	ㄓㄥ	ZHENG
ㄋㄡ	NOU	ㄖㄠ	RAO	ㄙ	SI	ㄒㄧㄝ	XIE	ㄓ	ZHI
ㄋㄨ	NU	ㄖㄜ	RE	ㄙㄨㄥ	SONG	ㄒㄧㄣ	XIN	ㄓㄨㄥ	ZHONG
ㄋㄨㄢ	NUAN	ㄖㄣ	REN	ㄙㄡ	SOU	ㄒㄧㄥ	XING	ㄓㄡ	ZHOU
ㄋㄨㄣ	NUN	ㄖㄥ	RENG	ㄙㄨ	SU	ㄒㄩㄥ	XIONG	ㄓㄨ	ZHU
ㄋㄨㄛ	NUO	ㄖ	RI	ㄙㄨㄢ	SUAN	ㄒㄧㄡ	XIU	ㄓㄨㄚ	ZHUA
ㄋㄩ	NÜ	ㄖㄨㄥ	RONG	ㄙㄨㄟ	SUI	ㄒㄩ	XU	ㄓㄨㄞ	ZHUAI
ㄋㄩㄝ	NÜE	ㄖㄡ	ROU	ㄙㄨㄣ	SUN	ㄒㄩㄢ	XUAN	ㄓㄨㄢ	ZHUAN
ㄡ	OU	ㄖㄨ	RU	ㄙㄨㄛ	SUO	ㄒㄩㄝ	XUE	ㄓㄨㄤ	ZHUANG
ㄆㄚ	PA	ㄖㄨㄢ	RUAN	ㄊㄚ	TA	ㄒㄩㄣ	XUN	ㄓㄨㄟ	ZHUI
ㄆㄞ	PAI	ㄖㄨㄟ	RUI	ㄊㄞ	TAI	ㄧㄚ	YA	ㄓㄨㄣ	ZHUN
ㄆㄢ	PAN	ㄖㄨㄣ	RUN	ㄊㄢ	TAN	ㄧㄢ	YAN	ㄓㄨㄛ	ZHUO
ㄆㄤ	PANG	ㄖㄨㄛ	RUO	ㄊㄤ	TANG	ㄧㄤ	YANG	ㄗ	ZI
ㄆㄠ	PAO	ㄙㄚ	SA	ㄊㄠ	TAO	ㄧㄠ	YAO	ㄗㄨㄥ	ZONG
ㄆㄟ	PEI	ㄙㄞ	SAI	ㄊㄜ	TE	ㄧㄝ	YE	ㄗㄡ	ZOU
ㄆㄣ	PEN	ㄙㄢ	SAN	ㄊㄥ	TENG	ㄧ	YI	ㄗㄨ	ZU
ㄆㄥ	PENG	ㄙㄤ	SANG	ㄊㄧ	TI	ㄧㄣ	YIN	ㄗㄨㄢ	ZUAN
ㄆㄧ	PI	ㄙㄠ	SAO	ㄊㄧㄢ	TIAN	ㄧㄥ	YING	ㄗㄨㄟ	ZUI
ㄆㄧㄢ	PIAN	ㄙㄜ	SE	ㄊㄧㄠ	TIAO	ㄩㄥ	YONG	ㄗㄨㄣ	ZUN
ㄆㄧㄠ	PIAO	ㄙㄟ	SEI	ㄊㄧㄝ	TIE	ㄧㄡ	YOU	ㄗㄨㄛ	ZUO

Die Tabelle richtet sich nach der alphabetischen Anordnung der offiziell zum Transkriptionsstandard erklärten Pīnyīn, die Bōpōmōfō- bzw. Zhùyīn-Listung folgt einem anderen System. Der Silbenumfang der chinesischen Sprache wird üblicherweise ohne Töne (diakritische Zeichen) dargestellt, da sich deren Zahl sonst auf ca. 1.300 vervielfachen würde. Für eine Annotation in Bōpōmōfō werden die gleichen vier diakritischen Zeichen zur Ausdifferenzierung der Töne verwendet wie in der Pīnyīn-Umschreibung.

Serifenschriften, Song-Schriften

HYBaoSongF
Traditionelle Zeichen

字體設計的藝術?

36 / 39 pt

Hmbgft.!?字體是一種最基本的視覺設計元素，設計師使用它就如同建築師們使用玻璃，石料，鋼鐵和無數其他材料一樣。280!?…

9,5 / 13 pt

Hmbgft.!?字體是一種最基本的視覺設計元素，設計師使用它就如同建築師們使用玻璃，石料，鋼鐵和無數其他材料一樣。280!?…

6 / 9,5 pt

Die vereinfachten Zeichen auf der voherigen Seite

Hanyi Keyin, Peking und URW++, Hamburg

现代通讯技术里的中文。

Chinesisch in modernen Kommunikationstechniken. Smart und up to date.

Mit der Erfindung der westlichen Kommunikationstechnologien, namentlich der Telegrafie, wurde der schriftliche Kontakt Chinas mit der Außenwelt zu einem vertrackten Problem. Die Schrift, die die chinesische Kultur jahrhundertelang *»mit einer Art geistiger Ölhaut«* [Bauer] umgab, ließ nicht nur fremde Ideen schwer ins Land dringen, sondern bereitete später besonders bei der analogen Signalübermittlung erhebliche Schwierigkeiten. Mit Zahlen- und Buchstabencodes versuchte man, der *Homonyme* Herr zu werden, vorausgesetzt natürlich, dass potentielle Empfänger diese Code-Listen besaßen, was international nicht immer gewährleistet werden konnte: *»Wir haben dann eben keine Signale schicken können, so einfach ist das. Briefe wurden gesendet, Kuriere eilten hin und her. Niemand hat das damals hinterfragt«*, beschreibt Dr. Norbert Zemann, Ingenieur der Stuttgarter Firma Bosch, die postalische Situation noch in den siebziger Jahren ganz pragmatisch. ■ Die Einführung digitaler Technik war ein Segen für den Informationsaustausch mittels chinesischer Schriftzeichen, obwohl deren Eingabe in die verschiedenen Kommunikationsgeräte noch immer mühsam ist. An Erleichterungen arbeiten kontinuierlich Unternehmen weltweit, insbesondere in China selbst, in Japan, Taiwan, den USA und in Deutschland. ■ Die bis dato populärste Methode der Datenübermittlung verwendet das Transkriptionssystem Pīnyīn: Auf der Suche nach chinesischen Schriftzeichen, deren Aussprache bekannt ist, werden mittels lateinischer Buchstaben die jeweiligen Silben im Anwenderprogramm eingegeben. Auch für Nutzer ohne große Chinesisch-Erfahrung ist dieser Weg recht einfach. Routinierte Schreiber sind später in der Lage, nicht nur einzelne Silben, sondern vollständige Wörter, ganze Satzteile und Phrasen zu generieren. ■ Daneben gibt es viele weitere mehr oder weniger effiziente Eingabemöglichkeiten nach *Klassenzeichen* *[→ 122]* oder *Strichordnung* *[→ 112]*, auf die hier nicht näher eingegangen werden kann. Dies erfordert einen tieferen Einblick in die verschiedenen Programme, die teilweise zusätzlich installiert werden müssen. ■ Wer schnell und unkompliziert nach einem chinesischen Zeichen oder Wort sucht, findet heute zahlreiche Internet-Seiten, die per Pīnyīn-Umschreibung Übersetzungen aller Sprachen ins Chinesische anbieten. Meist erhält man die chinesischen Schriftzeichen sowohl in der *Lang-* als auch in der *Kurzzeichen*-Version. Diese Möglichkeit hat endlich die – selbst für Chinesen – recht zeitintensive Suche nach unbekannten Zeichen in Wörterbüchern beendet *[→ 121]*. □

Ni hao! — Smart und Mobil!

Für die Eingabe chinesischer Zeichen in (chinesische) mobile Kommunikationsgeräte gibt es verschiedene Angebote. Zum einen hilft die leicht zu handhabende Pīnyīn-Umschreibung: Sofern die Aussprache eines Zeichens bekannt ist, wird buchstabiert. Nach jedem weiteren Buchstaben erscheinen die potentiellen Schriftzeichen bis man sich zum Ende der Silbe durchgeklickt hat. Nach T9-Prinzip werden nun gängige Zeichenverbindungen aufgezeigt: NiHao 你好, bedeutet »Hallo« oder »Guten Tag« (wörtl.: Du gut!). Nach der Silbe Ni 你 (Du) zeigt sich zunächst das Personen-Plural-Zeichen 们, gefolgt von 好 (gut) sowie 是 (bist), 家 (Familie), 要 (musst), 想 (möchtest), 能 (kannst) usw. — 好 angeklickt, eine einzelne Person wurde begrüßt, weiter geht's ... Gemessen an den Millisekunden, in denen junge Chinesen sich »zusimsen", befällt einen die leise Vermutung, dass Chinesisch rasanter zu tippen ist als jede andere Schrift. Der hohe Informationsgehalt von Wort-Bild-Zeichen und die chinesische Syntax [→ 42 ff.] erlauben eine enorme Reduktion von Textlängen. Doch ist auch hier wie überall die »Community« längst durch stets wechselnde – im wahrsten Sinne des Wortes – Zeichencodes verbunden. □ Eine weitere Option bietet die Eingabe von Strichen: Dafür sollte die richtige Strichreihenfolge der Schriftzeichen beherrscht werden. Da das Keyboard eines Mobiltelefons kaum geeignet ist, mehr als zehn Striche anzubieten, wird etwas »geschummelt« — die Striche werden zu bestimmten Kombinationen zusammengefasst. Übung macht den smarten Messenger!

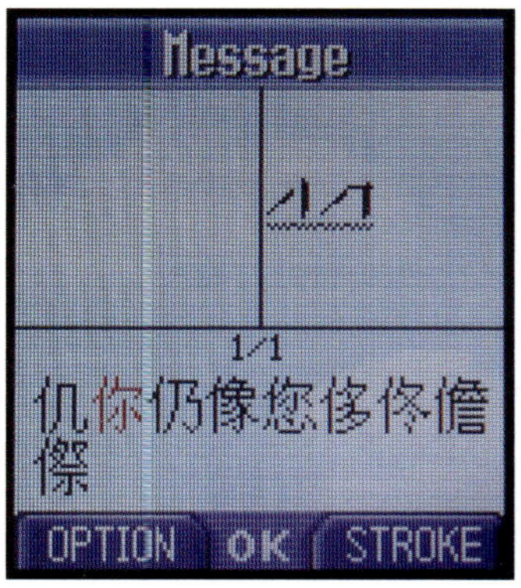

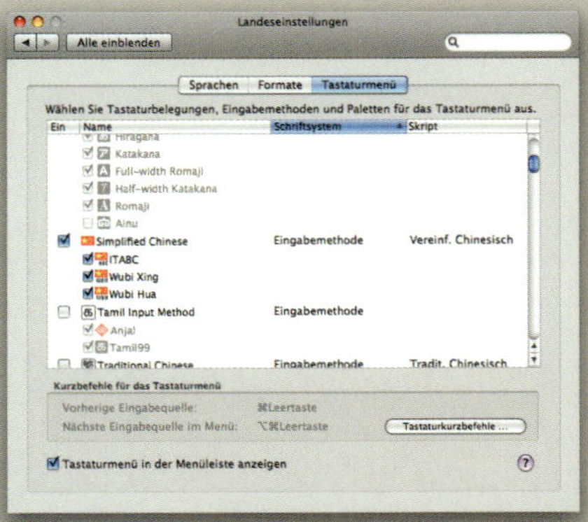

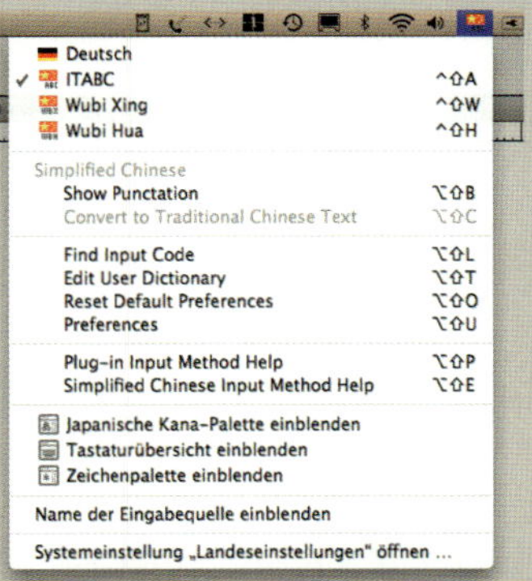

Unabhängig vom Betriebssystem müssen zunächst unter den SPRACHOPTIONEN *der Systemsteuerung die chinesischen Zeichensätze aktiviert werden, danach die* SPRACHANZEIGE, *wobei die Tastaturbelegung von der derzeit eingestellten Sprache automatisch auf die englische wechselt – die Buchstaben* **Y** *und* **Z** *tauschen!*

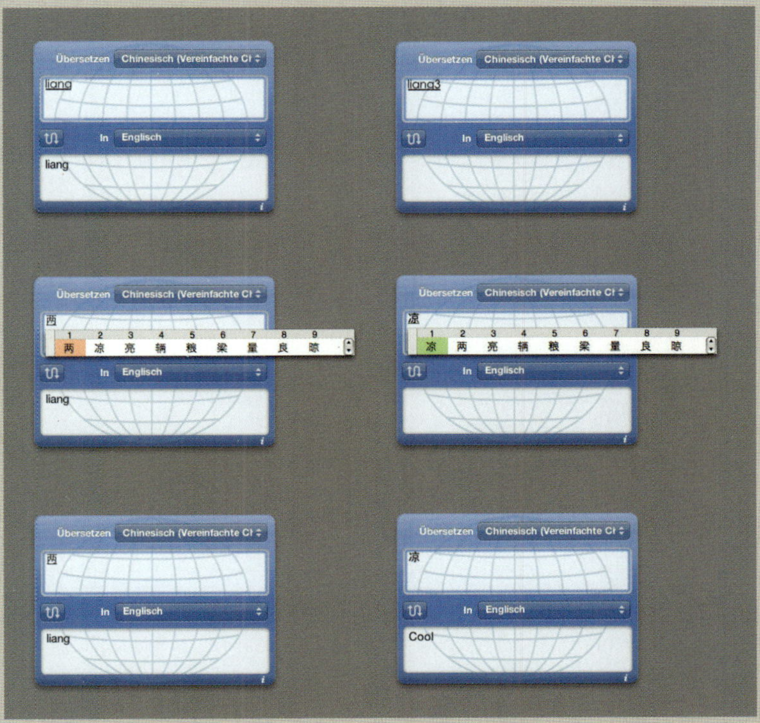

TON	AKZENT	EINGABE AKZENT	EINGABE ZAHL
1. Ton	Makron	mā	ma1
2. Ton	Akut	má	ma2
3. Ton	Hatschek	mǎ	ma3
4. Ton	Gravis	mà	ma4

Im Anwenderprogramm aktivieren sich die im PĪNYĪN *eingegeben Silben oder Abkürzungen. Nach dem Bestätigen (beim Mac Leertaste drücken!) öffnet sich ein Pop-Up mit sämtlichen Schriftzeichen, die mit dieser Lautung belegt sind. Sie werden in der Hierarchie der häufigst verwendeten Zeichen aufgelistet. Man muss sich jetzt nur noch das richtige heraussuchen und anklicken.* □ *Dies gelingt um so besser, wenn der dazugehörige Ton bekannt ist und der entsprechende Vokal mit dem jeweiligen Akzent eingetippt wird. Das Zeichenangebot schränkt sich stark ein, womit sich die Geschwindigkeit des Textschreibens immens erhöht. Wer sich bei der Eingabe im Computer bei der Tastaturbelegung für die Akzente nicht sicher ist, kann zusätzlich zu den Silben die Zahl eingeben, die dem jeweiligen Akzent zugeordnet ist. Für chinesische Benutzer geht das recht schnell. Die Tastaturbelegung für häufig gebrauchte Zeichen wird schon bald sicher beherrscht.*

Werden längere Textpassagen eingegeben, können Zahlen unberücksicht bleiben, denn die Programme erkennen häufige Zeichenverbindungen automatisch – ein Grund, warum viele Chinesen mit der Akzentbelegung der Silben nicht vertraut sind.

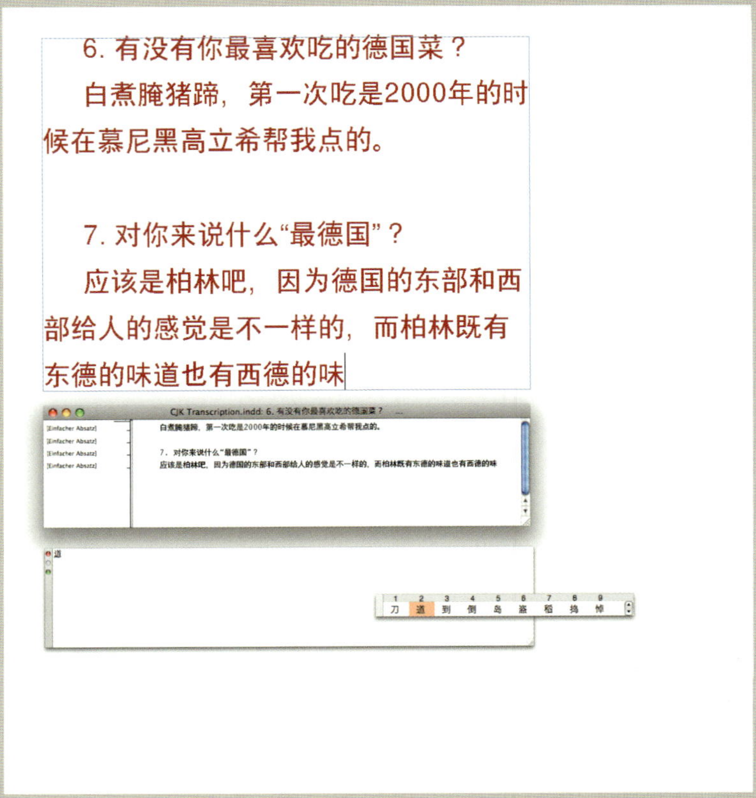

Das Internet bietet ausführliche Beschreibungen zum Installieren von fremden Sprachen und Schriften:

MAC OSX www.yale.edu/chinesemac/

WINDOWS newton.uor.edu/Departments&Programs/AsianStudiesDept/Language/

Serifenschriften, Song-Schriften

FZBaoSong-T
Traditionelle Zeichen

字體設計的藝術？

36 / 39 pt

Hmbgft.!?字體是一種最基本的視覺設計元素，設計師使用它就如同建築師們使用玻璃，石料，鋼鐵和無數其他材料一樣。280!？…

9,5 / 13 pt

Hmbgft.!?字體是一種最基本的視覺設計元素，設計師使用它就如同建築師們使用玻璃，石料，鋼鐵和無數其他材料一樣。280!？…

6 / 9,5 pt

Die traditionellen Zeichen auf der nächsten Seite

Founder Electronics, Peking

中文字符在其他国家的传播。

Tot oder lebendig.
Zur Verbreitung der chinesischen Schriftzeichen in anderen Ländern.

CHINAS SCHRIFTZEICHEN werden seit langer Zeit nicht nur im Kernland der chinesischen Zivilisation verwendet, sondern verbreiteten sich auch erfolgreich in viele Anrainerstaaten. Die Unabhängigkeit von der gesprochenen Sprache machte die chinesische Schrift als Verständigungsmittel in unterschiedlicher Intensität akzeptabel. Gerade nicht-chinesische Völker im Norden und Nordwesten Chinas ließen sich regelmäßig von ihr für eigene Verschriftlichungen anregen, wobei es immer wieder die grammatischen Strukturen waren, die den Einfallsreichtum beflügelten, um der Schwierigkeit mit den Endungen Herr zu werden. Inländische Gegenreaktionen führten dort früher oder später zu Adaptionen und teilweise zur völligen Aufgabe der importierten Schrift. ■ VERGLICHEN MIT DIESEN KURZEN PHASEN der Schriftadaptionen sind die in Japan, Korea und Vietnam auf der Grundlage der chinesischen Zeichen etablierten Schriften weitaus bedeutender. Als Kulturexport gelangte die chinesische Schrift etwa 600 bis 800 n. Chr. auch in diese Nachbarländer Chinas. Bis heute nutzt man die traditionellen *Langzeichen* – seit dem Zweiten Weltkrieg allerdings in einer moderat vereinfachten Form – in Südkorea und Japan als Teil der nationalen *Schriftsysteme*. Anfangs wurde in allen drei Ländern vollständig mit chinesischen Schriftzeichen geschrieben. Die Verwendung chinesischer Schriftzeichen hat in Japan, Korea und Vietnam ganz unterschiedliche Richtungen eingeschlagen und spannende Wendungen genommen. □

SCHEINBAR WERTVOLLE SCHRIFTGESCHICHTE(N)

INNERHALB DER HEUTIGEN VOLKSREPUBLIK CHINA existieren viele Minderheitenvölker mit eigenständigen Schriftsprachen. Den am weitesten verbreiteten wird neben den amtlichen HÀNYǓ WÉNZÌ, den chinesischen Schriftzeichen, auf den Banknoten Rechnung getragen: MONGOLISCH, das als einzige Schrift weltweit vertikal von oben nach unten, aber in Spalten von rechts nach links geschrieben wird, TIBETISCH, außerdem ARABISCH, das von vielen muslimisch geprägten Gruppen verwendet wird, sowie das ZHUÀNG, das sich lateinischer Buchstaben bedient [→30]. Hinzu kommt das Transkriptionssystem für die chinesischen Schriftzeichen, das HÀNYǓ PĪNYĪN, womit das Geld international entzifferbar wird [→68].

Taiwan

Japan

Korea

Vietnam

Serifenschriften, Song-Schriften

FZBaoSong-S
Vereinfachte Zeichen

字体设计的艺术？

36 / 39 pt

Hmbgft.!?字体是一种最基本的视觉设计元素，设计师使用它就如同建筑师们使用玻璃，石料，钢铁和无数其他材料一样。280！？…

9,5 / 13 pt

Hmbgft.!?字体是一种最基本的视觉设计元素，设计师使用它就如同建筑师们使用玻璃，石料，钢铁和无数其他材料一样。280！？…

6 / 9,5 pt

Die vereinfachten Zeichen auf der voherigen Seite

Founder Electronics, Peking

探していたのは、決して新しい形てはなくて、新しい価値を提示するモテルてす。付加価値てはなく、従来にない新しい価値。大げさに言えば、私たちの想像を超えた新しい価値。しかし、そういったモデルに出会う機会は本当に減っています。

アドバンスとは言っても、SF映画の小道具のようなものではなく、現実の先端テクノロジーにデザインが入ることて、近い将来、私たちの生活に入ってくるてあろうモノたち。しかし、そんなモデルこそ、企業にはトップシークレットなのかもしれません。あるいはデザイナーがそこまで関わることができていないのか 話を聞いていると、たぶん、後者の場合も多いはす。「先端テクノロジーにデザイナーが関われは 面白いものがてきるのになあ」とは、私たちがいつも思っていることてす。

ともあれ、AXISではこれからもしつこくアドバンスデザインを探し、連載「サ・プロトタイプ」などで紹介していくつもりてす ご提案お待ちしております。(文/編集長・石橋勝利)

We were searching for the kind of model that indicate new value, not necessarily new shapes By "new value" we don't mean "value-added" design but a new value that has never existed before To exaggerate slightly, we mean new value that goes beyond the imagination However, the number of occasions one encounters such models has definitely decreased.

Although we use the word "advance," we are not referring to the small devices of SF movies but things that can become part of our daily lives in the near future through the incorporation of today's leading edge technology into design. However, those kinds of models are probably top secret Or maybe the designers cannot be involved at that level. Listening to designers' stories, the latter case is probably quite common We are always thinking, "If only designers were involved with the leading edge technology, something interesting would happen."

Nevertheless, at AXIS we intend to search persistently for advance design, and introduce them in The Prototype and other series. We await your proposals. (Text by Katsutoshi Ishibashi Editor in Chief)

アドバンスデザインは、本当にどこへ行ったのか?

Where on earth have the advance designs gone?

日本語。この世の不可思議。

Die japanische Schriftsprache. Ein Weltwunder.

DER INSELSTAAT JAPAN IST, neben Korea und Vietnam, eines der Länder, die am ausgeprägtesten vom Exportgut Schrift aus China profitierten. Und hier wurde die Tradition der chinesischen Schriftkultur – verglichen mit Korea und Vietnam – bis in die Gegenwart am konsequentesten bewahrt, die chinesischen *Logogramme* sind bis heute gleichberechtigter Bestandteil der japanischen Schriftsprache neben zwei weiteren Silbenalphabeten. ■ SPÄTESTENS SEIT DEM 5. JAHRHUNDERT gelangten die chinesischen Zeichen in mehreren Wellen mit buddhistischen Mönchen über Korea und aus verschiedenen Teilen Chinas nach Japan. Dort gab es bis dahin keinerlei Verschriftung der Sprache. Die ersten Texte waren vollständig in chinesischen Schriftzeichen verfasst, im sogenannten KANBUN かんぶん/漢文 (KAN + BUN, *chines.*: HÀN + WÉN = *Chinesisch* + *Sprache, Schrift*). Bald stellte sich heraus, dass sie zur Schreibung des Japanischen recht unpraktisch waren, denn Japanisch ist eine *agglutinierende* Sprache mit einem gänzlich anderen Satzaufbau als das Chinesische. ■ GEGENÜBER DEN ISOLIERENDEN SPRACHEN verwendet es eine Reihe von grammatischen Suffixen wie Flexionen, Präpositionen und Konjunktionen. Japanisch ist eine *polysyllabische* Sprache, das heißt, *Morpheme* können aus mehreren *phonemischen* Silben bestehen, (古 = FU ふ + RU る = ふる = FURU = alt) [→ 35] und kennt keine bedeutungstragenden Tonalitäten der Wörter wie das Chinesische oder Vietnamesische. Daher ist sein Vorrat von 150 Silben im Vergleich zu den etwa 1.300 chinesischen deutlich geringer. ■ BEZOGEN AUF JOHN DEFRANCIS' Definition über die Anforderung an eine vollständige Schrift als *»ein System von grafischen Symbolen, mit dem man sämtliche Gedanken ausdrücken kann«*, werden diese in der modernen japanischen Schriftsprache im Zusammenspiel von drei Schrifttypen, die in unterschiedlichen Funktionen parallel Anwendung finden, erfüllt: KANJI 漢字 sind die aus dem Chinesischen übernommenen *Wort-Bild-Zeichen* für Begriffswörter wie Nomen und Eigennamen, Verben und Adjektive. Mit der Silbenschrift HIRAGANA 平仮名 werden die flektierenden Endungen und alle nicht in KANJI geschriebenen Wortarten dargestellt. Die zweite Silbenschrift KATAKANA 片仮名 benutzt man heute hauptsächlich zur Umschreibung von Fremdwörtern und ausländischen Eigennamen. Allein diese Mischung ist weltweit einmalig: *»Nirgendwo sonst werden in einer einsprachigen Gemeinschaft drei verschiedene Schriftsysteme gleichzeitig für die Schreibung ein und derselben Sprache verwendet.«* [Haarman] ■ ABER JAPAN WÄRE NICHT Japan, das noch immer modernste und innovativste Land des Fernen Ostens, wenn es nicht zusätzlich noch Platz gehabt hätte für die Zeichen der westlichen Welt, die lateinischen Buchstaben, die sich RÔMAJI nennen (RÔMA ローマ + JI ジ/字 = *römisch[e]* + *Zeichen*) und heute besonders für japanische Sach- und Fachtexte unentbehrlich geworden sind. Deshalb und aufgrund der technischen Gegebenheiten moderner Kommunikationsmittel findet man auch hier häufig die horizontale Schreibrichtung, obgleich sie nicht dominiert. Denn mit der Absorption der chinesischen Schriftzeichen übernahm die Schriftsprache ursprünglich auch die senkrecht von rechts nach links gerichtete Schreibweise [→ 61]. Ebenso werden alle Zeichen in imaginäre Quadrate eingepasst und ohne *Weißräume* im Text gesetzt. Die Zeilen eines Textes können ohne Trennstriche an beliebiger Stelle umbrochen werden [→ 58]. Entsprechend wird bei vertikaler Leserichtung ein Buch von der »falschen« Seite geöffnet, also für westliches Verständnis von hinten nach vorn geblättert. □

EIN AGGLUTINIERENDER SPRACHBAU ...

... fügt zur Ableitung und Beugung von Wörtern Affixe an das unverändert bleibende Wort an und folgt einer strengen Vokalharmonie. Er gehört zu den synthetischen Satzbauten und steht im Gegensatz zu den flektierenden und isolierenden Sprachen [→ 42]*. Der Begriff leitet sich aus dem lateinischen AGGLUTINARE, »zusammenkleben«, ab.*

FÜR DIE ZEITSCHRIFT AXIS, hinter der eine eigene Firma steht und die sich selbst als »the world design journal from Japan« nennt, hat AKIRA KOBAYASHI die Schrift AXIS entworfen. Nach der Tätigkeit bei einer japanischen Type Foundry und vielen Jahren als Art Director bei LINOTYPE, wo er u. a. die Digitalisierung der Schriften von Adrian Frutiger, Hermann Zapf u.v.a. verantwortete, ist er der »Global Player« unter den heutigen Schriftgestaltern. Mit seiner Erfahrung und tiefen Kenntnis zweier Schriftsysteme entstand eine bisher wohl einzigartige harmonische Kombination von japanischen und lateinischen Schriftzeichen für einen gemeinsamen Font. Zu der gezeigten Regular-Variante gibt es eine elegante schmallaufende.

仮名。美しき遺伝子の双子。

Kana. Zweieiige Zwillinge mit bildhaften Genen.

Kana 仮名 ist der verbindende Oberbegriff für die Zeichen der beiden japanischen Silbenalphabete. Etymologisch leitet sich der Begriff zum einen aus dem japanischen Kari 仮 ab, was soviel bedeutet wie *temporär, inoffiziell, unüblich*, zum anderen aus der sino-japanischen Lesung Ka 仮. Na 名 bedeutet *Name* oder *Schreibung*. Der Begriff Kana bringt das Gefühl zum Ausdruck, dass mit dem Ausblenden ihrer Bedeutungen der »leere« Gebrauch chinesischer Schriftzeichen als regelwidrig gilt. Denn obwohl sich ihre Formen aus den Kanji かんじ/漢字 heraus destillierten, wohnt ihnen keine *semantische*, sondern eine rein *phonemische* Bedeutung inne. ■ Nachdem chinesische Texte seit dem 4. Jahrhundert in das bis dahin schriftlose Japan kamen, begann man langsam unter Verwendung der fremden Schriftzeichen die eigenen Sprache zu fixieren. Seit dem 7. Jahrhundert wurden die importierten Wortschriftzeichen unabhängig von ihrer Bedeutung als Lautzeichen eingesetzt, in den Zeichen des sogenannten Man'yōgana 万葉仮名, übersetzt *Schriftsystem*. Zeitweise gab es aber allein 40 Zeichen, um die Silbe Shi zu umschreiben, 32 gaben die Silbe Ka wieder, den 87 altjapanischen Lautwerten des 8. Jahrhunderts standen 970 Schriftzeichen gegenüber. Einem chinesischen Leser wären die in Man'yōgana verfassten frühen Prosatexte Japans somit unverständlich. ■ Die Wiedergabe der mehrsilbigen Wörter durch eine entsprechende Anzahl der einsilbig belegten chinesischen Zeichen, die oft aus vielen Strichen bestehen, stellte sich bald als mühsam heraus. Zur schnelleren Schreibung entwickelten sich nach und nach verkürzte *kursive Varianten* (Sôsho そうしょ/草書) der eckigen Kanji-*Vollformen* (Kaisho かいしょ/楷書). Durch sukzessive Reduktion dieser Zeichenformen auf wenige Striche bildete sich in der Folgezeit auf kalligrafisch reizvolle Weise ein selbständiger Schrifttyp heraus, mit dem der gesamte Lautbestand der japanischen Sprache erstmals phonetisch kodiert werden konnte. ■ Diesen heute Hiragana genannten Zeichen gesellten sich bald die ebenso stark stilisierten Katakana-Zeichen hinzu, deren Lautung exakt der Hiragana entspricht. Es ist außergewöhnlich, dass eine Sprache zwei gleichwertige Zeichentypen entwickelt. Der Grund ist nicht nur in den gesellschaftspolitischen Bedingungen der damaligen Zeit zu suchen, sondern auch in den formalen Aspekten der Zeichen selbst [→ 80, 81]. ■ Da jede der beiden Silbenschriften sämtliche Laute und Lautkombinationen des Japanischen wiedergibt, könnten Texte vollständig allein mit einem der Silbenalphabete geschrieben werden. In der Praxis aber stehen sie heute beide unverzichtbar neben den Kanji, die als Bedeutungsträger der Wörter fungieren. Welche der Hiragana- und Katakana-Zeichen eingesetzt werden, entscheidet sich nach *syntaktischen* und *orthografischen* Gesichtspunkten. Mit Kanji und Kana stehen zwei verschiedene Systeme zur Schreibung einer Sprache nebeneinander, eine *logografische* Wortschrift und zwei *Silbenschriften*. ■ Die Anwendungsregeln für die beiden Kana-Silbenschriften erhielten 1946 einen letzten amtlichen Stempel, nachdem bereits im Jahr 1900 die Zeichen in einem Erlass für Volksschulen standardisiert wurden. Heute beträgt die Zahl der offiziell zugelassenen Zeichen für jedes der Silbenalphabete 46, zwei veraltete wurden gestrichen. ■ Das phonetische Schreibsystem der Silbenalphabete ermöglicht Japanisch-Lernenden eine weitgehend genaue Wiedergabe der japanischen *Moren*, mit deren Grundmelodie man sich recht schnell vertraut macht. Eine Besonderheit des Japanischen ist, dass die für uns deutlich unterscheidbaren Konsonanten *l* und *r* in dieser klaren Lautform nicht existieren. Es gibt einen Ton genau dazwischen, welcher mit den Hiragana- bzw. Katakana-Silben la bzw. ra ら/ラ oder lu bzw. ru る/ル usw. geschrieben wird. Das führt zum Beispiel dazu, dass die phonetische Umschreibung der Bezeichnung für die leckeren japanischen Nudelsuppen Râmen oder eben Lâmen in Rômaji nur eine vage Annäherung an die Originallaute sein kann. □

Moren sind …

… gleich lange metrische Einheiten.

Japanische Wörter werden mit verschiedenen Tonhöhen artikuliert, die nicht einzelnen Silben, sondern Moren zugeordnet sind. Man kann sagen, dass jedes Kana der Silbenschriften Hiragana und Katakana eine Mora wiedergibt, die einer Lauteinheit aus den verschiedenen Kombinationen zwischen Konsonanten, Vokalen und Halbvokalen entspricht. Eine Ausnahme bildet der Silbenschlussnasal ん, der als einzelne Mora zählt.

Die Moren der japanischen Sprache und ihre Umschreibung

Gerade Laute: Die alphabetische Reihenfolge der Silben, wie sie etwa in japanischen Telefonbüchern oder Lexika benutzt wird, folgt der sogenannten »Fünfzig-Laute-Tafel« Gojû onzu 五十音図, obwohl Hiragana und Katakana jeweils nur aus 46 Zeichen bestehen. Sie geht ihrerseits auf die Anordnung der Laute im Sanskrit und der Brahmi-Schrift zurück, folgt also nicht der lateinischen Abfolge A, E, I, O, U. Das System wurde bereits um das Jahr 1000 entwickelt. Die Umschreibung folgt dem Waapuro Roomaji, der Eingabemethode für den Computer, in Klammern stehen die Silben nach dem Hepburn-System [→83]. Sonderfälle sind weiter hinten gelistet [→83].

	a	あ	ア	i	い	イ	u	う	ウ	e	え	エ	o	お	オ
k	ka	か	カ	ki	き	キ	ku	く	ク	ke	け	ケ	ko	こ	コ
s	sa	さ	サ	shi/si	し	シ	su	す	ス	se	せ	セ	so	そ	ソ
t	ta	た	タ	chi/ti	ち	チ	tsu/tu	つ	ツ	te	て	テ	to	と	ト
n	na	な	ナ	ni	に	ニ	nu	ぬ	ヌ	ne	ね	ネ	no	の	ノ
h/f	ha (wa)	は	ハ	hi	ひ	ヒ	fu/hu	ふ	フ	he (e)	へ	ヘ	ho	ほ	ホ
m	ma	ま	マ	mi	み	ミ	mu	む	ム	me	め	メ	mo	も	モ
y	ya	や	ヤ				yu	ゆ	ユ				yo	よ	ヨ
r	ra	ら	ラ	ri	り	リ	ru	る	ル	re	れ	レ	ro	ろ	ロ
w	wa	わ	ワ										o	を	ヲ
n	n	ん	ン												

links: Hiragana / rechts: Katakana

Stimmhaftigkeit und Trübung : Von einigen der 46 Grund-Kana kann durch Hinzufügen diakritischer Zeichen die Aussprache verändert werden, so dass weitere Silben enstehen: Das Dakuten 濁点, zwei kleine Striche ゛, machen den Laut »stimmhaft« oder »getrübt«. Das Handakuten 半濁点, ein kleiner Kreis ゜, verwandelt lediglich die Laute der h-Reihe in »halbgetrübte« p-Laute.

g	ga	が	ガ	gi	ぎ	ギ	gu	ぐ	グ	ge	げ	ゲ	go	ご	ゴ
z	za	ざ	ザ	ji/zi	じ	ジ	zu	ず	ズ	ze	ぜ	ゼ	zo	ぞ	ゾ
d	da	だ	ダ	di (ji)	ぢ	ヂ	du (zu)	づ	ヅ	de	で	デ	do	ど	ド
b	ba	ば	バ	bi	び	ビ	bu	ぶ	ブ	be	べ	ベ	bo	ぼ	ボ
p	pa	ぱ	パ	pi	ぴ	ピ	pu	ぷ	プ	pe	ぺ	ペ	po	ぽ	ポ

Palatalisierung (Brechung): Für die Darstellung »palataler« oder sogenannter »gebrochener« Silbenlaute werden die Kana der Y-Reihe als kleiner Zusatz bestimmten Grundzeichen der geraden Laute nachgestellt. Die Y-Zeichen sind als eigene Glyphen im Schriftfont.

k	kya	きゃ	きゅ	kyu	きょ	キャ	kyo	キュ	キョ
s	sha (sya)	しゃ	しゅ	shu (syu)	しょ	シャ	sho (syo)	シュ	ショ
t	cha (tya)	ちゃ	ちゅ	chu (tyu)	ちょ	チャ	cho (tyo)	チュ	チョ
n	nya	にゃ	にゅ	nyu	にょ	ニャ	nyo	ニュ	ニョ
h	hya	ひゃ	ひゅ	hyu	ひょ	ヒャ	hyo	ヒュ	ヒョ
m	mya	みゃ	みゅ	myu	みょ	ミャ	myo	ミュ	ミョ
r	rya	りゃ	りゅ	ryu	りょ	リャ	ryo	リュ	リョ

Einige dieser Kombinationen können wieder »gestimmt« oder »getrübt« werden. Zwei Kana, die eine Mora bilden, sind Ligaturen.

g	gya	ぎゃ	ぎゅ	gyu	ぎょ	ギャ	gyo	ギュ	ギョ
z	ja (zya)	じゃ	じゅ	ju (zyu)	じょ	ジャ	jo (zyo)	ジュ	ジョ
b	bya	びゃ	びゅ	byu	びょ	ビャ	byo	ビュ	ビョ
p	pya	ぴゃ	ぴゅ	pyu	ぴょ	ピャ	pyo	ピュ	ピョ

Zur Darstellung der japanischen Zeichen wurde der Font Axis von Akira Kobayashi verwendet [→76].

Serifenschriften, Song-Schriften

FZBoYaSongS
Vereinfachte Zeichen

字体设计的艺术？

36 / 39 pt

Hmbgft.!?字体是一种最基本的视觉设计元素，设计师使用它就如同建筑师们使用玻璃，石料，钢铁和无数其他材料一样。280！？…

9,5 / 13 pt

Hmbgft.!?字体是一种最基本的视觉设计元素，设计师使用它就如同建筑师们使用玻璃，石料，钢铁和无数其他材料一样。280！？…

6 / 9,5 pt

Auch mit traditionellen chinesischen Zeichen erhältlich.

Founder Electronics, Peking

平仮名。滑らか且つ文法の要。

Hiragana. Weich und grammatisch korrekt.

Das japanische Silbenalphabet Hiragana 平仮名 umfasst heute 46 Zeichen, deren Formen als *Kursive* bezeichnet werden. Hira平 bedeutet *gebräuchlich, leicht* oder *gerundet*. Seine ältesten Zeichen zeigen sich bereits in der zweiten Hälfte des 8. Jahrhunderts. Auf den ersten Blick fällt auf, dass sich das Hiragana, hervorgegangen aus den Sôsho *(Kursivformen)* der Man'yôgana [→ 78], durch Rundungen stark von der Formensprache der Katakana absetzt. ■ Zunächst wurde diese Silbenschrift vorzugsweise von adeligen Frauen geschrieben, denen es untersagt war, die chinesische Sprache und ihre Schrift zu studieren. Adäquat sprach man in Japan lange Zeit von *Frauenschrift*, Onnade 女手 (wörtl.: *Hand der Frau*), obwohl sich die schnell und fließend zu schreibenden Zeichen zu Beginn des 10. Jahrhunderts sogar als Gebrauchsschrift durchsetzten. Erst später benannte man sie in Hiragana um. Interessant ist hier, dass sich in China die Frauen, die ähnlichen gesellschaftlichen Zwängen unterlagen, erst sehr viel später im 15. Jahrhundert mit Nǚshū 女书/女書 (wörtl.: *Frauenschrift*), einer Art Geheimcode von bis zu 700 syllabografischen Zeichen verständigten, indem man diese erfinderisch aus dem vorhandenen Zeichenschatz herausklaubte. ■ Für den modernen Schriftgebrauch spielt Hiragana eine zentrale Rolle. Es wäre unmöglich, heute einen japanischen Text nur mit Kanji für Basisbegriffe zu schreiben. Mit Hiragana werden grammatische Partikel an die Schriftzeichen angehängt, Ableitungssuffixe und Bindewörter geschrieben. In Kinder- und ersten Lehrbüchern entziffern die Jüngsten zunächst fast ausschließlich in Hiragana gesetzte einfache, aber vollständige Texte, um sie früh mit der Schriftzeichenwelt vertraut zu machen. Erst danach geht man an das aufwändige Studium der Kanji. Publikationen verwenden heute Hiragana auch für indigene japanische Ausdrücke oder chinesische *Lehnwörter*, die nicht mit dem offiziellen Zeichenvorrat der 1.945 Kanji dargestellt werden können. Und nicht zuletzt wird das Silbenalphabet gern im privaten Schriftverkehr kultiviert, da es als unschicklich gilt, den Adressaten mit der eigenen Bildung zu beeindrucken. □

ひら が な か

平仮名で書く。

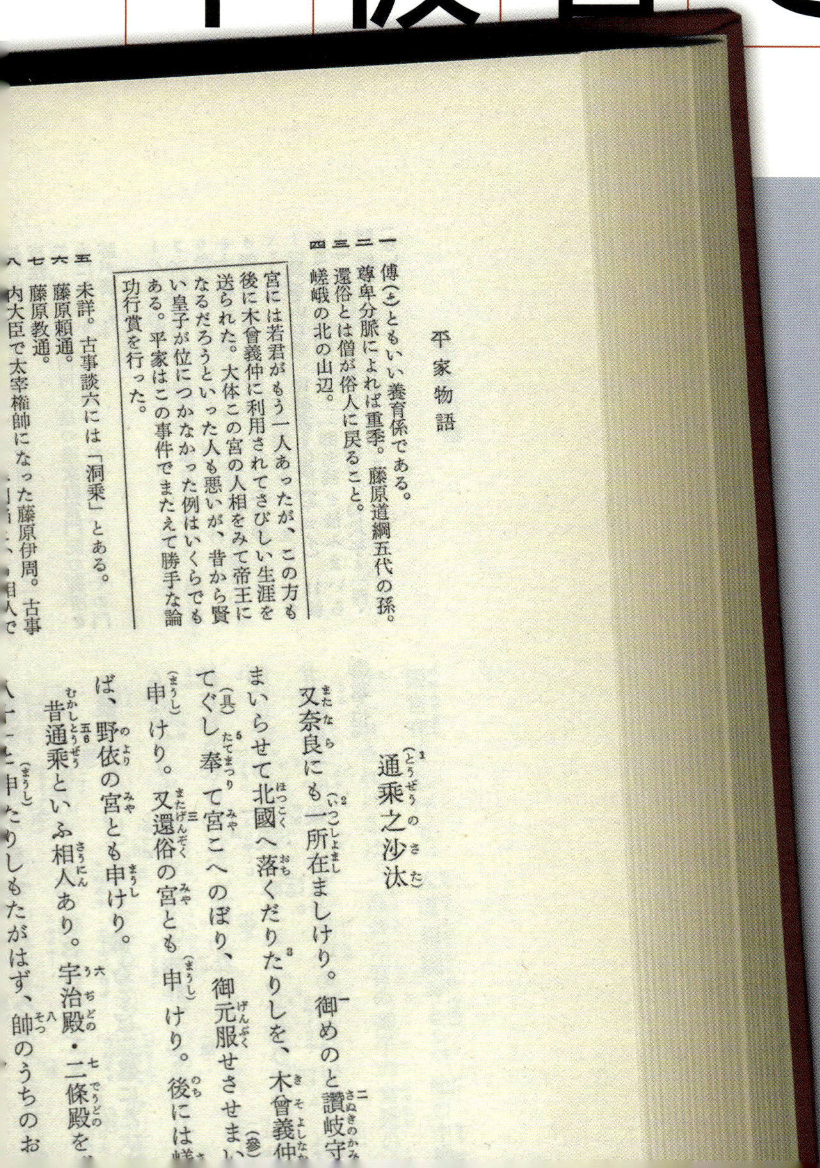

Furigana im Ruby-System: Die Aussprache unbekannter oder selten verwendeter Schriftzeichen in japanischen Texten annotiert man mit Furigana 振り仮名-Zeichen. Sie werden in Hiragana oder Katakana in der halben Schriftgröße zum Haupttext gesetzt. Die als Ruby るび -Texte zusammengefassten kleinen Zeichen stehen bei senkrechtem Satz rechts neben, bei horizontalem Satz über den zu umschreibenden Kanji, die als »Basis- oder Mutterzeichen« bezeichnet werden. Überwiegt Katakana im Haupttext, werden die umschreibenden Furigana ebenfalls in Katakana geschrieben [Beispiel auf der gegenüberliegenden Seite]. In anspruchsvoller Lektüre – wie nachgedruckten klassischen Schriften oder Fachtexten – ergibt sich oft ein recht verwirrendes Schriftbild, in denen der Leser gezwungen ist, mit den Augen vom Haupt- zum Ruby-Text und wieder zurück zu springen *[→ 258]*.

片仮名デ書ク。

カタ カ ナ カ

Katakana. Kantig und extrovertiert.

Katakana 片仮名 ist das eckige Pendant zum japanischen Silbenalphabet Hiragana, dessen Formen auch als *Nicht-Kursive* bezeichnet werden. Kata 片 bedeutet *partiell, unvollständig, fragmentarisch*, denn die Zeichen leiten sich aus Teilelementen der Vollformen chinesischer Schriftzeichen ab (Kaisho). Dies verleiht ihnen einen kantigen und ausgesprochen modernen, ja fast modischen Charakter, obwohl sie schriftgeschichtlich nur etwas jünger als Hiragana sind. ■ Für das Studium buddhistischer Texte, die in chinesischer Sprache abgefasst waren, benötigten die jungen Gelehrten oft Eselsbrücken, um die Aussprachen und Bedeutungen der vielen komplizierten Schriftzeichen und Wörter memorieren zu können. Mit der Zeit entwickelte sich eine Art stenografischer *Grapheme*, eine Kurzschrift, indem man chinesischen Zeichen, die einen bestimmten Laut repräsentierten, einen Bestandteil entnahm. Schon bald wurden ganze Anthologien, Prosatexte und volkstümliche Erzählungen in Katakana abgefasst, wobei die Schreibkonventionen der vielen phonetischen Zeichen noch nicht gefestigt waren. Erst im 16. Jahrhundert konsolidierte sich Katakana zu einer Eins-zu-Eins-Entsprechung von Silbenzeichen und *Lautwert* *[Haarmann]*. Es blieb über Jahrhunderte hinweg eine Männerdomäne, denn vor allem die Niederschriften aus wissenschaftlichen Bereichen griffen auf diese Zeichen zurück. ■ Nach dem zweiten Weltkrieg etablierte sich Katakana fast ausschließlich zur *Transkription* japanisierter Fremdwörter, die sich zu Zigtausenden aus dem Alltags-, naturwissenschaftlichen und zunehmend technischen Bereich meist dem Englischen entlehnten. Ebenso schaffen in Katakana dargestellte chinesische oder koreanische Künstler- und Ortsnamen eine höchstmögliche phonetische Annäherung. Namen politischer Persönlichkeiten Chinas und Koreas hingegen werden in ihren originalen Schriftzeichen gesetzt bzw. in der entsprechenden Lautung des Japanischen wiedergegeben. So heißt beispielsweise Máo Zédōng 毛澤東 (dt.: *Mao Tse-tung*) Mô Takutô. ■ Transkriptionen fremder Begriffe und Eigennamen können nur ein Versuch sein, den muttersprachlichen Lautungen gerecht zu werden, da japanische Silben aus einem *Konsonanten* und einem auslautenden *Vokal* bestehen. Das englische Messer wird dann zu Naifu ナイフ, die (englische) Butter zu Batâ バター und Zippel zu Tsippelu ツィペッル. □

Die Ableitungstafeln der japanischen Silbenschriften Hiragana und Katakana

Hiragana formten sich über einen längeren Weg beständig vereinfachender Schreibweisen der originalen Zeichen.

あ 安	い 以	う 宇	え 衣	お 於
か 加	き 幾	く 久	け 計	こ 己
さ 左	し 之	す 寸	せ 世	そ 曽
た 太	ち 知	つ 川	て 天	と 止
な 奈	に 仁	ぬ 奴	ね 祢	の 乃
は 波	ひ 比	ふ 不	へ 部	ほ 保
ま 末	み 美	む 武	め 女	も 毛
や 也		ゆ 由		よ 与
ら 良	り 利	る 留	れ 礼	ろ 呂
わ 和				を 遠
ん 无				

Werden die Katakana den Ursprungszeichen gegenübergestellt, erkennt man sie leicht als deren Destillate.

ア 阿	イ 伊	ウ 宇	エ 江	オ 於
カ 加	キ 幾	ク 久	ケ 介	コ 己
サ 散	シ 之	ス 須	セ 世	ソ 曽
タ 多	チ 千	ツ 川	テ 天	ト 止
ナ 奈	ニ 仁	ヌ 奴	ネ 祢	ノ 乃
ハ 八	ヒ 比	フ 不	ヘ 部	ホ 保
マ 末	ミ 三	ム 牟	メ 女	モ 毛
ヤ 也		ユ 由		ヨ 與
ラ 良	リ 利	ル 流	レ 礼	ロ 呂
ワ 和				ヲ 乎
ン 尔				

中国の漢字から日本の漢字へ。

Aus Hànzì werden Kanji. Perfektion durch Reduktion.

Die in Japan übernommenen Zeichen nennen sich hier Kanji かんじ/漢字. Kan leitet sich aus dem chinesischen Hàn 汉 ab und verwendet das gleiche Schriftzeichen in der traditionellen Schreibweise, das chinesische Zì wird im Japanischen Ji gesprochen. Übersetzt bedeutet Kanji also nichts anderes als Hànzì, *chinesisches Schriftzeichen*. ■ Eine Sprache, die ihre Lautung komplett mittels fremder *Logogramme* darstellen lassen will, kann zwei verschiedene Wege einschlagen: Zunächst adoptierte man mit den chinesischen Zeichen auch deren *Phoneme* [→35], wobei die Aussprache an die eigene *Langue* angepasst wurde [→23], indem man z.B. auf die Übernahme der unterschiedlichen Töne verzichtete – ein Grund, warum auch das Japanische mit einer Unzahl von *Homophonen* zu kämpfen hat [→32]. Die *Klang-Lesung*, On-Yomi 音読み, ist somit eine sinojapanische Lesart, die aus dem Chinesischen abgeleitet wurde. Sie wird überwiegend verwendet, wenn ein Kanji zusammen mit einem anderen Kanji steht, um ein zusammengesetztes Wort zu bilden. Im Laufe der Zeit wurden dieselben Zeichen auch auf sinngleiche oder sinnverwandte japanische Begriffe angewandt. In diesem Fall der rein japanischen Lautung spricht man von Kun-Yomi 訓読み, was wörtlich übersetzt *Begriff-Lesung* bedeutet. Meist ist sie dort zu finden, wo ein einzelnes Zeichen selbst ein ganzes Wort bildet. ■ Viele der Schriftzeichen wurden gleich mehrmals zu verschiedenen Zeiten aus China übernommen und damit die teilweise völlig verschiedenen lautlichen Belegungen des Zeichens aus den sich stark unterscheidenden chinesischen Sprachen und Dialekten. Welche dieser möglichen Lesungen anzuwenden ist, richtet sich nach dem jeweiligen japanischen *Lexem*, d.h. der Grundbedeutung des Begriffs. Es ist heute für japanische Leser folglich nicht ganz unproblematisch, einem Zeichen die korrekte Aussprache zuzuordnen, wenn es sich um ein eher seltenes oder gar unbekanntes Zeichen handelt. ■ Im Jahre 1981 wurde die Menge der Tôyô- bzw. Jôyô-Kanji 常用漢字, der *»oft gebrauchten Schriftzeichen«*, vom japanischen Bildungsministerium auf 1.945 festgelegt und ist für offizielle Dokumente amtlich [→54]. Die meisten Zeitungen beschränken sich weitgehend auf diese Vorgabe und geben fremde Begriffe in Kana wieder. Eine spezielle Liste gilt für weitere 983 sogenannte Jinmeiyô-Kanji 人名用漢字 als Zulassung für japanische Eigennamen. Für natur- und geisteswissenschaftliche oder religiöse Themengebiete werden etwa 1.000 zusätzliche Schriftzeichen vorausgesetzt, die Fachbegriffen gleichkommen. Damit hat das Japanische aus dem gewaltigen Angebot chinesischer Hànzì eine stark reduzierte Auswahl an Schriftzeichen getroffen, die perfekt auf die Bedürfnisse der Schriftsprache zugeschnitten ist. ■ Japan hat bis heute nicht in der gleichen Radikalität wie China die traditionellen Schreibweisen der *Langzeichen* angetastet. Im Zuge der chinesischen Schriftreform Mitte der fünfziger Jahre kam es zwar ebenfalls zu einer Überholung der Zeichen, jedoch sehr abgeschwächt und mit dem Ergebnis, dass ehemals gleiche Zeichen nun unterschiedliche Veränderungen in China und Japan erfahren haben, was eine eindeutige Belegung in heute üblichen Zeichensätzen digitaler Fonts für asiatische Schriften erschwert [→147]. ■ Grundsätzlich sind japanische Texte inhaltlich schnell zu erfassen. »Diagonales Lesen« unter Auslassung der beiden Kana-Silbenschriften gibt bereits einen umfassenden Überblick, denn selbst komplexe Begriffe werden nur mit wenigen Kanji dargestellt. In schwierigeren Texten wird den Schriftzeichen häufig eine *phonetische Umschreibung* annotiert, wie es ehemals vor allem bei der Wiedergabe von klassischen Dokumenten mit selten verwendeten Schriftzeichen üblich war [→80]. □

Die verschiedenen Lesungen eines Kanji

Das Kanji oder Hànzì 新 bedeutet im Japanischen und Chinesischen gleichermaßen neu. Die sinojapanische Lesung leitet sich aus dem Chinesischen ab. Zusammen mit dem Kanji 聞 bildet sich der Begriff Zeitung, wörtlich: »Neues hören«.

Chinesische Lesung *Kan-Yomi 漢読み*	新	*xìn*	新的。	*Xìnde.*	*Das ist neu.*
Sino-japanische Lesung *On-Yomi 音読み*	新	*shin*	新聞*	*Shimbun*	*Zeitung*
Japanische Lesung *Kun-Yomi 訓読み*	新	*atara*	新しです。	*Atarashiidesu.*	*Das ist neu.*

* *Im Chinesischen bedeuten die gleichen Zeichen Xīnwén 新闻/新聞: Nachrichten, Neuigkeiten.*

権威的発音表記法。

Rômaji. Umschreibungssystem und Symbolträger.

RÔMAJI, MAN AHNT ES FAST, bedeutet übersetzt *römische* oder *lateinische Zeichen.* Es handelt sich hier schlicht um unser lateinisches Alphabet, das von portugiesischen Missionaren im 16. Jahrhundert in Japan eingeführt worden ist. Nach der Inbetriebnahme der ersten Druckpresse im Jahr 1590 begann die Verbreitung der *»Kirishitanban"*, *»Christen-Drucke«*, die in portugiesischer und lateinischer Sprache oder bereits in romanisiertem Japanisch gesetzt wurden *[→ 96 Abb.]*. Da Japan, ähnlich wie China, sich über Jahrhunderte hinweg von der Außenwelt abschottete, wurde auch RÔMAJI bald wieder zurückgedrängt. Erst nach der gewaltsamen Öffnung des Landes Mitte des 19. Jahrhunderts gelangte es wieder zu Bedeutung. ■ MAN IST GENEIGT ZU BEHAUPTEN, dass RÔMAJI das vierte Schriftsystem in der Schreibung der japanischen Sprache ist. Die modernen Massenmedien Japans haben es als feste Komponente vollständig assimiliert, vor allem das Englische als Symbol der Modernität und einer kosmopolitischen Lebensweise genießt hohes Prestige. Es gibt kaum japanischsprachige Tageszeitungen oder Zeitschriften, die nicht mit englischen Überschriften oder weiteren Textelementen gespickt sind. Auch andere europäische Sprachen, allen voran Deutsch und Französisch, repräsentieren sich – gerade in einer gigantischen Werbemaschinerie – als Symbolträger westlicher Wirtschaftsdominanz oder auch von Schönheitsidealen. ■ ALS TRANSKRIPTIONSMÖGLICHKEITEN hatten sich in der Vergangenheit verschiedene Systeme etabliert, von denen heute vor allem noch das sogenannte *Hepburn-System* von Interesse ist, benannt nach dem amerikanischen Arzt und Missionar DR. JAMES CURTIS HEPBURN (1815 – 1911), der 1867 das erste Japanisch-Englische-Wörterbuch, das WA EIGO RIN SHÛSEI 和英語林集成, verfasste und eine eigens dafür entwickelte Umschreibungsform anwandte. Die auf der Verwendung des lateinischen Alphabets basierende *Transkriptionsweise* wurde inzwischen leicht modifiziert. ■ KEINEM OFFIZIELLEN STANDARD UNTERLIEGEND, heute aber im Zusammenhang mit der Benutzung des Computers das einschlägige Umschreibungssystem, ist das WÂPURO RÔMAJI (engl.: *word processor*) oder in eben dieser Umschreibung auch WAAPURO ROOMAJI. Japanische Computertastaturen besitzen neben der englischen zusätzlich Zeichenbelegungen der Tasten mit HIRAGANA und KATAKANA, sodass mit der Eingabe der Silben sehr schnell die KANJI gefunden werden können. Aber auch mit einer reinen Buchstaben-Tastatur ist es unkompliziert, Zeichen sämtlicher japanischer Schriften anzuwählen, ähnlich dem Auffindsystem der Schriftzeichen für die chinesische Sprache *[→ 73]*. □

WAAPURO ROOMAJI ALS TRANSKRIPTIONSSYSTEM FÜR DIE COMPUTEREINGABE

BESONDERHEITEN DER UMSCHREIBUNG	HEPBURN (ORIG./MODIF.)	WAAPURO ROOMAJI
-A + A	Ā / Â	AA
-I + I	Ī / Î (II)	II
-U + U	Ū / Û	UU
-E + E	Ē / Ê	EE
-E + I	EI	EI
-O + O	Ō / Ô	OO
-O + U	Ō / Ô	OU
Dehnungszeichen ー	¯ / ^	[nein]
ん / ン *vor* M, B, P	M	N
ん / ン *vor* A, I, U, E, O, Y, N	N' / N	NN, N'
Partikel は	WA	HA
Partikel へ	E	HE
Substantiv groß	[nein]	[ja]

Das Prinzip der Eingabemethode in den Computer entspricht grundsätzlich dem der chinesischen Schriftzeichen [→ 73], nebenstehende Liste gibt nur die problematischen Zeichen und Zeichenkombinationen wieder. Alle weiteren japanischen Silben finden sich in der Tabelle »Japanische Moren« [→ 79]. □ *Für Druckmedien (Lehrmaterial etc.) wird meist das HEPBURN-System angewendet.* □ *Obwohl japanische Computertastaturen [Abb. oben] neben der englischen auch Belegungen mit HIRAGANA und KATAKANA aufweisen, bevorzugen viele Japaner das Buchstabieren der Silben nach dem WAAPURO-System.*

Serifenschriften, Song-Schriften

FZLanTingKanSong-S
Vereinfachte Zeichen

字体设计的艺术？

36 / 39 pt

Hmbgft.!?字体是一种最基本的视觉设计元素，设计师使用它就如同建筑师们使用玻璃，石料，钢铁和无数其他材料一样。280！？…

9,5 / 13 pt

Hmbgft.!?字体是一种最基本的视觉设计元素，设计师使用它就如同建筑师们使用玻璃，石料，钢铁和无数其他材料一样。280！？…

6 / 9,5 pt

Diese Schrift ist auch mit traditionellen chinesischen Schriftzeichen erhältlich.

Founder Electronics, Peking

運行システムに変更なし。

Reform oder nicht Reform. Das ist keine Frage.

Im Laufe der Zeit entwickelte sich die Schreibweise der japanischen Sprache zu dem wohl kompliziertesten Schriftsystem der Welt. Warum also haben die Japaner nicht bald wieder auf die Verwendung der chinesischen Schriftzeichen verzichtet, nachdem sich die beiden eigenen *Lautschriften* herauskristallisiert hatten, die der Verschriftlichung der japanischen Sprache vollkommen genügt hätten? An Reformversuchen hat es jedenfalls nicht gemangelt. Der Grund ist in erster Linie, dass sich das Japanische durch die vielen *Lehnwörter*, die mit der Übernahme der chinesischen Schriftzeichen hinüberschwappten, gleichzeitig mit dem Bazillus der *Homonymie* ansteckte [→ 43]. Die Unsicherheit, welcher Begriff mit einem bestimmten Lautwert gemeint ist, kann nur durch die Wiedergabe eines chinesischen Schriftzeichens aufgehoben werden, wenn sie auch nicht ganz so stark ausgeprägt ist wie im Chinesischen mit seiner ungleich höheren Zahl an ähnlich oder gleich klingenden Wörtern. ■ Manches Kanji hat mehr als fünf verschiedene Lesungen. Beispielsweise kann das Wort Senshi unter anderem *verstorbener Lehrer, Schlachtentod, kaiserliches Edikt, Krieger, despotisch, Matrose, Faden* oder die Farbe *lila* bedeuten. In selten Fällen tauchen sogar bis zu einem Dutzend verschiedene Lesungen auf. Wie bereits im Zusammenhang mit der chinesischen Sprache erwähnt, hat sich auch im Japanischen eine außergewöhnliche Fähigkeit des kontextuellen Lesens und Verstehens herausgebildet. Trotzdem kommt es auch hier oft zu Situationen, in denen mit dem Finger auf der Handfläche die Schreibweise eines Kanji nachvollzogen wird, um den Gesprächspartner über die Bedeutung des Lautes aufzuklären [→ 56]. ■ Ein anderes schlagkräftiges Argument für die Beibehaltung der kombinierten Schriftsysteme ist die seit Jahrhunderten erfolgreiche Alphabetisierung der japanischen Bevölkerung. Im 19. Jahrhundert verzeichnete Japan sogar eine Zeit lang die stärkste Alphabetisierungsrate weltweit. Und nicht zuletzt: Würde das Erlernen der Kanji von den Lehrplänen der Schulen gestrichen, bliebe das Lesen aller bisherigen Drucksachen oder die Beschäftigung mit historischen Schriftdokumenten nur noch einem sehr eingeschränkten hochelitären Bildungskreis vorbehalten. Natürlich gingen viele wertvolle Besonderheiten der japanischen Schriftkultur verloren. Ein japanischer Text in vertikaler Leserichtung, in der Mischung aus Kanji, Hiragana und Katakana, versehen mit *Annotationen* und *chinesischen Zahlen*, gesetzt in detailverliebter Typografie ist ein ästhetischer Genuss! Für einen japanischen Buchgestalter wäre ein Setzen ohne die nach den eigenen ästhetischen Ansprüchen ausgeformten Kanji sicher eine verlustreiche Erfahrung [→ 144 ff.]. □

Das oben abgebildete Kanji Tôge とうげ / 峠 bedeutet »Bergpass« und ist eines der wenigen Beispiele für Schriftzeichen, die sich allein für den japanischen Gebrauch herausgebildet haben. In chinesischen Zeichensätzen wird man es nicht finden. Zusammengesetzt aus »Berg« Yama 山, »oben« Ue 上 und »unten« Shita 下, ver(sinn)bildlicht es die auf- und abführenden Verbindungswege im Gebirge. Auf Chinesisch: Guānkǒu 关口 / 關口.

Japanische Homophone. Gemeine Wortspiele.

暑い	あつい	atsu~i	[1] heiß, warm (Lufttemperatur)
厚い	あつい	atsu~i	[1] dick, dicht, schwer, stark [2] aufrichtig, teilnehmend, warmherzig, liebevoll
熱い	あつい	atsui	[1] heiß, warm (Flüssigkeiten, Gegenstände, Leidenschaft)

In Japan richtet sich der Rhythmus des Alltags oft stark nach Riten und Konventionen: So heizen die Klimaanlagen im Winter die Interieurs öffentlicher Gebäude auf meist unerträgliche Temperaturen hoch, in den heiß-schwülen Monaten sorgen sie nicht unbedingt für Ab-, sondern Unterkühlung. Ein Szenario: Man betritt im Sommer ein Restaurant, bestellt sich einen wärmenden Kaffee, schaut sich etwas um und stellt – sich eisigen Luftzug zufächelnd – mit einem Male augenzwinkernd fest: »Atsui, ne?!« Jetzt wird eine Phrase zum Wortspiel: Atsui kann sich auf die viel strapazierte Redewendung »Heiß, nicht wahr?!« beziehen oder auf den dampfenden Kaffee. Oder vielleicht doch auf die dicke Person am benachbarten Tisch?

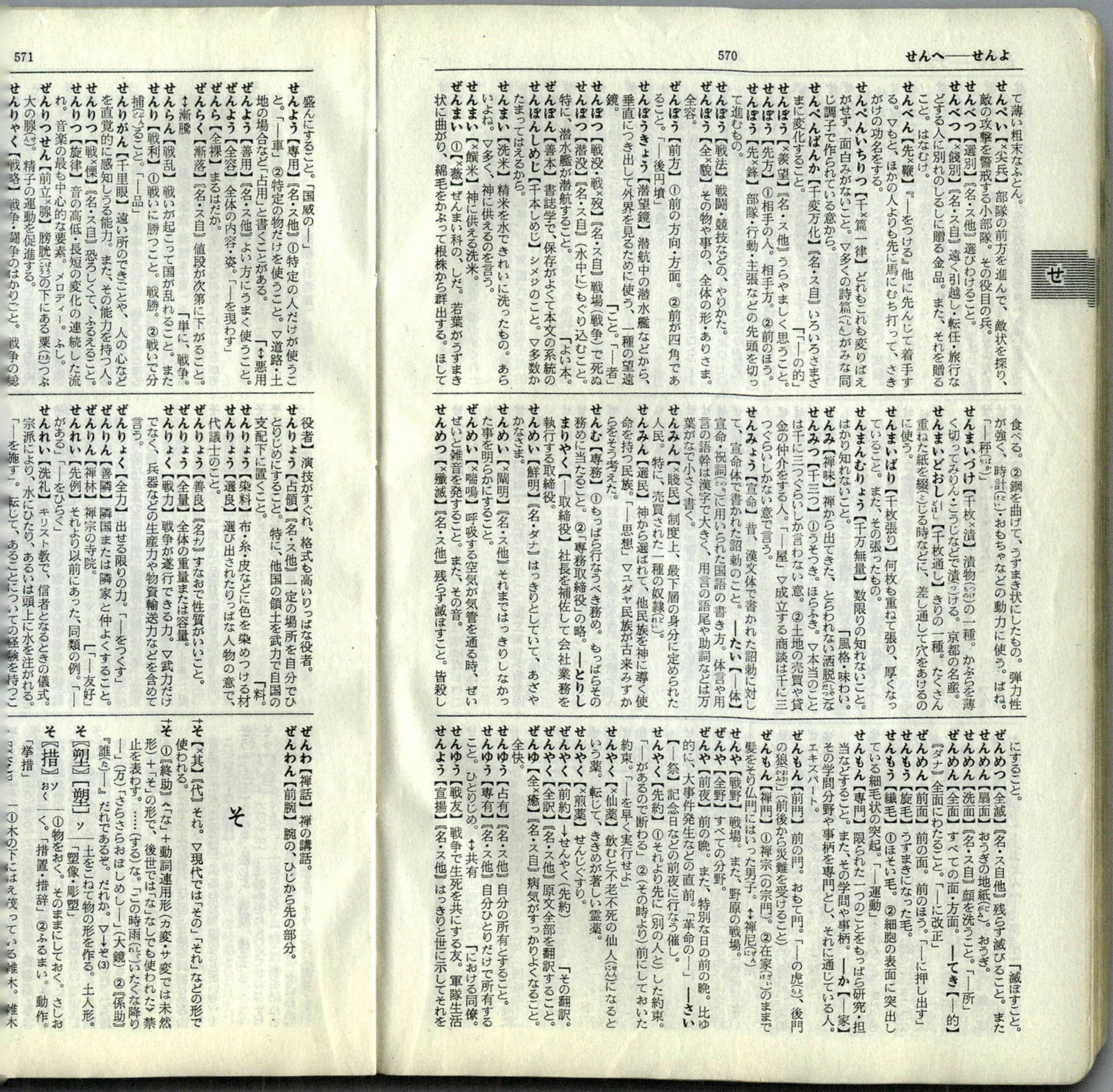

DIESES LEXIKALISCHE UTENSIL ist, wie man sieht (es ist nach häufigem Gebrauch etwas zerfleddert), unentbehrlich für Japanisch-Leser. Auf der Suche nach möglichen Bedeutungen und Lautungen eines KANJI folgt man der alphabetischen Reihenfolge japanischer Silben gemäß der »Fünfzig-Laute-Tafel«, die in HIRAGANA oder KATAKANA geschrieben werden [→ 79]. Nach dem entsprechenden Schriftzeichen und den verschiedenen Kombinationsmöglichkeiten werden Erläuterungen und Verweise zum jeweiligen Begriff geboten. Auch ohne der japanischen Sprache mächtig zu sein, erkennt man die vielen HOMONYME und deren unterschiedliche KANJI-Belegungen.

Serifenschriften, Song-Schriften

HYCuSongJ
Vereinfachte Zeichen

字体设计的艺术？

36 / 39 pt

Hmbgft.!?字体是一种最基本的视觉设计元素，设计师使用它就如同建筑师们使用玻璃，石料，钢铁和无数其他材料一样。280!？…

9,5 / 13 pt

Hmbgft.!?字体是一种最基本的视觉设计元素，设计师使用它就如同建筑师们使用玻璃，石料，钢铁和无数其他材料一样。280!？…

6 / 9,5 pt

Die komplette Song-Schriftreihe auf Seite → 176

Hanyi Keyin, Peking und URW++, Hamburg

Hangeul ist die einfachste und beste Schrift der Welt. Wenn 24 Konsonanten und Vokale kombiniert werden, kann es all die verschiedenen Klänge hervorbringen, die eine menschliche Kehle auszudrücken vermag.

Pearl S. Buck

한국어 · 인위적이고 자주적 ·

Die koreanische Schriftsprache. Artifiziell und autark.

Über Korea zu reden, ist politisch nicht korrekt. Die fast ein Jahrtausend lang homogene Gesellschaft der ostasiatischen Halbinsel zerfiel nach dem Zweiten Weltkrieg in zwei autonome Staatengebilde: Die an China grenzende Demokratische Volksrepublik Korea Joseon 조선/朝鮮 (Nordkorea) und die Republik Korea Hanguk 한국/韓國 (Südkorea). Beide Staaten blicken demnach auf eine lange gemeinsame Tradition zurück. Heute eint sie die Sprache und die Verwendung eines weltweit wohl einzigartigen Schriftsystems, bei dem man davon ausgeht, dass es mit keinem anderen bekannten in irgendeiner Weise in Beziehung steht. ■ Ihre Joseongeul- oder Hangeul-Zeichen sind reine Kopfgeburten, deren Verwendung neben den chinesischen Schriftzeichen in Südkorea heute dominiert. Zunächst aber beginnt die Geschichte einer Schrift in Korea mit dem Einzug der chinesischen Schriftzeichen, den Hanja 한자/漢字 (Han + Ja, *chines.*: Hàn + Wén = *Chinesisch* + *Sprache, Schrift*), ganz wie es in Japan und Vietnam der Fall war. Wahrscheinlich gelangten die Zeichen bereits zu Beginn der Zeitrechnung ins Land, von wo aus sie ihre weitere Verbreitung in Richtung Japan fanden. Hüben wie drüben begann mit der Übernahme der chinesischen Bild-Wort-Zeichen die Verschriftlichung der Muttersprache, indem die fremden Zeichen mit der eigenen Lautung belegt wurden. Das Chinesische selbst galt über Jahrhunderte hinweg als die Sprache der koreanischen Hochkultur. ■ Eine genetische Zuordnung der koreanischen Sprache wirft bis heute in Fachkreisen Fragen auf. Strukturell ist sie gänzlich anders aufgebaut als sinotibetische Sprachen. Trotz des *synthetisch-agglutinierenden Sprachbaus* des Koreanischen [→ 42, 77] wird auch eine Verwandtschaft mit dem Japanischen bisher verneint, tiefergehende Forschungen scheinen an der belasteten politischen Vergangenheit zwischen Korea und Japan zu scheitern. ■ Die Verwendung der chinesischen Logogramme musste auf Dauer unbefriedigend sein, denn für sie konnten keine grammatischen Entsprechungen gefunden werden. Hinzu kommt die Besonderheit einer stark ausgeprägten *Honorativform*, die wir etwas abgeschwächter auch im Japanischen vorfinden. Das koreanische System der Höflichkeitsstufen dagegen ist ausgesprochen komplex. Die Beziehungen und die sozialen Stellungen der einzelnen Personen zueinander entscheiden über die Form der Ansprache; auch wird es vermieden, sich direkt anzureden oder Dinge direkt zu benennen. ■ Darin mögen Gründe liegen, weshalb es auch hier immer wieder zu Gegenreaktionen und Versuchen kam, die importierten Zeichen zu adaptieren, was sich stets als aussichtsloses und eher Verwirrung stiftendes Unterfangen herausstellte. Die Vorstellung, von einer Schrift umgeben zu sein, die nicht in der Lage ist, die einheimischen Sprachmuster lückenlos und korrekt wiederzugeben, musste die Gebildeten drängen, dieses System in Frage und sich bewusst dieser Herausforderung zu stellen. Ihre Bemühungen gipfelten denn auch in der ersten Hälfte des 15. Jahrhunderts in der Schaffung einer phonemischen Alphabetschrift. Nach der Einführung dieser Zeichen fanden sie bedingt Anwendung in volkstümlicher Lyrik und zunehmend für private Zwecke. Damit bildete sich im Lauf der Zeit eine Verinnerlichung und Vertrautheit, die das Schreiben der eigenen Lautung mit chinesischen Schriftzeichen seit dem Mittelalter immer weiter zurückdrängte. Trotzdem herrschte die *vormoderne chinesische Schriftsprache* Wényán [→ 26] bis weit ins 19. Jahrhundert vor. ■ Würden wir hier lediglich über chinesische Schriftzeichen, das heißt über Hànzì, Kanji oder Hanja, sprechen, könnten wir die Aufzeichnung der Schriftgeschichte Koreas hier abschließen. In Südkorea werden Hanja heute nur noch sehr eingeschränkt verwendet. Aber auch das Joseon- bzw. Hangeul, das der Familie der Schriften eine beispiellose Erfindung hinzufügte, presst traditionell ebenfalls seine Zeichen stets in einen gleichgroßen Raum. Damit hat es sich wieder zurückkatapultiert in die Klasse der typografischen Besonderheiten im Quadrat. □

Das Honorativ (auch Honorificum oder Honorativum) ist …

… eine Höflichkeitsform in der persönlichen Anrede. Mit diesem Sprachmuster nimmt der Sprecher Stellung zum Verhältnis gegenüber dem Gesprächspartner oder auch zum Subjekt eines Satzes, was je nach Sprache in ein gänzlich unterschiedliches Stufensystem eingeteilt werden kann. Parallel zu den Umwälzungen im Bereich der Sozialstrukturen kommt es auch bei den sprachlichen Respektsbekundungen zu Nivellierungen und Umbewertungen. Der Begriff leitet sich aus dem lateinischen honorificus, *»ehrenvoll, Ehre bringend«, ab.*

Des Königs neue Schrift. Legende und Wirklichkeit.

Die koreanische Geschichtstradition behauptet gern, dass der legendäre König Sejong der Grosse 세종대왕/世宗大王 (1397–1450) höchstselbst und kraft eigener Erfindungsgabe seinem Volke eine neue Schrift schenkte, obwohl die Wahrscheinlichkeit größer ist, dass er lediglich ein Gremium überwachte, das er ins Leben rief, um die Standardlaute der koreanischen Sprache verschriftet festzulegen. Zwischen 1443 und 1446 arbeitete das *Büro der Standardlaute* an einem Schriftsystem, das völlig unabhängig von den chinesischen Schriftzeichen war und später als Hunmin Jeongeum 훈민정음/訓民正, *richtige Laute zur Belehrung des Volkes,* eingeführt wurde. In gebildeten Kreisen stießen sie auf Ablehnung. Hier war die neue Schrift nicht anderes als der Beweis für das Unvermögen, die schwierigen chinesischen Schriftzeichen beherrschen zu können. Obwohl König Sejong verständnislos auf seine Gelehrten blickte, reichten sein Weitblick und seine Autorität nicht aus, sie populär zu machen. ■ Bis weit ins 19. Jahrhundert hinein galt sie als Schrift der Ungebildeten. Erst mit dem Aufkeimen einer nationalistischen Strömung, die sich gegen zunehmende chinesische und vor allem japanische Einflussnahme richtete, erreichte die *Silbenschrift* einen Symbolstatus und entwickelte sich schließlich zum vorherrschenden Schriftsystem in Korea. Bezeichnend ist denn auch, dass koreanische Linguisten den Begriff Hangeul erst zu Anfang des 20. Jahrhunderts prägten. ■ In Nordkorea wurden die chinesischen Schriftzeichen vollständig abgeschafft, Joseongeul 조선글/朝鮮글 ist seit der Staatengründung 1949 alleinige *Amts- und Verkehrsschrift.* Ihre Eigenbezeichnung entlehnt sich aus dem nordkoreanischen Staatsnamen. Bereits mit der Ausbreitung sozialistischer Ideologien in den Dekaden zuvor wurde koreanischsprachiges Agitationsmaterial von der Sowjetunion ausschließlich in Joseongeul gedruckt. Obwohl seit 1964 von nordkoreanischen Schülern wieder ein Zeichenschatz von 2.000 Hanja verlangt wird, bleiben sie aus offiziellen Dokumenten nach wie vor verbannt. ■ In Südkorea dagegen findet man in den modernen Texten eine Mischform aus Hanja und Hangeul-Zeichen 한글/韓글, der immer wieder Ressentiments entgegengebracht werden. Seit den siebziger Jahren blieben die Medien zeitweise sogar völlig »chinesischlos«. Später veröffentlichte das Erziehungsministerium eine Liste von 1.800 Hanja, die an den Schulen gelehrt werden. Das sind etwa einhundert Zeichen weniger, als es der japanischen Lehrplan vorgibt; zusätzliche 2.964 Schriftzeichen sind für Namensbezeichnungen zugelassen *[→ 54]*. Seit im Jahr 1993 die diplomatischen Beziehungen zu China erneut aufgenommen wurden, ist wieder eine häufigere Verwendung der Hanja zu beobachten; die Diskussion um die vollständige Abschaffung der chinesischen Schriftzeichen liegt auf Eis. □

Die koreanische Bevölkerung weist heute dank des logischen Modularprinzips seiner unabhängigen Alphabetschrift Hangeul eine fast 100 %ige Alphabetisierungsrate auf. Das Land ist mit Recht stolz auf seine Errungenschaft, die in Nord- und Südkorea gleichermaßen jährlich mit einem Nationalfeiertag bedacht wird, jeweils am 15. Januar und am 8. Oktober.

한자와 훈음 · 두 음절로된 중국 문자 ·

Aus Hànzì werden Hanja. Huneum spricht sinokoreanisch.

WIE IN JAPAN hat sich in Korea die Verwendung chinesischer Schriftzeichen in der traditionellen Form, den *Langzeichen,* erhalten [→ 64 ff.]. Und ähnlich dem Japanischen existieren in der koreanischen Sprache häufig für ein und dieselbe Sache zwei gänzlich unterschiedliche Wörter – jeweils entweder koreanischen oder chinesischen Ursprungs. Für jeden in HANJA 한자/漢字 geschriebenen Begriff hat sich eine eigene sinokoreanische Lesung etabliert. Für viele indigene koreanische Wörter wiederum gibt es keine Entsprechungen in chinesischen Schriftzeichen. Sie werden ausschließlich in HANGEUL geschrieben, ein Beispiel ist der Name der südkoreanischen Hauptstadt SEOUL 서울. ■ DA DAS KOREANISCHE im Laufe seiner Ausformung viele *Lehnwörter* aus dem chinesischen Sprachgebrauch absorbiert hat, findet man folglich auch hier eine Unzahl an *Homonymen* [→ 43], die in der rein phonographischen HANGEUL-Schreibung uneindeutig bleiben können. Um Klarheit herzustellen, setzt man gelegentlich ein eingeklammertes HANJA hinter wichtigen in HANGEUL geschriebenen Wörtern. Dieser gegenüber japanischen Texten reziproke Prozess nimmt sich geradezu grotesk aus, wenn man bedenkt, wie schwierig es dort oft ist, seltene KANJI ohne RUBY-Annotationen in der KANA-Schrift zu entschlüsseln. □

HANJA 한자/漢字 SIND ...
... die »chinesischen Schriftzeichen«.

HUNEUM 훈음/訓音 IST ...
... die sinokoreanische Schreibung chinesischer Schriftzeichen in HANGUEL, wörtlich: »Erläuterungslaut«.

HUN 훈/訓 IST ...
... der koreanische Begriff, welcher der Bedeutung eines chinesischen Schriftzeichens bzw. Wortes entspricht, wörtlich: »beibringen, lehren«.

EUM 음/音 IST ...
... die Annäherung an die chinesische Originallautung eines chinesischen Schriftzeichens im Koreanischen, wörtlich: »Laut, Aussprache, Ton«.

DIE DREI ARTEN DER WORTBILDUNG IM KOREANISCHEN

1. INDIGENE, REIN KOREANISCHE WÖRTER können ein-, zwei- oder mehrsilbig sein und für sich stehen, z. B. NAMU 나무 (Baum), MUL 물 (Wasser), SARAM 사람 (Mensch), GIREOGI 기러기 (Wildgans).

2. SINOKOREANISCHE WÖRTER CHINESISCHEN URSPRUNGS

Die Aussprache der HANJA setzt sich aus einem semantischen und einem phonemischen Wert zusammen, d. h. das ursprünglich einsilbige chinesische Schriftzeichen besteht in der sinokoreanischen Phonetik aus ein, zwei oder mehr Silben. Dabei stehen die Silben zuerst für den entsprechenden koreanischen Begriff, gefolgt von der phonetischen Annäherung der chinesischen Lautung. Diese Zusammensetzung nennt man HUNEUM.

CHINESISCHE HANZI		KOREANISCHE HANJA		KOREANISCH HUN		SINOKOREANISCH EUM		LESUNG		BEDEUTUNG
水	SHUI	水	SU	물	MUL	수	SU	水	MULSU	Wasser
人	REN	人	IN	사람	SA RAM	인	IN	人	SARAMIN	Mensch

3. ZUSAMMENSETZUNGEN AUS SINOKOREANISCHEN UND KOREANISCHEN WÖRTERN

Die meisten HANJA können nicht für sich allein gesprochen werden, sondern generieren erst in Verbindung mit einem oder mehreren sinokoreanischen Schriftzeichen oder mit rein koreanischen Wörtern ein vollständiges Wort. Meint man z. B. den »Baum«, sagt man stets NAMU 나무 anstatt sinokoreanisch MOK 목, das sich vom chinesischen MÙ 木 ableitet. Niemand würde diesen Ausdruck verstehen, der leicht zu verwechseln ist mit dem rein koreanischen MOK für »Hals«. Zusammensetzungen erzeugen Eindeutigkeit, z. B. MOK GONG 木工/목공 bedeutet »Schreiner«
MOK BAL 木발/목발 bedeutet »Krücke« (BAL 발 »Fuß«).

자모와 한글 · 문자와 음절 ·

Jamo und Hanguel. Buchstaben und Silben.

Die koreanische Schrift zählt zur Gruppe der *Alphabetschriften*, deren Buchstaben, die Jamo 자모/字母, nach einem bestimmten Prinzip aufgebaut werden, die in einem unsichtbaren Quadrat stehen und deren vollständige Lautwerte Silben entsprechen. Vom Standpunkt des praktischen Schriftgebrauchs stellt sie somit eine *morphemische Silbenschrift* dar [→ 35], als die sie jedoch nicht klassifiziert wird, denn ihre Basis-Jamo könnten beliebig viele verschiedene Silben bilden. Koreanische Wörter werden nicht nach europäischem Muster »buchstabiert«, sondern in Silben gegliedert und auf diese Weise auch lexigrafiert. ■ Es gibt kein Silbenzeichen, das nur aus einem Jamo besteht. Vokal- und Konsonant-Buchstaben unterscheiden sich optisch deutlich. Vokale bestehen einfach aus senkrechten oder waagerechten Strichen, denen teilweise nochmals kleinere Striche angehängt sind. Kreise und Vierecke hingegen formen die Konsonanten. Viele von ihnen können in drei Varianten vorkommen: Normal, doppelt und aspiriert. Die Lautwerte der Hangeul-Zeichen gliedern sich in Backenzahn-, Zungen-, Lippen-, Zahn- und Kehllaute. Diese stark ausdifferenzierte Sprechweise, auf die die Lautung der Jamo zugeschnitten ist, verwischt oft die ursprüngliche phonemische Belegung der immer stärker eindringenden Fremdwörter, speziell aus der englischen Sprache. Eine koreanisierte Schreibung dieser Wörter in Hangeul entspricht zwar gewissen phonetischen Regeln. Doch folgt man den Ausspracheregeln koreanischer Wörter bei der Lesung des Geschriebenen, entfernt sich die muttersprachlich korrekte Aussprache der Lehnwörter teilweise erheblich. ■ Die futuristisch anmutenden Hangeul-Blöcke formen sich stets aus einem initialen, medialen und manchmal einem finalen Zeichen, deren bestimmte Schreibrichtung die gesprochene Silbe ausformuliert [→ 91]. Mehrsilbige Wörter werden blockweise zusammengefasst und Verb-Endungen immer am Ende einer Phrase oder eines Satzes geschrieben. Sinnwörter und grammatische Einheiten sind leicht unterscheidbar, da sie mit einem *Weißraum* abgetrennt werden. In früheren Zeiten folgte die Leserichtung der Silbenzeichen analog zur chinesischen Schrift den vertikal geschriebenen Spalten von rechts nach links, ein Buch wurde entsprechend »von hinten« geöffnet. Heute wird – von kalligraphischen Texten abgesehen – fast ausschließlich in horizontalen Zeilen von links nach rechts gesetzt. ■ Die einzige strukturelle Gemeinsamkeit mit den chinesischen Schriftzeichen ist ihre Einschreibung in stets quadratische Dickten [→ 58]. Von dieser Form konnten sich die koreanischen Gelehrten anscheinend nicht lösen, wenn es auch später durchaus Versuche gegeben haben soll, die einzelnen Jamo-Buchstabenlaute linear zu schreiben. Diese Schreibweise hat allerdings zu enorm langen Zeichenketten geführt und erhebliche Verwirrung gestiftet. ■ Zusammenfassend kann man sagen, dass die Verschriftung der koreanischen Sprache sicher eines der interessanten Schriftsysteme hervorgebracht hat. Es ist das Produkt reiner Erfindungsleistung, das äußerlich keiner anderen bekannten Schrift ähnelt. Eine weitere Besonderheit liegt in der radikalen Abnabelung einer importierten Schrifttradition. Das Hangeul ist ausschließlich für das eigene koreanische Volk geschaffen worden und wird ausschließlich von ihm verwendet. Nicht in Japan die Kanji, nicht in Vietnam das Chu QuocNgu und nicht in Europa das lateinische Alphabet sind abrupte Erscheinungen oder innovative Selbstleistung gewesen. Aber auch die Erfindung des Hangeul war letzten Endes das Ergebnis einer Dialektik aus Fremdeinflüssen und kultureller Eigendynamik. □

***Hangeul* 한글/韓글 …**

… ist die zu einem quadratischen Block zusammengefasste Jamo-Buchstabenverbindung. Ein Hangeul entspricht einer Silbe, mehrere Silben bilden Worte, die durch Weißräume im Text voneinander abgegrenzt werden. Ein koreanischer Zeichensatz beinhaltet derzeit 2.350 Hangeul-Silben.

***Jamo* 자모/母子 …**

… ist die zusammenfassende Bezeichnung aus Jaeum und Moeum für die 40 Buchstaben des koreanischen Alphabets und bedeutet »Mutterzeichen«. Es gibt 24 einfache Basisformen, deren unterschiedlich komplexe Kombinationen weitere Jamo bilden, mit denen sämtliche Laute der modernen koreanischen Sprache grafisch fixiert werden können.

***Jaeum* 자음/子音 …**

… heißen die 19 konsonantischen Buchstaben, wörtlich: »Kinderlaute«.

***Moeum* 모음/母音 …**

… sind die 21 vokalischen koreanischen Buchstaben, wörtlich: »Mutterlaute«.

표준 로마자 표기법 ·

Offizielle Revidierte Romanisierung. Privates Desinteresse.

EINE TRANSKRIPTION der koreanischen HANGEUL-Silben in Südkorea erfolgt mittels lateinischem Alphabet seit dem Jahr 2000 nach offizieller Weisung durch die sogenannte *Revidierte Romanisierung* GUGEOUI ROMAJA PYOGIBEOP 국어의 로마자 표기법. Was zunächst widersprüchlich klingt, heißt nichts anderes, als dass ein früheres Transkriptionssystem, das sogenannte *McCune-Reischauer-System* MAEKYUN-RAISYAWO PYOGIBEOP 매큔-라이샤워 표기법, leicht überarbeitet wurde. Im Jahre 1937 von den beiden Amerikanern GEORGE M. MCCUNE und EDWIN O. REISCHAUER entwickelt, findet es nach wie vor in Nordkorea konsequent Anwendung. ■ DIESE NEUERE UMSCHREIBUNGSFORM hat sich zwar für Südkorea in amtlichen Publikationen, Sprachlehrbüchern und auf Straßenschildern durchgesetzt, wird aber im privaten Leben genauso ignoriert wie schon ihr Vorgänger. In der Regel tendiert man zu spontaner Romanisierung ohne ersichtliche Systematik, da man hier bereits vom Grundschulalter an mit der lateinischen Schrift vertraut ist, noch bevor die man eigenen Zeichen fließend lesen und schreiben kann. Aus diesem Grund wird im Weiteren auf die Darstellung der sehr umfangreichen Umschreibungstabellen sowie deren Anwendung verzichtet. □

DIE LAUTUNG DER KOREANISCHEN JAMO-BUCHSTABEN

Die Formen der koreanischen Konsonanten leiten sich aus den fünf Grundzeichen ㄱ, ㄴ, ㅅ, ㅁ, ㅇ ab. Die als »Himmel« 天, »Mensch« 人 und »Erde« 地 bezeichneten Grundstriche der vokalischen Laute sind ein kleiner Zusatzstrich (früher ein Punkt), ein vertikaler und ein horizontaler Strich •, ㅣ, ㅡ. Die Festlegung der JAMO-Auflistung kann man mit dem Prinzip der »Fünfzig-Laute-Tafel« japanischer KANA-Zeichen vergleichen *[→79]**.*
Heute unterscheiden sich die Buchstabenreihenfolgen zwischen Nord- und Südkorea.

LAUTWERT	JAEUM	BEZEICHNUNG IN HANGUEL	
14 BASIS-KONSONANTEN			
als Anlaut G, als Auslaut K	ㄱ	기역	*giyeok*
N	ㄴ	니은	*nieun*
als Anlaut D, als Auslaut T	ㄷ	디귿	*digeut*
als Anlaut R, als Auslaut L	ㄹ	리을	*rieul*
M	ㅁ	미음	*mieum*
als Anlaut B, als Auslaut P	ㅂ	비읍	*bieup*
S	ㅅ	시옷	*shiot*
als Anlaut stumm, als Auslaut -NG	ㅇ	이응	*ieung*
J	ㅈ	지읒	*jieut*
CH	ㅊ	치읓	*chieut*
K	ㅋ	키읔	*kieuk*
T	ㅌ	티읕	*tieut*
P	ㅍ	피읖	*pieup*
H	ㅎ	히읗	*hieut*
5 ANLAUTENDE DOPPEL-KONSONANTEN *(SSANG bedeutet »doppelt«)*			
GG	ㄲ	쌍 기역	*ssang giyeok*
DD	ㄸ	쌍 디귿	*ssang digeut*
BB	ㅃ	쌍 비읍	*ssang bieup*
SS	ㅆ	쌍 시옷	*ssang shiot*
JJ	ㅉ	쌍 지읒	*ssang jieut*

LAUTWERT	MOEUM	BEZEICHNUNG IN HANGUEL	
10 BASIS-VOKALE			
I	ㅣ	이	*i*
A	ㅏ	아	*a*
YA	ㅑ	야	*ya*
EO	ㅓ	어	*eo*
YEO	ㅕ	여	*yeo*
EU	ㅡ	으	*eu*
O	ㅗ	오	*o*
YO	ㅛ	요	*yo*
U	ㅜ	우	*u*
YU	ㅠ	유	*yu*
11 DOPPEL-VOKALE			
AE	ㅐ	애	*ae*
YAE	ㅒ	얘	*yae*
E	ㅔ	에	*e*
YE	ㅖ	예	*ye*
WA	ㅘ	와	*wa*
WAE	ㅙ	왜	*wae*
OE	ㅚ	외	*oe*
WO	ㅝ	워	*wo*
WE	ㅞ	웨	*we*
WI	ㅟ	위	*wi*
UI	ㅢ	의	*ui*

Der Aufbau der Hanguel-Silben mit Jamo-Buchstaben

Die quadratischen Hanguel-Blöcke bestehen aus einem Initial (Anlaut), einem oder zwei Medialen (Inlauten) und ggf. einem Final (Auslaut), der immer unten angesetzt wird (koreanisch: Batchim 받침 = unterstützender Boden).

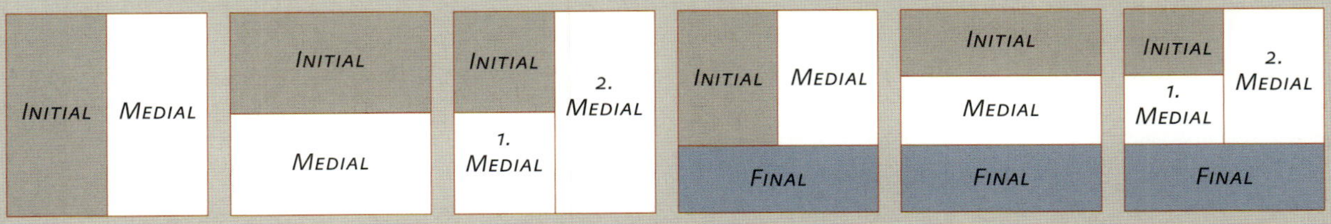

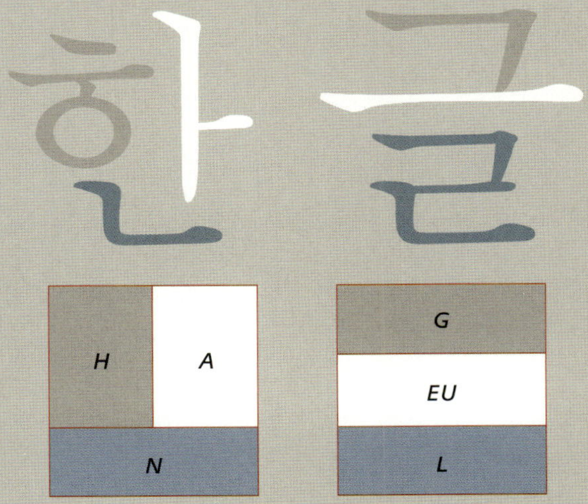

Man sieht den Formen der Jamo an, dass sie »auf dem Reißbrett entworfen« wurden. Gezirkelt und mit dem Lineal gezogen, wirken sie, als seien sie gerade einem geometrischen Schablonensatz entsprungen. Das Wort Hanguel setzt sich aus zwei monosyllabischen Begriffen zusammen, die wörtlich übersetzt »koreanisch schreiben« bedeuten.

Die silbischen Schreibweisen von Hangeul-Blöcken

Ein Hangeul-Block setzt sich zuerst aus Konsonanten (Jaeum) und dann Vokalen (Moeum) zusammen. Vokalisch beginnenden Wörtern wird ein sogenannter »Null-Konsonant« vorgesetzt. Ieung ㅇ bedeutet »stumm« und ist ein kreisrundes Jamo, das im Hangeul zur Ellipse wird.

Grundprinzipien	Beispiele	
1. Bei Vokalzeichen mit vertikalem Grundstrich stehen anlautende Konsonantenzeichen links vom Vokalzeichen.	리 자	R + I = RI J + A = JA
2. Bei Vokalzeichen mit horizontalem Grundstrich stehen anlautende Konsonantenzeichen über dem Grundstrich des Vokalzeichens.	후 순	H + U = HU S + U + N = SUN
3. Auslautende Konsonantenzeichen stehen unter den Vokalzeichen.	은	ㅇ + EU + N = EUN
4. Bei Silben mit vokalischem Anlaut steht links neben dem vertikalen oder über dem horizontalen Vokalzeichen der Buchstabe Ieung ㅇ als sogenannter »Nullkonsonant«.	아 오 외	ㅇ + A = A ㅇ + O = O ㅇ + OE = OE
5. In jedem Silbenkomplex bilden die Vokalzeichen die grafischen Dominanten und haben etwas größere Ausmaße im Verhältnis zu den Konsonantenzeichen.	순 글 한	S + U + N = SUN G + EU + T = GEUT H + A + N = HAN

Serifenschriften, Song-Schriften

FZCuSong-S
Vereinfachte Zeichen

字体设计的艺术?

36 / 39 pt

Hmbgft.!?字体是一种最基本的视觉设计元素,设计师使用它就如同建筑师们使用玻璃,石料,钢铁和无数其他材料一样。280! ? …

9,5 / 13 pt

Hmbgft.!?字体是一种最基本的视觉设计元素,设计师使用它就如同建筑师们使用玻璃,石料,钢铁和无数其他材料一样。280! ? …

6 / 9,5 pt

Diese Schrift ist auch mit traditionellen chinesischen Schriftzeichen erhältlich.

Founder Electronics, Peking

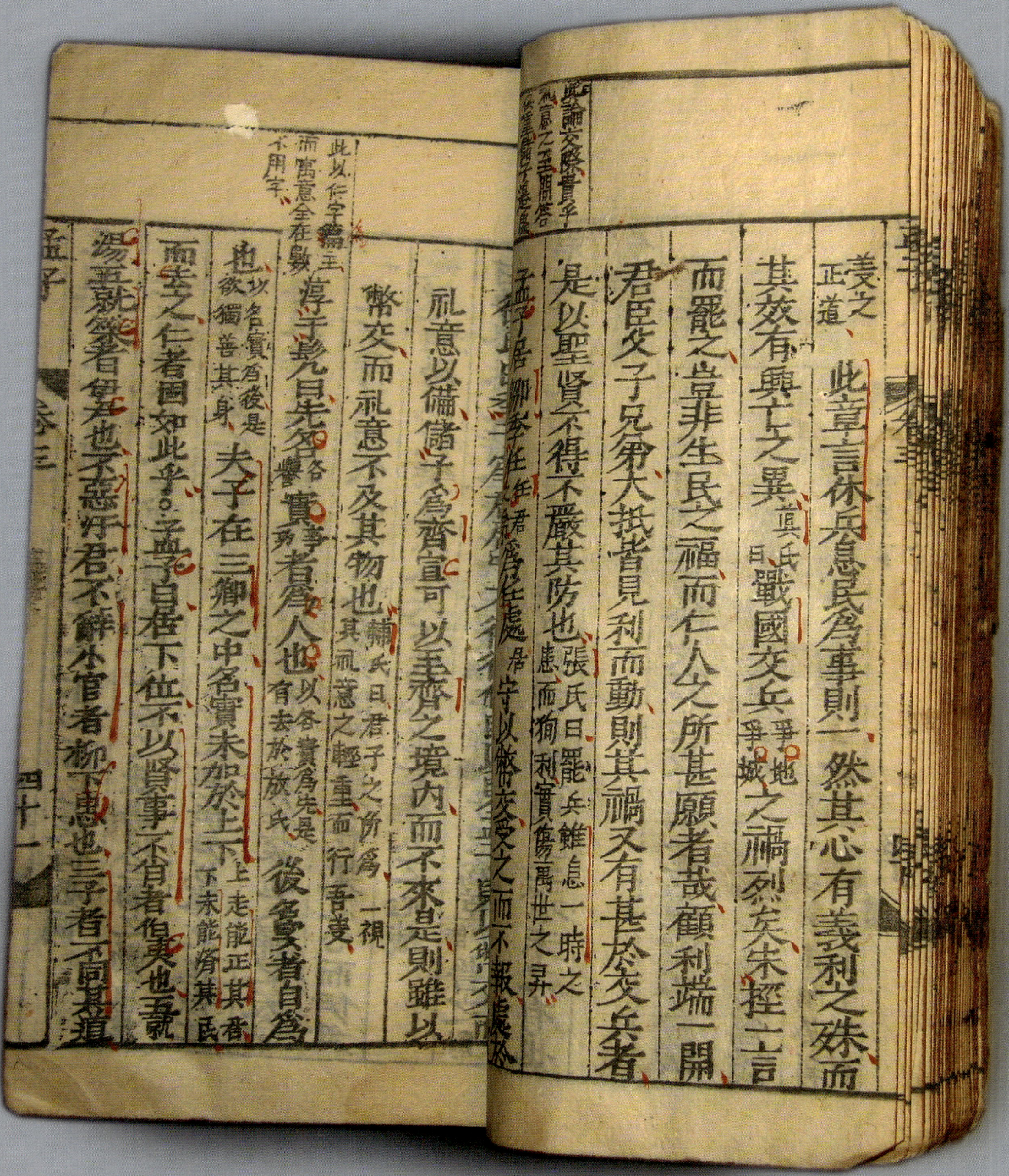

DIESES – IN ORIGINALGRÖSSE abgebildete – Buch unbekannten Datums aus Vietnam verwendet chinesische Schriftzeichen, die mit der Lautung des Vietnamesischen belegt wurden. Für Chinesen ist dieser Text nicht zu entziffern.

Die vietnamesische Schriftsprache. In Isolation mit China verbunden.

Der Vollständigkeit und seiner außergewöhnlichen und wechselvollen Schriftgeschichte wegen sei das Vietnamesische an dieser Stelle aufgeführt. In Vietnam, dem südlichen Nachbarstaat Chinas, werden heute keine chinesischen Schriftzeichen mehr verwendet. Wohl aber ist die Schriftgeschichte des Landes eng verflochten mit ihnen, sodass aus schriftgrafischer Sicht diesem Erbe hier kurz Rechnung getragen werden soll. Wollte man die Schwere der Erbschaft an chinesischen Schriftzeichen gewichten, läge Vietnam nach China selbst, hinter Japan und Korea an vierter Stelle. ■ Die vietnamesische Sprache gehört zur austroasiatischen Sprachfamilie und ist wie die chinesische eine *monosyllabische* und *isolierende* Sprache ohne grammatische Beugungen [→ 39, 46]. Ebenso ist sie eine *Tonsprache*, die sechs verschiedene bedeutungstragende Töne aufweist. Daher sind hier in der sprachlichen Evolution gewisse Parallelen zum Chinesischen zu ziehen. Es gibt drei vorherrschende *Dialekte*, die geografisch nach nördlichem, zentralem und südlichem Dialekt unterscheidbar sind. Ganz wie in China bildet der Dialekt des Nordens, in dessen Zentrum die Hauptstadt Hanoi liegt, die Grundlage für die heutige einheitliche Nationalsprache. Bis zum 20. Jahrhundert wurden Vietnamesisch, Chinesisch und auch Französisch nebeneinander verwendet. ■ Heute sind die chinesischen Schriftzeichen völlig verdrängt. Die moderne vietnamesische Schrift beruht allein auf der Grundlage des lateinischen Alphabets. Es wurde dem Bedarf der Sprache angepasst, indem es um die zwei Laute *ư* und *ơ* erweitert wurde, die Buchstaben *f, j, w* und *z* kommen nur in Fremdwörtern sowie ausländischen Eigennamen vor. Die sechs verschiedenen Töne werden durch *Diakritika* wiedergegeben. Aufgrund der *phonemischen* Schreibweise lässt sich heute eine exakte Aussprache des Vietnamesischen ableiten. Die vietnamesische Schriftsprache fixiert keine Wörter, sondern durch einen optischen *Weißraum* getrennte *Sprechsilben*. Aus dem Schriftbild – eine Gemeinsamkeit mit dem Chinesischen – ist somit nicht erkennbar, welche Zeicheneinheiten sich zu einem mehrsilbigen Wort zusammensetzen. ■ Die Lateinschrift ist heute ein Symbol der nationalen Identität, obwohl sie ihre Einführung einer Institution verdankt, gegen deren zu starken Einfluss sie sich heute mehr oder weniger offensiv wehrt – der katholischen Kirche. Als Schriftträger einer gemeinsamen Muttersprache bietet sie jedoch die Voraussetzung dafür, dass sich Menschen unterschiedlicher politischer und religiöser Ausrichtung auf gleichsam neutralem Boden versammeln können. Gleichzeitig ist sie Ausdruck der engen Verbundenheit mit der europäischen bzw. westlichen Welt. ■ Wo liegen die Gründe und Auswirkungen für diesen radikalen Wechsel zweier völlig unterschiedlicher Schriftsysteme? Und welche Schlüsse lassen sich daraus für die Zusammenhänge zwischen Sprache und Schrift ableiten? □

Das Silbenprinzip der vietnamesischen Schriftsprache

Die vietnamesische Schrift gibt einsilbige Spracheinheiten wieder. Anfänglich verwendete man in Vietnam chinesische Schriftzeichen, die später ausschließlich mit lateinischen Buchstaben umschrieben wurden. Chinesische Texte kennen keine Weißräume, die Wörter voneinander absetzen, endlose Buchstabenketten wären jedoch unlesbar *[→ 64]**. Folglich isolierte man die Silbeneinheiten durch Weißräume, auf Interpunktionen wird gemäß traditioneller chinesischer Schreibweise fast vollständig verzichtet. Das folgende Textbeispiel zeigt einen Auszug des Grußwortes der deutschen Botschaft in Vietnam.*

Tại Việt Nam gần 100.000 người Việt nói được tiếng Đức và cũng có rất nhiều người Việt Nam sinh sống tại Đức. Họ cũng là một phần của cầu nối văn hóa có một không hai giữa hai dân tộc. Chúng ta có thể tự hào về điều đó. Chúng tôi mong muốn tiếp tục xây dựng cầu nối có một không hai này.

In Vietnam sprechen nahezu einhunderttausend Menschen Deutsch. Ebenso viele Vietnamesen leben in Deutschland. Auch sie sind Teil dieser einzigartigen kulturellen Brücke. Darauf können wir stolz sein. An dieser einmaligen Brücke wollen wir weiterbauen.

Bewegte Schriftgeschichte.
Radikales Finale.

Nach Jahrhunderten wechselnder Fremdherrschaften und einem erbitterten Unabhängigkeitskampf erklärte sich im Jahr 1945 Nordvietnam unter Ho Chi Minh (1890–1969) zur Demokratischen Republik Vietnam. Im Süden dauerte die koloniale Herrschaft Frankreichs bis 1954 an. Die nachfolgende Republik Vietnam erwies sich trotz massiver militärischer Unterstützung der USA als nicht lebensfähig, sodass sich 1976 beide Teile zur Sozialistischen Republik Vietnam vereinigten. Bereits 1945 setzte man in beiden Teilen die Lateinschrift Chữ Quốc Ngữ – und damit ist Vietnam ohne eigene Schriftsprache neben den Philippinen eine Ausnahme unter den südostasiatischen Ländern – als offizielle *Amts- und Verkehrssprache* durch. Schon vorher wurde die Lateinschrift von Ho Chi Minh, der – wie viele andere führende Politiker Vietnams – fließend französisch sprach, systematisch gefördert, *»auch als Brücke zur europäischen und westlichen Welt.«* [Nguyen] ■ In der Geschichte Vietnams hatte es lange Zeitabschnitte gegeben, in denen die eigene Sprache ausschließlich mit chinesischen Schriftzeichen, den Chữ Hán, geschrieben wurde. Denn nachdem die chinesische Hàn-Dynastie 111 vor Christus ihren Machtbereich bis nach Nordvietnam hatte ausbreiten können, stand das Land fast tausend Jahre unter Belagerung. Chinesisch war die Amts- und Literatursprache, während das Vietnamesische von den chinesischen Herrschern lediglich im Status einer gesprochenen Sprache gehalten wurde. Eine hohe Zahl chinesischer *Lehnwörter*, vor allem aus dem gesellschaftspolitischen, kulturellen und religiösen Wortschatz, fand so auch Einzug in die Alltagssprache. Zwar wurde Vietnam, das zu dieser Zeit noch Dai Viet hieß, nach 939 nominell eine selbständige Monarchie, doch seine politische Entwicklung blieb weiterhin stark abhängig vom übermächtigen Nachbarn. ■ Mit der fortschreitenden Verbreitung des Buddhismus prägte sich ein reiches sinovietnamesiches Schrifttum aus, und Vietnamesisch gewann als Umgangssprache langsam wieder an Bedeutung. Es folgten Versuche, die chinesischen Schriftzeichen als reine Schreibform dem Altvietnamesischen anzupassen. Mit starken Modifizierungen der chinesischen Ursprungszeichen entwickelte sich ein *ideografisches* Vietnamesisch, das Chữ Nôm, das für Chinesen kaum noch lesbar war. Chữ Nôm konnte sich schließlich bis zum 13. Jahrhundert fest etablieren und erreichte seine Blütezeit im 16. Jahrhundert. ■ Die Ankunft europäischer Missionare im 17. Jahrhundert wendete das Blatt der Schriftentwicklung dramatisch. Eine allmähliche Romanisierung der Schriftsprache setzte ein, wobei es besonders französische Priester waren, welche sich intensiv um das Verständnis in der Bevölkerung bemühten. Sie beherrschten meist die vietnamesische Sprache, nicht jedoch das Lesen und Schreiben chinesischer Schriftzeichen. So begannen sie, in vietnamesischer Sprache verfasste Predigten und liturgische Texte mittels lateinischer Graphie umzusetzen. Doch es war die mit der katholischen Christianisierung Vietnams einhergehende Verbreitung der Bibel, die den Boden bereitete, die Lateinschrift später als Nationalschrift zu konstituieren. ■ Aufbauend auf einer Jahrzehnte langen Vorarbeit, verfasste der französische Missionar Alexandre de Rhodes (1591–1660) schließlich das erste Lexikon des Vietnamesischen mit Übersetzungen in europäische Sprachen. Sein *»Dictionarium Annamiticum Lusitanum et Latinum«*, 1651 in Rom zum Druck freigegeben, verwendet ausschließlich lateinische Buchstaben. Da ihr Bestand nicht ausreichte, um alle Lautungen der vietnamesischen Sprache wiederzugeben, schuf man erste phonetische Transkriptionen und griff dabei auf *diakritische Zeichen* zurück, die aus dem Französischen vertraut waren. Das Wörterbuch stellte eine bedeutende Weiche für die weitere Schriftgeschichte Vietnams, denn hier wird die Lateinschrift erstmals als Nationalschrift Chữ Quốc Ngữ bezeichnet. Obwohl Alexandre de Rhodes wegen seiner Aufzeichnungen über das missionarische Leben und die Lebensgewohnheiten am vietnamesischen Königshof zum Tode verurteilt und mit diesem Urteil behaftet später des Landes verwiesen wurde, ist er jedem vietnamesischen Schulkind heute als »Vater der vietnamesischen Schrift« bekannt. ■ Unter dem ersten Kaiser, der dem Land 1789 den Namen Viet Nam gab und als Haupstadt Saigon ausrief, kam es zu Unruhen gegen die französische Besatzung, aus denen jedoch Frankreich vorerst als Sieger hervorging. Mit Beginn der französischen Kolonialzeit 1884 wurde Französisch offizielles Kommunikationsmittel und Bildungssprache. ■ Ein Blick auf die turbulente Schriftgeschichte und die unterschiedlichen Sprachendominanzen macht klar, in welcher Situation sich die Verständigung in Vietnam lange Zeit befunden haben muss: Mit Vietnamesisch, Chinesisch und Französisch florierten drei Sprachen auf dem Gebiet verbaler Kommunikation, hinzu kam der parallele Gebrauch von vier Schriftsprachen in Form von Sinovietnamesisch (Chữ Hán), Altvietnamesisch (Chữ Nôm), latinisiertem Vietnamesisch (Chữ Quốc Ngữ) und lateinischem Alphabet für die französische Sprache. ■ An der Schwelle zum 20. Jahrhundert wurde die Schriftfrage immer mehr zum Politikum. Die konservativen Kräfte des Feudalsystems stellten sich gegen die Lateinschrift, da sie die Sprache der Eroberer war, und warfen andersgesinnten Landsleuten Kollaboration aus Habgier mit den wirtschaftlich ungleich besser gestellten Franzosen vor. Die französische Besatzung aber drängte nicht nur die chinesische Einflussnahme weiter ins Abseits, sondern brachte zunehmend Intellektuelle und Studenten mit modernem westlichen Gedankengut in Berührung; manche setzten ihr Studium in Europa, vor allem in Frankreich, fort. Einer von ihnen war Ho Chi Minh. □

Thứ hai 26.10.2009
9 tháng chín, Kỷ Sửu

Số 242/2009 (8350)
www.laodong.com.vn

LAO B

Công đoàn

Đồng Nai:
Quyết liệt "cuộc chiến" giành lao động

Nhiều DN tỉnh khác như Bình Dương, TPHCM, Bà Rịa – Vũng Tàu nhảy vào thị trường Đồng Nai tuyển dụng lao động, trong khi các DN tỉnh này cũng đang trong "cơn khát". (trang 4)

Xã hội

TP.Hồ Chí Minh:
Còn nhiều "lô cốt", ...ó mong hết kẹt xe

...n tắc giao thông nghiêm trọng đã làm ... việc vận chuyển lưu thông hàng hoá ... vụ sản xuất, kinh doanh bị chậm trễ, ...y thiệt hại nặng về kinh tế. (trang 3)

Việt Nam đảm nhiệm cương vị Chủ tịch ASEAN 2010:
Đưa Hiến chương ASEAN và...

- **Việt Nam sẽ chèo lái tốt con thuyền ASEAN.**

Hội nghị cấp cao ASEAN lần thứ 15 và các hội nghị cấp cao liên quan đã bế mạc tại Thái Lan hôm 25.10, với việc chính thức công bố Việt Nam sẽ đảm nhiệm cương vị Chủ tịch ASEAN từ 1.1.2010. Thủ tướng Nguyễn Tấn Dũng khẳng định, Việt Nam sẽ quyết tâm và ưu tiên cao nhất để thực hiện thành công trọng trách Chủ tịch ASEAN.

(Xem trang 6)

Lễ ký Biên bản thành lập Trung tâm ASEAN - Trung Quốc. Ảnh: *TTXVN*

Thử test nhanh để xác định cúm A:
Bộ Y tế nói khô... bệnh viện

Dịch cúm A/H1N1 ở Việt Nam hiện nay đang ... người nhiễ...

Eine Schrift für alle Sprachen? Alle Schriften für eine Sprache?

Aus der Geschichte gibt es Paradebeispiele für den Wechsel von Schriftsystemen, und oft spielen gesellschaftliche und politische Hintergründe eine nicht zu unterschätzende Rolle, wie bei der Ablösung des arabischen Alphabets durch das lateinische in der Türkei während der zwanziger Jahre. Dieser Prozess stand metaphorisch für die Überwindung einer veralteten Gesellschaftsstruktur und für die Autarkie eines in die Zukunft gerichteten Denkens nach dem Vorbild moderner europäischer Staaten. Der entscheidende Unterschied zur Schriftgeschichte in Vietnam ist aber, dass es sich bei den arabischen und lateinischen Zeichen gleichermaßen um eine alphabetische Ordnung phonemischer Wiedergabe handelt, während das Vietnamesische radikal von einem ideografischen zu einem phonemischen Schriftsystem wechselte. ■ Schrift ist ein Kulturträger und *»als solcher übernimmt sie die Funktion eines Kulturmusters wie die gesprochene Sprache für die Mitglieder einer Sprachgemeinschaft.«* [Haarmann] So stellen sich selbst nach einer kurzen Betrachtung der vietnamesischen Schriftsprache unmittelbar Fragen nach den geistig-kulturellen Auswirkungen eines derart radikalen Wechsels von Schrifttypen: Welche Konsequenzen erwachsen aus der Umstellung in ein anderes Schriftsystem für Geschichtsvermittlung, Nationalbewusstsein, aber auch für das ästhetische Empfinden? Eine befriedigende Auseinandersetzung mit dieser Frage würde den Rahmen dieses Buches sprengen. Sie aufzuwerfen, ist ein Ansatz, scheinbar unumstößliche Paradigmen der Sprachwissenschaft, welche die Schriftkunde nur als kleines Teilgebiet behandelt, in Frage zu stellen. Fraglich ist zum Beispiel, dass die Wahl und Anwendung des Schriftsystems einer Sprache willkürlich sei oder dass die Verwendung eines bestimmten Schriftsystems nichts über den grammatischen Bau oder die lautliche Besonderheiten einer Sprache aussagte, wie es in der Literatur behauptet wird. Wenn dem so wäre, hätten viele Kulturen keinen Grund gesehen, sich gegen importiertes Gedankengut aufzulehnen, sondern es dankbar annehmen können – so wie es westeuropäische Völker mit der lateinischen Schrift getan haben. Für die koreanische Sprache aber stellten sich die chinesischen Zeichen als ungeeignet heraus, auch dem Japanischen haben sie nicht als uneingeschränkt verwendbarer Schrifttyp gereicht. Die äußeren Merkmale einer Schrift getrennt von der Struktur einer Sprache zu betrachten, verharrt auf einer formalen Ebene und übergeht den Einfluss des Denkens (Kultur) auf seine sprachliche und schriftgrafische Ausformulierung. ■ Die Lateinschrift des Vietnamesischen erleichterte die Kommunikation mit der Außenwelt und hat zur Stärkung von Nationalbewusstsein und Selbstwertgefühl erheblich beigetragen, auch in der Abgrenzung zum Chinesischen. Die einzige Sprache unter den Haupterben der chinesischen Schriftzeichen, die am besten geeignet gewesen wäre, dauerhaft eine Art *Wort-Bild-Zeichen* zu verwenden, hat sich – aus ideologischen und wohl auch pragmatischen Gründen – von ihnen befreit. □

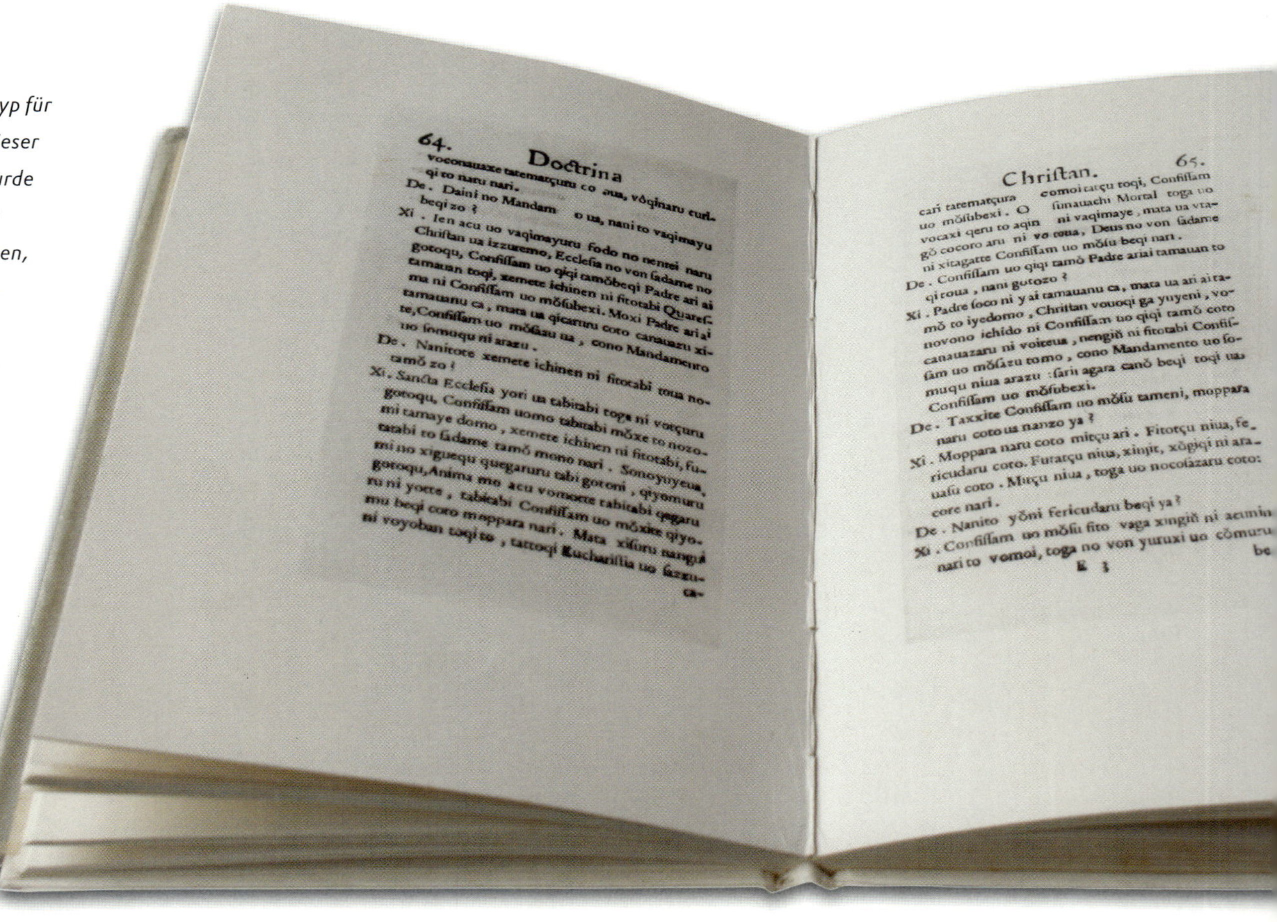

Spielt es keine Rolle, welcher Schrifttyp für welche Sprache Verwendung findet? Dieser japanische Text aus dem Jahre 1592 wurde ausschließlich in Rômaji gesetzt und ist heute noch für einen Japaner zu verstehen, wenngleich die Transkription portugiesischen Regeln folgt und die damalige japanische Grammatik sich von der modernen unterscheidet. Ein chinesischer Text, losgelöst von seinen Schriftzeichen, wiedergegeben mit dem lateinischen Alphabet, bliebe rätselhaft [→42] *[© Gutenberg-Museum, Mainz].*

*Dieser Text demonstriert die hohe Anzahl von Homophonen der chinesischen Sprache. Die insgesamt 95 chinesischen Schriftzeichen, davon 34 verschiedene, sind lesbar, vorgelesen bleiben sie völlig unverständlich. Die Umschreibung der in vier unterschiedlichen Tönen variierenden Silbe **Shi** entspricht der offiziellen Transkriptionsweise Pīnyīn* *[→68]**. Der Text stammt von Zhào Yuánrèn 赵元任/趙元任 (1892 – 1982), auf den die Begründung der modernen chinesischen Sprachwissenschaft zurückgeht.*

Shī shì shí shī shǐ

Shí shì shī shì shī shì shì shī, shì shí shí shī. Shì shí shí shì shì shì shī. Shí shí, shì shí shī shì. Shí shí, shì shī shì shì shì. Shì shì shí shī, shì shǐ shì, shǐ shì shí shī shì shì. Shì shí shì shí shī shī, shì shí shì. Shí shì shī, shì shǐ shì shì shí shì, shí shì shì. Shì shǐ shì shí shí shī shī. Shí shí, shǐ shí shì shí shī shī shí shí shí shī shī. Shì shì shì shì.

Die Geschichte des Shi, der Löwen isst
Steinhöhlendichter Shi, süchtig nach Löwen, schwört, zehn Löwen zu essen. Oft geht er auf den Markt, um Löwen zu sichten. Um zehn Uhr passieren gerade zehn Löwen den Markt. Genau zu dieser Zeit passiert auch Shi den Markt. Er sieht die zehn Löwen, kraft seiner Pfeile schickt er die zehn Löwen in den Tod. Er bringt die zehn Löwenleichen zur Steinhöhle. Die Steinhöhle ist feucht. Er befiehlt seinem Diener, sie zu trocknen. Nachdem die Steinhöhle trocken ist, versucht Shi, die zehn Löwen zu essen. Beim Essen merkt er, dass diese zehn Löwen zehn Steinlöwenleichen sind. Versuche, dies zu erklären.

《施氏食狮史》

石室诗士施氏嗜狮，誓食十狮。氏时时适市视狮。十时，适十狮市。是时，适施氏适市。氏视十狮，恃矢势，使是十狮逝世。氏拾是十狮尸，适石室。石室湿，氏使侍拭石室。石室拭，氏始试食十狮尸。食时，始识是十狮尸实十石獅尸。拭釋是事。

第二章

[→41]

Buchstaben und Schriftzeichen

班级________ 姓名________ ____年____月____日

米字稿

Das Prinzip des Schreibens in Ost und West könnte unterschiedlicher nicht sein. Die links abgebildete Mustervorlage für kleine chinesische Lernanfänger bietet Unterstützung in der Anordnung der Schriftzeichen. Diese werden stets in ein Quadrat eingepasst und können vertikal von rechts oben nach links unten, aber auch horizontal von links oben nach rechts unten geschrieben werden. □ Die Schreibhilfe für britische Schulkinder macht deutlich, dass lateinische Buchstaben stets horizontal zu Texten zusammengefasst werden. Beim Schreiben verbinden sich Buchstabengruppen zu Worten. Die Proportionen der unterschiedlichen Zeichenbreiten werden nicht ins Verhältnis gesetzt, dafür jedoch Ober- und Unterlängen. Schreibhefte für die Erstklässler in Deutschland sehen ähnlich aus.

Serifenschriften, FangSong-Schriften

HYFangSongF
Traditionelle Zeichen

字體設計的藝術？

36 / 39 pt

Hmbgft.!?字體是一種最基本的視覺設計元素，設計師使用它就如同建築師們使用玻璃，石料，鋼鐵和無數其他材料一樣。280!？…

9,5 / 13 pt

Hmbgft.!?字體是一種最基本的視覺設計元素，設計師使用它就如同建築師們使用玻璃，石料，鋼鐵和無數其他材料一樣。280!？…

6 / 9,5 pt

Die vereinfachten Zeichen auf Seite → 107.

Hanyi Keyin, Peking und URW++, Hamburg

痛哉每攬
之由若合一契未嘗
不臨文嗟悼不能
喻之

反复思考书写。书写造成请格。

Nachdenken über die (Hand-)Schrift. Schreiben schafft Identität.

In China werden Schulanfänger zunächst mit den Buchstaben des lateinischen Alphabets vertraut gemacht, bevor sie an die unermessliche Arbeit gehen, die Tausenden von Zeichen ihres eigenen Schriftsystems schreiben zu lernen. Mit den transkribierenden Buchstaben wird den chinesischen bildhaften Zeichen »eine Stimme gegeben«. Damit hat sich der Sinn und Zweck der Umschrift Pīnyīn mittels der fremden romanischen Zeichen erfüllt *[→ 68]*. Eine Beziehung zu ihnen wurde nicht aufgebaut. Dieser rationelle Umgang mit dem lateinischen Alphabet ist eine Gemeinsamkeit, die den chinesischen durchaus mit dem deutschen Lehrplan verbindet. ■ Hànzì werden von Beginn an als Teil der eigenen Tradition und Kultur begriffen, als Teil des persönlichen Selbstverständnisses und als unabdingbare Voraussetzung für eine gesicherte ökonomische Zukunft. Die chinesischen Schüler lernen, die klassischen Schreibstile zu unterscheiden und setzen sich mit dem Aufbau ihrer komplexen Schriftzeichen auseinander, denn ein falsch gesetzter Punkt, das Vergessen eines Strichs oder gar falsche Strichlängen verändern den Sinn eines Zeichens *[→ 118]*. ■ Ebenso wie in anderen asiatischen Ländern legt man in China nach wie vor großen Wert auf Charakterbildung durch handschriftliche Übungen. Gegenüber den lateinisch schreibenden Schülern ist hier ein Bewusstsein für das geschriebene Wort neidvoll anzuerkennen. Das Schreiben in China beschränkte sich weit länger auf das handschriftliche Dokument als in Europa, und so wird einem Chinesen Respekt und Stolz gegenüber der Kalligraphie mit auf den Weg gegeben, was ihn ein Leben lang beim Anblick einer klassischen Schriftrolle zu gelehrsamen Disputen über die Virtuosität des künstlerischen Urhebers herausfordern kann. Dabei hört man immer wieder ein leises Seufzen, das die Trauer über den Verlust der ursprünglichen *Langzeichen* bezeugt *[→ 67]*. Das persönliche Verhältnis der gebildeten Bevölkerung zu den reformierten, stark vereinfachten *Kurzzeichen* ist unterkühlt. Eine Rückbesinnung auf den traditionellen Formenreichtum der Hànzì zeichnet sich bereits dort wieder ab, wo die staatlichen Kontrollinstanzen Chinas keine ideologischen Feindseligkeiten mehr vermuten und das Äußere der Schriftzeichen nur auf ihre Schönheit verweist, wie auf Ladenschildern, Buchdeckeln oder Grußkarten. ■ Es ist mir nicht bekannt, dass an den Schulen Deutschlands eine adäquate Auseinandersetzung mit der europäischen Schriftentwicklung stattfindet oder die Schrift als Kulturträger thematisiert wird. Die Beziehung zur Schrift beschränkt sich auf die Vermittlung von einigen grundlegenden Bewegungsabläufen der Hand, mit denen Buchstaben aneinandergereiht werden. Zwar bedarf es in den ersten Schuljahren der Handschrift, um Orthografie und Syntax der Sprache wiederzugeben, doch schon bald hält der Computer Einzug in die Recherchearbeit der Schüler. Es bleibt kaum Zeit, eine intime Beziehung zu selbst gestalteten handschriftlichen Formen oder zu verschiedenen Schreibmaterialien aufzubauen. Es wird die Taste gedrückt oder die Maus geschoben, später füllen wir Formulare in Druckschrift aus. So gesehen, sind wir schneller bei der Typografie angelangt als das fließende Schreiben erlernt wurde. ■ Der folgende repetitive Blick auf die nackten Grundformen des Alphabets und das bewusste Wahrnehmen des Anderen – in unserem Falle der chinesischen Schriftzeichen – führt zur Rückbesinnung und Horizonterweiterung, fordert zur Gestalt- und anschließend zur Selbstanalyse heraus – bedeutet, sich selbst beschreiben zu können. □

Ein gar nicht seltener Anblick: In der Sommerhitze Pekings schreibt ein Kalligraf mit einem zuvor in Wasser getauchten Tampon-Pinsel auf den gepflasterten Boden eines öffentlichen Parks Zeilen aus der Gedichtsammlung »Orchideenpavillon« von Wáng Xīzhī 王羲之 (303–361) [→ 174]. Dieser erzählt darin mit traurigen Worten von den Menschen, die doch immer wieder überrascht sind, sobald sie alte Gedichte lesen, als ob sie von einer Vergangenheit eingeholt würden, von der sie bisher nichts wussten – sie sind überrascht, dass sie überrascht sind. Der Schreibkünstler und Gelehrte und sein Sohn Wáng Xiànzhī 王献之/王獻之 (344–388) gehören zu den bedeutendsten chinesischen Kalligrafen; man spricht bis heute respektvoll von den »beiden Wangs«. □ Und bevor der Pekinger Schreiber sein Zitat beenden kann, haben sich die ersten Zeichen unter der Sonne bereits verflüchtigt …

Das Gerüst der lateinischen Buchstaben. Ein magerer Anblick.

Die inneren Strukturen von *lateinischen Buchstaben* und *chinesischen Schriftzeichen* sind geradezu konträr [→ 184 ff.], doch die Verwendung beider in multilingualen Texten gehört heute zum Alltag von Designern. Ob sie wollen oder nicht, diese beiden Schriftsysteme müssen eine Liaison eingehen, und wir sind die »Matchmaker«. ■ Die Versalien unseres Alphabets haben ihre historischen Vorbilder in der fast 2.000 Jahre alten *Römischen Capitalis* [→ 160]. Zusammen mit den Jahrhunderte später entstandenden Minuskeln weisen die 52 Buchstaben verschiedene Zeichenbreiten auf und laufen entlang einer imaginären, aber sichtbar führenden horizontalen *Grundlinie*. ■ Das Nachvollziehen des Buchstabenskeletts macht noch keinen Schriftentwerfer, denn individualisierende Attribute wie Strichdicken oder Serifen fehlen noch völlig. Sein Anatomiestudium vermittelt aber eine Ahnung davon, wie schwierig und aufwändig das Entwickeln einer neuen Schrift sein kann. Man wird feststellen, dass nur das Auge das Maß aller Gestaltung ist, das Augenmaß, das der Schulung und Erfahrung bedarf. Der Einsicht, dass eine Schrift kein Zufallsartikel ist, der gezogen und gezerrt, gestaucht und mit den unendlichen Möglichkeiten des Computers in jede Richtung verformt werden darf, folgen Respekt und Achtung gegenüber der Leistung Schrift. □

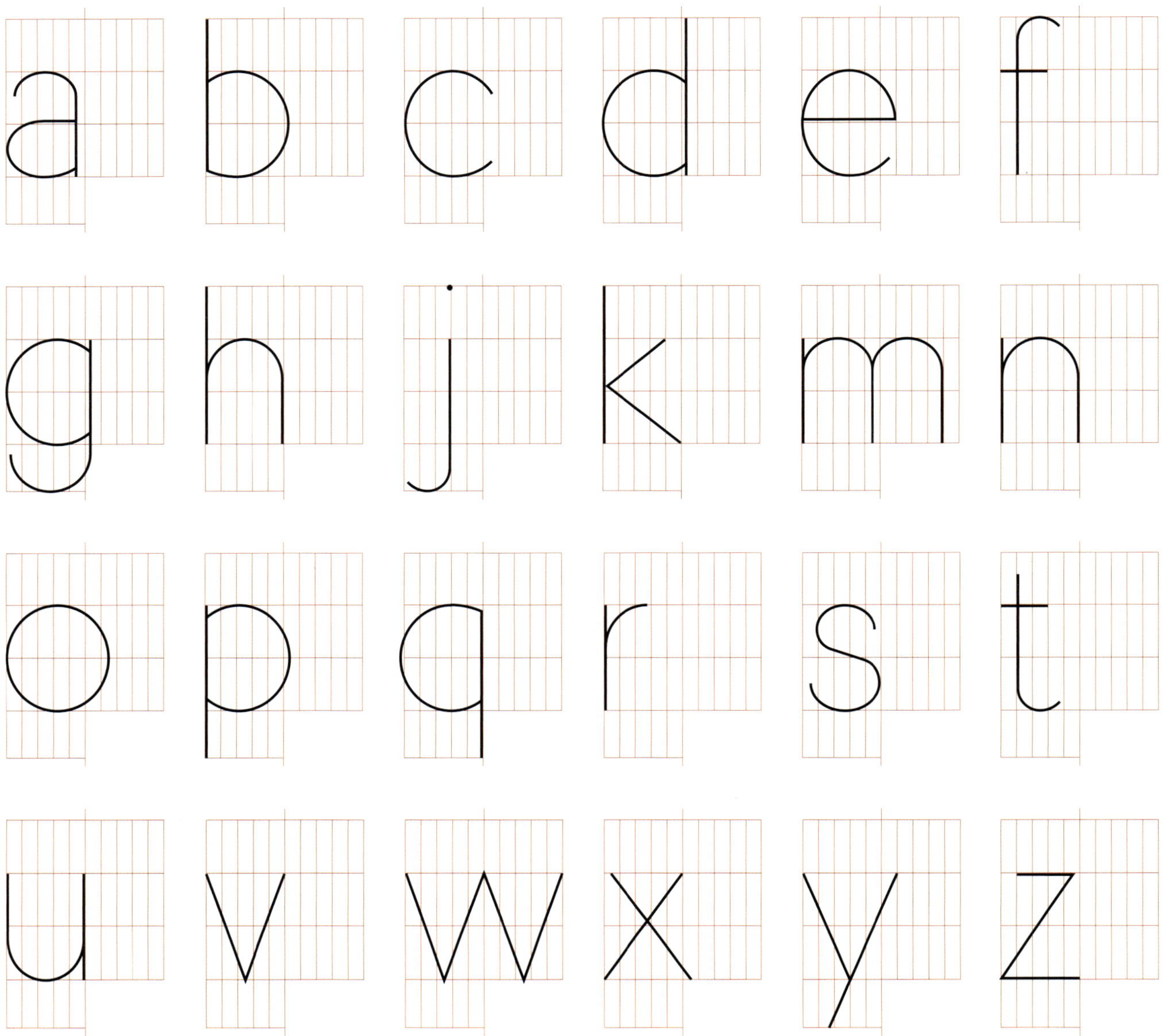

DER SCIENCE-FICTION-FILM »2001: ODYSSEE IM WELTRAUM« beginnt mit einer Jahreszahl, die zur Zeit seiner Entstehung im Jahr 1968 futuristisch anmuten musste. Der Regisseur STANLEY KUBRICK selbst versperrte sich einer »verbalen Deutung für ›2001‹, der sich jeder Zuschauer verpflichtet fühlen würde, auf die Gefahr hin, das Wesentliche zu verpassen.« Kaum ein anderer Filmtitel hätte seine Intention besser transportieren können als Buchstaben in ihren archaischen, nackten Formen – frei von jedem Interpretations(spiel)raum.

Voilà ce que font les Chinois: Ils définissent des éléments pour ensuite jouer avec.
— Sieh, was die Chinesen tun: Sie definieren Elemente, um damit zu spielen.

Vadime Elisseeff

大量的文字。具有深远的意义。

Massenhaft Schriftzeichen. Massenhaft Geschichten.

DIE SEELE DER CHINESISCHEN SCHRIFTZEICHEN liegt nicht in einem linear lesbaren, geometrischen Gerüst verborgen, sondern in den Wurzeln einer reichen Bildwelt, die schon vor Jahrtausenden drohte, ins Unermessliche zu wachsen. Zu einer Zeit, in der sich unser *phonemisches* Alphabet gerade aus 24 *Konsonant- und Vokalzeichen* zusammensetzte, unternahmen chinesische Gelehrte den ersten Versuch, mehr als 9.000 *Wort-Bild-Zeichen* nicht nur semantisch zu ordnen, sondern auch formal einer nachvollziehbaren Struktur zu unterwerfen *[→ 121]*. Die Geschichte, die diese Zeichen bis dahin und bis heute geschrieben haben, ist auch die Geschichte des Denkens im Osten. Die Geschichten, die mit ihnen geschrieben wurden, entziehen sich deshalb oft unserem westlichen Verständnis. ■ FAST JEDEM ZEICHEN IST EIN BILD zugeordnet. Beim Lesen von Texten geht ein Chinese nicht dem Sinngehalt eines einzelnen Schriftzeichens nach, er liest, erliest sich den *kontextuellen* Zusammenhang des Textes. Das *metaphorische* Potential dieser Zeichen bescherte seiner eigenen wie auch der westlichen Literatur Kostbarkeiten, deren Wert wir kaum abschätzen können ohne ein – sicher langwieriges, aber doch aufregendes – Studium dieser geheimnisvollen Schrift. ■ VIELEN DER ZEICHEN SIEHT MAN ihren Werdegang an: *groß* 大 zeigt einen Menschen mit ausgebreiteten Armen, *hoch* 高 ist ein Turm, sogar mit Dach darauf. Das Zeichen für *Mitte* 中 ist ein besonders symbolträchtiges, denn China betrachtet sich seit jeher als das *Reich der Mitte*, womit die Eigenbezeichnung ZHŌNGGUÓ 中国 / 中國 exakt übersetzt ist. Selbst die heutige Hauptstadt Peking ist nach dem Schema dieses Schriftzeichens erbaut worden. Die so bezeichnete *»Verbotene Stadt«* im Herzen Pekings, Herrscherdomizil vieler Dynastien, wird von einem Rechteck umschrieben, auf dessen Nord-Süd-Achse der Kaiserpalast liegt. ■ EINE BESONDERE FASZINATION üben die Bedeutungsverbindungen aus, diejenigen Schriftzeichen, welche durch die Kombination verschiedener *Piktogramme* abstrakte Begriffe wiedergeben können *[→ 49]*. Der *Mensch* 人, der unter dem *Baum* 木 liegt, *ruht sich aus* 休, mehrere Bäume ergeben einen *Wald* 森, drei *Sonnen* 日 strahlen wie *Kristall* 晶. Wer aber denkt beim Anblick eines *Schweins* 豕 unterm *Dach* 宀, dass damit gleich die ganze *Familie / daheim* 家 ist? □

DIESES BERÜHMTE WASSERBECKEN befindet sich im Garten des als Weltkulturerbe eingestuften RYOANJI-Tempels im japanischen Kyoto. Seinen Rand ziert die Inschrift »WARE TADA SHIRU TARU 吾唯知足«, die zentrale Botschaft der Zen-Philosophie: Zufriedenheit spüren bedeutet geistiger Reichtum. Die Vertiefung des Brunnensteins, die gleichzeitig das Schriftzeichen für die Bedeutung »Mund« darstellt, ist eine – in der richtigen Stellung – jedem der umlaufenden Zeichen zugehörige Komponente.

OBEN: *Das Kanji GO 五 (Fünf), zusammengefügt mit dem Kanji GUTSCHI bedeutet WARE 吾: »Ich«.*
RECHTS: *Ein nicht für sich definiertes Zeichen, zusammengesetzt mit 口 bedeutet TADA 唯: »lediglich«.*
LINKS: *Das Kanji YA 矢 (Pfeil), zusammengesetzt mit 口 bedeutet SHIRU 知: »wissen«.*
UNTEN: *Das Kanji GUTSCHI 口 formt mit diesem Bestandteil das Schriftzeichen TARU 足: »ausreichen«, also wörtlich übersetzt: »Nur ich selbst kann wissen, was mich erfüllt.«*

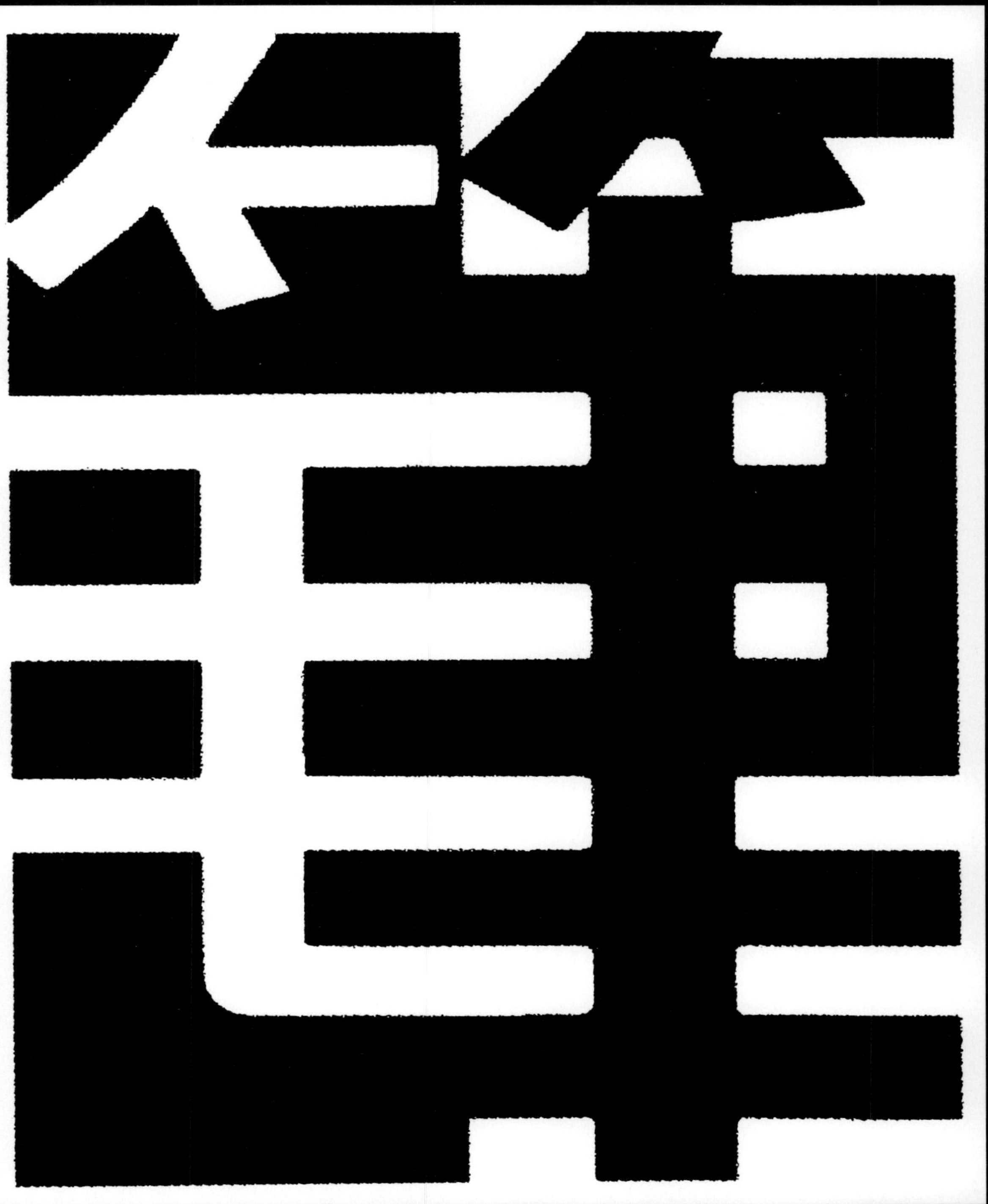

笔 聿

UNTERSUCHUNG VON SCHWARZ-WEISS-KONTRASTEN in chinesischen Schriftzeichen. Hier verschmelzen das Kurzzeichen Bǐ 笔 und das Langzeichen Yù 聿 zu einem Bild. Damit findet gleichzeitig eine Auseinandersetzung mit den vereinfachten und traditionellen Formen der HÀNZÌ statt [→ 64 ff.]. Yù 聿 ist das ursprüngliche Zeichen für »schreiben«. Orakelknochen und Bronzeinschriften zeigen eine Hand, die ein Schreibgerät führt. Da Yù 聿 später auch oft als Hilfswort benutzt wurde, setzte man ihm den Radikal für »Bambus« 竹 dazu [→ 122 ff.], womit das zusammengesetzte Langzeichen »Pinsel« Bǐ 筆 entstand. Es wurde im Zuge der Schriftreform vereinfacht, indem die untere Komponente durch das Zeichen für »Haar, Fell« MÁO 毛 ersetzt wurde.

Serifenschriften, FangSong-Schriften

HYFangSongJ
Vereinfachte Zeichen

字体设计的艺术?

36 / 39 pt

Hmbgft.!?字体是一种最基本的视觉设计元素，设计师使用它就如同建筑师们使用玻璃，石料，钢铁和无数其他材料一样。280!?…

9,5 / 13 pt

Hmbgft.!?字体是一种最基本的视觉设计元素，设计师使用它就如同建筑师们使用玻璃，石料，钢铁和无数其他材料一样。280!?…

6 / 9,5 pt

Die traditionellen Zeichen auf Seite → 101

Hanyi Keyin, Peking und URW++, Hamburg

Welche Imaginationskraft sich hinter der Welt chinesischer Schriftzeichen verbirgt, zeigen nebenstehende Gedichtzeilen, die der Sage nach auf folgende Begebenheit zurückgehen: Während der Sòng-Dynastie 宋朝, im 11. Jahrhundert, wurde ein Beamter mit der diplomatischen Mission auf den Weg geschickt, den schon zu Lebzeiten berühmten Gelehrten und Poeten Sū Shì 苏轼 ausfindig zu machen, um ihn für Dienste am kaiserlichen Hof zu gewinnen. Als der Bote dem Vermeintlichen gegenübertritt, schickt er sich an, ihn einer Prüfung zu unterziehen. Sū Shì erzürnt sich darüber heftig – weiß er doch selbst, dass sein Name längst weit über die Landesgrenzen hinausstrahlt. Er erteilt dem Gesandten eine Benimm- und Poesie-Lektion, die ihn beschämt und ihm zeigt, dass er ganz gewiss nicht der Richtige für den Auftrag des Kaisers war. Der Meister schreibt flink ein Poem nieder, aber sein neuer Schüler fühlt sich mitnichten befähigt, es zu deuten. Und das, obwohl der wortgewaltige Sū Shì schon den Hinweis gibt: *»Jedes dieser zwölf Schriftzeichen erfuhr geringfügige Veränderungen gegenüber seiner herkömmlichen Schreibweise.«*

*1. Satz: Das erste Zeichen Tíng 亭 (**Pavillon**) wurde etwas zu **lang** geschrieben. Das Zeichen Jǐng 景 (**Landschaft**) ist zu **kurz** und Huà 畫 (**Bild**) **fehlt** ein Strich, womit gezeigt wird, dass hier eine **Person** fehlt.*

*2. Satz: Der nächste Satz beginnt mit einem zu **großen** [also weisen] Lǎo 老 (**Gelehrter**). Tuō 拖 (**wischen**) wurde um 90° in Uhrzeigerrichtung **gedreht**, womit die weitere Bedeutung für »horizontal« eingeschlossen ist. Das dritte Zeichen 笻 steht für eine besondere Sorte **Bambus**, sein Radikal Bambus wurde deutlich **dünner** geschrieben. [Verschiedene Quellen gehen davon aus, dass die ältesten Pinsel in China aus Bambus bestanden, die am Ende weichgekaut wurden. Das könnte erklären, warum man dem Zeichen für Pinsel später den Bedeutungshinweis Bambus hinzufügte.]*

*3. Satz: Der dritte Satz beginnt mit dem spiegelverkehrten Shǒu 首 (**Kopf**): Es scheint, als blicke jemand **zurück**. Zwischen den beiden Komponenten von Yún 雲 (**Wolke**) gibt es eine **Kluft**. [Schriebe man die beiden Komponenten als eigenständige Zeichen hintereinander, bildeten sie das Wort Yǔ yún 雨云 (Regenwolke, auch Nimbus)]. Die Komponente **Sonne** des Zeichens Mù 暮 (**Abenddämmerung**) wurde **gekippt**.*

*4. Satz: Im ersten Zeichen Jiāng 江 (**Fluss**) des vierten und letzten Satzes **windet** sich der Strich. Zhàn 蘸 (**eintauchen**) steht **auf dem Kopf**, und im letzten Zeichen Fēng 峰 (**Gipfel**, Spitze, auch Maximum) gewinnt man den Eindruck, dass die Komponente für **Berg** 山 **abstürzt** [Es könnte genauso gut bedeuten, dass Berge schräg auf und ab verlaufen, nicht starr nach oben wie im Schriftzeichen Shān 山.]*

Ergänzt um die Begriffe, die den Zeichen des Gedichtes bildhaft einverleibt wurden, läse sich das »vollständige« Gedicht des weisen Sū Shì folgendermaßen:

Cháng 长 *lang*	Tíng 亭 *Pavillon*	Duǎn 短 *kurz*	Jǐng 景 *Aussicht*	Wú 无 *kein*	Rén 人 *Mensch*	Huà 畫 *Bild*
Lǎo 老 *Meister*	Dà 大 *groß*	Héng 横 *quer*	Tuō 拖 *wischen*	Shòu 瘦 *leicht*	Zhú 竹 *Bambus*	Qíong 笻 *Bambusart*
Huí 回 *zurück*	Shǒu 首 *Kopf*	Duàn 断 *unterbrechen*	Yún 雲 *Wolke*	Xié 斜 *neigt*	Rì 日 *Sonne*	Mù 暮 *Dämmerung*
Qū 曲 *gekrümmt*	Jiāng 江 *Fluss*	Dǎo 倒 *umkippen*	Zhàn 蘸 *eintauchen*	Cè 侧 *schräg*	Shān 山 *Berg*	Fēng 峰 *Gipfel*

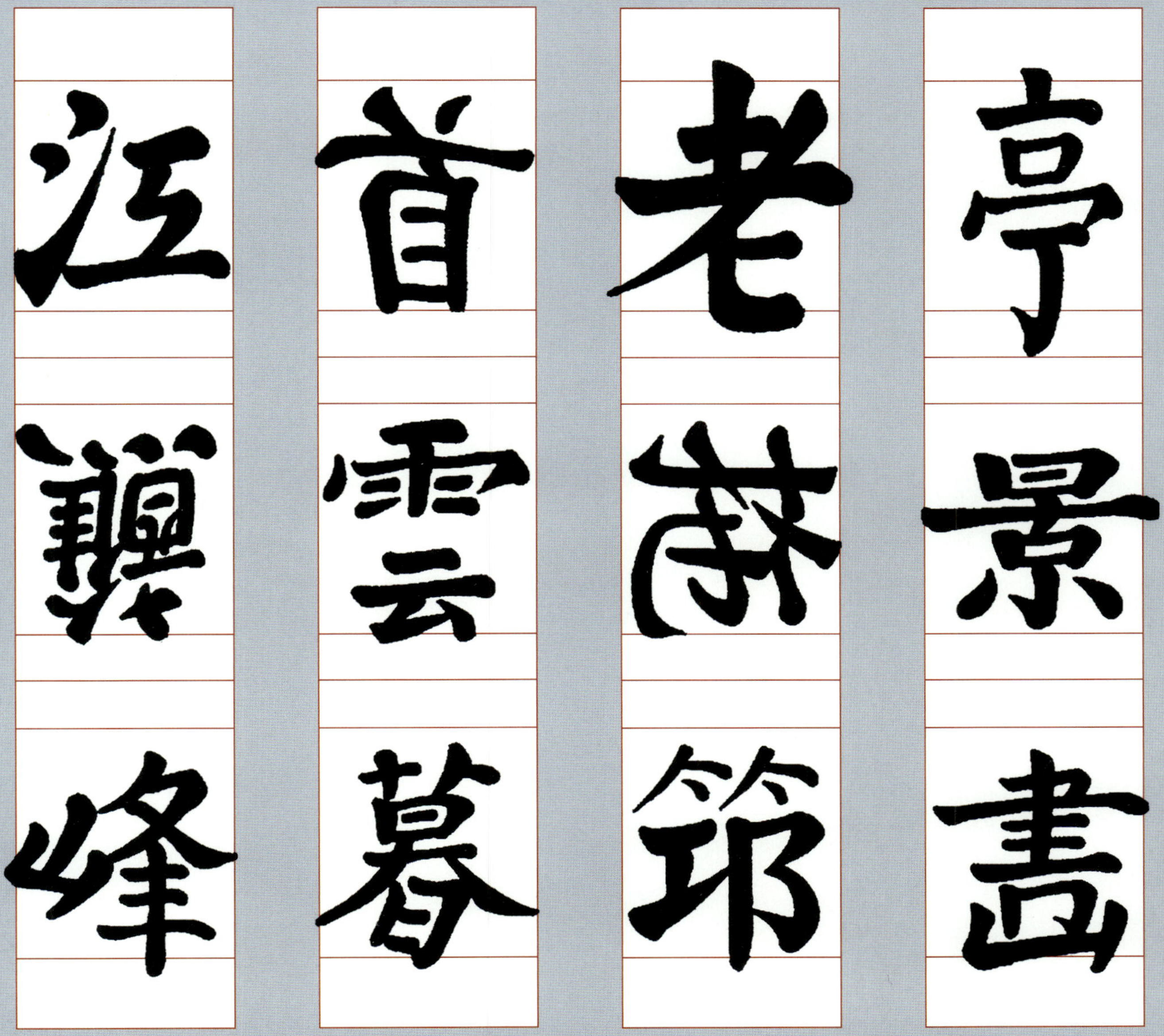

In unserem abendländischen Kulturkreis werden auf die Fragen der Dichter logische, für jedermann verständliche Antworten gesucht. Gedichte werden so lange interpretiert, bis aus ihnen noch der letzte Saft schöpferischer Freiheit herauströpfelt. Im Fernen Osten ist man angehalten, auf dem Weg zur Erkenntnis immer wieder neue Richtungen einzuschlagen, zurückzugehen und, wenn es sein muss, noch einmal ganz von vorn zu beginnen. □ Das obige Poem kann auf viele Weisen gelesen werden, schon verschiedene Quellen in China geben ganz unterschiedliche Hinweise, stets verbunden mit der Aufforderung, seine eigene Wahrheit zu suchen – es wird die richtige sein. □ Daher sind die folgenden Gedanken selbst schon wieder ein typisch westlicher Versuch der Analyse: Man kann sich einfach nur der Faszination der Weisheit hingeben, mit der die Zeichen vielsinnig geschrieben wurden … oder man begreift sie als Hommage an die Schönheit der Natur, für die nur derjenige weise Worte findet, der leichten Herzens ist … der Rhythmus der Natur ist nicht aufzuhalten, aber auf dem Berg sieht man die Sonne länger … die sich im Wasser spiegelnden Bergspitzen wirken wie Pinsel, die gleich in die Tusche getaucht werden, der Fluss beschreibt bereits einen schwungvollen Pinselstrich. □ Vielleicht aber sind diese Gedichtzeilen auch nichts weiter als eine Warnung an den kaiserlichen Gesandten: Wer hoch steigt, fällt tief! Páde yuègāo, shuāide yuècǎn. 爬得越高，摔得越惨。

Serifenschriften, FangSong-Schriften

FZFangSong-S
Vereinfachte Zeichen

字体设计的艺术？

36 / 39 pt

Hmbgft.!?字体是一种最基本的视觉设计元素，设计师使用它就如同建筑师们使用玻璃，石料，钢铁和无数其他材料一样。280！？…

9,5 / 13 pt

Hmbgft.!?字体是一种最基本的视觉设计元素，设计师使用它就如同建筑师们使用玻璃，石料，钢铁和无数其他材料一样。280！？…

6 / 9,5 pt

Diese Schrift ist auch mit traditionellen chinesischen Schriftzeichen erhältlich.

Founder Electronics, Peking

从印刷模块到方正字体。汉字书写的积木原则。

Vom Modul zum Quadrat. Das Baukastenprinzip chinesischer Schriftzeichen.

Jedes der chinesischen Schriftzeichen besteht aus einem oder mehreren Komponenten, die untereinander wiederum auf verschiedene Weisen kombiniert werden; 86% aller Schriftzeichen sind Kombinationen. ■ Mit dem Modul als Konzept für Produktivität hat China bereits seit der Antike einen Weg außerordentlicher Effizienz beschritten. Ein berühmtes Beispiel ist die 2.000 Jahre alte Terrakotta-Armee des ersten Kaisers von China, deren über 7.000 Figuren in nur neun Jahren geschaffen wurden. Aus wenigen, aber *standardisierten* Einzelzeilen fügte sich eine lebhafte Masse der steinernen Figuren zusammen: So gab es nur zwei Typen von Händen, acht Typen von Torsi und vierundzwanzig Typen von Bärten. Später, im 17. und 18. Jahrhundert, exportierte China millionenfach Porzellangut nach Europa. Hier – wie in der massenweisen Produktion von Kunstgegenständen – griff das Motiv vorgefertigter Mustersätze. Bezogen auf die Schrift äußert sich der Heidelberger Sinologe Lothar Ledderose dazu: *»Das System der chinesischen Schrift ist ein modulares System par excellence. Ich habe analysiert, wie Schriftzeichen aus grafischen Bausteinen, aus Modulen also, zusammengesetzt sind. Ein neues Schriftzeichen muss deshalb nicht völlig neu erfunden werden, sondern man braucht lediglich in ein bereits bekanntes Zeichen ein Modul einzufügen oder eines auszuwechseln. Nur in einem modularen System kann man Tausende von Schriftzeichen memorieren …«* [→ 56] ■ Die nebenstehende, bei weitem nicht vollständige Auflistung der Modulformen erläutert das Prinzip, nach dem für ein chinesisches Schriftzeichen die zu Grunde liegenden Komponenten stilisiert werden, um sich in das Baukastenschema einzufügen. Denn wenn mehrere Zeichen vereint werden, von denen jedes einzelne ursprünglich in einen gleich großen Raum eingepasst ist, muss das Ergebnis wiederum der Normgröße entsprechen, wozu die Zeichen mehr oder weniger stark moduliert werden müssen. □

Ideographic Description Characters

Mit dieser knappen Übersicht wird der modulare Aufbau Mókuàihuà 模块化/模塊化 der chinesischen Schriftzeichen vor allem in Schulbüchern vermittelt. Die grafischen Darstellungen sind im Zeichensatz von CJK- Fonts implementiert.

Die Umrisse chinesischer Schriftzeichen

Schriftzeichen beschreiben bestimmte Konturen, die für das schnelle Erfassen beim Lesevorgang eine erhebliche Rolle spielen. In Schreibübungsheften werden die Außenformen zunächst grob geometrischen Grundformen zugeordnet, in weiteren Schritten wird der exakte Stand jedes einzelnen Striches oder Punktes beschrieben.

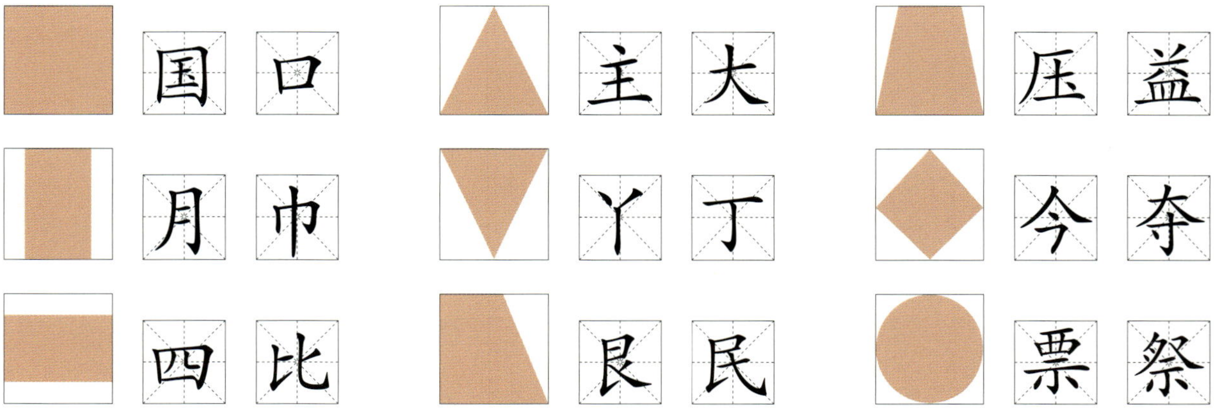

Quer- und Längsstriche sind annähernd gleich lang oder einer der beiden jeweils kürzer oder länger, sodass Quadrate oder schmale bzw. breite Rechtecke entstehen.

Dreiecksformen sind annähernd gleichschenklig, ihre Basis stets oben oder unten. Trapezformen sind rechtwinklig oder symmetrisch, ihre Basis stets unten.

Das gekippte Trapez mutet wie ein Rhombus an, die horizontale Diagonale ist aber keine Symmetrieachse. Bei Rundungen ziehen sich die oberen und unteren Striche zusammen.

ZEICHEN MIT EINEM KOMPONENTEN

日	月	田	力	米	心	木	雨	目	土
RÌ	YUÈ	TIÁN	LÌ	MǏ	XĪN	MÙ	YǓ	MÙ	TǓ
Sonne	Mond	Feld	Kraft	Reis	Herz	Holz	Regen	Auge	Erde

ZEICHEN MIT ZWEI KOMPONENTEN

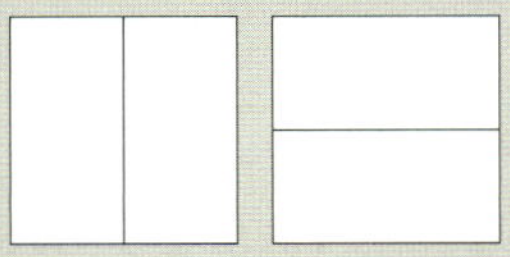

明	男
MÍNG	NÁN
hell	Mann

ZEICHEN MIT DREI KOMPONENTEN

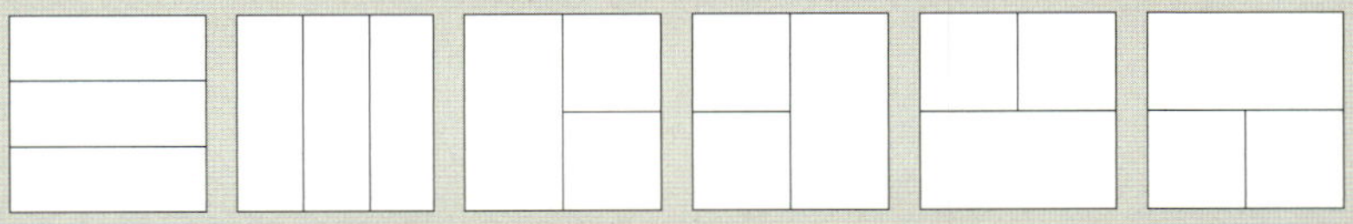

景	糊	混	凯	想	霜
JǏNG	HÚ	HÚN	KǍI	XIǍNG	SHUĀNG
Szenerie	verwirrt	irritiert	siegreich	möchten	Raureif

ZEICHEN MIT VIER KOMPONENTEN

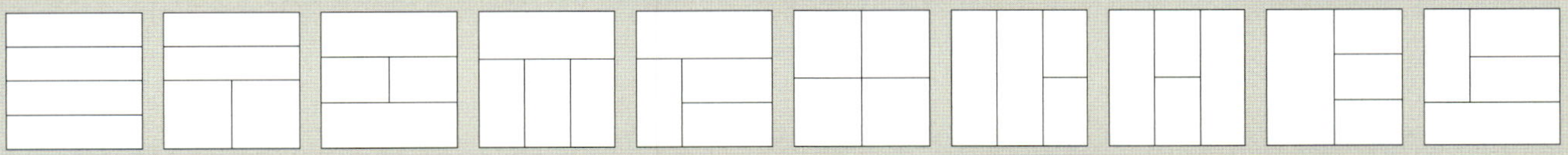

蔓	菀	葵	筱	霪	疑	锵	街	慢	照
MÀN	WǍN	KUÍ	XIǍO	YÍN	YÍ	QIĀNG	JIĒ	MÀN	ZHÀO
Ranke	Aster	Sonnenblume	Bambus	Regenfall	zweifelhaft	Glockenklang	Straße	langsam	Foto

ZEICHEN MIT INNEN-AUSSEN-STRUKTUR

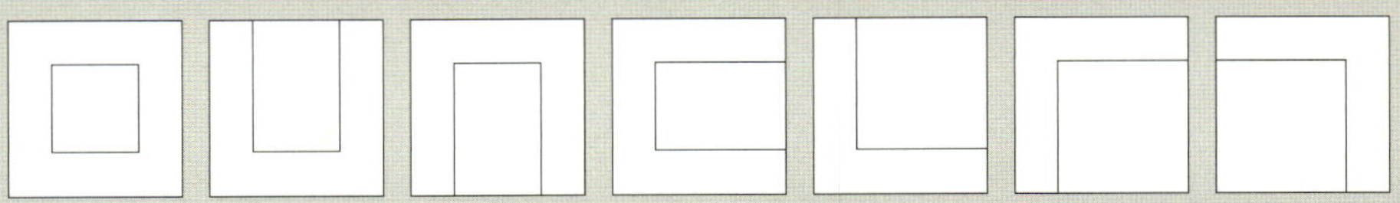

国	函	风	区	远	厅	氧
GUÓ	HÁN	FĒNG	QŪ	YUǍN	TĪNG	YǍNG
Land	Kuvert	Wind	Bezirk	weit	Halle	Sauerstoff

ZEICHEN MIT KOMPLEXEREN ODER NICHT ZUZUORDNENDEM AUFBAU

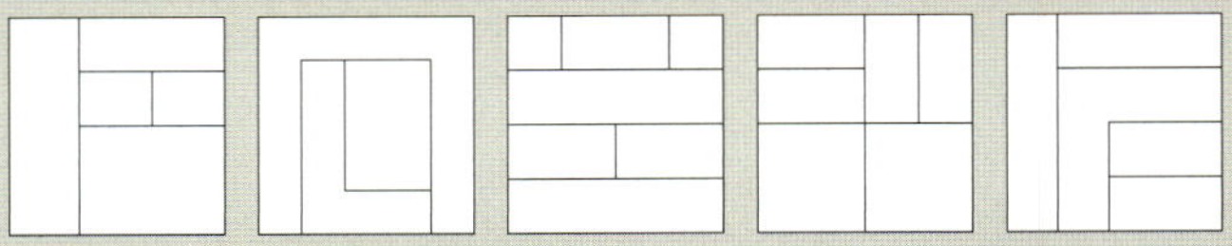

罐	闼	爨	懿	糖
GUÀN	DÁ	CUÀN	YÌ	TÁNG
Dose	erreichen	Kochherd	tugendhaft	Zucker

Gerade (Serifenlose), Hei-Schriften

FZLanTingHeiS-UL
Vereinfachte Zeichen

字体设计的艺术？

36 / 39 pt

Hmbgft.!?字体是一种最基本的视觉设计元素，设计师使用它就如同建筑师们使用玻璃，石料，钢铁和无数其他材料一样。280!?…

9,5 / 13 pt

Hmbgft.:字体是一种最基本的视觉设计元素，设计师使用它就如同建筑师们使用玻璃，石料，钢铁和无数其他材料一样。280!?…

6 / 9,5 pt

Die komplette Hei-Schriftfamilie dieser Type Foundry *auf Seite → 177*

Founder Electronics, Peking

笔画是根本！

Auf Linie bleiben!
Die Grundstriche und Varianten chinesischer Schriftzeichen.

Im Gegensatz zur lateinischen Schrift gibt es für die chinesischen Schriftzeichen genaueste Regeln der Schreibweisen. Selbst das Häkchen am Ende eines bestimmten Strichs, das jeweils in eine ganz bestimmte Richtung gezogen wird, ist nicht nur als schmückendes Element zu verstehen. ■ Jedes Zeichen setzt sich aus einem oder mehreren Strichen zusammen, die untereinander in verschiedener Weise kombiniert sind. Angaben über die Zahl der Stricharten variieren in den verschiedenen Quellen. Der folgenden Übersicht wurde die *Liste der gebräuchlichsten Striche* Chángyòng bǐhuà biǎo 常用笔画表 zu Grunde gelegt, nach der in China auch die Schreibanfänger unterrichtet werden; sie wurde nochmals ergänzt *(graue Nummern)*. Die meisten Striche sind Zusammensetzungen aus den sechs Grundstrichen *(rote Nummern)*, die allein zum Verständnis und Erlernen der chinesischen Schrift nicht ausreichend wären. ■ Auch zum Auffinden eines unbekannten Zeichens im Wörterbuch muss man in der Lage sein, die Anzahl der Striche auszählen zu können *[→ 132]*. Voraussetzung ist die Kenntnis, was als ein Strich gilt, der folgerichtig stets in einem Zug und in präzise festgelegter Richtung geschrieben wird. □

Die Grundstricharten und Varianten der chinesischen Schriftzeichen

Kleines Wörterbuch chinesischer Stricharten:		
点/點	diǎn	*Punkt*
横/橫	héng	*horizontaler Strich*
竖/豎	shù	*vertikaler Strich*
撇	piě	*links abfallender Strich*
捺	nà	*rechts abfallender Strich*
提	tí	*rechts aufsteigender Strich*
折	zhé	*Winkel/Beuge*
钩/鉤	gōu	*Haken*
弯/彎	wān	*Krümmung*
卧/臥	wò	*liegend*
斜	xié	*schräg*

	Strich	Zeichen-Beispiel	Bezeichnung Hànzì	Bezeichnung Pīnyīn	Beschreibung der Strichrichtung
1.	㇔	文	点	Diǎn	*Punkt bzw. punktartiger Strich*
2.	㇐	不	横	Héng	*horizontaler Strich*
3.	㇑	十	竖	Shù	*vertikaler Strich*
4.	㇒	八	撇	Piě	*nach links abfallender Strich*
5.	㇏	八	捺	Nà	*nach rechts abfallender Strich*
6.	㇀	我	提	Tí	*nach rechts aufsteigender kurzer Strich*
7.	㇖	买	横钩	Héng gōu	*horizontaler Strich, Haken nach links unten*
8.	㇇	汉	横撇	Héng piě	*horizontaler Strich, nach links abfallender Strich*
9.	㇕	口	横折	Héng zhé	*horizontaler Strich, vertikaler Winkel*
10.	㇆	书	横折钩	Héng zhé gōu	*horizontaler Strich, vertikaler Winkel, Haken nach links oben*
11.	㇊	说	横折提	Héng zhé tí	*horizontaler kurzer Strich, vertikaler Winkel, rechts aufsteigender kurzer Strich*
12.	㇍	朵	横折弯	Héng zhé wān	*horizontaler Strich, vertikaler Winkel, Krümmung nach rechts*
13.	㇈	九	横折弯钩	Héng zhé wān gōu	*horizontaler Strich, vertikaler Winkel, Krümmung nach rechts, Haken nach rechts oben*

	Strich	Zeichen-Beispiel	Bezeichnung Hànzì	Bezeichnung Pīnyīn	Beschreibung der Strichrichtung
14.	㇌	阳	横撇弯钩	Héng piě wān gōu	horizontaler Strich, nach links abfallender Strich, nach rechts abfallender gekrümmter Strich, Haken nach links oben
15.	㇋	及*	横折折撇	Héng zhé zhé piě	horizontaler Strich, nach links abfallender Winkel, horizontaler kurzer Winkel, nach links abfallender Strich
16.	㇡	场	横折折折钩	Héng zhé zhé zhé gōu	horizontaler Strich, links abfallender Winkel, horizontaler Winkel, vertikaler Winkel, Haken nach links oben
17.	㇚	小	竖钩	Shù gōu	vertikaler Strich, Haken nach links oben
18.	㇙	以	竖提	Shù tí	vertikaler Strich, Haken nach rechts oben
19.	㇗	山	竖折	Shù zhé	vertikaler Strich, horizontaler Strich
20.	㇄	四	竖弯	Shù wān	vertikaler Strich, Kurve nach rechts
21.	㇟	电	竖弯钩	Shù wān gōu	vertikaler Strich, Kurve nach rechts, Haken nach rechts oben
22.		专	竖折撇	Shù zhé piě	vertikaler Strich, horizontaler Winkel, nach links abfallender Strich
23.	㇉	马	竖折折钩	Shù zhé zhé gōu	vertikaler Strich, horizontaler Winkel, vertikaler Winkel, Haken nach links oben
24.	㇁	手	弯钩	Wān gōu	vertikaler gekrümmter Strich, Haken nach links
25.	㇂	式	斜钩	Xié gōu	nach rechts abfallender gekrümmter Strich, Haken nach rechts oben
26.	㇃	心	卧钩	Wò gōu	liegende Kurve, Haken nach rechts oben
27.	㇛	好	撇点	Piě diǎn	nach links abfallender Strich, längerer Punkt nach rechts
28.	㇜	去	撇折	Piě zhé	nach links abfallender Strich, horizontaler Winkel
29.		也	斜撇钩	Xié piě gōu	nach rechts aufsteigender Strich, nach links abfallender Strich, Haken nach links oben
30.	㇞	鼎	竖折折	Shù zhé zhé	vertikaler Strich, horizontaler Winkel, vertikaler Winkel
31.	㇅	凹	横折折	Héng zhé zhé	horizontaler Strich, vertikaler Winkel, horizontaler Winkel
32.	㇎	凸	横折折折	Héng zhé zhé zhé	horizontaler Strich, vertikaler Winkel, horizontaler Winkel, vertikaler Winkel

* *Verschiedene Quellen geben für das Schriftzeichen Jí 及 vier Striche an. Diese Schreibweise ist nicht korrekt!*

Gerade (Serifenlose), Hei-Schriften

HYTeXiDengXianJ
Vereinfachte Zeichen

字体设计的艺术？

36 / 39 pt

Hmbgft.!?字体是一种最基本的视觉设计元素，设计师使用它就如同建筑师们使用玻璃，石料，钢铁和无数其他材料一样。280!？…

9,5 / 13 pt

Hmbgft.:字体是一种最基本的视觉设计元素，设计师使用它就如同建筑师们使用玻璃，石料，钢铁和无数其他材料一样。280!？…

6 / 9,5 pt

Diese Schrift ist auch mit traditionellen chinesischen Schriftzeichen erhältlich.

Hanyi Keyin, Peking und URW++, Hamburg

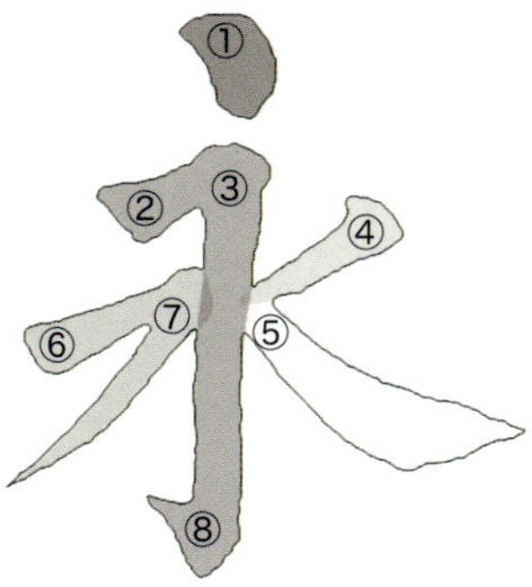

Das Schriftzeichen YǑNG 永 steht für Nachhaltigkeit und Ewigkeit. An ihm werden gewöhnlich die »Acht Prinzipien der Strichsetzung« YǑNGZÌ BĀFǍ 永字八法 verdeutlicht.

① PUNKT

~
DIǍN
点

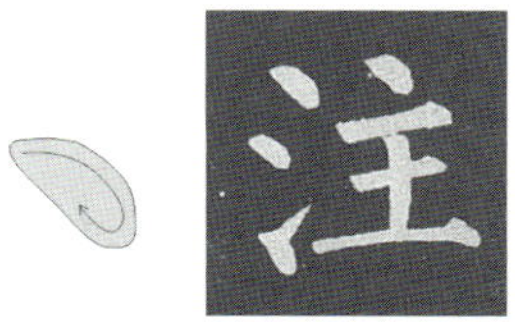

Horizontaler ~
HÉNGDIǍN
横点

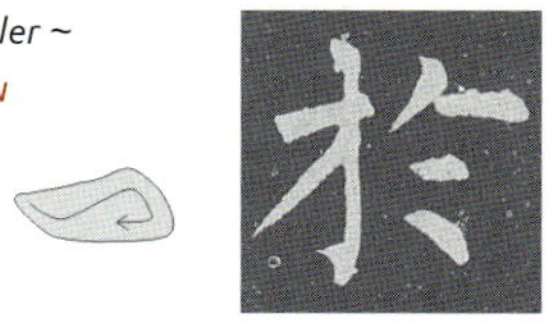

Vertikaler ~
SHÙDIǍN
竖点

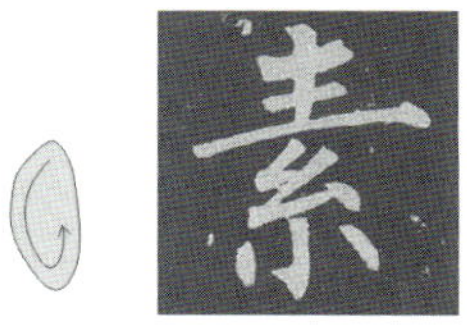

Aufsteigender ~
TIǍODIǍN
挑点

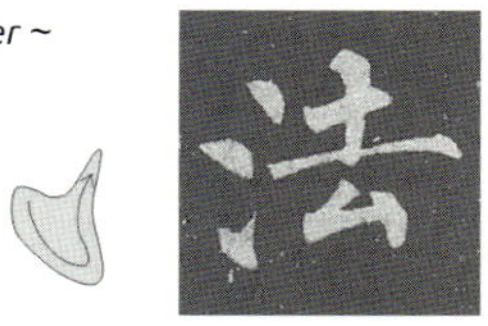

Langer ~
CHÁNGDIǍN
长点

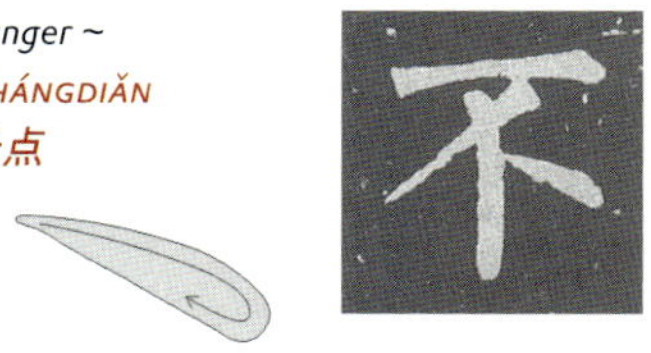

② QUERSTRICH

Langer ~
CHÁNGHÉNG
长横

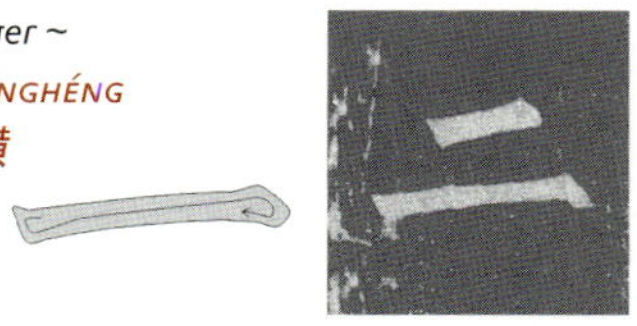

Kurzer ~
DUǍNHÉNG
短横

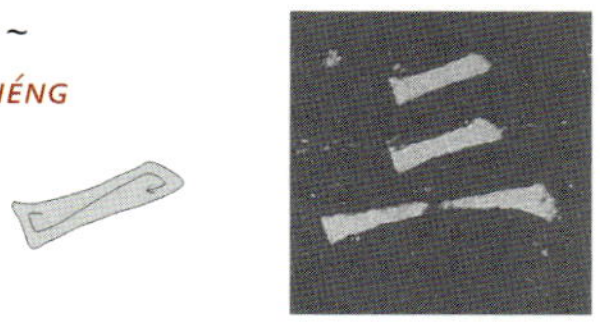

Spitz angesetzter ~
JIǍNTÓUHÉNG
尖头横

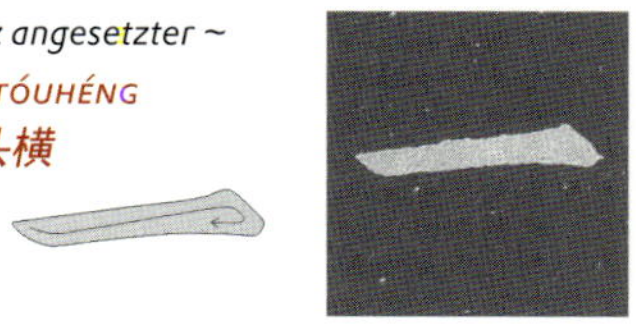

③ LÄNGSSTRICH

Nadelförmiger ~
XUÁNZHĒNSHÙ
悬针竖

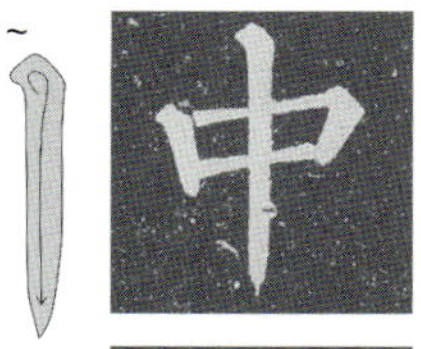

Tropfender ~
CHUÍLÙSHÙ
垂露竖

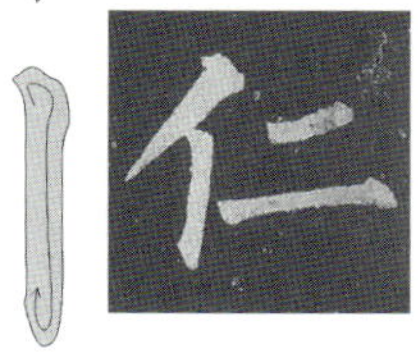

④ LINKS-ABFALLENDER STRICH

~
PIĚ
撇

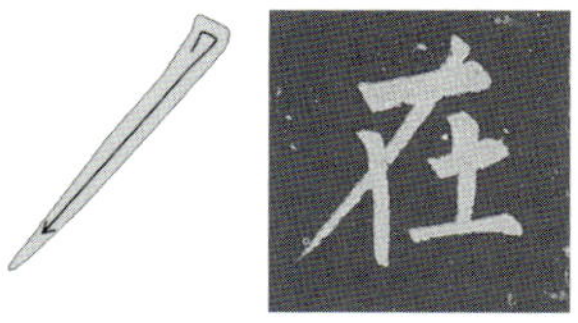

Rückwärtig ~
HUÍFĒNGPIĚ
回锋撇

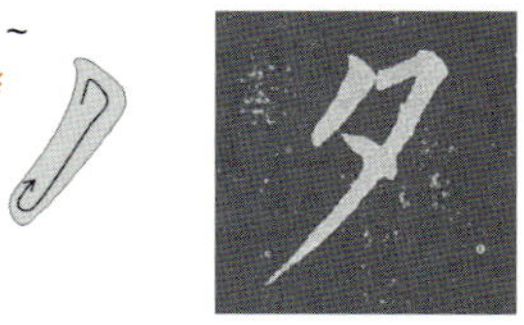

Langer ~
SHÙPIĚ
竖撇

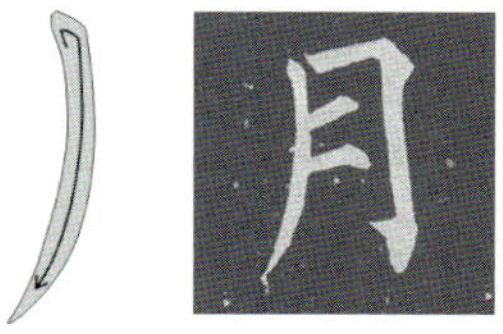

Spitz angesetzter ~
JIǍNTÓUPIĚ
尖头撇

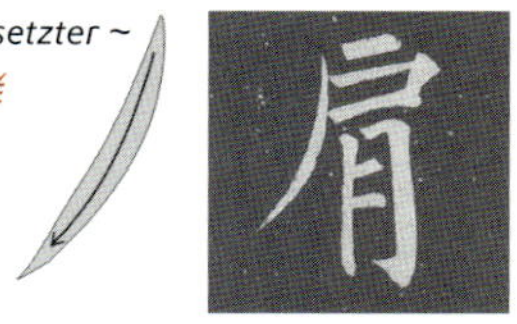

Gekrümmter ~
WĀNPIĚ
弯撇

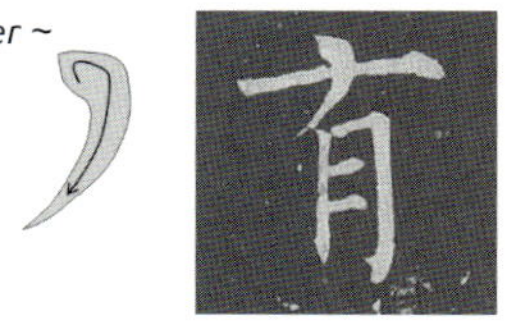

⑤ RECHTS-ABFALLENDER STRICH

~
NÀ
捺

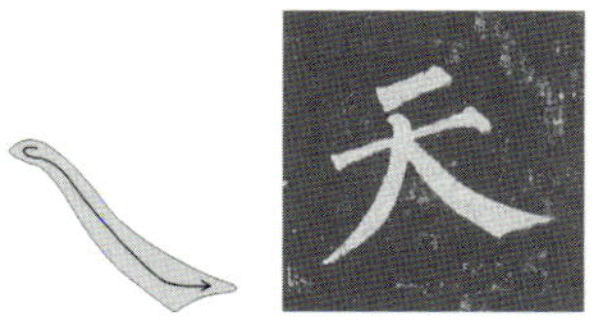

Flacher ~
PÍNGNÀ
平捺

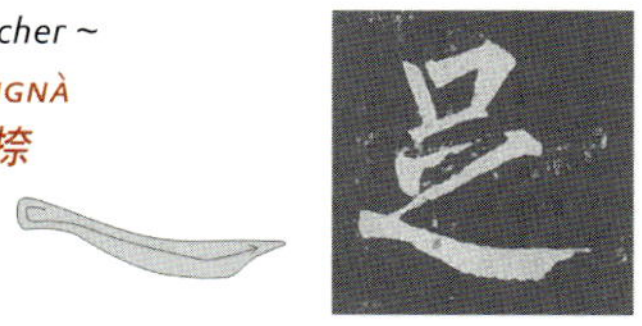

Umgekehrter ~
FǍN'NÀ
反捺

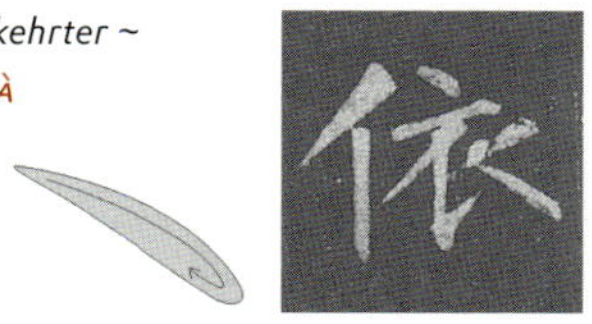

⑥ WINKEL / BEUGE

~
ZHÉ
折

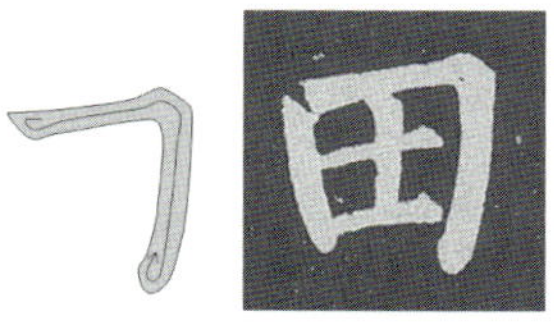

Horizontale ~
HÉNGZHÉ
横折

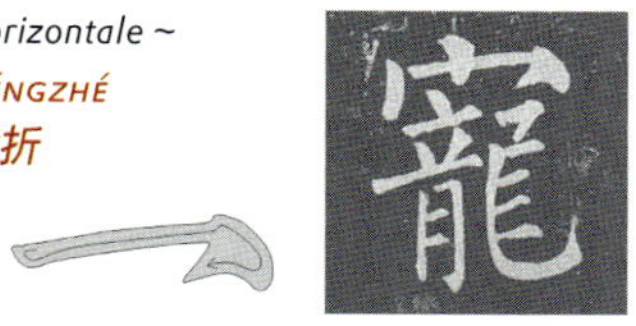

Vertikale ~
SHÙZHÉ
竖折

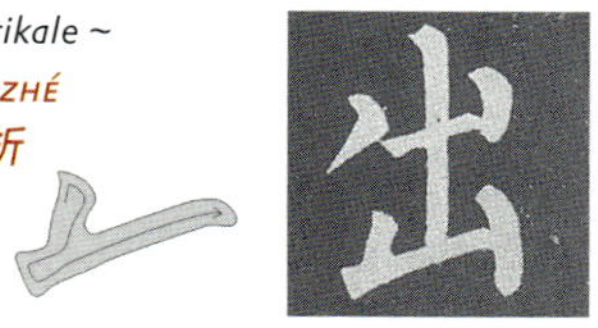

Links abfallende ~
PIĚZHÉ
撇折

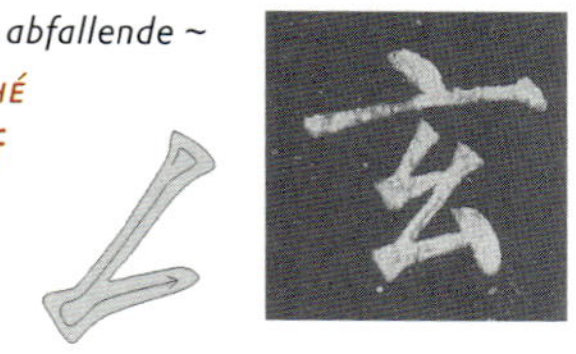

Vertikal gekrümmte ~
SHÙWĀNZHÉ
竖弯折

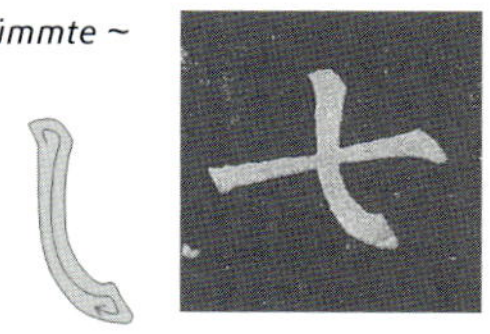

⑦ AUFSTEIGENDER STRICH

Der nach RECHTS AUFSTEIGENDE STRICH ist kurz, wird mit Druck angesetzt (was ihn vom Haken unterscheidet) und läuft spitz aus, einen entsprechenden Strich in die linke Richtung gibt es nicht.

~
TÍ
提

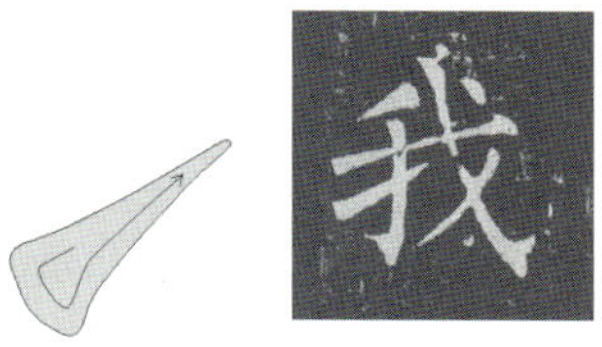

⑧ HAKEN

Der HAKEN gilt nicht als ein Strich! Der Pinsel wird bis zum Ende des Striches mit Druck geführt. Beim Hochnehmen ensteht ein spitzes Häkchen, dessen Richtung bewusst gesteuert wird.

~
GŌU
钩

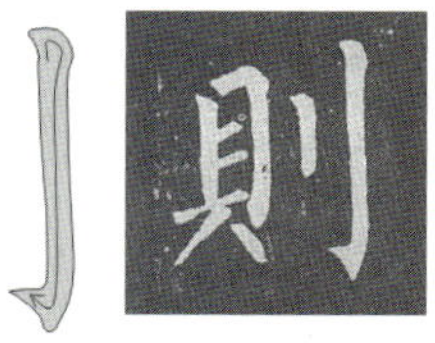

Horizontaler ~
HÉNGGŌU
横钩

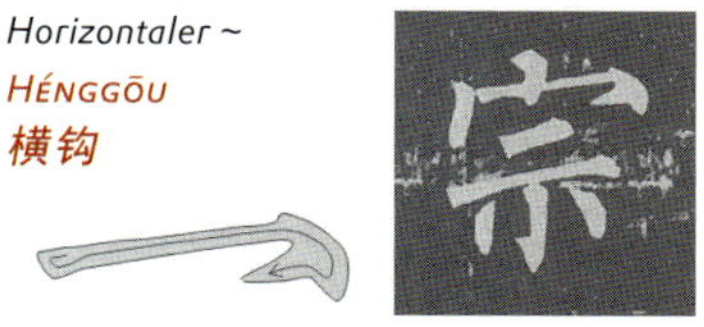

Geneigter ~
XIÉGŌU
斜钩

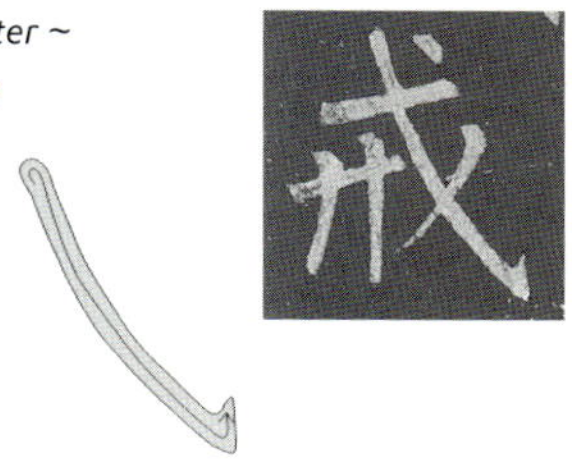

Liegender ~
WÒGŌU
卧钩

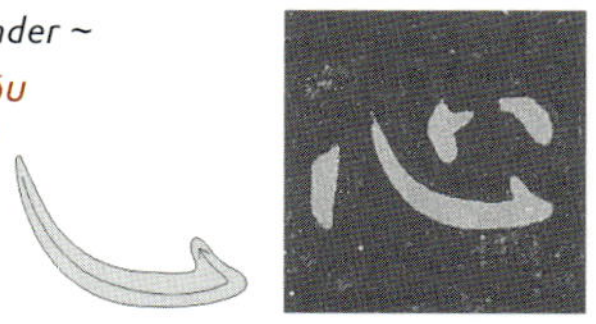

Gekrümmter ~
HÉNGZHÉWĀNGŌU
横折弯钩

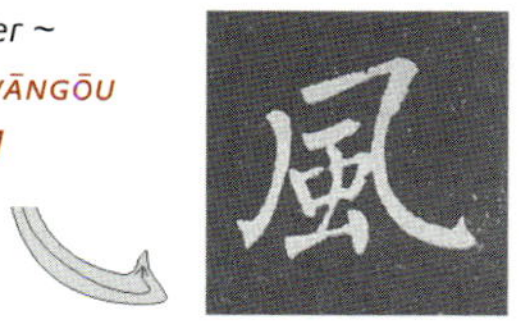

Bogenartiger ~
HÚGŌU
弧钩

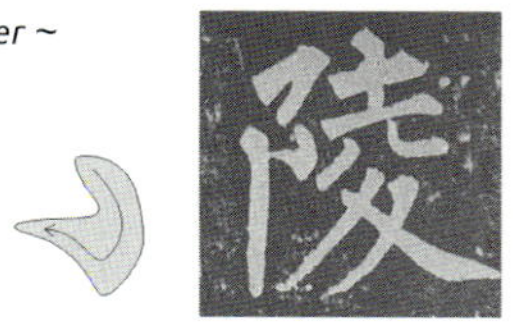

WANG JIANWEI ist ein renommierter Lehrer und Meister der chinesischen Kalligrafie. Er ist Verfasser und Gestalter der 7-bändigen englisch-chinesischen Ausgabe »The Art of Calligraphy«, der wir die Bilder für diese Seite entnehmen durften.

EIN PASSIONIERTER KALLIGRAF *lehnt es ab, seine Schüler ausschließlich anhand dieses Zeichens einzuführen: »Das wäre ein sehr vereinfachter Weg, auch nur die Grundstriche zu erklären.* YǑNG 永 *vermittelt kein vollständiges Bild der akkuraten Pinselführung für jeden einzelnen der Striche«, schreibt der Suzhouer Kalligrafiemeister* WANG JIANWEI. *Trotzdem kam er meiner Bitte nach und schrieb für dieses Buch das Zeichen auf seine ganz eigene, leidenschaftliche Art.* □ *Wenn man weiß, dass* YǑNG 永 *nur aus fünf Strichen besteht, wird vielleicht verständlich, warum es den Kunstsinn eines Kalligrafen als anschauliches Beispiel kaum befriedigen kann. Zum einen verlangt jeder einzelne Strich eine bestimmte Richtungsführung, ebenso sind das An- und Absetzen sowie der Druck des Pinsels maßgeblich für die Lesbarkeit und Schönheit eines Zeichens. Zum anderen verlangen auch die aus den Basisstrichen zusammengesetzten Striche eine ebenbürtige Beachtung von Schreibregeln. Richtungswechselnde Striche, in einem Zug geschrieben, haben kaum mehr mit der Anmutung der solo gesetzten Grundstriche zu tun.*

正确的书写顺序。

Pünktchen, Pünktchen, Komma …
Die Strichsetzung chinesischer Schriftzeichen.

DIE SCHREIBWEISE DER ZEICHEN folgt einer genauen Reihenfolge der Strichsetzung, die den Duktus der Linienführung bestimmt. Bei der Zusammensetzung der einzelnen Striche geht man von links nach rechts, von oben nach unten, von außen nach innen und wieder zurück. ■ WAS SICH ZUNÄCHST recht einfach anhört, wird mit der Komplexität der Schriftzeichen komplizierter, da jedes Zeichen optisch zentriert ein Quadrat ausfüllen sollte. Aus diesem Grunde spricht man in China auch liebevoll von FĀNGKUÀIZÌ 方块字, den *Quadrat-Zeichen*. ■ WER DIE GRUNDSTRICHARTEN studiert hat, weiß, was als ein Strich gilt *[→ 112]*. Mit etwas Geduld und ohne voreiligen kalligrafischen Anspruch geht dann die Strichreihenfolge schnell in „Fleisch und Blut" über, sodass man auch bei Zeichen mit 20 und mehr Strichen bald nicht mehr nach dem Anfang oder Ende suchen muss. Die Einhaltung der Strichordnung ermöglicht nicht nur korrektes, schnelles und schönes Schreiben, sondern hilft vor allem, sich der Schreibweise Tausender von Schriftzeichen zu erinnern *[→ 56]*. □

DIE FESTLEGUNGEN DER STRICHFOLGEN CHINESISCHER SCHRIFTZEICHEN

	GRUNDREGELN	BEISPIELE
1.	*waagerechter vor senkrechtem Strich*	十 → ↓
2.	*Strich nach links unten vor Strich nach rechts unten*	入 ↙ ↘
3.	*von oberer zur unteren Komponente*	个 ↙ ↘ ↓
4.	*von linker zur rechten Komponente*	作 ↙ ↓ ↙ ↓ → → →
5.	*von äußerer zur inneren Komponente*	月 ↙ ↴ → →
6.	*erst innere Komponente beenden, dann äußere schließen*	国 ↓ ↴ → → ↓ → • →
7.	*von der Mitte zu den Seiten*	水 ↓ ⤶ ↙ ↘
	ERWEITERTE REGELN	
	– PUNKT	
8.	*Punkt oben mittig oder oben links zuerst*	文 • → ↙ ↘
9.	*Punkt oben rechts zuletzt*	书 ↴ ↴ ↓ •
10.	*Punkt in der Mitte zuletzt, dann ggf. Komponente schließen*	压 → ↙ → ↓ → •
	– ZWEISEITIG UMSCHLIESSENDE KOMPONENTE	
11.	*oberer rechter Teil zuerst*	习 ↴ • ↗
12.	*linker oberer Teil zuerst*	床 • → ↙ → ↓ ↙ ↘
13.	*unterer linker Teil folgt innerem Teil*	远 → → ↙ ↘ • ↙ ↘
	– DREISEITIG UMSCHLIESSENDE KOMPONENTE	
14.	VON UNTEN: *innerer Teil vor äußerem*	山 ↓ ↳ ↓
15.	VON OBEN: *umschließende Komponente zuerst*	内 ↓ ↴ ↙ ↘
16.	VON LINKS: *oberer Querstrich zuerst, dann innerer Teil, dann schließen*	区 → ↙ ↘ ↳

Bis auf zwei Ausnahmen (一, 乙), bestehen die Zeichen aus mehreren Strichen, die entweder separat nebeneinander stehen (心, 三), sich kreuzen (力, 七) oder berühren (日, 月). Vollständige Tabellen mit traditionellen Zeichen geben bis zu 64 Striche an. In modernen chinesischen Wörterbüchern weist das komplexeste Zeichen 36 Striche auf. Das ist noch immer eine enorme Anzahl von Strichen, die sich alle den gleichen Raum pro Zeichen teilen müssen. Im Vergleich dazu: Lateinische Buchstaben bestehen aus durchschnittlich zwei Strichen, jeweils eingepasst in individuelle Dickten [→162].

1 Strich	2 Striche	3 Striche	4 Striche	5 Striche	6 Striche	7 Striche
一	二	三	五	四	竹	克
YĪ Eins	ÈR Zwei	SĀN Drei	WǓ Fünf	SÌ Vier	ZHÚ Bambus	KÈ Gramm

8 Striche	9 Striche	10 Striche	11 Striche	12 Striche	13 Striche	14 Striche
金	茶	骨	假	黄	鼎	鼻
JĪN Gold	CHÁ Tee	GǓ Knochen	JIÀ Ferien	HUÁNG gelb	DǏNG Kessel	BÍ Nase

15 Striche	16 Striche	17 Striche	18 Striche	19 Striche	20 Striche	21 Striche
增	激	龠	曛	醭	蘖	濯
ZĒNG zunehmen	JĪ aufprallen	YUÈ Flöte	XŪN Staub	BÚ Schimmelpilz	NIÈ Spross	QÚ (Provinzname)

22 Striche	23 Striche	24 Striche	25 Striche	26 Striche	27 Striche	28 Striche
蠹	鼹	衢	欚	籰	鬤	齽
DÙ Motte	YǍN best. Mausart	QÚ Verkehrsader	LǏ Boot	YUÈ best. Werkzeug	RÁNG durcheinander	JÌN Zahn

29 Striche	30 Striche	31 Striche	32 Striche	33 Striche	35 Striche	36 Striche
虋	鱻	灩	龖	麤	齾	齉
MÉN Hirse	XIĀN frisch	YÀN Wogen	TÀ Drachenflug	CŪ rauh	YÀ Zahnlücke	NÀNG tropfende Nase

Gerade (Serifenlose), Hei-Schriften

HYXiDengXianJ
Vereinfachte Zeichen

字体设计的艺术？

36 / 39 pt

Hmbgft.!?字体是一种最基本的视觉设计元素，设计师使用它就如同建筑师们使用玻璃，石料，钢铁和无数其他材料一样。280 ! ? …

9,5 / 13 pt

Hmbgft.:字体是一种最基本的视觉设计元素，设计师使用它就如同建筑师们使用玻璃，石料，钢铁和无数其他材料一样。280! ? …

6 / 9,5 pt

Diese Schrift ist auch mit traditionellen chinesischen Schriftzeichen erhältlich.

Hanyi Keyin, Peking und URW++, Hamburg

Ein Strich mehr oder weniger. Achtung, Verwechslungsgefahr!

Abgesehen von Unkenntnis und Missverständnissen in der Aussprache, die das Auffinden von Zeichen in Wörterbüchern unmöglich machen, können die starken Ähnlichkeiten sehr vieler chinesischer Schriftzeichen schnell zu Verwechslungen führen. Bei Veränderung von Strichlängen, ebenso dem Hinzufügen oder Weglassen von Strichen und Punkten, ändert sich der Sinngehalt eines Zeichens. Natürlich verbirgt sich hier ebenso die Gefahr, Zeichen zu schreiben, die gar nicht existieren. Besondere Aufmerksamkeit sollte folgenden typischen Fehlerquellen geschenkt werden:

Hinzufügen oder Vergessen eines Strichs

日	RÌ	Sonne	大	DÁ	groß	休	XIŪ	ausruhen
目	MÙ	Auge	天	TIĀN	Tag	体	TǏ	Körper

Verwechslung der Strichlänge

末	MÒ	Ende	午	WǓ	Nachmittag	土	TǓ	Erde
未	WÈI	nicht	牛	NIÚ	Kuh	士	SHÌ	Gelehrter

Verwechslung der Strichform

贝	BÈI	Muschel	干	GĀN	trocken	已	YǏ	danach
见	JIÀN	treffen	千	QIĀN	tausend	己	JǏ	selbst

Verschiedene Position der gleichen Striche

人	RÉN	Mensch	庆	QÌNG	feiern	刀	DĀO	Messer
入	RÙ	hinein	厌	YÀN	verabscheuen	力	LÌ	Kraft

Verwechslung der Komponenten

没	MÉI	nicht	酪	LÀO	Käse	黄	HUÁNG	gelb
设	SHÈ	planen	酩	MǏNG	betrunken	異	YÌ	fremdartig

冇 & MORE

Design-Studenten der Pekinger China Academy of Fine Arts kreierten sich ein eigenes Logogramm nach einer Vorlage, die lange Zeit – vergilbt und fast unsichtbar – auf der riesigen Wand einer Ausstellungshalle angebracht war. Die oben stehende Fotografie stammt aus dem Jahre 2007. Niemand weiß mehr, wie der Schriftzug dorthin kam, inzwischen wurde er kalkweiß übertüncht. Er spielt mit dem Zeichen Yòu 有, das mit »existieren, haben, sein« übersetzt werden kann. Ein Schriftzeichen ohne die beiden Querbalken existiert im Hochchinesischen nicht.* Die beiden fehlenden Striche setzte man anfangs wieder als Exponent hinzu, herausgelöst bilden sie das Zeichen für »Zwei«. Zusammen mit dem englischen Wort »more« kann man sich einer spannenden Sinnsuche hingeben:

Ist weniger manchmal mehr? Lösen sich die chinesischen Schriftzeichen neben den lateinischen auf oder ergänzen sie sich im Kontext von Ost und West? Denn mit einem abstrahierenden Auge erliest sich plötzlich ein »The more …«. Die potenzierende Hochzahl wirkte auf dem »stylen« Weg zur Logoentwicklung nur noch redundant und der subtilen Ambiguität entgegen.

* Tatsächlich aber kennt der südchinesische Sprachverbund des Kantonesischen das Schriftzeichen 冇 mit der Bedeutung »nicht haben« [→29]. Seine Aussprache Maa5 (oder Máh) kommt unter Verwendung eines fünften Tones dem englischen »more« recht nahe (insgesamt weist die kantonesische Sprache sechs Töne auf) [→38]. In üblichen chinesischen Wörterbüchern sucht man dieses Schriftzeichen vergebens, vielen Chinesen außerhalb der kantonesischen Dialekte ist es unbekannt. Vor diesem (schrift-)sprachlichen Hintergrund, inspiriert von Kulturen aller vier Himmelsrichtungen, erweitern sich die Interpretationsmöglichkeiten der Logomarke »more and more« — leider gibt es sie gar nicht mehr.

Gerade (Serifenlose), Hei-Schriften

HYZhongDengHeiJ
Vereinfachte Zeichen

字体设计的艺术？

36 / 39 pt

Hmbgft.!?字体是一种最基本的视觉设计元素，设计师使用它就如同建筑师们使用玻璃，石料，钢铁和无数其他材料一样。280!?…

9,5 / 13 pt

Hmbgft.!?字体是一种最基本的视觉设计元素，设计师使用它就如同建筑师们使用玻璃，石料，钢铁和无数其他材料一样。280!?…

6 / 9,5 pt

Diese Schrift ist auch mit traditionellen chinesischen Schriftzeichen erhältlich.

Hanyi Keyin, Peking
und
URW++, Hamburg

pīn—pín
962
拼姘贫频品牝聘
乒平评
963
pīng—píng

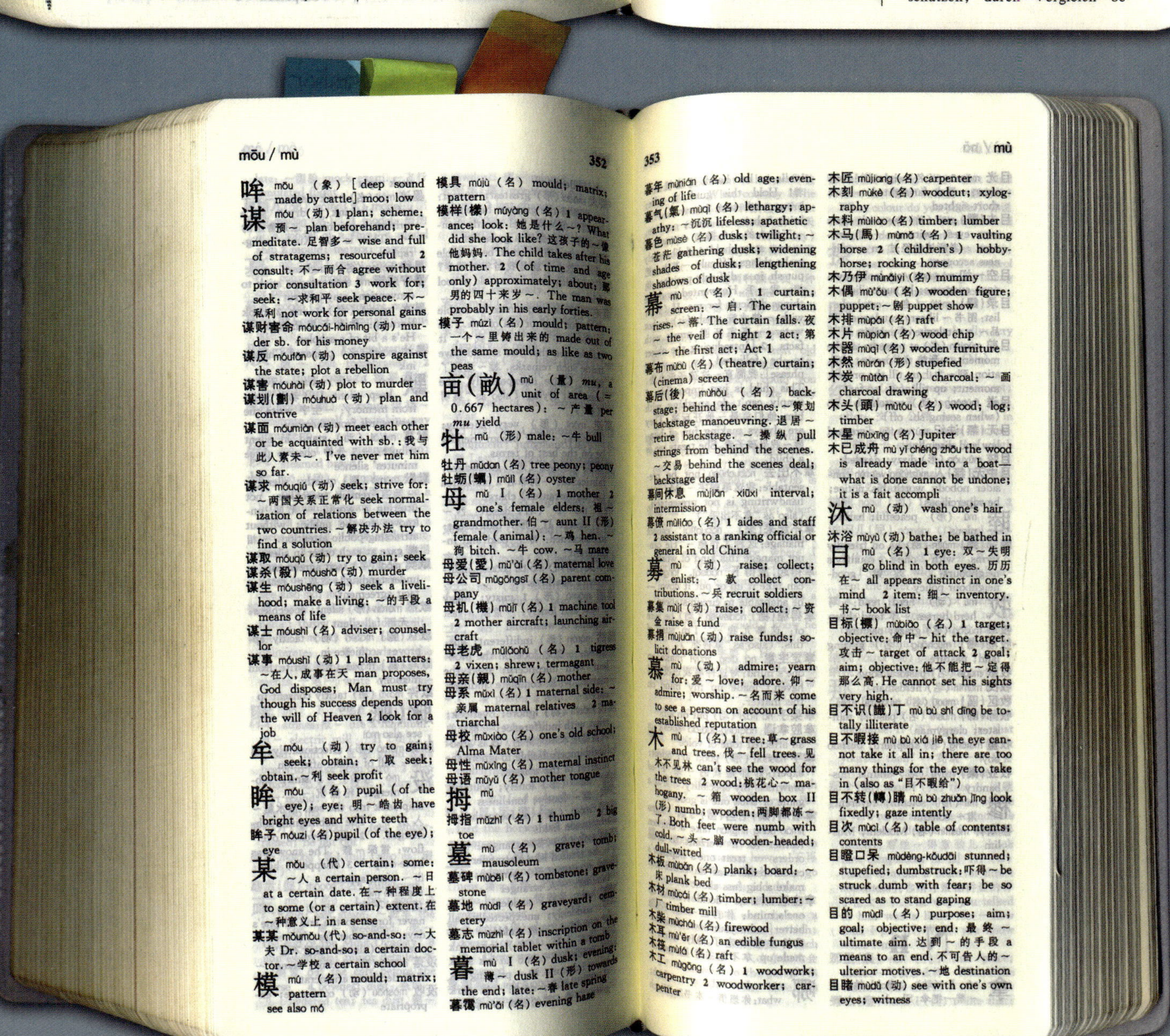

mōu / mù
352
353
mù

大字典里的小故事。从段落和类别开始。

Kleine Geschichte über große Wörterbücher. Von Kapiteln und Klassen.

Nach allem, was bisher beschrieben wurde, leuchtet es ein, dass chinesische oder japanische Wörterbücher nach anderen Gesichtspunkten aufgebaut sein müssen als diejenigen, die einer alphabetisch-linearen Listung folgen können. Wie aber wird es möglich, die Fülle der *Wort-Bild-Zeichen* unterschiedlicher Komplexität zu indizieren, um eine rationelle Benutzung von Nachschlagewerken zu ermöglichen? ■ Während der Hàn-Dynastie vor 1.800 Jahren, die China politisch und kulturell eine Blütezeit bescherte, lebte der Gelehrte Xǔ Shèn 许慎. Zwischen den Jahren 100 und 121 n. Chr. kompilierte er das wohl älteste Wörterbuch der chinesischen Sprache. In seiner 15 Bände umfassenden Analyse der Schriftzeichen Shuōwén Jiězì 说文解字 / 說文解字 verteilte er 9.353 Schriftzeichen auf 540 Kategorien, deren Reihenfolge von philosophischen Überlegungen beeinflusst wurde. Unter der Vielzahl der Zeichen innerhalb einer Kategorie wurde ein bestimmtes ausgewählt, das selbst nicht zu komplex war, und dem Bedeutungsfeld jeweils als klassifizierendes Zeichen Bùshǒu 部首 übergeordnet. Bùshǒu wird mit dem Begriff *Radikal* übersetzt (*lat.: radix* = Wurzel), gebräuchlich sind auch Bezeichnungen wie *Klassenhaupt* oder *Wurzelzeichen*. Mit dem beeindruckenden Lexikon von Xǔ Shèn wurde das 300 Jahre alte erste Standardwerk von Lǐ Sī 李斯 auf einen neuen wissenschaftlichen Stand gebracht *[→ 52]*. ■ Zwischen 1710 und 1717 erstellte der Gelehrte Zhāng Yùshū 張玉書 das zweite wichtige Zeichenlexikon der chinesischen Schrift mit 47.000 Einträgen. Die meisten dieser Schriftzeichen werden heute jedoch nicht mehr verwendet. Das berühmte Kāngxī Zìdiǎn 康熙字典, das Kangxi-Wörterbuch, welches nach dem zweiten Kaiser der damaligen Qíng-Dynastie 清朝 (1644–1911) benannt ist, legte die Gesamtzahl der auf die Bedeutungsbereiche hinweisenden Wurzelzeichen auf 214 fest. Sie bilden neben eigenständigen einfachen Zeichen auch aus Zeichenzusammensetzungen extrahierte Komponenten. Radikale tauchen in allen Schriftzeichen der jeweiligen Kategorie stets in ähnlicher – mehr oder weniger abgewandelter – Form wieder auf. ■ Im Kangxi-Wörterbuch wurde gleichzeitig die Abfolge der Klassenzeichen erstmals bestimmt, sortiert nach ihrer Strichzahl und -form *[→ 128]*. Nach diesem System sind die den Radikalen zugeordneten Lemmata dann im Weiteren aufgelistet. Von nun an wohnte dem Radikal nicht nur eine *semantische*, sondern – wenn auch nachrangige – *grafische* Ordnungsfunktion inne. ■ Wenn auch seit Jahrtausenden die Gelehrten Chinas die verschiedensten schlüssigen Verfahren zur systematischen Anordnung von Zeichen und Begriffen entwickelt haben, so ist sicher die *Suchmethode nach Klassenzeichen* Bùshǒu Cházìfǎ 部首查字法 die populärste in heutigen Wörterbüchern. □

Ein radikaler Vertreter seiner hölzernen Klasse

Ein gewöhnliches Wörterbuch führt unter dem Klassenzeichen für Holz 木 mehr als 80 Schriftzeichen auf. In der Radikalliste stehen die Zeichen einer Kategorie geordnet nach Strichzahl und -form [links], nachzuschlagen sind sie nach ihrer Lautung [rechts].

木	构	gòu	*Konstruktion, formen*
林	林	lín	*Wald*
构	木	mù	*Radikal: Baum, Holz, hölzern*
树	森	sēn	*Forst, Wald*
森	树	shù	*Baum*

In chinesischen Wörterbüchern ist heute die alphabetische Listung nach dem Transkriptionssystem Pinyin üblich, das auch von Chinas Schulkindern noch vor der eigenen Schrift erlernt wird. Schriftzeichen homonymer Lautung folgen einer festgelegten Reihenfolge der vier hochchinesischen Töne, die mittels diakritischer Zeichen dargestellt werden (für einige Fälle gibt es eine fünfte, tonlose Silbe): z. B. Mā, Má, Mǎ, Mà und Ma [→ 38]. Dieses Suchsystem ist recht einfach zu handhaben, solange man die Aussprache eines Begriffs kennt.

部首查字法。

Die Radikale nach Kangxi und Schriftreform. Einfach zu vereinfacht.

Im Kangxi-Wörterbuch werden die durchnummerierten 214 *Klassenzeichen* zunächst nach der Anzahl ihrer Striche zwischen eins und 17 sortiert. Innerhalb einer Gruppe mit identischer Strichzahl greift die traditionelle Hierarchie der Strichformen. Die Liste enthält jedoch einige Unregelmäßigkeiten, die dem noch unerfahrenen Benutzer anfangs so manche Mühen bereiten. ■ Ein Beispiel:

Als Bedeutungshinweis auf Gefühle und Gemütsempfindungen steht das Schriftzeichen und Klassenzeichen Nr. 61 »Herz« Xīn 心, das sich aus vier Strichen 丶 丶乚 丶乚丶 心 zusammensetzt. In vielen Zeichenzusammensetzungen ist das Zeichen als Radikal einfach zu identifizieren:

Ài	愛	*lieben, gern haben*
Bēi	悲	*traurig, schwermütig*
Gǎn	感	*empfinden, innerlich fühlen*

Häufig taucht es als linke Komponente auf, hier verändert es seine Grundform und wird nur noch mit drei Strichen 丶 丶丶 忄 geschrieben.

Cǔn	忖	*mutmaßen, spekulieren*
Xìng	性	*Charakter, Veranlagung*
Zuò	怍	*beschämt*

Diese Schreibung kommt nie als eigenständiges Schriftzeichen vor.

Um unbekannte Zeichen nachschlagen zu können, muss man also wissen, dass einige Schreibweisen Varianten bestimmter Radikale sind. Zu vergleichen wäre das mit der Einordnung von Umlauten in unseren Wörterbüchern: Ein Ö findet sich unter O, ein *ä* unter *a*. Die Abfolge sämtlicher Radikale wird von einem lesekundigen Chinesen genauso beherrscht wie wir die Reihenfolge der Buchstaben unseres Alphabets im Schlaf herbeten können: Der *Vogel* Niǎo 鳥 folgt dem *Fisch* Yú 魚 und steht vor *Salz* Lǔ 鹵 wie ein *g* zwischen den Buchstaben *f* und *h*. In diesem Sinne kommt das System der Klassenzeichen dem eines Alphabets gleich, auch wenn es nichts mit Lauten zu tun hat. ■ Nach der Schriftreform in China im Jahre 1958 wurde die Liste der Radikale vollständig umgestellt und zahlenmäßig auf 227 erweitert. Damit wurde ein neues Kapitel in der aufregenden Geschichte chinesischer Wörterbücher aufgeschlagen, denn ein jahrhundertelanger Konsens wurde völlig auf den Kopf gestellt. Mit der Intention, das Auffinden von Schriftzeichen zu erleichtern, gab man die Klassifizierung der Radikale nach rein *semantischen* Gesichtspunkten auf und ersetzte sie durch eine primär *grafische*. Das sieht so aus, dass die Varianten der Radikale einen eigenen Platz in der Liste einnehmen. Viele der ursprünglichen Radikale wie *Herz* Xīn 心 (Nr. 81) oder *Wasser* Shuǐ 水 (Nr. 125) wurden beibehalten, ihre Varianten finden sich jetzt aber unter der entsprechenden Strichzahl ein zweites Mal: *Herz* 忄 (Nr. 41), *Wasser* 氵 (Nr. 40). ■ Andere Wurzelzeichen wiederum verschwanden völlig, wenn es sich – zum Beispiel wie bei *Leben* Shēng 生 – in den meisten anderen Zeichenverbindungen ohnehin nur um eine phonetische Komponente handelte. Das *Haustier* Shēng 牲 findet sich jetzt in der Kategorie für *Rind* Niú 牛 wieder. Viele weitere Radikale wurden sogar gänzlich neu hinzugefügt, indem man ihre Formen aus dem vorhandenen Schriftzeichenschatz herauslöste. Diesen Klassenzeichen fehlt nun der Bedeutungshinweis, sie stehen als leeres Zeichen in der Liste, lediglich mit einer Nummer versehen. ■ Da diese Neuordnung das Ergebnis jahrelanger Arbeit eines Reformkomitees der Volksrepublik China ist, liegt den Veränderungen ein plausibles System zu Grunde, das von Nutzern des traditionellen Systems jedoch manchmal schwer nachzuvollziehen ist. Hinzu kommt, dass verschiedene Varianten von Radikallisten im Umlauf sind. Auf Grund der Aufzählungen von Klassenzeichen gemäß ihrer Strichzahlen unterscheiden sich die Nummerierungen je nach Verwendung von traditionellen *Lang-* oder vereinfachten *Kurzzeichen* [→ 67]. Unter der chinesisch sprechenden Bevölkerung herrscht Verwirrung, zumal man sich außerhalb des Festlandes China, allen voran in Hongkong und Taiwan nach wie vor an die traditionelle Anordnung hält; entsprechend finden sich auch Japaner oder Koreaner in neueren chinesischen Wörterbüchern nur schwer zurecht. □

Alte verschwundene und neu aufgetauchte Radikale. Eine Gegenüberstellung.

Die Gegenüberstellung auf dieser Seite zeigt die 35 klassischen Radikale des Kangxi-Wörterbuches, auf die nach der Schriftreform zugunsten 30 neuer verzichtet wurde *[→64]**. □ Stellen Sie sich vor, über Nacht wird entschieden, die Reihenfolge unseres Alphabets zu verändern – das Alpha und Omega unseres Buchstabenuniversums verlöre sich im Chaos. Genau dies beschreibt aber die aktuelle Situation in China: »Das Ergebnis war nicht anders, als hätte sich jemand bemüht, in unserem Alphabet gewisse Ungereimtheiten zu beseitigen, indem er die Buchstaben neu ordnete, also etwa statt A B C D … nun A E I O U, d.h. die Vokale den Konsonanten vorausgehen ließe o.ä. Mit einem Schlag wäre der Zugang zu allen alten Wörterbüchern verstellt oder zumindest beträchtlich erschwert, ebenso zu allen fremdländischen, wenn man eine solche Reform nur im eigenen Land durchführte.« [Baus] □ Für die Schriftsetzer und Gestalter von Lehrmaterialien sei erwähnt, dass viele der neuen Klassenzeichen als eigenständige Zeichen in den üblichen Schriftfonts (noch) nicht existieren. Die heller dargestellten Radikale sind Extrakte aus Schriftzeichen und bisher nicht über den Glyphensatz anzusteuern.*

Nach chinesischer Schriftreform verschwundene klassische Kangxi-Radikale

6	亅	130	肉	204	黹
11	入	136	舛	205	黽
23	匸	139	色	206	鼎
33	士	144	行	213	龜
35	夊	168	長	214	龠
51	干	171	隶		
55	廾	176	面		
65	支	179	韭		
71	无	183	飛		
80	毋	191	鬥		
89	爻	192	鬯		
95	玄	197	鹵		
100	生	188	麥		
102	用	201	黃		
114	禸	202	黍		

Nach chinesischer Schriftreform neudefinierte Radikale

5	乛	133	去
6	𠃌	134	龷
14	𠂇	138	戊
20	𠂉	139	⺍
22	厂	140	业
25	乂	158	龹
43	亡	162	亦
66	丸	165	戋
89	龶	167	朿
90	天	168	亚
93	廿	172	光
95	不	192	束
105	中	203	𠦝
117	尺	213	是
130	𡗗	227	7 Übrige

Gerade (Serifenlose), Hei-Schriften

HYZhongHeiJ
Vereinfachte Zeichen

字体设计的艺术？

36 / 39 pt

Hmbgft.!?字体是一种最基本的视觉设计元素，设计师使用它就如同建筑师们使用玻璃，石料，钢铁和无数其他材料一样。280!？…

9,5 / 13 pt

Hmbgft.!?字体是一种最基本的视觉设计元素，设计师使用它就如同建筑师们使用玻璃，石料，钢铁和无数其他材料一样。280!？…

6 / 9,5 pt

Diese Schrift ist auch mit traditionellen chinesischen Schriftzeichen erhältlich.

Hanyi Keyin, Peking und URW++, Hamburg

Die folgende Tabelle zeigt die 227 Klassenzeichen entsprechend dem Auffindsystem des Standardnachschlagewerkes »Neues Chinesisch-Deutsche Wörterbuch« XĪN HÀNDÉ CÍDIǍN 新汉德词典. Um einen Vergleich von Anordnungsmethode und Neufindungen der reformierten Radikalliste zum traditionellen »KANGXI-Wörterbuch« zu ermöglichen, wurden beide Nummerierungen direkt nebeneinandergestellt. Die Auslassungsstriche der zweiten Spalte machen deutlich, welche Radikale hinzugekommen sind. □ Im Anschluss daran zeigt – in umgekehrter Manier – die Gegenüberstellung der klassischen KANGXI-Zählung zur reformierten Liste die heute verschwundenen Wurzelzeichen des Festlandes China.

NR. NCDW	NR. KANGXI	RADIKAL (+ Varianten) NCDW	STAND IM SCHRIFTZEICHEN	LANGZEICHEN (+ Varianten) KANGXI	PINYIN	BEDEUTUNG (+ Anmerkungen)	BEISPIELE
7 RADIKALE MIT STRICHZAHL 1 一画							
1	3	丶	n.e.d.*		ZHÙ	Punkt	之 为
2	1	一	n.e.d.*		YĪ	eins, sobald	丁 丛
3	2	丨	n.e.d.*		GÙN	Stock	丰 书
4	4	丿	n.e.d.*		PIÉ	Teil	生 川
5	—	乛	n.e.d.*		—	—	了 也
6	—	㇆	zweiseitig		—	—	司 习
7	5	乙 (⺄乚)	n.e.d.*		YǏ	Sichel, das Zweite	九 巴
32 RADIKALE MIT STRICHZAHL 2 二画							
8	15	冫	links		BĪNG	Eis	冲 次
9	8	亠	oben		TÓU	Deckel (Kopf)	六 交
10	149	讠	links	言 (訁)	YÁN	Sprache [→ Radikal 185]	认 试
11	7	二	n.e.d.*		ÈR	zwei	干 井
12	24	十	n.e.d.*		SHÍ	zehn	千 古
13	27	厂	zweiseitig		CHǍNG	Abhang	历 厌
14	—	𠂇	zweiseitig		—	—	友 在
15	22	匚	umgebend		FĀNG	dreiseitiger Rahmen links	巨 区
16	25	卜 (⺊)	n.e.d.*		BǓ	orakeln	上 下
17	18	刂	rechts		DĀO	Messer [→ Radikal 27]	刊 刚
18	14	冖	oben		MÌ	flacher Deckel, Glatze	写 农
19	13	冂	umgebend		JIŌNG	dreiseitiger Rahmen oben	用 内
20	—	𠂉	oben		—	—	年 每
21	9	亻	links	人	RÉN	Mensch [→ Radikal 23]	亿 们
22	—	⺁	zweiseitig		—	—	反 后
23	9	人 (入)	oben		RÉN	Mensch [→ Radikal 21]	伞 众
24	12	八 (丷)	unten, oben		BĀ	(umgedrehte) Acht	六 羊
25	—	乂	n.e.d.		—	—	义 杀
26	20	勹	zweiseitig		BĀO	umarmen, einwickeln	勺 匆
27	18	刀 (⺈)	unten, oben	(⺈ 刂)	DĀO	Messer [→ Radikal 17]	色 象
28	19	力	links, rechts, unten		LÌ	Kraft	办 加
29	10	儿	unten		RÉN	Füße / Mensch	先 兆
30	16	几 (⺇)	rechts, oben, unten, umgebend		JĪ	Tischchen (chin.: beinahe)	凯 凰
31	110	矛	oben		MÁO	Speer	甬 勇
32	26	卩	rechts		JIÉ	Siegel	卫 印
33	170	阝	links	阜	FÙ	Hügel, Damm	队 阶
34	163	阝	rechts	邑	YÌ	Dorf, Stadt	那 邻
35	29	又	n.e.d.*		YÓU	wieder	叉 双
36	54	廴	links		YÍN	bewegen, marschieren	延 建
37	28	厶	oben, unten		SĪ	eigen, privat, ich	台 能
38	17	凵	umgebend		QŪ	dreiseitiger Rahmen unten	凶 画
39	21	匕	links, rechts, oben		BǏ	Löffel	北 旨
40 RADIKALE MIT STRICHZAHL 3 三画							
40	85	氵	links	水	SHUǏ	Wasser [→ Radikal 125]	汁 汉
41	61	忄	links	心	XĪN	Herz [→ Radikal 81]	忆 忸
42	90	爿 (丬)	links		QIÁNG/ PIAN	gespaltenes Holz	爿 壮
43	—	亡	links, oben		—	—	亡 忘
44	53	广	zweiseitig		GUǍNG	Schrägdach	庄 庇
45	40	宀	oben		MIÁN	Dach	宁 安
46	169	门	umgebend	門	MÉN	Tor	闪 问
47	162	辶	links	辵	CHUÒ	laufen, stampfen	过 这
48	48	工	links, oben		GŌNG	Arbeit(er), Industrie	巧 贡
49	32	土 (士)	links, oben, unten		TǓ	Erde	坐 场
50	140	艹	oben	艸	CǍO	Gras, Rasen	艺 草
51	55	廾	unten		—	—	开 弊
52	37	大	oben, unten		DÀ	groß, gewaltig, sehr, Alter	太 头

*n.e.d. = nicht eindeutig definiert

Nr. NCDW	Nr. Kangxi	Radikal (+ Varianten) NCDW	Stand im Schriftzeichen	Langzeichen (+ Varianten) Kangxi	Pinyin	Bedeutung (+ Anmerkungen)	Beispiele
53	43	尢	unten		WĀNG	gebrochenes Bein, lahm	尤 无
54	41	寸	rechts, unten		CÙN	Daumen, Zoll	寿 封
55	64	扌	links	手	SHǑU	Hand [→ Radikal 111]	扎 打
56	56	弋	oben, zweiseitig		YÌ	Wurfpfeil	式 鸢
57	50	巾	links, unten		JĪN	Tuch	币 帜
58	30	口	links, oben, unten		KǑU	Mund	可 吾
59	31	囗	umgebend		WÉI	Rahmen	四 园
60	46	山	links, oben, unten		SHĀN	Berg, Gebirge	岁 岛
61	45	屮	oben		CHÈ	Spross, Keim	出 蚩
62	60	彳	links		CHÌ	Schritt, gehen	征 很
63	59	彡	links, rechts		SHĀN	Bart	形 彩
64	36	夕	links, oben, unten		XĪ	Abend, Dämmerung	外 多
65	34	夂 (夊)	oben, unten, zweiseitig		SUĪ	schlendern	处 冬
66	—	丸	rechts		WÁN	Kügelchen, Pille	丸 孰
67	44	尸	zweiseitig		SHĪ	Leichnam, Körper	尹 层
68	184	饣	links	食	SHÍ	Nahrung	饭 饮
69	94	犭	links	犬	QUǍN	wildes Tier [→ Radikal 96]	狼 狗
70	58	彐 (彑)	rechts, oben		JÌ	Schweinerüssel	归 录
71	57	弓	links		GŌNG	Bogen	引 张
72	49	己 (巳 已)	oben		JǏ	selbst, schon	已 导
73	38	女	links, unten		NǙ	Frau	好 婴
74	39	子 (子)	links, unten		ZǏ	Kind	孔 学
75	187	马	links, unten	馬	MǍ	Pferd	驮 驾
76	52	幺	links		YĀO	jung, klein	幻 幼
77	120	纟 (糸)	links, unten		MÌ	Seide	红 紫
78	47	巛	oben	(巜 川)	CHUĀN	Fluss, Strom	甾 邕
79	42	小 (⺌)	oben, unten		XIǍO	klein	尔 尚
46 Radikale mit Strichzahl 4		**四画**					
80	85	灬	unten	火	HUǑ	Feuer [→ Radikal 83]	然 照
81	61	心	unten		XĪN	Herz [→ Radikal 41]	必 忠
82	68	斗	rechts		D U	Scheffel	斗 科
83	86	火	links, unten		HU	Feuer [→ Radikal 80]	灭 灵
84	67	文	links, oben		WÉN	Sprache, Schrift(-zeichen)	文 齐
85	70	方	links, unten		FĀNG	Himmelsrichtung, Viereck	旅 放
86	63	户	zweiseitig	戸 戶	HÙ	Haus, Familie	启 房
87	113	礻	links	示	SHÌ	Ritual [→ Radikal 132]	礼 社
88	96	王	links	玉 (王)	WÁNG	König	玎 环
89	—	龶	oben		—	—	表 毒
90	—	天 (夭)	oben		TIĀN	Tag	吞 蚕
91	178	韦	links, rechts	韋	WÉI	Leder	韧 韪
92	125	耂	oben	老	LǍO	alt	老 考
93	—	廿 (卄)	oben		NIÀN	zwanzig	共 黄
94	75	木	links		MÚ	Holz	材 森
95	—	不	oben		BÙ	nein, nicht, kein	否 歪
96	94	犬	rechts, unten		QUǍN	Hund [→ Radikal 69]	哭 献
97	78	歹	links	(歺)	DǍI	schlecht	死 殊
98	98	瓦	rechts, unten		WǍ	Dachziegel	瓶 瓷
99	92	牙	links		YÁ	Eckzahn	鸦 雅
100	159	车	links, oben	車	CHĒ	Wagen	轨 辅
101	62	戈	links, rechts, unten		GĒ	Speer	战 戛
102	77	止	links, oben		ZHǏ	stehenbleiben	此 步
103	72	日	links, rechts, oben, unten		RÌ	Sonne	旦 旧
104	73	曰	n.e.d.*		YUĒ	sprechen	曲 电
105	—	中	oben		ZHŌNG	Mitte, zentral	忠 贵
106	154	贝	links, unten	貝	BÈI	(Muschel-) Geld	财 贬
107	147	见	rechts, unten	見	JIÀN	sehen	规 觉
108	88	父	oben		FÙ	Vater	爷 爸
109	84	气	zweiseitig		QÌ	Dampf, Atem, Luft, Gas	氛 氧
110	93	牜 (牛)	links		NIÚ	Rind	牧 物
111	64	手	links, rechts, unten		SH U	Hand [→ Radikal 55]	拜 拿
112	82	毛	unten		MÁO	Feder, Borste, Fell	毳 耄

Nr. NCDW	Nr. Kangxi	Radikal (+ Varianten) NCDW	Stand im Schriftzeichen	Langzeichen (+ Varianten) Kangxi	Pinyin	Bedeutung (+ Anmerkungen)	Beispiele
113	66	攵	rechts	攴	PŪ	schlagen, Peitsche	收 散
114	91	片	links		PIÀN	Scheibe, Platte, Brett	版 牌
115	69	斤	links, rechts		JĪN	Axt	所 断
116	87	爪 (爫)	links, oben		ZHǍO	Kralle, Klaue, greifen	爬 爱
117	—	尺	links, oben		CHǏ	— (Lineal, Maßeinheit)	尽 咫
118		月	links, rechts, unten		YUÈ	Mond, Fleisch	育 服
119	79	殳	rechts	殳	SHŪ	Hellebarde, Lanze	段 毁
120	76	欠	rechts		QIÀN	gähnen	欧 歌
121	182	风	links, rechts	風	FĒNG	Wind	飓 飘
122	83	氏	oben		SHÌ	Familie, Sippe	民 昏
123	81	比	oben		BǏ	vergleichen	毕 毖
124	129	⺻	oben	聿	YÙ	Schreibpinsel	隶 肃
125	85	水	oben	水	SHUǏ	Wasser, Gewässer	沓 浆
31 Radikale mit Strichzahl 5 五画							
126	117	立	links, oben, unten		LÌ	(auf-)stehen	产 站
127	104	疒	zweiseitig		CHUÁNG	Krankheit	疗 病
128	116	穴	oben		XUÈ	Höhle	空 突
129	145	衤	links	衣	YĪ	Kleidung [→ Radikal 161]	补 袍
130	—	𡗗	oben		—	—	奉 春
131	96	玉	unten		YÙ	Jade (König) [→ Radikal 88]	璧 璺
132	113	示	unten		SHÌ	Vorfahre [→ Radikal 87]	祟 禁
133	—	去	links		QÙ	(fort-)gehen	丢 却
134	—	艹	oben		—	–	荣 劳
135	99	甘	oben, rechts		GĀN	süß, aus sich selbst	甘 某
136	112	石	links, unten		SHÌ	Stein	砦 磁
137	212	龙	oben, unten	龍 (竜)	LÓNG	Drache	垄 龛
138	—	戊	umgebend		—	—	成 咸
139	—	⺍	oben		—	—	常 尝
140	—	业	oben		YÈ	Ausbildung, Industrie	凿 黹
141	109	目	links, unten		MÙ	Auge	看 眨
142	102	田	links, oben, unten		TIÁN	Reisfeld	男 留
143	102	由	links		YÓU	Grund	邮 胄
144	102	申	links		SHĒN	erzählen	申 畅
145	122	罒	oben	网 (罒 罓 ⺲)	WǍNG	Netz	罚 罢
146	108	皿	unten		MǏN	Schüssel	监 盟
147	167	钅	links	金	JĪN	Gold [→ Radikal 209]	银 铜
148	111	矢	links		SHǏ	Pfeil	知 矩
149	115	禾	links, oben		HÉ	Getreide	和 秀
150	106	白	links, oben, unten		BÀI	weiß	百 皂
151	97	瓜	rechts		GUĀ	Melone, Kürbis, Gurke	瓠 瓢
152	196	鸟	rechts, unten	鳥	NIǍO	Vogel	鸠 鸡
153	107	皮	links, rechts		PÍ	Leder, Haut, Schale, Pelz	皱 皲
154	105	癶	oben		BŌ	zwei Hände, oberhalb	癸 登
155	110	矛	links, oben		MÁO	Hellebarde, Speer, Lanze	柔 矜
156	103	⺪	oben, unten		PǏ	Rolle, Stoff(-ballen)	蛋 楚
28 Radikale mit Strichzahl 6 六画							
157	123	羊 (⺶ ⺷)	links, oben		YÁNG	Schaf	差 美
158	–	龹	oben		—	—	卷 拳
159	119	米	links, oben, unten		MǏ	Reis	类 粒
160	210	齐	links, oben	齊 (斉)	QÍ	gleichmäßig	剂 齑
161	145	衣	unten		YĪ	Kleidung [→ Radikal 129]	袋 装
162	—	亦	oben		YÌ	auch, außerdem, Gegenteil	变 弯
163	128	耳	links, oben, unten		ĚR	Ohr	取 聚
164	131	臣	links		CHÉN	Diener	臣 卧
165	—	戋	zweiseitig		—	—	栽 载
166	146	覀 (西)	oben		YÀ / XĪ	Westen, bedecken	要 票
167	—	朿	oben		—	—	枣 棘
168	—	亚	oben		YÀ	Asien	严 恶
169	126	而	links, oben		ÉR	und	耐 耍

Nr. NCDW	Nr. Kangxi	Radikal (+ Varianten) NCDW	Stand im Schriftzeichen	Langzeichen (+ Varianten) Kangxi	Pinyin	Bedeutung (+ Anmerkungen)	Beispiele
170	181	页	rechts	頁	YÈ	Kopf	顶 颐
171	133	至	links		ZHÌ	ankommen	到 致
172	—	光	links		GUĀNG	Licht, Ehre, nur	辉 耀
173	141	虍	zweiseitig		HŬ	Tiger	虑 虚
174	142	虫	links, unten		CHÓNG	Wurm	虾 蛰
175	121	缶	links, unten		FŎU	Urne, Krug	缺 罂
176	127	耒	links		LĚI	Egge	耗 耜
177	135	舌	links		SHÉ	Zunge	刮 甜
178	118	竹 (⺮)	oben		ZHÚ	Bambus	竺 笔
179	134	臼	oben		JIÙ	Mörser	臾 舅
180	132	自	oben		ZÌ	selbst	息 臭
181	143	血	links		XUÈ	Blut	衄 衅
182	137	舟	links		ZHŌU	Boot	航 船
183	124	羽	rechts, oben, unten		YŬ	Flügel	翌 翻
184	138	艮	links, oben		GĒN	Grenze	即 恳
15 Radikale mit Strichzahl 7 七画							
185	149	言	unten		YÁN	sprechen [→ Radikal 10]	言 警
186	160	辛	links, rechts, unten		XĪN	bitter	辜 辩
187	161	辰	oben		CHÉN	Morgen	辱 唇
188	199	麦	links	麥	MÀI	Weizen, Getreide	麸 麺
189	156	走	zweiseitig	(赱)	ZŎU	gehen, laufen	赶 起
190	155	赤	links		CHÌ	rot	赧 赫
191	151	豆	links		DÒU	Bohne	豇 豉
192	—	束	links		SHÙ	beenden	柬 整
193	164	酉	links		YŎU	Alkohol	配 酪
194	152	豕	links		SHǏ	Schwein	豖 豨
195	166	里	links		LǏ	Meile, Dorf (chines.: innen)	里 野
196	157	足 (⻊)	links		ZÚ	Fuß	路 跜
197	165	釆	links, oben		BIÀN	unterscheiden, auswählen	采 释
198	153	豸	links		ZHÌ	Katze	豹 貌
199	150	谷	links, rechts		GŬ	Tal	欲 豁
11 Radikale mit Strichzahl 8 八画							
200	158	身	links		SHĒN	Körper	躲 躺
201	148	角	links		JIĂO / JUÉ	Horn	解 触
202	174	青	links	靑 (青)	QĪNG	blaugrün	靛 静

Nr. NCDW	Nr. Kangxi	Radikal (+ Varianten) NCDW	Stand im Schriftzeichen	Langzeichen (+ Varianten) Kangxi	Pinyin	Bedeutung (+ Anmerkungen)	Beispiele
203	—	𠦝	links		—	—	朝 乾
204	173	雨	oben		YŬ	Regen	雪 零
205	175	非	oben, unten		FĒI	Fehler, Unrecht	匪 靠
206	211	齿	links	齒 (歯)	CHǏ	Zahn	龇 龄
207	205	黾	unten	黽	MǏN	Frosch, Amphibium	鼋 鼍
208	172	隹	rechts, oben		ZHUĪ	kleiner Vogel	集 雄
209	167	金	unten		JĪN	Gold [→ Radikal 147]	鉴 鏊
210	195	鱼	links, unten	魚	YÚ	Fisch	鲜 鲆
16 Radikale mit Strichzahl 9 九画							
211	180	音	links, oben		YĪN	Ton, Musik	意 竟
212	177	革	links		GÉ	Leder	鞋 靳
213	—	是	zweiseitig		SHÌ	sein	题 匙
214	188	骨	links		GŬ	Knochen	骸 骷
215	186	香	links		XIĀNG	Duft	馥 馨
216	194	鬼	rechts, zweiseitig		GU	Dämon	魂 魁
217	184	食	rechts, unten		SHÍ	Nahrung	飧 餐
218	189	高	links, oben		GĀO	hoch	敲 膏
219	193	鬲	unten		LÌ	Kessel	鬹 鬻
220	190	髟	oben		BIĀO	Haar, zottig	髦 髡
221	200	麻	zweiseitig		MÁ	Hanf	麾 摩
222	198	鹿	links, zweiseitig		LÙ	Hirsch, Reh, Rotwild	麂 麟
223	203	黑	links, oben, unten		HĒI	schwarz	黟 默
224	207	鼓	oben		GŬ	Trommel	鼙 鼕
225	208	鼠	links		SHŬ	Maus	鼥 鼧
226	209	鼻	links		BÍ	Nase	鼾 齉
7 weitere Radikale mit Strichzahl 1 bis 9 余类							
227	—	Übrige	Diese Schriftzeichen können keiner Klassengruppe zugeordnet werden:				
			〇		LÍNG	Null	
			乡		XIĀNG	Land, Heimat, Gemeinde	
			甲		JIǍ	Schutzschild	
			民		MÍN	Bevölkerung	
			凸		TŪ	konvex	
			卵		LUǍN	Ei, Ovulum	
			叛		PÀN	rebellieren	

Die folgende Tabelle zeigt die 214 Klassenzeichen entsprechend dem Auffindsystem des traditionellen »Kangxi-Wörterbuches«. Bis zu 17 Striche weisen die Klassenzeichen auf, wovon schon allein die letzten beiden – Schildkröte und Flöte – der Reform zum Opfer fielen. Im Gegensatz dazu sind in der Liste der reformierten Radikale nur noch maximal 10 Striche zu zählen. In der zweiten Spalte ist der Kangxi-Nummerierung die gemäß dem »Neuen Chinesisch-Deutschen Wörterbuch« Xīn Hàndé Cídiǎn 新汉德词典 erneuerte Liste gegenübergestellt. Die Ausslassungsstriche machen hier deutlich, welche Kangxi-Radikale verschwunden sind.

Nr. Kangxi	Nr. NCDW	Radikal (+ Varianten) Kangxi	Bedeutung	Anmerkungen
6 Radikale mit Strichzahl 1 一画				
1	2	一	eins, sobald	
2	3	丨	Stock	
3	1	丶	Punkt	
4	4	丿	Teil	
5	7	乙(⺄ 乚)	Sichel, das Zweite	
6	—	亅	Vertikalstrich mit Haken	
23 Radikale mit Strichzahl 2 二画				
7	11	二	zwei	
8	9	亠	Deckel (Kopf)	
9	21, 23	人(亻)	Mensch, Charakter Persönlichkeit,	
10	29	儿	Beine, Kind, Sohn	
11	—	入	eintreten	im NCDW → 9. Radikal 人
12	24	八	acht	
13	19	冂	umfassen, Wildnis, offenes Land	
14	18	冖	bedecken	
15	8	冫	Eis	
16	30	几	Tischchen	
17	38	凵	Behälter, geöffneter Mund	
18	17, 27	刀(⺈ 刂)	Messer, Schwert, Hiebwaffe	
19	28	力	Kraft, Stärke, Fähigkeit	
20	26	勹	einwickeln, umarmen	
21	39	匕	Löffel	
22	15	匚	Kasten, eckige Schachtel	
23	—	匸	verstecken, runde Schachtel	im NCDW → 22. Radikal 匚
24	12	十	zehn, völlig, vollständig	
25	16	卜	Orakel	
26	32	卩	Siegel	
27	13	厂	Abhang	
28	37	厶	privat, selbst	
29	35	又	wieder, noch, Hand	
31 Radikale mit Strichzahl 3 三画				
30	58	口	Mund, Eingang	
31	59	囗	Begrenzung, Umzäunung	
32	49	土	Erde	
33	—	士	Gelehrter, Intellektueller, Krieger	im NCDW → 49. Radikal 土
34	65	夂	schlendern	
35	—	夊	sich hinschleppen, langsam gehen	im NCDW → 34. Radikal 夂
36	36	夕	Abend, Sonnenuntergang	
37	37	大	sehr, groß, riesig, gewaltig, Alter	
38	38	女	Frau, weiblich	
39	39	子	Kind, Meister, Samen	
40	40	宀	Dach	
41	54	寸	Daumen, Zoll	
42	79	小	klein, unbedeutend, jung	
43	53	尢(⺐)	lahm, gebrochenes Bein	
44	67	尸	Leichnam, Leiche	
45	61	屮	Spross, Keim	
46	60	山	Berg, Gebirge	
47	78	巛(巜 川)	Strom, Fluss	
48	48	工	Arbeit	
49	72	己(已 巳)	selbst, persönlich, eigen	
50	57	巾	Tuch, Schal	
51	—	干	Schild (Waffe)	nicht zu verwechseln mit dem heutigen Kurzzeichen 干 (trocken, arbeiten), im NCDW → 11. Radikal 二
52	76	幺	jung, gering, klein	
53	44	广	Schrägdach	
54	36	廴	bewegen, marschieren	

Nr. Kangxi	Nr. NCDW	Radikal (+ Varianten) Kangxi	Bedeutung	Anmerkungen
55	51	廾	gefaltete Hände, gemeinsam	im Kangxi-Wörterbuch war 廿 (zwanzig) unter diesem Radikal zu finden und ist heute im NCDW → 93. Radikal
56	56	弋	Wurfspieß, Haken	
57	71	弓	Bogen	
58	70	彐 (彑)	Schweinerüssel	
59	63	彡	Bart, Haare	
60	62	彳	Schritt, gehen	
34 Radikale mit Strichzahl 4 四画				
61	41, 81	心 (忄)	Herz, Gefühl	im Kangxi sind alle Zeichenverbindungen mit der Variante 忄 (drei Striche) unter dem Radikal 心 (vier Striche) zu finden / im NCDW sind die Varianten jeweils zwei eigenständige Radikale
62	101	戈	Speer	
63	86	戶	Waffe, Haus, Familie	
64	55, 111	手 (扌)	Hand, halten	
65	—	支	Zweig, Abzweigung	im NCDW → 12. Radikal 十
66	113	攴 (攵)	schlagen, Peitsche	
67	84	文	Kultur, Sprache, Schrift(-zeichen)	
68	82	斗	Scheffel, Hohlmaß	
69	115	斤	Axt, Pfund	
70	85	方	Richtung, Viereck	
71	—	无 (旡)	nicht, keiner, ohne	im NCDW → 2. Radikal 一
72	103	日	Sonne, Tag	
73	104	曰	sagen, sprechen	
74	118	月	Mond, Monat	
75	94	木	Baum, Holz	
76	120	欠	mangeln, gähnen	
77	102	止	anhalten, stoppen	
78	97	歹 (歺)	zersetzen, schlecht	
79	119	殳	Hellebarde, Lanze	
80	—	毋 (母)	nicht, Mutter	毋 im NCDW → 2. Radikal 一
81	123	比	vergleichen, sich messen	
82	112	毛	Haar, Borste	
83	122	氏	Familie, Sippe	
84	109	气	Atem, Luft, Gas, Dampf	

Nr. Kangxi	Nr. NCDW	Radikal (+ Varianten) Kangxi	Bedeutung	Anmerkungen
85	40, 125	水 (氵)	Wasser, Gewässer	im Kangxi sind alle Zeichenverbindungen mit der Variante 氵 (drei Striche) unter dem Radikal 水 (vier Striche) zu finden / im NCDW sind die Varianten jeweils zwei eigenständige Radikale
86	83	火 (灬)	Feuer	
87	116	爪 (爫)	Klaue, Kralle	
88	108	父	Vater	
89	—	爻	mischen, durchkreuzen, knüpfen	im NCDW nicht gelistet
90	42	爿 (丬)	gespaltenes Holz	
91	114	片	gespaltenes Holz, Scheibe	
92	99	牙	Eckzahn	
93	110	牛 (牜)	Rind	
94	69, 96	犬 (犭)	Hund	
23 Radikale mit Strichzahl 5 五画				
95	—	玄	dunkel	im NCDW → 9. Radikal 亠
96	131	玉 (王 王)	Jade (König)	
97	151	瓜	Melone, Kürbis, Gurke	
98	98	瓦	Ziegel	
99	135	甘	süß, wohlschmeckend	
100	—	生	geboren werden, leben, erzeugen	im NCDW → 4. Radikal 丿
101	—	用 (甩)	(ge-)brauchen, benutzen	im NCDW → 4. Radikal 丿
102	144	田	Reisfeld	
103	156	疋 (⺪)	Rolle, Stoffballen	
104	127	疒	Krankheit	
105	154	癶	zwei Hände oberhalb	
106	150	白	weiß	
107	153	皮	Haut, Schale, Pelz	
108	146	皿	Schüssel, Teller	
109	141	目	Auge	
110	31, 155	矛	Hellebarde, Speer, Lanze	
111	148	矢	Pfeil	
112	136	石	Stein	
113	87, 132	示 (礻)	zeigen, Vorfahren, verehren	
114	—	禸	Fußstapfen, Spur	im NCDW nicht gelistet
115	149	禾	Getreide	

Nr. Kangxi	Nr. NCDW	Radikal (+ Varianten) Kangxi	Bedeutung	Anmerkungen
116	128	穴	Höhle	
117	126	立	stehen, aufrichten	
29 Radikale mit Strichzahl 6 六画				
118	178	竹 (⺮)	Bambus	
119	159	米	Reis	
120	77	糸 (糹)	Seide	
121	175	缶	Krug, Amphore	
122	145	网 (罒 罓)	Netz	im NCDW mit Variante 罒 145. Radikal / 网 im NCDW → 19. Radikal 冂
123	157	羊 (⺶ ⺷)	Schaf, Ziege	
124	183	羽	Vogelfeder	
125	92	老 (耂 考)	alt	
126	169	而	und dabei, und, aber	
127	176	耒	Pflug, Egge	
128	163	耳	Ohr	
129	124	聿	Schreibpinsel	im NCDW → Kurzzeichen 肀
130	—	肉 (月)	Fleisch	nach Kangxi ist die Schreibvariante 月 in Zeichenverbindungen identisch mit 74. Radikal 月 (Mond) / im NCDW steht 118. Radikal 月 gleichermaßen für Mond und Fleisch
131	164	臣	Diener, Minister, Beamter	
132	180	自	selbst	
133	171	至	ankommen, erreichen	
134	179	臼	Mörser	
135	177	舌	Zunge	
136	—	舛	gegensätzlich, irren, nebeneinanderliegen	im NCDW → 64. Radikal 夕
137	182	舟	Schiff, Boot, Kahn	
138	184	艮	Grenze	
139	—	色	Farbe, weibliche Schönheit	im NCDW → 27. Radikal 刀
140	50	艸 (艹)	Gras	im NCDW → Kurzzeichen 艹
141	173	虍	Tiger	
142	174	虫	Wurm, Insekt	
143	181	血	Blut	
144	—	行	gehen, machen, tun	im NCDW → 62. Radikal 彳
145	161	衣 (衤)	Kleidung	
146	166	西 (覀)	bedecken, Westen	

Nr. Kangxi	Nr. NCDW	Radikal (+ Varianten) Kangxi	Bedeutung	Anmerkungen
20 Radikale mit Strichzahl 7 七画				
147	107	見	sehen	im NCDW → Kurzzeichen 见
148	201	角	Horn, Ecke	
149	10, 185	言 (訁)	sprechen, Wort	im NCDW → Kurzzeichen 讠
150	199	谷	Tal, Schlucht, Getreide	
151	191	豆	Bohne	
152	194	豕	Schwein	
153	198	豸	Reptil, Katze, kleines haariges Tier	
154	106	貝	(Muschel-)Geld	im NCDW → Kurzzeichen 贝
155	190	赤	zinnoberrot, nackt	
156	189	走 (赱)	laufen, fortgehen	
157	196	足 (⻊)	Fuß	
158	200	身	Körper, Rumpf	
159	100	車	Wagen, Rad, Fahrzeug	im NCDW → Kurzzeichen 车
160	186	辛	bitter, scharf, beißend, mühsam	
161	187	辰	Morgen, vormittags	
162	47	辵 (辶)	vorwärts gehen	
163	34	邑 (阝)	Gemeinde, Dorf	die Schreibvariante des Radikals ist leicht zu verwechseln mit 170. Radikal, steht aber immer rechts / im NCDW 邑 unter 12. Radikal 口
164	193	酉	Weinkrug, Alkohol	
165	197	釆	(unter-)scheiden, auswählen	
166	195	里	Meile, Dorf, Maßeinheit 0,5 km	
9 Radikale mit Strichzahl 8 八画				
167	147, 209	金 (釒)	Metall, Gold	im NCDW → 147. Radikal (Variante) 钅
168	—	長 (镸)	lang, älter, wachsen	im NCDW → Kurzzeichen 长 unter 4. Radikal 丿
169	46	門	Tor, Tür	im NCDW → Kurzzeichen 门
170	33	阜 (阝)	Hügel, Damm	die Schreibvariante des Radikals ist leicht zu verwechseln mit 163. Radikal, steht aber immer links. / im NCDW 阜 → 12. Radikal 十
171	—	隶	fangen, untergeordnet sein	im NCDW → 124. Radikal 肀
172	208	隹	kleiner Vogel	
173	204	雨	Regen	

Nr. Kangxi	Nr. NCDW	Radikal (+ Varianten) Kangxi	Bedeutung	Anmerkungen
174	202	靑 (青)	blaugrün, jung	im NCDW nur unter 青
175	205	非	falsch, nicht, Fehler	
11 Radikale mit Strichzahl 9 九画				
176	—	面	Gesicht	im NCDW → 2. Radikal 一
177	212	革	ungegerbtes Leder, Haut, ändern	
178	91	韋	gegerbtes Leder	im NCDW → Kurzzeichen 韦
179	—	韭	Lauch	im NCDW → 205. Radikal 非
180	211	音	Laut, Ton	
181	170	頁	Kopf	im NCDW → Kurzzeichen 页
182	121	風	Wind	im NCDW → Kurzzeichen 风
183	—	飛	fliegen	im NCDW als Kurzzeichen 飞 → 7. Radikal ⺄
184	68, 217	食 (飠)	Essen, Futter	im NCDW → Kurzzeichen 饣
185	—	首	Kopf, Haupt	im NCDW → 24. Radikal 八
186	215	香	Duft	
8 Radikale mit Strichzahl 10 十画				
187	75	馬	Pferd	im NCDW → Kurzzeichen 马
188	214	骨	Knochen	
189	218	高 (髙)	hoch	
190	220	髟	lange Haare	
191	—	鬥	kämpfen	alle Zeichen unter diesem Radikal wurden verkürzt, im NCDW → 82. Radikal 斗
192	—	鬯	duftende Kräuter, Opfer	
193	219	鬲	Dreifuß	
194	216	鬼	Gespenst, Dämon	
6 Radikale mit Strichzahl 11 十一画				
195	210	魚	Fisch	im NCDW → Kurzzeichen 鱼
196	152	鳥	Vogel	im NCDW → Kurzzeichen 鸟
197	—	鹵	Salz, Lauge	im NCDW als Kurzzeichen 卤 → 16. Radikal 卜
198	222	鹿	Hirsch, Reh	
199	188	麥 (麦)	Weizen, Gerste	
200	221	麻	Hanf, Flachs, Jute	
4 Radikale mit Strichzahl 12 十二画				
201	—	黃 (黄)	gelb	im NCDW → 93. Radikal 廾
202	—	黍	Hirse	im NCDW → 149. Radikal 禾
203	223	黑 (黒)	schwarz	
204	—	黹	sticken, Näharbeit	im NCDW → 140. Radikal 业

Nr. Kangxi	Nr. NCDW	Radikal (+ Varianten) Kangxi	Bedeutung	Anmerkungen
4 Radikale mit Strichzahl 13 十三画				
205	—	黽	Frosch, Amphibie	im NCDW als Kurzzeichen 黾 → 58. Radikal 口
206	—	鼎	dreibeiniger Kessel, Dreifuß	im NCDW → 141. Radikal 目
207	224	鼓	Trommel	
208	225	鼠	Ratte, Maus	
2 Radikale mit Strichzahl 14 十四画				
209	226	鼻	Nase	
210	160	齊	gleich, ordnen, gleichmäßig	im NCDW → Kurzzeichen 齐
1 Radikal mit Strichzahl 15 十五画				
211	206	齒 (歯)	Zahn	im NCDW → Kurzzeichen 齿
2 Radikale mit Strichzahl 16 十六画				3
212	137	龍	Drache	im NCDW → Kurzzeichen 龙
213	—	龜	Schildkröte	im NCDW als Kurzzeichen 龟 → 27. Radikal 刀
1 Radikal mit Strichzahl 17 十七画				
214	—	龠	Flöte	im NCDW → 23. Radikal 人

易于理解，难于掌握。

»Leicht zu verstehen, nicht leicht zu beherrschen.« *[Baus]*
Schritt für Schritt im chinesischen Wörterbuch.

In dem riesigen Angebot an chinesischen Wörterbüchern findet man bisher noch in fast jedem eine Variation der reformierten Standardliste der Klassenzeichen. Bisher gibt es noch keine verbindlichen Vorschriften für das Drucken von Nachschlagewerken. Eifrige Verleger in China erfinden unentwegt »Vereinfachungen«, um dem Benutzer das schnelle Auffinden eines Zeichens zu erleichtern – mit dem Resultat, dass fortlaufende Nummerierungen und Anzahl der Radikale uneinheitlich sind und jedes Mal ältere Systeme durcheinander bringen. ■ Zum Trost sei hier betont, dass die *Suchmethode nach dem Klassenzeichen* Bùshǒu Cházìfa 部首查字法 einem einfachen Prinzip folgt, das für jedes lexikalische Werk in chinesischer Sprache Gültigkeit bewahrt. ■ Um das Auffinden eines in Bedeutung und Aussprache unbekannten Zeichens an zwei Beispielen zu demonstrieren, beziehen wir uns auf das *»Neue Chinesisch-Deutsche Wörterbuch«* Xīn Hàndé Cídiǎn 新汉德词典. Wie der Titel schon deutlich macht, bietet es nur einspurig Übersetzungen chinesischer Schriftzeichen in die deutsche Sprache. □

	***Beispiel 1: Suche nach dem Schriftzeichen* 飘**	***Bemerkungen und Empfehlungen***
	Ein Wort zuvor: Aus didaktischen Gründen wird ein kleiner Umweg in Kauf genommen, bis das unbekannte Zeichen seine Bedeutung und Aussprache preisgibt. Um einen nachhaltigen Nutzen aus der folgenden Übung zu ziehen, halten wir es mit der chinesischen Weisheit : »Der Weg ist das Ziel« Lùjìng jiùshì mùbiāo 路径就是目标 / 路徑就是目標.	
	Erkennen des Radikals	
1	*Vielleicht sehen Sie schon, dass sich unser Zeichen aus drei Modulen zusammensetzt:* 覀 示 风	*Weiter oben wurde bereits erwähnt, dass für den Großteil der Zeichenverbindungen ursprünglich die bedeutungstragende Komponente identisch mit dem Klassenhaupt war, was in neueren Wörterbüchern nicht mehr stringent der Fall sein muss. Daher ist es nicht immer einfach herauszufiltern, welcher Zeichenteil als Radikal geführt wird. Dieser erste Schritt jedoch ist entscheidend für das Aufspüren eines Zeichens, sodass angeraten wird, etwas Zeit und Geduld mitzubringen.*
2	*Sie zählen nun die Strichzahl eines potentiellen Klassenzeichens aus, beginnend mit der linken oberen Komponente* 覀 *und kommen auf sechs Striche.*	*Man sieht hier bereits, wie wichtig es ist, die Schreibweisen der einzelnen Zeichenstriche zu beherrschen. Als ein Strich gilt, was in einem Zug der klassischen Pinselführung geschrieben wird. Eine gewisse Grundkenntnis darüber ist Voraussetzung für das Auffinden eines Zeichens unter Tausenden. Auf den vorherigen Seiten wurde darauf detailliert eingegangen.*
3	*Jetzt brauchen wir das „Inhaltsverzeichnis der Klassenzeichen" Bùshǒu mùlù 部首目录, das in Wörterbüchern stets dem chinesisch-sprachigen Teil vorgeschaltet ist. Hier schauen Sie unter der Strichzahl sechs 六画 nach, ob unser Modul als Radikal überhaupt geführt wird, und entdecken Nr. 166:* 覀 (西) *Wir scheinen dem gesuchten Schriftzeichen näher zu kommen.*	*Für den Anfang allerdings wird empfohlen, zum Radikal-Index des vorliegenden Buches [→ 124] zurückzuschlagen. In der vierten Tabellenspalte „Stand im Schriftzeichen" finden Sie die hilfreiche Information, ob es als Radikal innerhalb unseres gesuchten Zeichens an der oberen Stelle überhaupt in Frage kommt. Auf diesen Service muss man in handelsüblichen Wörterbüchern verzichten. Scheuen Sie sich also nicht, für die ersten Erfahrungen die Tabelle im Anhang des Buches zu Hilfe zu nehmen.*
	Heraussuchen der Radikalnummer	
4	*Schlagen Sie nun im Wörterbuch der dem »Radikalverzeichnis« folgenden »Suchtabelle der chinesischen Schriftzeichen« Jiǎnzìbiǎo 检字表 / 檢字表 die Nr. 166 nach. Versuchen Sie, unser Schriftzeichen zu erkennen.*	*Nur wenige Zeichen sind unter dem Radikal* 西 *gelistet. Wenn Sie alle Zeichen in Ruhe durchschauen, stellen Sie fest, dass unser Zeichen nicht dabei ist. Der aufmerksame Benutzer aber erkennt an 5. Stelle das Zeichen* 票, *das wiederum die linke Seite unseres gesuchten Zeichens bildet. Sie blättern bis zur angegebenen Seitenzahl 619 vor und finden sogleich unter der Silbe Piào die Bedeutung für Karte, Zettel. Doch unser Schriftzeichen haben wir bisher verfehlt. (Tipp: Markieren Sie sich die Seite mit einem eingelegten Zettel o.ä., Sie werden gleich den Grund erfahren.)*
5	*Anscheinend besteht unser Schriftzeichen nicht aus drei, sondern aus zwei Komponenten, nämlich einer linken und einer rechten:* 票 风	*Es ist ratsam, sich in so einem Fall nicht auf weitere kleinteilige Module wie* 示 *zu konzentrieren. Mit der Übung lässt sich feststellen, dass Radikale meist auch optisch dominant wirken, sofern die Schriftzeichen sich nicht axial in ein linkes und rechtes bzw. oberes und unteres Modul aufteilen. Sehr komplexe Schriftzeichen sind erneute Zusammensetzungen aus bereits zusammengesetzten Zeichen.*

6 *Wir legen also den Fokus auf den rechten Zeichenteil 风, zählen wieder die Striche und kommen auf vier.*

7 *Im »Klassenzeichen-Index« Bùshǒu mùlù 部首目录 finden wir unter der Strichzahl 4 四画 das Zeichen 风: Nr. 121*

Feststellen der Aussprache des Zeichens oder Verweis auf die Seitenzahl im Wörterbuch

8 *Weiter geht es noch einmal zur »Suchtabelle der chinesischen Schriftzeichen« Jiǎnzìbiǎo 检字表/检字表. Unter der Klassenzeichen-Nr. 121 entdecken wir an vierter Stelle unser Objekt der Begierde, daneben die Seitenangabe 618.*

Auch hier sind nicht allzu viele Schriftzeichen aufgelistet. Trotzdem ist es hin und wieder ausgesprochen schwierig, die einzelnen Striche der Zeichen auszudifferenzieren, da in kleinen Schriftgraden die Striche zusammenfließen. Gerade für die ersten Blicke in ein chinesisches Wörterbuch sei die Benutzung einer Lupe oder eines Fadenzählers empfohlen. In manchen Wörterbüchern werden statt der Seitenzahl die Aussprachen der Zeichen angegeben.

9 *In diesem Teil des Wörterbuches waren wir vorhin schon einmal. (Tipp beherzigt? Ihr markierender Zettel sollte Sie jetzt schnell dort hinführen.) In der rechten Spalte, zweites Zeichen von oben sind wir am Ziel und stellen fest, dass wir es mit einem Phonogramm zu tun haben. Piāo 飘 mit dem Klassenhaupt für Wind bedeutet »hin und her wehen« oder »in der Luft flattern«, seine Aussprache liefert das homonyme Zeichen Piào 票.*

Phonogramme bilden die umfangreichste Familie innerhalb der chinesischen Schriftzeichen: Diese Zeichenverbindungen setzen sich aus einem bedeutungstragenden und einem lauttragenden Teil zusammen *[→49]**.*

Beispiel 2: Suche nach dem Schriftzeichen 苏

Bemerkungen und Empfehlungen

Nicht immer findet man die recht überschaubare Menge von nur fünf bzw. acht Schriftzeichen unter einem Radikal vor. Den Erstbenutzer von Nachschlagewerken erwartet die Überraschung, dass es unter einigen Radikalen nur eine Handvoll Schriftzeichen gibt, unter anderen wiederum Hunderte oder gar Tausende. Wo versteckt sich ein Zeichen in einer Liste, die sich über mehrere Spalten und Seiten hinzieht?

1 *Dieses Zeichen unterteilt sich recht deutlich in eine obere und eine untere Komponente. Wenn Sie sich nach der nebenstehenden Empfehlung richten, zählen Sie jetzt drei Striche: 艹*

Tipp: Trotz mehrerer möglicher Stellen eines Radikals innerhalb der Zeichen gibt es gewisse Regelmäßigkeiten. Man prüft in folgender Reihenfolge:

- *die linke vor der rechten Komponente*
- *die obere vor der unteren Komponente*
- *die äußere vor der inneren Komponente*

2 *Im Radikal-Index Bùshǒu mùlù 部首目录 finden wir unter der Strichzahl Drei 三画 das Klassenhaupt Nr. 50: 艹*

3 *Nachgeschlagen in der »Suchtabelle der chinesischen Schriftzeichen« Jiǎnzìbiǎo 检字表/检字表 unter der Zahl (50) 艹部, erwarten uns Hunderte von Zeichen über mehrere Spalten — eine Situation, vor die Sie von vielen Radikalen gestellt werden.*

4 *Im nächsten Schritt zählen Sie alle übrigen Striche des Zeichens, d.h. ohne Radikal, und kommen auf die Zahl Vier:*

办

In der Suchtabelle sind die Zeichen nach ihren restlichen Strichen abermals sortiert. Unter der Strichzahl 4 四画 finden Sie nach intensivem Schauen im letzten Drittel der Vierer-Abteilung unser Zeichen, verweisend auf die Seite 769.

5 *Gefunden! Uns wird verraten, dass das Zeichen Sū 苏 vor allem Bestandteil von Begriffen wie »Sudan«, »Soda« oder der chinesischen Stadt »Suzhou« ist.*

Hinweis: Internet-Wörterverzeichnisse bieten die übersichtliche Methode, Radikale nach Anzahl der Striche anzuwählen, danach werden die restlichen Striche des Zeichens ausgezählt. Doch Vorsicht: Diese Lexika sind teilweise unvollständig, Radikale inkorrekt zugeordnet oder Strichzahlen falsch ausgezählt.

Gerade (Serifenlose), Hei-Schriften

HYDaHeiJ
Vereinfachte Zeichen

字体设计的艺术？

36 / 39 pt

Hmbgft.!?字体是一种最基本的视觉设计元素，设计师使用它就如同建筑师们使用玻璃，石料，钢铁和无数其他材料一样。280!？…

/13 pt

gft.!?字体是一种最的视觉设计元素，设计用它就如同建筑师们玻璃，石料，钢铁和无他材料一样。280!？…

9,5 pt

Diese Schrift ist auch mit traditionellen chinesischen Schriftzeichen ältlich.

Hanyi Keyin, Peking
d
URW++, Hamburg

零
起点

一
功能和历史

二
字母和汉字

三

四
印刷术和专用知识

五
附录

第三章

字符集和字库

[→177]

A cultural communication platform for foreign residents established by Jiangsu Road Co

Better Understand China and Live a Happi

江苏社区为外籍居民搭建文化沟通

了解中国 愉快

How do the Chinese communities promote cultural activities? This is the question that Mark has always been in quest of since he was in Shanghai. Mark is an American priest, who is full of enthusiasm about community work when he is at home. Recently, he used the occasion of the "Salon of Chinese and Foreign Culture and Art", which was held by Jiangsu Road Community, as an opportunity to experience the cultural activities in Chinese communities by himself. The day, on which the ceremonial inauguration of the "Salon of Chinese and Foreign Culture and Art" was held by the third community grid of Jiangsu Road Community, was just the traditional Lantern Festival in China. The foreign residents, who are from Great Britain, France, Japan, Italy and some other countries, are filled with the same ardor about the community cultural activities in China as Mark. They celebrated the Lantern Festival with Chinese citizens together, roaming in the Yi Bao Art Gallery and immersing in the strong flavor of Chinese folk customs. The charmingly naive big head child mask, the folk game "beat the drum while spread a flower", which have already become commonplace for occasions of great festivity in China, struck the foreign friends with fresh impression and cordial hospitality. Try a bit on the steaming hot Glutinous Rice Balls. Guess lantern riddles carrying profound implications. "Chinese folk culture is worth experiencing personally" and "The community workers in Shanghai are wonderful", are the compliments among foreign friends.

The "Salon of Chinese and Foreign Culture and Art" was launched by Huashan, Caojiayan, Nanwang and Beiwang residential committees, which are attached to the third community grid of Jiangsu Road Community. The recent years has witnessed an increase of foreign residents in this community. Up to now, the four neighborhoods have about 300 foreign residents together. Based on the fact that the foreign residents living in this community have higher taste in culture and art, the four committees strive to help foreign residents to get a better understanding of China so as to live a happier life. In accordance with the guideline of grid management put forward by the Party and Labor Committee in the Sub-district, the four committees focus on the integration of cultural resources and take the "Salon of Chinese and Foreign Culture and Art" as a platform to enhance cultural communication and exchanges between Chinese and foreign residents. The "Salon of Chinese and Foreign Culture and Art" has not only touched a chord in the hearts of the community's literate celebrities, but also received support from Yi Bao Art Gallery, which is engaged in artistic communication within the community. The owner of the gallery, Ms. Zhou Zhiqin, who is a virtuoso in art collection, is passionate in participating in the construction of community culture. Yi Bao Art Gallery serves not only as a well-known cultural hangout for foreign residents in Shanghai, but also as a window for the neighboring residents to experience the Eastern and Western cultures. The first activity of this "Salon of Chinese and Foreign Culture and Art" took place in the courtyard of this gallery. Conducted in the warm and fragrant ambience, the community activities have sown the seed of cultural exchanges in both Chinese and foreign residents' hearts. The second activity of this "Salon of Chinese and Foreign Culture and Art" was proposed by Sue, who is an American teacher. On that day, more than thirty community residents learned to sing the English songs such as "Happy Birthday", "Clap your hands", "Road to Homeland", to the accompaniment of guitar played by Priest Mark. Amid the songs and bursts of laughter, the Chinese culture is being mixed together with foreign cultures and the hearts of the Chinese and foreign residents are drawing much closer to each other.

中国的社区文化活动是如何开展的？在国内就热衷于社区工作的美国神父马克，自从来到上海就一直想寻求问题的答案，最近，马克通过江苏社区的“中外文化艺术沙龙”终于得以身临其境，一探究竟。江苏社区第三网格“中外文化艺术沙龙”举行揭牌仪式的那天，正值中国传统的元宵佳节，和马克怀有同样想法的来自英、法、日、意大利等国的外籍居民，在充满艺术氛围的艺堡画廊，在浓郁的民俗风情中和中国居民共度元宵。憨态可掬的大头娃娃，击鼓传花的民间游戏，这些在中国人看来早已是司空见惯了的喜庆形式，却让来自异国他乡的友人感到新鲜、亲切，尝一尝热气腾腾的汤圆，猜一猜富含寓意的灯谜，“中国的民俗文化值得亲身体验。”“上海的社区工作者真棒！”

发起成立“中外文化艺术沙龙”的是江苏社区第三网格的华山、曹家堰、南汪和北汪居委会。这几年，入住这一区域的外籍居民逐渐增多，截至目前，四个居委共有外籍居民 300 余人，四家居委会根据所辖地区外籍居民文化层次较高的特
化管理的思路，从整合社
化艺术沙龙”为平台，通
流，让居住在这一区域的
生活。居委会要成立“中
区文化名人的响应，而
的艺堡画廊的支持，画
颇具艺术眼光的艺术品
也充满了热情，艺堡画
具有一定知名度的文化
受东西方文化的窗口，
次活动就在画廊的庭院
社区活动在中外居民心
“中外文化艺术沙龙”的
师苏主动提出的，那天，
吉他伴奏下，跟着洋老
“拍拍手”、“祖国的路”
在交融，居民的心在靠近

What are the benefits and procedures if those of overseas Chinese, Chinese overseas, Hong and Macau residents want to study in Shangha

1. For those applicants, whose parents are overseas Chinese, what are the benefits if they want to have compulsory education in Shanghai?

They are entitled to the equivalent benefits enjoyed by the children of school age of Shanghai residents.

2. If those applicants are overseas Chinese and their parents are Shanghai residents, what are the benefits if they want to have compulsory education in Shanghai?

If those applicants are overseas Chinese and their parents are Shanghai residents, the applicants the applicant and "Residence Permit" or Certificate of domicile issued by Shanghai Public Security Departments.

3) The certificate of relationship between the applicant and his/her patents.

4) Certificate of Shanghai Household Registration or the household booklet of the guardian who has the kinship with the applicant. Property ownership certificate of the guardian or any lease or rental agreement on public housing, which has the same household registration of the guardian.

If parents temporally live in by special translation company)

3) Health Certificate issued by the hospital above Grade 2 within half a year.

4. In order to study in Shanghai, identification documents to be provided for these children, whose parents are Chinese overseas or HK and Macau Residents, shall be provided as follows:

1) The valid ID certificate for both the applicant and his/her parent.

2) "Certificate for Temporary Resident in Shanghai" (Residence permit for foreigners).

华侨、华人、港澳居民子
读享受何种待遇及如何

1、华侨子女回国接受义务教育享受何种待遇？

华侨子女回国就读本市实施义务教育的学校，可享受本市户籍居民适龄子女入学同等待遇。

2、父母为本市居民，本人具有华侨华人身份的，回国接受义务教育是否也可享受上述待遇？

申请就读人本人具有华侨华人身份，父母为本市居民的，回国就读本市实施义务教育的学校，也可享受本市
部门出具的居
住房证明；在
供就业就职证
申请就读
所在地的区、
1）区、县
明。
2）申请就
明（须附由专
译件）。
3）申请就

印刷术的基本材料是字体。

Schrift als Botenstoff. Chemische Verbindungen.

DIE MÜHE AUF DER SUCHE der angemessenen Schriftform für einen bestimmten Anlass steht auf einer neuen Qualitätsstufe, denn das Schreiben ist dem Setzen »fertiger« Schriften am Computer gewichen. Dabei macht sich kaum jemand bewusst, dass es jedes Mal von Neuem einen erheblichen Aufwand bedeutet, die passende aus dem Angebot der Hundertschaften von verfügbaren Fonts herauszusuchen. Doch Schrift ist die Brücke zwischen dem *Absender* und dem Leser als *Adressaten* – da muss die Chemie stimmen, die Botschaft soll ja ankommen. ■ WAS DER LAIE SPÜRT, muss der Profi begründen. Unabhängig von Inhalt und Medium – verschiedene Botschaften erfordern eine entsprechende Wahl der Gestaltungsmittel. Gibt es eine Messskala für Typografie, die von »richtig/gut« zu »falsch/schlecht« und wieder zurück reicht? Es gibt sie, auch wenn eine typografische Lösung als Gratwanderung zwischen Kunst und Wissenschaft niemals zweimal unterstrichen werden kann, wie wir es aus der Mathematik kennen. ■ IM SINNE DES SENDER-EMPFÄNGER-PRINZIPS wird eine Botschaft weder wertfrei abgesendet noch wertfrei entgegengenommen. Die Arbeit eines Gestalters muss dieses Prinzip berücksichtigen. Sie ist also in erster Linie keine Frage des persönlichen Geschmacks, sondern die Lösung einer verantwortungsvollen Aufgabe im Kontext menschlicher Kommunikation. Der vom Kunden in die Pflicht genommene Gestalter bedient sich der Mediatoren Schrift und Typografie, um Signale seines Auftraggebers (Sender) an die Zielgruppe (Empfänger) zu senden. Ihre Substanzen bestehen nicht nur aus visuellen Reizen, sie sind ein Gemisch aus ethischen, politischen und ökonomischen sowie aus natur- und geisteswissenschaftlichen Grundelementen. ■ SEIT JOHANNES GUTENBERG (um 1400 – 1468) liefern uns 550 Jahre Geschichte des Buchdrucks Konventionen, Erfahrungen und Regeln im Umgang mit Schrift. Bleilettern sind vektorisierten Outlines gewichen, doch das Statut guten Setzens hat sich nicht geändert. Was wir heute tun, hat schon ALDUS MANUTIUS (1449 – 1515) getan. Die venezianischen Druckereien des 15. Jahrhunderts gelten grenzüberschreitend als vorbildlich bis in die heutige Zeit hinein. ■ WENN WIR VON TYPOGRAFIE sprechen, gehen wir vom Setzen lateinischer Buchstaben aus. Inzwischen ist die Welt kleiner geworden, der Mensch mobiler, Kommunikation international. Kulturen rücken sich näher, Sprachen vermischen sich, verschiedene Schriftsysteme treffen aufeinander. Gleiche Inhalte und Botschaften werden in einem Medium, aber verschiedenen Sprachen und Schriftsystemen angeboten. ■ DER GESTALTER IST MUTTERSPRACHLICH meist nur in einer Sprache zu Hause, was noch lange keine Verständnisbarriere darstellen muss, denn: »*Kulturen unterscheiden sich nicht vordergründig durch unterschiedliche Sprachen, sondern vor allem aufgrund verschiedener Konventionen.*« *[Lin-Huber]* Das bedeutet, die formale Behandlung und Wahrnehmung bestimmter Inhalte wird vom kulturellen Kontext beeinflusst. Unter dieser Prämisse gilt für einen Gestalter, der heute mit einem bi- oder multilingualen Textsatz beschäftigt ist, als oberstes Gebot, sich mit den Grundlagen der anderen und vielleicht fremden Schrift(-Sprache) auseinanderzusetzen. Eine erhebliche Erweiterung des Leserkreises führt zu Sachzwängen, die jedoch nicht zwangsläufig Verrenkungen nach sich ziehen müssen. ■ ES GIBT AKTUELLE UNTERSUCHUNGEN, ob bestimmte Schriften, die ein und dieselben Botschaften vermitteln, in verschiedensprachigen Ländern Europas unterschiedlich wahrgenommen werden. Differenzen waren kaum festzustellen *[Gutschi]*. Die europäisch-abendländische Geschichte ist auch eine gemeinsame Geschichte der Schriftentwicklung, welche ▸

KOMMUNIKATION HAT IMMER DIESELBEN ZIELE:
WISSENSAUSTAUSCH, INFORMATION, REGULIERUNG, WARNUNG, UNTERHALTUNG

Kultur
Subkultur
Informationsquelle —> Sender (Signal) —> Medium —> Empfänger —> Ziel / Subkultur

WER IST HIER DIE ZIELGRUPPE? Dem englischsprachigen wie chinesischen Leser wird einiges zugemutet. Was recherchiert, geschrieben und übersetzt wurde, muss der Gestalter verkäuflich machen. Der Zeitungsausschnitt zeigt, wie ohne Basiswissen um die andere Schriftsprache nicht nur Informationen, sondern auch Investitionen schnell verpuffen können. Diese Zeitung wurde übrigens verschenkt.

▸ die Menschen der westlichen Hemisphäre, seien es noch so verschiedene kulturelle Einzelausprägungen, verbindet. ■ DOCH WAS EMPFINDEN WIR, wenn wir ein chinesisches Buch aufschlagen? Wahrscheinlich nehmen wir die kleinen Bild-Zeichen kaum als lesbar, geschweige denn als individuelle Fonts wahr. Und doch wirken sie wie die Atome eines chemischen Elements, die mit anderen Stoffen reagieren: Manchmal duftet, stinkt, knallt es, manchmal verpufft das Gemisch – je nachdem, ob die Zeichen zu klein oder zu bombastisch scheinen, Hintergründe oder Zierelemente als angenehm oder unpassend empfunden werden. Nichts davon bietet der Computer von sich aus an, auch wenn das heute keine Frage der technischen Machbarkeit mehr ist. ■ ALLEIN DIE QUALITÄT der Be-rufsausbildung, die Erfahrung und das Berufsethos eines Gestalters bestimmen die Wahl des Ausdrucksmittels Schrift und ihre typografische Weiterverwertung. Analytische Fähigkeiten, soziale Kompetenz und künstlerisches Talent ohne Drang zur Selbstinszenierung beweisen sich im Ergebnis einer Stellung beziehenden Gestaltung, deren »Gut-Schlecht-Parameter« sich auf der Messskala einer globaleren Welt immer weiter annähern werden. □

SCHRIFT …

… meint verschiedene Formen des visuellen Niederschlags der Sprache.

SCHRIFT IST …

… ein bestimmtes System der Abbildung von Sprache (z.B. arabisches, chinesisches oder lateinisches Schriftsystem).

… die Gesamtheit der in diesem bestimmten System zusammengefassten Zeichen, mit denen Laute, Wörter und Aussagen einer Sprache codiert und zum Zweck der Mitteilung und Aufbewahrung auf einem Träger fixiert werden.

… eine dem Auge sich in einer bestimmten materiellen Ausprägung darbietenden Folge von Zeichen.

… die grafische Ausprägung des manuellen Schreibens.

… das größere Werk eines Autors oder bezeichnet längere Texte gesellschaftlicher Bereiche.

SCHRIFT IST AUCH …

… das Ergebnis eines grafischen Entwurfs; umgangssprachlich hat sich der englische Begriff TYPEFACE eingebürgert. Dazu gehören alle Schriftschnitte, die der Entwerfer mitliefert (z.B. fett/bold, kursiv/italic, schmal/condensed, Kapitälchen/small caps)

… das physische Material, das ehemals im Handsatz (Holz- oder Bleilettern im Setzkasten) oder Fotosatz (Film) verwendet wurde. Das Englische verwendete dafür den Begriff FONT (franz.: FONTE = das Gießen von Drucklettern, aus lat.: FUNDERE = gießen).

… die technische Umsetzung eines Schriftentwurfs als Computerdatei, in der die Zeichen (Glyphen) in nutzbarer Form für die digitale Weiterverwendung (Typografie) gespeichert sind. In der Fachsprache hat sich der Begriff FONT, redundanterweise auch Schriftfont, etabliert.

SCHRIFT SAGT MAN AUCH ZU DIGITALEN FONTS, …

… deren standardisierte, jedoch unterschiedlich umfangreich ausgebauten Zeichensätze über den Einsatz der möglichen Sprachen und Fachbereiche (z.B. Musik, Mathematik) entscheiden. Sie sind jeweils in einer Computerdatei abgelegt, dessen Font- bzw. Datei-Format (TrueType, PostScript, OpenType) über den Einsatz des möglichen Computer-Betriebssystems entscheidet (z.B. Apple Mac OSX oder Microsoft Windows).

… die einzelne Schriftschnitte einer Schriftfamilie beschreiben, wie verschiedene Gewichte (normal, fett), Schriftlagen (normal, kursiv) oder Breiten (normal, schmal, breit). Sie werden jeweils durch einen eigenen Font beschrieben, der in einer Schriftdatei abgelegt ist.

EIN ZEICHEN IST WORT IST BILD IST GLEICHNIS. Das chinesische Schriftzeichen für »Stille, Ruhe« JÌNG 静, eingebettet in ein Quadrat, erinnert die Bewohner und Besucher des Klosters an den Geist dieses Ortes. Begrüßte uns in einer europäischen Kirche das Wort RUHE in ähnlicher Schriftgröße, käme dies kaum der Aufforderung zur Andacht gleich, sondern einer demütigenden Maßregelung – buchstäblich ins Gesicht geschrien.

Umfang lateinischer und CJK-Fonts – David und Goliath

Übliche lateinische Fonts nehmen sich im Vergleich mit CJK-Fonts mehr als bescheiden aus. Die Schriftsippe der Corporate ASE ist derzeit dabei, mit über 45.000 Zeichen für 12 Schriftsprachen zum umfangreichsten Zeichensatz zu avancieren. Doch nur Schriftkoffer mit chinesischen Zeichen werden wohl je die Ausmaße erreichen, die hier demonstriert werden.

Corporate A von Kurt Weidemann, © URW++

Times New Roman von S. Morison und V. Lardent, © Linotype, Monotype

STHeiti, © Changzhou Sino Type

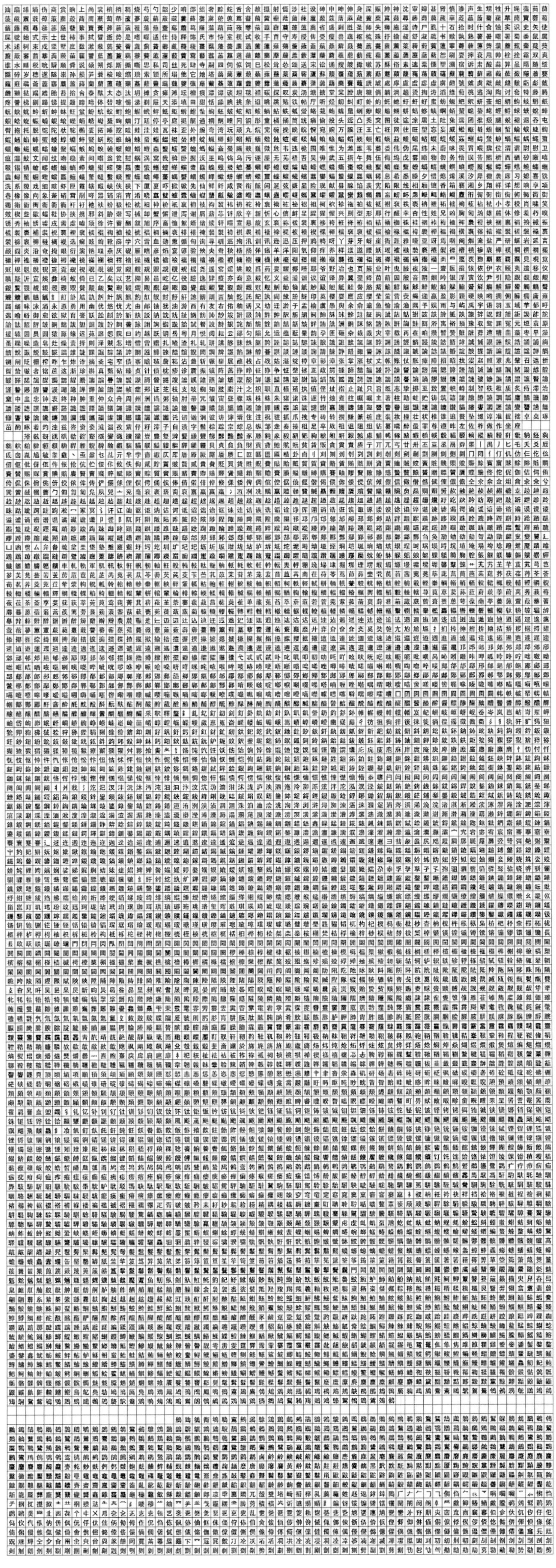

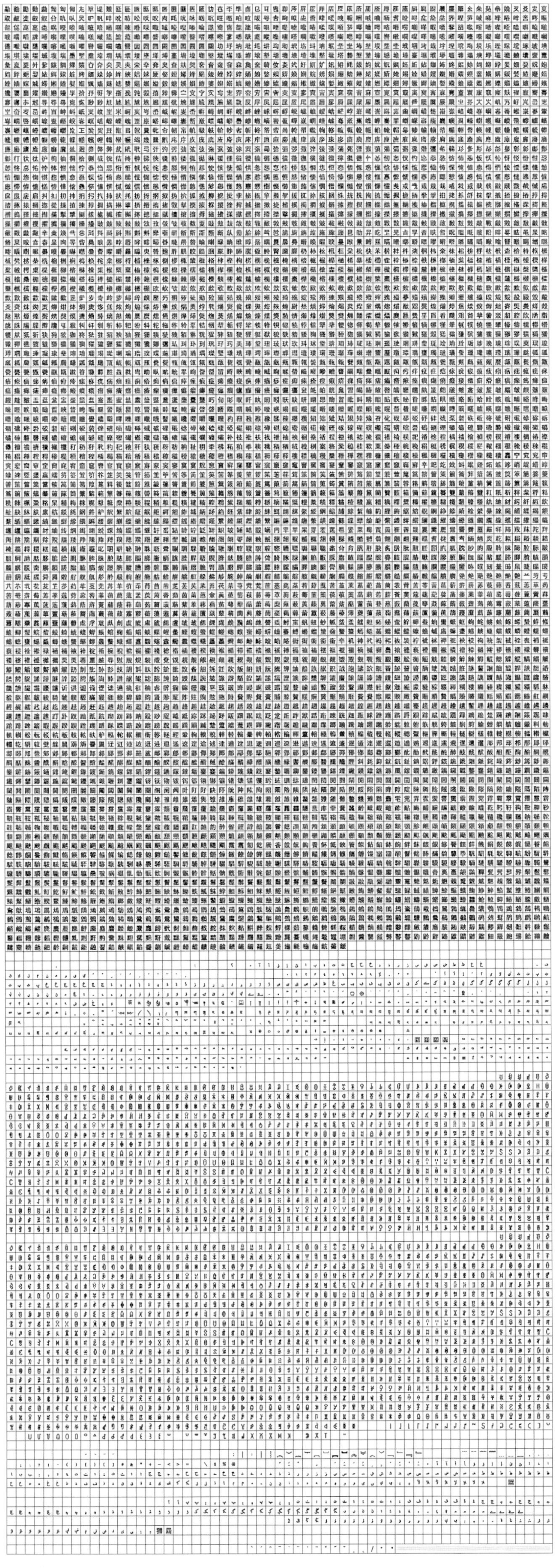

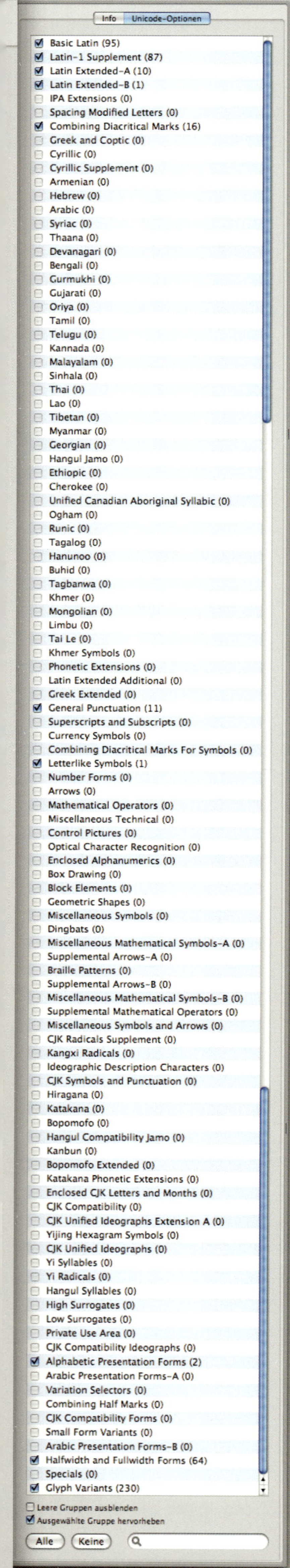

Bezeichnungen der Unicode-Zeichenblöcke in CJK-Fonts

Es ist nicht einfach, das Ordnungssystem des Unicode zu durchschauen. Mit Hilfe einer Schriftenverwaltungssoftware wie FontExplorerX, wie sie die Bad Homburger Type Foundry Linotype distribuiert, kann man sich einen Überblick über den Umfang eines Fonts und (scheinbar) zusammengehörender Zeichengruppen verschaffen. Indes herrscht in den Fonts noch ein offensichtliches Durcheinander. □ Entscheidend ist nicht ihre Masse, sondern ob Formen und Umfang chinesischer Schriftzeichen jeweils dem Bedarf einer der »drei großen« Sprachen Ostasiens genügt. □ Die linke Kolumne gibt die aktuelle Aufteilung der möglichen Unicode-Blöcke wieder.

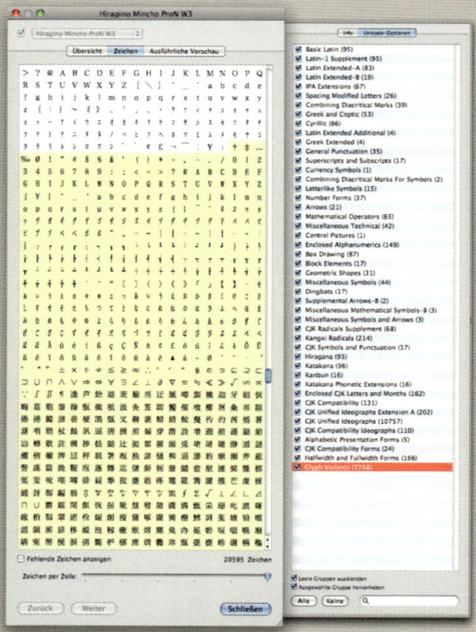

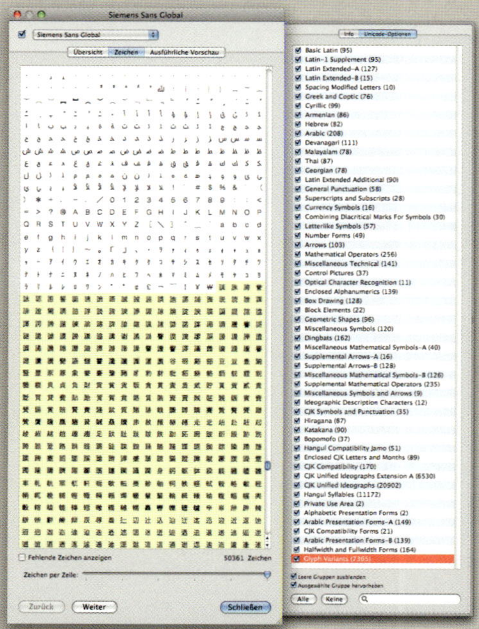

Untersätze eines Glyphensatzes in grafischen Anwenderprogrammen

In den Glyphen-Paletten der Grafik-Anwenderprogramme werden die Zeichen eines kompletten Fonts in Gruppen sortiert, was eine zielgerichtete Suche erleichtert und das direkte Einsetzen bestimmter Glyphen ermöglicht. Die Einordnung von Glyphen einer Schrift in Anwenderprogrammen unterliegt nochmals einem anderen Ordnungssystem als dem der Zeichenblöcke des Unicode. Glyphengruppen (hier Adobe InDesign) bieten den Zugriff auf bestimmte Zeichengruppen.

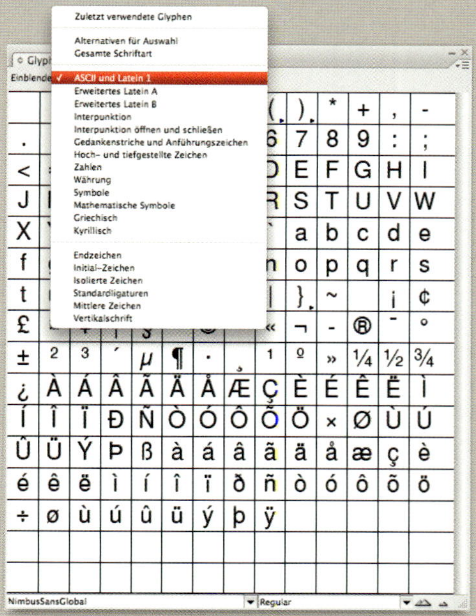

统一码和OpenType。

Unicode und OpenType. Die typografischen Global Player.

Der Unicode ist das universelle, sich mit wachsender Akzeptanz immer weiter verbreitende Kodierungssystem für Buchstaben und andere Zeichen in unserer computerisierten Welt. Das Kodierungssystem ist mit einem potentiellen Speicherplatz von 1.114.112 Zeichen mittlerweile so ausreichend dimensioniert, dass – selbst für die exotischsten Sprachen dieser Welt – auch langfristig genug Speicherplatz vorhanden ist. Vor der Erfindung von *Unicode* gab es sehr viele, häufig von Systemherstellern oder länderspezifischen Anforderungen geprägte Kodierungssysteme, die im Wesentlichen zwei Nachteile aufwiesen: ihr Platz reichte nicht aus und/oder die Plattformunabhängigkeit war nicht gewährleistet. Ein gutes Beispiel hierfür sind die vielen Nutzern noch bekannten *Codepages* aus der *PostScript*-Ära, die maximal 255 Zeichen (8-Bit) definieren konnten. Durch *Unicode* erhält jedes Zeichen einer Sprache eine eigene Nummer – unabhängig von Betriebssystem, Computer-Plattform oder Anwendungsprogramm. Derzeit sind genau 109.242 grafische Zeichen definiert *[Unicode 6.0.0, Stand: Oktober 2010]*. □

Das OpenType-Format ist mittlerweile zum modernen Standardformat auch für CJK-Fonts avanciert. Seine Vorteile, sowohl für Schriftenhersteller als auch für Endkunden, sorgen für eine kontinuierliche Verdrängung althergebrachter Font-Formate:

Plattform-Unabhängigkeit: *OpenType*-Fonts werden sowohl von modernen Microsoft-Betriebssystemen als auch von Mac OS X und allen wesentlichen Linux-Ausprägungen unterstützt.

Anwendungssicherheit: Seit der Spezifikation des *OpenType*-Formats (OT) Mitte der neunziger Jahre hat sich die Unterstützung des *Unicodes* in Applikationen kontinuierlich zu einer robusten Basis ausgeweitet. Alle bekannten Desktop-Publishing-Applikationen sowie die klassischen Office-Software-Produkte unterstützen mittlerweile das *OpenType*-Format.

Unicode-Unterstützung: Derzeit unterstützt das *OpenType*-Format als 16-Bit-System den *Unicode* mit einer maximalen Integration von 65.536 Zeichen in einem Font. Der Unicode ist – im Unterschied zum *TrueType*-Format (TT) – die einzig zuverlässige Kodierungsmethode.

Typographische Fähigkeiten: Ligaturen, Alternativ-Figuren oder andere typographische Auszeichnungen können über entsprechende *OpenType*–Funktionen integriert werden.

Sprachabhängige Funktionen: Komplexe Substitutionen von Zeichen je nach Wortstellung oder Bedeutung können programmiert werden. Gerade im japanischen oder koreanischen Schriftsystem ermöglicht diese Funktionalität eine erhebliche Reduktion »vorgeprägter« Ligaturen, bei denen sich Schriftzeichen erst aus verschiedenen »Komponenten« zusammensetzen *[→ 79, 90]*.

Digitale Signaturen: Schriftenhersteller können ihre Font-Produkte mit einer verbindlichen digitalen Signatur ausstatten, die die Authentizität und Integrität der zugehörigen Schriftdatei sichert. Jegliche Modifikation zerstört automatisch die digitale Signatur. □

特别字符集——GB 18030。

Ein besonderer Zeichensatz: GB 18030. Unsensible Kompromisse.

Der GB 18030 Zeichenkodierungsstandard ist seit dem 1. September 2001 ein verbindlicher Standard für alle in der Volksrepublik China verkauften Software-Produkte; der Nachfolger der Zeichensatzkodierungen GBK und GB 2312 [→ 146]. Als chinesisches Äquivalent zur UTF-8-Kodierung – die am weitesten verbreitete Kodierung von Unicode-Zeichen mit variabler Länge – repräsentiert er über 1,5 Millionen *Codepunkte*. Im Unterschied zu UTF-8 ist er allerdings abwärtskompatibel zu den alten chinesischen Kodierungsstandards GKB und GB 2312, die in chinesischsprachigen Ländern immer noch von herausragender Bedeutung sind. ■ Zur Verwirrung trägt bei, dass der GB 18030 zum einen häufig nur zur Beschreibung eines definierten Zeichensatzes herangezogen wird, zum anderen aber aus Kompatibilitätsgründen mit modernen Standard-Applikationen und dem OpenType-Format die Unicode-Kodierung Verwendung findet. Die Kennzeichnung »GB 18030« deutet zumindest auf einen wirklich umfangreich ausgebauten Font hin, der sowohl traditionelle als auch vereinfachte Zeichen der chinesischen Schrift enthält: Der Mindestzeichenvorrat eines »korrekt« produzierten GB 18030-Fonts deckt rund 27.500 Zeichen der chinesischen Schrift ab. Dazu kommt ein Standardvorrat lateinischer und japanischer Kana-Zeichen, was dazu führt, dass ein GB 18030-Font gewöhnlich über 29.000 Zeichen aufweist. ■ Wenn sowohl japanische, traditionelle als auch vereinfachte chinesische Zeichen enthalten sind – kann dann perfekt im asiatischen Sprachraum mit *einem* Font operiert werden?

Nun …

… auch die Schriftenwelt ist nicht perfekt!

Das Unicode-Konsortium hatte zunächst versucht, die chinesischen Schriftzeichen, die in den Ländern Japan, Korea und Vietnam verwendet werden, aus Gründen der Vereinheitlichung und Rationalisierung in einem »überschaubaren« Unicode-Block unterzubringen. ■ Am Anfang der Unicode-Ära wusste man nicht, dass CJK einmal über 70.000 Zeichen benötigen würde. Der Erfinder des Begriffs *Unicode* und Mitbegründer des Projektes Joseph D. Becker schreibt in seinem Papier *»Unicode 88«*, dass 65.xxx Zeichen sicher für alle *lebenden* Zeichensysteme ausreichen würden; Joseph D. Becker hatte immerhin zwei Jahre in Japan gelebt. Damals hatte niemand mit all den historischen Zeichen gerechnet; manche davon kommen wahrscheinlich nur einmal in einem historischen Werk vor. ■ Wissend, dass man eigentlich weit über 100.000 Kodierungspunkte benötigte, aber zum Zeitpunkt der Unicode-Version 1 nur 65.536 Kodierungspunkte für alle Schriftsysteme dieser Welt zur Verfügung standen, waren Kompromisse die zwangsläufige Konsequenz. So räumte man für die sogenannte »Han-Vereinheitlichung« *(Han-Unification)* seitens des Unicode-Konsortiums zunächst lediglich einen Code-Raum von 20.902 Zeichen *(CJK Unified Ideographs)* ein. Den Unterschieden im Design bestimmter einzelner *Ideogramme* (ein etwas pauschalisierender Begriff der Fachwelt [→ 146]) zwischen chinesischer oder japanischer Ausführung konnte auf diese Weise nur bedingt Rechnung getragen werden: *»In vielen Fällen musste ein gestalterischer Kompromiss gewählt werden«*, so der Schriftentwickler Jörg Schweinsberg der Linotype GmbH, Bad Homburg. Aus diesem Grund werden wohl zunächst auch weiterhin zeichenform-konsistente Fonts mit sprachraum-konformen chinesischen Schriftzeichen jeweils einzeln für ihre territorial begrenzte Anwendung produziert, d. h. traditionell-chinesisch, vereinfacht-chinesisch, japanisch oder koreanisch [→ 67, 76 ff.]. □

Das Unicode-Konsortium, …

… eine gemeinnützige Organisation, deren Mitgliedschaft weltweit allen Institutionen und Privatpersonen offensteht, steuert die kontinuierliche Erweiterung und Verwaltung dieses Kodierungsstandards. Einen großen Einfluss auf seine Entscheidungen haben IT-Giganten wie Apple, Google, IBM oder Microsoft.

全球东亚语言在哪里?

Was bedeutet CJK? Und wo bleibt der Global Font?

Fonts, die in China, Japan oder Korea Anwendung finden, werden unter dem Begriff *CJK-Schriften* zusammengefasst, weil hier überall und gleichermaßen vermeintlich chinesische Schriftzeichen verwendet werden. Ist das wirklich so? ■ Ein CJK-Font ist bisher nur eingeschränkt für die jeweils anderen beiden Sprachen einsetzbar. Zum Beispiel wurde die Systemschrift Hiragino Mincho der japanischen Type Foundry Nippondai für rein japanische Anwendungen geschaffen, wo teilweise das Äußere der Kanji gegenüber den einst übernommenen chinesischen Hànzì – für das westliche, ungeübte Auge fast unsichtbare – Veränderungen aufweist, die jedoch für einen japanischen Leser entscheidend sind, weil er sich mit den historisch gewachsenen Formen identifiziert. Verständlicherweise fehlen diesem Font auch die reformierten, vereinfachten Zeichen, die hauptsächlich auf dem Festland China genutzt werden *[→ 67]*. ■ Der in diesem Buch durchgängig verwendete Font Nimbus Sans Global wäre mit seinen rund 50.000 Zeichen im Vergleich zum Systemfont STHeiti *[→ 140]* in etwa ein Drittel länger. Neben dem lateinischen Zeichenvorrat, erstellt auf der Grundlage der Arial, werden griechische, kyrillische und chinesische Kurz- sowie Langzeichen, ebenso Hiragana und Katakana als auch der komplette Satz der koreanischen Jamo-Buchstaben und Hanguel-Silbenzeichen geliefert. Zur *Sans* gibt es die Serifen-Variante Nimbus Roman Global, deren lateinische Zeichen auf der Times New Roman basieren. ■ Die Hamburger Type Foundry URW++ hat in einer beispiellosen Unternehmung gemeinsam mit ihrem chinesischen Partner Hanyi Keyin Technology Co. mit der Nimbus eine Schrift geschaffen, welche die Schriftsprachen der »großen Drei« in einem einzigen Font abdeckt, der von sich behauptet, ein *Global Font* zu sein. Warum er das nicht sein kann, sollte auf dieser Doppelseite deutlich geworden sein. Verdient hat er sich jedoch sicher als Erster die Bezeichnung eines »echten CJK-Fonts«. Er ist bisher nicht nur der umfangreichste auf dem Schriftenmarkt, sondern genügt auch ästhetisch hohen Ansprüchen: *»Wir wollten fürs Erste einmal zeigen, dass es funktionieren kann!«*, erklärt Peter Rosenfeld, teilhabender Geschäftsführer der URW++ Design & Development GmbH. Den Wermutstropfen in dieses einzigartige Projekt träufeln ur-chinesisch-japanische Befindlichkeiten: In Japan distanziert man sich von den in China teilweise verschiedenen Formen der traditionellen Schriftzeichen *[→ 148]*, was einem Todesurteil der Schrift für den japanischen Markt gleichkommt. ■ Der Global Font will alles. Er verspricht die harmonische Vereinigung aller CJK-Schriftsprachen in einem einzigen Font. Seine Idee ist verpflichtend, denn die Corporate-Design-Welt wartet auf die Möglichkeit, ästhetisch hochwertige Fonts global für den multilingualen Schriftsatz mit CJK-Sprachen einsetzen zu können. Das vorliegende Buch versucht daher, den unterschiedlichen Ansprüchen gerecht zu werden und umgeht die Nimbus für die japanische Sprache *[→ 76 ff.]*.□

Die wachsende Verwendung des Unicode im World Wide Web

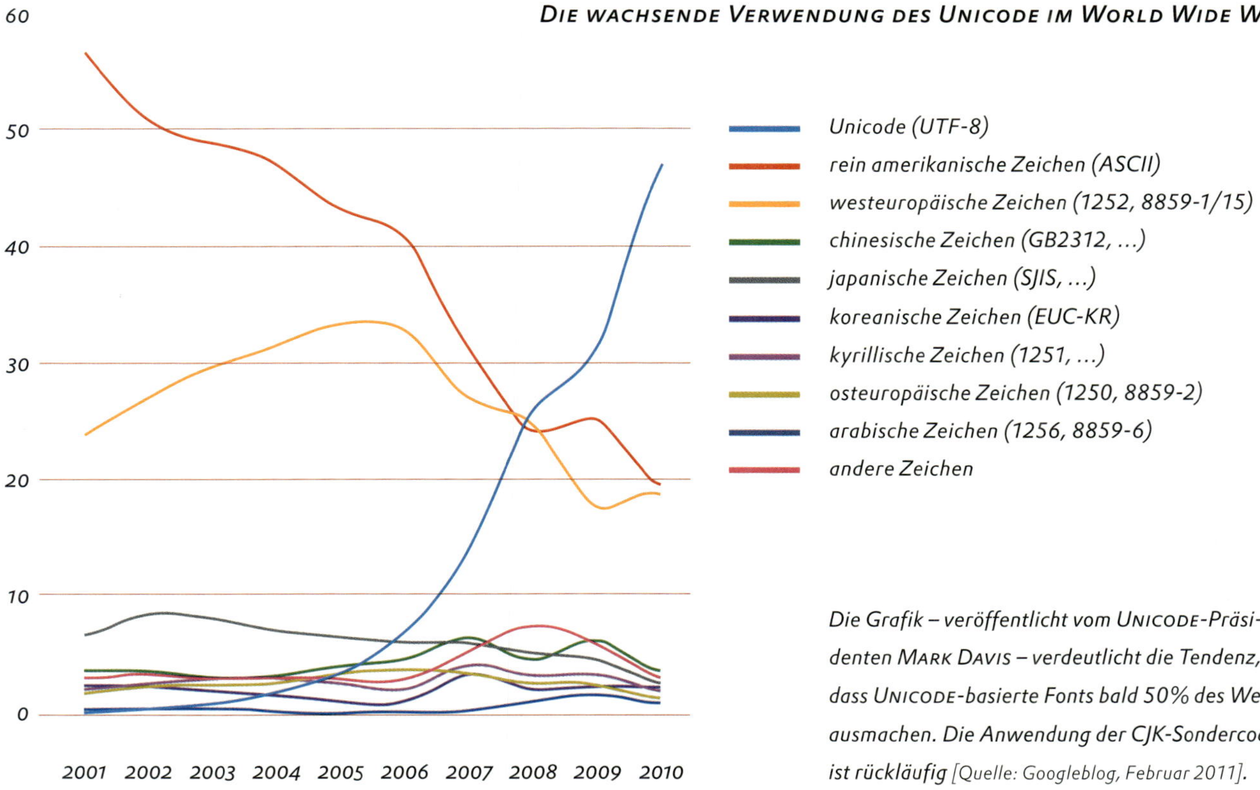

Die Grafik – veröffentlicht vom Unicode-Präsidenten Mark Davis – verdeutlicht die Tendenz, dass Unicode-basierte Fonts bald 50% des Webs ausmachen. Die Anwendung der CJK-Sondercodes ist rückläufig [Quelle: Googleblog, Februar 2011].

Alle Standardbelegungen, die ihren Ursprung in der Volksrepublik China haben, beginnen mit »GB«, eine Abkürzung für »Nationaler Standard« Guójiā Biāozhǔn 国家标准/國家標準.

GB 2312-80

Die GB 2312-80-Kodierung aus dem Jahr 1981 vereinfacht die chinesischen Schriftzeichen und wurde für die alltägliche Benutzung auf dem chinesischen Festland entworfen. GB 2312-80 repräsentiert *vereinfachte chinesische Schriftzeichen*. Man nennt die Belegung auch das *vereinfachte Chinesisch (GB)*, im Englischen *simplified Chinese*. GB 2312-80 ist eine kodierte Belegung, die 7.445 Schriftzeichen, darunter 6.763 Hànzì und 682 Nicht-Hànzì-Schriftzeichen, enthält.

GB/T 12345-90

Die GB/T 12345-90-Kodierung ist die *traditionelle* Gegenspielerin zu GB 2312-80. Sie wurde für die Benutzung auf dem chinesischen Festland entworfen, wenn traditionelle statt vereinfachter Schriftzeichen erforderlich sind. Man nennt diese Belegung auch das *traditionelle Chinesisch (GBT)*, im Englischen *traditional Chinese*. Die GB 2312-80- und GB/T 12345-90-Kodierungen kann man auch als ein stilistisches Paar betrachten: Wenn man für ein Dokument, das mit GB 2312-80 erzeugt wurde, die Schrift nach GB/T 12345-90 ändert, so ändert man die *vereinfachten* chinesischen Schriftzeichen in ihre entsprechenden *traditionellen* Formen.

GBK 13000.1

Die GBK-Kodierung enthält sowohl die *vereinfachten* als auch die *traditionellen* Schriftzeichen. Sie wurde für den Gebrauch auf dem chinesischen Festland entworfen, wenn beide Schriftzeichenvarianten in einem einzigen Font benötigt werden. Mit dem Release von Unicode 2.1 im Jahre 1993 wurde ein Standard namens GB 13000.1 veröffentlicht, welcher alle Glyphen von Unicode 2.1 enthält. Um darüber hinaus alle zusätzlichen Hànzì-Schriftzeichen, die in GB 13000.1 spezifiziert wurden, aber nicht in GB 2312-80 enthalten sind, unterzubringen, wurde eine neue Spezifikation namens GBK vorgestellt. GBK ist eine Abkürzung für Guójiā Biāozhǔn Kuòzhǎn 国家标准扩展/國家標準擴展, was im Chinesischen so viel bedeutet wie *»Regeln, um die Erweiterungen der internen Kodierungen der chinesischen Schriftzeichen zu definieren«*. GBK beinhaltet 21.886 Schriftzeichen, darunter 21.003 Hànzì (das sind 101 Zeichen mehr als bei Unicode 2.1, das aus 20.902 Hànzì-Glyphen besteht).

Big 5

Die Big 5-Kodierung beinhaltet *traditionelle* chinesische Schriftzeichen und wurde für den Gebrauch in Taiwan und Hongkong entworfen. Big 5 enthält 13.463 Glyphen, darunter 13.053 Hànzì.

GB 18030-2000

GB 18030-2000 wurde als Update von GBK für Unicode 3.0 erzeugt, das 6.582 neue Schriftzeichen in Ebene 0 (*Basic Multilingual Plane = BMP)* definiert. Es verbindet *»Unicode's CJK Unified Ideograph Extension A«* vollständig (zusätzliche 6.582 Hànzì). Es stellt Platz für zusätzliche Kodierungen für alle benutzten und unbenutzten *Codepoints* der *Unicode-Ebene* 0 (BMP) und deren 15 dazugehörigen Ebenen zur Verfügung.

HKSCS

Die erweiterte Hongkong-Belegung, das *»Hong Kong Supplementary Character Set«*, ist bekannt als HKSCS. Für die in Hongkong benutzen Computersysteme wurden üblicherweise Big 5- und ISO 10646- (*Unicode*) Standards verwendet. Diese Kodierungssysteme enthalten jedoch nicht die speziellen chinesischen Schriftzeichen, die vom Anwender in Hongkong gebraucht werden. Aus diesem Grund arbeiteten die Hongkong SAR Regierung und das chinesische *»Language Interface Advisory Committee«* zusammen, um im September 1999 die erweiterte Hongkong-Belegung (HKSCS) zu veröffentlichen. Die HKSCS beinhaltet 4.818 spezielle chinesische Schriftzeichen, die häufig in Hongkong benutzt werden. Manche davon sind in Big 5, manche in GBK, aber einige sind noch nicht einmal in Unicode 3.0 enthalten.

CB	=	*Vereinfachtes Chinesisch*	=	*Simplified Chinese*
CBT	=	*Traditionelles Chinesisch*	=	*Traditional Chinese*
CBK	=	*V + T Chinesisch*	=	*S + T Chinese*

Japanische Unicode-Untergruppen

In japanischen Texten werden neben den lateinischen Buchstaben (Roomaji) die beiden japanischen Silbenschriften Hiragana und Katakana und mehr als 12.000 chinesische Schriftzeichen (Kanji) benötigt. Für die Kana- und Kanji-Zeichen gibt es japanische Industriestandards. Für die Kodierung der ost-asiatischen Schriftzeichen ist dies der Code of the Japanese Graphic Character Set for Information Interchange, auch bekannt als JIS C 6226.

JIS X 020

1969 wurde JIS C 6220-1969 veröffentlicht. Die Kodierung enthält die japanischen Silbenzeichen (Kanas) und die lateinischen Buchstaben.

JIS 1+2 = JIS C 6226-1978

Im Januar 1978 wurde JIS C 6226-1978, die ursprüngliche JIS-Spezifikation, veröffentlicht. JIS enthält 6.353 Kanji-Zeichen. Die erste Ebene, dazu gehört der Bereich 16 bis 47, besteht aus 2.965 Schriftzeichen. Die zweite Ebene – der Bereich 48 bis 84 – besteht aus 3.388 Schriftzeichen.

JIS X 0208

Die ursprüngliche JIS-Spezifikation JIS C 6226-1978 wurde 1983 revidiert. Nachdem einige chinesische Schriftzeichen hinzugefügt und ersetzt worden waren, wurde JIS X 0208-1990 im September 1990 eingeführt. Diese Kodierung enthält 6.879 häufig im Japanischen verwendete chinesische Schriftzeichen.Im Januar 1997 wurde JIS X 0208 überarbeitet und dann als JIS X 0208-1997 veröffentlicht. Diese Kodierung definiert hauptsächlich grafische Zeichensätze, und zusätzlich zu den Kanas und *Symbolen* gibt es 6.355 chinesische Schriftzeichen. Die erste JIS-Ebene wird am häufigsten verwendet und enthält 2.965 chinesische Schriftzeichen. Die weiteren 3.390 Zeichen werden seltener – dann für veraltete chinesische Schriftzeichen in Eigennamen – verwendet.

JIS X 0212

Im Oktober 1990 wurde JIS X 0212-1990 eingeführt – für Eigennamen und veraltete chinesische Schriftzeichen, die nicht in JIS X 0208 enthalten sind und im Japanischen seltener verwendet werden. So wurden zusätzlich 6.067 Zeichen (5.801 chinesische Schriftzeichen und 266 Symbole) aufgenommen. Zählt man diese zu JIS X 0208 hinzu, so hat man 12.946 Standardzeichen, darunter 12.156 chinesische Schriftzeichen.

JIS X 0213

Nachdem JIS X 0208-1997 veröffentlicht worden war, nahm man die Kodierung der dritten und vierten Ebene der chinesischen Schriftzeichen in Angriff. Im Januar 2000 dann wurde JIS X 0213-2000 vorgestellt. Zusätzlich zu den 6.879 Schriftzeichen in JIS X 0208 enthält JIS X 0213 4.344 weitere Zeichen. Einige numerische Symbole mit Kreisen außerhalb und chinesische Schriftzeichen von sehr seltenen Eigennamen wurden in die JIS-Spezifikation aufgenommen. Insgesamt sind es 11.223 Zeichen. In der dritten JIS-Ebene gibt es 1.249 chinesische Schriftzeichen und 659 Symbole, die vierte JIS-Ebene enthält 2.436 chinesische Schriftzeichen.

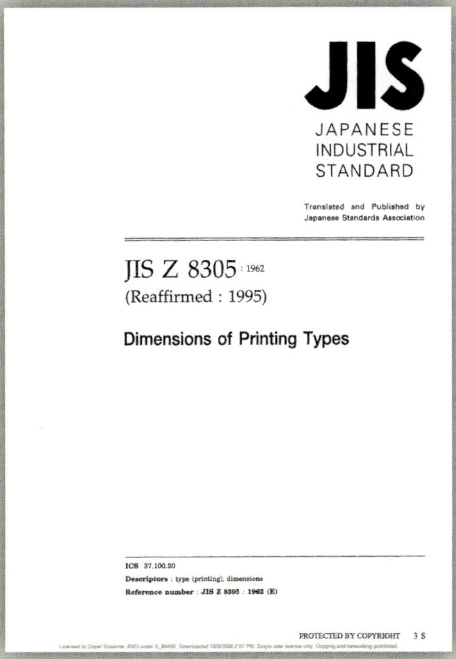
JIS
JAPANESE
INDUSTRIAL
STANDARD

Translated and Published by
Japanese Standards Association

JIS Z 8305 : 1962
(Reaffirmed : 1995)

Dimensions of Printing Types

ICS 37.100.20
Descriptors : type (printing), dimensions
Reference number : JIS Z 8305 : 1962 (E)

PROTECTED BY COPYRIGHT 3 S

Das Ministerium für internationalen Handel und Industrie in Japan normierte 1962 die Maße für japanische Schriftzeichen unter der Bezeichnung JIS Z 8305, die jedoch erst nach einer wiederholten Bestätigung am 7. Juli 1995 veröffentlicht wurde. Hier werden das Maß der drucktechnischen Punktgröße definiert, Schriftgrößen klassifiziert und ihre Abweichungstoleranzen festgelegt.

Gerade (Serifenlose), Hei-Schriften

HYCuHeiJ
Vereinfachte Zeichen

字体设计的艺术？

36 / 39 pt

Hmbgft.!?字体是一种最基本的视觉设计元素，设计师使用它就如同建筑师们使用玻璃，石料，钢铁和无数其他材料一样。280！？…

9,5 / 13 pt

Hmbgft.!?字体是一种最基本的视觉设计元素，设计师使用它就如同建筑师们使用玻璃，石料，钢铁和无数其他材料一样。280！？…

6 / 9,5 pt

Diese Schrift ist auch mit traditionellen chinesischen Schriftzeichen erhältlich.

Hanyi Keyin, Peking und URW++, Hamburg

China und Japan auseinanderhalten! Von Unterschieden zwischen Hànzì und Kanji.

Die Formen der »neuen«, den sogenannten *vereinfachten* mit denen der »alten«, *traditionell* geschriebenen chinesischen Zeichen in einem Dokument zu mixen, verbietet sich von selbst [→64, 67]. Aber schon traditionelle chinesische Schriftzeichen unter sich sind nicht mehr uneingeschränkt dasselbe, sobald sie entweder die chinesische oder die japanische Sprache darstellen, was auf den ersten Blick Unverständnis hervorruft [→82]. ■ Bei näherer Betrachtung finden sich die kleinen, aber alles entscheidenden Unterschiede in der Strichsetzung. Chinesische Hànzì 汉字/漢字 und nicht japanische Kanji 漢字 zu verwenden, beleidigt das japanische Auge und Ehrgefühl. Um die Formendiskussion, die von ideologischen und ästhetischen Befindlichkeiten der beiden Völker getragen ist, macht dieses Buch einen großen Bogen. Wohl aber wird zur richtigen Schriftwahl geraten, um keine falschen Zeichen zu setzen! □

Darstellung chinesischer Kurz- und Langzeichen

*Kurz- und Langzeichen besetzen jeweils eigene character codes in den Fonts. Ein im vereinfachten Chinesisch verfasster Ursprungstext ist (eigentlich) nicht in traditionellen Zeichen darstellbar. Einige Type Foundries bieten sogenannte **J**(jiǎntǐzì)- und **F**(fántǐzì)-Versionen ihrer Schriften an, was nichts weiter bedeutet, als dass die **F**-Schriften lediglich die GB-Codes der vereinfachten mit traditionellen Zeichen belegen* [→176]*. □ Daher sind im traditionellen Chinesisch verfasste Ursprungstexte weder in **J**(jiǎntǐzì)- noch in **F**(fántǐzì)-Fonts darzustellen.*

Ausgangstext: Vereinfachtes Chinesisch (GB-Kodierung)

预计从2007年开始可以生产出体积更小，功率更大的节能型半导体来。

预计从2007年开始可以生
产出体积更小，功率更大
的节能型半导体来。

GB-Kodierung: Darstellung vereinfachter Zeichen (Jiǎntǐzì)

預計從2007年開始可以生
產出體積更小，功率更大
的節能型半導體來。

GBT-Kodierung: Darstellung traditioneller Zeichen (Fántǐzì)

2007年始可以生出体更
小，功率更大的能型半体。

Big5-Kodierung: Darstellung vereinfachter Zeichen unmöglich

Ausgangstext: Traditionelles Chinesisch (Big5-Kodierung)

預計從2007年開始可以生產出體積更小，功率更大的節能型半導體来。

2007年　始可以
生　出　　更小，功率更
大的　能型半　　來。

GB-Kodierung: Darstellung traditioneller Zeichen unmöglich

2007年　始可以
生　出　　更小，功率更
大的　能型半　　來。

GBT-Kodierung: Darstellung traditioneller Zeichen unmöglich

預計從2007年開始可
以生產出體積更小，功率
更大的節能型半導體。

Big5-Kodierung: Darstellung traditioneller Zeichen

Leider daneben getroffen: Eine Übersetzungs-Homepage bietet nach den verkürzten auch die traditionellen chinesischen Schriftzeichen an. Ungeprüfte Einträge sind mit Vorsicht zu genießen. Das vermeintliche Langzeichen für Jì ist falsch. Richtig ist: 計. □ Die lateinischen Buchstaben in den unten stehenden Beispieltexten entstammen den jeweiligen Fonts und wurden bewusst nicht typografisch behandelt. Anwendungsregeln für Schriftmischungen finden sich im vierten Teil dieses Buchs.

耶拿蔡司子公司 Jenoptik 与德国一批高技术企业联合后，一跃成为世界半导体工业新兴新片生产企业。

Der Originaltext wurde in chinesischen Kurzzeichen verfasst. Chinesische Zeichensätze weisen entweder vereinfachte oder traditionelle Schriftzeichen auf. Leider wird dies nur selten im Schriftnamen deutlich.
J = 简 / 簡 = Jiǎntǐzì = vereinfachte (Kurz-)Zeichen
Font: HYZhongHeiJ, Kodierung: GB 2312-80

耶拿蔡司子公司 Jenoptik 與德國一批高技術企業聯合后，一躍成爲世界半導體工業新興新片生產企業。

Gleicher Text, gleiche Schrifttype, veränderte Kodierung. Doch der Schein trügt: Ein Text, ursprünglich in Langzeichen verfasst, wäre nicht mehr darstellbar. Die veränderte Kodierung ermöglicht nur eine rein äußerliche »Verwandlung« von Kurz- in Langzeichen:
F = 繁 = Fántǐzì = traditionelle (Lang-)Zeichen
Font: HYZhongHeiF
Kodierung: GB 2312-80, verändert in GB/T 12345-90

耶拿蔡司子公司 Jenoptik 与德国一批高技术企业联合后，一跃成为世界半导体工业新兴新片生产企业。

Ausgehend vom gerade erzeugten Langzeichen-Text, wird nun ein sog. Global Font [→ 145] zugewiesen. Die Zeichen springen zurück ins verkürzte Chinesisch [Vgl. Text 1].
Font: NimbusSansGlobal, Kodierung: GB 13000.1

耶拿蔡司子公司 Jenoptik 與德國一批高技術企業聯合后，一躍成為世界半導体工業新興新片生產企業。

Um Texte mit Font traditioneller Langzeichen bearbeiten zu können, müssen sie in dieser Form bereits vorliegen. Dazu werden die Einstellungen der Landessprachen reguliert [→ 73].

耶拿蔡司子公司 Jenoptik 與德国一批高技術企業聯合后，一躍成為世界半導体工業新興新片生產企業。

Der chinesischsprachige Text verwendet hier japanische Zeichen und ist damit völlig irrelevant. Die markierten Kanji geben nur einen Eindruck, wie leicht und gleichzeitig entscheidend ihre Strichformen gegenüber denen chinesischer Zeichen abweichen können.
Font: Kozuka Gothic Pro, Kodierung: JIS

イエナオプティック社は他のドイツのハイテク企業との連携を開始して以来、一躍世界の半導体関連業界で新興チップ生産企業に躍り出た。

Im Japanischen sieht der Text natürlich ohnehin anders aus.
Font: Kozuka Gothic Pro, Kodierung: JIS

イエナオプティック社は他のドイツのハイテク企業との連携を開始して以来、一躍世界の半導体関連業界で新興チップ生産企業に躍り出た。

Noch einmal der Versuch, einem japanischen Text einen sogenannten Global Font zuzuweisen. Solange die Codepoints für chinesische Schriftzeichen hauptsächlich die Zeichenformen der chinesischen Schriftsprache berücksichtigen, ist der Font nicht global einsetzbar.
Font: NimbusSansGlobal, Kodierung: GB 13000.1

Gerade (Serifenlose), Hei-Schriften

HYChaoCuHeiJ
Vereinfachte Zeichen

字体设计的艺术？

36 / 39 pt

Hmbgft.!?字体是一种最基本的视觉设计元素，设计师使用它就如同建筑师们使用玻璃，石料，钢铁和无数其他材料一样。280!？…

9,5 / 13 pt

Hmbgft.!?字体是一种最基本的视觉设计元素，设计师使用它就如同建筑师们使用玻璃，石料，钢铁和无数其他材料一样。280!？…

6 / 9,5 pt

Diese Schrift ist auch mit traditionellen chinesischen Schriftzeichen erhältlich.

Hanyi Keyin, Peking und URW++, Hamburg

字
符
的
拉
丁
字
库
。

Es war einmal …
Die Glyphen eines lateinischen Fonts.

LATEINISCHE POSTSCRIPT-ZEICHENSÄTZE waren bisher außerordentlich überschaubar. In einem *OpenType*-Font vereinen sich inzwischen alle Zeichen eines Schriftschnitts in einem Koffer, einschließlich zusätzlicher Buchstaben oder *Diakritika* für verschiedene Schriftsprachen, *Bruchzahlen, Ligaturen* usw. – je nachdem, wie weit der Schriftentwerfer die Schrift zeichnen möchte. So bildet sich schnell eine große Anzahl an Zeichen pro Font. *Gewichte (Light, Regular, Bold usw.)* und *Kursive* sind in separaten Schriftdateien abgelegt, die eigene Fonts darstellen. ■ DIE IN DIESEM BUCH VERWENDETE OT-Schrift DTL ANTARES von ERHARD KAISER vereint pro Schnitt etwa 700 Zeichen durch Implementierung der *Kapitälchen*, weiterer *Akzentbuchstaben* und mathematischer *Sonderzeichen*. ■ DER FOLGENDE ÜBERBLICK bedient sich der *PostScript*-Schrift FF QUADRAAT von FRED SMEIJERS (229 Zeichen). Sie fasst die bisher üblichen *Glyphen* eines lateinischen Zeichensatzes zusammen (die *Kapitälchen* liegen in einer separaten Schriftdatei). □

GROSSBUCHSTABEN (AUCH VERSALIEN ODER MAJUSKELN) UND KAPITÄLCHEN	
EE FF HH II LL TT	*mit geraden Formen*
AA KK MM NN VV WW XX YY ZZ	*mit geraden und diagonalen Formen*
BB CC DD GG JJ OO PP QQ RR SS UU	*mit geraden und runden Formen*
KLEINBUCHSTABEN (AUCH GEMEINE ODER MINUSKELN)	
a c e ı m n o r s u v w x z	*mit Mittellängen*
b d f h i k l t	*mit Oberlängen*
g p q y	*mit Unterlängen*
j	*mit Ober- und Unterlängen*
UMLAUTE	
ÄÄä ÖÖö ÜÜü	*(nicht zu verwechseln mit dem Akzent Trema)*
DIAKRITISCHE ZEICHEN UND AKZENTBUCHSTABEN	
` ´ ˆ ˇ ¨ ˜ ˚ ¸ ˙ ˘ ¯ ˝ ˛ ¸	*Diakritische Zeichen*
ÁÁá ÉÉé ÍÍí ÓÓó ÚÚú Ýý	*Akut*
ÀÀà ÈÈè ÌÌì ÒÒò ÙÙù	*Gravis*
ÂÂâ ÊÊê ÎÎî ÔÔô ÛÛû	*Zirkumflex*
ŠŠš ŽŽž	*Hatschek oder Caron*
ËËë ÏÏï ŸŸÿ	*Trema*
ÃÃã ÑÑñ ÕÕõ	*Tilde*
ÅÅå	*Kreis, auch Kringel oder Ring*
ÇÇç	*Cedille*
ÐÐð	*Eth (Isländisch)*
ØØø	*Skandinavisches Ö*
ÞÞþ	*Thorn (Isländisch)*
∂ Σ Π π ∫ Ω √	*griechische Buchstaben*

Der Zeichenvorrat digitaler Fonts *variiert gewaltig. Die Muttersprache der Type Designer spielt eine erhebliche Rolle bei dem Ausbau ihrer Schriften. Der Font* Mrs. Eaves *(*Emigre*) der Amerikanerin* Suzanna Licko *birgt eine kostbare Ligaturen-Bibliothek.*

Ligaturen *[lat.: ligatura »Verbindung«]*		
&		*et-Zeichen (Bedeutung: und)*
Æ Æ æ Œ Œ œ		*Diphthonge (Zwielaute)*
fl fi ff ffi ft* tt*	*Bsp.:* flash-finger blufft fette schrift	*Wortstamm-Ligaturen*
ß ss	*Bsp.:* Straße, STRASSE	*ß gibt es nur als Kleinbuchstaben, bezeichnet als sz,* Scharfes s *oder* Dreierles-s
ſ ſi ſſ	*Bsp.:* das Schlüſſelloch	*Alternative altdeutsche s-Schreibungen für Gedichtsatz**
Satzzeichen		
. , ; : ! ? ¡ ¿ …		*Interpunktionen*
„—“ ‚—‘		*Anführungen deutsch*
“—” ‘—’		*Anführungen englisch*
«—» ‹—›		*Anführungen schweizerisch*
»—« ›—‹		*Anführungen deutsch / französisch*
( ) [ ] { }		*Klammerarten*
- – — _ / / \ |		*Stricharten*
* † ‡ ¶ §		*Notenzeichen*
Weitere Zeichen		
0 1 2 3 4 5 6 7 8 9 ¹ ² ³ ½ ¼ ¾		*Ziffern*
+ ± − ÷ < > = × % ‰		*Mathematische Zeichen*
µ Å ′ ″ °		*Maßeinheiten*
$ ¢ ¥ £ ƒ € ¤		*Währungszeichen*
® © @ # ™ ¦ •		*Sonderzeichen*
sog. **Expertfonts für verschiedenste Anwendungen**		
		Blindenschrift Apple Braille *(Systemfont)*
		Japanese Garden Ornaments ITC *von* Akira Kobayashi

* *Diese Ligaturen existieren nicht im originalen Font; sie wurden einst von der Autorin für eine Gedicht-Edition »gebastelt« — der Meister möge es verzeihen!*

Gerade (Serifenlose), Hei-Schriften

FZLanTingHeiS-H
Vereinfachte Zeichen

字体设计的艺术？

36 / 39 pt

Hmbgft.!?字体是一种最基本的视觉设计元素，设计师使用它就如同建筑师们使用玻璃，石料，钢铁和无数其他材料一样。280 !?…

9,5 / 13 pt

Hmbgft.!?字体是一种最基本的视觉设计元素，设计师使用它就如同建筑师们使用玻璃，石料，钢铁和无数其他材料一样。280 !?…

6 / 9,5 pt

Die komplette Hei-Schriftfamilie dieser Type Foundry auf Seite → 177

Founder Electronics, Peking

没有小型大写字母。

Lateinische Buchstaben in CJK-Fonts. Echt ohne Kapitälchen und Kursive.

SÄMTLICHE ALPHABETISCHEN ZEICHEN eines – wie auf der vorherigen Seite beschriebenen – lateinischen Fonts finden sich ebenso in einem CJK-Font. Deshalb wird an dieser Stelle auf deren nochmalige vollständige Auflistung verzichtet. Einzig nach *Kapitälchen* sucht man bisher vergeblich. Vollständige CJK-Zeichensätze enthalten außerdem die Akzentbuchstaben, die zur *Transkription* der chinesischen und japanischen Sprache notwendig sind. Herkömmlichen lateinischen Fonts, unabhängig vom Dateiformat, fehlen die *Akzentbuchstaben*: ǐ ǒ ǖ ǘ ǚ ǜ

GROSSBUCHSTABEN	
A B C D E F G H J I K L M N O P Q R S T U V W X Y Z	*Das große **I** und **V** werden nicht für Umschreibungen eingesetzt*
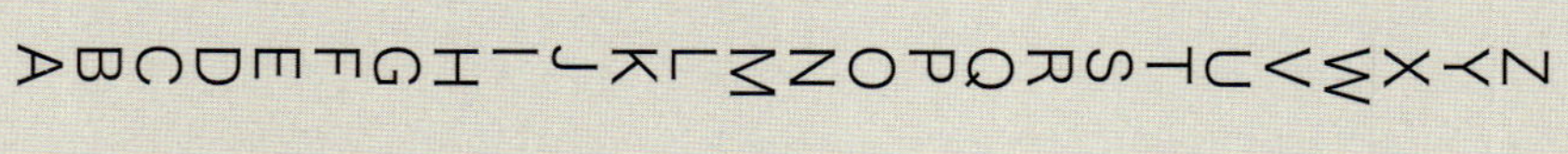	*Gedrehte Großbuchstaben für den vertikalen Satz (gilt für fast alle Zeichen japanischer OpenType-Fonts)*
Ａ Ｂ Ｃ Ｄ Ｅ Ｆ Ｇ Ｈ Ｉ Ｊ Ｋ Ｌ Ｍ Ｎ Ｏ Ｐ Ｑ Ｒ Ｓ …	*Großbuchstaben, ins Quadrat eingeschrieben*
KLEINBUCHSTABEN	
a b c d e f g h i j k l m n o p q r s t u v w x y z ü	*Das kleine **v** ist der einzige alphabetische Buchstabe, der nicht in der PĪNYĪN-Umschreibung vorkommt. Chinesischen Fonts fehlen i.d.R. die deutschen Umlaute **ä** und **ö**.*
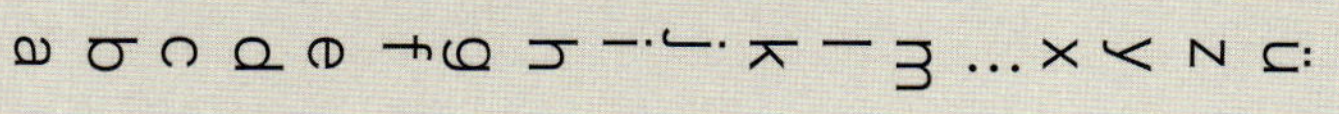	*Kleinbuchstaben für den vertikalen Satz (nur japan. OT-Fonts)*
ａ ｂ ｃ ｄ ｅ ｆ ｇ ｈ ｉ ｊ ｋ ｌ ｍ ｎ ｏ ｐ ｑ ｒ ｓ …	*Kleinbuchstaben, ins Quadrat eingeschrieben*
AKZENTBUCHSTABEN DES TRANSKRIPTIONSSYSTEMS PĪNYĪN DER CHINESISCHEN SPRACHE	
ā ē ī ō ū ǖ	*1. Ton: MAKRON*
á é í ó ú ǘ	*2. Ton: AKUT*
ǎ ě ǐ ǒ ǔ ǚ ă ĕ ĭ ŏ ŭ	*3. Ton: üblich ist HATSCHEK (auch CARON genannt)* *Auch mit einem BREVE kann der Ton dargestellt werden, dann fehlt jedoch der **ü**-Laut.*
à è ì ò ù ǜ	*4. Ton: GRAVIS*
AKZENTBUCHSTABEN DES TRANSKRIPTIONSSYSTEMS ROOMAJI DER JAPANISCHEN SPRACHE	
ā ē ī ō ū â ê î ô û	*Ein langezogener Vokal im Japanischen wird mit einem MAKRON oder ZIRKUMFLEX gleichermaßen umschrieben*
ALTERNATIVE BUCHSTABEN	
⒜ ⒝ ⒞ ⒟ … ⒳ ⒴ ⒵ Ⓐ Ⓑ Ⓒ Ⓓ … Ⓧ Ⓨ Ⓩ ⓐ ⓑ ⓒ ⓓ … ⓧ ⓨ ⓩ	*Buchstaben als Ordnungselemente (Fachsprache Unicode: EINGEKREISTE BUCHSTABEN)*
STANDARDLIGATUREN	
ﬁ ﬂ ﬀ ﬃ ﬄ æ	*(bisher nur in japanischen OpenType-Fonts)*

Schneidige Töne: Wir basteln uns Chinesisch

Tipp: Ihrer lateinischen Traumschrift fehlen die nötigen Zeichenverbindungen zur chinesischen Pīnyīn-Umschreibung? Dann einfach Buchstaben und Diakritika nebeneinanderstellen, ggf. Grundlinienversatz und einen passenden (riesigen) Unterschneidungswert wählen, damit der Akzent über den Buchstaben gezogen wird — fertig!

Hinweis: Für umfangreiche Dokumente ist diese Bastelei völlig ungeeignet.

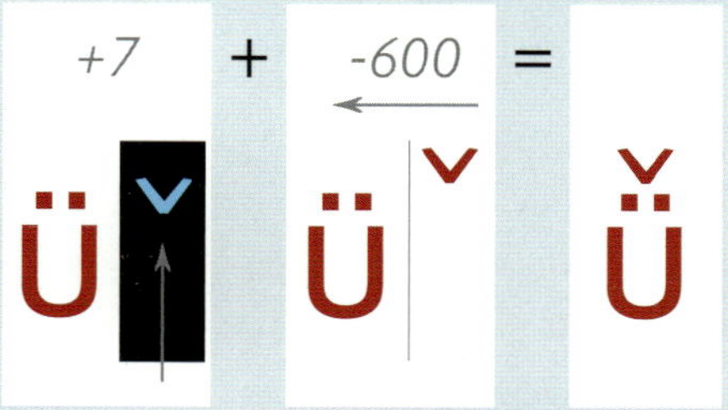

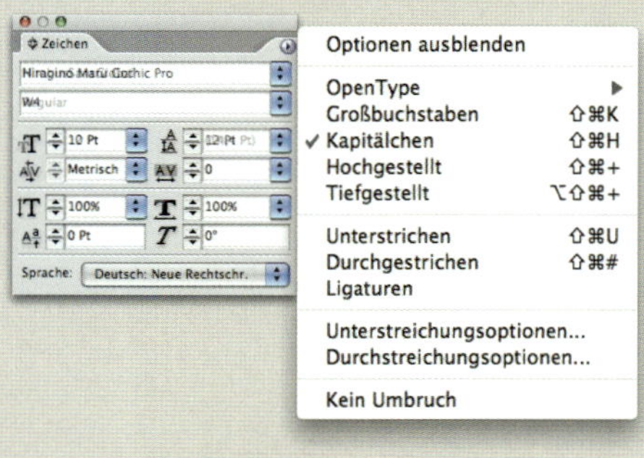

Grosse, Kleine, Gerade, Schräge — CJKs Neig'schmeckte

CJK ohne echte Kapitälchen: Die untenstehenden Textbeispiele verdeutlichen, was passiert, wenn das Feature Kapitälchen im Programm InDesign angewählt wird. Die Abschnitte wurden jeweils in 12pt / 15pt gesetzt.

Kapitälchen (Small Capitals, Small Caps, Caps) haben die FORM VON VERSALIEN und die Größe von Kleinbuchstaben. Sie sind extra gezeichnet, nicht etwa verkleinerte Versalien (dann sind sie zu dünn). In Kapitälchen gibt es die deutsche Buchstaben-Ligatur sz oder Scharfes s nicht, stattdessen werden zwei s (ss) gesetzt. *Kapitälchen eignen sich nicht für einen Fliesstext, da sie – wie die Versalien – kein eigenes Wortbild haben.* Kapitälchen vertragen sich innerhalb eines Textkörpers besser mit 123 Mediäval- als mit 456 Versalziffern. **Je nach Schrift müssen Kapitälchen gesperrt werden.**

Der nebenstehende Text wiederholt sich bei gleichen Satzeinstellungen.

Nimbus Sans Global

Auch Kapitälchen (Small Capitals, Small Caps, Caps) haben die FORM VON VERSALIEN und die Größe von Kleinbuchstaben. Sie sind extra gezeichnet, nicht etwa verkleinerte Versalien (dann sind sie zu dünn). In Kapitälchen gibt es Die deutsche Buchstaben-Ligatur sz oder Scharfes s nicht, stattdessen werden zwei s (ss) gesetzt. Kapitälchen eignen sich nicht für einen Fliesstext, da sie – wie die Versalien – kein eigenes Wortbild haben. Kapitälchen vertragen sich innerhalb eines Textkörpers besser mit 123 Mediäval- als mit 456 Versalziffern. **Je nach Schrift müssen Kapitälchen gesperrt werden.**

Hiragino Kaku Gothic

Die Nimbus birgt als einziger CJK-Font eine echte Kursive, jedoch auch hier ohne einen echten Kapitälchen-Schriftschnitt. ***Die Nimbus birgt als einziger CJK-Font eine echte Kursive, jedoch auch hier ohne echte Kapitälchen, wenn auch fetteren Schriftschnitt.*** *Ab sofort werden die Zeichen zum Vergleich um 12 Grad schräggestellt: Was für ein Unterschied!* ***Ab sofort werden die Zeichen zum Vergleich um 12 Grad schräggestellt. Schräger geht's nicht!***

Nimbus Sans Global

Vermeintlich echte kursive Schriftlagen, die es bisher nur in japanischen OpenType-Formaten gibt und die nicht mit westlichen Computersystemen anzusteuern sind, können auch nicht per Mausklick in Kapitälchen umgewandelt werden, was ohnehin ein ästhetisches Verbrechen wäre. Wer partout eine Kursive haben möchte, muss die Zeichen elektronisch schrägstellen, was typografisch ebenso als unehrenhaft gilt: *Trotzdem – ab hier wurde die Schrift testweise um 12° schräggestellt. Unterschiede zwischen den »echten« und »unechten« Kursiven sind nicht auszumachen.*

Hiragino Maru Gothic

Die ersten Zeilen dieses Textes wurden in einer dem Font implementierten Kursiven gesetzt, die mit einer echten »echten« Kursiven noch nicht viel gemein hat. Diese Zeichen warten darauf, ersetzt zu werden.

Gerade (Serifenlose), Runde Hei-Schriften

HYXiYuanJ
Vereinfachte Zeichen

字体设计的艺术？

36 / 39 pt

Hmbgft.!?字体是一种最基本的视觉设计元素，设计师使用它就如同建筑师们使用玻璃，石料，钢铁和无数其他材料一样。280！？…

9,5 / 13 pt

Hmbgft.!?字体是一种最基本的视觉设计元素，设计师使用它就如同建筑师们使用玻璃，石料，钢铁和无数其他材料一样。280！？…

6 / 9,5 pt

Diese Schrift ist auch mit traditionellen chinesischen Schriftzeichen erhältlich.

Hanyi Keyin, Peking
und
URW++, Hamburg

字
母
和
中
日
韩
字
库
。

Das Alphabet in CJK-Fonts. Kritische Diakritika.

Dass der Bedarf an hochwertigen und gut ausgebauten Schriften längst erkannt ist, zeigen regelmäßige Ausschreibungen des chinesischen Konzerns Beijing Founder Electronics 北京北大方正电子有限公司 in Zusammenarbeit mit der Universität Peking, die sich ausschließlich an chinesische Designer und Studenten richten – in die Domäne der »eigenen« Schriftzeichen möchte man sich nicht vom westlichen Ausland hineinreden lassen. ■ Im Gegenzug ist festzustellen, dass die in den Fonts implementierten lateinischen Buchstaben oft nicht für einen gemischten Schriftsatz geeignet sind, auch wenn versucht wurde, ihre Formen dem Duktus der chinesischen Schriftzeichen anzunähern. Was fremd ist, ist eine Frage des Standpunkts – in Ost und West werden noch zu kleine typografische Zirkel geschlagen. □

Diese Aufnahme stammt aus Shanghai und zeigt den noch recht laxen Umgang mit Beschriftungen im öffentlichen Raum Chinas. Die Metropole hatte sich viele Jahre auf die Weltausstellung EXPO 2010 vorbereitet, zu der 70 Millionen Besucher erwartet und wohl empfangen wurden. Von den aus dem Ausland erhofften 3,5 Millionen indes kamen lediglich etwas über eine Million. Im Vorfeld diskutierten Designkreise zwar die Erneuerung der Straßenbeschilderung, die Städteplaner konzentrierten sich jedoch eher auf den Ausbau des Verkehrsnetzes.

Akzentbuchstaben für die Pīnyīn-Transkription der chinesischen Sprache

In chinesischen Publikationen ist die Verwendung von Diakritika nicht gebräuchlich, für Lehrmaterial jedoch unumgänglich. Die Akzentbuchstaben chinesischer Fonts sind für die Pīnyīn-Umschreibung nur eingeschränkt geeignet. In einigen Fällen sind sie dem Leser schlicht nicht zuzumuten, da sie genauso in ein Quadrat eingebettet wurden wie die chinesischen Schriftzeichen.

我们去吧!	W ǒ men q ù ba!	Lasst uns gehen!	Chinesische Systemschrift
我更喜欢咖啡。	Wǒ gèng xǐhuan kāfēi.	Ich bevorzuge Kaffee.	Chinesische Systemschrift
我更喜欢咖啡。	W ǒ g è ng x ǐ huan k ā f ē i.	Ich bevorzuge Kaffee.	Chinesischer Font
我更喜欢咖啡。	W ǒ g è ng x ǐ huan k ā f ē i.	Ich bevorzuge Kaffee.	Chinesischer Font
我更喜歡咖啡。	Wǒ gèng xǐhuan kāfēi.	Ich bevorzuge Kaffee.	Japanische Systemschrift
我更喜歡咖啡。	Wǒ gèng xǐhuan kāfēi.	Ich bevorzuge Kaffee.	Japanische Systemschrift

Es existieren neben der ewig zuverlässigen Times nur wenige Fonts, die für das Pīnyīn mit einem vollständigen Akzentsatz ausgestattet sind [→ 73]. Für Druckmedien sind Systemschriften unbrauchbar. Auf Anfrage können Font-Foundries erworbene Schriften nachrüsten und ein direktes Anwählen der fehlenden Zeichen über die Computertastatur ermöglichen, nicht benötigte Zeichen des verwendeten Fonts (z.B. µ, ≈, √, etc.) werden einfach ausgetauscht. Wer diesen Weg scheut und doch auf seiner Schriftwahl besteht (wie bei diesem Buch), muss Umwege nehmen – Bastelanleitung auf Seite → 153 !

Times		Times New Roman		Arial		Helvetica		Lucida Grande	
ĀÁǍÀ	āáǎà	ĀÁǍÀ	āáǎà	ĀÁǍÀ	āáǎà	ĀÁǍÀ	āáǎà	ĀÁǍÀ	āáǎà
ĒÉĚÈ	ēéěè	ĒÉĚÈ	ēéěè	ĒÉĚÈ	ēéěè	ĒÉĚÈ	ēéěè	ĒÉĚÈ	ēéěè
	īíǐì		īíǐì		īíǐì		īíǐì		īíǐì
ŌÓǑÒ	ōóǒò	ŌÓǑÒ	ōóǒò	ŌÓǑÒ	ōóǒò	ŌÓǑÒ	ōóǒò	ŌÓǑÒ	ōóǒò
	ūúǔù		ūúǔù		ūúǔù		ūúǔù		ūúǔù
	ǖǘǚǜ		ǖǘǚǜ		ǖǘǚǜ		ǖǘǚǜ		ǖǘǚǜ

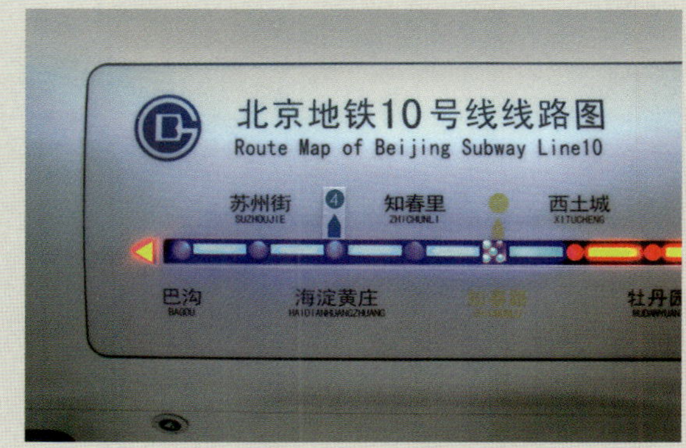

Nebenstehendes Bild sowie die folgenden Beispieltexte zeigen zweierlei für den zweisprachigen Schriftsatz: Zum einen reicht der Ausbau der lateinischen Buchstaben in den meisten chinesischen Fonts nicht über den Einsatz der englischen Sprache hinaus. Zum anderen wird sich der Gestalter ohnehin nicht für die implementierten Buchstaben entscheiden. »Fremde (Druck-)Schriften« sind für fernöstliche Type-Foundries kein Grund für höheren Aufwand und entziehen sich größerem ästhetischen Anspruch. Einige Anbieter richten ihre Aktivitäten heute vollkommen auf den Ausbau von Bildschirmschriften; für neu entstehende CJK-Druckschriften werden nicht-chinesische Zeichen häufig aus bestehenden Fonts kopiert.

Chinesische Fonts

字体分类 das h ttest du wohl gern?! Heiti

字体分类 das h ttest du wohl gern?! Kaiti

字体分类 das h ttest du wohl gern?! WeiBeiti

字体分类 das h ttest du wohl gern?! Shouxieti

字体分类 das h ttest du wohl gern?! Lishuti

字体分类 was h ttest'n gern?! POPti

Chinesische Systemschriften

字体分类 das hättest du wohl gern?! Kaiti

字体分类 das hättest du wohl gern?! Songti

字体分类 das hättest du wohl gern?! Fangsongti

字体分类 das hättest du wohl gern?! Heiti

Japanische Systemschriften

字体分类 das hättest du wohl gern?!

字体分类 das hättest du wohl gern?!

字体分类 das hättest du wohl gern?!

字体分类 das hättest du wohl gern?!

字体分类 das hättest du wohl gern?!

字体分类 das hättest du wohl gern?! Familie Mincho

Gerade (Serifenlose), Runde Hei-Schriften

FZXiYuan-S
Vereinfachte Zeichen

字体设计的艺术？

36 / 39 pt

Hmbgft.!?字体是一种最基本的视觉设计元素，设计师使用它就如同建筑师们使用玻璃，石料，钢铁和无数其他材料一样。280！？…

9,5 / 13 pt

Hmbgft.!?字体是一种最基本的视觉设计元素，设计师使用它就如同建筑师们使用玻璃，石料，钢铁和无数其他材料一样。280！？…

6 / 9,5 pt

Diese Schrift ist auch mit traditionellen chinesischen Schriftzeichen erhältlich.

Founder Electronics, Peking

Ziffern und Zahlen in lateinischen und CJK-Fonts. Arabisch und Japanisch ganz dicke.

Der deutsche Begriff Ziffer leitet sich aus dem arabischen As-sifr ab, gleichbedeutend mit »Null« oder »Nichts«. In der westlichen Schriftsprache benutzen wir gewöhnlich *europäische Ziffern* (umgangssprachlich eher als *arabisch* oder *indo-arabisch* geläufig). Seltener findet man die aus Großbuchstaben zusammengesetzten *römischen Zahlen*, dann meist als Ordnungszahlen für Kapitel-Nummerierungen von Fachbüchern und Nachschlagewerken oder für feierliche Anlässe wie Jubiläen *[→ 275]*. Eine Zahl setzt sich aus den Ziffern 0 bis 9 zusammen, landläufig wird meist »Zahl« statt – wie eigentlich richtig – »Ziffer« benutzt. ■ Auch das Chinesische kennt eine derartige Unterscheidung nicht, solange man von Shùzì 数字/數字 spricht. CJK-Fonts weisen nicht nur explizit *europäische*, *römische* und *chinesische Zahlzeichen* auf, sondern auch spezielle *Datumszeichen*. Ein zweiter Zeichensatz mit europäischen *Mediävalziffern* lässt sich in CJK-Fonts bisher noch nicht ansteuern. □

Nimbus Sans Global OpenType (TrueType-basiert)

〇	*Ziffer Null (Ideografische chinesische Null)*
0123456789	*Versalziffern*
0 1 2 3 4 5 6 7 8 9	*Ziffern im Halbgeviert*
$T_{0123456789}H^{0123456789}$	*Tief- und hochgestellte Ziffern, Zähler und Nenner*
① ② ③ ④ … ⑱ ⑲ ⑳ (1) (2) (3) (4) … (18) (19) (20) 1. 2. 3. 4. … 18. 19. 20. ❶ ❷ ❸ ❹ … ❽ ❾ ❿ ① ② ③ ④ … ⑧ ⑨ ⑩	*Verschiedene Ordnungszahlen*
I II III IV V VI VII VIII IX X XI XII	*Römische Ziffern und Zahlen 1–12*
L C D M	*Römische Zahlen 50, 100, 500, 1.000*
i ii iii iv v vi vii viii ix x xi xii l c d m	*Englische Aufzählung mit römischen Zahlen*
⅓ ⅔ ⅕ ⅖ ⅗ ⅘ ⅙ ⅚ ⅛ ⅜ ⅝ ⅞ ⅟	*Mathematische Brüche*
零 一 二 三 四 五 六 七 八 九 十	*Schriftzeichen der Zahlen 0 bis 10 für CJK-Sprachen*
百 千 万	*Hundert, Tausend, Zehntausend*
Bsp.: 一百 二千 三五千	*100, 2.000, 35.000 (Einhundert, Zweitausend usw.)*
Bsp.: 百万	*1.000.000 = 100 × 10.000*
Bsp.: 千万	*10.000.000 = 1.000 × 10.000*
1日 2日 3日 … 10日 11日 12日 … 28日 29日 30日 31日 1月 2月 3月 4月 5月 6月 7月 8月 9月 10月 11月 12月	*Japanische Tages- und Monatsangaben (Ideographische Telegraphsymbole)*
0点 1点 2点 … 10点 11点 12点 … 21点 22点 23点 24点	*Punkt 0 bis 24 für Aufzählungen*

0123456789 VERSAL 0146897253 GROSS	*Proportionale Versalziffern* (hier auch als Tabellenziffern geeignet)
0123456789 minuskel 0468972531 mediäval	*Mediävalziffern für Tabellensatz* (gleiche Dickten)
0123456789 klein 0468972531 gemein	*Proportionale Mediävalziffern* (proportionale Dickten)
0123456789 MAJUSKEL 0468972531 CAPS	*Kapitälchenziffern* (ebenfalls als Tabellenziffern geeignet)
T$_{1234567890}$ H^{1234567890} ½ ¼ ¾ ⅛ ⅜ ⅝ ⅞ ⅓ ⅔ ⅟ ⅕ ⅖ ⅗ ⅘ ⅙ ⅚	*Hoch- und tiefgestellte Ziffern* und *mathematische Brüche*

STHeiti TrueType Systemfont	*Kozuka Gothic* OpenType Systemfont (PostScript-basiert)
○	○
0123456789	0123456789
0 1 2 3 4 5 6 7 8 9	0 1 2 3 4 5 6 7 8 9
T□□□□□□□□□□H□^{45}□^{78}□	T$_{0123456789}$H^{0123456789}
①②③④…□□□ (1)(2)(3)(4)…(18)(19)(20) 1. 2. 3. 4. … 18. 19. 20. □□□…□□□ □□□…□□□	①②③④…⑱⑲⑳ (1)(2)(3)(4)…(18)(19)(20) 1. 2. 3. 4.…⊠⊠⊠ ❶❷❸❹…❽❾❿ ⊠⊠⊠⊠…⊠⊠⊠
Ⅰ Ⅱ Ⅲ Ⅳ … Ⅺ Ⅻ	Ⅰ Ⅱ Ⅲ Ⅳ … Ⅺ Ⅻ
□□□□	⊠⊠⊠⊠
ⅰ ⅱ ⅲ ⅳ …□□□□□□□	ⅰ ⅱ ⅲ ⅳ … ⅺ ⅻ ⊠⊠⊠ m
□□□□□□□□⅛⅜⅝⅞□	⅓⅔⊠⅖⅗⅘⅙⅚⅛⅜⅝⅞⊠
零一二三四五六七八九十 百　千　万 *Bsp.:* 一百　二千　三五千 *Bsp.:* 百万 *Bsp.:* 千万	零一二三四五六七八九十 百　千　万 *Bsp.:* 一百　二千　三五千 *Bsp.:* 百万 *Bsp.:* 千万
□□□…□□□…□□□ □□□□□□□…□□□	⊠⊠⊠…⊠⊠⊠…⊠⊠⊠ ⊠⊠⊠⊠⊠⊠⊠…⊠⊠⊠
□□□…□□□□	⊠⊠⊠…⊠⊠⊠⊠

Der Unicode mag vereinen wollen, doch die Zuordnung der Zeichen auf bestimmte Codes ist nicht einheitlich. So passiert es, dass bei gleicher Tastaturbelegung bestimmte Zeichen nicht mehr dargestellt werden, obwohl sie irgendwo im Zeichensatz enthalten sind. Die Bruchzahlen der Nimbus sind z.B. in der Kozuka Gothic ebenfalls vorhanden, obwohl sie nach dem Umschalten verschwinden.

Gerade (Serifenlose), Runde Hei-Schriften

HYZhongYuanJ
Vereinfachte Zeichen

字体设计的艺术？

36 / 39 pt

Hmbgft.!?字体是一种最基本的视觉设计元素，设计师使用它就如同建筑师们使用玻璃，石料，钢铁和无数其他材料一样。280！？…

9,5 / 13 pt

Hmbgft.!?字体是一种最基本的视觉设计元素，设计师使用它就如同建筑师们使用玻璃，石料，钢铁和无数其他材料一样。280！？…

6 / 9,5 pt

Diese Schrift ist auch mit traditionellen chinesischen Schriftzeichen erhältlich.

Hanyi Keyin, Peking und URW++, Hamburg

统一码拯救了历史档案。

Chinesische Schriftzeichen in CJK-Fonts. Unicode rettet historisches Archiv.

Den Löwenanteil eines CJK-Fonts bilden, wie man sich vorstellen kann, die Hànzì, Kanji oder Hanja. Chinesische Schriften führen die *Kurz-* und *Langzeichen*-Versionen der Hànzì. In den japanischen Fonts fehlen die *Kurzzeichen*, dafür findet man unzählige Varianten der traditionellen *Langzeichen*. Viele dieser Schriftzeichen sind nicht im Alltagsgebrauch, werden aber für akademische Zwecke benötigt. Der vertikalen und horizontalen Leserichtung müssen jeweils ganz eigene Satzzeichen und Anwendungsregeln gerecht werden. ■ Die Erfindungen von Computer, *Unicode* und *Transkriptionssystemen* für Logogramme waren ein Segen für die östliche Welt: *»Der schieren Zeichenmenge wegen hat es in China nie eine praktikable Schreibmaschine gegeben. Maschinen mit 4.000 Tasten lassen sich konstruieren, aber nicht benutzen. Schreiben war Kalligrafie, eine Form der Tuschkunst. … Nun ist es der Computer, der der chinesischen Hand-Schrift ihren elitären Charakter nimmt – und sie damit für das industrielle Zeitalter rettet.«* [Zimmer] Die meisten der Schriftzeichen allerdings, die als *Expert-Zeichen* auf den vielen *Planes* der Unicode-Tabelle verborgen liegen, dürften auch einem Chinesen oder Japaner noch nie zu Gesicht gekommen sein. ■ Ein CJK-Font ist nicht nur ein kostbares Archiv, sondern ermöglicht heute technisch überhaupt erst Publikationen, die nie hätten geschrieben oder – besser – gedruckt werden können. Auch das vorliegende Buch gehört dazu. □

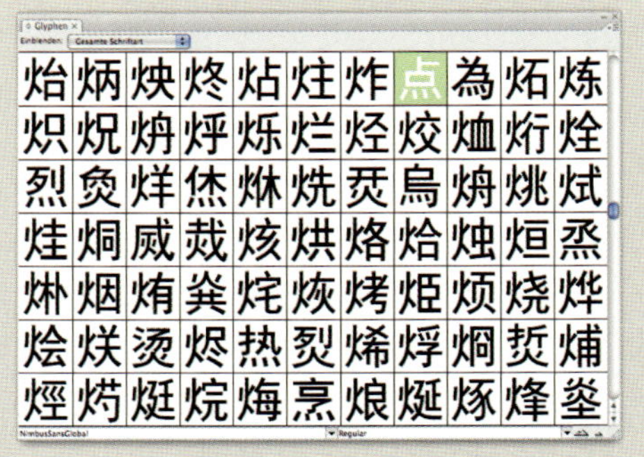

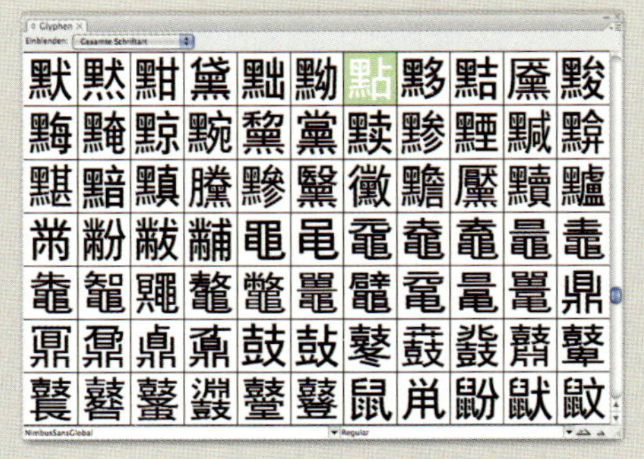

Ob vereinfachte oder traditionelle Hànzì oder japanische Kanji – jedes der vermeintlich gleichen Zeichen besetzt eine eigene Code-Nummer. Das Schriftzeichen für den Begriff »Punkt« Diǎn 点 / 點 befindet sich in diesem Global Font als Kurz- und Langzeichen auf der ersten Ebene (englisch korrekte Bezeichnung: Plane).

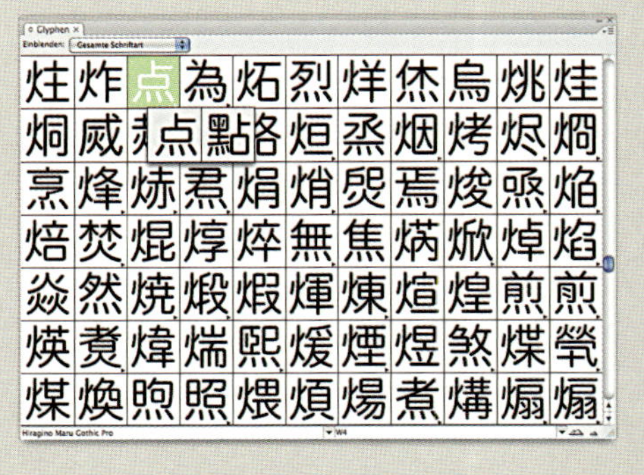

Ausschnitt der Glyphentabelle für einen japanischen Font: Die beiden jeweiligen Schriftzeichen sind hier auf zwei Ebenen der Unicode-Zeichenkodierung verteilt.

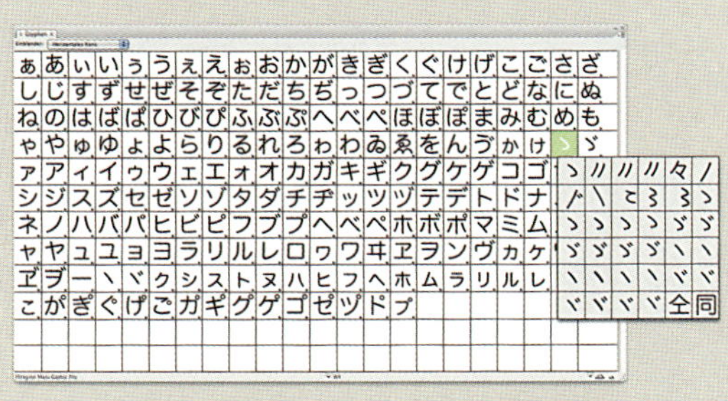

Um die japanische Sprache darstellen zu können, benötigt man neben einer bestimmten Auswahl chinesischer Schriftzeichen, den Kanji, die Silbenschriften Hiragana und Katakana. Die kleineren der jeweils gleichen Zeichen sind keine Groß- bzw. Kleinbuchstaben, sondern Furigana, die als Notationszeichen im japanischen Textsatz Verwendung finden [→ 80, 258].

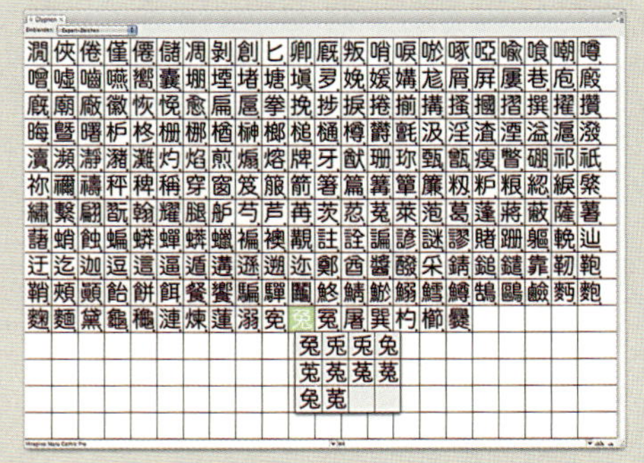

»Mein Name ist Tù 兔 …«: Auch in asiatischen Fonts gibt es teilweise Expert-Zeichengruppen, welche die unterschiedlichen Schreibungen chinesischer Schriftzeichen berücksichtigen, die sich im Laufe der Jahrhunderte in verschiedenen Regionen Chinas, Japans und Koreas herausgebildet haben.

中日韩字库。

Die Zeichenvielfalt in CJK-Fonts. Multikulti und interdisziplinär.

Im Vergleich zu lateinischen sind asiatische Fonts erheblich umfassender ausgebaut [→ 138], da sie von vornherein für den multilingualen Schriftsatz ausgebaut wurden. Die Ansteuerung der Zeichen richtet sich nach den Voreinstellungen der Landessprache und den Features der Anwenderprogramme und Betriebssysteme. ■ Die unvollständige Auswahl [→ Abb. unten] zeigt nur kleine Ausschnitte von weiteren möglichen Zeichenblöcken in CJK-Fonts; auf viele weitere wurde hier aus pragmatischen Gründen verzichtet, beispielsweise fehlen die Zeichen der chinesischen Yi-Sprache.

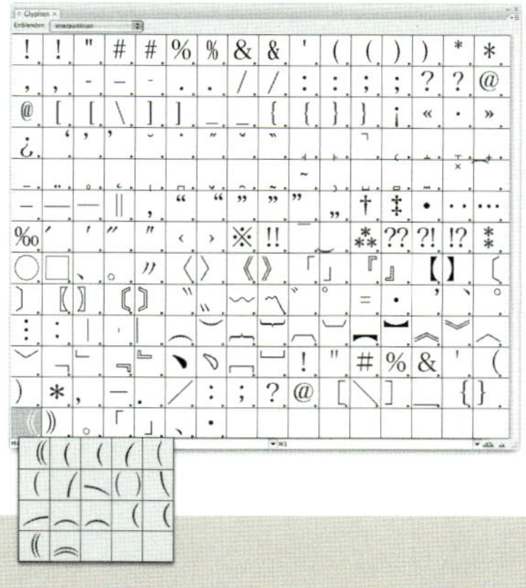

Eine umfangreiche Sammlung stellen die besonderen CJK-Satz- und Sonderzeichen für die horizontale und vertikale Leserichtung auf. Die orthotypografischen Anwendungsregeln für die wichtigsten Zeichen werden im Kapitel »Typografie« ausführlich erläutert [→ 264].

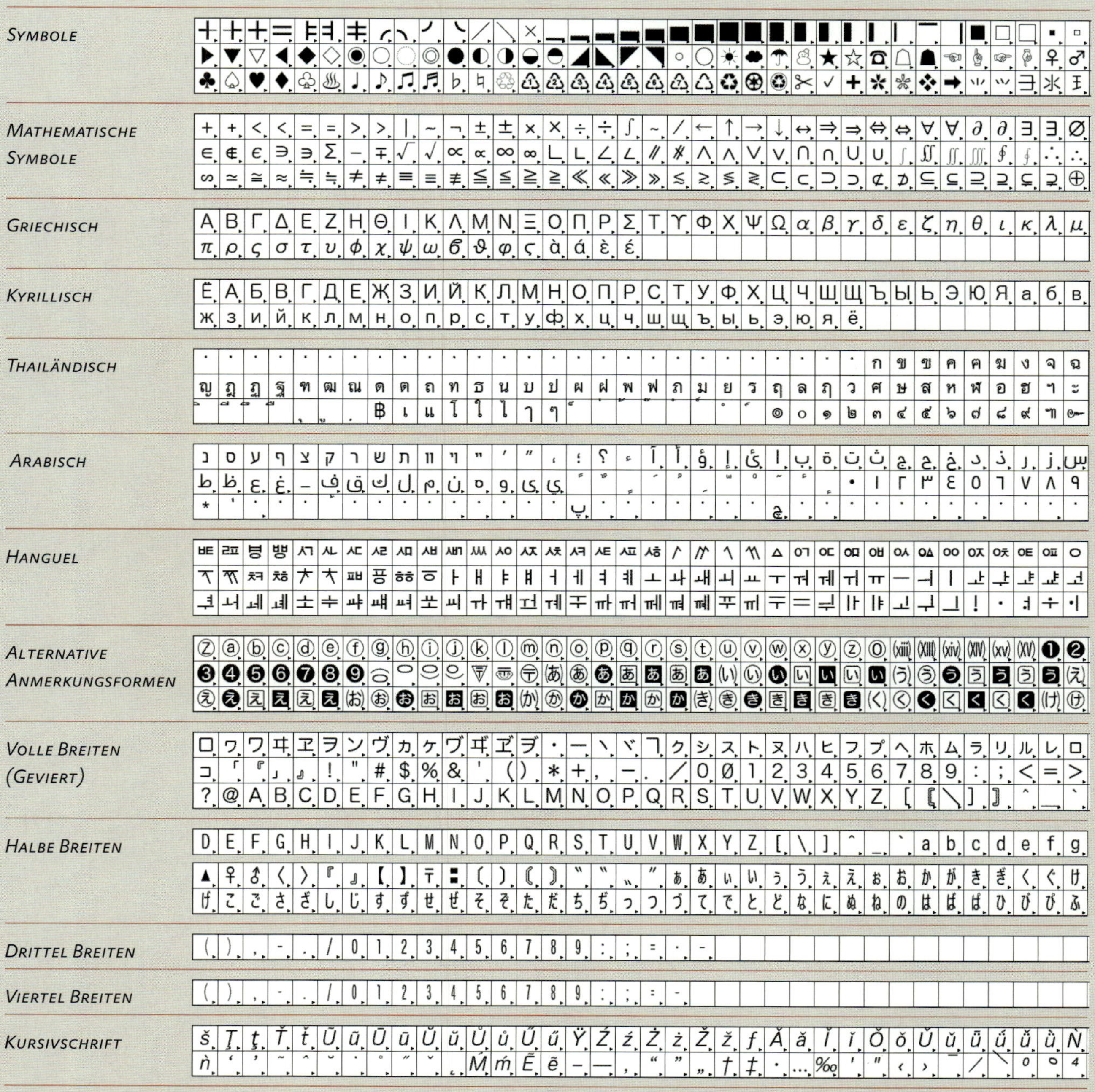

Gerade (Serifenlose), Runde Hei-Schriften

FZZhunYuan-S
Vereinfachte Zeichen

字体设计的艺术？

36 / 39 pt

Hmbgft.!?字体是一种最基本的视觉设计元素，设计师使用它就如同建筑师们使用玻璃，石料，钢铁和无数其他材料一样。280!？…

9,5 / 13 pt

Hmbgft.!?字体是一种最基本的视觉设计元素，设计师使用它就如同建筑师们使用玻璃，石料，钢铁和无数其他材料一样。280!？…

6 / 9,5 pt

Diese Schrift ist auch mit traditionellen chinesischen Schriftzeichen erhältlich.

Founder Electronics, Peking

中文是世界的语言，是世常用笔画表。

Die Grundformen der Schriftzeichen. Geometrie vs. Quadrat.

CJK- UND RÖMISCHEN SCHRIFTEN ist gemein, dass ihre *Glyphen* einem fiktiven Zeichenträger eingeschrieben sind, welcher ehemals der materielle Kegelkörper für die Bleiletter oder die Holztype für das chinesische Schriftzeichen war. Der *Schriftkegel* bestimmte die maximalen Außenmaße einer Druckletter – damit in der Höhe die *Schriftgröße* und in der Breite die *Dickte*. ■ IM DIGITALEN ZEITALTER spielen die einst physischen Grenzen keine Rolle mehr. Ein Buchstabe kann zum Beispiel über den Kegel hinausragen, was im Bleisatz (fast) unmöglich war, denn die überstehenden Teile wären mit den Buchstaben der nächsten Zeile kollidiert und abgebrochen. Da der Computer und seine zugehörigen Programme von englischsprachigen Ingenieuren alltagstauglich gemacht wurden – der einzigen Sprache, die ohne Umlaute und Akzente auskommt –, ist auch der mitgelieferte automatische Zeilenabstand im Verhältnis zur Schriftgröße von 1,2 : 1 nicht unbedingt akzeptabel. ■ DIESE UND VIELE WEITERE DETAILS begründen einen tieferen Einblick in die Struktur eines Zeichensatzes, bevor man sich an den Umgang mit multilingualen Texten verschiedener Schriftsysteme wagt, denn eine Schrift »reagiert« auf jede Sprache anders. □

DIE GRUNDFORMEN VON LATEINISCHEN BUCHSTABEN UND CHINESISCHEN SCHRIFTZEICHEN

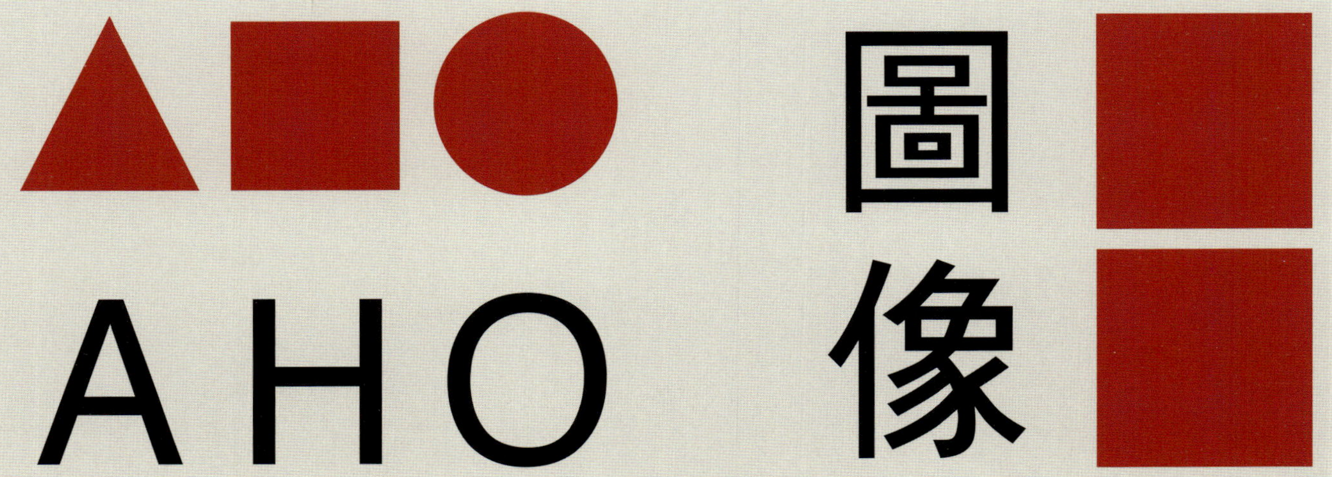

Die Grundformen der lateinischen Versalbuchstaben leiten sich aus der RÖMISCHEN KAPITALSCHRIFT ab und sind auf den drei geometrischen Grundformen Dreieck, Quadrat und Kreis aufgebaut. Ein ***Buchstabe*** *entspricht lediglich einem Lautwert (Phonem), sein Sinngehalt ist »leer«. Er ist das kleinste Element bei der Entstehung von Wörtern, aus denen sich Texte bilden, und daher immer nur Teil des Ganzen. Die einzelnen Buchstaben unseres Alphabets weisen pro Zeichen lediglich 1 – 4 Striche auf* *[→ 104]**.*

Chinesische Schriftzeichen haben ihre Wurzeln in bildlichen Darstellungen von Dingen. Sie werden als ***Logogramme*** *(griech.: LÓGOS »Wortsinn«) bezeichnet, da jedes von ihnen für sich bereits eine Bedeutungseinheit bildet und einem Begriff entspricht* *[→ 36]**. Ein logografisches Zeichen funktioniert damit auch kontextunabhängig und ist gleichzeitig das kleinste Element zur Bildung von Wortzusammensetzungen und Texten. Pro Zeichen versammeln sich bis zu 64 Striche auf einem stets gleichen Raum* *[→ 117]**.*

HINWEIS: *Typografie-Termini unterliegen zwar Konventionen, sind aber nirgends amtlich verordnet: Üblich an dieser Stelle war bisher der Begriff ZEICHEN- oder BUCHSTABENBREITE. Von »Zeichen« zu sprechen, wäre aber missverständlich, da dies sämtliche Räume um die sichtbare Glyphe einschließt (ganz abgesehen von den Steuerungszeichen, die keine darstellbaren Zeichen repräsentieren). Eine GLYPHE ist die konkrete grafische Abbildung der abstrakten Idee eines ZEICHENS. Der Begriff Buchstabe für eine GLYPHE ist im Vergleich mit anderen Schriftsystemen nicht haltbar. Bei CJK-Fonts spricht man für »lesbare« Elemente von WORT-BILD-ZEICHEN oder CHINESISCHEN SCHRIFTZEICHEN.*

Dickte und Glyphen-breite ...

字符宽度(WIDTH)和字形宽度(GLYPH WIDTH)。

COURIER *77pt / 77pt*

NIMBUS SANS GLOBAL *46pt / 63pt*

Alphabetschriften weisen individuelle DICKTEN (Zeichenbreiten) auf und zählen daher zu den ***Proportionalschriften*** *BÙDĚNGKUĀNZÌTǏ 不等宽字体. Lediglich bei den sogenannten DICKTENGLEICHEN (monospaced) Fonts – z.B. Schreibmaschinenschriften – werden alle GLYPHEN und WORTABSTÄNDE in gleiche Zeichenbreiten gepackt – egal, ob es sich um das ausladende* ***W*** *oder das bescheidene kleine* ***i*** *handelt. In den horizontalen Textzeilen stehen die Zeichen dann – einschließlich der Satzzeichen – zentriert untereinander.*

CJK-Fonts gehören zu den ***monospaced Schriften*** *DĚNGKUĀNZÌTǏ 等宽字体. Jedes Zeichen wird traditionell einem imaginären QUADRAT eingeschrieben. Folgerichtig sind ihre DICKTEN identisch, auch wenn die sichtbaren GLYPHENBREITEN variieren. Ein chinesischer Text ergäbe automatisch einen soliden Textkörper. Die Realität sieht anders aus: Heute finden sich in China kaum noch Publikationen ohne fremdsprachige Annotationen. Die eingeschobenen Zeichen unterschiedlicher DICKTEN lösen das stabile »Blocksystem« auf.*

Gerade (Serifenlose), Runde Hei-Schriften

DFPYuan Std
Vereinfachte Zeichen

字体设计的艺术？

36 / 39 pt

Hmbgft.!?字体是一种最基本的视觉设计元素…钢铁和无数其他材料一样。280!?
W3

Hmbgft.!?字体是一种最基本的视觉设计元素…钢铁和无数其他材料一样。280!?
W5

Hmbgft.!?字体是一种最基本的视觉设计元素…钢铁和无数其他材料一样。280!?
W7

Hmbgft.!?字体是一种最基本的视觉设计元素…钢铁和无数其他材料一样。280!?
W9

9,5 / 13 pt

DynaComware (weltweit), Fontshop, Berlin und Linotype, Bad Homburg

拉丁字母解剖。

Typometrie lateinischer Zeichen. Komplexität erzeugt Dynamik.

Sichtbare Zeichenformen sind von nicht-sichtbaren Räumen, den *Punzen*, umgeben, die für die Lesbarkeit eine gleichberechtigte Rolle spielen. Jeder Buchstabe steht in seiner eigenen *Dickte, Vor-* und *Nachbreiten* bestimmen den Abstand zum benachbarten Zeichen. Die *Kegelhöhe* bestimmt die *Schriftgröße*, die nicht mit der maximalen vertikalen Ausdehnung des Zeichenvorrats eines Fonts identisch ist. Alle Zeichen laufen entlang einer imaginären horizontalen *Grundlinie*, der stabilsten Achse einer Zeile. Trotz gleicher *Schriftgröße* können *Ober-, Mittel-* und *Unterlängen* der Buchstaben von Schrift zu Schrift in unterschiedlichen Proportionen zueinander stehen. Die harmonisch zueinander gesetzten vertikalen und horizontalen Zeichenausdehnungen bilden das dynamische Schriftbild eines Textes. □

Abstände lateinischer Buchstaben

Die Abstände problematischer Buchstabenpaare werden vom Schriftenhersteller individuell ausgemittelt, d.h. in Satzprogrammen ist ein positiver oder negativer Zeichenabstandswert dieser Paare bereits automatisch voreingestellt . Dieses Eingreifen nennt man ***Kerning****, und es bedingt in hohem Maße die Qualität eines Fonts, da es entscheidenden Einfluss auf den* ***Grauwert*** *eines Fließtextes hat* *[→234]**. Für große Schriftgrade sowie Versalwörter oder -texte (Überschriften, Plakate usw.) sollte in den meisten Fällen nochmals sorgsam ein manueller Zeichenausgleich vorgenommen werden.*

−17 ↑ −26 ↑ −22 ↓ −14 ↓ −16 ↓ −16 ↓

KERNING

KERNING

Die Proportionen der vertikalen Glyphen-Ausdehnungen werden von einem für jeden Font individuell und streng festgelegten ***Schriftliniensystem*** *bestimmt.*

Jede Glyphe beschreibt ihre individuelle horizontale Ausdehnung und wird innerhalb ihrer ***Dickte*** *zwischen einer* ***Vor- und Nachbreite*** *justiert, d.h. der Abstand zum benachbarten Zeichen wird definiert. Dieser Vorgang heißt auch* ***Zurichtung einer Schrift*** *oder* ***Dicktenausgleich****. Er wird vom Schriftengestalter oder -hersteller vorgenommen.*

Zeichen- und Zeilenabstände sind die einzig veränderbaren Räume in Texten.

- *Zeichenabstände werden durch* ***Spationieren (Sperren)*** *oder* ***Unterschneiden*** *ausgeglichen, Worte durch* ***Leerzeichen*** *in kürzere und längere, schnell erfassbare Zeichenfolgen unterteilt. Der Raum zwischen ihnen wird somit von »außen« beeinflusst.*
- *Zeilenabstände, die der Schrifthöhe entsprechen, nennt man* ***kompress****. Erweiterten Zeilenabständen wurde ein* ***Durchschuss*** *hinzugefügt.*

Ligaturen *Liánzì 连字 kommen nur in Wortstämmen vor. Die Programm-Option »Ligaturen«ermöglicht es, sie automatisch zu erkennen, sofern sie im Font als eigenes Zeichen enthalten sind.*

Mediäval-, Versal- oder Tabellenziffern *bilden jeweils ein eigenes Zeichen und sind unterschiedlich ausgemittelt. Tabellenziffern stehen vertikal stets zentriert in ihrer Dickte.*

Zeichenräume			
1	*Zìtǐgāodù*	字体高度	*Kegelhöhe oder Schriftgröße*
2	*Zìfúkuāndù*	字符宽度	*Dickte oder Kegelbreite*
3	*Zìxíngkuāndù*	字形宽度	*Glyphenbreite*
4	*Zìtǐbáikōngjiān*	字体白空间	*Fleisch oder Weißraum*
5	*Zìbì*	字币	*Geschlossene Punze*
6	*Zìgǔ*	字谷	*Offene Punze*
7	*Zìqiánkuāndù*	字前宽度	*Vorbreite*
8	*Zìhòukuāndù*	字后宽度	*Nachbreite*
Glyphenproportionen			
9	*Zhòngyīnfúhàoxiàn*	重音符号线	*Akzentlinie oder Á-Linie*
10	*Shèngtíxiàn oder k Xiàn*	升提线 oder k 线	*Oberkant-Oberlänge oder k-Linie*
11	*Dàxiěxiàn oder H Xiàn*	大写线 oder H 线	*Oberlänge oder H-Linie*
12	*Zhōngxiàn oder Xiǎoxiěxiàn oder x Xiàn*	中线 oder 小写线 oder x 线	*Mittellänge oder x-Linie*
13	*Jīxiàn*	基线	*Grundlinie oder Schriftlinie*
14	*Xiàyánxiàn oder p Xiàn*	下延线 oder p 线	*Unterlänge oder p-Linie*
Buchstabenhöhen			
15	*Shàngshēnchūbùfen*	上伸出部分	*Großer Überhang*
16	*Shàngshēnbùfen oder Dàxiěgāodù*	上伸部分 oder 大写高度	*Versalhöhe*
17	*Xiǎoshēnchūbùfen*	小伸出部分	*Kleiner Überhang*
18	*Xiǎoxiěgāodù oder x Gāodù*	小写高度 oder x 高度	*x-Höhe oder Mittellängenhöhe*
19	*Xiàshēnchūbùfen*	下伸出部分	*Unterer Überhang*
20	*Xiàshēnbùfen oder Xiàyángāodù*	下伸部分 oder 下延高度	*Unterlängenhöhe*
21	*Shēnshēnchūbùfen*	深伸出部分	*Tiefer Überhang*
Veränderbare Räume			
22	*Zìkòngjù*	字空距	*Erweiterter Zeichenabstand oder Sperrung*
23	*Chóngdié*	重叠	*Verringerter Zeichenabstand oder Unterschneidung*
24	*Éwài kòngqiān*	标额外空铅	*Duchschuss*
25	*Hángjù*	行距	*Zeilenabstand*

Gerade (Serifenlose), Runde Hei-Schriften

HYJiaShuJ
Vereinfachte Zeichen

字体设计的艺术？

36 / 39 pt

Hmbgft.!?字体是一种最基本的视觉设计元素，设计师使用它就如同建筑师们使用玻璃，石料，钢铁和无数其他材料一样。280!?…

9,5 / 13 pt

Hmbgft.!?字体是一种最基本的视觉设计元素，设计师使用它就如同建筑师们使用玻璃，石料，钢铁和无数其他材料一样。280!?…

6 / 9,5 pt

Diese Schrift ist auch mit traditionellen chinesischen Schriftzeichen erhältlich.

Hanyi Keyin, Peking und URW++, Hamburg

汉字字体造型。

Typometrie chinesischer Schriftzeichen. Innere Werte zeigen Gesicht.

Sie kennen weder eine Unterscheidung zwischen großen und kleinen Zeichen noch haben sie Ober- und Unterlängen. Chinesische Schriftzeichen ergeben jedes für sich ein semantisch eigenständiges Bild, das – gleichgültig, wie viele Striche es aufweist – stets ein *Quadrat* beschreiben und *optisch eingemittet* sein sollte. Je höher die Anzahl der Striche, desto mehr kämpft es mit den teilweise winzigen *Punzen* bei geringen Schriftgraden und damit um gute Leserlichkeit *[→ 163]*. Die sichtbare *Glyphe* plus *Vor- und Nachbreiten* ergeben identische Maße für *Kegelhöhe, Dickte* und *Schriftgröße*. ■ Eine weitere Besonderheit sind die drei *Grundlinien*, womit moderne CJK-Fonts für die vertikale und horizontale Schreibrichtung, aber auch für die Zeilenführung nicht-chinesischer Zeichen gerüstet sind. □

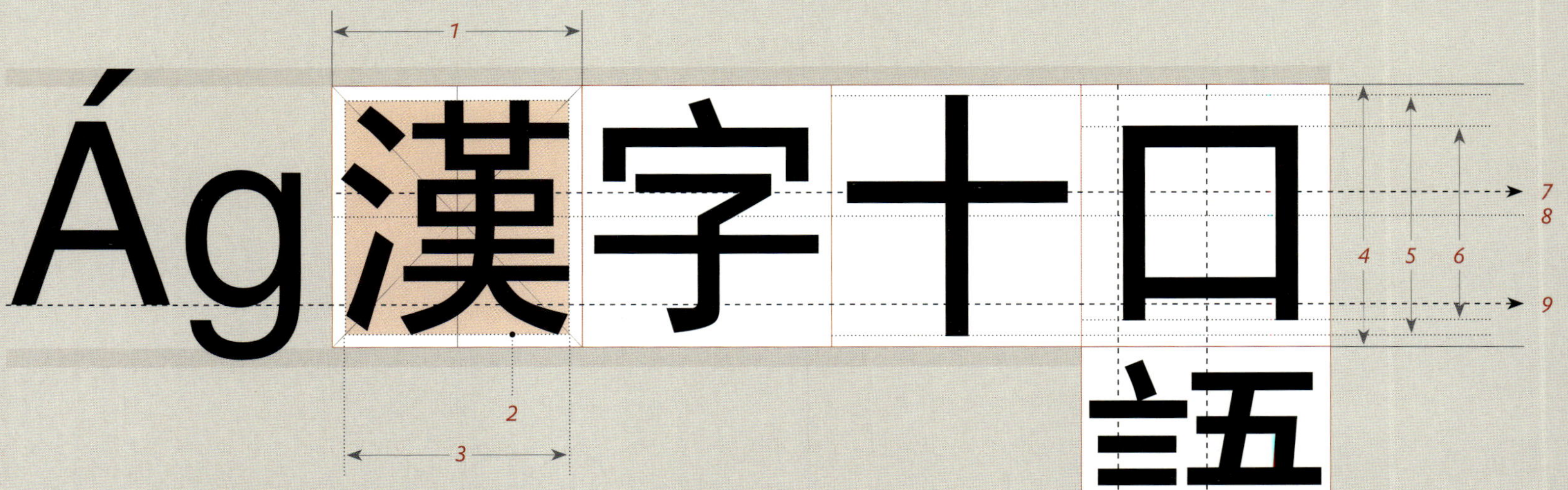

Schriftzeichenräume			
1	Zìfúkuāndù	字符宽度	*Dickte* oder *Kegelbreite*
2	Zìmiànkuāng	字面框	*Glyphenrahmen*
3	Zìxíngkuāndù	字形宽度	*Glyphenbreite*
4	Zìtǐgāodù	字体高度	*Kegelhöhe* oder *Schrifthöhe* *
5	Shízìgāodù	十字高度	*Maximale Glyphenhöhe (»Zehn«-Höhe)*
6	Kǒuzìgāodù	口字高度	*Minimale Glyphenhöhe (»Mund«-Höhe)*
Glyphenproportionen			
7	Shìjuézhōngxiàn	视觉中线	*Optische Mitte*
8	Jǐhézhōngxiàn = Shuǐpíngzhóu jīxiàn	几何中线 = 水平轴基线	*Mathematische Mitte* = *Horizontale Axialgrundlinie*
9	Shuǐpíng jīxiàn	水平基线	*Horizontale Proportionalgrundlinie*
10	Chuízhí jīxiàn	垂直基线	*Vertikale Proportionalgrundlinie*
11	Chuízhízhóu jīxiàn	垂直轴基线	*Vertikale Axialgrundlinie*

** Der von Designern und Fachleuten verwendete Begriff Zìtǐgāodù für »Schrifthöhe« ist ansonsten unter Computernutzern in China weithin unbekannt. Landläufig benutzt man das Wort Zìtǐdàxiǎo 字体大小, wörtlich: »Schriftgröße«.*

*Chinesische und japanische Texte werden **ohne Wortabstände** gesetzt. Die Aneinanderreihung ihrer Zeichen bildet lange Zeichenketten, welche die **gesamte Zeilenlänge lückenlos** ausfüllen. Zeichenabstände entstehen durch den mitgegebenen »inneren« Weißraum, der zwischen den dicktengleichen Zeichen stark variiert und in horizontaler Leserichtung – insbesondere bei größeren Schriftgraden – ein unausgewogenes Schriftbild bilden kann. Voreingestellte Zeichenabstandswerte (**Kerning**) harmonisieren Weißräume »von außen« [→224]. Asiatische Schriftsatzprogramme bieten eine spezielle Unterschneidungsoption (**Tsume** [→205]) zum proportionalen Zeichenausgleich zwischen den sichtbaren Glyphen.*

十字距口

十字距口

*Die **Glyphenhöhen** variieren zwischen der maximalen Ausdehnung der Zeichen SHÍ 十 (zehn) und der minimalen Ausdehnung KǑU 口 (Mund). Jede Glyphe beschreibt ihre individuelle Ausdehnung und ist optisch eingemittet.*

*Zeichen laufen entsprechend der Leserichtung entweder entlang einer **vertikalen oder horizontalen Axialgrundlinie,** Buchstaben richten sich – in der Vertikalen um 90° gedreht – an einer **vertikalen oder horizontalen Proportionalgrundlinie** aus.*

*Die aus mehreren Komponenten zusammengesetzten Zeichen stellen keine **Ligaturen** dar. Japanische KANA-Zeichen weisen eine spezielle Form von Ligaturen auf [→79].*

芇	芵	茥	芺
萺	苚	茪	芮
芋	芞	芢	茜
苂	莗	蓸	苗
芫	茿	苃	葃

DIESE ART RAFFINIERTER LIGATURENBILDUNG beschreibt keine eigene Glyphe eines Fonts. Die vier traditionellen Zeichen, kombiniert zu einem einzigen Zeichen einer chinesischen Neujahrsgrußformel, haben die Bedeutung: »Reichtum herrufen und Schätze bekommen« ZHĀOCÁI JÌNBǍO 招財進寶

ALS FAUSTREGEL GILT: Das sichtbare Schriftzeichen – oder wie es in China liebevoll genannt wird: das Zeichengesicht ZÌMIÀN 字面 – ist in einen Rahmen eingepasst, der 95% des quadratischen Schriftkegels entspricht. □ Der obenstehende Entwurf eines SONGTI-Fonts der Pekinger Type Foundry HANYI ignoriert diese Regel, da das magere Gewicht des Schriftschnitts größere Zeichenabstände erfordert.

Gerade (Serifenlose), Konstruierte Schriften

HYZongYiJ
Vereinfachte Zeichen

字体设计的艺术？

36 / 39 pt

Hmbgft.!?字体是一种最基本的视觉设计元素，设计师使用它就如同建筑师们使用玻璃，石料，钢铁和无数其他材料一样。280！？…

9,5 / 13 pt

Hmbgft.!?字体是一种最基本的视觉设计元素，设计师使用它就如同建筑师们使用玻璃，石料，钢铁和无数其他材料一样。280！？…

6 / 9,5 pt

Diese Schrift ist auch mit traditionellen chinesischen Schriftzeichen erhältlich.

Hanyi Keyin, Peking und URW++, Hamburg

汉字字体造型。

Die Gestaltung chinesischer Schriftzeichen. Außen holzig, innen leer.

Die erste Generation digitalisierter chinesischer Schriften wurde nicht neu entworfen, sondern nach Fotosatzvorlagen erstellt, die sich wiederum an historischen Vorbildern auf Holzschnitten oder des Handsatzes orientierten. Dies war eine enorme logistische, technische und ästhetische Leistung. Sie wurde gerade abgelöst von einer neuen, welche die international brennenden Fragen um verschiedene Leseausrichtungen und multilingualen Textsatz präziser beantwortet. ■ Die klassische Buchschrift Chinas entwickelte sich während der Song-Dynastie, nach der sie heute noch benannt ist. Die damals von oben nach unten gesetzten Zeichen richteten sich an einer vertikalen Achse aus. Die heute dominierende Zeilenführung nach westlichem Vorbild zeigt, dass die Zeichen nicht auf eine horizontale Grundlinie vorbereitet sind. Besonders in größeren Schriftgraden und kurzen Zeilen wirken sie »flatterhaft« und instabil. □

Von der vertikalen zur horizontalen Schreibrichtung

让想像力飞起来的画面 SongTi

想像力飞起来的画面

让想像力飞起来的画面 HeiTi

想像力飞起来的画面

让想像力飞起来的画面 ZongyiTi

想像力飞起来的画面

*Die ersten der chinesischen Schriftzeichen gehen auf figürliche Abbildungen von konkreten Dingen und Handlungen zurück: Ein auf dem Boden kniender trauernder Mensch, die vom Horizont aufsteigende Sonne, Regen, Werkzeuge, Gefäße – die Reihe ließe sich fortsetzen. Vor allem Himmel und Erde, die physischen Begrenzungen des Lebens, beschreiben horizontale Linien, die wiederkehrend in den Zeichen zu finden sind. Während die Zeichen traditionell an einer vertikal zentrierten Leseachse ausgerichtet wurden, bilden heute plötzlich die waagrechten Striche in den Zeichen optische Dominanten. Damit verschob sich der »Schwerpunkt« der einzelnen Zeichen. Das visuell-ästhetische Gewicht des **Zeichen-Schwerpunkts** entspricht der Grundlinienführung unserer Buchstaben.*

Schwerpunkt und Proportionen chinesischer Schriftzeichen

Während ein neuer Schriftentwurf für das lateinische Alphabet mit Überlegungen zu Strichstärken und -kontrasten beginnt, müssen innerhalb der chinesischen Schriftzeichen die Weißräume harmonisiert werden. Entscheidend für die gute Lesbarkeit eines Fonts ist der optische **Schwerpunkt** *Zhòngxīndiǎn* 重心点 / 重心點 *der einzelnen Zeichen. Ihn zu ermitteln, hängt von der Schriftart, Strichanzahl und -stärke ab und führt unter Schriftdesignern regelmäßig zu angeregten Diskussionen, denn hier sind in hohem Maße ästhetische, also subjektive Entscheidungen, gefordert.*

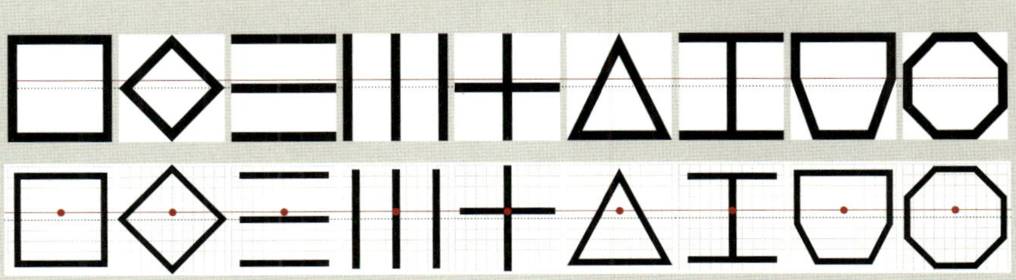

Innerhalb des stets quadratischen Schriftkegels werden zunächst verschiedene ***Grundformen*** *der Zeichen ausgemacht (hier nur eine Auswahl [→110]). Das Anpassen der Glyphenformen verlangt die Beachtung optischer Grundsätze.*

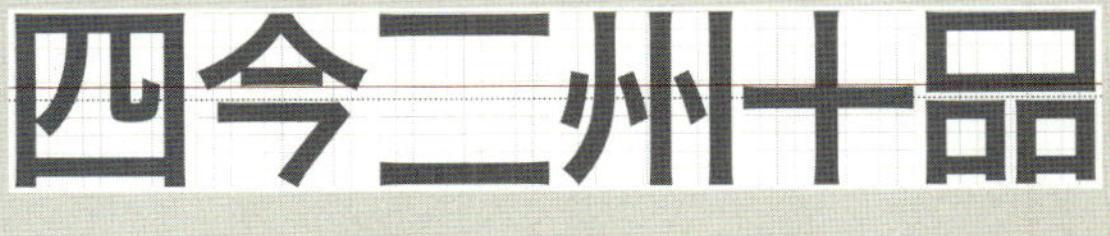

Zwar sollte ein Schriftzeichen ein imaginäres ***Quadrat*** *füllen, doch wirken nicht nur die sichtbaren, sondern ebenso die nicht-sichtbaren Zeichenbestandteile.*

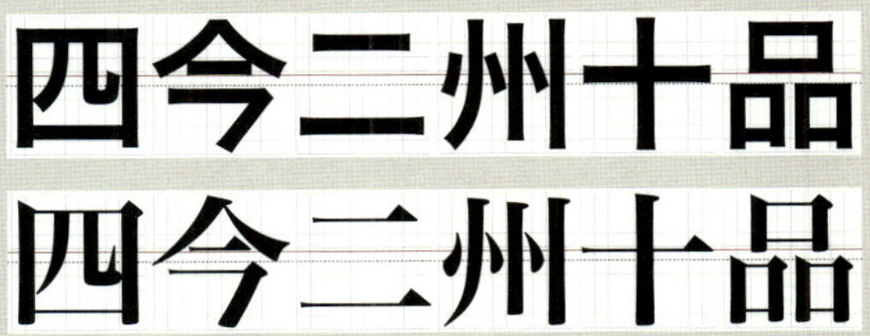

按照西方排版程序设计的要求，所有的字符都应该和文本中设定好的底线对齐。*Songti 6 pt*

按照西方排版程序设计的要求，所有的字符都应该和文本中设定好的底线对齐。*Kaiti 6 pt*

Für kleinere Schriftgrade bedeutet die Erkennung bestimmter Silhouettenformen erheblichen Lesekomfort, denn CJK-Leser differenzieren vor allem komplexe, dichte Zeichen in Fließtexten durch eine gewohnte Kombination von ***Strichformen*** *und* ***Zeichenumriss****. Die Schriftart* Kaiti *erfüllt mit der Wiedergabe dynamisch entstandener Strichführung sowie der deutlichen Unterscheidungsmöglichkeit der einzelnen Zeichenkomponenten beide Kriterien am lesefreundlichsten.*

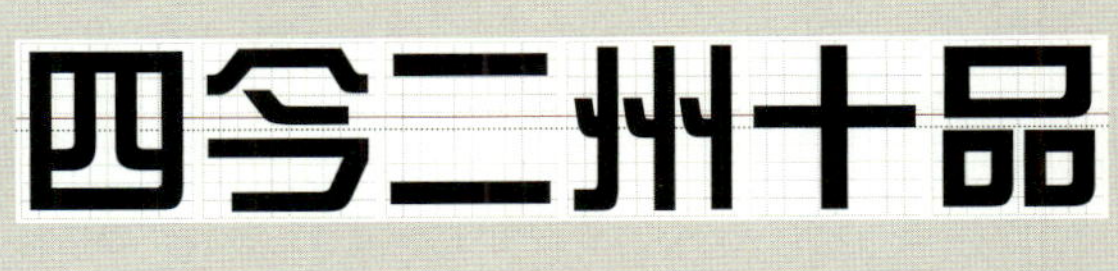

Poster-Fonts versuchen, die quadratische Form zu füllen. In meterhohen horizontalen Schriftzügen wirken unentschlossene Schwankungen der Außenmaße umso störender.

Ausdehnung und Proportionen der logografischen Glyphen werden – im Gegensatz zu Buchstaben – nicht von einem streng festgelegten Schriftliniensystem *bestimmt, sondern vom* ***Zeichen-Schwerpunkt****. Oben wurden die einzelnen Zeichen demonstrativ geringfügig manipuliert. In großen Schriftgraden entwickeln Zeichen mit weniger Strichen aufgrund ihrer fetteren Strichstärken ein dominantes Eigenleben.*

飛機 飛机 飛機 飞机

議論 议论 議論 议论

Die Begriffe für Fēijī (Flugzeug) in einer fetten SongTi und Yìlùn (Diskussion) in fetter Heiti, jeweils 39 pt und 8 pt

Bis hierhin haben wir strukturelle Unterschiede von traditionellen *und* vereinfachten *Schriftzeichen nicht explizit erwähnt [→67]. Der nebenstehende Vergleich von* ***Lang- und Kurzzeichen*** *gleicher chinesischer Begriffe kann nur ansatzweise andeuten, dass mit der Schriftreform auf dem Festland China ein für die Schriftgeschichte bis dahin völlig ungewöhnlicher Tatbestand die Herausforderung eines Gestalter-Alltags erweiterte: das Konstruieren neuer Zeichen, die sich aus den alten sensibel extrahieren mussten. Was besonders großen Schriftgraden an reizvollen Formen verloren ging, ist für Liebhaber von* Konsulationsgrössen *ein Gewinn an Lesefreundlichkeit. (Zum Vergleich: Dieser Text wurde in 8 pt gesetzt.)*

Gerade (Serifenlose), Konstruierte Schriften

FZZongYi-S
Vereinfachte Zeichen

字
体
设
计
的
艺
术
？

36 / 39 pt

Hmbgft.!?字体是一种最基本的视觉设计元素，设计师使用它就如同建筑师们使用玻璃，石料，钢铁和无数其他材料一样。280！？…

9,5 / 13 pt

Hmbgft.!?字体是一种最基本的视觉设计元素，设计师使用它就如同建筑师们使用玻璃，石料，钢铁和无数其他材料一样。280！？…

6 / 9,5 pt

Diese Schrift ist auch mit traditionellen chinesischen Schriftzeichen erhältlich.

Founder Electronics, Peking

Die elektronische und digitale Schriftwiedergabe stellt andere Anforderungen an ein Schriftbild als der ins Papier gedrückte Bleibuchstabe.

Kurt Weidemann

汉字字体造型。

Schrift passend machen. Probleme großer Schriftgrade.

Bei genauerer Betrachtung chinesischer Zeichensätze, stellt man fest, dass die *Zurichtung* der einzelnen Glyphen oft anmutet, als seien sie aus unterschiedlichen Quellen zusammengewürfelt. Das liegt primär daran, dass an einem chinesischen Font eines ganzes Heer von Reinzeichnern arbeitet, während westliche Schriftentwerfer im Laufe ihrer Karriere in der Lage sind, allein mehrere bis viele Entwürfe druckreif durchzuzeichnen. ■ In einem Fliesstext kommen die kleinen Unzulänglichkeiten nicht zum Tragen, da jeweils Hunderte oder gar Tausende von Zeichen Anwendung finden, die – trotz allem – einem gemeinsamen *Duktus* unterliegen. □

Was ungehörig ist und was nicht

*Im Zuge jeder Anpassung an die neuen technischen Möglichkeiten wurden hier – wie im Westen – die Glyphen mehr oder weniger liebevoll nachempfunden. Was den Charme einer gleichmäßig ungleichmäßigen Schriftkontur im Handsatz ausmachte, führt im digitalen, hygienisch keimfreien Schriftsatz – besonders in großen Schriftgraden – nicht selten zu **visueller Irritation.** Hier handelt es sich um das vereinfachte Zeichen Fēi 飞/機 (fliegen), das Teil der Begriffe Flugzeug, Flughafen etc. ist.*

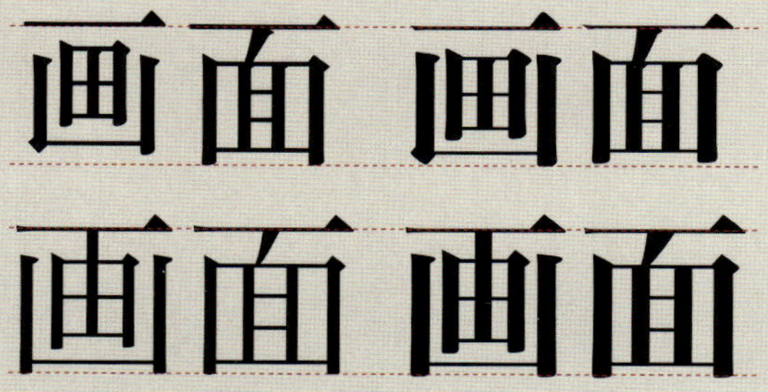

Chinesischer Font

Japanischer Font

Irgendwie wollen die Zeichen der beiden chinesischen SongTi-Schriften hier nicht recht zusammenpassen. Einmal wirkt das erste, einmal das zweite Zeichen des Wortes Huàmiàn 画面/畫面 (Bild) zu klein. Die japanischen Beispiele entstammen einer gemeinsamen Mincho-Schriftfamilie und können sich jeder Schriftgröße selbstbewusst stellen. Das Zeichen Ga 画/が gehört zur Gruppe der vereinfachten Kanji [→64].

*Schriftzüge für Firmenlogos, Außenwandbeschriftungen etc. erfordern nicht selten eine **Nachbehandlung**. Denn was für kleinere Schriftgrade leichteres Ausdifferenzieren der Zeichensilhouetten bedeutet [→167], wirkt bei großen bis riesigen Graden zuweilen zu »flatterhaft«.*

*Solange sich – besonders in größeren Schriftgraden – das Auge empfindlich gestört fühlt und es explizit an Display-Fonts mangelt, ist daher für westliche Maßstäbe Unerhörtes erlaubt: **Manipulation der Zeichen!** Die Möglichkeit eines Eingriffs beschränkt sich indes auf nur wenige Zeichen gerader Fonts.*

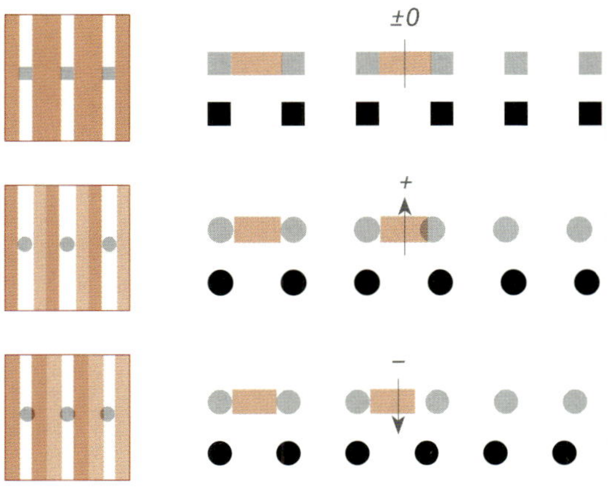

Satzzeichen-Ketten-Reaktionen

Interpunktionen und Satzzeichen erfordern in vielen Fällen einen ***manuellen Weißraum-Ausgleich.*** *Besonders unschön und störend – weil meist sehr offensichtlich – sind die unausgewogenen Abstände zwischen* *Dreipunkt-Auslassungszeichen, die im chinesischen und japanischen Schriftsatz zweimal hintereinander gesetzt werden [→266].*

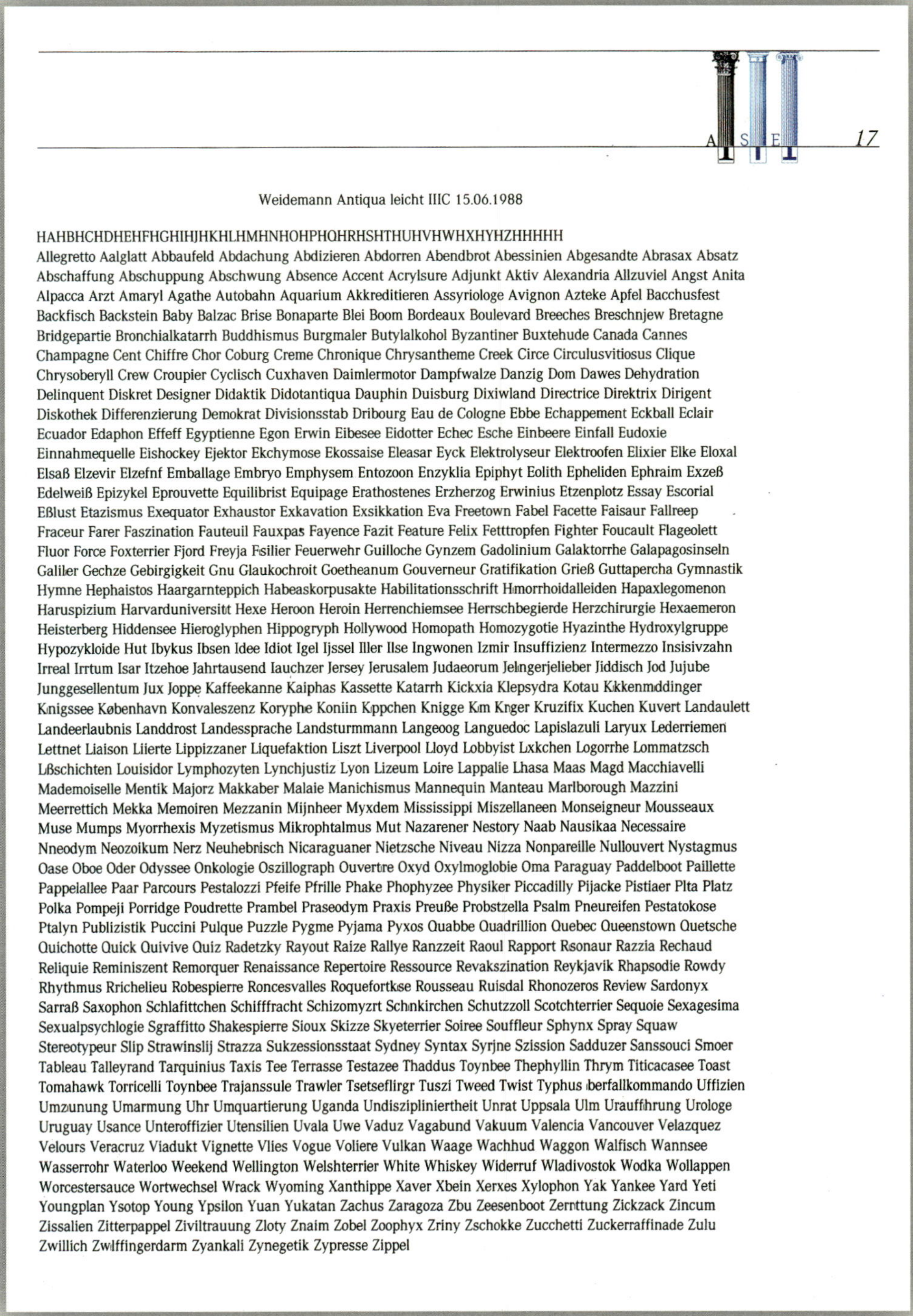
A S E 17

Weidemann Antiqua leicht IIIC 15.06.1988

HAHBHCHDHEHFHGHIHJHKHLHMHNHOHPHQHRHSHTHUHVHWHXHYHZHHHHH
Allegretto Aalglatt Abbaufeld Abdachung Abdizieren Abdorren Abendbrot Abessinien Abgesandte Abrasax Absatz
Abschaffung Abschuppung Abschwung Absence Accent Acrylsure Adjunkt Aktiv Alexandria Allzuviel Angst Anita
Alpacca Arzt Amaryl Agathe Autobahn Aquarium Akkreditieren Assyriologe Avignon Azteke Apfel Bacchusfest
Backfisch Backstein Baby Balzac Brise Bonaparte Blei Boom Bordeaux Boulevard Breeches Breschnjew Bretagne
Bridgepartie Bronchialkatarrh Buddhismus Burgmaler Butylalkohol Byzantiner Buxtehude Canada Cannes
Champagne Cent Chiffre Chor Coburg Creme Chronique Chrysantheme Creek Circe Circulusvitiosus Clique
Chrysoberyll Crew Croupier Cyclisch Cuxhaven Daimlermotor Dampfwalze Danzig Dom Dawes Dehydration
Delinquent Diskret Designer Didaktik Didotantiqua Dauphin Duisburg Dixiwland Directrice Direktrix Dirigent
Diskothek Differenzierung Demokrat Divisionsstab Dribourg Eau de Cologne Ebbe Echappement Eckball Eclair
Ecuador Edaphon Effeff Egyptienne Egon Erwin Eibesee Eidotter Echec Esche Einbeere Einfall Eudoxie
Einnahmequelle Eishockey Ejektor Ekchymose Ekossaise Eleasar Eyck Elektrolyseur Elektroofen Elixier Elke Eloxal
Elsaß Elzevir Elzefnf Emballage Embryo Emphysem Entozoon Enzyklia Epiphyt Eolith Epheliden Ephraim Exzeß
Edelweiß Epizykel Eprouvette Equilibrist Equipage Erathostenes Erzherzog Erwinius Etzenplotz Essay Escorial
Eßlust Etazismus Exequator Exhaustor Exkavation Exsikkation Eva Freetown Fabel Facette Faisaur Fallreep
Fraceur Farer Faszination Fauteuil Fauxpas Fayence Fazit Feature Felix Fetttropfen Fighter Foucault Flageolett
Fluor Force Foxterrier Fjord Freyja Fsilier Feuerwehr Guilloche Gynzem Gadolinium Galaktorrhe Galapagosinseln
Galiler Gechze Gebirgigkeit Gnu Glaukochroit Goetheanum Gouverneur Gratifikation Grieß Guttapercha Gymnastik
Hymne Hephaistos Haargarnteppich Habeaskorpusakte Habilitationsschrift Hmorrhoidalleiden Hapaxlegomenon
Haruspizium Harvarduniversitt Hexe Heroon Heroin Herrenchiemsee Herrschbegierde Herzchirurgie Hexaemeron
Heisterberg Hiddensee Hieroglyphen Hippogryph Hollywood Homopath Homozygotie Hyazinthe Hydroxylgruppe
Hypozykloide Hut Ibykus Ibsen Idee Idiot Igel Ijssel Iller Ilse Ingwonen Izmir Insuffizienz Intermezzo Insisivzahn
Irreal Irrtum Isar Itzehoe Jahrtausend Iauchzer Jersey Jerusalem Judaeorum Jelngerjelieber Jiddisch Jod Jujube
Junggesellentum Jux Joppe Kaffeekanne Kaiphas Kassette Katarrh Kickxia Klepsydra Kotau Kkkenmddinger
Knigssee København Konvaleszenz Koryphe Koniin Kppchen Knigge Km Knger Kruzifix Kuchen Kuvert Landaulett
Landeerlaubnis Landdrost Landessprache Landsturmmann Langeoog Languedoc Lapislazuli Laryux Lederriemen
Lettnet Liaison Liierte Lippizzaner Liquefaktion Liszt Liverpool Lloyd Lobbyist Lxkchen Logorrhe Lommatzsch
Lßschichten Louisidor Lymphozyten Lynchjustiz Lyon Lizeum Loire Lappalie Lhasa Maas Magd Macchiavelli
Mademoiselle Mentik Majorz Makkaber Malaie Manichismus Mannequin Manteau Marlborough Mazzini
Meerrettich Mekka Memoiren Mezzanin Mijnheer Myxdem Mississippi Miszellaneen Monseigneur Mousseaux
Muse Mumps Myorrhexis Myzetismus Mikrophtalmus Mut Nazarener Nestory Naab Nausikaa Necessaire
Nneodym Neozoikum Nerz Neuhebrisch Nicaraguaner Nietzsche Niveau Nizza Nonpareille Nullouvert Nystagmus
Oase Oboe Oder Odyssee Onkologie Oszillograph Ouvertre Oxyd Oxylmoglobie Oma Paraguay Paddelboot Paillette
Pappelallee Paar Parcours Pestalozzi Pfeife Pfrille Phake Phophyzee Physiker Piccadilly Pijacke Pistiaer Plta Platz
Polka Pompeji Porridge Poudrette Prambel Praseodym Praxis Preuße Probstzella Psalm Pneureifen Pestatokose
Ptalyn Publizistik Puccini Pulque Puzzle Pygme Pyjama Pyxos Quabbe Quadrillion Quebec Queenstown Quetsche
Quichotte Quick Quivive Quiz Radetzky Rayout Raize Rallye Ranzzeit Raoul Rapport Rsonaur Razzia Rechaud
Reliquie Reminiszent Remorquer Renaissance Repertoire Ressource Revakszination Reykjavik Rhapsodie Rowdy
Rhythmus Rrichelieu Robespierre Roncesvalles Roquefortkse Rousseau Ruisdal Rhonozeros Review Sardonyx
Sarraß Saxophon Schlafittchen Schifffracht Schizomyzrt Schnkirchen Schutzzoll Scotchterrier Sequoie Sexagesima
Sexualpsychlogie Sgraffitto Shakespierre Sioux Skizze Skyeterrier Soiree Souffleur Sphynx Spray Squaw
Stereotypeur Slip Strawinslij Strazza Sukzessionsstaat Sydney Syntax Syrjne Szission Sadduzer Sanssouci Smoer
Tableau Talleyrand Tarquinius Taxis Tee Terrasse Testazee Thaddus Toynbee Thephyllin Thrym Titicacasee Toast
Tomahawk Torricelli Toynbee Trajanssule Trawler Tsetseflirgr Tuszi Tweed Twist Typhus berfallkommando Uffizien
Umzunung Umarmung Uhr Umquartierung Uganda Undiszipliniertheit Unrat Uppsala Ulm Urauffhrung Urologe
Uruguay Usance Unteroffizier Utensilien Uvala Uwe Vaduz Vagabund Vakuum Valencia Vancouver Velazquez
Velours Veracruz Viadukt Vignette Vlies Vogue Voliere Vulkan Waage Wachhud Waggon Walfisch Wannsee
Wasserrohr Waterloo Weekend Wellington Welshterrier White Whiskey Widerruf Wladivostok Wodka Wollappen
Worcestersauce Wortwechsel Wrack Wyoming Xanthippe Xaver Xbein Xerxes Xylophon Yak Yankee Yard Yeti
Youngplan Ysotop Young Ypsilon Yuan Yukatan Zachus Zaragoza Zbu Zeesenboot Zerrttung Zickzack Zincum
Zissalien Zitterpappel Ziviltrauung Zloty Znaim Zobel Zoophyx Zriny Zschokke Zucchetti Zuckerraffinade Zulu
Zwillich Zwlffingerdarm Zyankali Zynegetik Zypresse Zippel

Die Corporate ASE ist »eine Schrift-Trilogie im klassischen Kanon für den Einsatz in den elektronischen Medien und für die Ansprüche einer ›corporate culture‹« [Weidemann] des deutschen Gestalters Prof. Kurt Weidemann, der nicht nur die Hausschrift für Mercedes-Benz lieferte, sondern Unternehmen wie Porsche, Deutsche Bahn und die FAZ zu einem stringenten Markenauftritt führte. ☐ Der Auszug eines Beihefters zur Einführung des Fonts im Jahre 1990 zeigt nur ansatzweise, welche Mühen allein in der Zurichtung von 26 x 2 Buchstaben plus sämtlicher weiterer Zeichen eines Font stecken. Die Abstände von bis zu 80.000 Kerning-Paaren (Buchstabenkombinationen) werden heute innerhalb eines Fonts geprüft, doch: ***Letzlich ist es das Auge, das Entscheidungen fällt.***

Gerade (Serifenlose), Konstruierte Schriften

DFPZongYi Std
Vereinfachte Zeichen

字体设计的艺术？

36 / 39 pt

Hmbgft.!?字体是一种最基本的视觉设计元素，设计师使用它就如同建筑师们使用玻璃，石料，钢铁和无数其他材料一样。28O!?…

9,5 / 13 pt

Hmbgft.!?字体是一种最基本的视觉设计元素，设计师使用它就如同建筑师们使用玻璃，石料，钢铁和无数其他材料一样。28O!?…

6 / 9,5 pt

Diese Schrift ist auch mit traditionellen chinesischen Schriftzeichen erhältlich.

DynaComware (weltweit), Fontshop, Berlin und Linotype, Bad Homburg

书展24万读者 老人学生为主

明年广场搭篷 扩容一万平方米

读者满载而归

本版图片 早报记者 王炬亮

24万人次的参与读者，2800万元销售额，10余万种图书，370多项文化活动，这是上海书展组委会在上海书展昨天结束后给出的数据。在“书展吸引您的地方是什么？”调查中，读者的回答集中在：“书类齐全，应有尽有”、“购书方便”、“有喜欢的名人”等，而读者不满意的因素主要集中在购书环境和服务：“太乱”、“环境嘈杂”等。对于这些问题，上海市新闻出版局局长焦扬昨天表示，上海展览中心现有展馆确实遇到了空间瓶颈，“明年将在现有场地条件下挖掘空间，可以在东二馆西二馆广场空地上搭起大篷，这样可以增加1万平方米的展览空间，改善环境。”

早报记者 石剑峰

逛累了，休息一下

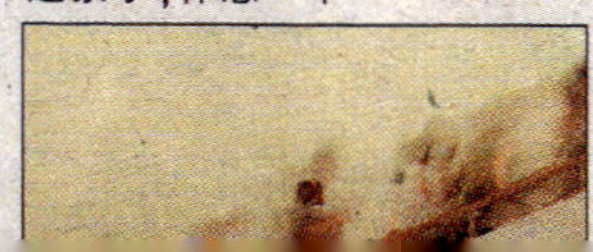

根据上海书展组委会昨天给出的统计数字，为期7天的上海书展共吸引了24万人次读者参与，上海展览中心主会场共销售2800万元图书，设在各个书店和网上的13个分会场在书展期间也达到了1000万元的销售额。人均购书金额从这个数据上也可计算出，为100多元。其中对于各书店分会场，上海市新闻出版局长焦扬在昨天的闭幕新闻发布会上表示，书展期间各书店销售额比平时增长了23.76%。“这意味着上海书展不仅激发了市民和读者阅读的热情，而且成功挖掘了城市的阅读潜力。”焦扬说。

渐成暑期必备节目

在上海书展期间，组委会还对参加读者进行了现场随机调查，对已经举办了5届的上海书展，被调查的读者中，超过四成的读者表示每届都参加，有49%的读者参加了去年的上海书展。上海书展已逐渐成为部分上海市民的暑期必备节目。

事实上，书展会场的购书环境比起书店和其他途径要差很多，拥挤的人群、嘈杂的环境以及并不太大的折扣，可为何还能吸引那么多热情读者参与？在“书展吸引您的地方是什么？”调查中，读者的回答集中在：“书类齐全，应有尽有”、“购书方便”、“给孩子以知识的熏陶，培养其读书兴趣”、“有喜欢的名人”、“规模大，种类多”、“可以与作者交流”等等。对于很少逛书店的普通读者，每年在书展上确实可以集中买到各类图书，也能意外遇到现实中的名人以上的图书。

争取在世博园设分会场

根据调查，读者不满意因素主要集中在购书环境和服务：“太乱”、“环境嘈杂”、“休息的地方太少”等都是读者集中反映的问题。对于这些问题，焦扬昨天也表示，上海展览中心现有展馆确实遇到了空间瓶颈，“明年将在现有场地条件下挖掘空间，可以在东二馆西二馆广场空地上搭起大篷，这样可以增加1万平方米的展览空间，改善环境。”

在接受访谈时，针对在世博园设办书展分会场的建议，焦扬坦言和她的想法“不谋而合”。焦扬说：“我们去年向世博局提出申请要求，但世博展馆寸土寸金，能不能给书展一点地方还很难说，但我们正在积极努力。”焦扬同时表示，根据今年书展的经验，将来的书展还需把空间更好地延伸利用。另外，书展将更人性化地为读者服务，如设计一些少年儿童的活动等。

对于书展时间短、次数少的问题，焦扬想到了“用时间换空间”的方法，“我们想方设法延长书展的时间，希望以后可以跨两个周末。”

◎ 书展荐书TOP 10

《认得几个字》(张大春著)

《道出真我》([英] 切丽·布莱尔著，余书娴/何峻译)

《与神对话》([美]尼尔·唐纳德·沃尔什著，李继宏译)

《论晚期风格》([美] 萨义德著，阎嘉译)

《巴黎隐士》([意] 卡尔维诺著，

书展日记③

书展之外的日子和人

昨天傍晚的一场疑似暴雨，最终放过了参加上海书展的最后一批读者和工作人员。7天的书展在热闹和疲惫中终于结束，销售统计算是喜人，300多项图书活动也基本场场爆满。但说到底，现在的书展就是一次持续7日的图书商品大展销，外加拉来几百号名人做促销。主办者、专家和部分媒体一厢情愿地想赋予其文化含义，现在还有点“勉强”，从这一角度而言，上海书展的未来空间还是很大的。

首先，2800万元的销售图书中，我们并没有太细致的分析图书种类，没有水分的畅销榜我们迄今还未看到；其次，这些来书展的读者，平时的购书、阅读行为又是如何？最重要的是，24万人次以外的更为庞大人群，他们平时的阅读现状又是如何？他们对书展是否知晓？是否感兴趣？又为什么没有去书展？这些疑问，显然是书展主办方还需要去思考、调研、研究的问题。

书展上的活动，每年都在增加，活动的密度十分惊人，但大多数的讲座和读者见面活动上，嘉宾的声音几乎为现场噪音所淹没，许多演讲参加人数看上去吓人，可基本上都不是来听嘉宾说什么的，他们等待的是签名活动，很多宣讲基本就是走过场而已。而真正希望从讲座上获得收益的读者基本一无所获。令人好奇的是，在上海展览中心还是有不少清静的空间，非常适合举

他们说书

素质 通过这个
要的感受就是上海市
素质还有待提高。
在有限的条件里尽
得更好，但是市民的
举动在书展上还是
的。 钱

秩序 书展很热
很高兴去，但秩序有
受制于场地因素，
座都在嘈杂的环境
果其实不太好。上
设了分会场办演讲，
办法两个地方兼顾。
是，上海展览中心
地方可以利用作为
场所。此外，展览中
些场所比如宾馆的
可以利用，作为专门
此外，书展上演讲少
经典3.0活动，上
文化含量的演讲活
了。而书展上分发的
该做得更细致清晰，
图拿在手上还是很难
地。 陈

细分 我代表90
发表的意见是：结
哪，书架图书展示区
我带了小朋友逛动漫
东西。其实书展是
一样的东西和书，
点也行，但书展上还
一样的东西，这样就
而且展区设计、布置
特点，还有食物让人
吕正(《

环境 虽然上海
很多，但都比较大众
如此嘈杂的环境下，
书。也许是我经常去
的书店，书展上打八
里一般都可以以更低

中文字体分类。理论与实践。

Die Klassifikation chinesischer Druckschriften. Theorie und Praxis.

Während ein lateinischer Font unter Umständen in einigen Stunden generiert werden kann, vergehen vom Entwurf bis zum Einsatz eines CJK-Fonts noch immer zwei bis drei Jahre. Trotzdem wächst ihre Zahl rasant und mit ihr das Problem einer Systematisierung. Keine offizielle Norm verschreibt CJK-Fonts die Zuordnung in eine bestimmte Schriftgruppe. Außerhalb Chinas wird meist zwischen Kaiti, Songti, Fangsongti und Heiti unterschieden. Dies erklärt sich aus den üblicherweise auf Computern installierten *Systemschriften*. Solcherart Unterteilung muss zu kurz greifen, da eine über 3.500-jährige Schriftgeschichte einen weit größeren Variantenreichtum als vier Schriftarten hervorgebracht hat. ■ Die folgende Übersicht benennt alle bisher relevanten Schriftarten. Sie ist als vorläufige Zusammenfassung zu verstehen, die ausschließlich auf die Analysen der Autorin zurückgreift. So wird zum Beispiel deutlich, dass eine Kaiti zur Klasse der *kalligrafischen Schriften* zählt, während eine Songti nur eine von vielen ist, die sich alle den gleichen Namen teilen, weil sie eine eigentlich eine eigene Schriftklasse beschreiben. ■ Grundsätzlich erscheint der Ansatz einer Schriftklassifizierung nach historischen Paradigmen für chinesische Schriftzeichen aus zwei Gründen schlüssig: Zum einen kennt sich in China mit Stolz schon jeder Schulabgänger bestens mit den klassischen Schriftstilen aus, die einen erheblichen Teil seiner kulturellen Identität ausmachen [→ 103]. Zum anderen beginnt die Geschichte der *Druckschriften* – und damit eine befriedigende Formenanalyse – verglichen mit der europäischen Buchkunst sehr viel später [→ 174]. Entsprechend muss an dieser Stelle auf Angaben über weitergehende musterhafte formale Klassifikatoren verzichtet werden, die jede einzelne Schriftgruppe spezifizieren und in weitere Untergruppen aufteilen würden. Hier sind in den nächsten Jahren neue Ergebnisse zu erwarten, viele Forschungsprojekte – nicht nur in China – beschäftigen sich ganz aktuell mit der Aufarbeitung der fernöstlichen Schriftgeschichte. ■ Die Unterteilung der kalligrafisch angelehnten Schriften ist zu vergleichen mit unseren *gebrochenen Schriften*, die ziseliert mittelalterliche Handschriften unterscheiden. Doch schon wo eine DIN-Norm westlich-pedantisch die Formensprachen der *Antiqua*-Schriften auseinandernimmt, unterscheidet man in Fernost eine Songti manchmal nur nach Schriftenherstellern und Gewichten. Bietet ein Schriftenhaus mehrere Fonts dieser Schriftklasse an, werden meist die verschiedenen historischen Vorlagen, die ihnen Pate standen, namentlich hinzugefügt. Das gilt ebenso für die einzelnen Gruppen der *kalligrafischen Schriften*. Auf der Suche nach einem Font dieser bestimmten Gruppen oder *Song*-Klassen ist das außerordentlich hilfreich, wird nur leider nicht konsequent umgesetzt. ■ Damit wird die Suche nach einer eher robusten, weichen, frühen oder eleganten, gestochenen, späten chinesischen Serife aussichtslos. Eine weitere Unterteilung, die sich an den Meilensteinen der Formveränderungen orientierte, wäre zu wünschen. Ergänzungen wie »Tang-Song« und »Ming-Song« unterschieden dann beispielsweise zwischen Schriftgruppen, die unseren *Renaissance*- und *klassizistischen Antiquas* vergleichbar wären. Aufgrund der Kürze chinesischer Begriffe könnte eine Schriftgruppe in die Fontbezeichnung aufgenommen werden und damit Konfusionen, wie wir sie aus unserem Sprachkreis kennen, umgangen werden. ■ In China trifft man hin und wieder unter dem Lemma *Schriftklassifizierung* Kategorien wie *Frauenschriften* [→ 80] oder die Unterscheidung von *Kurz*- und *Langzeichen* [→ 67]. Diesen Vorschlägen wird hier nicht gefolgt. Die *Frauenschriften* können stilistisch den *Grasschriften* zugeschlagen werden [→ 174]. Viele chinesische Fonts gibt es in zweifacher Ausführung, was jeweils den reformierten sowie traditionellen Zeichen Rechnung trägt [→ 148, 176], formal jedoch keinen Anlass zu eigener Schriftgruppierung bietet. □

Hier sind sie alle versammelt: die Song-, Hei-, Kai- und Fangsong-Schriften – so auch zu finden im Computer und allen lesbaren Medien. Die Qualitätsunterschiede der gleichnamigen Fonts verbergen sich im Detail und kommen erst in großen Schriftgrößen zum Tragen. Für Fließtexte wird man meist eine Song- oder Heiti finden, die recht zarte Fangsong in der Funktion einer Auszeichnungsschrift. Die weiche, kalligrafische Kai bietet zwar höchsten Lesekomfort, wird jedoch hauptsächlich für Prosa und Ergänzungstexte verwendet. Lishu-Fonts können eine gute Wahl für Überschriften oder Kolumnentitel sein.

Bezeichnungen rund um die Schrift

Zìtǐ fēnlèi	字体分类 / 字體分類	*Schriftklassifikation*
Zìtǐ zuòfēng	字体作风	*Schriftart / -klasse*
Zìtǐ xìliè	字体系列 / 字體系列	*Schriftreihe (Gruppe)*
Zìtǐ qīnshǔ	字体亲属 / 字體親屬	*Schriftsippe*
Zìzú	字族	*Schriftfamilie*
Zìkù	字库 / 字庫	*Font*
Zìtǐ	字体 / 字體	*Schrift(-schnitt / -stil)*
Zìshì	字势 / 字勢	*Schriftlage*
Zìtǐ kuānzhǎi	宽窄 / 寬窄	*Schriftbreite*
Zìtǐ fēnliáng	字体分量 / 字體分量	*Schriftgewicht*

GǓWÉNTǏ 古文体/古文體		**ALTERTÜMLICHE SCHRIFTEN**
ZHUÀNWÉN 篆文	字體分類	*SIEGELSCHRIFTEN:* Von den beiden Siegelschriftstilen ist für die Druckschriften die KLEINE SIEGELSCHRIFT gemeint, die erste normierte Schreibung Chinas.
SHŪFǍTǏ 书法体/書法體		**KALLIGRAFISCHE SCHRIFTEN**
LÌSHŪTǏ 隶书体/隷書體	字体分类	*KURIALSCHRIFTEN:* Die Drucktype der LISHU ist ein Querschnitt verschiedener Vorbilder auf Steintafeln, Felswänden und Bambusstreifen. Sie ist gedrungen, wodurch sie wie eine breitlaufende Schrift wirkt. Sie erfreut sich großer Beliebtheit als Headline-Font.
CǍOSHŪTǏ 草书体/草書體	字体分类	*KONZEPTSCHRIFTEN:* Da die CAOSHU ganz unterschiedliche Ausprägungen hat, findet man hier nur sehr wenige Druckschriften, meist mit einem unvollständigen Zeichensatz.
KǍISHŪTǏ 楷书体/楷書體	字体分类	*NORMALSCHRIFTEN:* Die rundliche, weiche KAISHU lieferte die ersten imitierten Handschriften der in robusten Holzblöcken geschnitteten Texte. Während der SONG-Zeit druckte man gern nach den Kalligrafien der drei berühmten TANG-Künstler OUYANG XUN, YAN ZHENQING und LIU GONGQUAN an. Die bekannteste KAI (Systemfont) ist ein aus allen dreien kombinierter Schnitt. KAITIS zeichnen sich durch hohen Lesekomfort aus und sind bestens als Auszeichnungsschrift geeignet.
XÍNGSHŪTǏ 行书体/行書體	字體分類	*KURSIVSCHRIFTEN:* Auch hier gibt es ganz verschiedene Interpretationen klassischer kalligrafischer Vorbilder. Das Beispiel zeigt eine Drucktype nach WANG XIZHI *[→ 103, 175]*.
WÈIBĒITǏ 魏碑体/魏碑體	字体分类	*STEINTAFELSCHRIFTEN:* Eigentlich nicht als kalligrafisch zu bezeichnen, erfreut sich diese Schrift heute doch großer Beliebtheit als dekorativer Font.
YǑUJIǍOTǏ 有脚体/有脚體		**SERIFEN-SCHRIFTEN**
SÒNGTǏ 宋体/宋體	字体分类	*SONG-SCHRIFTEN:* Die SONG, auch als »Gravur-« oder »harte Zeichen« bezeichnet, entstand ausschließlich als Drucktype. Sich allmählich nach dem Vorbild der TANG-KAISHU entwickelnd, gilt sie in der MING-Zeit als ausgereift. Sie steht heute für die elegante Wahl einer Buchschrift. Charakteristisch sind ihre dünnen vertikalen und kräftigen horizontalen Striche sowie Zacken an den Enden der horizontalen Striche, die wie Serifen anmuten, weshalb sie gern mit den westlichen *Antiqua*-Schriften verglichen wird. Während der SONG-Dynastie verwendete man vertikal gesägte Holzdruckplatten; identisch der Maserung, verliefen die Zeichen untereinander. Um ein Ausbrechen des Holzes zu verhindern, mussten die senkrechten Zeichenstriche etwas kräftiger geschnitten werden. Über einen längeren Zeitraum verstärkte sich der Kontrast zwischen den horizontalen und vertikalen Strichen, die Ecken nahmen einen dekorativen Charakter an, die Winkel der steigenden und fallenden Striche harmonisierten.
FǍNGSÒNGTǏ 仿宋体/仿宋體	字体分类	*FANGSONG-SCHRIFTEN:* Bis zur Entstehung einer neuen Schriftart verging eine lange Zeit. Im Jahr 1916 nahmen sich die Brüder und Schriftkünstler aus Hangzhou DING SHANZHI 丁善之 und DING FUZHI 丁辅之 einen bestimmten SONG-Schnitt zur Vorlage und entwickelten die FANGSONG, die »nachgeahmte Song-Schrift«, die schnell populär wurde und heute auch zum Standardrepertoire chinesischer Computer-Systemschriften gehört. Im Gegensatz zur klassischen SONG sind die Breiten der Zeichenstriche homogen, horizontale Striche leicht nach rechts oben geneigt, die Figuren wirken schlanker. Für Fließtexte wirkt der Font sperrig, für Überschriften zu zart. In Japan findet man ihn nicht.

Wújiǎotǐ 无脚体/無腳體		**Gerade oder Serifenlose**
Hēitǐ 黑体/黑體	字体分类	*Gerade Hei:* Die Gerade ist ein geistiger Import aus Japan. 1871 als Währung eingeführt, wurden die ersten Yen-Banknoten von einer deutschen Firma gedruckt und auf Wunsch mit einem englischen Textpassus versehen. In der folgenden Auseinandersetzung mit dem lateinischen Alphabet entstand nach der Idee der westlichen Grotesk eine japanische Gothic, die sich in den 1930er Jahren als Heiti *(chines.: Black Letter)* nach China ausbreitete. Dank ihrer modernen und kosmopolitischen Ausstrahlung erfreut sie sich größter Beliebtheit, ist variantenreich sowie in allen Schriftgewichten erhältlich.
Yuántǐ 圆体/圓體	字体分类	*Runde Hei:* Diese Variante der Hei-Schriften ist so populär, dass sie in verschiedenen Gewichten und als eigene Gruppe angeboten wird. Sie eignet sich für Überschriften und Ergänzungstexte.
Zōngyìtǐ 综艺体/綜藝體	字体分类	*Die Konstruierten:* Einige Fonts passen sämtliche CJK-Zeichen den identischen maximalen Glyphenausdehnungen an. Sie wirken daher eckig und statisch, man spricht auch von der »CJK-Serpentine«. Besonders geeignet als Posterfonts oder für Außenbeschriftungen.
Zázhǒngtǐ 杂种体/雜種體		**Hybride ***
Sònghēitǐ 宋黑体/宋黑體	字体分类	*Song-Hei-/Hei-Song-Schriften:* Diese Mischformen – zu vergleichen mit westlichen *Egyptiennes (Slab Serifs)* – sind in China brandneu und bieten noch eine sehr geringe Auswahl an Fonts. Sie sollten je nach Dominanz einer Song oder Hei differenziert werden. Hier ist ein stärkerer Zuwachs neuer Fonts zu erwarten, vor allem für den Einsatz als Bildschirmschriften.
Hēisòngtǐ 黑宋体/黑宋體	字体分类	
Chuàngyìtǐ 创意体/創意體	字体分类	*Die Kreativen:* Ganz neu ist die Verwendung von Stilelementen westlicher Schriften. Diese chinesischen Fonts lehnen sich dann zum Beispiel an *gebrochene Schriften* oder die *klassizistische Antiqua* an. Sie bieten reizvolle Möglichkeiten für den gemischten Sprachsatz.
Biàntǐ 变体/變體		**Varianten ****
Zìjìtǐ 字迹体/字跡體	字体分类	*Handschriftliche Fonts:* Auch diese Schriftgruppe wird bald eine große Zahl hochwertiger, vielfältig einsetzbarer Fonts für die Bereiche Werbung, Verpackung und Dokumente hervorbringen.
POPtǐ POP体/POP體	字类字类	*Zierschriften* schossen zu Beginn des digitalen Zeitalters wie Pilze aus dem Boden – beliebt für Ladenbeschriftungen, Verpackungen und Fanzines.
Xiàngsùtǐ 像素体/像素體	字里分类	*Screen-Fonts:* Auf der – sich nicht stilistisch, sondern durch technische Verwendbarkeit unterscheidenden – Gruppe der Bildschirmfonts liegt zunehmend der Fokus von Schriftentwicklern. Sie sind besonders in kleinen Schriftgraden auf digitalen Sicht- und Benutzeroberflächen besser darstell- und lesbar als Druckschriften, als Druckschriften hingegen ungeeignet.

* *Eine wie hier aufgeführte eigene Klasse der Hybride existiert in der Praxis noch nicht. Meist sind diese Formen unter den Song-Schriften zu finden.*

** *Als Varianten werden in China Schriften bezeichnet, die mit den Grundschriften gestalterisch »spielen«:*

— *Einen Font wie* 字体分类 *findet man dann unter Hei-Varianten Biànhēi* 变黑/變黑. *Besser aufgehoben ist er bei den POPtis.*

— *Umso umfangreicher ist die Gruppe der POP-Schriften, in die ebenso dieser Font* 字体分类 *gehören würde, der sich jedoch als eine Runde-Hei-Variante BiànYuán* 变圆/變圓 *entpuppt.*

法和印刷体。

Lange Geschichte der chinesischen Schriftstile. Ganz kurz.

Von den sechs kalligrafischen Gruppen gehören die *Orakelknochen-* und *Siegelschriften* zu den *altertümlichen*, die folgenden zu den *modernen* Schriftstilen. Im Wandel der Zeit verursachten die individuellen Auffassungen der Kalligrafen und die Bedingungen des Schreibens unzählige stilistische Ausprägungen. Über die Jahrtausende chinesischer Kulturentwicklung erhielten Literatur, Musik, Architektur und bildende Künste immer wieder Impulse aus dem Ausland. Die Kunst der *Kalligrafie* blieb jedoch eine selbständige Leistung. □

Text unter Mitarbeit von Wang Jianwei, Suzhou [→ 114]

Die berühmteste Inschrift der Zhōu-Dynastie befindet sich im Dǐng 鼎 (Dreifuß) des Máogōng 毛公. Sie gilt als Meisterwerk und stellt mit 497 Zeichen die längste bekannte Bronzeinschrift dar, die bereits von hoher Erzählkunst zeugt.

[1]

[2]

[3]

Ausschnitt der Tài Shān-Schrift 泰山 von Minister Lǐ Sī 李斯, der im kaiserlichen Auftrag erstmals ein Kompendium amtlicher, in Form und Bedeutung festgelegter Zeichen zusammenstellte. [→ 52]

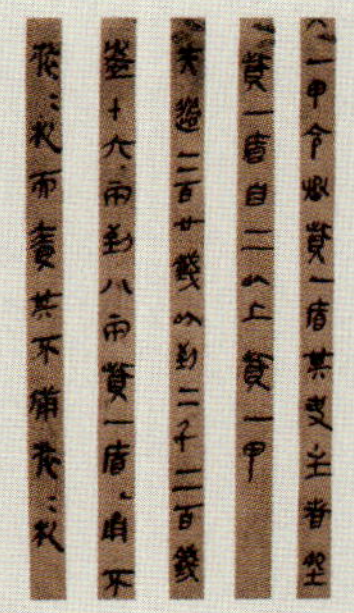

[4]

1 Jiǎgǔwén 甲骨文

Von denen auf Tierknochen und Schildkrötenpanzern geritzten bis heute über 4.500 gefundenen Zeichen konnten bisher ca. 1.700 entschlüsselt werden. Sie dienten vorwiegend kultischen Zwecken. Obwohl in ihren Schreibweisen noch uneinheitlich, weisen sie bereits auf eine gewissenhafte Auseinandersetzung mit der beginnenden grafischen Verständigung hin. [→ 47]

2 Jīnwén 金文

Wie der Name sagt, wurden die Zeichen auf Metalle geritzt, ihren Schriftträgern gemäß auch als »Glocken- oder Kochgefäßeschrift« bezeichnet. Anfangs der Orakelknochenschrift ähnlich, weisen die Bronzeschriften später Spuren von Piktogrammen auf. Insgesamt wurden hier über 5.000 Zeichen gesammelt, wovon die meisten als entschlüsselt gelten. Gemeinsam mit den Steinschriften zählen sie zur Grossen Siegelschrift Dàzhuàn 大篆.

3 Shígǔwén 石古文

Die Einritzungen auf trommelförmigen Steinen sind die ältesten bekannten Steininschriften. Inhaltlich beziehen sich die auf zehn Steinen gefundenen Poeme hauptsächlich auf das Thema Jagd. In der Spätzeit – während der Qin-Dynastie – nähern sich ihre Formen bereits der Kleinen Siegelschrift an. Sie bilden die Basis für die heutigen chinesischen Schriftzeichen. Sämtliche Schriftstile (man spricht von sechs), deren Duktus bis dahin von hartem Schreibmaterial (Griffel) auf hartem Schreibgrund geprägt (Stein oder Bronze) wurde, werden unter dem Begriff Grosse Siegelschrift zusammengefasst [→ 53].

4 Xiǎozhuàn 小篆

Diese Epoche der Schriftgeschichte spielte eine entscheidende Rolle für die Standardisierung der Zeichen. Ihre bis dahin sechs unterschiedlichen Schreibungen wurden unter dem ersten Kaiser eines vereinten China für das ganze Land vereinfacht und vereinheitlicht, weshalb man später von der Kleinen Siegelschrift sprach. Die heutige Verwendung dieses an Rundungen reichen Schriftstils verleiht Dokumenten eine betont seriöse, altehrwürdige und traditionsbewusste Aura. Nach wie vor findet man sie auf den Stempeln, die in China eine persönliche Unterschrift ersetzen, und Korrespondenzen, amtlichen Verfügungen oder Kunstwerken erst Authentizität verleihen.

5 Lìshū 隶书/隸書

In Stein graviert oder auf Bambustäfelchen geschrieben, bergen diese Zeichen anfangs noch Spuren der Siegelschrift. Ihre typischen Merkmale sind später ein eckiger, breiter Duktus, schnurgerade waagerechte und senkrechte sowie wellenförmige, nach rechts abfallende Striche. Diese für nicht-zeremonielle Anlässe verwendeten Zeichenformen weichen nicht mehr grundlegend von den heutigen ab. Sie markieren damit den Übergang vom alten zum modernen chinesischen Schrifttypus.

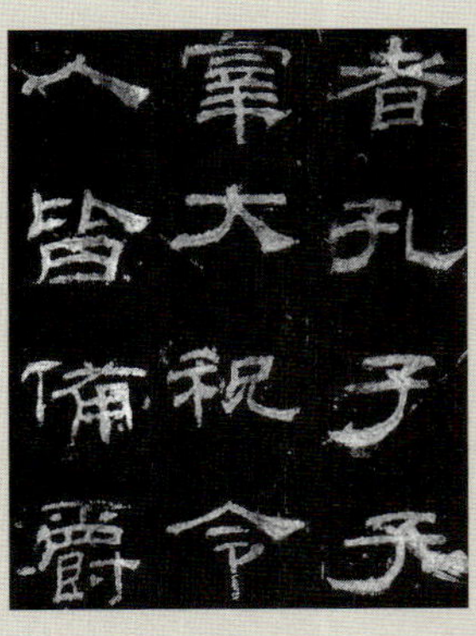

[5]

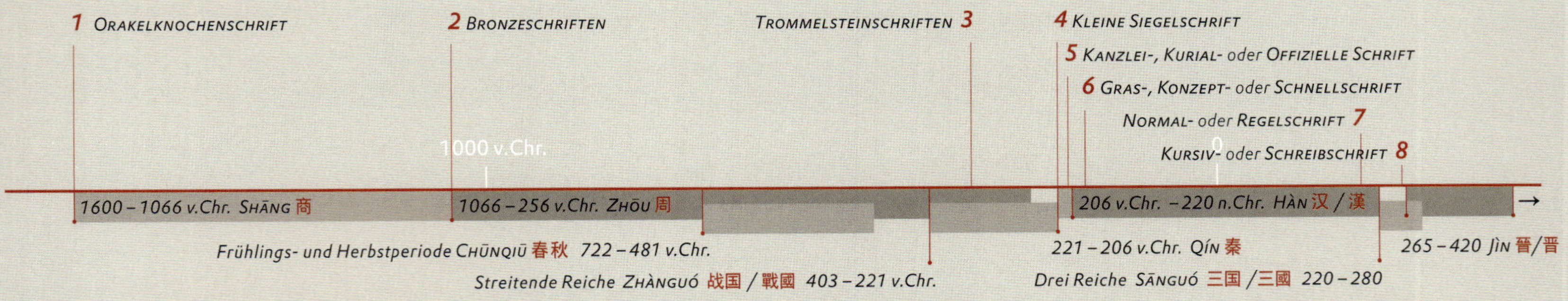

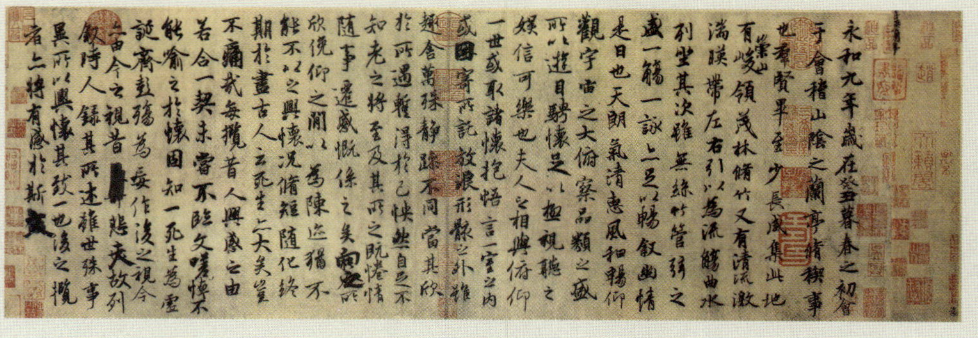

Wáng Xīzhī 王羲之 (303–361) soll im Alkoholrausch das »Vorwort zu der Zusammenkunft am Orchideenpavillon« Lántíngxù 兰亭序/蘭亭序 geschrieben haben. Die Nachwelt spricht respektvoll vom unübertroffenen Meisterwerk der Kursivschrift. Der Kaiser Táng Tàizōng 唐太宗 (599–649) ließ sich später mit diesem von ihm so verehrten Schriftstück begraben. Von dem Künstler ist kein einziges Original erhalten geblieben [→ 103]. [Bildquelle: Wikipedia]

[6]

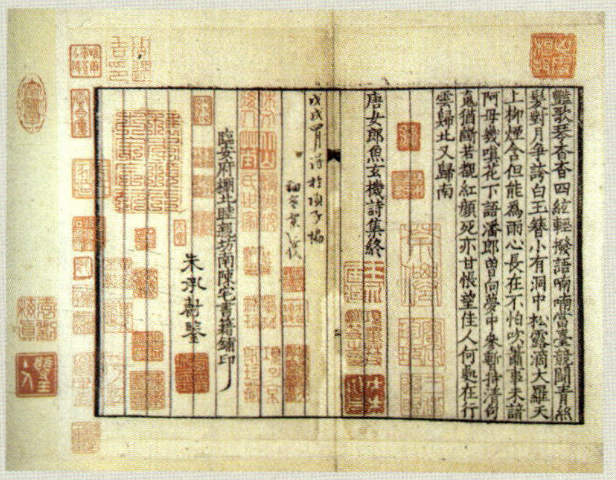

Die »Gedichtsammlung der Madame Yú Xuánjī«, gesetzt in der Sòng-Zeit, zeigt die klassische Buchschrift, die während der Míng-Dynastie ausgereift war. Die vielen Stempel verraten, wie oft das Dokument seinen Besitzer gewechselt hat.

Dem grandiosen Táng-Künstler »Zhāng Xù 张旭, der Verrückte« schreibt man die »Tausend elementaren Zeichen« in der wilden Grasschrift zu.

Was europäischen Druckern der Setzkasten, war den chinesischen das Zeichenrad (14. Jh.). Später wurden riesige Holzkästen mit kleinen Fächern für die Tausenden von Drucktypen an die Wand gelehnt.

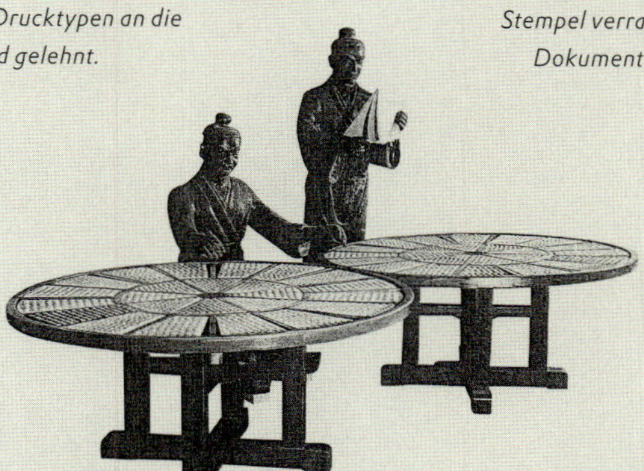

6 Cǎoshū 草书/草書

Die in den Anfangsjahren der Hàn-Dynastie entstandene Grasschrift, einer schnell geschriebenen Konzeptschrift, die an den Strichenden noch den typischen »Wildgansschwanz« aufwies, entwickelte sich nach der Hàn-Zeit zur modernen Schnellschrift. Hier lösen sich die Spuren der Kurialschrift in fließenden, gerundeten Strichen auf. Während der Táng-Dynastie entwickelt sie sich zu einer »wilden« Schrift, deren Zeichen von Chinesen ohne Spezialkenntnisse nicht zu lesen, geschweige denn zu schreiben sind.

7 Kǎishū 楷书/楷書

Gegen Ende der Hàn-Zeit bemühte man sich, den »exzentrischen Auswüchsen der Grasschrift« [Baus] Einhalt zu gebieten. Die Formen der Regelschrift sind quadratisch, die Striche einfach, gerade und ebenmäßig. Während der Táng-Dynastie wurde sie zum verbindlichen Standard. Sie wird auch als »musterhafte«, »korrekte« oder »wahre« Schrift bezeichnet. Nach ihrem Vorbild zeichnet sich die moderne Druckschrift Kaiti durch optimale Lesbarkeit aus.

8 Xíngshū 行书/行書

Die stilistische Mischung aus Konzept- und Normalschrift ist schneller zu schreiben als die Normal- und leichter zu entziffern als die Grasschrift, weshalb sie sehr populär und am weitesten verbreitet war.

9 Wèibēi 魏碑

Während der Nord-Süd-Ära kam ein Schrifttypus für Steintafelinschriften auf, der auf der Kanzlei- und Normalschrift beruhte, doch eine sehr eckige Anmutung hat. Dieser Stil bildet heute eine eigene Klasse unter den Druckschriften.

Die Normalschrift, nachempfunden auf einem Holzklischee aus Vietnam.

10 Sòng 宋
11 Fǎngsòng 仿宋
12 Hēi 黑

Für den Holzblockdruck Kèfú 刻符 imitierte man anfangs vor allem Kaishu-Handschriften. Während der Song-Dynastie entsteht eine gleichnamige Drucktype, die heute als klassische Buchschrift gilt. Angeblich werden im 11. Jh. bewegliche Tonlettern erfunden, handfeste Nachweise gibt es dafür nicht. Im 17. Jh. drucken europäische Missionare im Auftrag des Kaisers Kangxi ganze Bücher nach dem Prinzip des Johannes Gutenberg. Bis zur Einführung der Lithografie gegen Ende 19. Jh. bleibt der Holzschnitt die vorherrschende Drucktechnik. Anfang des 20. Jh. entsteht eine adaptierte Song-Schriftart, aus Japan wird wenig später eine sog. Gerade übernommen.

13 Zázhong 杂种/雜種 und Biàn 变/變

Eine Schriftreform in China Mitte des 20. Jahrhunderts lässt viele Zeichen ästhetisch nur sehr verarmt weiterleben [→ 67]. Es entstehen viele neue Druckschriften, bis zur Einführung der digitalen Technik blieb das geschriebene Wort aber gleichrangig. Seit einigen Jahren ist ein enorm wachsendes Interesse an der eigenen Schrift, ihrer Geschichte und Klassifizierung zu beobachten. Gleichzeitig entstehen Hunderte neuer Fonts, die den klassischen Schriftarten bisher allerdings nur wenige weitere Kategorien hinzufügen. Den üblichen Computersystemen werden heute standardmäßig vier chinesische Systemschriften implementiert: Kaiti, Songti, Heiti und Runde Heiti. Letztere ist eine Adaption der Hei mit – wie der Name schon sagt – abgerundeten Strichenden.

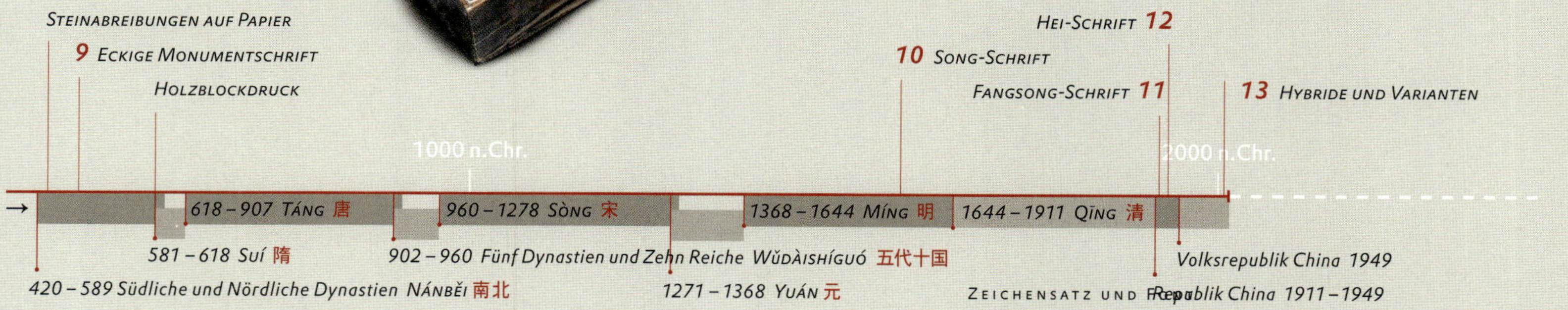

分量和字体家族没有斜体

Gewichte auf Chinesisch. Schriftfamilien ohne schräge Typen.

Bisher bestehen chinesische Schriftfamilien Zìtǐzìzú 字体字族/字體字族 meist lediglich aus unterschiedlichen Gewichten Fēnliáng 分量. Dass *schmale, breite* oder *kursive* Schriftschnitte in der Gestalter-Praxis nach Herzenslust simuliert werden, zeigt, dass es Bedarf nach Ausbau gibt. ■ Je nach Schriftanbieter aus China sind Bezeichnungen von Schriftgewichten für den Sprachunkundigen manchmal nur schwer oder gar unmöglich nachzuvollziehen. DTP-Programme zeigen Schriftnamen meist entweder in chinesischen Zeichen oder in der Pīnyīn-Umschrift an. □ *Tipp: Im Programm Adobe Illustrator kann mandie Anzeige chinesischsprachiger Fontnamen vermeiden. Schalten Sie in den > Voreinstellungen auf die Option > Schrift, danach auf > Schrift in englischer Sprache anzeigen.*

Adoptierte Schriftfamilienmitglieder

Auf den ersten Blick könnten diese Song-Fonts unterschiedlicher Schriftstärke einer Familie angehören, doch sie behaupten erst gar nicht nicht, verwandt zu sein — man spricht hier von einer ***Schriftreihe*** *Zìtǐ xìliè 字体系列/字體系列 [→172].*

字体系列	Zìdiǎn*	字典	Extra Light
字体系列	Bào*	报/報	Light
字体系列	Shū'èr*	书二/書二	Regular
字体系列	Shūyī	书一/書一	Book
字体系列	Zhōng	中	Medium
字体系列	Dà	大	Bold
字体系列	Cū	粗	Black
字体系列	Chāo cū	超粗	Heavy

**Manche Fonts setzen ihren Namen keine Schrifthinweis zu, sondern eine eventuelle Einsatzgebiete wie Wörterbuch-, Zeitung- oder Buchdruck.*

J(iǎntǐzì)- und F(ántǐzì)

Einige chinesische Type Foundries bieten sogenannte ***J****(iǎntǐzì)- und* ***F****(ántǐzì)-Versionen ihrer Schriften an, was nichts weiter bedeutet, als dass die* ***F****-Schriften lediglich die GB-Kodierungen der vereinfachten mit traditionellen Zeichen besetzen [→146]. Im traditionellen Chinesisch verfasste Ursprungstexte sind daher mit diesen Fonts weder in* ***J****(iǎntǐzì)- noch in* ***F****(ántǐzì)-Fonts vollständig darstellbar. [→148]*

字体	...J ...S	简	... Jiantizi ... simplified
字體	...F ...T	繁	... Fantizi ... traditional

CJK-Zeichen findet man »in echt« nur als normale (aufrechte) Schriftlage; eine echte Kursive sucht man vergebens. Elektronisches Kursivieren ist für eine Songti- oder Heiti nicht zu verteufeln, doch mit Bedacht vorzunehmen. Für Schaugrößen und alle weiteren Schriftgruppen aber vermeiden!

字体	Chánggui	常规体字/ 常規體字	Normale, Roman
字体	(Jiǎ-) qīngxiétǐ	(假)倾斜体/ (假)傾斜體	(Pseudo-) Kursive

Wo Schriftzeichen-Details durch eine minimalistische Typografie an gestalterischer Kraft gewinnen, muss der Font auch mit der Lupe ausgesucht werden. Viele chinesische Fonts eignen sich nicht für Schaugrößen.

Echte Schriftfamilie

Die Schrift Fangzheng Lanting-Hei 方正兰亭黑 gilt als eine der umfangreichsten chinesischer Schriftfamilien. Sie wurde unter der Leitung von Qí Lí 齐立 von der Pekinger Type Foundry Founder Electronics 北京北大方正电子 entwickelt.

字体家族	Chāo xì	超细/超細	Ultra Light
字体家族	Qiān	纤	Extra Light
字体家族	Xì	细/細	Light
字体家族			Regular*
字体家族	Zhǔn	准	Medium
字体家族	Zhōng	中	Demi Bold
字体家族	Zhōng cū	中粗	Bold
字体家族	Cū	粗	Black
字体家族	Dà	大	Extra Black
字体家族	Tè	特	Heavy

**Im normalen Schriftschnitt Lanting-Hei ist das Gewicht im Fontnamen nicht enthalten.*

Manche Fonts verlassen das quadratische Zeichenformat nur optisch. Dieser breitlaufende Schnitt ist tatsächlich ein flacher, denn die Kegelmaße sind in Höhe und Breite identisch.

字扁	Piān	扁	flach

Neben echten schmallaufende Schriften mit schlanken Dickten – wie hier zu sehen – gibt es längliche Glyphen, die quadratischen Dickten eingeschrieben.

字长	Zhǎng	长/長	lang

第四章

[→191]

TYPOGRAFIE — ABER WIE?

Typographie kann man nicht lehren – man muss sie entdecken und erleben.

Helmut Schmid

Lesen und lesen lassen. Von Matthias Gubig, Berlin

Ich gehe durch die Straßen einer Stadt, atme und lese. Dabei zähle ich weder meine Atemzüge, noch registriere ich, wie viele Wortbilder ich identifiziere: auf Hauswänden, Plakaten, T-Shirts von Passanten, Fahrzeugen, Schildern, Zeitungen … ■ Ebenso unbewusst sortiere ich aus: geht mich nichts an, uninteressant, längst bekannt, zu mühsam lesbar … ■ So dringt nur ein geringer Teil des Lese- und Bilderangebots in mein Bewusstsein: wichtig! interessant! neu! ungewöhnlich! ■ Nehme ich dabei die wichtigen Informationen wahr? – wichtig für mich wie die Atemluft, wichtig für den Stoffwechsel des Wissens und der Kultur. Sicher entgeht mir vieles, was ich nicht oder nur mühsam lesen kann. Oder auch vieles, was ich im Schriften-Gedränge nicht erkenne, das mir erscheint, als sei es nicht an mich adressiert, nicht für mich, sondern für Menschen mit anderen Interessen, anderer Bildung, anderem Alter bestimmt. ■ Kommunikation ist Lebensmittel. Schrift und Typografie signalisieren: schmackhaft, trocken und zäh, gesund, ungenießbar, giftig … Oft werden die falschen Signale gesetzt. ■ Gestalter von Schrift und Typografie können als redliche Vermittler, aber auch als Fälscher agieren. ■ Sehr einfach erscheint es, gut lesbare Schrift zu setzen. Die typografischen Einzelzeichen der allenthalben verfügbaren gut gestalteten Schriftfonts sind klar gezeichnet, auch sind sie ebenso deutlich voneinander unterschieden wie harmonisch aufeinander abgestimmt. Sie sind so neutral in ihrem Ausdruck, dass sie als Träger der unterschiedlichsten Botschaften funktionieren können. Aber auch mit so idealen Bausteinen kann funktionale Kommunikationsgebäude nur errichten, wer deren Nutzer und die genauen Umstände der Nutzung kennt. ■ Grundsätzlich hangeln sich geübte Leser nicht Buchstabe für Buchstabe durch Texte. Die zu Wörtern gruppierten Zeichen bilden Silhouetten, welche rhythmisiert sind durch Ober- und Unterlängen sowie den Wechsel von Rundungen, Senkrechten, Waagerechten und Diagonalen. Diese „Skylines" bereits bekannter Worte werden als Bilder erkannt. So gleiten die Blicke in Sprüngen von Wortgruppe zu Wortgruppe, das schnelle Lesen nur unterbrechend, wenn unbekannte Bilder auftauchen. Dann müssen die Einzelzeichen identifiziert und buchstabierend gelesen werden. Solche Irritationen durch unbekannte Wortbilder können Typografen auch gezielt als Anreiz zur Kommunikation einsetzen, in der Regel aber wollen sie das unkomplizierte Lesen befödern. ■ Ob Kochbuch, SMS, Steuererklärung oder Zeitung – die eben geschilderte Lesetechnik wird sehr unterschiedlich angewendet. Deshalb müssen Typografen das Leseangebot sehr differenziert und genau planen und gestalten: Wer soll da eigentlich lesen? Zu welchem Zweck soll gelesen werden? In welchem Medium? Unter welchen Umständen? ■ Verschiedentlich wurde der Versuch unternommen, unterschiedliche Lesearten in Gruppen zusammenzufassen und zu klassifizieren. Im wirklichen Leben aber gibt es so viele Unterschiede wie Leser und die Typografie eines Mediums vereint divergente Leseangebote. ■ Deshalb sollen hier einige Beispiele für die Vielfalt möglicher Fälle stehen. Mit den folgenden kleinen Geschichten möchte ich zeigen, dass Typografen keineswegs in erster Linie schöne Schriftanordnungen gestalten, sondern einen Prozess – den Prozess des Lesens. Dafür sollten sie gern Fantasie für die Situationen anderer Menschen aufbringen sowie soziale Kompetenz, kommunikative Begabung und allgemeine Bildung mitbringen. Hinzu kommt das erlernbare typografische Fachwissen für die jeweiligen Schriftsysteme. ■ Nicht die Rede ist hier von besonderen Kreationen, von tollen Ideen, gar von typografischer Kunst. So wunderbare Besonderheiten kommen natürlich vor, aber – vielleicht sollte ich schreiben: glücklicherweise – nicht an jedem Tag. Im Alltag geht es oft »nur« um die sachgerechte typografische Versorgung mit dem schlicht Nötigen. □

Sakkaden …

… *nennt man die Augenbewegungen, welche nach bestimmten Gewohnheiten Texte erfassen, indem automatisch Leseeinheiten gebildet werden. Das heißt, es wird nicht jedes Wort einzeln entziffert, sondern der Leser nimmt Inhalte in ganzen Textstücken auf. Das Auge springt beim Lesen vor und zurück, analysiert Textstück für Textstück, nimmt dabei nicht jedes Zeichen wahr und fokussiert dabei nicht alle Wörter. Das Gehirn erkennt bei diesem Vorgang bekannte Worte und fügt sie sinngemäß zusammen.*

Professor Matthias Gubig ist einer der bekanntesten und bescheidensten deutschen Buchgestalter und Grafiker, gelernter Schriftsetzer und Buchdrucker. Seine Handpresse-Juwelen sind begehrte Sammlerobjekte. Er unterrichtete viele Jahrzehnte an der Kunsthochschule Berlin-Weißensee im Fach Typografie – auch die Autorin, die sich bedankt, dass sie seinen Beitrag für dieses Buch »in Szene setzen« durfte.

Die Informationsschilder auf dem Flughafen

Spät dran ist die Familie an diesem Morgen. Die Kinder haben vor Aufregung kaum geschlafen, die Nerven der Eltern liegen blank, denn es geht zum ersten gemeinsamen Flug in den Urlaub. Wo können sie den Wagen parken, wo einchecken, wo ist der Flugsteig, wo die Toilette für die Tochter und wo findet der Sohn rasch noch Ersatz für die vergessene Sonnenbrille? So knapp die Zeit, so viel Informationsbedarf an fremdem Ort. Hier hilft nur ein gut funktionierendes typografisches und piktografisches Orientierungssystem. Jedes Zeichen dieses Systems muss im Augenblick erfassbar sein – aus dem fahrenden Wagen, beim hektischen Laufen, aus großer Distanz zum tabellarischen Display. Zum Beispiel sollten sich die Buchstaben **c, e, o** oder die Ziffern **3, 8, 9** klar voneinander absetzen. Alle Zeichen müssen gleichermaßen einheitlich und INDIVIDUELL gestaltet sein, um in ihrer Reihung eindeutige Wort-Silhouetten zu bilden. Über all das macht sich niemand in jener Familie Gedanken, als endlich alle erleichtert in ihre Flugzeugsitze sinken.

Der Roman und die Nachttischlampe

Die junge Frau liest bis in die Nacht hinein mit glühenden Ohren die komplizierte Geschichte eines amourösen Verhältnisses. Sie liest von der ersten bis zur letzten Zeile linear – nur so kann sie die Handlung in allen Einzelheiten verfolgen.

Das Format des Buches sollte klein und handlich sein, zugunsten ihrer angestrengten Augen ist das gewählte Papier nicht grell weiß, nicht glatt oder gar spiegelnd, die Schrift mindestens 9 Punkt groß; die Zeilen mit etwa 55 Zeichen sind nicht ermüdend kurz, aber auch nicht so lang, daß sie ständig den Anfang der nächsten Zeile suchen muß. Ausreichender Abstand zwischen den Zeilen erleichtert ihr dieses Suchen und das Erfassen der Wortbilder. Wenn alle diese Bedingungen erfüllt sind, funktioniert die Typografie so gut, dass die Leserin sie gar nicht bemerkt.

Die Zeitung und der Citybus

Der Geschäftsmann muss pünktlich ins Büro. Bevor der Arbeitstag beginnt, will er noch die aktuellen Nachrichten und die Börsenberichte überfliegen. Wenn er Glück hat, erwischt er einen der arg bedrängten Sitzplätze im rüttelnden Gefährt. Er liest »diagonal«, sucht das ihm Wichtigste in der Fülle des Lesestoffs. Er ist froh, daß die Zeitung kein Riesenformat hat, eine typografische Wohltat ist die klare Gliederung in thematische Seiten und Rubriken. Anhand der ihm schon bekannten überschaubaren Skala der Schriftgrößen und -arten kann er sich rasch orientieren,

Wichtiges von Unwichtigem

unterscheiden. Die Zeilenlänge von 30 bis 40 Buchstaben nimmt fünf bis zehn Wörter auf, so dass die Wortabstände einigermaßen gleichmäßig, die Worttrennungen nicht zu häufig sind. Sie formieren sich zu Spalten, in denen er rasch nach Schlüsselwörtern suchen kann. +++ Eine kräftige, zugleich platzsparende Grundschrift kommt dem entgegen. Typografische Raffinessen und Experimente stören. +++

Das Plakat an der Hauptstraße

Menschengedränge, Wort-, Musikfetzen, Bilder- und Schriftengetümmel. Und mittendrin ein werbendes Plakat. Es soll möglichst viele Leute für ein soziales Projekt interessieren – für einen Moment ihre Aufmerksamkeit gewinnen, ihren Gedankenstrom in eine neue Bahn führen. Das Unwahrscheinliche soll geschehen: Menschen mögen sich unvermittelt eines ihnen bisher fremden Problems annehmen. Dafür braucht das Plakat die Eigenschaften eines Marktschreiers wie: **L A U T S T Ä R K E ,** WITZ, überraschende **Pointen.** Sein ernstes Thema darf nicht erschrecken, gar abschrecken – es soll anrühren. Doch wen? Nicht das gezielte Interesse führt die Leser zu diesem Medium, wie es noch bei Buch und Zeitung selbstverständlich war. Hier muss das *Medium* »seinen« Leser in der großen Menge der Passanten einfangen und solange festhalten, bis der Text gelesen und die komplexe Botschaft vermittelt ist. Dies muss auch unter ungünstigsten Bedingungen funktionieren – bei greller visueller Konkurrenz, Dämmerlicht, Überblendung, schrägem Blickwinkel. Starke Bilder schaffen das, eine starke Typografie kann das auch: mit kurzem eindringlichem Text, mit interessanten Schriftbildern in den Headlines, mit funktionalen Leseschriften in den Erläuterungen: Was? Wann? Wo?

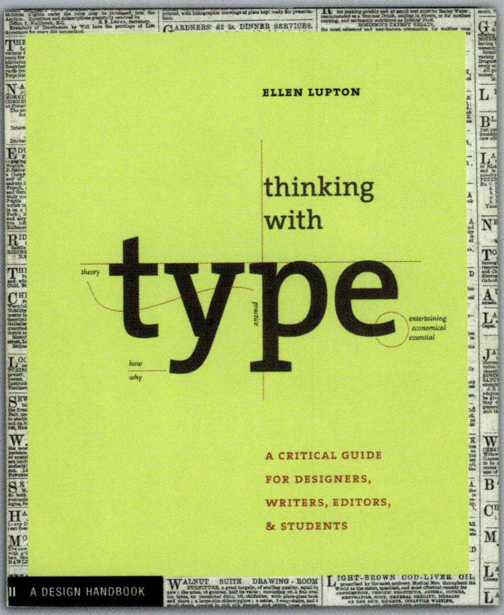

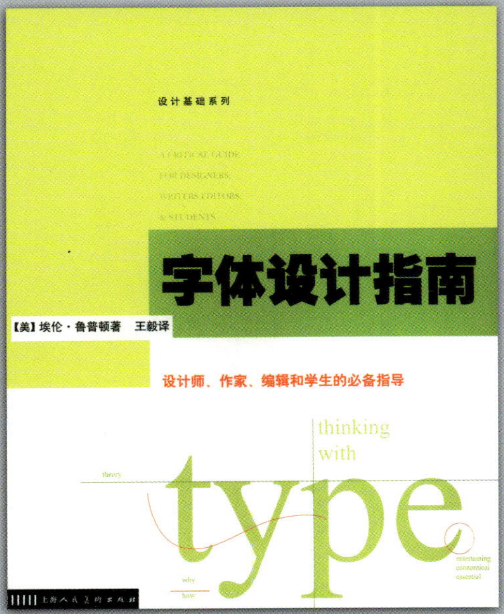

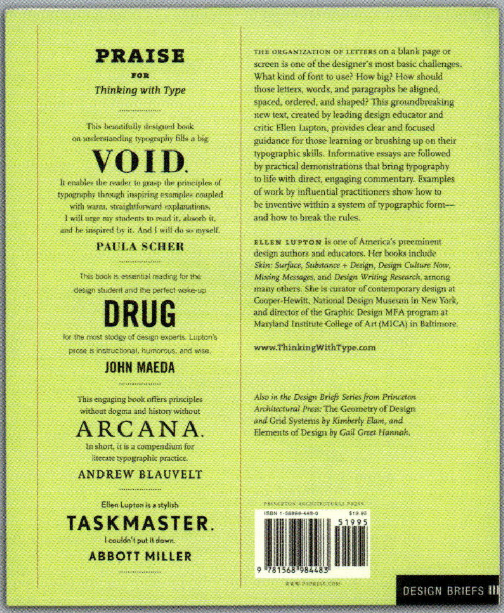

32-PT SCALA	32-PT INTERSTATE REGULAR	32-PT BODONI	32-PT MRS EAVES
Sehe	ich	dick	aus?

Diese Buchstaben haben alle die selbe Punktgröße, aber verschiedene Mittellängen, Strichstärken und Proportionen.

32-PT SCALA	32-PT INTERSTATE REGULAR	32-PT BODONI	32-PT MRS EAVES
Do I	look fat	in this	paragraph?

These letters are all the same point size, but they have different x-heights, line weights, and proportions.

32点斯凯拉体	32点州际正常体	32点博多尼体	32点伊夫斯夫人体
Do I	look fat	in this	par agr aph?

上面这些字母的点尺寸都一样，但它们的x高度、行宽和比例都不同。

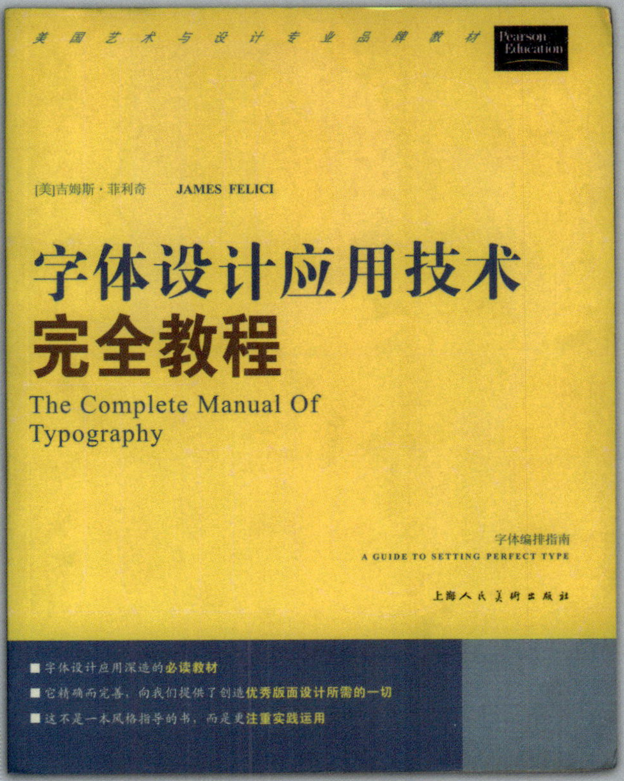

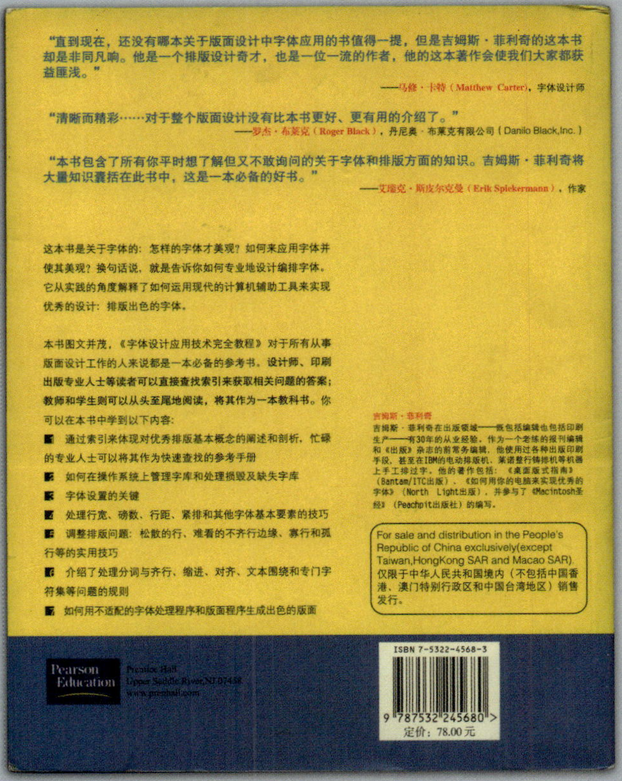

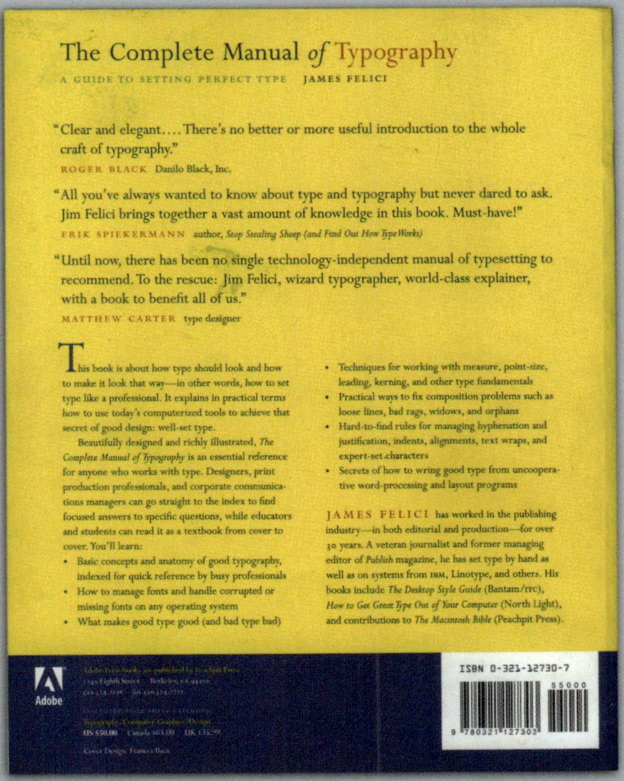

Der Bedarf am Auf- und Ausbau *des Typografie-Unterrichts an Chinas Kunstakademien ist immens und wächst weiter. Vor allem amerikanische und deutsche Designer haben einen Vorbildcharakter und üben große Anziehungskraft aus. Ausländische Publikationen über alle Teilbereiche des Designs werden in China gern 1:1 übersetzt. Einigen »Nachbauten« sieht man an, dass der Inhalt des Originals noch nicht reflektiert wurde – das Pferd wird hier von hinten aufgezäumt: Solange es an umfassenden Lehrbüchern über die eigene Schrift mangelt, bleiben fremde Schriften dekorative Elemente.*

Gerade (Serifenlose), Konstruierte Schriften

HYZongYiF
Traditionelle Zeichen

字體設計的藝術？

36 / 39 pt

Hmbgft.!?字體是一種最基本的視覺設計元素，設計師使用它就如同建築師們使用玻璃，石料，鋼鐵和無數其他材料一樣。280!？…

9,5 / 13 pt

Hmbgft.!?字體是一種最基本的視覺設計元素，設計師使用它就如同建築師們使用玻璃，石料，鋼鐵和無數其他材料一樣。280!？…

6 / 9,5 pt

Diese Schrift ist auch mit vereinfachten chinesischen Schriftzeichen erhältlich.

Hanyi Keyin, Peking und URW++, Hamburg

书写体系的普遍性。

Generelles über Schriftsysteme. Gemein konträr.

Die folgende Gegenüberstellung des lateinischen und chinesischen Schriftsystems untergliedert sich nicht in Gemeinsamkeiten und Unterschiede, sondern unter linguistischen, schriftgestalterischen und typografischen Aspekten. ■ Gemeinsam ist allen je entstandenen Schriften oder Verschriftlichungsversuchen – fast redundant, es zu erwähnen –, dass sie sich aus dem menschlichen Grundbedürfnis nach Kommunikation entwickelt haben, Zeichen sollen gelesen *und* verstanden werden. ■ Eine weitere Gemeinsamkeit ist die Zusammensetzung ihrer Zeichen aus Strichen. Nie wurden Flächen und Farben hinzugefügt, um Eindeutigkeit zu erzielen. Der *Duktus* der Striche ist einheitlich: Das Schreibgerät führt »in einem Streich« eine Linie aus, setzt ab, beginnt die nächste usw. Man zieht nicht noch einmal nach, man zeichnet nicht dazu oder malt aus – man schreibt. Resultierend daraus entsteht – ganz gleich nun, ob geschrieben oder gesetzt – bei der Anordnung von Schriftzeichen eine Flächenfarbe des gesamten Textblocks, den wir *Grauwert* nennen (welcher rosa wäre, würden wir einen Text in Rot schreiben) [→ 234]. ■ Die dritte und letzte Gemeinsamkeit aller Schriftsysteme ist die Linearität der Lesefolge. Stets laufen Schriftzeichen einer Linie folgend in eine bestimmte Richtung, unsere Augen tasten Zeichen für Zeichen entlang dieser Linie ab, bekannte Zeichenfolgen erkennen wir als »Wortbilder« [→ 180]. Noch niemand hat dabei je den Kopf schräg gestellt. ■ Der Blick zum Horizont mittet das anvisierte Objekt in unser Augenfeld ein, mehrere Objekte stehen neben- oder untereinander in einem bestimmten Verhältnis zur Horizontlinie, zum Boden, wohin sie von der Gravitation gezogen werden. Innerhalb dieses natürlichen Ordnungsprinzips bewegen sich auch die Schriftzeichen eines Textes: Horizontal auf einer Linie stehend oder vertikal mittig an einer Linie entlang ausgerichtet. Diese gedachte Linie nennen wir *Grund-* oder *Schriftlinie*. Nie wurde also diagonal, im Zickzack oder einem anderen Durcheinander geschrieben. Ob horizontal oder vertikal – auch diese Richtungen wurden nie gemischt. Und auch in Zukunft werden wir Leserichtungen nicht mischen können, es sei denn, wir neigen den Kopf oder nehmen unleserliche, verwirrende Texte (bewusst) in Kauf. ■ Die Unterschiede unter linguistischen Gesichtspunkten wurden in Teil 1 ausführlich erläutert, Teil 2 und 3 erklärten den verschiedenartigen Aufbau der lateinischen und chinesischen Schriftzeichen, der begründet, dass typografische Entscheidungen im Umgang mit chinesischen Schriftzeichen teilweise konträr zum romanischen Schriftsystem stehen. □

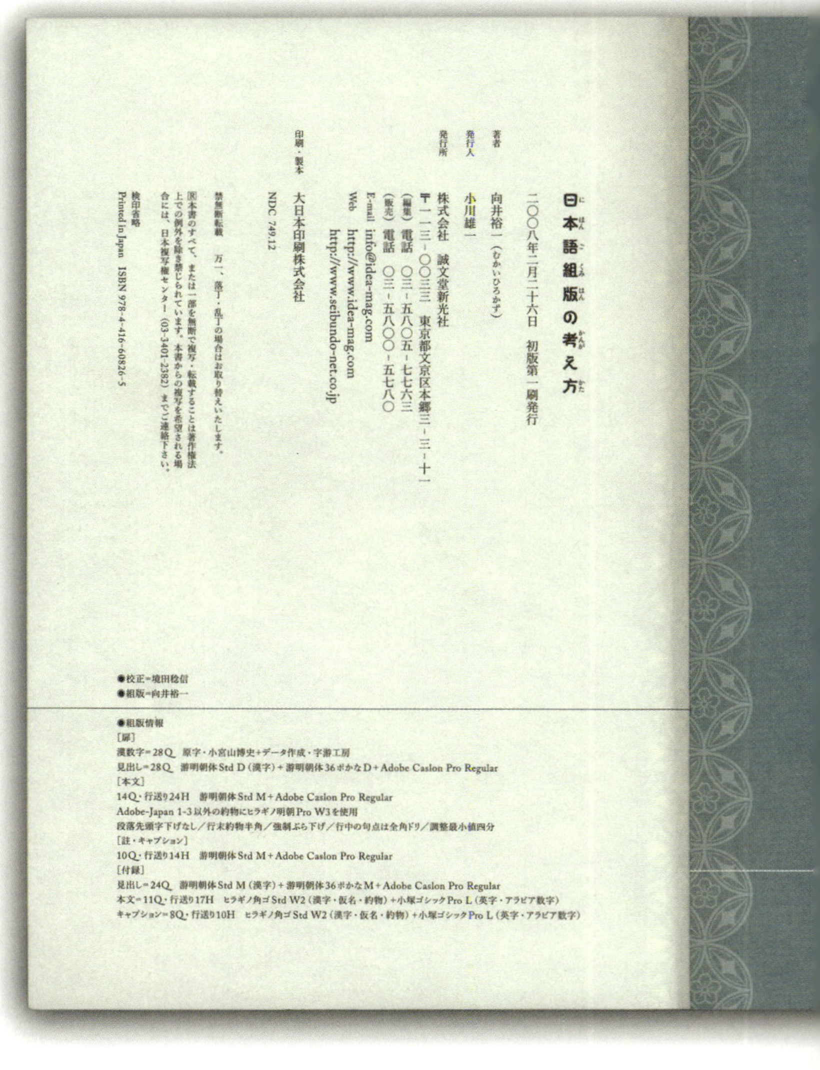

Mögliche und unmögliche Leserichtungen für verschiedene Schriftsysteme zeigt das Impressum eines japanischen Buches, dessen Haupttext vertikal gesetzt wurde. Um Verlagsinformationen, wie Internet- und E-Mail-Adressen, die zwangsläufig in lateinischen Buchstaben geschrieben sein müssen, in den Satzduktus zu integrieren, wurden diese Zeilen um 90° gedreht. Der untere Teil ist eine konsequente Fortsetzung des Layouts der Innenseiten, in dem verschiedene technische Angaben horizontal gesetzt wurden. □ Vertikaler Schriftsatz für phonemische Schriftzeichen kommt allenfalls als Dekoration in Frage, wie die Seite aus der Kulturzeitschrift »Berliner« deutlich macht. Nur eine einzige Schriftsprache auf der Welt wird vertikal von links oben nach rechts unten gelesen: Mongolisch.

Gerade (Serifenlose), Konstruierte Schriften

FZZongYi-F
Traditionelle Zeichen

字體設計的藝術？

36 / 39 pt

Hmbgft.!?字體是一種最基本的視覺設計元素，設計師使用它就如同建築師們使用玻璃，石料，鋼鐵和無數其他材料一樣。280！？…

9,5 / 13 pt

Hmbgft.!?字體是一種最基本的視覺設計元素，設計師使用它就如同建築師們使用玻璃，石料，鋼鐵和無數其他材料一樣。280！？…

6 / 9,5 pt

Diese Schrift ist auch mit vereinfachten chinesischen Schriftzeichen erhältlich.

Founder Electronics, Peking

Lateinisches Alphabet (Buchstaben)		Hànzì (Chinesische Schriftzeichen) Kanji (CnZ) und Kana-Zeichen (Hiragana- und Katakana-Alphabete) Hangeul (Silbenzeichen aus Jamo-Buchstaben) und Hanja (CnZ, *wenig verwendet*)	
	C J K		
Schriftlinguistische Aspekte			
Phonemische Zeichen (Symbolzeichen) sind abstrakt und willkürlich, »leer«: Vokalische und konsonantische Laute sind bestimmten Graphemen (Buchstaben) zugeordnet, Akzente und Zeichenzusammensetzungen vervollständigen Lautungen verschiedener europäischer Sprachen.	C J K	Chinesische Schriftzeichen sind Logogramme (Wort-Bild-Zeichen), denen ein semantischer Grundgehalt innewohnt: Grapheme repräsentieren gesprochene Silben (Hànzì, Kanji, Hanja). Neben Kanji existieren Kana als »leere« phonemische Silbenzeichen. Hangeul sind »leere« phonemische Silbenzeichen (Jamo-Kombinationen).	→ 35 f. → 77 ff. → 89 ff.
Die Aussprache ist dem Zeichen immanent.	C J K	Aussprache sowie Begriffsinhalt von CnZ müssen erlernt werden. Hiragana und Katakana (zwei Kana-Silbenalphabete) sowie Jamo-Buchstaben und Hangeul-Silben sind lautimmanente Zeichen.	→ 56 → 79 → 90
Für phonetische Annäherung verwenden Wörterbücher das International Phonetic Alphabet (IPA).	 C J K	Eine für Fremdsprachler lesbare Transkription ist notwendig und möglich: Pīnyīn (lateinisches Alphabet), Zhuyin-Zeichen umschreiben eigene Hànzì Roomaji (lateinisches Alphabet) Furigana (Kana-Zeichen) umschreiben eigene Kanji Offizielle Revidierte Romanisierung (lateinisches Alphabet)	 → 68 → 70 → 80 → 96
26 Buchstaben	C J K	ab 2.000 bis ca. 8.000 Hànzì (und mehr), ca. 48.000 je gebrauchte CnZ zwei Silbenalphabete von je 48 Zeichen und 1.945 Kanji (und weit mehr) 40 Jamo, deren Kombinationen aus 2.350 Hangeul-Silben (und etwas mehr)	→ 54 → 79 → 90
Weltweite Verwendung, Normschriftsprache für das Internet		Verwendung für CJK-Schriftsprachen in China, Japan, Korea	→ 24
Schriftgestalterische Aspekte			
Proportionalschriften, d. h. einzelne Zeichen haben individuelle Dickten (Ausnahme: monospaced Fonts).		CJK-Zeichen (ChZ, Kana, Hangeul) beschreiben alle quadratische Dickten, d. h. sie sind Monospace-Schriften.	→ 161
Schriftkegelhöhe = Schriftgröße = Geviert		Schriftkegelhöhe = Dickte = Schriftgröße = Geviert	→ 162 f.
Buchstaben setzen sich aus 1 bis max. 4 Strichen zusammen, die »Farbigkeit« der Zeichen wirkt homogen, dabei leicht.		Einzelne CJK-Zeichen bestehen aus 1 bis mehr als 20 Strichen, daher variieren ihre »Zeichenfarben« stark, bis zu 64 Striche pro Zeichen sind möglich.	→ 104 → 117
Buchstaben unterscheiden zwischen Groß- und Kleinschreibung oder Mischung aus beidem (Kapitälchen).		–	→ 150 → 153
Ein Schriftliniensystem bestimmt exakt die vertikalen Ausdehnungen der einzelnen Glyphen eines Fonts (z. B. Ober- und Unterlängen). Die horizontale Glyphenstellung wird innerhalb ihrer Dickte ausgemittelt (Vor- und Nachbreiten).	C J K	Maximale und minimale vertikale Ausdehnungen chinesischer Schriftzeichen werden von zwei bestimmten chinesischen Zeichen definiert und horizontal innerhalb der Dickte eingemittet. Kana-Zeichen werden optisch eingemittet. Hangeul-Silbenzeichen werden optisch eingemittet. Ein bestimmtes aussprachedominantes Jamo wird innerhalb eines Hangeul größer dargestellt.	→ 162 → 164 → 91
Der Zeichenfuß lateinischer Fonts steht auf einer imaginären horizontalen Grundlinie.		CJK-Zeichen verlaufen horizontal und vertikal entlang von Axialgrundlinien. Zusammen mit einer Proportionsgrundlinie für alphabetische Zeichen weisen CJK-Fonts damit drei Grundlinien auf.	→ 162 → 164
Bestimmte Buchstabenkombinationen werden als Ligaturen dargestellt.	C J K	Chinesische Drucktypen kennen keine (echten) Ligaturen. Bestimmte Kana werden als Ligaturen bezeichnet. Genau genommen stellt jedes Hangeul eine Ligatur aus Jamo-Buchstaben dar.	→ 165 → 79 → 91
Lateinische Fonts nutzen viele Satz- und Sonderzeichen sowie verschiedene Klammerarten.	C J K	CnZ kennen ein spezielles Aufzählungszeichen. Satzzeichen und Klammerarten unterscheiden sich teilweise für den horizontalen und vertikalen Satz. Die Satzzeichen für einen Hangeul-Text entsprechen den uns bekannten.	→ 151 → 264
Zehn arabische Ziffern, wenige Bruchzahlen, oft Mediäval- und Tabellenziffern		CJK-Zeichen weisen für die jeweilige Sprache jeweils eigene Zahlzeichen auf sowie arabische Ziffern, viele Bruchzahlen, römische (Ordnungs-)Zahlen, keine Mediävalziffern.	→ 156 f.
Klassisch gibt es mindestens drei Schriftgewichte (wie mager, normal, fett), viele Fonts weisen längst sechs und mehr Gewichte auf.	 C J	Die meisten CJK-Fonts kommen lediglich als ein Schriftschnitt vor. Song- und Hei-Fonts kennen teilweise sechs Gewichte und mehr. Mincho-Fonts von W2 bis W8, Gothic-Fonts W1 bis W9 (und höher)	→ 176 f.
Große Schriftfamilien (verschiedene Gewichte, Breiten, Lagen)		CJK-Fonts kennen teilweise kleine Schriftfamilien (bisher nur verschiedene Gewichte, selten unterschiedliche Breiten).	→ 176 f.
Schriftsippen (z. B. Sans, Semi, Serif, Monospace)		– (Echte chinesische Sippen sind in Arbeit!)	

Lateinisches Alphabet (Buchstaben)		C Hànzì (Chinesische Schriftzeichen) J Kanji (CnZ) und Kana-Zeichen (Hiragana- und Katakana-Alphabete) K Hangeul (Silbenzeichen aus Jamo-Buchstaben) und Hanja (CnZ, *wenig verwendet*)	
Die Modifikation von Zeichen (elektronisches Kursivieren, Zerren, Stauchen usw.) ist ästhetisch und ethisch tabu.		In (begründeten) Einzelfällen ist sensibles Eingreifen in die grafische Form von CJK-Zeichen erlaubt (z. B. ist elektronisches Kursivieren bis zur ersten echten Kursiven erlaubt!).	→176 →251
Die Schriftklassifizierung richtet sich nach formalen Aspekten, es gibt viele Modelle.		Schriftklassifizierungen von CJK-Fonts unterscheiden sich je nach Land. Zuerst aber richten sie sich alle nach den historischen kalligrafischen (chinesischen) Schreibstilen, moderne Schriften werden sehr uneinheitlich gruppiert. Es ist kein anerkanntes, umfassendes Klassifizierungssytem bekannt.	→171 f.
Typografische Aspekte			
Die Schreibrichtung verläuft stets horizontal von links oben nach rechts unten, vertikaler Satz ist nur für kurze Schriftzüge in Versalien geeignet.	 C J K	Traditionelle Schreibrichtung: Vertikal von rechts oben nach links unten. Die horizontale Ausrichtung ist üblich, vertikale Schreibrichtung stets möglich. In Japan wird noch immer die vertikale Leserichtung präferiert. Hangeul-Texte lesen sich horizontal von links oben nach rechts unten.	 → 61 → 77 → 89
Werden Textzeilen gestürzt, bevorzugt man 90° entgegen Uhrzeigerrichtung, der Kopf wird beim Lesen nach links geneigt.		Römische Textzeilen werden in vertikalem CJ-Satz um 90° in Uhrzeigerrichtung gedreht, d. h. von oben nach unten gelesen, der Kopf beim Lesen nach rechts geneigt.	→200
Schriftsystemmischungen kommen äußerst selten im Textkörper vor.		Schriftsystemmischungen in CJK-Texten sind heute üblich, die Behandlung fremdsprachiger Wörter erfolgt nach den Regeln der jeweiligen Landessprache.	→215 →264
Textzeilen entstehen durch Buchstabenketten (z. B. Wörtern) und Abständen zwischen Wörtern, Zahlen und Einheiten.	C J K	Texte entstehen durch lückenlose Aneinanderreihung chinesischer, auch japanischer Schriftzeichen. Das Koreanische trennt Sinneinheiten (z. B. Wörter) durch Weißräume.	→ 58 →162 → 89
Vor oder nach Satzzeichen und Klammern werden Weißräume gesetzt.	 K	Traditionell gab es keine grammatischen Zäsuren oder Klammerungen. Heute erfordern CJ-Satzzeichen keine Leerzeichen, trotzdem entstehen optische Weißräume, da sämtliche CJK-Zeichen im Quadrat eingeschrieben sind. Dies gilt für die vertikale wie horizontale Leserichtung. Die Form und Behandlung von Satzzeichen entspricht unseren Regeln.	→ 58 →236
Ein Zeilenumbruch erfolgt nach Wort- oder Silbentrennung, Zahlen, Einheiten und Satzzeichen.		Ein Zeilenumbruch ist nach jedem CJK-Zeichen (auch im Koreanischen!) möglich, Trennung fremdsprachiger Eingliederungen erfolgen nach den Regeln jeweiliger Landessprachen.	→ 58 →236
Der Grauwert des Textkörpers wird durch Zeichenausgleich reguliert, d. h. Zeichenabstände werden von »außen« beeinflusst.	C J K	Fleckige Textkörper sind nicht zu vermeiden, da Strichzahlen innerhalb der dicktengleichen chinesischen Zeichen stark variieren, Zeichenabstände entstehen durch mitgegebenen »inneren« Weißraum, größere Textkörper bieten durch gleichmäßig ungleichmäßige »Zeichenfarbe« trotzdem einen harmonischen Gesamteindruck, bei großen Schriftgraden dominiert der Bildcharakter der Zeichen. Texte wirken stark fleckig durch kontrastierende »Zeichenfarben« der »dunklen« Kanji und »lichten« Kana-Zeichen. Die Glyphenstruktur der Hangeul ist ähnlich und Wortabstände werden von »außen« beeinflusst, sodass koreanische Texte zwar homogen wirken, insgesamt aber recht kantig.	→234
Sehr kleine Schriftgrade werden durch einfache Zeichenformen mit großzügigen Punzen möglich.		Sehr kleine Schriftgrade werden durch die teilweise hohe Strichzahl von CJK-Zeichen und damit mit sehr kleinen Punzen limitiert.	→167
Vier verschiedene Satzausrichtungen sind möglich.		Die Aneinanderreihung der dicktengleichen CJK-Zeichen führt zur An-mutung eines Blocksatzes, alle andere Textausrichtungen sind durch manuellen Eingriff möglich.	→224 →226
Textauszeichnungen können durch den Einsatz von Kursiven oder Kapitälchen, verschiedene Gewichte, Breiten und Farben usw. vorgenommen werden.	C J K	Die Vertikale nutzt spezielle, uns unbekannte Auszeichnungsformen (z. B. Anpunktieren). Ansonsten werden Schriftgewichte und Farben eingesetzt. In der Horizontalen darf ausnahmsweise elektronisch kursiviert werden. Das Koreanische nutzt Gewichte, Farben und oft Anführungszeichen.	→238 ff. →250 ff.
–		Die Umschreibungssysteme aller drei CJK-Sprachen folgen ganz bestimmten orthotypografischen Regeln unter Verwendung verschiedener Diakritika. Die Verwendung von Akzentbuchstaben aus chinesischen Fonts ist nicht empfehlenswert, den lateinischen Fonts fehlen jedoch einige Pīnyīn-Akzente, die »zusammengebastelt« werden können.	→ 68 → 83 → 90 →153

创建双语文本。

Anlegen bilingualer Dokumente. Vorarbeit spart Nach(t)arbeit.

Designer betreten mit fast jedem neuen Job auch gestalterisches Neuland. Viele von uns stehen heute immer öfter ganz unverhofft vor der Aufgabe, mehrsprachige Dokumente zu erstellen. Was tun, wo anfangen? Die folgende Liste gibt Hilfestellungen. Wer sich über die genannten Punkte im Klaren ist, vermeidet ermüdende Mehrarbeit und drucktechnisch bedingte Probleme. ■ Die wichtigste Frage am Anfang: Übernehmen Sie von Ihrem Kunden ein bestehendes Layout oder legen Sie ein neues Gestaltungskonzept an? Im ersten Fall habe ich oft entschuldigende Worte nach Sichtung der Ergebnisse gehört: *»Das wollte der Kunde so, dafür kann ich nichts.«* Das mag für die Gesamtgestaltung zutreffen, für die typografische Feinarbeit wird Ihnen kaum jemand Vorschriften machen, geschweige denn undankbar reagieren, wenn Sie Texte gut lesbar und optisch ansprechend umsetzen. ■ Sind Sie in der glücklichen, aber herausfordernden Situation, sich für eine Gestaltungslinie verantworten zu dürfen, haben jedoch noch keine Erfahrung mit CJK-Texten, so werfen Sie einen Blick in die folgende Aufstellung, die allerdings keinen Anspruch auf die lückenlose Beantwortung sämtlicher Fragen erheben kann (siehe erster Satz). Verlassen Sie sich im Zweifelsfall auf Ihr typografisches Know-how und Ihren eigenen ästhetischen und ethischen Anspruch: Am Ende entscheidet das Auge! □

Typo-Checkliste für bilinguale Dokumente

Eine Steilvorlage für alle Schriftwahl-Checklisten haben Friedrich Forssman und Ralf de Jong in ihrem Buch »Detailtypografie« geliefert – forever! Die folgende Auflistung richtet sich danach, einige wenige Aspekte der Schriftwahl fehlen, da sie dem versierten Gestalter als bekannt vorausgesetzt werden und den Rahmen hier sprengen würden. Aspekte zur Problematik der Schriftsystem-Mischung erweitern nun die Liste:

- *Das Gestaltungskonzept für bilinguale Dokumente*
- *Der CJK-Font*
- *Der lateinische Font in der Schriftmischung*
- *Der CJK-Schriftsatz*
- *Der gemischte Schriftsatz: Lateinische Buchstaben im CJK-Text*

Das Gestaltungskonzept

1 **Arbeiten Sie nach einem Corporate-Design-Manual?** *> Fallstudien → 14 ff.*	International agierende Firmen liefern heute streng angelegte Gestaltungsvorgaben für ihre visuelle Kommunikation in allen erdenklichen Sprachen: Raster, Bildsprache, Farben, Formen und natürlich Schriften (Corporate Typefaces) sind festgelegt. – Es gab vor Ihnen erfahrene Kollegen, die sich beim Austüfteln des Manuals in Absprache mit dem Kunden etwas gedacht haben. – Bekommen Sie Arbeitsbeispiele von fernöstlichen Agenturen vorgelegt, entsprechen diese vielleicht nicht unbedingt Ihren Ansichten oder Vorstellungen. Erkennen Sie die Notwendigkeit und Möglichkeit, Einfluss auf die Gestaltung zu nehmen, gehen Sie offensiv auf Ihren Kunden zu. Oft lösen sich während eines kooperativen Arbeitsprozesses zwischen Designer und Auftraggeber viele Fragen wie von selbst.
2 **Sie sollen ein westliches Corporate-Design-Manual für die Verwendung von CJK-Texten adaptieren?** *> Fallstudien → 14 ff.* *> Sprachmischung → 208*	In diesem Fall haben Sie sich als erfahrener Kommunikationsdesigner im pikanten Bereich Corporate Design bereits ausgewiesen. Beschäftigen Sie sich mit den Befindlichkeiten der anderen Kultur: zum Beispiel mit den Konnotationen von Farben oder Schriftarten. Beachten Sie, dass CJK-Texte je nach Übersetzung zwischen 25% und 40% kürzer sind als deutsche (30% bis 60% im Englischen). Stellen Sie einige Textpassagen beider Sprachen gegenüber und überzeugen Sie sich selbst. Corporate-Design-Konzepte müssen für die verschiedenen Sprachen sensibel angepasst werden. Eine 1:1-Adaption wirkt laienhaft bis peinlich und wird eine temporäre sein.
3 **Sie haben Gestaltungsfreiheit?** *> Fallstudien → 14 ff.* *> Panoptikum → 196*	Wer die Wahl hat, hat die Qual. Manch ein Gestalter ohne CJK-Erfahrung hat versucht, am Kiosk, in der Bibliothek oder im Internet nach Anregungen zu suchen, was die (?) Chinesen und Japaner wohl mögen mögen. Danach waren die meisten verunsichert. Natürlich trifft man »dort drüben« auf andere (Seh-) Gewohnheiten und Präferenzen. Dass ausgerechnet Sie mit der Gestaltung beauftragt wurden, sollte Sie mit Selbstbewusstsein und Mut zum eigenen Stil ausstatten. Das vorliegende Buch und diese Liste unterstützen Sie dabei.

Der CJK-Font

4 In welcher Sprache wird gesetzt: Chinesisch, Japanisch oder Koreanisch?

> Global Font → 144 f.
> Zeichenkodierung → 146
> Sprachen und Schriften mischen → 212

Für jede der CJK-Sprachen muss in der Regel eine eigene Schrift verwendet werden, auch für die traditionellen Lang- und reformierten Kurzzeichen. Bisher einziger (bekannter) »Global Font«: Die Nimbus von URW++ Hamburg, die beispielsweise auch dieses Buch verwendet. Doch Vorsicht: Auch dieser Font genügt unter Umständen nicht uneingeschränkt allen Anforderungen der einzelnen CJK-Sprachen!

5 Woher bekommt man die gewünschten CJK-Schrift(en)?

> Schriftanbieter → Fontleisten rechts

Die Erwerbsmöglichkeiten von CJK-Schriften sind in Deutschland überschaubar und die Kosten sehr unterschiedlich. Einige ausländische Schriftanbieter verkaufen nur auf asiatischem Terrain, in diesem Fall kann der Kunde beim nötigen Ankauf einer bestimmten erwünschten Schrift behilflich sein. Freie Downloads aus dem Web eignen sich zum Ausprobieren, aber kaum zum ergebnisorientierten Gestalten, denn sie sind mit unvollständigen Zeichensätzen ausgestattet.

6 Hat die Schrift das richtige Daten-Format?

> Font-Formate → 143

Sie können im Schriftenverwaltungsprogramm überprüfen, ob die Schriften drucktechnisch geeignet und mit einem vollständigen Zeichensatz ausgestattet sind. Mischen Sie in einem Dokument keine PostScript- und TrueType-Fonts. Vermeiden Sie Systemschriften, die vor Drucklegung vektorisiert werden müssten. Am besten, Sie senden einen Probeentwurf vorab zu Ihrer Druckerei.

- Erstellen Sie ein CD-Konzept, mit dem der Kunde später selbständig weiterarbeitet. Es muss sichergestellt werden, dass die Schriften für ihn verfügbar sind.
- Viele Schriften stehen nur im PostScript- und noch nicht im plattformübergreifenden OpenType-Format zur Verfügung. Wird ein bestehendes CD-Konzept übernommen und damit plattformabhängige Fonts, müssen Sie gegebenenfalls das Computersystem wechseln.

7 Werden verschiedene Schriftlagen benötigt?

> Gewichte und Lagen → 176 f.
> Auszeichnungen → 250 ff.

Diese Frage stellt sich erst gar nicht. In CJK-Fonts findet man keine Unterscheidung gemäß westlichem Vorbild nach normalen oder kursiven Schriftlagen. Aber (alle) Achtung: die Praxis, manuell zu kursivieren, ist gängig und nicht zu tabuisieren!

8 Werden verschiedene Gewichte benötigt?

> Schriftklassifikation → 172 f.
> Gewichte und Lagen → 176 f.
> Überschriften → 246
> Auszeichnungen → 250 ff.

Meist wird man für Überschriften oder Auszeichnungen verschiedene Gewichte verwenden wollen:

- Viele chinesische und japanische Fonts liefern, teilweise recht umfangreiche, Schriftfamilien mit verschiedenen Gewichten.
- Einige chinesische Schriften würfeln Gewichte zusammen, die im Duktus nicht stringent aufeinander abgestimmt sind. Zugegeben, es bedarf einiger Erfahrung zu entscheiden, ob sie für umfangreichere Publikationen geeignet sind oder die Mischung von Schriftklassen vorzuziehen ist.
- CJK-Fonts unterscheiden bisher nicht zwischen Text- und Displaygrößen. Große Schriftgrade bergen manche unausgewogenen Details.
- Auszeichnungen sind auf verschiedene Art möglich.

9 Ist die Schriftkontur formal geeignet?

> Schriftkontur → 168

Ohne Erfahrung können Sie bei Tausenden von Schriftzeichen nur schwer beurteilen, ob eine Schrift im Detail ihre »Macken« versteckt. In Fließtexten kommen diese meist nicht zum Tragen, in großen Schriftgraden können sie negativ dominieren. Auf japanische Schriften können Sie sich verlassen, der Qualitätsstandard ist unübertroffen. Viele chinesische Fonts bergen fatale ästhetische Überraschungen. In diesem Fall: Mut zum Neuanfang – oder beim nächsten Mal vermeiden!

10 Ist die Zurichtung der Schrift gut?

> Zurichtung → 163
> Vertikaler Schriftsatz → 166
> Titelsatz → 246

Dies prüfen Sie, indem Sie …
… eine ausreichende Zeichenanzahl per Zeilenschlag untereinander,
… die Textausrichtung linksbündig,
… den Zeilenabstand kompress,
… das Kerning ausschalten bzw. »metrisch« stellen.
Flattern die Zeichen schon in der Vertikalen, ist die Schrift unbrauchbar.

Hybride, Song-Hei-Schriften

HYChangSongJ
Vereinfachte Zeichen

字
体
设
计
的
艺
术
？

36 / 39 pt

Hmbgft.!?字体是一种最基本的视觉设计元素，设计师使用它就如同建筑师们使用玻璃，石料，钢铁和无数其他材料一样。280！？…

9,5 / 13 pt

Hmbgft.!?字体是一种最基本的视觉设计元素，设计师使用它就如同建筑师们使用玻璃，石料，钢铁和无数其他材料一样。280！？…

6 / 9,5 pt

Diese Schrift ist auch mit traditionellen chinesischen Schriftzeichen erhältlich.

Hanyi Keyin, Peking, URW++, Hamburg, Linotype, Bad Homburg

Der CJK-Font [Fortsetzung]

11 Stimmt das Kerning?
(Diese Frage stellt sich nur bei horizontaler Leserichtung!)
> Asiatische Schriftsatzprogramme → 204
> Satzzeichen im Absatz → 236
> Satzzeichen-Regeln → 264 ff.

Das voreingestellte Kerning von CJK-Fonts liefert einen wichtigen Parameter für gute Lesbarkeit.

- Sie verwenden ein westliches Schriftsatzprogramm: Überprüfen Sie das Kerning, indem Sie einen großformatigen Schriftzug, in dem auch die wichtigsten Interpunktionen und Klammerarten enthalten sind, zwischen »optisch« und »metrisch« vergleichen. Wirken die Abstände der Zeichen unausgewogen oder »optisch« noch immer zu groß, ist das Kerning schlecht und nur mühsam manuell aufzuarbeiten. Leider ist dies oft der Fall.
- Sie verwenden Adobe Illustrator oder ein asiatisches Schriftsatzprogramm: In CJK-Fonts sind Informationen über die tatsächlichen Glyphenbreiten enthalten. Mit der Funktion Tsume können die Abstände von Zeichenkombinationen proportional verringert (unterschnitten) werden. Schalten Sie alle weiteren Zeichen- und Satzoptionen aus und probieren Sie im Tsume verschiedene Prozent-Einstellungen aus. Beurteilen Sie, ob die Zeichen tatsächlich in gleichmäßigen Abständen zueinander stehen.

Der lateinische Font in der Schriftmischung

12 Für welche Sprache wird der zweite, also lateinische Font verwendet? Welcher lateinische Font sollte für die gemischten Texte gewählt werden?
> Alphabet in CJK-Fonts → 152 ff.
> Fremdsprachen-Eingliederung → 215
> Auszeichnungen → 250

Sofern Sie »nur« mit Texten und Wörtern der englischen Sprache zu tun haben, stehen Ihnen alle Schriften der Welt zur Verfügung, denn das Problem der diakritischen Zeichen stellt sich nicht. Sie könnten sogar die den CJK-Fonts implementierten lateinischen Buchstaben verwenden.

- Japanische Fonts sind daraufhin zu prüfen, das lateinische Alphabet entspricht gewöhnlich dem Duktus der japanischen Zeichen.
- Von der Verwendung lateinischer Buchstaben der meisten chinesischen Fonts wird wegen mangelnder Ästhetik abgeraten.
- Erstellen Sie ein CD-Konzept, mit dem der Kunde später selbständig weiterarbeitet. Es muss sichergestellt werden, dass die Schriften für ihn verfügbar sind.

Haben Sie es mit Sprachen wie der deutschen, französischen, tschechischen usw. zu tun, werden Sie ohnehin zusätzlich einen westlichen zweiten Font verwenden müssen. Versuchen Sie hier nicht, unbedingt den gleichen Duktus gegenüber dem CJK-Font zu erwischen, sondern wählen Sie eine Schrift, die für Medium und Thema angemessen in der Landessprache ist. Dann aber stehen Sie zu Ihrer Entscheidung und setzen das gesamte Dokument in dieser Mischung. Texte oder Texteinschübe werden stets nach den jeweiligen grammatischen und typografischen Landesregeln gesetzt.

13 Weist die Schrift die für den Lehrmittelbereich nötigen Akzentbuchstaben der chinesischen Pīnyīn-Umschreibung auf?
> Alphabet in CJK-Fonts → 154
> Bastelanleitung → 153

Vermeiden Sie die in den CJK-Fonts implementierten Zeichen. Außer einigen Urgesteinen werden Sie jedoch keinen Font finden, der dieser Anforderung gewachsen ist. Verwenden Sie also – wie all Ihre Kollegen – die Times, Arial, Lucida Grande (beste Wahl) oder gehen Sie auf einen Schrifthersteller zu, der Ihnen die Akzente in den erwünschten Font einbaut (was oft aus lizenzrechtlichen Gründen abgewiegelt wird). Noch besser: Do it yourself! Basteln Sie sich Ihre Akzentbuchstaben selbst zusammen!

14 Was ist außerdem bei der Wahl des zweiten Fonts zu beachten?
> Schriftlagen → 176
> Auszeichnungen → 251

Sämtliche bereits unter CJK-Schriften aufgeführten Hinweise sind auch für lateinische Fonts zu beachten. Erfahrung des Gestalters im Umgang mit Schriften gelten hier als vorausgesetzt. Trotzdem sei nochmals der Hinweis erlaubt, dass der »gewisse andere« Umgang mit Schriften in Fernost nicht zwangsläufig übernommen werden sollte, z. B. werden lateinische Fonts nicht manuell kursiviert.

Der CJK-Schriftsatz

15 Sind gelieferte CJK-Texte grammatisch oder orthografisch eventuell in Frage zu stellen?
> Satzzeichen-Regeln → 264 ff.

Ganz klares: Nein!
Sofern Sie der entsprechenden Sprache nicht mächtig sind, sollten Sie keinerlei Eingriffe vornehmen, d. h. keine zusätzlichen Leerzeichen oder Änderungen der Satzzeichen. CJK-Sprachen verwenden teilweise verschiedene Interpunktionen; einen umfassenden Überblick finden Sie in diesem Buch.

16 Sollte in horizontaler oder vertikaler Leserichtung gesetzt werden?

> Zeichen- und Zeilenaufbau → 200 ff.
> Asiatische Schriftsatzprogramme → 205
> Satzbreite und Schriftgröße → 231
> Titelsatz → 246
> Auszeichnungen → 264 ff.
> Satzzeichen-Regeln → 264 ff.
> Zahlensatz → 273
> Bildbeispiele → 66, 136, 277

Horizontale Textzeilen werden – wie im lateinischen Schriftsatz – von links oben nach rechts unten, vertikale Textzeilen von rechts oben nach links unten gelesen.

Dass Sie Fließtexte vertikal setzen sollen, ist fast auszuschließen. In der Geschäfts- und Technikwelt ist dies heute nicht mehr üblich. Trotzdem:

- In Druckmedien wird für Headlines gern die Vertikale verwendet. Ob dies vom Kunden erlaubt oder erwünscht ist, muss vorher geklärt und später als gestalterisches Element im Dokument durchgehalten werden.
- Sollten Sie doch vertikal setzen wollen oder müssen, empfehlen sich (bei geringerem Textumfang) nur die Grafikprogramme ADOBE ILLUSTRATOR und PHOTOSHOP. Für das Schriftsatzprogramm INDESIGN kann man ein Template aus dem Internet laden, das die vertikale Textausrichtung (mit eingeschränkten Optionen) ermöglicht: **www.transpacificdigital.com/downloads/index.html**
- Für digitale Medien (Internet, PowerPoint-Präsentationen, E-Books etc.) wird horizontal gesetzt.

17 Welche Schriftarten sollten für CJK-Fließtexte verwendet werden?

> Schriftklassifikation → 172
> Darstellung Fontnamen → 176

Die folgenden Empfehlungen sind nicht dogmatisch zu verstehen, sondern sollen dem unerfahrenen CJK-Einsteiger die Wahl etwas erleichtern. Die Font-Bezeichnungen sind manchmal etwas verwirrend:

- Chinesisch: Songti (Serife) oder Heiti (Gerade), Kaiti
- Japanisch/Koreanisch: Mincho/Myungyo (Serife), Gothic/Gothic (Gerade), Kaisho/Kaiyo

Für Dokumente außerhalb des geschäftlichen Bereichs wird auch gern eine Yuanheiti/Marugothic oder Fangsongti (nur im Chinesischen) benutzt.

18 Welche Schriftgröße ist am besten lesbar?

> Satzbreite und Schriftgröße → 231
> Asiatische Schriftsatzprogramme → 205
> Voreingestellte Schriftgrößen → 202

CJK-Leser sind an die Komplexität ihrer Zeichen gewöhnt, man muss ihnen nicht über Gebühr große Zeichen anbieten, weil man sie selbst kaum auseinanderhalten kann. Fließtexte erlauben 9 bis 12 pt (oder 11 bis 16 Q) mit etwa dem 1,5-fachen Zeilenabstand bei 25 bis 40 Schriftzeichen, abhängig von Schriftart und Gewicht, das nicht stärker als *semibold* (W7) sein sollte, da komplexere Zeichen sonst zu schwarzen Flecken mutieren.

19 Dürfen verschiedene CJK-Schriftarten innerhalb eines Dokuments gemischt werden?

> Schriftklassifikation → 172
> Sprachenund Schriften mischen → 212
> Fremdsprachen-Eingliederung → 215
> Auszeichnungen → 250
> Satzzeichen-Regeln → 262 ff.

Ja.

Hier gilt der gleiche typografische Grundsatz: Entweder ganz genauso oder ganz anders! Je größer die Unterschiede zwischen Schriftgraden und Gewichten, desto weniger spielen Stilfragen eine Rolle.

- Für gleiche Inhalte werden gleiche Fonts verwendet, Fließtexten, Überschriften, Ergänzungstexten usw. werden also eigene Stilvorlagen zugeordnet.
- Für Auszeichnungen innerhalb von Fließtexten sollte konsequent nur ein weiteres Gewicht oder eine weitere Schrift verwendet werden.
- Kalligrafische Schriftarten eignen sich nicht für Auszeichnungen, aber für Überschriften.
- Für Initiale und Spitzmarken eignen sich auch kalligrafische Schriften.

20 Stimmt es, dass CJK-Texte niemals Leerzeichen setzen?

> Zeichenbestandteile → 164
> Absatzauszeichnungen → 236
> Satzzeichen-Regeln → 262 ff.

Ja.

Chinesische und japanische Texte werden lückenlos geschrieben, sie kennen keine Leerzeichen nach Wörtern, ebensowenig wie nach Satzzeichen (wie in Internet-Foren oft fälschlicherweise behauptet). Die scheinbaren Leerzeichen, aber offensichtlichen Weißräume nach Satzschlusspunkten, Kommas oder vor und nach Klammern und Anführungen entstehen durch einen den Zeichen von CJK-Fonts mitgegebenen »inneren« Weißraum.

Nein.

Koreanische Wörter werden durch Weißräume abgegrenzt.

21 Woher weiß man, ob die Zeilen korrekt umbrechen?

> Fremdsprachen-Eingliederung → 215
> Flattersatz → 226
> Titelsatz → 246
> Satzzeichen-Regeln → 264 ff.
> Zahlensatz → 270 ff.

In Fließtexten aller (!) drei CJK-Sprachen dürfen Wörter, Zähleinheitswörter und sogar Maßeinheiten am Zeilenende ohne einen Trennstrich nach jedem Zeichen umbrechen, nie jedoch vor Interpunktionen und schließenden Klammern oder nach öffnenden Klammern sowie innerhalb der speziellen Gedankenstriche. Aus Gründen der Lesefreundlichkeit gelten Ausnahmen (z. B. im Titel- und Zahlensatz), die sich der typophile Gestalter zur Regel macht.

Hybride, Song-Hei-Schriften

FZSongHei-S
Vereinfachte Zeichen

字体设计的艺术？

36 / 39 pt

Hmbgft.!?字体是一种最基本的视觉设计元素，设计师使用它就如同建筑师们使用玻璃，石料，钢铁和无数其他材料一样。280！？…

9,5 / 13 pt

Hmbgft.!?字体是一种最基本的视觉设计元素，设计师使用它就如同建筑师们使用玻璃，石料，钢铁和无数其他材料一样。280！？…

6 / 9,5 pt

Diese Schrift ist auch mit traditionellen chinesischen Schriftzeichen erhältlich.

Founder Electronics, Peking

Der CJK-Schriftsatz *[Fortsetzung]*

22 Gelten für CJK-Texte die gleichen typografischen Regeln zur Klammersetzung wie für die westliche Orthografie?

> Titelsatz → 246
> Auszeichnungen → 250
> Satzzeichen-Regeln → 264 ff.

Ja und nein.
CJK-Texte verwenden traditionell andere als die uns bekannten Klammerarten. Auch werden zwischen ihnen und den Schriftzeichen keine Leerzeichen gesetzt. Typografisch werden sie analog zu den uns bekannten Regeln behandelt.

- Horizontaler Satz: Hier ist es inzwischen üblich, die uns bekannten Klammerarten zu verwenden. Hat der Texter oder Übersetzer sich einmal für die traditionellen CJK-Klammerarten entschieden, werden sie durchgängig im gesamten Dokument eingesetzt.
- Vertikaler Satz: Hier sind nur traditionelle Klammerarten erträglich.

23 Dürfen die zu groß wirkenden Weißräume nach Interpunktionen verringert werden?

> Asiatische Schriftsatzprogramme → 205
> Sprachen und Schriften mischen → 212
> Blocksatz → 224
> Absatzauszeichnungen → 236
> Titelsatz → 246
> Satzzeichen-Regeln Mittelpunkt → 266

Ja, in den meisten Fällen sollten sie es sogar.

- Horizontaler Satz: Stellen Sie das Kerning auf »optisch«.
- Vertikaler Satz: Nutzen Sie die Tsume-Funktion (Adobe Illustrator).
- Der typografische Mittelpunkt hat verschiedene Funktionen als Trennzeichen. Er darf die zusammengehörenden Angaben nicht durch zu große Weißräume auseinanderreißen.

Nein, wenn Fonts mit eingemitteten Interpunktionen verwendet werden.
Achten Sie – abhängig von horizontaler oder vertikaler Schreibrichtung – auf die rechten bzw. unteren Satzkanten. Weil hier ausgezackte Ränder durch Interpunktionen entstehen, sollte meist ein »optisches Kerning« in Erwägung gezogen werden.

24 Dürfen Überschriften mehrzeilig gesetzt werden?

> Titelsatz → 246

Ja, aber als Sprachunkundiger werden Sie nicht beurteilen können, wo Sie die Zeile(n) manuell umbrechen können. Mehrsilbige Wörter der CJK-Sprachen sollten im Titelsatz zusammengehalten werden, auch wenn theoretisch nach jedem Zeichen ein Zeilenschlag möglich ist. Bedeutungen bestimmter Schriftzeichen ändern sich im Kontext anderer Zeichen. Hier an der falschen Stelle Sinneinheiten zu zerreißen, kann Irritiation beim Leser verursachen. Halten Sie Rücksprache mit ihrem Texter oder Übersetzer.

25 Gibt es Vorschriften für die Satzausrichtung?

> Blocksatz → 224
> Flattersatz → 226
> Titelsatz → 246
> Gemischtsprachiger Satz → Frage 34

Es gibt keine Vorschriften, aber begründete Empfehlungen:

- Reine CJK-Texte werden im Blocksatz gesetzt.
- Für mehrzeilige Überschriften sollte Blocksatz vermieden werden.
- Axial- und Flattersatz sind nur durch manuellen Zeilenumbruch ästhetisch zu erzeugen. Mögliche bzw. sinnvolle Umbruchstellen sollten mit einem Sprachkundigen besprochen werden.

26 Werden in CJK-Fließtexten Einzüge gesetzt?

> Typometrie → 161
> Absatzkennzeichnung → 239

Ja.
Wie für alle Monospace-Schriften gilt: Die Schriftgröße entspricht einer Einheit für den Einzug, d. h. für CJK-Texte ein Geviert.

- Um Einzüge deutlicher zu machen, werden in CJK-Texten meist zwei Gevierte voreingestellt; z. B. verlangt eine 10pt-Schriftgröße 20pt Einzug, der Computer rechnet dies automatisch in die jeweils eingestellte Maßeinheit um.
- Steht bei der »Zwei-Gevierte-Regelung« nur ein vereinzeltes Schriftzeichen auf der letzten Absatzzeile, entsteht eine hässliche Lücke am Absatzanfang und der Eindruck einer Leerzeile. Probieren Sie, ob im jeweiligen Absatz die letzte Zeile eingeholt werden kann oder der Einzugswert für den gesamten Text besser neu eingestellt werden sollte.

Aber:

> (Negtiv-)Beispiel → 276 unten

Dem Beobachter chinesischer Publikationen fällt auf, dass auch Zwischenüberschriften mit Einzügen gesetzt werden. Im Westen ist das eine unübliche Praxis, weil sie ohnehin abgesetzt bzw. ausgezeichnet stehen, und ein Einzug sie wieder ungewollt »lautlos« in den Fließetext eingliedern würde. Der »ewige Einzug« ist schlicht (und) bequem, aber – auch im CJK-Satz – einer guten Lesbarkeit abträglich.

- Setzen Sie Leerzeilen oder heben Sie Zwischenüberschriften durch Schriftmischungen hervor.
- Für Aufzählungen oder Texteinschübe sollte ein Einzugstabulator gesetzt werden.

27 Was bedeuten die langen Striche in den Texten?

> Zurichtung → 169
> Sprachen und Schriften mischen → 213
> Titelsatz → 246
> Satzzeichen-Regeln → 266

Geviertstriche dürfen nicht mit dem chinesischen Schriftzeichen für die Zahl Eins verwechselt werden. Der typografische Umgang mit den Geviertstrichen wurde an britisch-amerikanische Satzkonventionen angelehnt.

- Geviertstriche entsprechen unseren Gedankenstrichen bei Texteinschüben. Schriftzeichen und Geviertstrich sollten nicht aneinanderstoßen.
- In Überschriften werden Gedankenstriche zweimal hintereinander gesetzt. Sind Zurichtung oder Kerning mangelhaft, stoßen die Geviertstriche nicht lückenfrei aneinander, was besonders in großen Schriftgraden stört. In diesem Fall muss manuell nachgearbeitet werden.
- Am Ende eines Satzes ersetzen sie als Auslassungszeichen den Dreipunkt und werden dann ebenfalls zweimal hintereinander gesetzt.
- Nicht selten stehen Gedankenstriche und die Zahl Eins nebeneinander und fließen dann ineinander. Hier wird feintypografisch nachgearbeitet, um sie optisch voneinander abzuheben.

28 Was bedeuten die sechs hintereinander stehenden Punkte in den Texten?

> Blocksatz → 225
> Titelsatz → 247
> Auszeichnung Sperren → 253
> Satzzeichen-Regeln → 266

Die Punkte setzen sich aus zwei horizontal hinter- oder vertikal untereinander stehenden CJK-Dreipunkten zusammen, die jeweils eine Glyphe beschreiben.

- Sie entsprechen unserem Doppelpunkt als Trennzeichen zu Beginn eines Satzes oder bei Aufzählungen.
- Am Ende eines Satzes entsprechen sie als Auslassungszeichen unserem Dreipunkt.

Sind Zurichtung oder Kerning unausgewogen, bildet sich zwischen zwei Dreipunkten ein Abstand, der manuell ausgeglichen werden muss. Bei veränderter Laufweite des Textes, die ohnehin vermieden werden sollte, muss der Dreipunkt ausgespart werden. Die sechs Punkte haben in gleichen Abständen zueinander zu stehen.

29 Dürfen Textstellen farbig gesetzt werden?

> Absatzauszeichnungen → 237
> Auszeichnungen → 250 ff.

Farben sind in den CJK-Ländern ebenso in bestimmter Weise konnotiert wie bei uns. Ihre Wahl wird vom gestalterischen Konzept und vom Kontext bestimmt.
Entscheidende Unterschiede findet man bei den Farben Rot und Gelb:

- In Japan vermeidet man Eigennamen in Rot, denn früher schrieben die Samurais Ihren Gegnern Kampfaufforderungen HATASHIJO 果たし状 mit ihrem eigenen Blut.
- Auch in Korea assoziiert man rote Schrift für Namen mit dem Tod.
- In China werden Personennamen nicht sargähnlich eingerahmt, das Gelb ist die Farbe des kaiserlichen Hofes.

Ansonsten ist Rot als Glücksfarbe beliebt.
(Das vorliegende Buch schreibt sich ins Konzept, sämtliche CJK-Fremdsprachen-Eingliederungen rot abzusetzen; dazu gehören nun einmal auch Namen historischer Persönlichkeiten.)

30 Darf in die Laufweite der Schrift eingegriffen werden?

> Asiatische Schriftsatzprogramme → 205
> Zeichen- und Zeilenabstand → 230
> Titelsatz → 247
> Auszeichnung Sperren → 253

Nur in Ausnahmefällen.
Horizontaler Satz:
Grundsätzlich empfiehlt sich, individuell zwischen *»metrischem«* oder *»optischem«* Kerning abzuwägen.

- Fließtexte sollten eine Laufweite von null aufweisen.
- Konsultationsgrößen erfordern meist eine Erweiterung der Laufweite.
- Ob Überschriften und größere Schriftgrade eine Verringerung der Laufweite benötigen, müssen Sie je nach Schrift beurteilen. Bestimmte Schriftzeichenkombinationen laufen schnell Gefahr, jeweilige rechte oder linke Komponenten dem Nachbarzeichen zuzuschlagen. Manueller Zeichenabstandsausgleich ist oft unumgänglich.
- Das Sperren von CJK-Texten ist möglich, geht aber meist mit weiteren Auszeichnugsarten einher.

In ADOBE ILLUSTRATOR erlaubt die Funktion TSUME ein proportionales Verringern einzelner Glyphenabstände und ist dem Eingreifen in die Laufweite vorzuziehen.
Vertikaler Satz (ADOBE ILLUSTRATOR oder Template → *Frage 16*):
Eine Schriftgrößenmischung in glatten Texten kann eine Laufweiten-Erweiterung kleinerer Schriftgrade erfordern.

Hybride, Hei-Song-Schriften

HYChangMeiHeiJ
Vereinfachte Zeichen

字体设计的艺术？

36 / 39 pt

Hmbgft.!?字体是一种最基本的视觉设计元素，设计师使用它就如同建筑师们使用玻璃，石料，钢铁和无数其他材料一样。280！？…

9,5 / 13 pt

Hmbgft.!?字体是一种最基本的视觉设计元素，设计师使用它就如同建筑师们使用玻璃，石料，钢铁和无数其他材料一样。280！？…

6 / 9,5 pt

Diese Schrift ist auch mit traditionellen chinesischen Schriftzeichen erhältlich.

Hanyi Keyin, Peking und URW++, Hamburg

DER CJK-SCHRIFTSATZ *[Fortsetzung]*

31 Darf elektronisch in die Schriftzeichen eingegriffen werden?

> Manipulation → 168
> Schriftlagen → 176
> Titelsatz → 246
> Auszeichnungen → 250

Ganz klar: nein.
- Wer auf Nachhaltigkeit setzt, vermeidet auch hier (vor allem in Geschäftsdokumenten) die in westlichen Ländern unentschuldbaren Typo-Sünden.

Ausnahmen:
- In China mag man es gern bunt und krachend, man geht pragmatisch mit seinen Zeichen um und scheut sich nicht vor Eingriffen jeder Art (elektronisches Kursivieren, falsche Outlines, unechte Kapitälchen). Wenn das von Ihnen verlangt wird, vermeiden Sie missionarische Diskussionen.
- Elektronisches Kursivieren kann für Serifenlose und in Ausnahmefällen für Serifen-Schriftarten nicht verteufelt werden. Es lockert ein Layout auf, und *echte Kursive* gibt es (noch) nicht auf dem Markt. Wenn man genau hinschaut, stellt man fest: Es schadet den Zeichen nicht!
- Für alle anderen Schriftarten ist elektronisches Kursivieren tabu!
- Zerren und Stauchen von Schriften bleibt tabu!
- Vereinzelt kann bei sehr großen Schriftgraden der Eingriff in die Zeichenproportionen notwendig sein.

32 Welche Regeln gelten bei der Verwendung chinesischer Zahlzeichen?

> Fremdsprachen-Eingliederung → 215 ff.
> CJK-Satzzeichen Mittelpunkt → 266
> Zahlensatz → 270 ff.
> europäische Zahlen im gemischten Satz → Fragen 36–38

Optisch integrieren sich in CJK-Schriftzeichen dargestellte Ziffern und Zahlen unauffällig im Text und bedürfen daher keiner typografischen Sonderbehandlung.
- Bei Aufzählungen mit Ordnungszahlen chinesischer Schriftzeichen wird diesen ein spezielles Aufzählungskomma nachgestellt.
- CJK-Texte verwenden gern eingeklammerte Ordnungszahlen. Sie können in den CJK-Fonts als eigene Zeichnen angesteuert werden.

DER GEMISCHTE SCHRIFTSATZ: LATEINISCHE BUCHSTABEN IM CJK-TEXT

33 Dürfen horizontale und vertikale Leserichtungen gemischt werden?

> Zeichen- und Zeilenaufbau → 200
> Sprachen mischen → 208
> Bildbeispiele → 66, 136, 277

Natürlich.
- CJK-Texte in vertikaler und westliche Texte in horizontaler Leserichtung dürfen nebeneinander stehen. Für westliche Sprachen gibt es da keine Alternative.
- In der japanischen Typografie ist es übliche Praxis, Überschriften horizontal zu setzen, während die Fließtexte meist der vertikalen Leserichtung folgen.
- Umgekehrt stehen in China traditionell vertikal gesetzte Titel gern rechts oder links neben horizontal zu lesendem Grundtext.
- Innerhalb vertikal ausgerichteter CJK-Texte drehen eingeschobene latinisierte Textstellen ihre Buchstaben automatisch um 90° nach rechts, denn die horizontale Leserichtung kann für westliche Sprachen nicht aufgehoben werden. Hier muss man gegebenenfalls einen manuellen Zeichenpaar- und Wortabstandsausgleich vornehmen.

34 Sollte der gemischtsprachige Schriftsatz auch auf Blocksatz bestehen?

> Fremdsprachen-Eingliederung → 215
> Wortabstände → 222
> Blocksatz → 224
> Flattersatz → 226
> Titelsatz → 246
> CJK-Satzausrichtung → Frage 25

Grundsätzlich gelten die Empfehlungen, die in Frage 25 gegeben werden. Ansonsten ist die Satzausrichtung abhängig vom Umfang der latinisierten Texteinschübe oder Fremdsprachen-Eingliederungen:
- Besonders Marginal-, aber auch Ergänzungstexte und Bilduntertitel sollten in der Schriftmischung mit westlichen Sprachen bündig gesetzt werden, da schmalere Kolumnen sonst schnell große Löcher zwischen Wortabstände reißen.
- Für das Internet wird linksbündig ohne Zeilenschaltung programmiert, sobald CJK- mit latinisierten Texten gemischt sind.

35 Müssen die jeweils in die andere Sprache übersetzten Texte stilistisch wie der Originaltext behandelt werden?

> Zeichenausgleich → 212
> Fremdsprachen-Eingliederung → 216
> Sprachen mischen → 226

Nein.
- In der Regel verlangt das Autorenkonzept aber die konsequent deutlich erkennbare Zugehörigkeit der jeweils übersetzten Texte.
- Latinisierte Texte reagieren gegenüber chinesischen und japanischen anders auf Blocksatz-Einstellungen, da es für westliche Sprachen Wortabstände und Silbentrennungen gibt. Je nachdem, ob lateinische oder und CJ-Zeichen im Fließtext dominieren, müssen in den Stilvorlagen Abstands-, Silben- und Zeilentrennungsregelungen, eventuell Satzausrichtungen unterschiedlich formatiert werden. Das Koreanische kennt Wortabstände, aber keine Silbentrennung am Zeilenende.

36 Dürfen Schriftgrößen von CJK-Zeichen und lateinischen Zeichen im gemischtsprachigen Text voneinander abweichen?

> Grundlinienversatz → 221
> Fremdsprachen-Eingliederung → 215 ff.
> Auszeichnungen → 250 ff.

Ja.
CJK-Texten eingegliederte lateinische Schriften wirken oft etwas zu klein.

– Die Faustregel sagt: Lateinische eingeschobene Texte um 10 – 20 % vergrößern. Ein angemessener Wert ist von Schrift zu Schrift individuell zu ermitteln.
– Keine Lösung ist die Verwendung von Versalbuchstaben, um sich der vertikalen Ausdehnung chinesischer Schriftzeichen anzunähern.

37 Warum wirken westliche Texte neben chinesischen Zeichen manchmal, als wichen sie von der Grundlinie ab?

> Typometrie cnZ → 164
> Grundlinienversatz → 221
> Mediävalziffern → 272

Die den chinesischen Fonts eingeschriebene horizontale Proportionsschriftlinie liegt in den meisten Fällen etwas tiefer als bei lateinischen Schriften, sodass Fremdsprachen-Einliederungen etwas »abgehoben« neben ihren chinesischen Nachbarn stehen. Sie sollten optisch aligniert werden, indem ein geringfügiger Grundlinienversatz vorgenommen wird. Auch hier stets für den Einzelfall entscheiden.

38 Darf man europäische Zahlzeichen in CJK-Texten einsetzen?

> Fremdsprachen-Eingliederung → 215 ff.
> Satzzeichen-Regeln → 264 ff.
> Zahlensatz → 270 ff.
> Chinesische Zahlzeichen → Frage 32

Ja.
Europäische Ziffern in CJK-Texten sind heute sogar gängige Praxis.

– Für europäische Zahlzeichen im reinen CJK-Text gelten grundsätzlich die Satzregeln nach britisch-amerikanischem Vorbild.
– Ob davon für eine nicht-englische Publikation abgewichen wird und eingeschobene Fremdsprachen dann konsequent nach landessprachlicher Typografie behandelt werden, entscheidet der Gestalter gemeinsam mit dem Lektor. Das betrifft z. B. Datumsangaben und Punkt oder Komma vor Dezimalstellen usw.
– Die fonteigenen europäischen Ziffern von CJK-Schriften integrieren sich (im Gegensatz zu den lateinischen Buchstaben) oft gut in gemischtsprachige Texte.
– Mediävalziffern nehmen sich – entgegen vieler Stimmen – teilweise sehr harmonisch neben chinesischen Schriftzeichen aus.

39 Werden innerhalb eingegliederter lateinischer Texte CJK-Satzzeichen verwendet?

> Fremdsprachen-Eingliederung → 215 ff.
> Satzzeichen-Regeln → 262 ff.

Nein.
Die verschiedensprachige Textpassagen verlangen orthotypografisch nach den eigenen landessprachlichen Satzregeln.
Häufige Ausnahmen:
Einzeln stehende Akronyme, Firmen-, Produkt- oder Markenbezeichnungen usw., die zwar in einer Schriftmischung, aber ähnlichem Duktus wie die Grundschrift gesetzt wurden, dürfen die CJK-Fonts eigenen Interpunktionen folgen.

40 Wie vermeidet man die Löcher, die die Wortabstände westlicher Textpassagen im CJK-Satz verursachen?

> Typometrie → 161
> Fremdsprachen-Eingliederung → 215 ff.
> Zeichenausgleich → 222
> Blocksatz → 224
> Flattersatz → 226

Die dicktengleichen Zeichen reiner chinesischer und japanischer Fließtexte werden gänzlich ohne Leerzeichen gesetzt und verlangen daher immer nach Blocksatz. Die Wortabstände westlicher Texteinschübe lösen das blockartige System auf und reißen weiße Löcher.

– Um dies zu vermeiden, werden keine Leerzeichen gesetzt, sondern geschützte Leerräume. Testen Sie durch einige Versuche, die passenden Abstände zu finden.
– Die verbreitete Faustregel, einen Halbgeviert-Weißraum zwischen latinisierten Wörtern und chinesischen oder japanischen Schriftzeichen einzuhalten, ist nicht immer durchgängig umzusetzen.

41 Sollten die im Pīnyīn umschriebenen chinesischen Schriftzeichen Akzentbuchstaben verwenden?

> Hànyǔ pīnyīn wénzì → 68
> Pīnyīn im Computer → 72
> Roomaji und Hepburn-System → 83
> Revidierte Romanisierung → 90
> Fremdsprachen-Eingliederung → 216

Nein.
Es gibt festgelegte orthotypografische Umschrift-Systeme, nach denen sich Umschreibungen der jeweiligen CJK-Sprache richten müssen. Transkribierte chinesische Eigennamen, Buchtitel usw. werden in aller Regel ohne Diakritika und die Verwendung eines Apostrophs wiedergegeben.
Ja.
Natürlich verwenden Lehrmittel und Wörterbücher die vollständigen und korrekten Transkriptionsweisen. Gerade für die chinesische Sprache unterliegt die Pīnyīn-Umschrift recht komplizierten Regelungen. Hier verlassen Sie sich auf die enge Zusammenarbeit mit Ihren Auftragspartnern. Das vorliegende Buch verzichtet auf die Darstellung der umfangreichen Pīnyīn-Regeln, die beim Verlag oder der Autorin angefordert werden können.
Grundsätzlich gilt:
Da alle für uns relevanten Umschreibungssysteme lateinische Buchstaben benutzen, greift hier typografisch der uns bekannte Anforderungskatalog.

Hybride, Hei-Song-Schriften

FZMeiHei-S
Vereinfachte Zeichen

字体设计的艺术？

36 / 39 pt

Hmbgft.!?字体是一种最基本的视觉设计元素，设计师使用它就如同建筑师们使用玻璃，石料，钢铁和无数其他材料一样。280！？…

9,5 / 13 pt

Hmbgft.!?字体是一种最基本的视觉设计元素，设计师使用它就如同建筑师们使用玻璃，石料，钢铁和无数其他材料一样。280！？…

6 / 9,5 pt

Diese Schrift ist auch mit traditionellen chinesischen Schriftzeichen erhältlich.

Founder Electronics, Peking

文本用来阅读。

Texte sind zum Lesen da. Regeln zum Brechen.

ZUGEGEBEN, DIESE ÜBERSCHRIFT übertreibt etwas. In China hat man manchmal eher den Eindruck, dass Geschriebenes nicht zwingend gelesen werden soll. Gemeint sind hier ausdrücklich diejenigen bilingualen Texte, in denen (meist) englische Übersetzungen eine scheinbar rein dekorative Funktion ausüben. Die Ignoranz gegenüber fremden Typo-Regeln indes vereint die Designer aller Länder. ■

SPRICHT MAN MIT WESTLICHEN, in China arbeitenden Grafikern über ihre Ergebnisse, hört man nicht selten, *»dass der/die Art Direktor/in das so wollte. Ich hätte es anders gemacht!«* In deutschen Agenturen läuft das genauso; und chinesische Vorgesetzte werden wissen, was Kunde und Zielgruppe erwarten. Wir sind die Fremden in der Fremde nur, wenn wir versuchen, unsere Gewohnheiten und bisherigen Erfahrungen mit aller Gewalt dem anderen, der andere Gewohnheiten und Erfahrungen hat, »aufzudrücken«. Was sich von unserem Verständnis guten Setzens unterscheidet, kann noch kein Grund sein, darüber zu befinden, solange wir nicht selbst angesprochen werden sollen. Anders aber liegt es, wenn wir als Ausländer die Leserschaft bilden. ■

WERDEN ART-DIREKTOREN nach ihrer Intention gefragt, so erhält man häufig die Antwort: *»Das haben wir schon immer so gemacht.«* Aber was 3.000 Jahre lang falsch gemacht wurde, wird deswegen nicht richtiger. Was »richtig« oder »falsch« ist, entscheidet zuerst das Auge, dessen ästhetische Empfindsamkeit am eigenen kulturellen Hintergrund misst – und am Ende entscheidet es der Markt. □

»DAS-HABEN-WIR-SCHON-IMMER-SO-GEMACHT«-PANOPTIKUM

Die Beispiele dieser Seite machen deutlich, dass der Umgang mit dem fremden Schriftsystem des lateinischen Alphabets in China noch nicht gefestigt ist. Es wird oft »behandelt« wie die eigene Schrift. Genauso kann es uns gehen, wenn wir uns nicht mit dem Anderen beschäftigen.

AUF WEN ODER WAS soll hier die Aufmerksamkeit gelenkt werden? Auf einer Pekinger Buchmesse war Deutschland »Guest of Honour«. Die chinesischen Veranstalter baten auch deutsche Designer um grafische Unterstützung für den Messeauftritt, der von mehreren offiziellen Instanzen abgesegnet werden musste. Der Designer hat keinen Einfluss mehr auf das Ergebnis, das am Ende oft wenig mit seinem Entwurf zu tun hat. Wird es gelobt, erntet der chinesische Auftraggeber Lorbeeren, war es unbefriedigend, hat der deutsche Designer versagt.

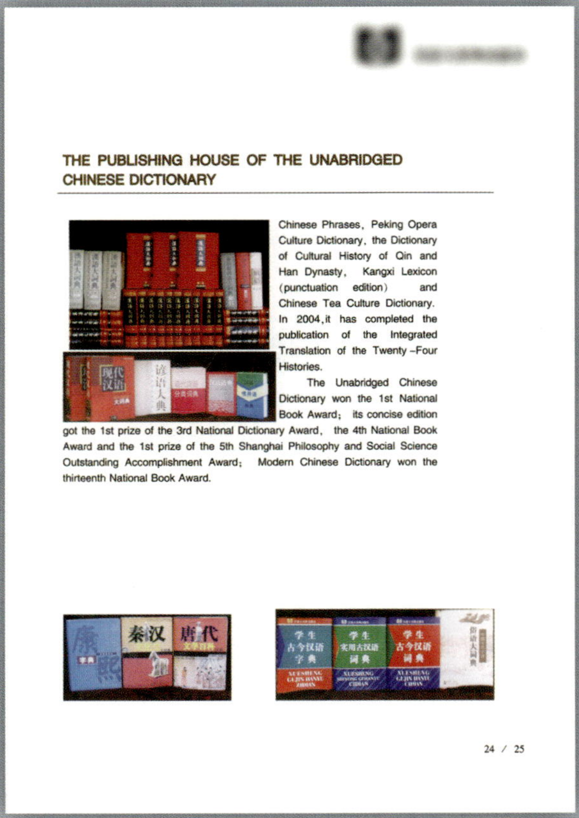
THE PUBLISHING HOUSE OF THE UNABRIDGED CHINESE DICTIONARY

Chinese Phrases, Peking Opera Culture Dictionary, the Dictionary of Cultural History of Qin and Han Dynasty, Kangxi Lexicon (punctuation edition) and Chinese Tea Culture Dictionary. In 2004, it has completed the publication of the Integrated Translation of the Twenty-Four Histories.

The Unabridged Chinese Dictionary won the 1st National Book Award; its concise edition got the 1st prize of the 3rd National Dictionary Award, the 4th National Book Award and the 1st prize of the 5th Shanghai Philosophy and Social Science Outstanding Accomplishment Award; Modern Chinese Dictionary won the thirteenth National Book Award.

24 / 25

MAN IST SICH NICHT SICHER, ob dieser Verlag tatsächlich auf internationalem Parkett Verträge abschließen möchte. Sich in englischer Sprache zu präsentieren, gehört heute zu den Selbstverständlichkeiten im Geschäftsleben. [Abb. verkleinert]

Peking bei Nacht mit zwielichtigen Angeboten? Mitnichten. Chinas Großstädte sind stets auch auf ausländische Gäste vorbereitet, die englische Sprache ist omnipräsent.

Strassenschilder werden pflichtgemäss zweisprachig, also in Pīnyīn ausgewiesen, da für Eigennamen oft seltene, d.h. in der Aussprache unbekannte Zeichen verwendet werden. Noch hat sich niemand mit der Psyche des Verkehrsteilnehmers beschäftigt. Vorerst stellen Magazine für junge Designer ausführlich die Navigationssysteme westlicher Städte vor [→ 234].

Diese Beschilderung stammt nicht aus irgendeinem zum Heimatmuseum umgebauten Bauernhaus, sondern aus dem Nationalmuseum in Nanjing. Sie dürfte schon einige Jahrzehnte alt sein; obwohl ährlich Tausende Studenten ein Kommunikationsdesign-Studium absolvieren.

(stage)

ddm Warehouse
3/F, 713 Dongdaming Lu, by Gaoyang Lu (3501 3212). Tue-Sun, 11am-7pm. www.ddmwarehouse.org. 东大名艺术中心 东大名路 713 号 3 楼 近高阳路

Downstream Garage / Xiahe Micang
3/F, No 100, Lane 200, Longcao Lu, by Longwu Lu (5448 3368). www.mecooon.com. 下河迷仓 龙漕路 200 弄 100 号 3 楼 近龙吴路

Experimental Theater of the Shanghai Theater Academy
630 Huashan Lu, by Wulumuqi Lu (6248 2920). www.sta.edu.cn. 上海戏剧学院实验剧场 华山路 630 号 近乌鲁木齐路

Lyceum Theater
57 Maoming Nan Lu, by Changle Lu (6217 8530). 兰馨大戏院 茂名南路 57 号 近长乐路

Warum ist die zweitwichtigste Information ausgegraut? Um als Ausländer nach dem Weg zu fragen, benötigt er entweder eine perfekte Aussprache der chinesischen Silben (möglichst im örtlichen Dialekt) oder gut lesbare Adressdaten, die er vorzeigen kann. Weder ein »akzentfreies« Pīnyīn noch die hellen Schriftzeichen bieten hier diesen Komfort.

Zerrung zugezogen? Fragen Sie einen Passanten, was hier nicht stimmt, und er wird es nicht wissen. Da geht es den Menschen wie den Leuten in Ost und West, und darin verbinden sich die verschiedenen Schriftsysteme im Leiden.

Freier Fall in visuelle Abgründe? Chinesen wird ein gewisser Pragmatismus nachgesagt. Diese Einladung hat sicher die Aufmerksamkeit auf ihrer Seite. Die Farbe Rot hat's gerichtet. [verkleinert]

装潢不是双语文本。

Was bilingualer Schriftsatz nicht ist: Dekoration.

Die Lateinschrift in Fernost ist ein zweckbezogener Kulturimport – gebraucht als Übersetzungsmedium. Zunächst als Sprachfenster zur westlichen Welt, heute gleichermaßen zur *phonetischen Umschreibung* der eigenen Schriftzeichen *[→ 68]*. Der Einsatz von Buchstaben in China ist bisher weitgehend ein pragmatischer, ihr typografisches Potential wartet darauf, ausgeschöpft zu werden. Umgekehrt wird nicht selten auch in hiesigen bilingualen Publikationen die Muttersprache des Designers »ablesbar«, die zweite Sprache gern in anstrengendem hellgrau oder zwei Punkt kleiner gesetzt. ■ Am Anfang dieses Buches war die Rede von chinesischen Schriftzeichen, die ein gern gesehenes Schmuckelement im westlichen Alltag sind. Dieser Effekt ist reziprok in China zu verbuchen. Professorin Hu Ke, Dozentin an der China Academy of Art in Hangzhou berichtet: »*Unsere Studenten gestalten heutzutage oft lieber mit dem Alphabet als mit Hànzì. Für sie üben die lateinischen Buchstaben den Reiz des Modernen aus und werden schon deshalb als schön empfunden.*« Die schriftgrafische Ausbildung im Fachbereich Kommunikationsdesign beschränkt sich während der gesamten Studienzeit auf vier Wochen, eingeschlossen sind die Geschichte der chinesischen Kalligrafie und des lateinischen Alphabets. Schrift und Typografie stellen ansonsten keine gesonderten Studienfächer dar, sie werden »*immer mit unterrichtet*«, wie Professorin Hu Ke weiter ausführt; sie meint Bereiche wie Buch-, Plakat- oder Packungsgestaltung. □

Oder doch?

Es gibt sie schon lange – die fremden Zeichen aus dem Westen, die neue Richtungen nicht nur für die Zeilenführung aufzeigten: Gross- und Kleinbuchstaben, Kursive und Kapitälchen, nach Belieben leicht oder fett, schmal oder breit. Die Visitenkarten aus dem Südchina des frühen 20. Jahrhunderts dekorieren Information und versprechen lustvoll ein vielseitiges Angebot. Nach ähnlichem Prinzip gehen heute viele Anzeigen vor: Zeigen, was man zu bieten hat in Wort und Bild. Leider bietet der Computer von sich aus zuviel des guten (westlichen) Geschmacks.

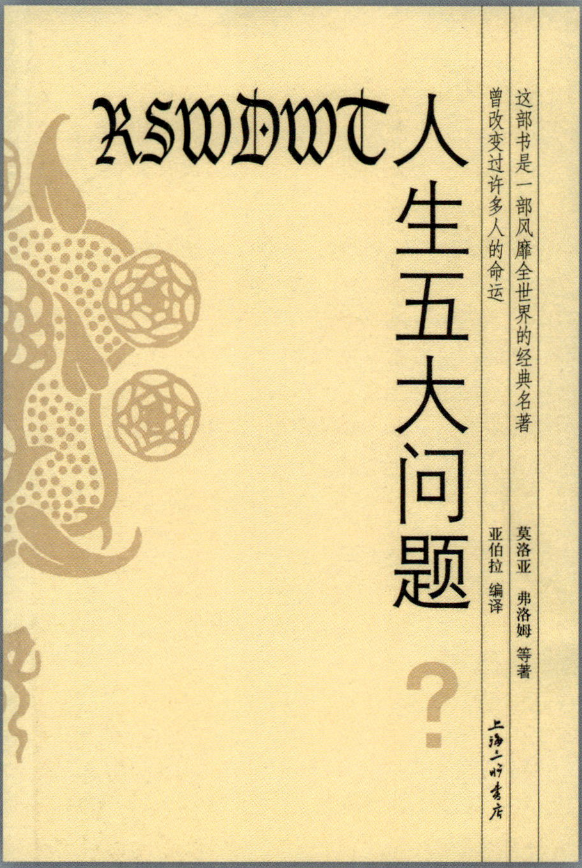

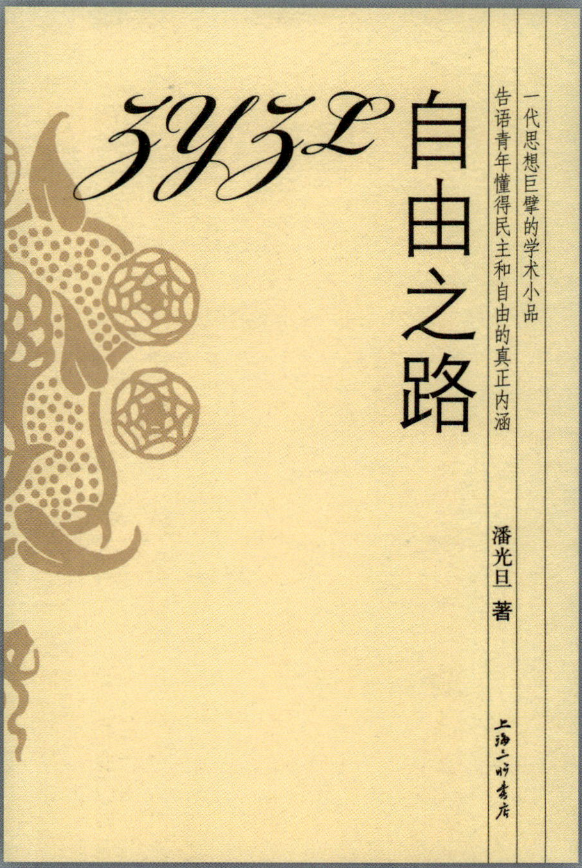

Die Wortkonstrukte auf den Buchtiteln sind nur für den Sprachkundigen entzifferbar: Was sich hier auf den ersten Blick wie »Roswita« oder »Zausel« liest, sind nichts weiter als die Anfangsbuchstaben der chinesischen Zeichen in Pīnyīn *[→ 68]**. [Abb. verkleinert]*

Der Programmflyer begleitet ein Orchesterkonzert im größten und modernsten Kunst- und Kulturzentrum der chinesischen Stadt Suzhou und schlägt schiefe Töne an.

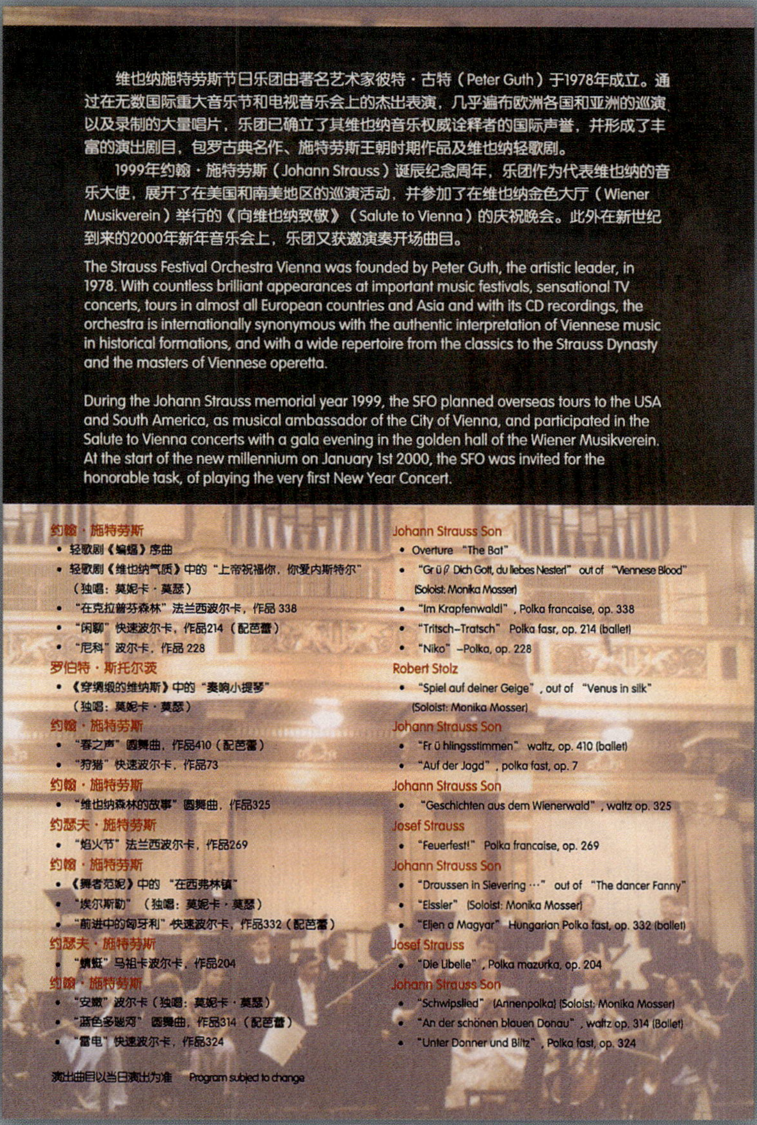

维也纳施特劳斯节日乐团由著名艺术家彼特·古特（Peter Guth）于1978年成立。通过在无数国际重大音乐节和电视音乐会上的杰出表演，几乎遍布欧洲各国和亚洲的巡演以及录制的大量唱片，乐团已确立了其维也纳音乐权威诠释者的国际声誉，并形成了丰富的演出剧目，包罗古典名作、施特劳斯王朝时期作品及维也纳轻歌剧。

1999年约翰·施特劳斯（Johann Strauss）诞辰纪念周年，乐团作为代表维也纳的音乐大使，展开了在美国和南美地区的巡演活动，并参加了在维也纳金色大厅（Wiener Musikverein）举行的《向维也纳致敬》（Salute to Vienna）的庆祝晚会。此外在新世纪到来的2000年新年音乐会上，乐团又获邀演奏开场曲目。

The Strauss Festival Orchestra Vienna was founded by Peter Guth, the artistic leader, in 1978. With countless brilliant appearances at important music festivals, sensational TV concerts, tours in almost all European countries and Asia and with its CD recordings, the orchestra is internationally synonymous with the authentic interpretation of Viennese music in historical formations, and with a wide repertoire from the classics to the Strauss Dynasty and the masters of Viennese operetta.

During the Johann Strauss memorial year 1999, the SFO planned overseas tours to the USA and South America, as musical ambassador of the City of Vienna, and participated in the Salute to Vienna concerts with a gala evening in the golden hall of the Wiener Musikverein. At the start of the new millennium on January 1st 2000, the SFO was invited for the honorable task, of playing the very first New Year Concert.

约翰·施特劳斯
- 轻歌剧《蝙蝠》序曲
- 轻歌剧《维也纳气质》中的“上帝祝福你，你爱内斯特尔”（独唱：莫妮卡·莫瑟）
- “在克拉普芬森林”法兰西波尔卡，作品 338
- “闲聊”快速波尔卡，作品214（配芭蕾）
- “尼科”波尔卡，作品 228

罗伯特·斯托尔茨
- 《穿绸缎的维纳斯》中的“奏响小提琴”（独唱：莫妮卡·莫瑟）

约翰·施特劳斯
- “春之声”圆舞曲，作品410（配芭蕾）
- “狩猎”快速波尔卡，作品73

约翰·施特劳斯
- “维也纳森林的故事”圆舞曲，作品325

约瑟夫·施特劳斯
- “焰火节”法兰西波尔卡，作品269

约翰·施特劳斯
- 《舞者范妮》中的 “在西弗林镇”
- “埃尔斯勒” （独唱：莫妮卡·莫瑟）
- “前进中的匈牙利”快速波尔卡，作品332（配芭蕾）

约瑟夫·施特劳斯
- “蜻蜓”马祖卡波尔卡，作品204

约翰·施特劳斯
- “安娜”波尔卡（独唱：莫妮卡·莫瑟）
- “蓝色多瑙河” 圆舞曲，作品314 （配芭蕾）
- “雷电”快速波尔卡，作品324

Johann Strauss Son
- Overture "The Bat"
- "Gr ü ß Dich Gott, du liebes Nesterl" out of "Viennese Blood" (Soloist: Monika Mosser)
- "Im Krapfenwaldl", Polka francaise, op. 338
- "Tritsch-Tratsch" Polka fasr, op. 214 (ballet)
- "Niko" –Polka, op. 228

Robert Stolz
- "Spiel auf deiner Geige", out of "Venus in silk" (Soloist: Monika Mosser)

Johann Strauss Son
- "Fr ü hlingsstimmen" waltz, op. 410 (ballet)
- "Auf der Jagd", polka fast, op. 7

Johann Strauss Son
- "Geschichten aus dem Wienerwald", waltz op. 325

Josef Strauss
- "Feuerfest!" Polka francaise, op. 269

Johann Strauss Son
- "Draussen in Sievering …" out of "The dancer Fanny"
- "Elssler" (Soloist: Monika Mosser)
- "Eljen a Magyar" Hungarian Polka fast, op. 332 (ballet)

Josef Strauss
- "Die Libelle", Polka mazurka, op. 204

Johann Strauss Son
- "Schwipslied" (Annenpolka) (Soloist: Monika Mosser)
- "An der schönen blauen Donau", waltz op. 314 (Ballet)
- "Unter Donner und Blitz", Polka fast, op. 324

演出曲目以当日演出为准 Program subject to change

Grossbuchstabenverdrehungsgefahr: Das Pīnyīn wird als Schmuckelement instrumentalisiert. Bei dieser Buchstabenkette bleibt einem westlichen Leser die Luft weg. [Ausschnitt verkleinert]

行列和符号的布局。90度的转换。

Der Aufbau Zeilen und Zeichen. Von 90°-Drehungen.

Die gleichzeitige Verwendung verschiedener Schriftsprachen stellt eine besondere typografische Herausforderung dar, da Texte ihren jeweils landessprachlichen *Satzregeln* folgen müssen, aber einen ästhetischen Gesamteindruck erzeugen sollen. ■ Werden chinesische oder japanische Schriftzeichen mit lateinischen Buchstaben kombiniert, ermöglicht die horizontale Schreibrichtung flüssigeres Lesen – ein Grund von vielen, warum man in China die waagerechte Textausrichtung zum Standard erhob. ■ Im Gegensatz dazu wird in japanischen Drucksachen nach wie vor die senkrechte Ausrichtung der Schriftzeichen präferiert. Eingeschobene lateinische Buchstaben rotieren dann automatisch um 90° in Uhrzeigerrichtung, um die Leserichtung von oben nach unten beizubehalten. Größere *Texteinschübe*, deren ursprüngliche Leserichtung horizontal ist, sorgen für Beschwernisse beim Lesen – der Kopf oder das Buch müssen gedreht werden. ■ Ein entscheidender Unterschied zwischen einem romanischen und einem CJK-Text liegt im *Zeilenumbruch*. Die in unserer Sprache gesetzten Worte sind Einheiten bildende Zeichenketten. Ist am Ende der Zeile ein Wort zu lang, kann es nach Silben getrennt werden. Ein Trennstrich verdeutlicht, dass das Wort auf der nächsten Zeile weiterläuft. Chinesische und japanische Textzeilen können nach fast jedem Zeichen umbrochen werden, ohne Worttrennungen kenntlich zu machen und den Lesefluss zu stören *[→ 58, 165]*. □

Zeichen- und Zeilenaufbaurichtungen in vertikalen Texten

Traditionell verwendete man in China und Japan eigene Maßeinheiten für Schriftgrößen und Abstände. Asiatische Programme überlassen es dem Benutzer, zwischen den im Westen üblichen Punkt-, Zoll-, Millimeter- oder Pixelsystemen zu wählen. Auf der folgenden Seite werden die für chinesische und japanische Computer verwendeten Einheiten näher erläutert.

Hinweis: Der Aufbau von Texten vertikaler Leserichtung unter Benutzung asiatischer Schriftsatzprogramme wird hier der Vollständigkeit halber vorgestellt, im Weiteren jedoch nicht konsequent beispielhaft angewendet, da die Arbeit mit ihnen in der westlichen Hemisphäre nicht gängig ist.

□ Die Begriffe werden aus dem Chinesischen übersetzt in Pīnyīn angegeben. Trotz unterschiedlicher Lesung sind die Schriftzeichen für das Japanische weitgehend identisch.

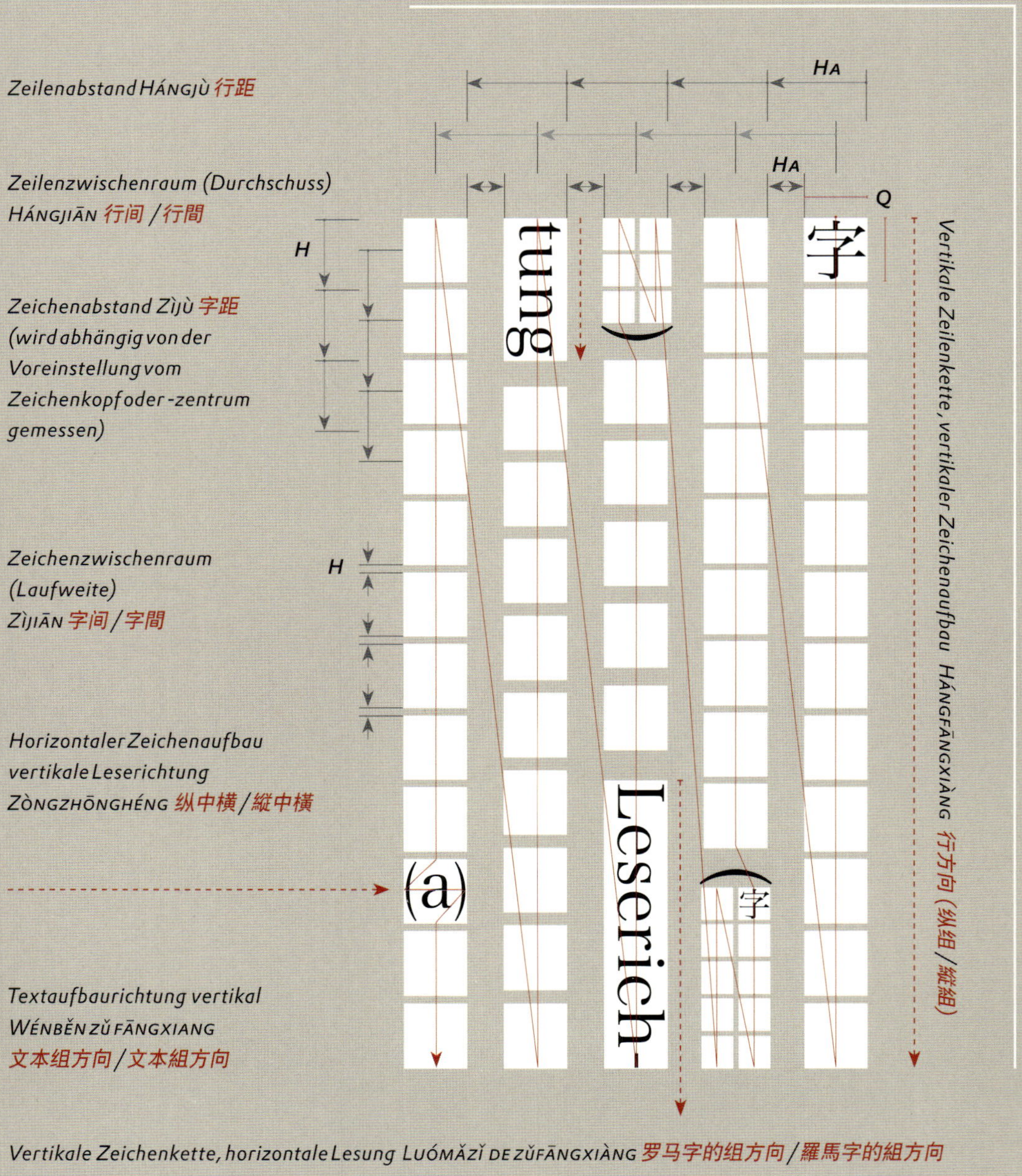

Satzspiegel in westlichen und asiatischen Schriftsatzprogrammen

*Die japanische Version des Schriftsatzprogramms Adobe InDesign ermöglicht das Anlegen von **Satzspiegeln** für die vertikale oder horizontale Leserichtung. Die Anzahl der **Zeichen, Zeilen und Spalten** sowie deren **Zwischenschlag (Spaltenabstand)** können für jede Seite variieren. Die quadratischen Schriftkegel werden in Zehner-Blöcken abgezählt angezeigt. □ Das zur Verwendung chinesischer Schriftzeichen konzipierte Programm bietet auch viele hilfreiche Funktionen für eine sensible Mischung verschiedener Schrifttypen. Das westliche Pendant ist darauf nicht vorbereitet, und so muss an einigen Stellen etwas improvisiert oder bei Programmkenntnis auf Adobe Illustrator zurückgegriffen werden* *[→ 205]**.*

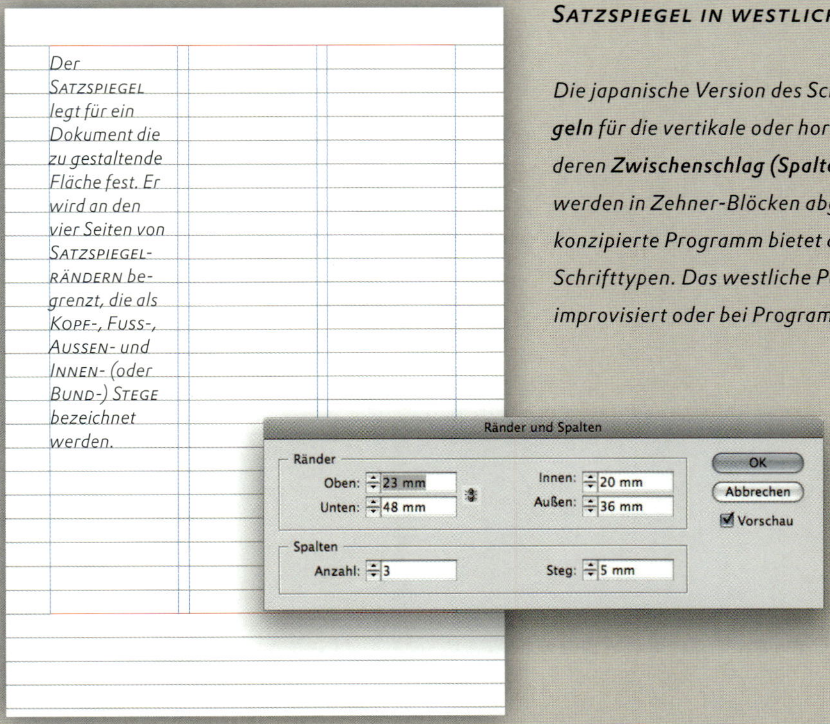

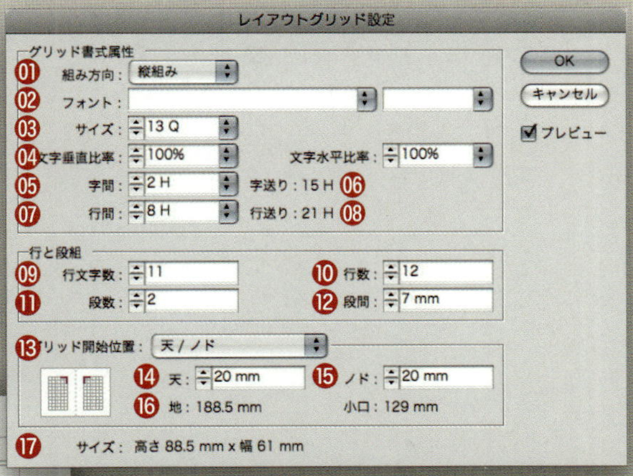

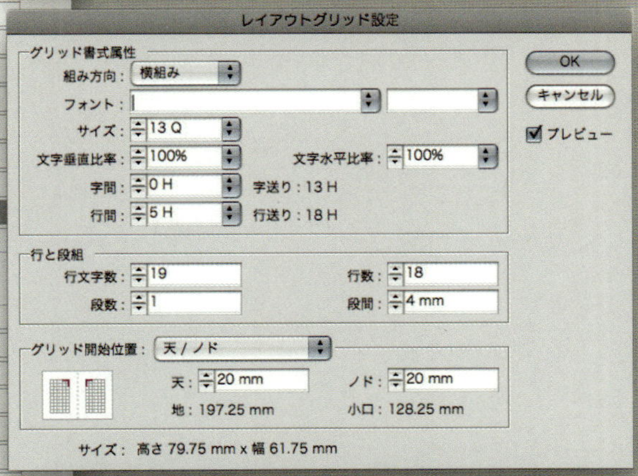

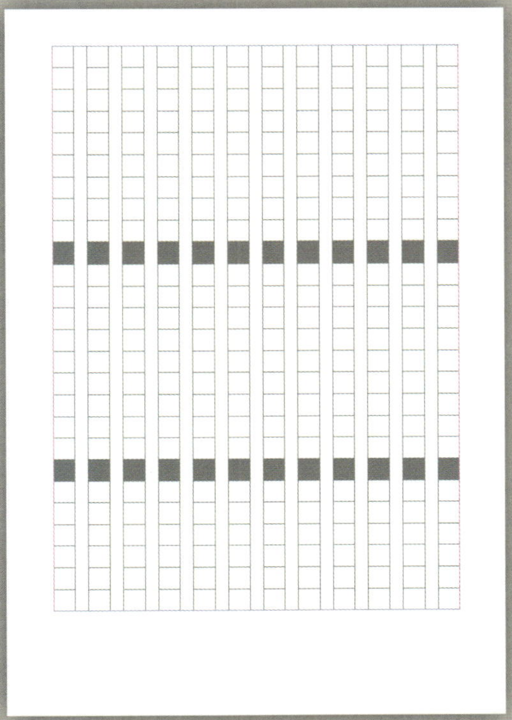

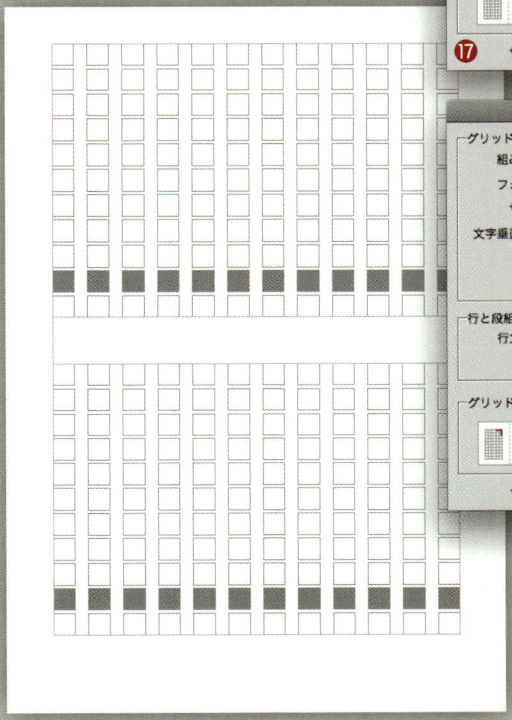

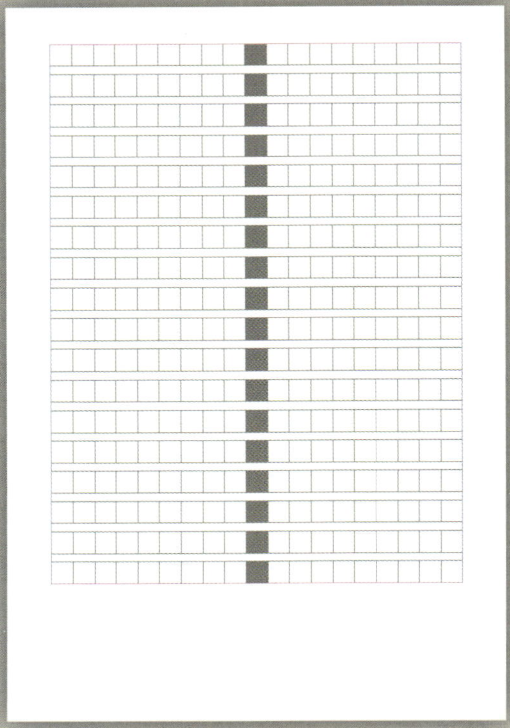

01 *Vertikale oder horizontale Ausrichtung*
02 *Voreinstellung eines Fonts möglich*
03 *Schriftgröße in* **Q**
04 *Horizontale und vertikale Skalierung*
05 *Laufweite (Zeichenzwischenraum) in* ***Ha***
06 *Zeichenabstand in* ***Ha***
07 *Durchschuss (Zeilenzwischenraum) in* ***Ha***
08 *Zeilenabstand in* ***Ha***
09 *Zeichen pro Zeile*
10 *Zeilenanzahl*
11 *Spaltenanzahl*
12 *Zwischenschlag*
13 *Satzspiegelausrichtung*
14 *Satzspiegelabstand vom Kopf*
15 *Satzspiegelabstand vom Bund*
16 *sich ergebende Maße Fuß- und Außensteg*
17 *Satzspiegelfläche in Höhe mal Breite*

东西方的计量单位。

Ost-West-Maßeinheiten. Beziehungen auf den Punkt gebracht.

Textprogramme verwenden in China und Japan häufig Maßeinheiten für Schriftgrößen und Zeilenabstände nach traditionellem Vorbild, parallel zum euro-amerikanischen *Pica-Point-System*. ■ Das die Schriftgrösse angebende Zeichen 级/級 bedeutet Ebene oder Stufe. Die japanische Aussprache Kyū findet sich in der romanisierten Maßeinheit eines »Q« (engl.: *Kiu*) wieder, die 0,25 mm entspricht. Im Chinesischen spricht man es Jí aus, verwendete jedoch früher das Kürzel »K«, welches wiederum wahrscheinlich dem Anfangsbuchstaben der japanischen Rōmaji-Umschreibung des Schriftzeichens entstammt. ■ Zeichen- und Zeilenabstände werden in Japan mit »Ha« angegeben, was eher einer verbalen Unterscheidbarkeit dient, denn dieses Maß steht im 1:1-Verhältnis zur Schriftgrößenangabe »Q«. ■ Die »K«-Messung der Schriftgrade ist in China heute kaum noch bekannt. Stattdessen hat sich eine *Liste der gebräuchlichsten Schriftgrößen* Chángyòng yìnshuā zìtǐdàxiǎo 常用印刷字体大小/常用印刷字體大小 erhalten, die etwas eigenartig anmutet, da ihre Zählung mit den hohen Werten beginnt und dann herunterzählt. Sie weist Listennummern Hàoshù 号数/號數 feste Punkt-Werte zu. ■ China und Japan verwenden heute also völlig verschiedene typografische Maßeinheiten. Der bei uns übliche Punkt wird bei Größenangaben jedoch zusätzlich stets mit angegeben. □

Chinesische und japanische Masseinheiten für Schriftgrösse

Die chinesischen Schriftgrößen-Stufen Hào 号 entsprechen den untenstehenden DTP-Punkt-Werten. Der DTP-Punkt oder Pica-point Diǎnshù 点数/點數 bemisst sich auf der Grundlage des sogenannten »anglo-sächsischen Kompromissfußes von 1959«: 1 Zoll Yīngcùn 英寸 = 25,4 mm Háomǐ 毫米
1/72 Zoll = 0,35278 mm = 1 pt Diǎn 点.

Voreingestellte Schriftlevel chinesischer Textprogramme in Hào			Angabe in Pica-point	Traditionelle Bezeichnung der Schriftgrade	
8	Bāhào	八号	4.5		Konsultationsgrößen
7	Qīhào	七号	5.25	Zhēnzì 珍字 Ruby-Größe	
Kleine 6	Xiǎoliù	小六	6.5		
6	Liùhào	六号	7.5	Zhùzì 注字 Erläuterungen	
Kleine 5	Xiǎowǔ	小五	9		Lesegrößen
5	Wǔhào	五号	10.5	Jiězì 解字 Lesegröße	
Kleine 4	Xiǎosì	小四	12		
4	Sìhào	四号	14	Hángzì 行字 Sichtgröße	Schaugrößen
Kleine 3	Xiǎosān	小三	15		
3	Sānhào	三号	16	Zhōngzì 中字 Mittelgröße	
Kleine 2	Xiǎoèr	小二	18		
2	Èrhào	二号	21	Míngzì 明字 Lichte Größe	
Kleine 1	Xiǎoyī	小一	24		
1	Yīhào	一号	26	Xiǎnzì 显字/顯字 Deutliche Größe	
Kleiner Anfang	Xiǎochū	小初	36		
Anfang	Chūhào	初号	42		
Kl. Sondergröße	Xiǎotèhào	小特号	54		Plakatgrößen
Sondergröße	Tèhào	特号	63		
Superformat	Tèdàhào	特大号	72		

* *Die »Kleine«-Gruppe wird hin und wieder als »Neue« Xīn 新 bezeichnet, z.B. Xīnwǔhào 新五号.*

Das Ministerium für internationalen Handel und Industrie in Japan normierte 1962 die Maße der Schriftgrößen für Fotosatzmaschinen unter der Bezeichnung JIS Z 8305, die jedoch erst nach einer offiziellen Bestätigung am 7. Juli 1995 veröffentlicht wurde. Hier wurden Schriftgrade nach dem Punkt-System (0,3524 mm) und ihre Abweichungstoleranzen festgelegt. Die Anwendung für Zeitungstypen wurde dabei ausgeklammert. Für den DTP-Bereich gelten heute folgende Werte:

Schriftgröße Q =
Zeichen- und Zeilenabstand Ha =
0,25 mm Milimētoru ミリメートル =
ca. 0,7087 pt Pointo ポイント

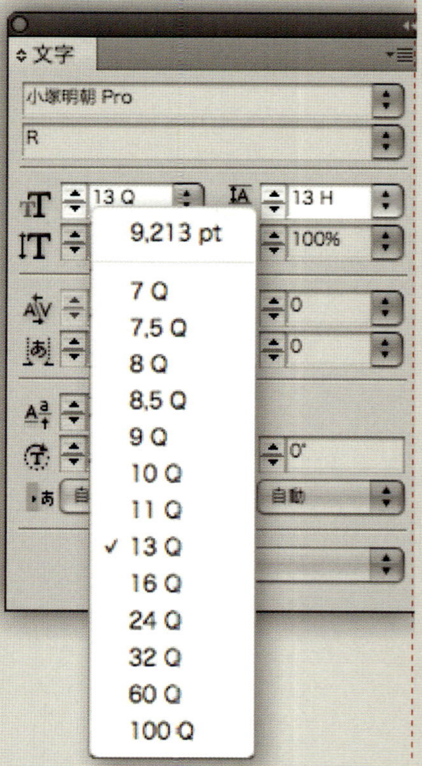

VOREINGESTELLTE JAPANISCHE SCHRIFTGRÖSSEN

字体サイズのサン
100 Q

60 Q 字体サイズのサンプル

32 Q 字体サイズのサンプル

24 Q 字体サイズのサンプル

16 Q 字体サイズのサンプル

13 Q 字体サイズのサンプル

11 Q 字体サイズのサンプル

10 Q 字体サイズのサンプル

9 Q 字体サイズのサンプル

8,5 Q 字体サイズのサンプル

8 Q 字体サイズのサンプル

7,5 Q 字体サイズのサンプル

7 Q 字体サイズのサンプル

VOREINGESTELLTE CHINESISCHE SCHRIFTGRÖSSEN

字体高度的例子 8. Level BĀHÀO 八号

字体高度的例子 7. Level QĪHÀO 七号

字体高度的例子

字体高度的例子 6. Level LIÙHÀO 六号

字体高度的例子

字体高度的例子 5. Level WǓHÀO 五号

字体高度的例子

字体高度的例子 4. Level SÌHÀO 四号

字体高度的例子

字体高度的例子 3. Level SĀNHÀO 三号

字体高度的例子

字体高度的例子 2. Level ÈRHÀO 二号

字体高度的例子

字体高度的例子 1. Level YĪHÀO 一号

字体高度的例子

字体高度的例子 Anfang CHŪHÀO 初号

字体高度的例子 Kleine Sondergröße XIǍOTÈHÀO 小特号

字体高度的例子 Sondergröße TÈHÀO 特号

字体高度的例子 Supergröße TÈDÀHÀO 特大号

Die japanische Version von Adobe InDesign und die westliche Version von Adobe Illustrator

Zeichenpalette

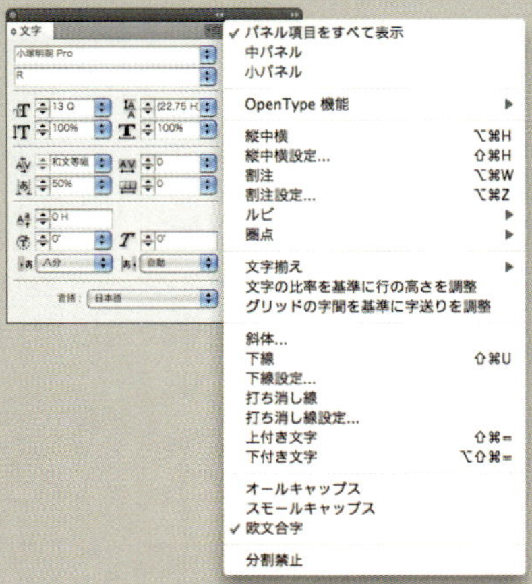

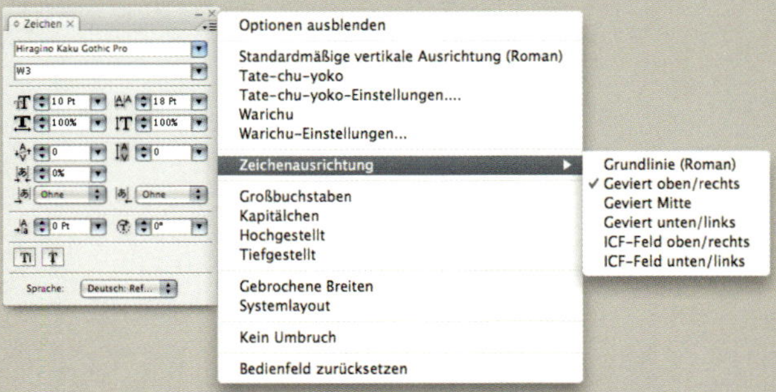

Absatzpalette

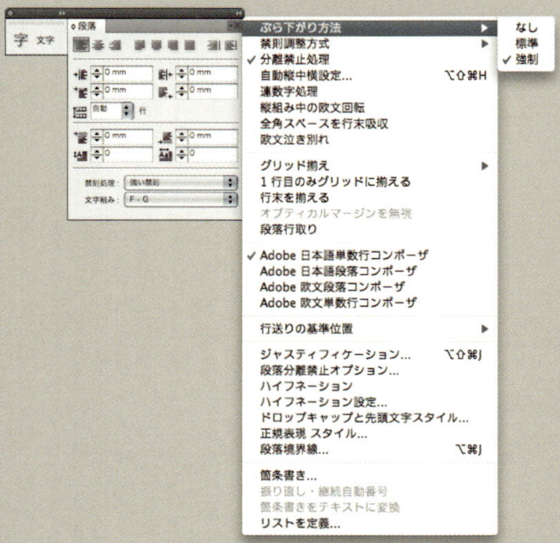

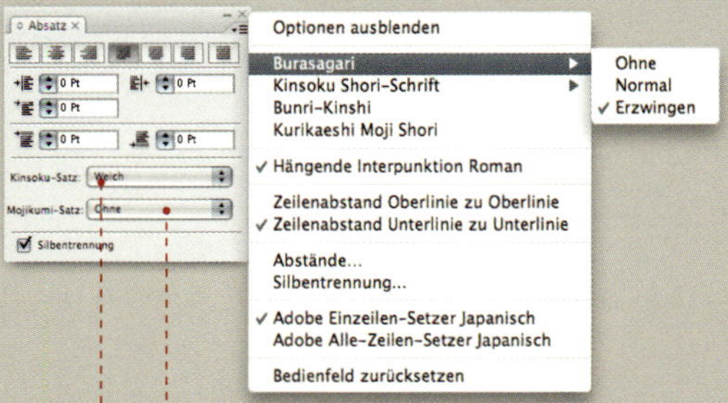

Zeichentrennungen können in Texten mit chinesischen Schriftzeichen de facto nach jedem Zeichen erfolgen, grammatische Satzzeichen hängen sich nicht automatisch an andere Zeichen. Folgende ***Kinsoku-Sätze*** *(wörtl.: »Verbotsregelungen«) sind jedoch per Default eingestellt:*

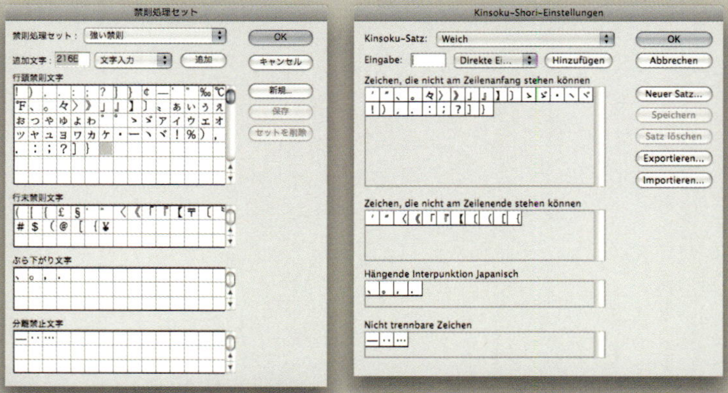

Über die Option Weich *wird gesteuert, welche Interpunktionen und Klammerarten nicht an Zeilenanfang oder -ende stehen dürfen. Die zweite Voreinstellung* Hart *ist für chinesischsprachige Texte unbrauchbar, da sie japanische Kana-Zeichen einschließt. Eigene Sätze können erstellt werden. Im* Adobe Photoshop *werden die Sätze als* Schwach *und* Maximum *bezeichnet, dort können keine neuen Sätze erstellt werden.*

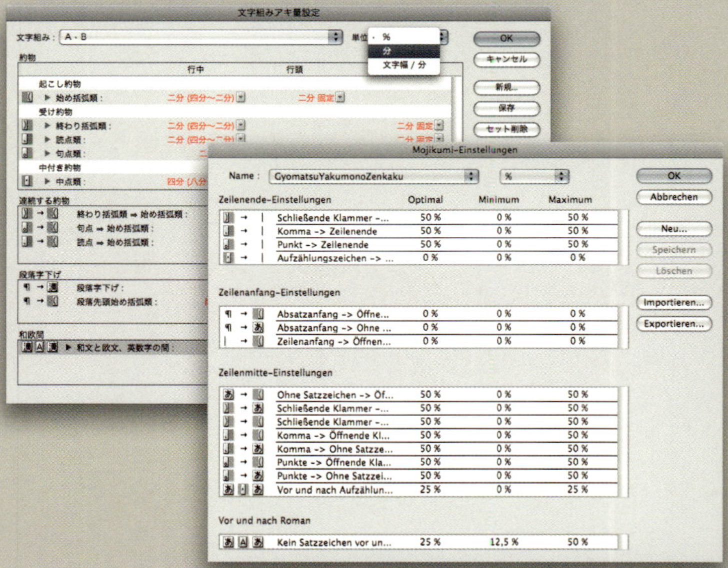

Abstände zwischen bestimmten Zeichenkombinationen reguliert ***Mojikumi****. Sie werden in Prozent oder* ***Bun 分*** *(jp.: »Geviertanteile«) angegeben. Eigene Sätze können erstellt werden. In der japanischen Typografie greift man kaum auf die Voreinstellungen zurück, sondern unterscheidet neun Sondersätze. Im* Adobe Photoshop *ist die Anwahl vier fester Voreinstellungen möglich, es können keine neuen Sätze erstellt werden.*

Das typografische Geviert

Zeichenabstände, die über Aki *und* Mojikumi *reguliert werden, nehmen das* Geviert *als Bemessungsgrundlage. Da die vorgestellten Programme nicht in einer chinesischen Version existieren, werden die japanischen Zeichen zur Verständigung hier lediglich in ihrer chinesischen Lautung wiedergegeben. Die chinesischen Fachbegriffe können sich unterscheiden [s. Glossar].*

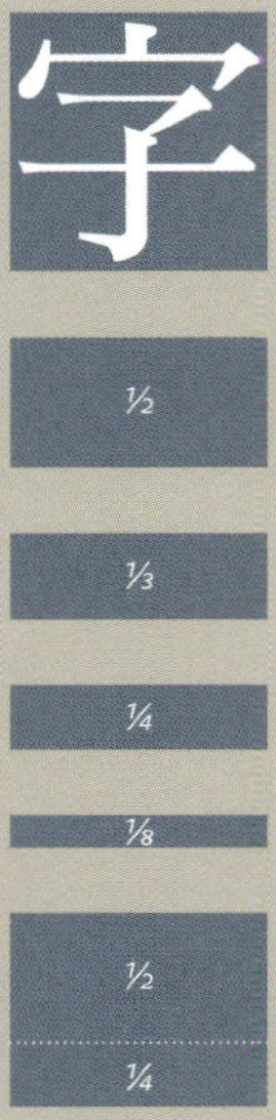

Geviert
Quánjiăo / Zenkaku 全角

Halbgeviert
Bànjiăo / Hankaku 半角
oder Èrfēn / Nibun 二分

Drittelgeviert
Sānfēn / Sanbun 三分

Viertelgeviert
Sìfēn / Yonbun 四分

Achtelgeviert
Bāfēn / Hachibun 八分

Dreiviertelgeviert
Èrfēn Sìfēn / Nibun Yonbun 二分四分

Schriftsatzprogramme. Westliche Ware zu soft.

Abhängig von der Dominanz chinesischer oder lateinischer Zeichen innerhalb eines Textes sollte die Wahl auf eine asiatische oder westliche Layout-Software fallen, deren Präferenzen sich nach dem grundsätzlich verschiedenen Textaufbau der beiden Schriftsysteme richten. Die wichtigsten werden auf dieser Seite vorgestellt. ■ Man kann davon ausgehen, dass das derzeit rationellste Schriftsatzprogramm für gemischte Texte die japanische Version von Adobe InDesign ist. Die westlichen Grafikprogramme Adobe Illustrator oder Adobe Photoshop bieten in den *Voreinstellungen* die Anwahl *Asiatische Optionen* und meinen Textverarbeitung. Sie ähneln in einigen Funktionen der CKJ-Texte verarbeitenden Software, sind jedoch stark abgespeckte Varianten, die tatsächlich eher illustrativen Zwecken dienen. ■ Hier werden lediglich einige Begriffe und Funktionen vorgestellt, die vollständige Behandlung der Programme liegt nicht im Fokus dieses Buches. Indes bleibt die Benutzung asiatischer Programme ein Konjunktiv, solange diese weder in Europa noch in westlichen Sprachen erhältlich sind. ■ Die Textbeispiele der folgenden Seiten wurden, soweit nicht anders ausgewiesen, mit Adobe InDesign erstellt. □

Funktionen der Programme Adobe Illustrator (Ai) und Adobe Photoshop (Aps) für asiatische Texte

Funktionsbezeichnung	*Erklärung*	*Wo?*
Aki	*ist der veränderbare Weißraum vor oder nach einem Zeichen, das zuerst aktiviert werden muss. Aki links: vor dem Zeichen, Aki rechts: nach dem Zeichen* 	*Zeichenpalette*
Burasagari	*bewirkt hängende Interpunktionen, d.h. Satzschlusspunkte und Kommas dürfen über das Zeilenende hinausragen, damit der Textrahmen nicht »ausgefranst« wird.*	*Absatzpalette → Optionen*
Kinsoku-Satz	*dient zur Bestimmung von Zeilenumbrüchen. Er entscheidet, welche Zeichen am Ende einer Zeile nicht voneinander getrennt werden dürfen und ob Zeichen nach innen oder zur nächsten Zeile verschoben werden sollen, damit die Kinsoku-Zeichen korrekt angeordnet sind.*	*Absatzpalette → Popup-Menü*
Mojikumi-Satz	*reguliert die Abstände von bestimmten Zeichengruppen, um insbesondere für den Blocksatz gleichmäßige Textkanten zu erzielen. Mit Aki können Weißräume noch einmal individuell beeinflusst werden.*	*Absatzpalette → Popup-Menü*
– Yakumono	*– Interpunktionen und Klammerarten*	
– Gyomatsu	*– Zeilenende*	
Mojisoroe	*richtet Wörter kleinerer Schriftgrade im Text relativ zum größten Zeichen der Zeile aus.*	*Zeichenpalette → Option Zeichenausrichtung*
Standardmässige vertikale Ausrichtung	*ist standardmäßig ausgeschaltet. Aktiviert bewirkt sie, dass lateinische Zeichen vertikal angeordnet werden, aber horizontal im Geviert stehen.*	*Zeichenpalette → Optionen*
Tate-Chu-Yoko	*ist ein horizontaler Textblock innerhalb vertikaler Textzeilen. Abstände zu darüber- und darunterliegenden Zeichen können über TCY-Einstellung gesteuert, interne Zeichenabstände über Tsume und Laufweite beeinflusst werden. Nicht relevant für horizontale Leserichtung!*	*Zeichenpalette → Optionen*
Tsume	*Die unterschiedlichen »inneren« Weißräume einer aktivierten Zeichengruppe werden proportional verringert.* 	*Zeichenpalette*
Warichu	*Die Schriftgröße eines ausgewählten Textes wird prozentual zur ursprünglichen verkleinert und der Text je nach Ausrichtung horizontal oder vertikal in mehrere Zeilen übereinandergesetzt. Größe der Zeichen und Anzahl der Zeilen können über Warichu-Einstellung gesteuert werden. (Nicht im Aps !)*	*Zeichenpalette → Optionen*

设计网格。是否有意义？

Gestaltungsraster. Kontra oder produktiv?

Hinter umfangreichen grafischen Arbeiten steht ein Konzept, das es dem Gestalter erlaubt, sämtliche statischen und flexiblen Elemente jeder einzelnen Seite strukturiert anzuordnen, und dem Betrachter eine einfache Navigation durch das fertige Produkt ermöglicht. Dazu gehört zum einen das *Gestaltungsraster*, d.h. eine – außer für den Designer – unsichtbare Konstruktion aus *Hilfslinien*, an welcher Texte, Bilder und Flächen ausgerichtet sind. Hinzu kommen Festlegungen wie *Farben, Formen, Schriftarten* und *-größen* u.v.m., die als *Stilvorlagen* bezeichnet werden. ■ Viele Designer halten Gestaltungsraster (engl.: *grid*) heute für eine veraltete Idee. Im Falle kleinerer Arbeiten wie Faltblätter, Flyer oder digitalem Standby auf dem Bildschirm, sind sie vielleicht tatsächlich eher hinderlich. Übernimmt man jedoch den Auftrag einer ausgedehnten Gestaltung, so verliert man sich ohne die Unterstützung bestimmter Parameter spätestens nach den ersten fünf Seiten im eigenen Chaos. Besonders im Bereich des *Corporate Design,* das auf Wiedererkennbarkeit durch Wiederholung baut, sind strenge Vorgaben die Voraussetzung dafür, personen-, orts- und zeitunabhängig das Erscheinungsbild eines Unternehmens einheitlich und schnell zu transportieren *[→ 14]*. ■ Je leichter sich der Leser durch eine Broschüre, ein Buch, Formular oder eine Homepage bewegt, desto detaillierter wurde das dahinterstehende *Gestaltungskonzept* im ersten Arbeitsschritt durchdacht. □

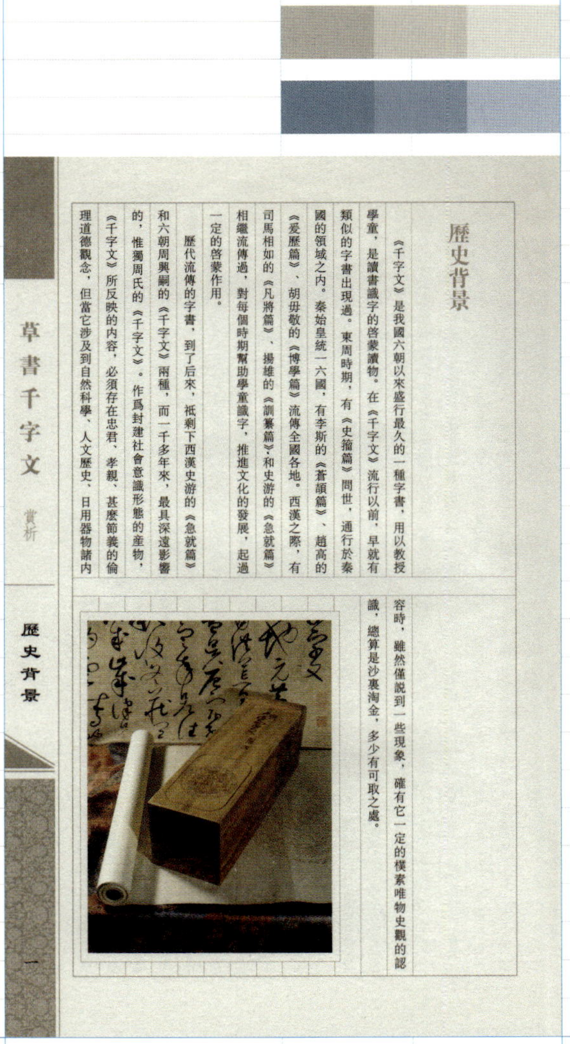
草書千字文
賞析
歷史背景

歷史背景

《千字文》是我國六朝以來盛行最久的一種字書，用以教授學童，是讀書識字的啓蒙讀物。在《千字文》流行以前，早就有類似的字書出現過。東周時期，有《史籀篇》問世，通行於秦國的領域之內。秦始皇統一六國，有李斯的《蒼頡篇》、趙高的《爰歷篇》、胡毋敬的《博學篇》流傳全國各地。西漢之際，有司馬相如的《凡將篇》、揚雄的《訓纂篇》、和史游的《急就篇》相繼流傳過，對每個時期幫助學童識字，推進文化的發展，起過一定的啓蒙作用。

歷代流傳的字書，到了后來，祇剩下西漢史游的《急就篇》和六朝周興嗣的《千字文》兩種，而一千多年來，最具深遠影響的，惟獨周氏的《千字文》。作爲封建社會意識形態的產物，《千字文》所反映的內容，必須存在忠君、孝親、甚麼節義的倫理道德觀念，但當它涉及到自然科學、人文歷史、日用器物諸內容時，雖然僅說到一些現象，確有它一定的樸素唯物史觀的認識，總算是沙裏淘金，多少有可取之處。

一

Ein Gestaltungsraster bietet …

… genügend Gestaltungsfreiheit, garantiert vor allem aber effizientes Arbeiten. Auch diesem Buch liegt ein Raster zu Grunde. Die gegenüberliegenden Seiten sind asymmetrisch angelegt – eine Idee, die »aus dem Raster fällt«.

Grundlinienraster: Überschriften, Fließ- und Erläuterungstexte sowie Bilduntertitel richten sich möglichst an einem einzeiligen Grundlinienraster aus.

Schriften: Die Fonts DTL Antares und DTL Prokyon gehören einer Schriftsippe an. Damit können die Inhalte der Texte optisch voneinander abgegrenzt werden, ohne sich ästhetisch »in die Quere zu kommen«.

Bilder alignieren weitestgehend, aber nicht zwingend, an imaginären Linien, die vom Textblock und lebenden Kolumnentitel ausgehen. Daher variiert das Bildraster innerhalb der einzelnen Kapitel – eine etwas freiere Interpretation von Konsequenz, denn die in Originalgröße dargestellten Abbildungen sollen nicht in vorgegebene Maße gezwängt werden. Trotzdem suchen ihre Bildgrenzen stets Fixationslinien oder sie geben ihre eigenen Grenzen als zusätzliche Rasterlinie vor, wie nebenstehendes Beispiel zeigt (hellblau).

Flächen und Farben: Die Farben der großzügigen Flächen sind zurückhaltend, ihre Gradationen limitiert.

DIE HAUSZEITUNG des deutschen Unternehmens ROBERT BOSCH wird in vielen Sprachen der international tätigen Mitarbeiter herausgebracht. ☐ Ein Gestaltungskonzept für Zeitungen und Zeitschriften gehört zu den anspruchsvollsten Aufgaben von Designern: Nicht nur müssen auf geringstem Platz größtmögliche Informationsmengen aufgenommen werden – regelmäßig muss der Leser sich an den immergleichen optischen Parametern festhalten können, um zielgerichtet Gesuchtes schnell auffinden zu können. ☐ Für den Gestalter-Alltag bedeuten die »anonymen« Aufgaben meistens die größten Herausforderungen. Geehrte Zeitungsdesigner sind unter Insidern die Helden.

版面编排中的多种语言。

Sprachen im Layout. Vis à vis oder völlig daneben?

Polyglotte Dokumente geben zu 99% übersetzte Texte gleichen Inhalts wieder. Ob die verschiedensprachigen Ausführungen nun neben- oder untereinander oder auf gegenüberliegenden Seiten verteilt werden, unterliegt allein dem gestalterischen Gesamtkonzept. Gern werden die Sprachen auch jeweils in eigene Kapitel aufgegliedert, sofern keine Bilder verwendet werden. ■ Grundsätzlich sind von vornherein die sehr unterschiedlichen Textmengen zu beachten. Alle drei CJK-Sprachen sind – natürlich auch in Abhängigkeit vom Übersetzer – um etwa ein Drittel kürzer als englische und oft um mehr als die Hälfte kürzer als deutsche Originaltexte. Ein häufiges Missverständnis beim Anlegen eines Layouts für den multilingualen Satz besteht darin, Sprachen »gleichmachen« zu müssen, d.h. typografisch zu ähnlich zu behandeln, obwohl ihre *Schriftsysteme* unterschiedlicher nicht sein könnten *[→ 184 ff.]*. Eine übertriebene Strenge übergeht nicht nur die individuellen Eigenheiten einer Schriftsprache, sondern kann Verwirrung und Unleserlichkeit stiften. ■ Wurden dann einmal die gestalterischen Parameter *(Stilvorlagen)* für eine Sprache festgelegt, werden sie konsequent angewendet. □

Grundprinzipien beim Anlegen eines Layouts für den multilingualen Satz

Leserichtung

Horizontal und vertikal ausgerichtete Fließtexte dürfen gemischt werden. Die Praxis zeigt diesen Fall für Geschäftsauftritte kaum.

- *Werden vertikale Überschriften aus dekorativen Erwägungen eingesetzt, sollte sich dieses Stilmittel wiederholen.*
- *Die Satzzeichen-Regelungen horizontaler und vertikaler Leserichtung unterscheiden sich orthotypografisch [→ 264 ff.].*

Übersetzungen im Textrahmen

Die Zugehörigkeit übersetzter Texte im gemeinsamen Dokument sollte stets deutlich werden. Textrahmen für die jeweiligen Sprachen verlangen deswegen nicht zwingend gleiche Außenmaße.

- *Die minimale Kolumnenbreite reiner CJK-Texte darf weit geringer sein als für latinisierte Texte, da man hier nicht mit Weißraum-Ausgleich und Worttrennungen kämpfen muss [→ 231].*
- *Für breitere CJK-Kolumnen muss eine gewisse Mindesttextmenge vorausgesetzt werden können.*

Satzausrichtung und Absatzkennzeichnung

CJK-Fließtexte verlangen nach Blocksatz, eine andere Satzausrichtung kommt nicht in Frage. Je schmaler der Blocksatz latinisierter Texte, desto schwieriger wird ihr Weißraum-Ausgleich.

- *Fließtexte verschiedener Schriftsysteme, jeweils im Blocksatz nebeneinandergestellt, verlangen einen deutlichen Zwischenschlag.*
- *Ein Flattersatz für westliche Texte belebt nicht nur das Layout, sondern setzt die Sprachen optisch noch einmal voneinander ab.*
- *Die Absatzkennzeichnung muss für die verschiedenen Sprachen nicht in gleicher Weise vorgenommen, sondern individuell entschieden und dann konsequent angewendet werden [→ 237].*

Schrift- und Farbwahl

Die Schriftstile für die Darstellung verschiedener Sprachen müssen nicht einander entsprechen. Für Geschäftsauftritte sind die Hausschriften zu verwenden.

- *Schriftmischungen werden für alle Sprachen gleichermaßen sensibel vorgenommen. Vorsicht vor einem zu tiefen Griff in die Schriftenkiste – die Verlockung ist groß! [→ 250 ff.]*
- *Fremdsprachen-Eingliederungen benötigen oft manuelle Nacharbeit [→ 215 ff.].*
- *Alle Sprachen und Inhalte werden mit der gleichen Sorgfalt leserlich gestaltet. Werden verschiedensprachige Texte mittels unterschiedlicher Schriftgrößen voneinander abgesetzt, sollten Konsultationsgrößen für Fließtexte vermieden werden [→ 216]. Diese häufige Typo-Sünde zeugt vor allem von Respektlosigkeit gegenüber dem Leser der »anderen« Sprache.*
- *Auszuzeichnende Passagen oder ganze Fließtexte können pro Sprache farbig abgesetzt werden.*
- *Eine Sprache in schwacher Gradation anzubieten verbietet sich!*

84 新中国与博世中国 | New China and Bosch China

1975年10月29日，邓小平副总理亲切会见来访的自中国和联邦德国1972年建交后首位访华的联邦德国总理施密特一行。

On October 29, 1975, Vice Premier Deng Xiaoping met with Helmut Schmidt, Chancellor of the Federal Republic of Germany, when he visited China for the first time since the establishment of diplomatic relations in 1972.

风云变换—— 一位博世员工回顾 Technogerma展会

1975年9月的北京，对博世来说标志着一个新纪元的降临。Technogerma是第一个在中国举行的重要德国技术展览会。展会场地位于靠近城西的中心地带。约有350家企业借此机会展示了各自的产品，展会持续了两周。截至1974年，即中德建交两年以后，双边贸易量就已翻了一翻，达到16亿德国马克。25万中国参观者争先恐后地来到展馆，中德经济关系的发展显然前景一片光明。

展会期间，Arwed-Ralf Grenzbach是博世团队的一员。该活动是他职业生涯中第一个严峻挑战，他在一本厚厚的影集里保存了当时的照片、手写报告、毛泽东的书法诗作以及剪报，每每阅读都会让他的这段记忆又鲜活起来。博世集团的十个部门参加了展会。远东特别顾问 (SFU) 部的中国区负责人Grenzbach受命在此重要活动中负责博世展台。他仍然记得在他离开德国时，董事会成员Kurt Schips对他说过的话：“Grenzbach，去中国吧，一定要建立起良好的关系。” Kurt也曾来北京出席展览会的开幕式。

事实上，博世当时已经在很多领域建立了成功的联系。展会期间，来自中国的第二份项目提案放到了博世斯图加特总部的桌上。1973年2月，中技公司首次询问关于建立工厂用于液压元件的生产，但在最后时刻决定转而开始就特许生产柴油喷射泵进行磋商。与1964年不同的是，该项目被放上议程并逐渐开始成形。早在1973年11月，一个由来自华北工业公司 (Norinco) 和北京机械公司的代表组成的13人行代表团带着考察任务首次访问了斯图加特。随后在1978年春，对外贸易部部长李强的首次作为内阁部长的访问被看作是中国决定进行经济改革半年前的一个正式政治信号。

New China and Bosch China | 新中国与博世中国 85

Changing times – A Bosch associate looks back on Technogerma

In Beijing, September 1975 marked the dawn of a new era for Bosch. Technogerma was the first major exhibition of German industry in China. The exhibition grounds were located close to the center in the west of the city. Some 350 companies took the opportunity to showcase their products at the exhibition, which lasted two weeks. By 1974, two years after China and the Federal Republic of Germany had established diplomatic relations, the volume of bilateral trade had already doubled to 1.6 billion German marks. With 250,000 Chinese visitors clamoring to see the exhibition, the future certainly looked bright for the development of Sino-German economic relations.

Arwed-Ralf Grenzbach was part of the Bosch team at the exhibition. The event was the first great challenge in his career, and the thick album in which he keeps his photos, handwritten reports, calligraphy scroll poems by Mao Zedong, and newspaper clippings brings his memories to life. Ten Bosch Group divisions were represented at Technogerma. Grenzbach, who was responsible for China in the Special Counsel for the Far East (SFU) department, was charged with organizing the Bosch stand at this major event. He can still remember what Kurt Schips, the member of the board of management who attended the exhibition's opening ceremony in Beijing, said to him before he left Germany: "Grenzbach, go to China and make sure you establish good relationships."

In actual fact, Bosch had already forged successful ties in many areas. At the time of the exhibition, a second project proposal from China was on the table at Bosch headquarters in Stuttgart. In February 1973, Techimport had made an initial inquiry about the supply of a complete plant for the production of hydraulic components, but had then decided at the last minute to take up negotiations on the production of diesel-injection pumps under license instead. In contrast to 1964, the project remained on the agenda and gradually began to take shape. As early as November 1973, a 13-strong industrial delegation comprising representatives from North China Industrial Corporation (Norinco) and Beijing Machinery Corporation visited Stuttgart for the first time on a fact-finding mission. Then, in the spring of 1978, the visit of the vice-minister for foreign trade, Li Jiang – the first visit by a cabinet-rank minister – was seen as an official political signal half a year before China took the landmark decision to introduce economic reforms.

1975年，博世在北京举办的 Technogerma 德国技术展览会
Helmut Schmid (右一) 在为时任对外贸易部第一副部长的姚依林 (右三) 介绍博世电视技术，左起，Arwed-Ralf Grenzbach，负责协调博世公司在 Technogerma 展会的相关事务，Kurt Schips，博世公司董事会成员

Bosch at Beijing Technogerma, 1975
Helmut Schmid from Bosch (first from right) explains Bosch television technology to the Vice Minister of the Ministry of Foreign Trade of the PRC, Yao Yilin (third from right). On the left: Arwed-Ralf Grenzbach, coordinator of the Bosch Technogerma activities, and Kurt Schips, member of the Bosch board of management

In dem chinesischen Geschäftsbericht der deutschstämmigen Firma Robert Bosch belegen die chinesische und die englische Sprache jeweils eine eigene Doppelseite. Bildunterschriften stehen im gleichen Textrahmen. [Abb. verkleinert]

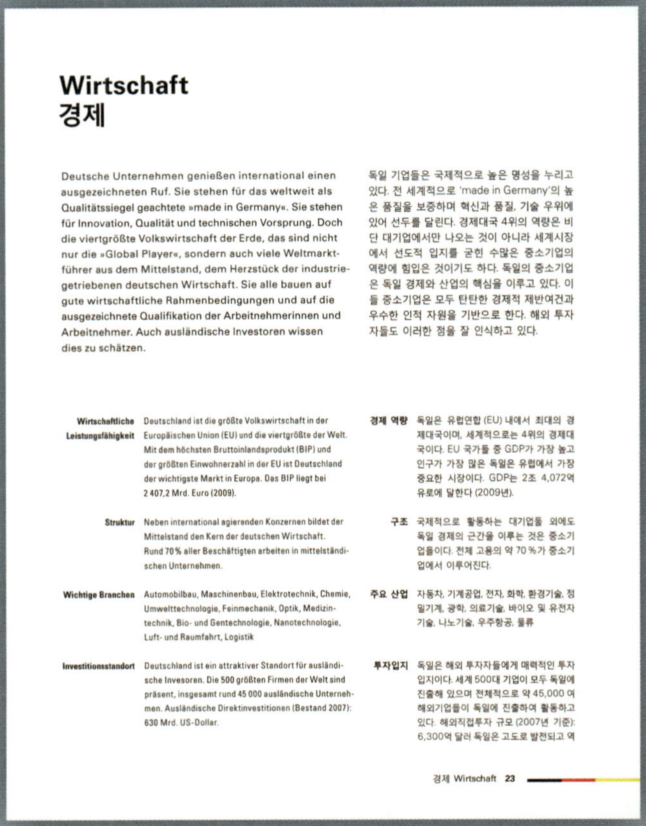
Wirtschaft
경제

Deutsche Unternehmen genießen international einen ausgezeichneten Ruf. Sie stehen für das weltweit als Qualitätssiegel geachtete »made in Germany«. Sie stehen für Innovation, Qualität und technischen Vorsprung. Doch die viertgrößte Volkswirtschaft der Erde, das sind nicht nur die »Global Player«, sondern auch viele Weltmarktführer aus dem Mittelstand, dem Herzstück der industriegetriebenen deutschen Wirtschaft. Sie alle bauen auf gute wirtschaftliche Rahmenbedingungen und auf die ausgezeichnete Qualifikation der Arbeitnehmerinnen und Arbeitnehmer. Auch ausländische Investoren wissen dies zu schätzen.

독일 기업들은 국제적으로 높은 명성을 누리고 있다. 전 세계적으로 'made in Germany'의 높은 품질을 보증하며 혁신과 품질, 기술 우위에 있어 선두를 달린다. 경제대국 4위의 역량은 비단 대기업에서만 나오는 것이 아니라 세계시장에서 선도적 입지를 굳힌 수많은 중소기업의 역량에 힘입은 것이기도 하다. 독일의 중소기업은 독일 경제와 산업의 핵심을 이루고 있다. 이들 중소기업은 모두 탄탄한 경제적 제반여건과 우수한 인적 자원을 기반으로 한다. 해외 투자자들도 이러한 점을 잘 인식하고 있다.

Wirtschaftliche Leistungsfähigkeit Deutschland ist die größte Volkswirtschaft in der Europäischen Union (EU) und die viertgrößte der Welt. Mit dem höchsten Bruttoinlandsprodukt (BIP) und der größten Einwohnerzahl in der EU ist Deutschland der wichtigste Markt in Europa. Das BIP liegt bei 2 407,2 Mrd. Euro (2009).

경제 역량 독일은 유럽연합 (EU) 내에서 최대의 경제대국이며, 세계적으로는 4위의 경제대국이다. EU 국가들 중 GDP가 가장 높고 인구가 가장 많은 독일은 유럽에서 가장 중요한 시장이다. GDP는 2조 4,072억 유로에 달한다 (2009년).

Struktur Neben international agierenden Konzernen bildet der Mittelstand den Kern der deutschen Wirtschaft. Rund 70 % aller Beschäftigten arbeiten in mittelständischen Unternehmen.

구조 국제적으로 활동하는 대기업들 외에도 독일 경제의 근간을 이루는 것은 중소기업들이다. 전체 고용의 약 70 %가 중소기업에서 이루어진다.

Wichtige Branchen Automobilbau, Maschinenbau, Elektrotechnik, Chemie, Umwelttechnologie, Feinmechanik, Optik, Medizintechnik, Bio- und Gentechnologie, Nanotechnologie, Luft- und Raumfahrt, Logistik

주요 산업 자동차, 기계공업, 전자, 화학, 환경기술, 정밀기계, 광학, 의료기술, 바이오 및 유전자 기술, 나노기술, 우주항공, 물류

Investitionsstandort Deutschland ist ein attraktiver Standort für ausländische Invesoren. Die 500 größten Firmen der Welt sind präsent, insgesamt rund 45 000 ausländische Unternehmen. Ausländische Direktinvestitionen (Bestand 2007): 630 Mrd. US-Dollar.

투자입지 독일은 해외 투자자들에게 매력적인 투자 입지이다. 세계 500대 기업이 모두 독일에 진출해 있으며 전체적으로 약 45,000 여 해외기업들이 독일에 진출하여 활동하고 있다. 해외직접투자 규모 (2007년 기준): 6,300억 달러 독일은 고도로 발전되고 역

경제 Wirtschaft 23

Die übersetzten Texte einer deutsch-koreanischen Publikation stehen asymmetrisch nebeneinander, die im Weiteren auch auf die folgende Seite umbrechen können. Die Kolumnenbreiten unterscheiden sich deutlich, da das Koreanische kürzere Textmengen verlangt. Mit dem übersichtlichen und gleichfalls effektiven Layout konnte die Seitenzahl der Publikation geringer gehalten werden. [Abb. verkleinert]

Emblem and Mascot of World Expo 2010 Shanghai , China

In 2010 Shanghai wil! host the 39th World Expo themed "Better City, Better Life." The World Expo is an international exposition displaying the social, economic, cultural, and scientific and technological achievements of mankind, sponsored by one country and participated by many countries and international organizations. The World Expo features long duration, large-scale exhibition, a large number of participants, and far-reaching influence. The year 1851 witnessed the first World Expo in London.

The emblem for the Shanghai World Expo is mainly green, a color of life and vigor, and ingeniously combines the Chinese character "世" with the numerals 2010 in shape. The hieroglyphic character "世," depicting the image of three people holding hands together, symbolizes the happy, harmonious life of the big family of mankind and the pursuit for happy and harmonious life of mankind (you, me and him/her). It embodies the World Expo's concept of understanding, communication, happy gathering and cooperation and people-oriented pursuit.

The mascot for the Shanghai World Expo, Haibao, is a man-shaped design. It is man who creates and enjoys a beautiful life. The blue color is a composite symbol of the ocean, the future, and science and technology. The image of Haibao represents the theme of the Shanghai World Expo-"Better City, Better Life." The emblem and mascot for the Shanghai World Expo embody the spirit of the Chinese nation that values harmony and gathering, and express the Chinese people's strong wish to host an international exposition of multi-cultural integration.

中国2010年上海世博会会徽和吉祥物

2010年，中国上海将以『城市，让生活更美好』为主题主办第39届世界博览会。世界博览会是由一个国家的政府主办，有多个国家或国际组织参加，以展现人类在社会、经济、文化和科技领域取得的成就的国际性大型展示会。其特点是举办时间长、展出规模大、参展国家多、影响深远。第一届博览会于1851年在英国伦敦举办。

上海世博会会徽以绿色为主色调，富有生命活力，形似汉字『世』，与数字『2010』巧妙组合。『世』字图形寓意三人合臂相拥，状似美满幸福、相携同乐的家庭，也可抽象为『你、我、他』广义的人类，对美好和谐的生活追求，表达了世博会『理解、沟通、欢聚、合作』的理念和以人为本的积极追求。

吉祥物海宝，以『人』形为创意核心。『人』，既是美好生活的创造者，也是美好生活的体验者；蓝色是海洋、未来、科技等元素的表现。海宝体现了上海世博会『城市，让生活更美好』的主题。会徽和吉祥物洋溢着崇尚和谐、聚合的中华民族精神，表达了中国人民举办一届属于世界、多元文化融合的博览盛会的强烈愿望。

中国邮票

IM JAHRESBERICHT der CHINA TELEKOM wird die Briefmarkenkollektion 2007 mit Blick auf die bevorstehende Weltausstellung in Shanghai abgeschlossen. Das »Buch im Buch« ist in traditionell-chinesischer Manier vertikal zu lesen. Die englischen Texte stellen eine Herausforderung dar, indem sie unnötigerweise in geizigem Schriftgrad und Zeilenabstand auf überdimensionierter Satzbreite daherkommen.

EINE FÜLLE AN INFORMATIONEN bot man im deutschen Pavillon auf der EXPO 2010 in Shanghai den Besuchern dreisprachig in gefühlter 12-Punkt-Schriftgröße an. Das hier abgebildete collagierte Schein-Chaos war in der Realität ein unterhaltsamer, in mehreren Ebenen aufgeteilter Wandkasten, die Texte gut lesbar auf eine Glasscheibe geplottet, sofern man das Glück hatte, direkt davorstehen zu dürfen.

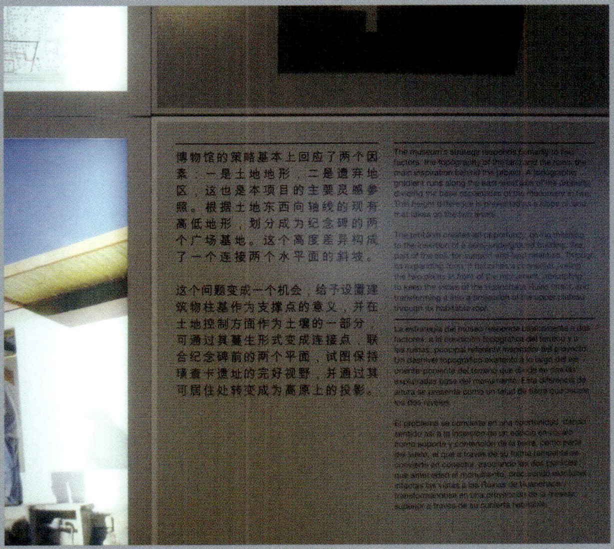

DANKBAR IN DUNKLEN RÄUMEN nahm das chinesische Publikum die zielgruppengerechten Schriftgrade der übersetzten chilenischen Texte an. Zwar leuchteten die Fotografien in den Kästen, nicht aber die Hintergrundinformationen. Trotzdem waren sie auch für die hinteren Reihen der sich drängelnden Menschenmassen – auch für die vielen älteren Menschen – gut lesbar angebracht.

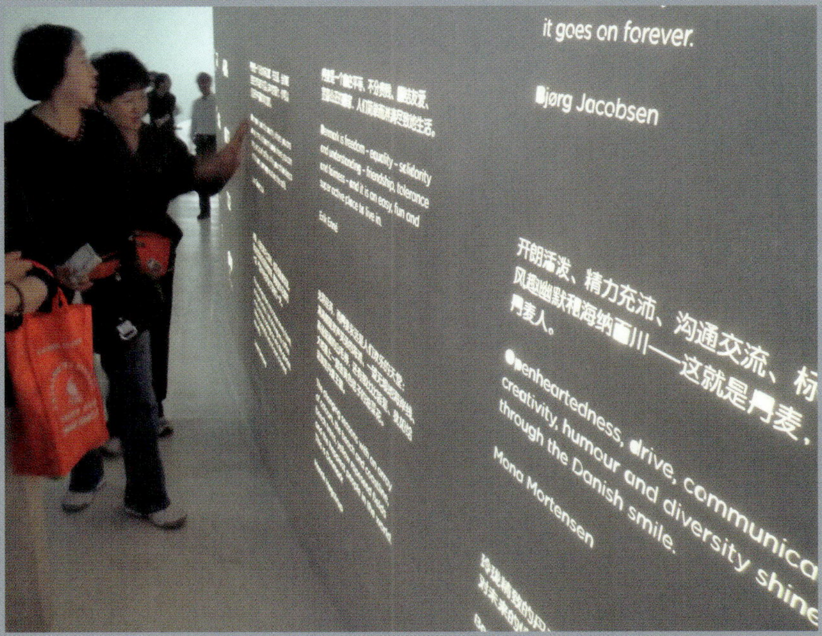

VIEL SPASS HATTEN die Besucher des dänischen preisgekrönten Pavillons. Die großen ausgelaserten Schriftzeichen luden zum direkten Hautkontakt ein; und ausgerechnet die sonst so »geschlossenen« PUNZEN leuchteten im Verlauf der EXPO immer heller.

请尊重语言和文字的混合！

Sprachen und Schriften mischen. Aber respektvoll!

Bevor Gestaltungslösungen angegangen werden können, muss die Frage der korrekten Schriftsprache geklärt sein. Für uns völlig neu ist die Problematik formaler Unterschiede vermeintlich gleicher Schriftzeichen, die es verbieten, chinesische Hànzì und japanische Kanji zu verwechseln. Als Außenstehender schaut man ebenso ungläubig auf Befindlichkeiten zwischen Hongkong-, Macao- oder den vielen Übersee-Chinesen und dem chinesischen Festland, die sich – nicht nur visuell – durch die Verwendung der traditionellen *Lang-* und reformierten *Kurzzeichen* voneinander absetzen. Chinesische traditionelle Schriftzeichen unterscheiden sich teilweise wiederum von ihren japanischen Schreibweisen [→ 149]. Und sie alle wollen miteinander bitte nicht verwechselt werden! ■ Sogenannte CJK-Global-Fonts bergen zehntausende Zeichen, inklusive traditioneller und vereinfachter chinesischer Zeichen. Der *Unicode* belegt die traditionellen Zeichen jedoch nur mit einem *Character-Code*. Werden hier nicht über mehrere *Ebenen* die unterschiedlichen Schreibungen Chinas und Japans angeboten, ist der Font schon nicht mehr global einsetzbar. In der Praxis exisitiert derzeit kein echter *Global Font* [→ 144]. Aus diesem Grund werden für die chinesische Sprache zwei verschiedene und für das Japanische und Koreanische zwei weitere Zeichensätze eingesetzt, die alle chinesische Schriftzeichen verwenden [→ 146]. ■ Da die in den CJK-Fonts enthaltenen lateinischen Buchstaben in der Fremdsprachen-Mischung formal in den seltensten Fällen überzeugen, ist der zweite Schritt auf der Schriftsuche die Entscheidung für einen westlichen Font. □

Eine Bedeutung, zwei Sprachen, drei Schreibweisen:
Die chinesischen Schreibungen gehören einem sogenannten Global Font an.

组	組	組
Chinesisches Hànzì:	*Chinesisches Hànzì:*	*Japanisches Kanji:*
Vereinfachtes	*Traditionelles*	*Traditionelle*
Kurzzeichen	*Langzeichen*	*Vollform*
Jiǎntǐzì 简体字/簡體字	*Fántǐzì* 繁体字/繁體字	*Seiji* 正字

Wenn Texte sich wehren könnten

Das Lemma in traditionellen Langzeichen, der dazugehörige Text in vereinfachtem Chinesisch. An diesem Artikel haben Teilnehmer vom Festland China und vielleicht aus Hongkong mitgewirkt. Das ist ungefähr so, als würden französische oder britische Gestalter einem deutschen Text ihre typografischen Konventionen einarbeiten: Man wundert sich ein wenig und liest weiter.

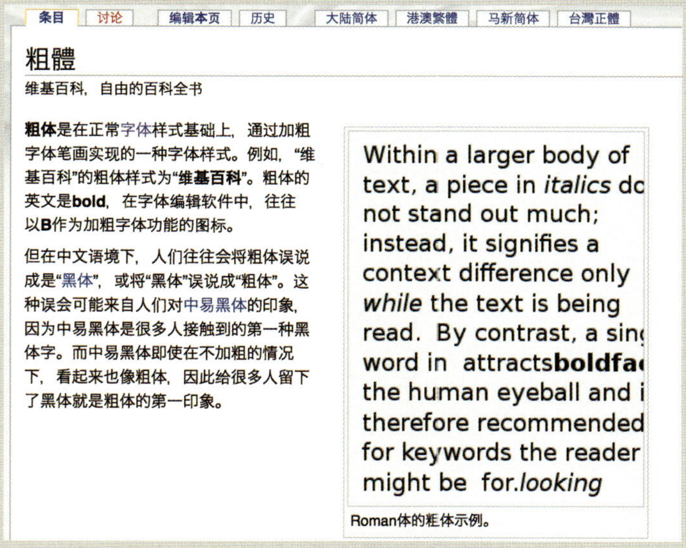
条目 讨论 编辑本页 历史 大陆简体 港澳繁體 马新简体 台灣正體

粗體

维基百科，自由的百科全书

粗体是在正常字体样式基础上，通过加粗字体笔画实现的一种字体样式。例如，“维基百科”的粗体样式为“**维基百科**”。粗体的英文是**bold**，在字体编辑软件中，往往以**B**作为加粗字体功能的图标。

但在中文语境下，人们往往会将粗体误说成是“黑体”，或将“黑体”误说成“粗体”。这种误会可能来自人们对中易黑体的印象，因为中易黑体是很多人接触到的第一种黑体字。而中易黑体即使在不加粗的情况下，看起来也像粗体，因此给很多人留下了黑体就是粗体的第一印象。

Within a larger body of text, a piece in *italics* dc not stand out much; instead, it signifies a context difference only *while* the text is being read. By contrast, a sin word in attracts**boldfa** the human eyeball and i therefore recommended for keywords the reader might be for.*looking*

Roman体的粗体示例。

linke Hand bewertet ***Schriftmischung***
rechte Hand bewertet ***Sprachmischung***

Ü = *Schriftart der* ***Überschrift***
I = *Schriftart des chinesischen* ***Initials***
C = *Schriftart des chinesischen* ***Fließtextes***
L = *Schriftart der* ***Fremdwörter***

Die eingegliederten Fremdwörter in den nebenstehenden Beispieltexten (Schriftgröße 9pt) erfuhren teilweise Veränderungen:

SG = *Schriftgrad der* ***Fremdwörter***
GV = *Grundlinienversatz der* ***Fremdwörter***

字体和语言的结合——一个例子

Mischen von Schrift und Sprache — ein Beispiel

耶拿蔡司子公司 Jenoptik 与德国一批高技术企业联合后，一跃成为世界半导体工业新兴新片生产企业。预计从 2007 年开始可以生产出体积更小，功率更大的节能型半导体来。此外，芯片生产企业需要所谓的 Microstepper, 曝光机……

Ü: *Kurzzeichen in einem chinesischen Hei-Font*
C: *Kurzzeichen desselben Hei-Fonts* *I:* *Hei*
L: *gleicher Hei-Font* *SG:* *9,5pt* *GV:* *± 0*
Da kann ja nichts schief gehen, wenn Überschrift, Initial und Fließtext denselben Font verwenden. Die schrifteigenen lateinischen Buchstaben für eingeschobene Fremdwörter – angelehnt an eine Arial – harmonieren miteinander.

字體和語言的結合——一個例子

MISCHEN VON SCHRIFT UND SPRACHE — EIN BEISPIEL

耶拿蔡司子公司Jenoptik與德國一批高技術企業聯合后，一躍成爲世界半導體工業新興新片生產企業。預計從2007年開始可以生產出體積更小，功率更大的節能型半導體來。此外，芯片生產企業需要所謂的Microstepper, 曝光機……

Ü: *Langzeichen im chinesischen Runden Hei-Font*
C: *Langzeichen im chinesischen Song-Font*
L: *Westliche Grotesk und Antiqua* *SG:* *9,5pt* *GV:* *– 0,2pt*
Etwas Mut zum erfrischenden Mix lohnt sich. Die Runde Hei, für längere Fließtexte auch im leichteren Gewicht nicht anzuraten, wirkt in Schaugrößen etwas verspielt, ohne albern zu werden. Die elegante Song sorgt ausreichend für Seriosität. Alles stimmt!

字體和語言的结合——個例子

Mischen von Schrift und Sprache — ein Beispiel

耶拿蔡司子公司 Jenoptik 与德国一批高技术企业联合后，一跃成为世界半导体工业新兴新片生产企业。预计 2007 年开始可以生产出体积更小，功率更大的节能型半导体来。此外，芯片生产企业需要所谓的 Microstepper, 曝光机……

Ü: *Langzeichen in einem chinesischen Hei-Font*
C: *Kurzzeichen desselben Hei-Fonts*
L: *Westliche Grotesk* *SG:* *9,5pt* *GV:* *– 0,5pt*
Bis auf gesteuerte Ausnahmen werden traditionelle und vereinfachte Schriftzeichen niemals gemischt. Da hilft auch nicht, dass der Font von Überschrift und Fließtext derselbe ist und die Schriftwahl für die Fremdwörter überzeugt.

字體和語言的結合——一個例子

Mischen von Schrift und Sprache — ein Beispiel

耶拿蔡司子公司Jenoptik與德國一批高技術企業聯合后，一躍成爲世界半導體工業新興新片生產企業。預2007年開始可以生產出體積更小，功率更大的節能型半導體來。此外，芯片生產企業需要所謂的Microstepper, 曝光機……

Ü: *Japanischer Mincho-Font und westliche Grotesk*
C: *Langzeichen im chinesischen Hei-Font* *I:* *Mincho*
L: *Westliche Grotesk und Antiqua* *SG:* *9,5pt* *GV:* *– 1,0pt*
Zwischen chinesischen und japanischen Fonts – auch unter Verwendung traditioneller chinesischer Zeichen – herrscht Funkstille, so sympathisch die Idee der Schriftmischung sein mag: CJK-Serifen und -Gerade kommen meist bestens miteinander aus. Die westlichen Fonts fügen sich hier überzeugend in den Kontext ein.

字体和语言的结合——个例子

Mischen von Schrift und Sprache — ein Beispiel

耶拿蔡司子公司Jenoptik与德国一批高技术企业联合后，一跃成为世界半导体工业新兴新片生产企业。预计从 2007 年开始可以生产出体积更小，功率更大的节能型半导体来。此外，芯片生产企业需要所谓的Microstepper, 曝光机……

Ü: *Kurzzeichen im chinesischen Hei-Font*
C: *Kurzzeichen im chinesischen Song-Font* *I:* *HeiTi*
L: *Westliche Grotesk* *SG:* *9,5pt* *GV:* *– 1,0pt und Song*
Das hätte beinahe gutgehen können. Die Liaison zwischen Ost und West könnte friedlicher nicht sein. Bis die komplexbehafteten Song-eigenen Buchstaben sich eifersüchtig vor die westliche Grotesk stellen, die im Fließtext plötzlich wie ein Eindringling wirkt.

字體和語言的結合——一個例子

Mischen von Schrift und Sprache — ein Beispiel

耶拿蔡司子公司 Jenoptik 与德国一批高技术企业联合后，一跃成为世界半导体工业新兴新片生产企业。预计从 2007 年开始可以生产出体积更小，功率更大的节能型半导体来。此外，芯片生产企业需要所谓的 Microstepper, 曝光机……

Ü: *Langzeichen in chinesischer LishuTi*
C: *Kurzzeichen in einer chinesischen Kai* *I:* *XinshuTi*
L: *Westliche Renaissance-Antiqua* *SG:* *8,5pt* *GV:* *– 0,5pt*
Hier geht nicht alles nicht! Die Kai fühlt eine gewisse Vertrautheit zur Antiqua. Doch das Nebeneinander kalligrafischer Schriftstile ist tabu, obwohl jeder der schönen Fonts an dieser Stelle im Kontext einer Hei oder Song seine Berechtigung fände.

PowerPath/VE：
EMC夯实虚拟环境的独门武器
让关键应用虚拟化成为可能

当前，大家都已经知道虚拟化能够提高IT效率、节省成本，不少企业也开始在一些非关键应用、开发测试系统上部署了虚拟化技术，但是，一旦要把虚拟化往关键应用推进，CIO们便止步不前，为什么呢？因为虚拟化环境的管理复杂性大大增加，CIO们担心其可用性、业务连续性得不到保证。面对成千上万的虚拟机，管理员不容易弄清它们所用的物理资源在哪儿，也就不容易找出它们的瓶颈或故障所在。

EMC最新推出的PowerPath/VE（PowerPath Virtual Edition）让这一问题迎刃而解。PowerPath/VE目前是虚拟环境中唯一的多路径管理软件。通过它，管理员可以将虚拟化服务器与存储之间的所有连接看作一个通道池，由PowerPath/VE自动分配、调节这些资源，实现性能最优，并可以对某些应用设定优先级，保证关键应用。

全面认识PowerPath

PowerPath最早于1998年推出。它是业内第一个开放系统路径管理软件，是EMC最成功的软件之一，也是EMC第一个运行在服务器上（Unix和Windows服务器）的软件，之前的SRDF、TimeFinder等都是运行存储端的。PowerPath的最大贡献是，实现了主机与存储系统之间的多通道支持，从而可以做负载均衡和自动故障切换。此前，一台主机只能支持一块HBA卡，HBA卡的作用是实现从主机到光纤阵列柜的连接和数据包交换。这时，HBA卡及其相应的连接就成为一个故障点和瓶颈。PowerPath让主机可以支持多个HBA卡，从而解决了这个问题。

PowerPath给EMC带来一个好处，就是让EMC在主机端占有一席之地，方便EMC通过扩充PowerPath而实现更多的数据管理功能。例如，EMC在2006年收购RSA安全公司后，将RSA的加密技术集成到PowerPath中，可以对数据库、文件服务器和存储层的密钥进行管理。当有人进行相关的数据操作时，必须提供RSA动态加密算法的口令才能通过，从而增加数据安全性。

PowerPath从面世起就一直是市场的领导者，并具有10年以上的技术领先地位，目前已经有600,000多例安装。如今，全世界要求对跨异构存储平台和操作系统进行高级路径管理和保护的IT部门，都将它作为首选解决方案，以对关键业务实现不折不扣的服务级别支持。PowerPath可以简单、高效地管理业界最复杂最完善的存储环境，例如多个具有数千个卷的存储系统，由分布在不同地理位置的数百台服务器访问。

PowerPath全面支持异构的操作系统、主机应用、卷管理/文件系统和存储阵列。它的基础功能是，跨越多个操作系统、存储阵列和存储区域网络（SAN，Storage-Area Netowork），为应用提供可预测的、一致的I/O性能。

Gestalter sein ist für mich etwas Ganzheitliches, das das Menschsein in der Gesellschaft betrifft.
Hans-Jürg Hunziker

流畅文本，枯涩阅读。

Fremdsprachen-Eingliederung. Holpriges Lesen in glatten Texten.

FLÜSSIGES LESEN WIRD DURCH fremdländische Wörter automatisch verlangsamt oder sequenziell gar unterbrochen. Im Kontext der momentan gelesenen Sprache irritieren sudden changing character threads das Auge. Die zu unauffällige Integration der Fremdwörter verstärkt diese Irritation, weil sie ein glatten Leseweg vortäuscht, wo eigentlich ein Stolperstein wartet. Eine sensibel gewählte *Auszeichnung* dagegen bereitet das Auge mit der nächsten *Sakkade* – noch unbewusst – auf die plötzliche Veränderung vor, um dann – bewusst – als nicht störend empfunden zu werden [→ 180]. Noch stärker wirken fremde Schriften – das vorliegende Buch gibt auf fast jeder Seite ein Beispiel dafür. ■ ES LIEGT IN DER NATUR der lateinischen und chinesischen Schriftsysteme, dass sie sich in der Mischung optisch deutlich voneinander abheben [→ 186]. Buchstaben wirken bereits ohne geringstes Zutun wie *Auszeichnungen* innerhalb eines CJK-Textes, für latinisierte Fließtexte und eingefügte chinesische Schriftzeichen gilt das natürlich umgekehrt. ■ LATINISIERTE TEXTPASSAGEN innerhalb chinesischer Texte liefern entweder für das Verständnis unabdingbar notwendige Informationen. In diesem Fall muss man um ihre den Lesefluss optimal unterstützende *Eingliederung* bemüht sein, die – wie gerade erwähnt – nicht unter allen Umständen so unauffällig wie möglich zu sein braucht. Den »richtigen Ton«, den *Duktus* des anderssprachigen Fonts treffen zu wollen, um einen harmonischen Gesamteindruck zu erzeugen, führt hier eher zu typografischen Verrenkungen als es tatsächlich dem Lesefluss zuträglich ist. Denn oft handelt es sich nur um einzelne Wörter, Akronyme oder Zahlen, die schnell »unterzugehen« drohen. ■ ODER SIE ENTHALTEN EINE zusätzliche – dann meist in Klammern stehende – Information, wie Übersetzungen oder Aussprachehinweise und dürfen überlesen werden. Die Nachrangigkeit ihres Mitteilungsgehalts darf selbstverständlich nicht zur stiefmütterlichen Behandlung verleiten. Sie bietet vielfältige gestalterische Möglichkeiten der *Eingliederung*. ■ INSBESONDERE DIE VIELEN transliterierten Lehnwörter aus Wissenschaft und Technik, aber auch semantische Übersetzungen ins Chinesische erfordern es häufig, dass ihre originalen Begriffe hinzugesetzt werden, wenn man davon ausgehen muss, dass dem Leser die Inhalte völlig neu und unbekannt sind. Insofern sind die Grenzen zwischen *konjunktiver* und *imperativer Fremdsprachen-Eingliederung* in konkreten Fällen fließend. □

FREMDSPRACHEN-EINGLIEDERUNGEN ...
WÀILÁIYǓ BĀOKUÒ 外来语包括/外來語包括
... sind die innerhalb eines Textes verwendeten Textpassagen, Wörter, Akronyme oder Abkürzungen einer anderen Sprache, die nicht nur nach den jeweiligen landessprachlichen orthografischen, grammatischen und typografischen Regeln geschrieben, sondern auch in der ursprünglichen Form gelesen werden. □ *Man unterscheidet zwei Formen der Eingliederung, deren Grenzen zueinander fließend sind:*

DIE IMPERATIVE EINGLIEDERUNG ...
BÌDÚWÉNZÌ BĀOKUÒ 必读文字包括/必讀文字包括
... nimmt fremdsprachige Begriffe als unverzichtbare Informationen in den Leseprozess auf.

DIE KONJUNKTIVE EINGLIEDERUNG ...
XUǍNDÚWÉNZÌ BĀOKUÒ 选读文字包括/選讀文字包括
... bietet durch fremdsprachige Begriffe zusätzliche Informationen, von der die Grundaussage des Textes unbeeinflusst bleibt.

GRÜN LESEN UND ROT SEHEN: Das Beispiel zeigt eine etwas unsichere Fremdsprachen-Eingliederung. Zwischen den (eingeklammerten) originalsprachigen Produktnamen nach den chinesischen Transliterationen und den (eingeklammerten) unverzichtbaren Informationen ist nicht zu unterscheiden. Eine Schriftmischung wäre hilfreich gewesen.

Imperative Fremdsprachen-Eingliederung des Chinesischen in latinisierte Texte

Sind Begriffe einer Wort-Bild-Sprache innerhalb westlicher Texte notwendigerweise mitzulesen, kann es sich nur um zweierlei Formen ihrer Darstellung handeln: Entweder sie werden unter Zuhilfenahme eines romanisierenden Transkriptionssystem für uns entzifferbar gemacht oder man hat es mit Wörter-, Lehr- oder auch Reisebüchern zu tun, in denen der Fokus auf der leicht verständlichen verbalen und visuellen Vermittlung von CJK-Schriftzeichen für den Sprachunkundigen liegt. Die Umschreibungsweise der chinesischen Sprache, das Hànyǔ Pīnyīn 汉语拼音/漢語拼音, kennt hierzu genaue Regeln *[→ 68]**.*

Verroht

我毕业于秘书技艺训练班，所以我打字和
速记都相当好。

wǒ bì yè yú mì shū jì yì xùn
liàn bān suǒ yǐ wǒ dǎ zì hé sù
jì dōu xiāng dāng hǎo.

Sollen beispielhafte Lesetexte gestaltet werden, bekommt der Gestalter die den chinesischen Schriftzeichen zugehörigen Pīnyīn-Silben mit den ***Akzentbuchstaben****. Die hier gezeigten einer Kaiti implementierten lateinischen Buchstaben sind inakzeptabel.*

wǒ bì yè yú mì shū jì yì xùn liàn bān suǒ
yǐ wǒ dǎ zì hé sù jì dōu xiāng dāng
hǎo.

Doch auch die Buchstaben anderer chinesischen Fonts sind für das westliche Auge oft schwer lesbar.

Schriftzeichen-Pīnyīn-Zuordnung

Wǒ bì yè yú mì shū jì yì xùn liàn bān
我 毕 业 于 秘 书 技 艺 训 练 班，
suǒ yǐ wǒ dǎ zì hé sù jì dōu xiāng dāng
所 以 我 打 字 和 速 记 都 相 当
hǎo.
好。

Die ***Wahl der Fonts*** *scheint geeignet:*

- *Die Kaiti als kalligrafische Schrift erleichert dem Lernanfänger das Lesen, besonders wenn es mit Schreibübungen einhergeht.*
- *Die Times punktet, da sie sämtliche nötigen Akzentbuchstaben zur Pīnyīn-Umschreibung bereithält und eine wunderbare Leseschrift ist.*

Die Erfahrung beklagt sich über einige ***typografische Mängel****:*

- *Die Zeichen werden nicht zu semantischen Einheiten (Begriffen) zusammengefasst, ein Sprachverständnis wird damit verzögert.*
- *Die Schriftgröße ist zu klein gewählt. Die völlig unbekannte Form des Lesens benötigt Schriftgrade, wie wir sie von Erstklässlern kennen.*
- *Wegen zu gleichmäßig gesetzter Zeilenabstände sucht das Auge beständig die richtigen Schriftzeichen-Pīnyīn-Paare.*
- *Der leicht fortgeschrittene Student möchte das Pīnyīn abdecken, um sich in Schriftzeichen zu beweisen. Er muss sich dabei verrenken.*
- *Ein einzelnes letztes Schriftzeichen steht auf der nächsten Zeile, nicht selten wird es einfach auf die nächste Seite umbrochen.*

我 毕业 于 秘书 技艺 训练班， 所以
Wǒ bìyè yú mìshū jìyì xùnliànbān suǒyǐ

我 打字 和 速记 都 相当 好。
wǒ dǎzì hé sùjì dōu xiāngdāng hǎo.

Nach Berücksichtigung der o.g. Punkte geben die Zeilen dem Lernanfänger nun klare Lesehilfen:

- *Die Texte sind durch große Schriftgrade wesentlich leichter erfassbar.*
- *Aus mehreren Zeichen bestehende Begriffe werden zusammengefasst.*
- *Der Schriftwechsel der Pīnyīn-Umschreibung bedeutet eine Leseerleichterung, da sich die Fonts klar voneinander absetzen.*

Pīnyīn-Schriftzeichen-Harmonie

Erweitern der Sätze um ein Adjektiv bzw. Adverb mit 很 (hěn), 最热的 (zuì rè de), 最好 (zuì hǎo), 热闹的 (rè nao de)

Gern werden Überschriften auf die volle ***Satzbreite*** *ausgetrieben, ohne zu beachten, ob einzelne Silben oder Schriftzeichen eine neue Zeile beginnen.*

Erweitern der Sätze um ein Adjektiv bzw. Adverb mit
很 hěn – **最热的** zuìrède – **最好** zuìhǎo – **热闹的** rènaode

Mit wenigen ***stilistischen Mitteln*** *wie Mischungen von Schriftgewichten, -größen und illustrativen Elementen kann ohne weitere Fonts Klarheit erzeugt werden.*

Erweitern der Sätze um ein Adjektiv bzw. Adverb mit
很 hěn | 最热的 zuìrède | 最好 zuìhǎo | 热闹的 rènaode

Verroht

目前，第一件产品和样机已经完成实验室试验。弗劳恩霍夫弗赖堡太阳能系统研究所和南韩LG公司和CETI公司推出一种可用于便携式计算机的燃料电池。如此多的技术诀窍吸引了国外企业，加拿大著名燃料电池公司Ballard Power System已经落户斯图加特附近的Kirchheim。该公司拥有400名人员，大部分是开发和工程技术人员。

*Mitzulesende Begriffe fremder Schriften in CJK-Texten dürfen den **Lesefluss** nicht unterbrechen. Daher geht es bei ihrer Eingliederung allein um die Frage, welche CJK- und lateinischen Fonts miteinander harmonieren. Folgende Aspekte bestimmen den Duktus von Schriften:*

- *Schriftklasse*
- *Schriftlagen*
- *Schriftbreiten*
- *Strichkontraste*
- *Strichstärke (Schriftgewichte)*
- *Glyphenausdehnung (z.B. Ober-, Unterlängen, Überhänge)*

Harmonisch

目前，第一件产品和样机已经完成实验室试验。弗劳恩霍夫弗赖堡太阳能系统研究所和南韩LG公司和CETI公司推出一种可用于便携式计算机的燃料电池。如此多的技术诀窍吸引了国外企业，加拿大著名燃料电池公司 Ballard Power System 已经落户斯图加特附近的 Kirchheim。该公司拥有400名人员，大部分是开发和工程技术人员。

目前，第一件产品和样机已经完成实验室试验。弗劳恩霍夫弗赖堡太阳能系统研究所和南韩LG公司和CETI公司推出一种可用于便携式计算机的燃料电池。如此多的技术诀窍吸引了国外企业，加拿大著名燃料电池公司Ballard Power System已经落户斯图加特附近的Kirchheim。该公司拥有400名人员，大部分是开发和工程技术人员。

目前，第一件产品和样机已经完成实验室试验。弗劳恩霍夫弗赖堡太阳能系统研究所和南韩LG公司和CETI公司推出一种可用于便携式计算机的燃料电池。如此多的技术诀窍吸引了国外企业，加拿大著名燃料电池公司Ballard Power System已经落户斯图加特附近的Kirchheim。该公司拥有400名人员，大部分是开发和工程技术人员。

*Es existiert bereits eine Handvoll Fonts mit im Schriftbild aufeinander abgestimmten CJK- und lateinischen Zeichen. Doch selbst der Grundfundus an lateinischen Fonts macht es möglich, **passende Schriften** zu finden, zumal die Verwendung gleicher Schriftklassen nicht dogmatisch betrachtet werden muss. Denn abgestimmtes Aussehen bedeutet nicht unbedingt gleiches Aussehen [→14].*

*Momentan versteckt sich einiger Aufwand im Zeichen- und Wortabstandsausgleich sowie der Grundlinienausrichtung beider Schriftsysteme. Beim Anlegen von **Stilvorlagen** für einzugliedernde Fremdwörter sollte auf folgende Parameter geachtet werden:*

- *Schriftgröße*
- *Laufweite*
- *Grundlinienversatz*

世界中からファンが集う！
マカオGPここが見どころ
のんびりとした世界遺産の街が一変して爆音に包まれる——。このギャップこそがマカオGPの一番の見どころだ。

世界中からファンが集う！
マカオGPここが見どころ
のんびりとした世界遺産の街が一変して爆音に包まれる——。このギャップこそがマカオGPの一番の見どころだ。

Einige wenige japanische Schriften geben die Antwort nach der richtigen Schriftmischung bereits von sich aus.

Zur Entscheidung stehen: Eine Pekinger Professorin für Kommunikationsdesign störte sich daran, dass die Schriftmischung im neuen Informationssystem ihrer Ausbildungsinstitution nicht konsequent umgesetzt wurde (siehe »AIGA«) und stiftete dieses Foto. Hat sich ein Ost-West-Schriftpaar einmal füreinander entschieden, sorgt eine Dritte im Bunde für Beziehungsprobleme [Foto: © Amy Gendler, Peking].

Hybride, Hei-Song-Schriften

FZCuHeiSongS-B
Vereinfachte Zeichen

字体设计的艺术？

36 / 39 pt

Hmbgft.!?字体是一种最基本的视觉设计元素，设计师使用它就如同建筑师们使用玻璃，石料，钢铁和无数其他材料一样。280！？…

9,5 / 13 pt

Hmbgft.!?字体是一种最基本的视觉设计元素，设计师使用它就如同建筑师们使用玻璃，石料，钢铁和无数其他材料一样。280！？…

6 / 9,5 pt

Diese Schrift ist nicht exakt zuzuordnen, da weder ein Hei- noch Song-Duktus dominiert. Sie ist auch mit traditionellen chinesischen Schriftzeichen erhältlich.

Founder Electronics, Peking

Es ist in absehbarer Zeit nicht zu erwarten, dass chinesische Schriftzeichen in gleicher Intensität Einzug in die westlichen Sprachen halten wie dies heute mit dem römischen Alphabet in den fernöstlichen Ländern geschieht. In westlichen Texten werden in der Regel originalsprachige Eigennamen oder übersetzte Begriffe wiedergegeben, denen ein autorisierender Charakter innewohnt.

Verroht

Um das Auffinden eines in Bedeutung und Aussprache unbekannten Zeichens zu demonstrieren, beziehen wir uns auf das Neue Chinesisch-Deutsche Wörterbuch X n Hande Cidi n ?????. Wie der Titel schon deutlich macht, bietet es nur einspurig Übersetzungen chinesischer Begriffe in die deutsche Sprache.

Roh fließt der Text in die lateinische Grundschrift ein, die für chinesische Schriftzeichen natürlich ungeeignet ist. Mit einem CJK-Font einen deutschen Text bearbeiten zu wollen, schließt sich oft von selbst aus *[→ 155]*.

Eingeklammert

Um das Auffinden eines in Bedeutung und Aussprache unbekannten Zeichens zu demonstrieren, beziehen wir uns auf das „Neue Chinesisch-Deutsche Wörterbuch“ (Xin Hande Cidian 新汉德词典). Wie der Titel schon deutlich macht, bietet es nur einspurig Übersetzungen chinesischer Begriffe in die deutsche Sprache.

*Eingeklammerte Hinweise auf die originalsprachigen Begriffe bedürfen **keiner Schriftmischung**. Üblicherweise verzichtet man in Publikationen **ohne** Lehrcharakter auf diakritische Zeichen.*

*Die dem Fließtext entsprechenden Hànzì eines Songhei-Font, wurden leicht vergrößert und mittels **Grundlinienversatz** horizontal eingemittet* *[→ 221]*.

Ausgezeichnet

Die Umschreibungsweise der chinesischen Sprache, das „Hanyu Pinyin“ (汉语拼音), kennt hierzu ein umfassendes Regelwerk, das nach wie vor heftig diskutiert wird.

*Es ist nicht zuträglich, Fremdsprachen-Eingliederungen, die aufgrund ihrer gänzlich anderen Schreibweisen bereits ausgezeichnet wirken, nochmals durch Unruhe stiftende Anführungen oder **Klammern** hervorzuheben. Hier kann – sollte sogar – auf die Klammern verzichtet werden.*

Wir beziehen uns hier auf das „Neue Chinesisch-Deutsche Wörterbuch“ *Xin Hande Cidian* 新汉德词, das nur einspurig Übersetzungen chinesischer Begriffe in die deutsche Sprache bietet, wie der Titel schon sagt.

*Chinesische Schriftzeichen dürfen gemäß ihrer **landessprachlichen Orthografieregel** an jeder Stelle umbrochen werden.*

Um das Auffinden eines in Bedeutung und Aussprache unbekannten Zeichens zu demonstrieren, beziehen wir uns auf das „Neue Chinesisch-Deutsche Wörterbuch“ *Xin Hande Cidian* 新汉德词典. Wie der Titel schon deutlich macht, bietet es nur einspurig Übersetzungen chinesischer Begriffe in die deutsche Sprache.

*Die kursive Eingliederung korrespondiert hier mit den sensibel angepassten **(kursivierten!)** Hànzì* *[→ 251]*.

Die Umschreibungsweise der chinesischen Sprache, das *Hanyu Pinyin* 汉语拼音, kennt hierzu ein umfassendes Regelwerk, das nach wie vor heftig diskutiert wird.

Dieser Fangsong-Schnitt nimmt sich kongenial gegenüber der kursiven FF Quadraat aus. Die Auswahl an CJK-Fonts ist reichhaltig, man wird problemlos fündig, um chinesische Schriftzeichen harmonisch in westliche Fließtexte integrieren zu können.

Wir beziehen uns hier auf das „Neue Chinesisch-Deutsche Wörterbuch“ *Xin Hande Cidian* 新汉德词典, das nur einspurig Übersetzungen chinesischer Begriffe in die deutsche Sprache bietet.

*Hier harmoniert der Duktus des lateinischen Fließtextes mit den chinesischen Zeichen. Um diese noch unauffälliger in ihren Kontext zu integrieren, wurde ihre **Schriftgröße verringert**, denn um schnelle Lesbarkeit geht es hier nicht.*

Die Umschreibungsweise der chinesischen Sprache, das **Hanyu Pinyin 汉语拼音**, kennt hierzu ein umfassendes Regelwerk, das nach wie vor heftig diskutiert wird.

*Bietet der Zeilenabstand in Konsultationsgrößen ausreichend Platz, kann der **Schriftgrad** der CJK-Zeichen etwas **vergrößert** werden.*

Wenn wir uns auf das „Neue Chinesisch-Deutsche Wörterbuch“ *Xin Hande Cidian* 新汉德词典 beziehen, das nur einspurig Übersetzungen chinesischer Begriffe in die deutsche Sprache ...

Spätestens hier wird es beliebig: Die Schrägstellung einer chinesischen Grotesk neben der zugehörigen lateinischen Serife wirkt zu bemüht.

VERROHT

彼得 施达姆：施达姆在这段话中提到的长篇小说《大概的风景》出版于2001年。也有中短篇小说集问世，如1999年出版的《闪电冰快》（Blitzeis）和2003年出版的《在陌生的花园里》（In fremden G rten）。施达姆的最新作品是一部名为《在这样的一天》（An einem Tag wie diesem）的长篇小说，出版于2006年。

Roh fließt der Text in der chinesischen Grundschrift ein, die für deutsche Texteinschübe ungeeignet ist [→ 155]. Die dem Font eigenen Zahlen werden akzeptiert, in der Schriftmischung aber weiter unten um einen Punkt vergrößert, und das Leerzeichen als Wortzwischenraum wird durch flexible Leerzeichen ersetzt [→ 222].

VERMITTELND

彼得·施达姆 施达姆在这段话中提到的长篇小说《大概的风景》出版于2001年。也有中短篇小说集问世，如1999年出版的《闪电冰快》(Blitzeis)和2003年出版的《在陌生的花园里》(In fremden Gärten)。施达姆的最新作品是一部名为《在这样的一天》(An einem Tag wie diesem)的长篇小说,出版于2006年。

*Mit fast gleicher Strichstärke bildet die schmallaufende GROTESK einen **dezenten Kontrast** zur ihrer chinesischen Entsprechung, einer HEI (GERADE). Neben den ursprünglichen Zahlen wirkte die Schriftmischung zu unentschlossen, so dass auch sie ausgetauscht wurden .*

ABGESETZT

彼得·施达姆 施达姆在这段话中提到的长篇小说《大概的风景》出版于2001年。也有中短篇小说集问世，如1999年出版的《闪电冰快》(Blitzeis)和2003年出版的《在陌生的花园里》(In fremden Gärten)。施达姆的最新作品是一部名为《在这样的一天》(An einem Tag wie diesem)的长篇小说，出版于2006年。

*Der offensichtliche **Auszeichnungscharakter** durch die klassische Schriftmischung Serife plus Serifenlos ist erwünscht. Die westliche ANTIQUA prüft ihre verschiedenen Schriftgewichte auf Integrationsfähigkeit und übertreibt am Ende.*

彼得·施达姆 施达姆在这段话中提到的长篇小说《大概的风景》出版于2001年。也有中短篇小说集问世，如1999年出版的《闪电冰快》(Blitzeis)和2003年出版的《在陌生的花园里》(In fremden Gärten)。施达姆的最新作品是一部名为《在这样的一天》(An einem Tag wie diesem)的长篇小说，出版于2006年。

彼得·施达姆 施达姆在这段话中提到的长篇小说《大概的风景》出版于2001年。也有中短篇小说集问世，如1999年出版的《闪电冰快》(Blitzeis)和2003年出版的《在陌生的花园里》(In fremden Gärten)。施达姆的最新作品是一部名为《在这样的一天》(An einem Tag wie diesem)的长篇小说，出版于2006年。

彼得·施达姆 施达姆在这段话中提到的长篇小说《大概的风景》出版于2001年。也有中短篇小说集问世，如1999年出版的《闪电冰快》(Blitzeis)和2003年出版的《在陌生的花园里》(In fremden Gärten)。施达姆的最新作品是一部名为《在这样的一天》(An einem Tag wie diesem)的长篇小说，出版于2006年。

彼得·施达姆 施达姆在这段话中提到的长篇小说《大概的风景》出版于2001年。也有中短篇小说集问世，如1999年出版的《闪电冰快》**(Blitzeis)**和2003年出版的《在陌生的花园里》**(In fremden Gärten)**。施达姆的最新作品是一部名为《在这样的一天》**(An einem Tag wie diesem)**的长篇小说，出版于2006年。

DEKORATIV

彼得·施达姆 施达姆在这段话中提到的长篇小说《大概的风景》出版于2001年。也有中短篇小说集问世，如1999年出版的《闪电冰快》*(Blitzeis)*和2003年出版的《在陌生的花园里》*(In fremden Gärten)*。施达姆的最新作品是一部名为《在这样的一天》*(An einem Tag wie diesem)*的长篇小说，出版于2006年。

*EINGEGLIEDERTE FREMDSPRACHEN wie eine »Ausgliederung« aussehen zu lassen, kann den zuweilen starr wirkenden chinesischen Texten etwas **Lebendigkeit** verleihen, solange die Schriftmischungen nicht als überfrachtende Accessoires, sondern als akzentuierender Schmuck daherkommen.*

彼得·施达姆 施达姆在这段话中提到的长篇小说《大概的风景》出版于2001年。也有中短篇小说集问世，如1999年出版的《闪电冰快》 Blitzeis 和2003年出出版的《在陌生的花园里》 In fremden Gärten。施达姆的最新作品是一部名为《在这样的一天》 An einem Tag wie diesem 的长篇小说，出版于2006年。

Im letzten Beispiel handelt es sich nicht um einen hochgestellten Text. Der Schriftgrad der Eingliederungen wurde verringert und der Grundlinienversatz individuell erhöht.

Hybride, Kreative Schriften

FZCuQian-S
Vereinfachte Zeichen

字体设计的艺术？

36 / 39 pt

Hmbgft.!?字体是一种最基本的视觉设计元素，设计师使用它就如同建筑师们使用玻璃，石料，钢铁和无数其他材料一样。280！？…

9,5 / 13 pt

Hmbgft.!?字体是一种最基本的视觉设计元素，设计师使用它就如同建筑师们使用玻璃，石料，钢铁和无数其他材料一样。280！？…

6 / 9,5 pt

Diese Schrift ist auch mit traditionellen chinesischen Schriftzeichen erhältlich.

Founder Electronics, Peking

尔肯堡，汇集有Merck、Ciba、软件股份公司、欧宝和德国电讯子公司T-System等著名企业。

同纽伦堡和卡尔斯鲁厄地区一样，施塔尔肯堡的实际技术实力已经超过科隆、汉堡和杜塞尔多夫等大城市。

Prognos的专家总共给予德国19个地区“很好”或“好”的评价。同只有少数集研究与高科技产业于一体的欧洲其他国家相比，德国更具多样性。16个联邦州都在努力建造自己的高科技产业，从中反映出这一趋势的广泛性。Prognos的评语是，“联邦式竞争是一个强项，它带动德国走在欧洲国家前列。”

这种实力使德国成为世界第二大科研密集型商品出口商，所占市场份额为15%，仅次于美国（19%）。日本以12%的市场份额名列第三。这一排名主要归功于德国人在传统的车辆和机械制造技术上的领先地位。相反，在制药、电子、医疗技术等未来领域，德国还需继续努力。

尽管有一些缺陷，如太多的官僚主义、工程技术人员不足、税赋负担太重等，德国仍是一个出色的、具有创新精神的地方。在过去10年里，德国企业将研发费用从每年30亿欧元提高到将近45亿欧元，即使在经济下滑时期也保持了这一水平。研究人员不仅创造了大量高价值的研究成果，而且也使其顺利地转化到经济领域。欧洲经济研究所专家里希特总结说，“这种体制的运转不次于美国。”

这也导致国外世界级企业将其在欧洲的研究机构向德国集中。芯片制造商Intel同时与三所德国大学合作，软件巨擘Microsoft在德国亚琛研制移动通讯、无绳网络和网站服务的新技术，福特汽车公司也在亚琛建立了美国本土之外唯一的研究中心。

Prognos的调查结果也表明，投资者不可能在德国所有地方都会找到同样好的条件。此次调查第一次涉及16个州的创新能力，结果显示，巴伐利亚州领先于巴登-符腾堡州，随后是北莱

QUELLE: BORSTELMANN/BILDFOLIO; LAIF; DESY HAMBURG; AP;

德国大都市的比较

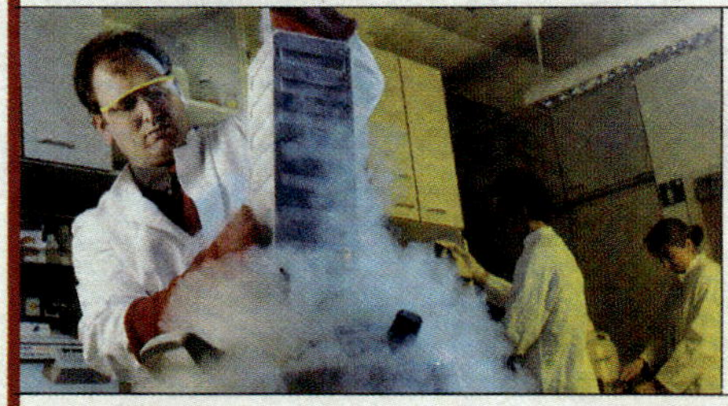

慕尼黑 作为德国硅谷的州府象磁铁一样吸引了大量的高科技公司，优秀的科研人员。被行内人称之为“德国工程师的聚集地。

斯图加特 无论是传统工业还是现代工业斯图加特都占领先地位。出口在当地经济中占50%，也是德国最多申报专利的地区。

法兰克福 德国金融中心，欧洲中央银行所在地，德国最大证卷交易所。号称德国服务中心。创业者和科研机构的集中地。

科隆 德国著名的媒介中心，据统计科隆地区三分之二的就业人口是在媒体行业。除此之外还有生化高科技企业及研究。.

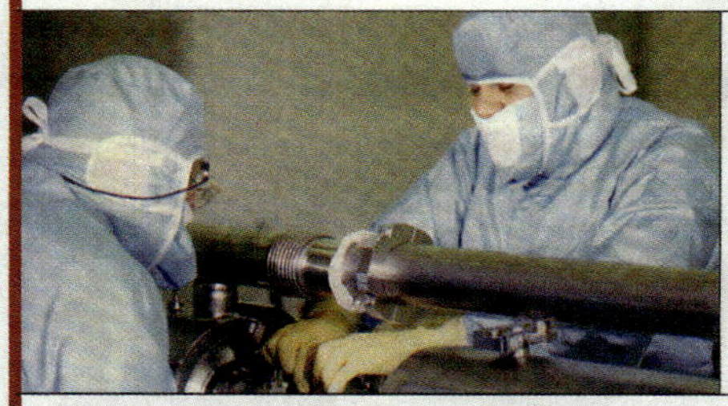

汉堡 北部的高科技孤岛。仅次于慕尼黑的航空航天技术中心。著名港口。东西德的统一给汉堡经济的发展注入了活力。

德累斯顿 统一后随着西门子等大公司的投资设厂，经济发展迅速，尤其突出在半导体和软件技术，成为德国东部的高科技中心。

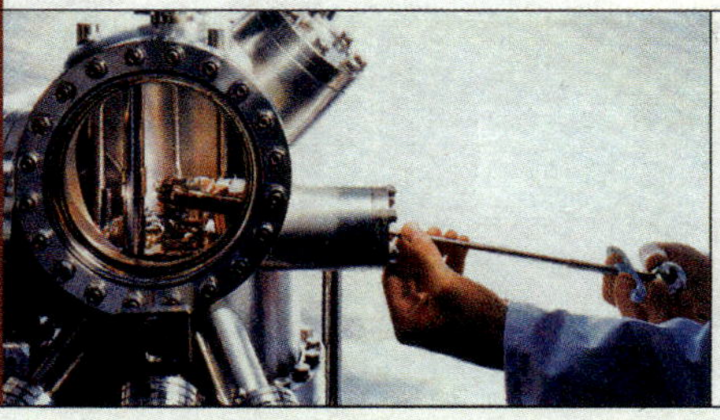

柏林 近几年停滞不前，近年来许多新成立的公司纷纷倒闭。在没有明确的战略性发展计划，失去原有的科研潜力。缺少发明创造。

两种书写体系，一条基线。

Zwei Schriftsysteme. Eine Grundlinie.

Von Integration kann noch keine Rede sein, wenn sich lateinische Zeichen eines anderen Fonts völlig unbedarft zwischen ihre CJK-Kollegen drängeln. Die Zusammenführung von im *Duktus* vermeintlich passenden CJK- und lateinischen Schriften gehört zu den offensichtlichen Faktoren, die den Gesamteindruck mehrsprachiger Dokumente beeinflussen. Um so irritierender aber wirken die weniger offensichtlichen. ■

Für jemanden, der noch nicht mit CJK-Fonts in Berührung gekommen ist, mag es einmal mehr befremdlich erscheinen, welche Überraschungen das Setzen eines bilingualen Dokuments oft bereithält. Für erfahrene Gestalter aber gehört es zu den Routine-Handgriffen, eingeschobene Fremdwörter, Akronyme oder Eigennamen muttersprachlicher Schreibweisen stets etwas zu vergrößern, um sie dann per negativem Grundlinienversatz optisch in die Zeilenführung einzumitten. □

Grundlinie und Schriftgrössen von lateinischen und CJK-Zeichen im Kontext

CJK-Zeichen wurden ursprünglich für die vertikale Leserichtung gedacht und stehen im Kegel optisch eingemittet. In der Horizontalen wirken sie daher ohne festen Stand und »flatterhaft«. Ihre eingeschriebene Proportionalschriftlinie liegt meist etwas höher als bei lateinischen Schriften *[→ 164]**. Das folgende Beispiel verwendet traditionelle chinesische Schriftzeichen.*

廣告 Werbung Werbung Werbung

Ein chinesischer Font mit eigenen Buchstaben und zwei lateinische Fonts jeweils im eigenen Textrahmen.

廣告 Werbung Werbung Werbung

Setzt man alle drei Fonts in eigenen Textrahmen, alignieren die Zeichenfüße auf einer gemeinsamen Grundlinie.

廣告 Werbung 廣告 Werbung

CJK-Zeichen wirken neben lateinischen Buchstaben meist etwas größer und die Proportionsschriftlinien erhöht.

廣告 Werbung 廣告 Werbung

*Der **Schriftgrad** fremdsprachiger Texteinschübe wird um einen Plus-Minus-Wert von 10% vergrößert und ihre Zeilenführung optisch angepasst, indem man ihre **Grundlinie** um einen geringen negativen Punktwert etwas nach unten versetzt. Europäischen Zahlzeichen werden eigene Werte zugeordnet* *[→ 272]**.*

***Merke:** Entscheidend für den Wert des Grundlinienversatzes der eingegliederten latinisierten Fremdwörter sind die benachbarten CJK-Zeichen. Da sie entlang einer horizontalen Axialgrundlinie laufen und sehr unterschiedliche vertikale Glyphenausdehnungen beschreiben, verlangen besonders große Schriftgrade ein individuelles Ausmitteln des Grundlinienversatzes.*

Hybride, Kreative Schriften

FZCuQian-S
Vereinfachte Zeichen

字体设计的艺术？

36 / 39 pt

Hmbgft.!?字体是一种最基本的视觉设计元素，设计师使用它就如同建筑师们使用玻璃，石料，钢铁和无数其他材料一样。280!？…

9,5 / 13 pt

Hmbgft.!?字体是一种最基本的视觉设计元素，设计师使用它就如同建筑师们使用玻璃，石料，钢铁和无数其他材料一样。280!？…

6 / 9,5 pt

Diese Schrift ist auch mit traditionellen chinesischen Schriftzeichen erhältlich.

Founder Electronics, Peking

避免汉字和字母冲突。

Hànzì und Buchstaben im Stau. Abstand nehmen.

Eingegliederte Fremdsprachen-Texte »zerhacken« CJK-Texte in der Blocksatzeinstellung, wenn dabei *Weißraum* hinzugefügt wird. *Wortabstandsdefinitionen* werden erst für ganze Textpassagen wirksam, nicht aber bei einzelnen Wörtern. Westliche – für das horizontale Setzen konzipierte – Schriftsatzprogramme entwickeln hier jedoch ein kaum kontrollierbares Eigenleben. Es ist daher weitaus effektiver, Zeichen- und Wortzwischenräume von Hand auszugleichen als sich auf Automatismen zu verlassen. ■ Je breiter eine Kolumne, desto gleichmäßiger regulieren sich die Wortabstände, während chinesische und lateinische Zeichen aufeinander »kleben« bleiben. Damit einzeln stehende Buchstaben hier nicht völlig untergehen, sollte ihnen ein gewisser Abstand zum CJK-Nachbarn gewährt werden. ■ Vertikal ausrichtende Textprogramme erlauben diffizile Voreinstellungen, die hier nicht erläutert werden können *[→205]*. □

Flexible Leerzeichen (FL) …

… sind frei wählbare (flexible) Abstandsalternativen zum normalen Leerschritt, der nach bestimmten Zeichen zu groß erscheint (z.B. nach Datumspunkten). Außerdem halten sie diese Abstände im Blocksatz konstant und Zeichen bzw. Wörter zusammen, sodass durch FL verbundende Zeichenketten gemeinsam umbrechen.

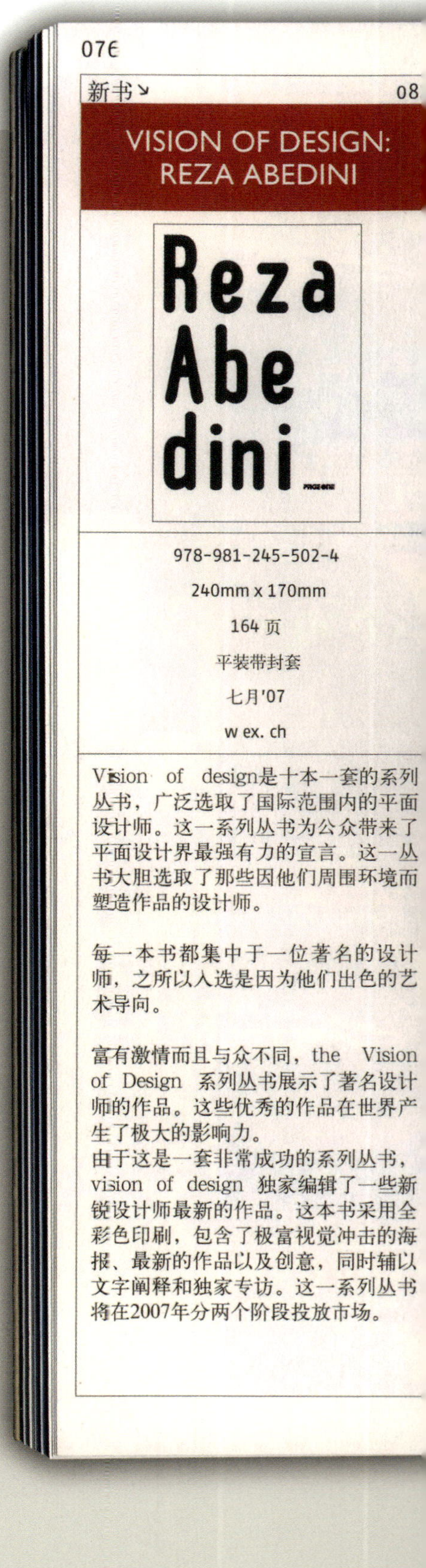

Wortzwischenräume in bilingualen horizontalen Texten

*Zur besseren Kontrolle der Weißräume im Blocksatz schmaler Satzbreiten ist der **völlige Verzicht auf die Leertaste** ratsam. Die verschiedenen Größen der Flexiblen Leerzeichen (FL) auszunutzen, ist hier eine überaus effektive Methode, Abstände zwischen chinesischen (CnZ) und lateinischen Schriftzeichen (LnZ) festzusetzen. Schriften reagieren in der Mischung unterschiedlich aufeinander, daher verzichten wir auf Abstandsempfehlungen, wie sie gern publiziert werden: **Das Auge entscheidet!***

Tipp: Erstellen Sie – wenn möglich – in der Option > Tastaturbefehle einen neuen Satz und weisen Sie den Flexiblen Leerzeichen Tastaturkürzel (Shortcuts) zu, welche bisher von Zeichen besetzt sind, die Sie aber für Ihr aktuelles Dokument nicht benötigen.

*Beispiel (letzter Absatz): Zwischen CnZ und LnZ und Wörtern wurden FL gesetzt, doch nun stört die Silbentrennung. Ob dem Wort ein **Umbruchsverbot** zugewiesen oder nach dem Komma das FL entfernt wird, …*

¶
由于这是一套非常成功的系列丛书，Vi-
sion of Design 独家编辑了一些新锐
设计师最新的作品。这本书采用全
彩色印刷，包含了极富视觉冲击的海
报、最新的作品以及创意，同时辅以文
字阐释和独家专访。这系列丛书将在
2007 年分两个阶段投放市场。#

… das CnZ lässt nicht locker und springt mit auf die nächste Zeile, was zur unschönen Sperrung der ersten Zeile führt.

¶
由于这是一套非常成功的系列丛
书，Vision of Design 独家编辑了一些新
锐设计师最新的作品。这本书采用全
彩色印刷，包含了极富视觉冲击的海
报、最新的作品以及创意，同时辅以文
字阐释和独家专访。这系列丛书将在
2007 年分两个阶段投放市场。#

*Ein **harter Zeilenumbruch** zwingt das CnZ in die vorherige Zeile zurück. Zum Schluss wurde die fehlende Absatzleerzeile eingefügt und ein **optischer Schriftweitenausgleich** der englischen Wörter vorgenommen.*

¶
由于这是一套非常成功的系列丛书，
Vision of Design 独家编辑了一些新锐
设计师最新的作品。这本书采用全
彩色印刷，包含了极富视觉冲击的海
报、最新的作品以及创意，同时辅以文
字阐释和独家专访。这系列丛书将在
2007 年分两个阶段投放市场。#

Vision of Design 是十本一套的系列丛书，广泛选取了国际范围内的平面设计师。这一系列丛书为公众带来了平面设计界最强有力的宣言。这一丛书大胆选取了那些因他们周围环境而塑造作品的设计师。

每一本书都集中于一位著名的设计师，之所以入选是因为他们出色的艺术导向。

富有激情而且与众不同，the Vision of Design 系列丛书展示了著名设计师的作品。这些优秀的作品在世界产生了极大的影响力。

由于这是一套非常成功的系列丛书，Vision of Design 独家编辑了一些新锐设计师最新的作品。这本书采用全彩色印刷，包含了极富视觉冲击的海报、最新的作品以及创意，同时辅以文字阐释和独家专访。这一系列丛书将在2007 年分两个阶段投放市场。

Metadesign 和柏林公共交通系统

Metadesign and Public Transportation System in Berlin

方宏章 Fang Hongzhang

柏林公交公司（BVG）

柏林地铁（Berlin U-Bahn）于1902年运行，与柏林S-Bahn（轻轨）同为柏林公共运输系统骨干企业。后来连同其他的交通系统成立柏林公交公司。柏林的交通系统在二战期间遭到巨大的损坏，在东德和西德成立之后，原先的公交公司拆分为西柏林的公交公司(BVG）和东柏林的公交公司（BVB）独立经营。在东西德国统一之后，西柏林的公交公司和东柏林的公交公司进行重组成立新的公交公司，成为欧洲最大的公共交通公司，由轻轨、地铁、有轨电车、公交车等组成的公共交通使得柏林拥有世界上最为复杂的交通系统网络。目前柏林公交公司掌管着9条地铁、20多条有轨电车和200多条公交车线经营权。由于处于冷战的僵持和敌对状态，造成交通长时间不能互通，而且很多西柏林地铁可以通过的车站通道被封锁和管制，造成很多地铁或轻轨站内部导视系统十分混乱，一些边界的车站根本没有导视系统。

1989年的“柏林墙事件”直接导致东西德的重新统一，但是由于东西柏林合并来得非常突然，一些处于曾经边界状态的车站突然间交通互通，很多通道匆匆忙忙地被重新打通，但是导视系统并没有进行科学的设置和设计，很多站牌都是临时手写的，导致很多旅客在一些大的车站花了很长时间都没有找到自己所需的信息，以及各自长期独立运作造成乘客对于合并之后的企业形象极为模糊。如何重新疏通各条地铁和各个交通站点以及对各类资源如何进行新的调配成为很棘手的问题。所以新的柏林公交公司形象急需一个统一的企业新形象和清晰有效的公共交通导视系统。1992年柏林公交公司委托德国著名的设计公司Metadesign对其形象进行全面整合。整个项目涵盖了从公共交通工具、地铁、有轨电车等各类车站，信息、空间导视系统到交通图、交通时刻表，Metadesign对柏林公交公司进行了全面的重新规划和设计。柏林公交形象设计和信息导视设计堪称当时德国最为复杂和规模最大的设计项目，直到1997年这项复杂的项目才得以完成。

Metadesign： Metadesign是欧洲顶级的品牌战略咨询公司，在业界极其受人尊崇。Metadesign最早是由设计师Erik Spiekermann于1979年和Florian Fischer und Dieter Heil在柏林创立Metadesign工作室发展起来的。到1990年女设计师Uli Mayer-Johanssen、Hans Ch. Krüger的加入，更名为Metadesign plus，后来改名为Metadesign。在后来的几年，Metadesign在伦敦和苏黎世设有分公司并负责北美设计业务的旧金山Metadesign公司。目前Metadesign在全球的雇员为230多名，它是欧洲最大的平面设计和品牌战略咨询公司。Metadesign为众多欧美大型公司的品牌设计提供专业服务，比如大众公司、DHL（敦豪快运）、德国联邦政府、西门子公司等世界500强和政府机构。由于Metadesign成功的品牌战略咨询对于德国乃至欧洲的设计都有深远的影响。2000年7月，Spiekermann退出了柏林Metadesign的管理层。

企业标准字体

柏林公交公司所采用的家族字体是FF Transit（运输体），是一款高度清晰易读的字体，人们可以在快速移动过程中识别信息而确定位置。柏林公交的系统和部门繁多，所以新的字体系统不但要符合公共导视系统，交通时刻表的应用还需要能够在平面印刷载体上有很好的阅读性。这套字体是由Erik Spiekermann、荷兰字体设计师Lucas de Groot和Henning Krause以著名的Frutiger无衬线字体为蓝本，专门为柏林公交公司交通导视系统设计的字体。还设计了一套新的斜体，并且扩充了原先的字体家族，此外还通过改变其字体宽度和间距，以加强字体在不同情况下的识别功能。

Transit阴体和Transit阳体相比较

Transit字体的字形比Frutiger更加修长，而且笔画粗细变化更大，远距离的识别性更强，其中小写字母i、ö、ä、ü方点变成圆点，旨在加强识别性和易读性。在这里值得一提的是这款字体对于光晕对字体的影响进行了差异化设计。这套字体系统很多是在地铁车站中使用，由于车站内部灰暗，很多情况下必须使用内置光的灯箱。在一般情况下由于人们的错觉影响，认为黑底上的白色方块要比白底上同样大小的黑色方块大一些，这是因为白色的色彩会膨胀，而黑色会收缩。所以大家应该都有这样的视觉体验，就是同样大小的白色字体在黑底上比黑色字体在白底上要粗壮一些。

为了在信息传达时有相一致的视觉效果，Metadesign的设计师们专门为整齐的版面。

Der Blocksatz. Das Nonplusultra.

CHINESISCHE UND JAPANISCHE TEXTE kennen keine *Weißräume* zur Trennung von Wörtern und keine Satzzeichen, die Wortsilben am Satzende voneinander trennen. Zwischen jeweils zwei Schriftzeichen existiert stets eine potentielle Zeilenumbruchstelle [→ 165]. ■ WERDEN QUADRATISCHE BAUSTEINE an- und aufeinandergesetzt, entsteht ein solider Block [→ 161]. Auf diese Weise müsste ein reiner CJ-Text – selbst unter Flattersatzeinstellung – automatisch einen *Blocksatz* bilden. In der Praxis jedoch bergen zum einen noch viele Fonts unpräzise aufeinander abgestimmte *Dickten*. Zum anderen reißen die überdimensionierten »inneren« Weißräume der ebenso quadratischen Satzzeichen-Kegel dominante Löcher in die Texte, die ausgeglichen werden sollten [→ 236]. ■ DER TYPO-MIX aus *dicktengleichen* und *proportionalen Schriften* verlangt zudem von den auf die Zeichengemeinschaften des eigenen Schriftsystems eingeschworenen Gestaltern im Westen wie Osten einige zusätzliche Handgriffe, um ausgewogene Zeichenabstände zu erzielen [→ 221, 222]. □

SA = Satzausrichtung
KG = Kerning, voreingestellter Zeichenausgleich
(Nicht alle DTP-Programme bieten diese Funktion.)
OR = Optischer Randausgleich
(Nicht alle DTP-Programme bieten diese Funktion.)

文化创意印刷新颖书籍纸

CHINA – TRADITION & INNOVATION
Ehrengast 2009 · Frankfurter Buchmesse
Guest of Honour 2009 · Frankfurt Book Fair

10月17日

14:45-15:45
主题：中国当代文学生活
作家：王蒙
形式：演讲
地点：中国主宾国主题馆

15:10-15:50
主题：时间之旅途
内容：“他看到自己在幽暗细微中又回到那里。被终年潮湿浸染的森林，雾气白茫茫蔓延蒸腾。枝叶遮盖的深处，不见一丝光亮渗出。雨水落下并没有发出声音。所有的声音，在产生的瞬间即已被森林的呼吸迅速而无情地吞噬。”
作家：安妮宝贝
形式：作品朗读
地点：法兰克福大学

17 October

14:45-15:45
Theme: China's Contemporary Literary Life
Author: Wang Meng
Format: Speech
Venue: Exhibition site, Guest of Honour presentation China, Forum, Level 1

15:10-15:50
Theme: The Journey of time
Content:"He found himself back there in darkness. The forest is dipped in humidity, and the mist spreads and rises. There is no light in the deepness of trees. Rain falls silently. All sounds are engulfed quickly and ruthlessly by the breath of the forest."
Author : Anne Baby
Format: Reading Events
Venue: Alter Senatssaal,Uni-Campus Bockenheim/ Hauptgebäude

17.Oktober

14:45-15:45
Thema: Zeitgenössisches literarisches Leben in China
Autor: Wang Meng
Format: Rede
Ort: Messegelände, Ehrengastpräsentation China, Forum, Ebene 1

15:10-15:50
Thema: Zeit-Reise
Inhalt: Er sah sich selbst in der Dunkelheit und der Unmerklichkeit, doch er geht wieder zurück. Der während des ganzen Jahres feuchte Wald, die Transpiration des ausbreitenden weißen Nebels. Die von Blättern verbogenen Tiefe, wo es kein Lichtstrahl zu sehen gibt. Der Regen fällt und es gibt keinen Ton zu hören. Alle Töne werden während ihres geborenen Moments schon von der Atmung des Waldes schnell und gnadenlos verschlingen.
Autor: Anne Baby
Format: Lese-Events
Ort: Alter Senatssaal,Uni-Campus Bockenheim/ Hauptgebäude

— 31

VOLLE BREITSEITE WIE ICH MIR, SO ICH DIR …
… ist sicher ein gut gemeinter Beitrag zur Völkerverständigung, doch in polyglotter Typografie fehlplatziert. [Abb. um 35% verkleinert]

EIN BLOCKSATZ *ZUŎYÒU DUÌQÍ* 左右对齐/左右對齊 …

… hat zwei gerade Satzkanten, die Satzbreite ist voll ausgefüllt. Der Weißraum, der sich am Zeilenende eines Flattersatzes bildet, wird hier zwischen zusammengehörenden Zeicheneinheiten gleichmäßig verteilt. Die Abstände von Zeicheneinheiten (Wörtern) sind demnach von Zeile zu Zeile unterschiedlich groß. Die letzte Zeile eines Absatzes läuft mit Weißraum aus.

ERZWUNGENER BLOCKSATZ
QIÁNGZHÌ ZUŎYÒU DUÌQÍ 强制左右对齐/強制左右對齊 …

… treibt auch die letzte Zeile eines Absatzes auf seine Satzbreite aus, nicht nur Wortabstände werden verändert, auch in die Laufweite von Wörtern wird eingegriffen. Für einen latinisierten Text ist diese Option tabu.

DAS KERNING *JǏNPÁI* 紧排/緊排 …

… ist das horizontale Ausmitteln bestimmter kritischer Zeichenkombinationen sogenannter Kerning-Paare JǏNPÁI ZÌMŬ DUÌ 紧排字母对/緊排字母對*, um ihre Abstände (Weißräume) zu harmonisieren. Ihre Zeichenabstandswerte verändern sich je nach Schriftgrad. Die für den Computersatz vom Schrifthersteller voreingestellten positiven oder negativen Werte sind in der Kerning-Tabelle JǏNPÁI BIĂO* 紧排表/緊排表 *im Font als Information hinterlegt. Zusätzlich ermöglichen die meisten DTP-Programme ein manuelles Ausmitteln, das man als »Zeichenausgleich« oder »optischen Schriftweitenausgleich« bezeichnet. Chinesische Fonts gleichen Interpunktionen in den überwiegenden Fällen nur unbefriedigend aus.*

OPTISCHER RANDAUSGLEICH
ZÌDÒNG BIĀNYUÁN TIÁOZHĚNG 自动边缘调整/自動邊緣調整 …

… ist eine Funktion in Schriftsatzprogrammen, mit der eine optische Gerade an den Satzkanten erzeugt wird. Schriftzeichen sind innerhalb ihres Kegels von unterschiedlich viel Fleisch (Weißraum) umgeben. Besonders viel Fleisch bildet sich naturgemäß um Satzzeichen, die an den Satzkanten zu einem ausgezackten, unruhigen Eindruck führen.

耶拿蔡司子公司与德国一批高技术企业联合后，一跃成为世界半导体工业新兴新片生产企业。此外，芯片生产企业需要所谓的……

SA: Flattersatz auf Chinesisch. Als Blocksatz würde dieser Text exakt gleich aussehen.
KG: metrisch
OR: ohne

耶拿蔡司子公司Jenoptik与德国一批高技术企业联合后，一跃成为世界半导体工业新兴新片生产企业。预计2007年开始可以生产出体积更小，功率更大的节能型半导体来。此外，芯片生产企业需要所谓的此外，芯片生产企业需要所谓的Mi-crostepper，曝光机……

SA: Blocksatz
KG: metrisch
OR: ohne
Mischungen mit Proportionalschriften lösen das System Block auf. Da CJK-Interpunktionen ebenfalls in quadratischen Schriftkegeln stehen *[→161, 236, 264 ff.]**, reißen sie innerhalb eines Textblocks Löcher.*

耶拿蔡司子公司 Jenoptik 与德国一批高技术企业联合后, 一跃成为世界半导体工业新兴新片生产企业。预计 2007 年开始可以生产出体积更小, 功率更大的节能型半导体来。此外, 芯片生产企业需要所谓的此外, 芯片生产企业需要所谓的 Microstepper, 曝光机……

SA: Blocksatz
KG: optisch
OR: ohne
Die Abstände zwischen lateinischen und chinesischen Zeichen wurden manuell bearbeitet *[→222]**. Schon besser: Das aktivierte Kerning verhindert die hässlichen »grammatischen« Löcher im Textkörper. Aber noch wirkt die rechte Satzkante stark ausgezackt. Die Auslassungspunkte sind jetzt zu stark unterschnitten.*

耶拿蔡司子公司 Jenoptik 与德国一批高技术企业联合后, 一跃成为世界半导体工业新兴新片生产企业。预计 2007 年开始可以生产出体积更小, 功率更大的节能型半导体来。此外, 芯片生产企业需要所谓的此外, 芯片生产企业需要所谓的 Microstepper, 曝光机……

SA: Blocksatz
KG: optisch
OR: ja
Hängende Interpunktionen sind leicht aus der Satzkante herausgeschobene Zeichen, sodass eine ruhigere Satzkante entsteht. Das Kerning für die Auslassungspunkte wurde wieder zurückgenommen.

耶拿蔡司子公司 Jenoptik 与德国一批高技术企业联合后, 一跃成为世界半导体工业新兴新片生产企业。此外, 芯片生产企业需要所谓的此外, 芯片生产企业需要所谓的 Mi-crostepper, 曝光机……

耶拿蔡司子公司 Jenoptik 与德国一批高技术企业联合后, 一跃成为世界半导体工业新兴新片生产企业。此外, 芯片生产企业需要所谓的此外, 芯片生产企业需要所谓的 Microstepper, 曝光机……

Schon im zweiten Text fiel die unglückliche ***Silbentrennung*** *auf: Wer die Trennungen eingegliederter Fremdwörter kontrollieren möchte, deaktiviert – wenn möglich – die Silbentrennung im gesamten Text oder den Zeilenumbruch einzelner Wörter.*

Merke:** **Je geringer die Satzbreite gemischter Texte, desto größer und ungleichmäßiger die CJK-Zeichenabstände!

Hybride, Kreative Schriften

FZCuQian-S
Vereinfachte Zeichen

字体设计的艺术？

36 / 39 pt

Hmbgft.!?字体是一种最基本的视觉设计元素，设计师使用它就如同建筑师们使用玻璃，石料，钢铁和无数其他材料一样。280！？…

9,5 / 13 pt

Hmbgft.!?字体是一种最基本的视觉设计元素，设计师使用它就如同建筑师们使用玻璃，石料，钢铁和无数其他材料一样。280！？…

6 / 9,5 pt

Diese Schrift ist auch mit traditionellen chinesischen Schriftzeichen erhältlich.

Founder Electronics, Peking

单端对齐的文本。短小精悍。

Der Flattersatz. Kurz und gut.

Da nicht nur nach Wörtern, sondern potentiell nach jedem Hànzì oder Kanji ein *Zeilenumbruch* erfolgt, ergeben sich unterschiedlich lange – eben flatternde – Zeilen und eine eher aufgeraute, unentschlossene Satzkante. Wird ein *Flattersatz* durch manuell gesetzte Zeilenschläge simuliert, sollten Wörter keinesfalls auseinandergerissen werden. Überschriften oder Bilduntertitel lohnen den geringen Aufwand, der allerdings etwas Sprachkenntnis erfordert. □

Ein Flattersatz …

Dānduān duìqí de wénběn 单端对齐的文本 / 單端對齊的文本

… hat nur eine gerade Satzkante. Die Zeilen sind unterschiedlich lang und Abstände von Wörtern bzw. chinesischen Schriftzeichen gleich groß. Am Zeilenende bleibt Weißraum übrig. □ *Ein rhythmischer Flattersatz beweist typografisches Handwerk, er ergibt sich nicht »von allein«.* □ *CJK-Texte können nur nach manuellem Eingriff »flattern«, da sie weder Wortabstände noch Silbentrennung kennen.*

Linksbündig *Zuǒqí yòubùqí* 左齐右不齐 / 左齊右不齊

Rechtsbündig *Yòuqí zuǒbùqí* 右齐左不齐 / 右齊左不齊

Überschaubare Textmenge und Satzbreite

Flattersatz

Die recht zögerlich flatternden Zeilen entstehen lediglich aufgrund des optischen Zeichenausgleichs (Kerning). Entsprechend unentschlossen formiert sich die rechte Satzkante. Ohne Satzzeichen bildete sich ein Blocksatz. Hier muss ***manuell umbrochen*** *werden.*

我们可以对世界有判断，
但是，对生活无论有什么样
的看法，你都要保存好自己，
要好好的善待自己，这是
最基本的。

我们可以对世界有判
断，但是，对生活无论
有什么样的看法，你
都要保存好自己，要
好好的善待自己，这
是最基本的。

我们可以对世界有
判断，但是，对生活
无论有什么样的看
法，你都要保存好
自己，要好好的善
待自己，这是最基
本的。

Auch in der Sprachmischung entstehen keine augenfälligeren Flatterbereiche, sondern formsatz- oder blocksatzartige ***Satzkanten****. Für dieses Beispiel wurde absichtlich lediglich vom Flatter- zum Blocksatz umgestellt und flexible Leerzeichen wurden zum Abstandsausgleich hinzugefügt.*

Manueller Zeilenumbruch

Ob in sehr schmalen Kolumnen rhythmischer Zeilenfall bei konsequenter Trennung nach Sinneinheiten möglich ist, hängt vom ***Inhalt des Textes*** *ab. Oft ist es schlicht unmöglich – chinesische Wörter bestehen überwiegend aus ein bis zwei Schriftzeichen* *[→ 36]**.*

我们可以对世界有判断，但是，
对生活无论有什么样的
看法，你都要保存好自己，
要好好的善待自己，
这是最基本的。

我们可以对世界有判断，
但是，对生活无论有
什么样的看法，
你都要保存好自己，
要好好的善待自己，
这是最基本的。

我们可以对世界
有判断，但是，
对生活无论
有什么样的看法，
你都要保存好自己，
要好好的善待自己，
这是最基本的。

Ein Beispiel: 耶拿蔡司子公司 Jenoptik 与德国一批高技术企业联合后，一跃成为世界半导体工业新兴新片生产企业。预计2007年开始可以生产出体积更小，功率更大的节能型半导体来。此外，芯片生产企业需要所谓的此外，芯片生产企业需要所谓的Microstepper，曝光机，这些设备可以满足将越来越小的线宽投影到芯片的光敏材料上去。精密曝光只能采用极短波紫外光（13,5纳米波长），对光学器件，反

Blocksatz

Natürlich geht Blocksatz für CJK-Texte ***immer*** *– ihm sind Sinneinheiten oder Wörter egal, »unsinnige« Trennungen werden überlesen. Doch stets alle Textelemente auf Block zu setzen, kann schnell langweilig werden.*

我们可以对世界有判断，但
是，对生活无论有什么样
的看法，你都要保存好自己，
要好好的善待自己，这是最
基本的。

我们可以对世界有判
断，但是，对生活无论
有什么样的看法，你
都要保存好自己，要
好好的善待自己，这
是最基本的。

我们可以对世界
有判断，但是，对
生活无论有什么样
的看法，你都要保
存好自己，要好好
的善待自己，这是
最基本的。

Ein Beispiel: 耶拿蔡司子公司 Jenoptik 与德国一批高技术企业联合后，一跃成为世界半导体工业新兴新片生产企业。预计2007年开始可以生产出体积更小，功率更大的节能型半导体来。此外，芯片生产企业需要所谓的此外，芯片生产企业需要所谓的Microstepper，曝光机，这些设备可以满足将越来越小的线宽投影到芯片的光敏材料上去。精密曝光只能采用极短波紫外光（13,5纳米波长），对光学器件，反

Fliegender Satz im Flugzeugsitz: Dieser Text breitet sich über geizig gewählter Satzbreite und weitere neun Bände aus – mit Flattersatz hat das allerdings nichts zu tun.

Schlecht: Bilduntertitel erfordern keinen Blocksatz und müssen nicht auf unappetitliche Satzbreiten aufgeblasen werden.

如果您有设置足够的空间二条线路，没有需要对于一个有正当理由的文本置足够间。

Gut: Wenn schon ein Zweizeiler, dann ein sinnvoller Zeilenumbruch und gern ein Punkt mehr des Schriftgrades.

如果您有设置足够的空间二条线路，没有需要
对于一个有正当理由的文本置足够间。

可行的绿色行动

“EMC公司的成功表明，
‘绿色’进步是可能跟务
实、大幅的成本节省，
以及保持或增加IT效率
并举的。”
——ESG实验室报告
《EMC IT：数据中心效
率蓝图》，2009年4月

支出节省

通过在马萨诸塞州西波
路数据中心实施能源增
效最佳实践，EMC预计
在过去三年节省了超过
1400万美元的电力、散
热及地面空间费用，减
少了至少2万吨温室气
体排放。2008年，EMC
在爱尔兰科克的数据中
心因2007年实施绿色
改进计划，能耗降低了
19%。

我不
了良
前近
环境
在老
间、
极限

当然
需要
是，
们的
转到
空间

然而
家完
生命

Der Text fliesst unbehandelt linksbündig ein. In der Kürze der Kolumne besitzt die Schriftmischung aber ausreichend Kraft, einen größeren Flatterbereich zu bilden. Dem unteren Text fehlt nur ein Zeilenschlag zum harmonischen Rhythmus.

*1/ 夏 日 的 都 柏 林，晚 上 10
点 的 时 候 天 还 亮 着，但 快
乐 犁 地 仔 酒 吧 (The Merry
Ploughboy) 的爱尔兰歌舞表演
却早已开始！
2/ 都柏林圣殿酒吧区 (Temple
Bar) 的有机作物农场主正在推
销他引以为豪的奶酪和肉肠。
3/ 完全采用绿色有机方法栽培
的新鲜草莓。
4/ 地道的爱尔兰正餐。*

*1／这些硕大的印第安面具雕
像表示这里一定有一家印第安
文化主题酒吧。
2／都柏林号称“欧洲硅谷”，
人们在经济飞速发展的同时，
也有点不知所措。
3／一个爱尔兰女孩从著名诗
人叶芝 (Yeats) 的照片下走过。
4／圣殿酒吧区 (Temple Bar)
的名人墙 (Wall of Fame) 承载
着爱尔兰音乐的过去、现在和
将来。
5／假如你能走进都柏林的内
心深处，你便能走进世界任何
一座城市的心。——詹姆斯 ·
乔伊斯*

Bilinguale Marginalien könnten mit Leichtigkeit flattern und einen schönen Kontrast gegenüber streng anmutenden Fließtexten liefern. In der Kürze der Texte ist ein sinnvoller manueller Zeilenumbruch oft schneller getätigt als mühsamer Zeichenabstandsausgleich.

狼毫鼠须瘦筋字

紫毫取的毛来自野兔的项背，
因色呈黑紫而得名。而且南北方的兔毫坚韧
程度不一，
一般取北毫，其毫长而锐，
制成的笔挺拔尖锐而锋利，
宜于书写劲直方正之字。

“ 中国古代，画虎是件难事，
因为虎是野生动物，人类很难近距离观察到它，
因此许多画家由于缺乏观察力，
作品往往形欠准又传神不足，
从而便有句俚语叫做“画虎不成反类犬” ”

Solange sich ein einzelnes Schriftzeichen nicht noch auf der letzten Zeile verliert, können selbst riesige Flatterzonen großer Schriftgrade reizvoll sein.

Mountain

在陡峭的林道上稳固骑行。沿着高技术难度的单线山路自由骑行。在泥
泞的小路、崎岖的山丘、蜿蜒的溪流和冲刷的缺口中寻找完美路线。

坚韧、快速、功能齐全，正如具备独有的全避震系统的新型 Fuel
EX™ 一样。全新的 Elite 9.9™ Hardtail 的超轻 OCLV™ 110 Car–
bon 车架。或新型 10 英寸冲程 Session™ 系列的坚固的一体式前
三角架。Trek 山地自行车已做好准备迎接任何越野挑战。

Hammer down steep fire roads. Carve along technical singletrack.
Find the perfect line through ruts, stutter bumps, creeks and washouts.

Durable. Quick. Versatile. Like the new Fuel EX™ with its proprietary
full-suspension system. The ultralight OCLV™ 110 Carbon frame of the
brand new Elite 9.9™ hardtail. Or the
burly monocoque front triangle of the new 10" travel Session.™
Trek mountain bikes are ready for any off-road challenge.

Lag die Latte zu hoch? Mut zum Sprung beweist dieser Zeilenfall – belohnt wird er nicht. [Abb. verkleinert]

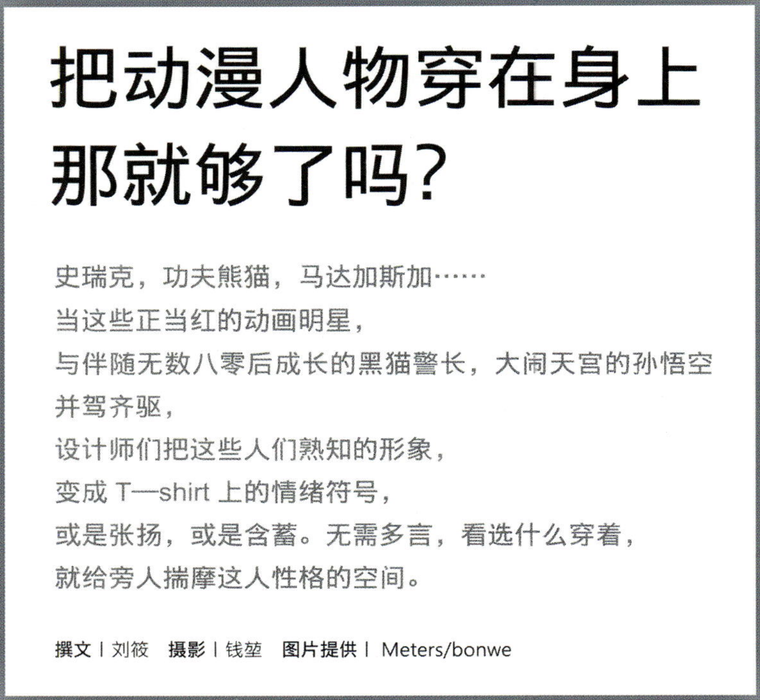

把动漫人物穿在身上
那就够了吗？

史瑞克，功夫熊猫，马达加斯加……
当这些正当红的动画明星，
与伴随无数八零后成长的黑猫警长，大闹天宫的孙悟空
并驾齐驱，
设计师们把这些人们熟知的形象，
变成 T—shirt 上的情绪符号，
或是张扬，或是含蓄。无需多言，看选什么穿着，
就给旁人揣摩这人性格的空间。

撰文 | 刘筱 **摄影** | 钱堃 **图片提供** | Meters/bonwe

Keine Frage – diese Unterüberschrift korrespondiert mit dem Haupttitel und ihrem Inhalt. Der sinnfällige Zeilenumbruch erzeugt spannungsvolle Weißräume. Fließtexte vertragen diese Behandlung nicht, wie untenstehendes Beispiel zeigt.

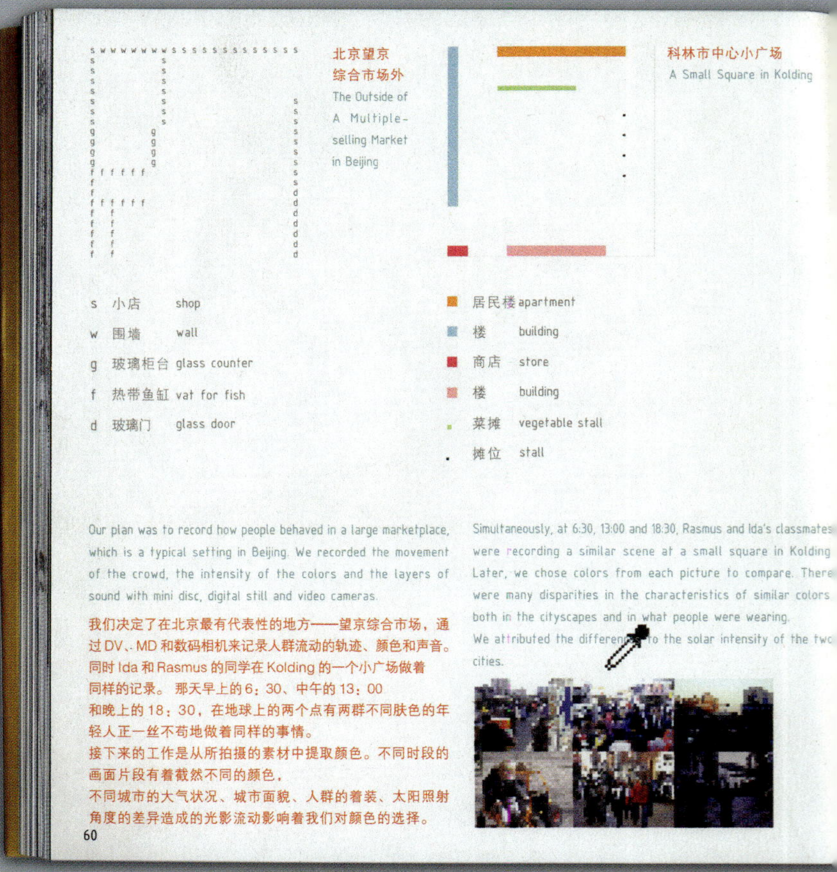

北京望京
综合市场外
The Outside of
A Multiple-
selling Market
in Beijing

科林市中心小广场
A Small Square in Kolding

s 小店 shop
w 围墙 wall
g 玻璃柜台 glass counter
f 热带鱼缸 vat for fish
d 玻璃门 glass door

居民楼 apartment
楼 building
商店 store
楼 building
菜摊 vegetable stall
摊位 stall

Our plan was to record how people behaved in a large marketplace, which is a typical setting in Beijing. We recorded the movement of the crowd, the intensity of the colors and the layers of sound with mini disc, digital still and video cameras.

我们决定了在北京最有代表性的地方——望京综合市场，通
过 DV、MD 和数码相机来记录人群流动的轨迹、颜色和声音。
同时 Ida 和 Rasmus 的同学在 Kolding 的一个小广场做着
同样的记录。那天早上的 6：30、中午的 13：00
和晚上的 18：30，在地球上的两个点有两群不同肤色的年
轻人正一丝不苟地做着同样的事情。
接下来的工作是从所拍摄的素材中提取颜色。不同时段的
画面片段有着截然不同的颜色，
不同城市的大气状况、城市面貌、人群的着装、太阳照射
角度的差异造成的光影流动影响着我们对颜色的选择。

Simultaneously, at 6:30, 13:00 and 18:30, Rasmus and Ida's classmates were recording a similar scene at a small square in Kolding. Later, we chose colors from each picture to compare. There were many disparities in the characteristics of similar colors both in the cityscapes and in what people were wearing. We attributed the differen… to the solar intensity of the two cities.

60

Die Idee, die Strenge des quadratischen Seitenformates mittels verschiedener Satzausrichtungen aufzuheben, gefällt. Doch dem Gestalter geriet da wohl etwas durcheinander: Schmales Englisch wird auf Blocksatz gezwungen, das Chinesische lässt man dagegen durch willkürlich vorgenommene Zeilenumbrüche heftig ausschlagen. Das ist kein Flattersatz, sondern deformierter Satz! [Abb. verkleinert]

DEN RICHTIGEN TON GETROFFEN: *Zwischen Rechts- und Linksbündigkeit werden sanfte Klänge angeschlagen.*

Zeilenabstände für vertikale und horizontale Zeilenführung

Die Satzbreiten der horizontalen bzw. -längen der vertikalen Textrahmen sind gleich. Der linke horizontale Text ist gut lesbar, sein vertikales Pendant [rechts unten] ist bei gleichem Zeilenabstand schwerer erfassbar. Umgekehrt verhält es sich mit dem rechten Text gegenüber seinem aufrechten Gegenbeispiel [Mitte].

Merke:** **Die Laufweite vertikaler Texte sollte etwas erweitert werden. (Zum Vergleich: Der Text links unten steht auf LW ±0.) Der Zeilenabstand beträgt ungefähr das Doppelte der Schriftgröße.

中国的涂鸦和街头艺术……世界各地的年轻人用颜料喷罐将自己的足迹留在城市的那种热情在中国的大都市培育出一个规模不大但却更富激情的涂鸦艺术家圈子。这个圈子从香港延伸到中国南方的深圳和广州，并一直蔓延到中国的北方。近一段时间来在涂鸦图像中不断出现的中国古典绘画主题和汉字的应用标志着中国涂鸦艺术开始从西方涂鸦范例中独立出来。这些艺术家的目标是要用中国风格来丰富和充实涂鸦世界。 *9/13,5 pt*

中国的涂鸦和街头艺术……世界各地的年轻人
用颜料喷罐将自己的足迹留在城市的那种热情
在中国的大都市培育出一个规模不大但却更富
激情的涂鸦艺术家圈子。这个圈子从香港延伸
到中国南方的深圳和广州，并一直蔓延到中国 *11/23 pt*

中国的涂鸦和街头艺术……世界各地的年轻人用颜料喷罐将自
己的足迹留在城市的那种热情在中国的大都市培育出一个规模
不大但却更富激情的涂鸦艺术家圈子。这个圈子从香港延伸到
中国南方的深圳和广州，并一直蔓延到中国的北方。近一段时
间来在涂鸦图像中不断出现的中国古典绘画主题和汉字的应用
标志着中国涂鸦艺术开始从西方涂鸦范例中独立出来。这些艺 *8/23 pt*

中国的涂鸦和街头艺术……世界各地的年轻人
用颜料喷罐将自己的足迹留在城市的那种热情
在中国的大都市培育出一个规模不大但却更富
激情的涂鸦艺术家圈子。这个圈子从香港延伸
到中国南方的深圳和广州，并一直蔓延到中国 *11/23 pt*

中国的涂鸦和街头艺术……世界各地的
年轻人用颜料喷罐将自己的足迹留在城
市的那种热情在中国的大都市培育出一
个规模不大但却更富激情的涂鸦艺术家
圈子。这个圈子从香港延伸到中国南方 *13/23 pt*

中國的塗鴉和街頭藝術……世界各地的年輕人用顏料噴罐
將自己的足迹留在城市的那種熱情在中國的大都市培育出
一個規模不大但却更富激情的塗鴉藝術家圈子。這個圈子
從香港延伸到中國南方的深圳和廣州，并一直蔓延到中國
的北方。近一段時間來在塗鴉圖像中不斷出現的中國古典
繪畫主題和漢字的應用標志着中國塗鴉藝術開始從西方塗 *9/23 pt*

中國的塗鴉和街頭藝術……世界各地的年輕人用顏料噴
罐將自己的足迹留在城市的那種熱情在中國的大都市培
育出一個規模不大但却更富激情的塗鴉藝術家圈子。這個
圈子從香港延伸到中國南方的深圳和廣州，并一直蔓延到
中國的北方。近一段時間來在塗鴉圖像中不斷出現的中國
古典繪畫主題和漢字的應用標志着中國塗鴉藝術開始從 *9/18 pt*

中國的塗鴉和街頭藝術……世界各地的年輕人用顏料噴
罐將自己的足迹留在城市的那種熱情在中國的大都市培
育出一個規模不大但却更富激情的塗鴉藝術家圈子。這個
圈子從香港延伸到中國南方的深圳和廣州，并一直蔓延到
中國的北方。近一段時間來在塗鴉圖像中不斷出現的中國
古典繪畫主題和漢字的應用標志着中國塗鴉藝術開始從
西方塗鴉範例中獨立出來。這些藝術家的目標是要用中國
風格來豐富和充實塗鴉世界。 *9/13,5 pt*

Schriftgröße, Zeichen- und Zeilenabstand. Was wirklich ins Gewicht fällt.

Die mikrotypografischen Fragen nach einem ausbalancierten Verhältnis zwischen der *Größe* und *Laufweite* einer Schrift sowie dem *Wortzwischenraum* und *Zeilenabstand* stellen sich für chinesische und japanische Texte nicht. Gegenüber lateinischen Schriften fällt in den *Lese-* und *Konsultationsgrößen* chinesischer und japanischer Texte ihr *Gewicht* stärker ins Gewicht. Den *Grauwert* einer Textfläche durch Veränderung der Laufweite harmonisieren zu wollen, ist ein »Kampf gegen Windmühlen«, denn die komplexe Struktur vieler Schriftzeichen würde damit nicht aufgelöst – ob *Lang-* oder *Kurzzeichen* ist hier unerheblich [→ 117, 234]. □

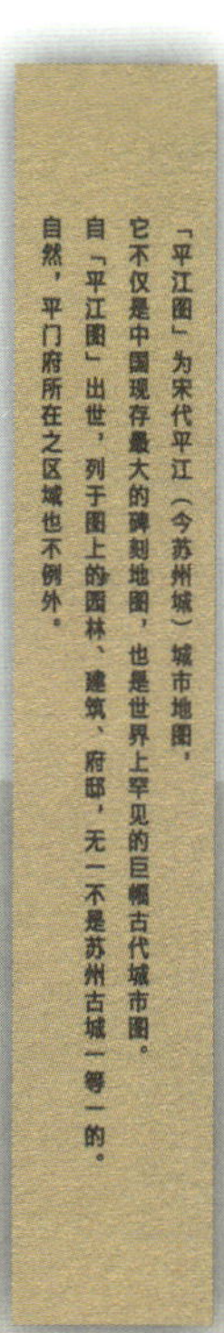

Mit dekorativ vergoldeten, aber viel zu fetten 5 Pica-Points preist ein Immobilienunternehmen seine Häuser an.

Schriftgewichte

塗鴉藝術家和他們的作品占據着原本屬于商業和政治用途的城市空間它們繼承了中國在公共場所題字的古老傳統。	**塗鴉藝術家和他們的作品占據着原本屬于商業和政治用途的城市空間它們繼承了中國在公共場所題字的古老傳統。**	塗鴉藝術家和他們的作品占據着原本屬于商業和政治用途的城市空間它們繼承了中國在公共場所題字的古老傳統。	**塗鴉 Graffiti 藝術家和他們的作品占據着原本屬于商業和政治用途的城市空間它們繼承了中國在公共場所題字的古老傳統。**	塗鴉 Graffiti 藝術家和他們的作品占據着原本屬于商業和政治用途的城市空間它們繼承了中國在公共場所題字的古老傳統。
涂鸦艺术家和他们的作品占据着原本属于商业和政治用途的城市空间它们继承了中国在公共场所题字的古老传统。	**涂鸦艺术家和他们的作品占据着原本属于商业和政治用途的城市空间它们继承了中国在公共场所题字的古老传统。**	涂鸦艺术家和他们的作品占据着原本属于商业和政治用途的城市空间它们继承了中国在公共场所题字的古老传统。	**涂鸦艺术家和他们的作品占据着原本属于商业和政治用途的城市空间它们继承了中国在公共场所题字的古老传统。**	涂鸦 Graffiti 艺术家和他们的作品占据着原本属于商业和政治用途的城市空间它们继承了中国在公共场所题字的古老传统。

Lesbarkeitsvergleich zwischen den ***Gewichten*** *fett und normal sowie traditionellen Langzeichen [oben] und vereinfachten Kurzzeichen [unten].*
7/10 pt

7/9 pt

Schriftgrösse und Zeichenabstand

涂鸦艺术家和他们的作品占据着原本属于商业和政治用途的城市空间它们继承了中国在公共场所题字的古老传统。	涂鸦艺术家和他们的作品占据着原本属于商业和政治用途的城市空间它们继承了中国在公共场所题字的古老传统。	涂鸦艺术家和他们的作品占据着原本属于商业和政治用途的城市空间它们继承了中国在公共场所题字的古老传统。	涂鸦艺术家和他们的作品占据着原本属于商业和政治用途的城市空间它们继承了中国在公共场所题字的古老传统。	涂 鸦 艺 术 家 和 他 们 的作品占据着原本属于商业和政治用途的城市空间它们继承了中国在公共场所题字的古老传统。
LW -80	*LW -30*	*LW ±0*	*LW +30*	*LW +40*

Der Eingriff in die ***Laufweite*** *einer Schrift ist für reine CJK-Fließtexte im Blocksatz solange nicht effektiv, bis eine sehr deutliche Zeichenabstandsveränderung erwünscht ist. Zwischenwerte der gezeigten Beispiele zeigen keine Veränderung des Textbildes.*

涂鸦艺术家和他们的作品占据着原本属于商业和政治用途的城市空间。 *Metrische Zeichenabstände*

涂鸦艺术家和他们的作品占据着原本属于商业和政治用途的城市空间。 *Kerning, …*

涂鸦艺术家和他们的作品占据着原本属于商业和政治用途的城市空间。 *… dazu veränderte Laufweite +50*

Konsultationsgrößen ohne Blocksatz-Einstellung benötigen meist eine erhöhte Laufweite. Bei ähnlichen Werten wirken latinisierte Texte bereits stark gesperrt.

Satzbreite und Zeilenabstand

世界各地的年轻人用颜料喷罐将自己的足迹留在城市的那种热情在中国的大都市培育出一个规模不大但却更富激情的涂鸦艺术家圈子。这个圈子从香港延伸到中国南方的深圳和广州，并一直蔓延到中国的北方。*9/11 pt*

世界各地的年轻人用颜料喷罐将自己的足迹留在城市的那种热情在中国的大都市培育出一个规模不大但却更富

世 界 各 地 的 年 轻 人 用 颜 料 喷

世界各地的年轻人用颜料喷罐将自己的足迹留在城市的那种热情在中国的大都市培育出一个规模不大但却更富激情的涂鸦艺术家圈子。这个圈子从香港延伸到中国南方的深圳和广州，并一直蔓延到中国的北方。*9/13,5 pt*

世界各地的年轻人用颜料喷罐将自己的足迹留在城市的那种热情在中国的大都市培育出一个规模不大但却更富

世 界 各 地 的 年 轻 人 用 颜 料 喷

世界各地的年轻人用颜料喷罐将自己的足迹留在城市的那种热情在中国的大都市培育出一个规模不大但却更富激情的涂鸦艺术家圈子。这个圈子从香港延伸到中国南方的深圳和广州，并一直蔓延到中国的北方。*9/18 pt*

世界各地的年轻人用颜料喷罐将自己的足迹留在城市的那种热情在中国的大都市培育出一个规模不大但却更富

世 界 各 地 的 年 轻 人 用 颜 料 喷

Schriftgrößen *von CJK-Fließtexten bewegen sich zwischen 9 und 12 pt (oder 11–16 Q) und einer* ***Zeilenlänge*** *von ca. 25 bis 35 Zeichen.*

Merke: Die Laufweite horizontaler Texte sollte auf Null gesetzt werden und der Zeilenabstand mindestens das 1,5-fache der Schriftgröße ausmachen.

Zwar kämpfen CJK-Wörter nicht mit den orthografischen Hürden der Silbentrennung, doch zu ***schmale Kolumnen*** *Fēnlán 分栏, suggerieren bei zu wenigen Zeichen pro Zeile die vertikale Leserichtung.*

众生相

Faces Protrait

创作/ 李根在　Ken-tsai Lee
摄影/ 邱琼慧　Chiung-Hui, Chiu

纽约是个人类种族的大熔炉，800多万的常住人口有将近400万人是不在纽约出生的外国人，这些人来自世界上100多个不同的国家和地区。对于我来说，在还没有到纽约前，当看到白人脸孔时，便直觉地认为是美国人，更不要说去区分欧洲白人和美国白人的差异。但随着在纽约居住的时间久了，慢慢发现即便是欧洲白人，法国人五官的纤细和德国人的粗犷便明显地不同，体型上的特征差异则更大。 初学设计时，知道不同的字体称为“Type Face”，当时并没有多想什么，只觉得就是个专有名词罢了。加上在台湾的中文环境下，也很少会把英文的专有名词整天挂在嘴边。到纽约后，当有一天和朋友讲到“Type Face”这个词时，突然有个念头一闪而过，为什么字体的总类叫 “Type Face”呢？是不是因为不同字体有不同的面貌，就如同要辨识一个人时面孔是最为重要的特征，尤其是人的五官。刚到纽约时，发现语言课班上的同学多是亚洲人，日本人、韩国人、中国人有些相似又有差异。对西方人而言，能准确地辨认出这三者的差异根本是不可能的事，也如同对亚洲人而言，要辨认来自不同国家的欧洲白人有某种程度的困难。 于是想到，既然字体称为“Type Face”，为什么不能转换成不同国家人的脸呢?既然不同的字体有不同的“脸”，当然不同国家的文字自然也有不同的“脸”。第一个想法是把不同的文字画在不同国家人的脸上，然而用画的方式有操作上的困难。如果是做成面具呢？不同文字的面具戴在不同国家的人的脸上，会不会产生某些有趣的效果呢？把文字图像化产生的一种趣味感便油然而生。于是我请受访的不同国家的朋友挑选一个他们喜欢的母语文字，这些字或许是他们国家名字的第一个字母，或只是一种说不上来的喜好，或许只是一个字声的感受……

然后进行面具的制作。我做了中国脸、日本脸、韩国脸、美国脸、土耳其脸、西班牙脸……同样地，我设计了一组字，由A至Z共26个不同国家的人带着英文字母的面具，用此表达英文的国际性。我取这些字体的名字为“Type Face”，透过这些单词的置换，让原先的字体总类的称号转换成字体名称。 这些都变成我在设计上的元素，当我有机会设计一些项目时，他们便有机会变成我作品中的主角。环境对人的影响是很大的！一个从小在海外成长的台湾朋友，回台湾发展数年后有次碰到面，感叹地对我说了这样一句话：是的！如果不是因为移居纽约这个多种族的大熔炉，我断然想不到这个创意，因为每天所看所思皆反射在自己的创作上，当然开阔的环境也让人的思维潜能变得无可限量。

李根在

旅美华人设计师
从2002年移居纽约后往返台湾和美国之间，持续保持着商业与创作间的接触，
企图在两者间找到平衡点，曾受邀设计过国际汽车品牌年历，也曾在纽约办过个展。

2008年初，与有同样创作热情的朋友Chiung-Hui, Chiu，开始合作一系列实验创作。

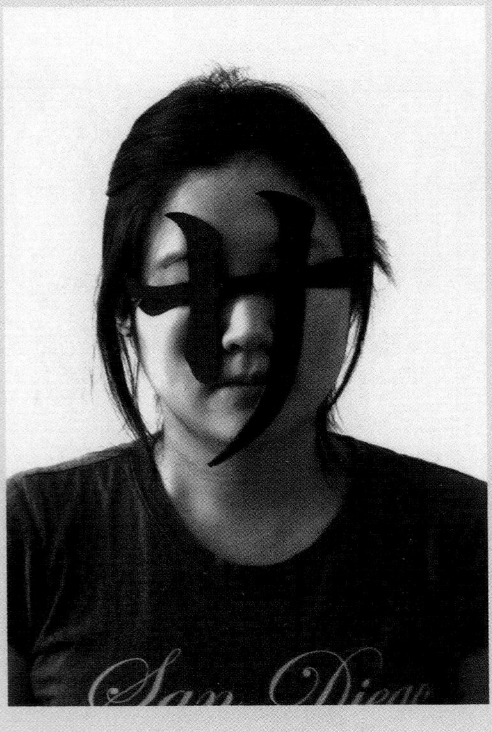

Japanese Face

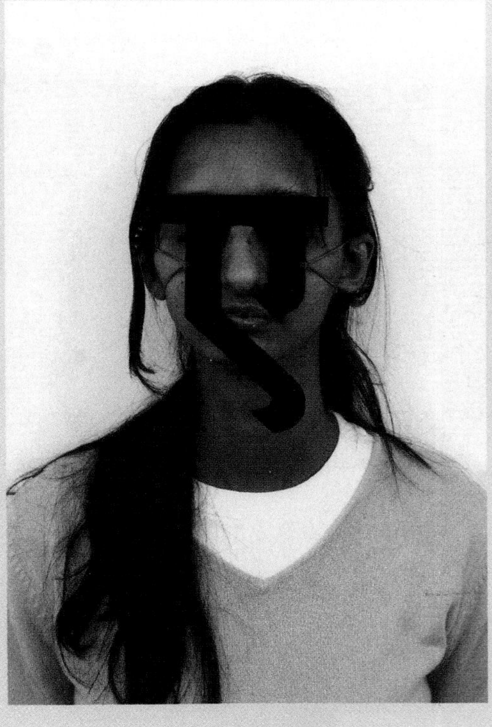

Indian Face

自成一格

自一九九二年起，GHM已經在世界各地經營不少風格新穎、豪華及典雅的度假村及酒店，獨特的設計風格無出其右

撰文: PATRICIA NELSON　攝影: 由GHM提供

General Hotel Management (GHM) 自一九九二年創辦開始便打正旗號，以「難忘的風格」經營一系列尊貴時尚酒店及度假村。二十年後，GHM的發展方向依然未變，名下十四家酒店已經遍佈全球各地。

GHM的靈魂人物是兩位創辦人Adrian Zecha及Hans Jenni，二人對於當今酒店設計的潮流有一定的影響力，為現代酒店打造更時尚的風格。以新加坡為業務基地的GHM，從公司歷史及到發展傳統都深受亞洲文化影響；而這種風格亦順理成章地套用在酒店設計上，更見於他們中東及美國的度假村之中。

聯同著名室內設計師及當代建築師如Jaya Ibrahim、Jean-Michel Gathy、Kerry Hill、Edward Tuttle及Reda Amalou創造優質的度假村，是GHM的策略之一，每間度假村都代表一種優越時尚的度假生活，又各自散發獨特的設計概念，融和當地的環境特色。GHM旗下的度假村裝潢精緻而且充滿心思，格局佈置亦經過周詳的考慮，充分表現公司著重和諧之中有變化的設計之道。

浮羅交怡The Datai

The Datai五星級酒店位於馬來西亞西部的浮羅交怡，一帶風景誘人，叢林茂密，是GHM於一九九三年興建的第一家度假酒店。在綠意盎然的大自然裡，酒店和諧地散發著瑰麗的氣質。現代式建築內是傳統的設計精髓，令The Datai成為綠洲裡的甘泉。

澳洲籍建築師Kerry Hill是整個項目的設計統領，依據GHM的統一設計綱領，以當地的建築物料如附近森林砍伐下來的木材，建造了四十間度假屋、十六間酒店套房及五十四家客房，充滿熱帶雨林的氣氛。

在這樣原始的建築環境下，Kerry及發展商特別著重保護生態環境，所有建築物要以不破壞自然環境為大前題，更要保育當地的動物群及生態，減少樹木倒塌的問題。

酒店室內設計是由Jaya & Associates創辦人Jaya Ibrahim主理，設計概念圍繞亞洲為題材，精緻的裝潢散發優美簡約的氣質。

邁阿密南部海灘The Setai

GHM於零四年十月首次拓展到北美洲，在邁阿密開設The Setai，五年來，已成為當地舉世矚目的度假酒店，為臨海酒店奠下優質的形象，亦證明GHM的獨特設計概念緊守不變。

The Setai位於南部海灘，座落古典的三十年代建築物內，前身是Dempsey Vanderbilt酒店，附近一帶的裝飾派藝術建築物享負盛名。

Denniston International的建築師Jean-Michel把這座別具意義的建築物搖身變成GHM的代表作。Jaya & Associates則保留室內的一種強烈裝飾派藝術的味道，再滲入一點點GHM獨有的亞洲風格。

圍繞著酒店與服務式住宅的都是泳池與飄搖的棕櫚樹，是地道的邁阿密風情。度假酒店由兩座建築物組成，分別是The Art Deco及The Tower，共有八十五間房、四十五間套房及一間頂層公寓，設計靈感來自當地特色及現代的摩登瑰麗。

會安The Nam Hai

這間五星級度假酒店於零六年十二月啟用，位於越南海岸，以尊重傳統及當地環境生態為設計概念，尊貴的設計突顯越南的文化與傳統。

離度假酒店十公里外是會安的細小海港城市，保存東南亞貿易海口的特色，於一九九九年被聯合國教科文組織列為世界歷史遺產之一。會安的建築物展現不同的特色，有傳統的越南式建築，亦有中國式的建築風格，同時滲透點點法國殖民時期村落的氣息。當地的文化特質，是The Nam Hai的最大設計靈感。

AW2的建築師負責設計三十五公頃的度假村及水療設施，還有一公里長的白沙海岸。室內設計由Jaya & Associates負責，充滿越南峴港的設計風情。E

Auch leichte Gewichte soll man traditionell auf längeren Strecken nicht auf die leichte Schulter nehmen, wenn man den Leser in Hongkong bei Laune halten will. (Und nun das Buch drehen und mit dem Zeilenabstand zur Horizontalen vergleichen! Besser?)

Serviceangebote im Quadrat: Identische Zeichen- und Zeilenabstände bereiten in dieser Kürze kein Problem. Raffiniert ist die (zufällige) Wortverdopplung, die ein freundliches Unternehmen suggeriert [→ 40].

Für ein Wirtschaftsmagazin dürfte das Verhältnis von bedruckter zu unbedruckter Fläche recht unwirtschaftlich sein. Wurde hier vielleicht gewohnheitsmäßig in die Laufweite eingegriffen? Diese Zeitschrift stammt aus Deutschland.

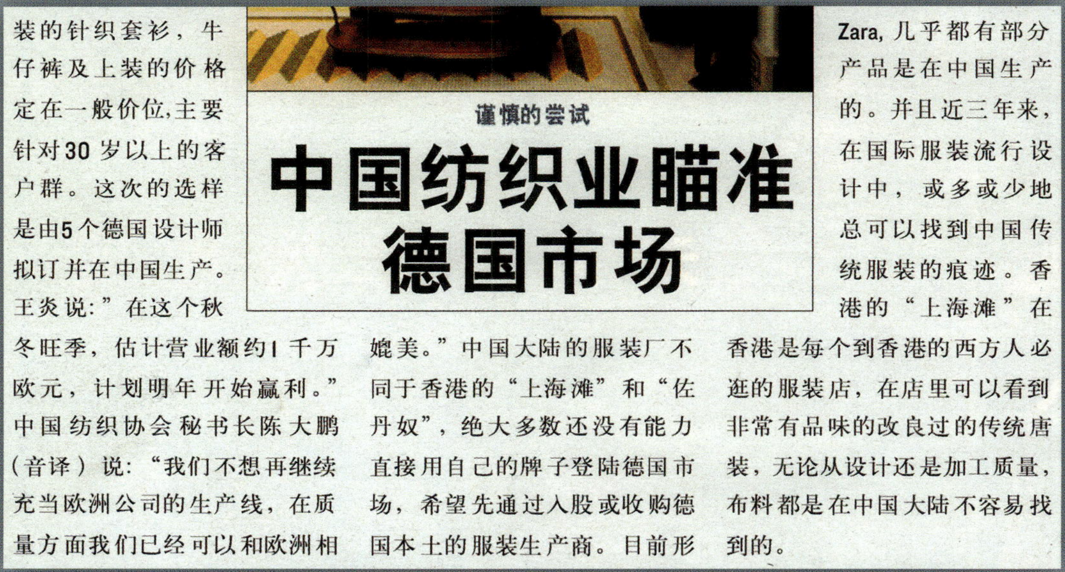

谨慎的尝试

中国纺织业瞄准德国市场

装的针织套衫，牛仔裤及上装的价格定在一般价位，主要针对30岁以上的客户群。这次的选样是由5个德国设计师拟订并在中国生产。王炎说："在这个秋冬旺季，估计营业额约1千万欧元，计划明年开始赢利。"中国纺织协会秘书长陈大鹏（音译）说："我们不想再继续充当欧洲公司的生产线，在质量方面我们已经可以和欧洲相媲美。"中国大陆的服装厂不同于香港的"上海滩"和"佐丹奴"，绝大多数还没有能力直接用自己的牌子登陆德国市场，希望先通过入股或收购德国本土的服装生产商。目前形

Zara，几乎都有部分产品是在中国生产的。并且近三年来，在国际服装流行设计中，或多或少地总可以找到中国传统服装的痕迹。香港的"上海滩"在香港是每个到香港的西方人必逛的服装店，在店里可以看到非常有品味的改良过的传统唐装，无论从设计还是加工质量，布料都是在中国大陆不容易找到的。

Irgendwann ist mal Schluss: Nicht nur Schriftgrößen kommen an ihre Grenzen, auch Papierformate. Ein Beispiel aus China.

空位和灰度值。允许改变。

Registerhaltigkeit und Grauwert. Von (un-)erlaubten Schwankungen.

In der Druckmedienlandschaft bestehen die Werke meist aus beidseitig bedrucktem Papier, das unterschiedlich durchscheinend ist. Man spricht hier von der *Opazität*: Je geringer die Opazität einer Papiersorte, desto durchlässiger ist sie für die Druckelemente der Rückseite. Das Ausrichten bzw. Alignieren von Bildern, Flächen und Textkörpern an einem auf Schön- und Widerdruckseite deckungsgleichen Gestaltungsraster, verhindert eine störende Unruhe auf der Seite. Die typografische Fachsprache benennt diesen Vorgang mit dem Terminus »*Register halten*«. ■ Nicht verpflichtend, doch ratsam ist es, die Zeilen längerer Texte auf ein *Grundlinienraster* zu zwingen. Damit wird verhindert, dass die Weißräume zwischen den Textzeilen aufgrund durchschlagender Zeilenbalken »vergrauen«. Eine klare Zeilenführung erleichtert es dem Auge, den Anfang der nächsten Zeilen schneller zu finden. ■ Registerhaltigkeit beeinflusst den sogenannten *Grauwert* Huīdù 灰度 eines Textes – ein weiteres wichtiges Kriterium guter Lesbarkeit. Seine Hell-Dunkel-Wirkung wird bestimmt von *Strichstärke* und *Duktus* der verwendeten Schrift, ihrer *Laufweite*, den *Wortzwischenräumen* sowie durch den *Zeilenabstand*. ■ Den homogenen Grauwert eines chinesischen oder japanischen Fließtextes zu erreichen, ist nahezu unmöglich. In der Natur der CJK-Schriftzeichen liegt es, dass sie – im Gegensatz zu lateinischen Buchstaben – auf der gleichen flächenmäßigen Ausdehnung eine stark variierende Anzahl von Strichen unterbringen müssen, die ein breites Spektrum unterschiedlicher *Zeichenfarben* erzeugen [→ 117]. Trotzdem ist der Gesamteindruck eines Textblocks harmonisch, da der Rhythmus der Zeichenfarbe gleichmäßig ungleichmäßig ist. □

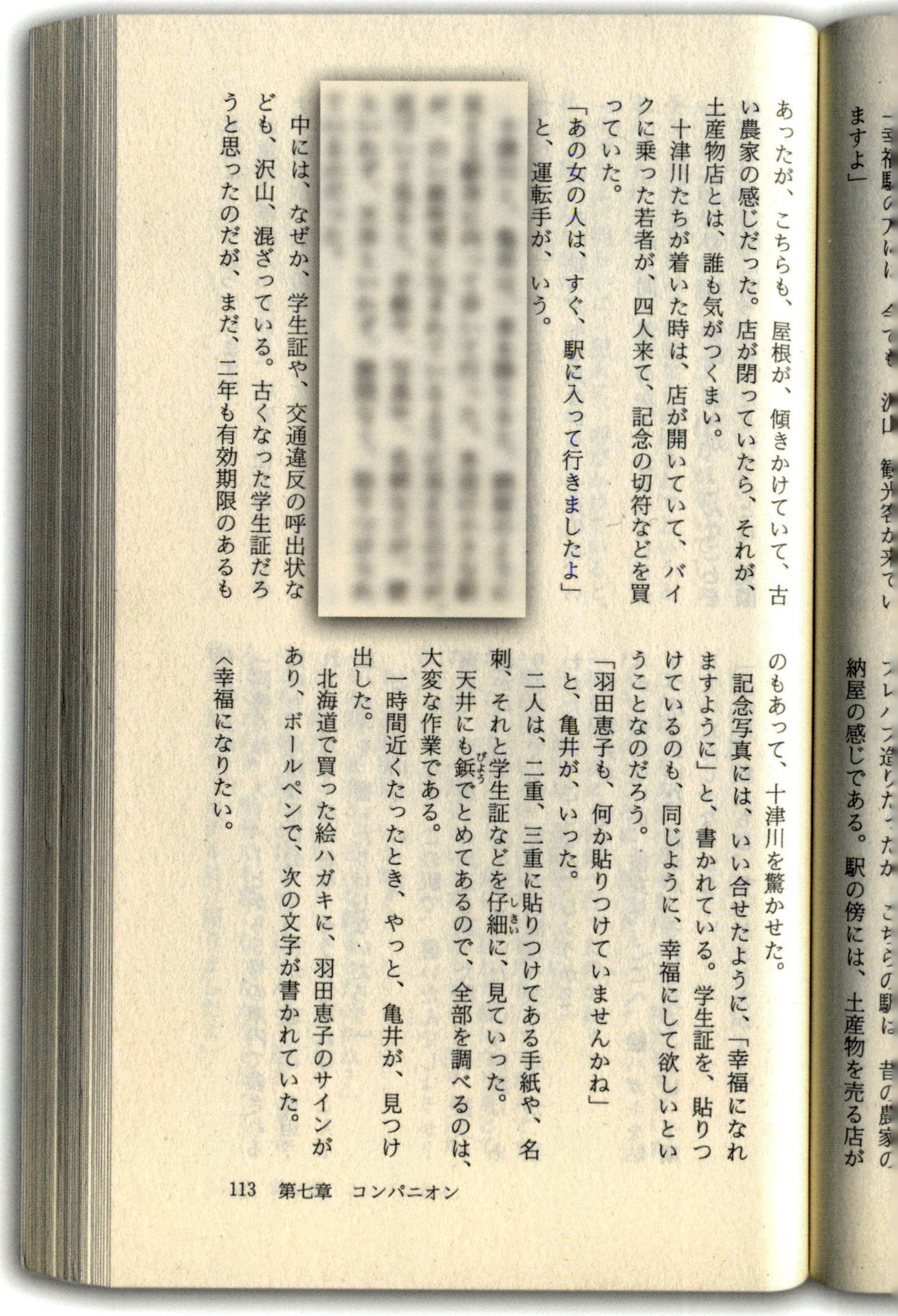
あったが、こちらも、屋根が、傾きかけていて、古い農家の感じだった。店が閉っていたら、それが、土産物店とは、誰も気がつくまい。

十津川たちが着いた時は、店が開いていて、バイクに乗った若者が、四人来て、記念の切符などを買っていた。

「あの女の人は、すぐ、駅に入って行きましたよ」

と、運転手が、いう。

中には、なぜか、学生証や、交通違反の呼出状なども、沢山、混ざっている。古くなった学生証だろうと思ったのだが、まだ、二年も有効期限のあるものもあって、十津川を驚かせた。

記念写真には、いい合せたように、「幸福になれますように」と、書かれている。学生証を、貼りつけているのも、同じように、幸福にして欲しいということなのだろう。

「羽田恵子も、何か貼りつけていませんかね」

と、亀井が、いった。

二人は、二重、三重に貼りつけてある手紙や、名刺、それと学生証などを仔細に、見ていった。天井にも鋲でとめてあるので、全部を調べるのは、大変な作業である。

一時間近くたったとき、やっと、亀井が、見つけ出した。

北海道で買った絵ハガキに、羽田恵子のサインがあり、ボールペンで、次の文字が書かれていた。

〈幸福になりたい。

113 第七章 コンパニオン

Einmal ordentlich die Augen zusammenkneifen! Dann fällt im Vergleich zwischen japanisch- und chinesischsprachigen Texten auf, dass der japanische fleckiger wirkt, was auf den starken Kontrast der unterschiedlichen »Zeichenfarben« von Kana und Kanji zurückzuführen ist. Hoher Lesekomfort wird erreicht, indem vertikal zweispaltig kurze Textzeilen angelegt werden, das Auge kann leichter zum Anfang der nächsten Zeile springen. Umso störender sind die durchscheinenden versetzten Zeilen der Rückseite.

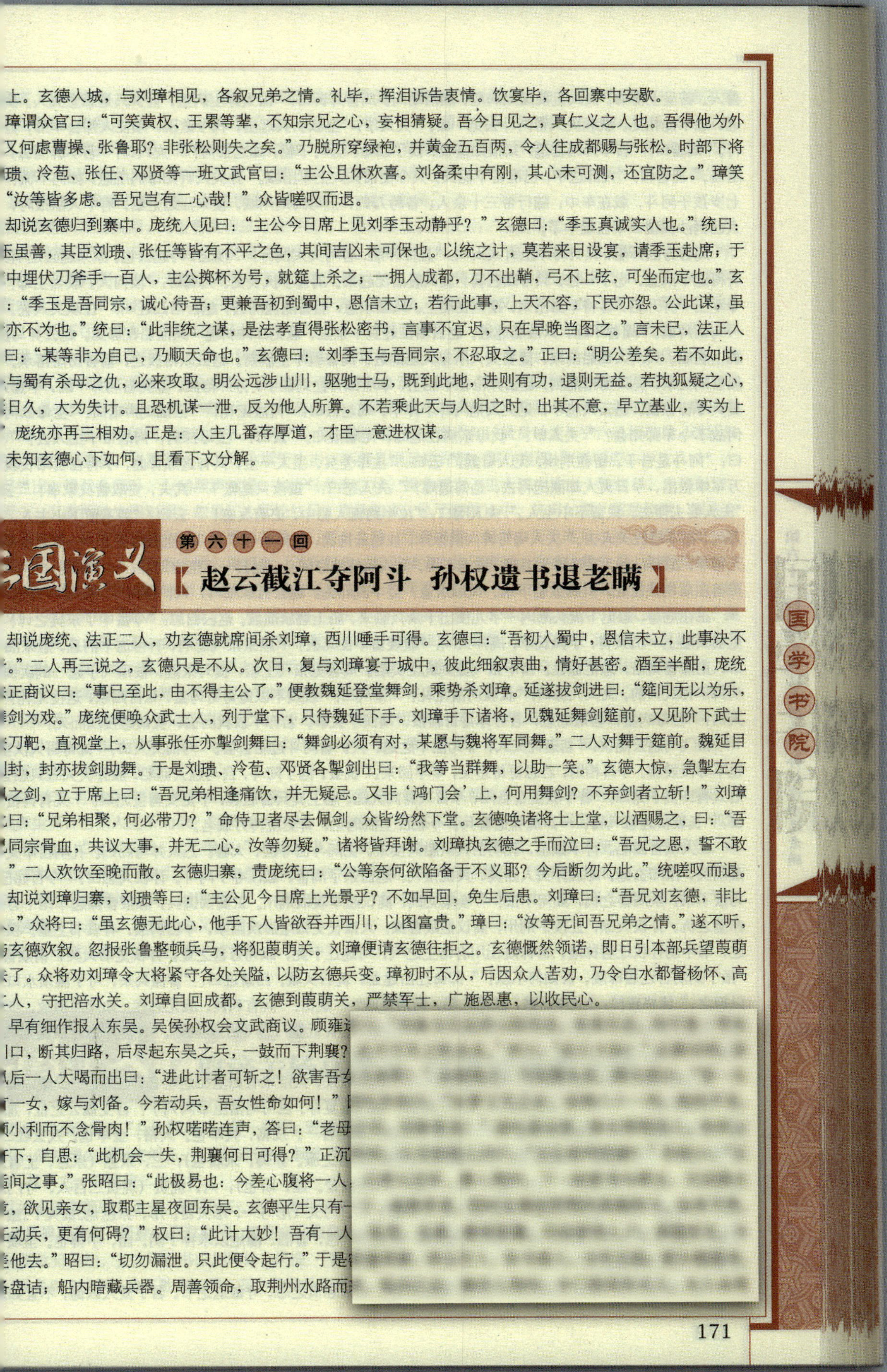
上。玄德入城，与刘璋相见，各叙兄弟之情。礼毕，挥泪诉告衷情。饮宴毕，各回寨中安歇。
璋谓众官曰："可笑黄权、王累等辈，不知宗兄之心，妄相猜疑。吾今日见之，真仁义之人也。吾得他为外
又何虑曹操、张鲁耶？非张松则失之矣。"乃脱所穿绿袍，并黄金五百两，令人往成都赐与张松。时部下将
璝、泠苞、张任、邓贤等一班文武官曰："主公且休欢喜。刘备柔中有刚，其心未可测，还宜防之。"璋笑
"汝等皆多虑。吾兄岂有二心哉！"众皆嗟叹而退。
却说玄德归到寨中。庞统入见曰："主公今日席上见刘季玉动静乎？"玄德曰："季玉真诚实人也。"统曰：
玉虽善，其臣刘璝、张任等皆有不平之色，其间吉凶未可保也。以统之计，莫若来日设宴，请季玉赴席；于
中埋伏刀斧手一百人，主公掷杯为号，就筵上杀之；一拥入成都，刀不出鞘，弓不上弦，可坐而定也。"玄
："季玉是吾同宗，诚心待吾；更兼吾初到蜀中，恩信未立；若行此事，上天不容，下民亦怨。公此谋，虽
亦不为也。"统曰："此非统之谋，是法孝直得张松密书，言事不宜迟，只在早晚当图之。"言未已，法正入
曰："某等非为自己，乃顺天命也。"玄德曰："刘季玉与吾同宗，不忍取之。"正曰："明公差矣。若不如此，
与蜀有杀母之仇，必来攻取。明公远涉山川，驱驰士马，既到此地，进则有功，退则无益。若执狐疑之心，
日久，大为失计。且恐机谋一泄，反为他人所算。不若乘此天与人归之时，出其不意，早立基业，实为上
庞统亦再三相劝。正是：人主几番存厚道，才臣一意进权谋。
未知玄德心下如何，且看下文分解。

国演义 第六十一回 【赵云截江夺阿斗 孙权遗书退老瞒】

国 学 书 院

却说庞统、法正二人，劝玄德就席间杀刘璋，西川唾手可得。玄德曰："吾初入蜀中，恩信未立，此事决不
。"二人再三说之，玄德只是不从。次日，复与刘璋宴于城中，彼此细叙衷曲，情好甚密。酒至半酣，庞统
正商议曰："事已至此，由不得主公了。"便教魏延登堂舞剑，乘势杀刘璋。延遂拔剑进曰："筵间无以为乐，
剑为戏。"庞统便唤众武士入，列于堂下，只待魏延下手。刘璋手下诸将，见魏延舞剑筵前，又见阶下武士
刀靶，直视堂上，从事张任亦掣剑舞曰："舞剑必须有对，某愿与魏将军同舞。"二人对舞于筵前。魏延目
封，封亦拔剑助舞。于是刘璝、泠苞、邓贤各掣剑出曰："我等当群舞，以助一笑。"玄德大惊，急掣左右
之剑，立于席上曰："吾兄弟相逢痛饮，并无疑忌。又非'鸿门会'上，何用舞剑？不弃剑者立斩！"刘璋
曰："兄弟相聚，何必带刀？"命侍卫者尽去佩剑。众皆纷然下堂。玄德唤诸将士上堂，以酒赐之，曰："吾
同宗骨血，共议大事，并无二心。汝等勿疑。"诸将皆拜谢。刘璋执玄德之手而泣曰："吾兄之恩，誓不敢
"二人欢饮至晚而散。玄德归寨，责庞统曰："公等奈何欲陷备于不义耶？今后断勿为此。"统嗟叹而退。
却说刘璋归寨，刘璝等曰："主公见今日席上光景乎？不如早回，免生后患。刘璋曰："吾兄刘玄德，非比
。"众将曰："虽玄德无此心，他手下人皆欲吞并西川，以图富贵。"璋曰："汝等无间吾兄弟之情。"遂不听，
玄德欢叙。忽报张鲁整顿兵马，将犯葭萌关。刘璋便请玄德往拒之。玄德慨然领诺，即日引本部兵望葭萌
了。众将劝刘璋令大将紧守各处关隘，以防玄德兵变。璋初时不从，后因众人苦劝，乃令白水都督杨怀、高
人，守把涪水关。刘璋自回成都。玄德到葭萌关，严禁军士，广施恩惠，以收民心。
早有细作报入东吴。吴侯孙权会文武商议。顾雍
口，断其归路，后尽起东吴之兵，一鼓而下荆襄？
后一人大喝而出曰："进此计者可斩之！欲害吾
一女，嫁与刘备。今若动兵，吾女性命如何！"
小利而不念骨肉！"孙权喏喏连声，答曰："老母
下，自思："此机会一失，荆襄何日可得？"正沉
间之事。"张昭曰："此极易也：今差心腹将一人
，欲见亲女，取郡主星夜回东吴。玄德平生只有
动兵，更有何碍？"权曰："此计大妙！吾有一人
他去。"昭曰："切勿漏泄。只此便令起行。"于是
盘诘；船内暗藏兵器。周善领命，取荆州水路而
171

Hybride, Kreative Schriften

FZCuQian-T
Traditionelle Zeichen

字體設計的藝術？

36 / 39 pt

Hmbgft.!?字體是一種最基本的視覺設計元素，設計師使用它就如同建築師們使用玻璃，石料，鋼鐵和無數其他材料一樣。280!?…

9,5 / 13 pt

Hmbgft.!?字體是一種最基本的視覺設計元素，設計師使用它就如同建築師們使用玻璃，石料，鋼鐵和無數其他材料一樣。280!?…

6 / 9,5 pt

Diese Schrift ist auch mit vereinfachten chinesischen Schriftzeichen erhältlich.

Founder Electronics, Peking

Die sichtbaren Zeichenbestandteile chinesischer Schriftzeichen sind innerhalb ihres Kegels optisch eingemittet, sodass sie bei horizontaler Leserichtung auf einer gedachten Proportionalgrundlinie »flattern« *[→ 164]**. In einem glatten Text ergäbe sich dadurch noch kein unruhiger Eindruck. Doch sehr lange Zeilen, die gerade auf opakem Papier kein Register halten, erschweren durch stark ausgefranste Zeilen die Lesbarkeit.* ☐ *Interpunktionen in horizontal gesetzten Texten reißen weiße Löcher und erzeugen regelrechte »Straßenlandschaften«.*

Weißräume, die in latinisierten Texten durch Wortabstände entstehen, bilden sich in CJK-Texten nach ihren und um ihre speziellen Satzzeichen, die ebenfalls innerhalb quadratischer Schriftkegel stehen. Bleiben Texte ungekernt, entwickeln Interpunktionen ein optisch dominantes Eigenleben und führen zu unruhigen Satzrändern.

Absatz ohne optischen Zeichenausgleich

与字体，语言，例子。

» 我说：“难的。”

有的放矢在关键技术研究领域，德国领先世界，企业科研单位联手共同开发新产品。

燃料电池可用作未来动力能源，它利用氢和氧发电，将来可以用它取代汽油和柴油。戴姆勒克莱斯勒汽车公司力争在该技术领域处于霸主地位，可以应对福特，通用电气，本田和丰田等公司的激烈竞争。

有的放矢在关键技术研究领域，德国领先世界，企业科研单位联手共同开发新产品。

燃料电池可用作未来动力能源，它利用氢和氧发电，将来可以用它取代汽油和柴油。戴姆勒克莱斯勒汽车公司力争在该技术领域处于霸主地位，可以应对福特，通用电气，本田和丰田等公司的激烈竞争。

有的放矢在关键技术研究领域，
德国领先世界，企业科研单位联
手共同开发新产品。
燃料电池可用作未来动力能源，
它利用氢和氧发电，将来可以用
它取代汽油和柴油。戴姆勒克莱
斯勒汽车公司力争在……

*CJK-Schriften gehören zu den dicktengleichen (Monospace-)Fonts. Werden die überdimensionierten Weißräume ihrer Satzzeichen nicht ausgeglichen, reißen sie **Löcher** in den Textkörper.*

Besonders am Zeilenende erzeugen Satzzeichen den Eindruck einer Absatzzäsur.

Manche Fonts mitten ihre Interpunktionen ein [→ 264 ff.]. Auch das kann einen ausgezackten Satzrand nicht verhindern.

Merke:** **Je kleiner die Textfläche und je größer der Schriftgrad, desto störender wirken die mitgegebenen »inneren« Weißräume von CJK-Satzzeichen.

Absatz mit Kerning und manuellem Zeichenausgleich

与字体，语言，例子。

» 我说：“难的。”

有的放矢在关键技术研究领域，德国领先世界，企业科研单位联手共同开发新产品。

燃料电池可用作未来动力能源，它利用氢和氧发电，将来可以用它取代汽油和柴油。戴姆勒克莱斯勒汽车公司力争在该技术领域处于霸主地位，可以应对福特，通用电气，本田和丰田等公司的激烈竞争。

有的放矢在關鍵技術研究領域，德國領先世界，企業科研單位聯手共同開發新產品。

燃料電池可用作未來動力能源，它利用氫和氧電，將來可以用它取代汽油和柴油。戴姆勒克萊斯勒汽車公司力争在該技術領域處于霸主地位，可以應對福特，通用電氣，本田和豐田等公司的激烈競争。

有的放矢在关键技术研究领域，德
国领先世界，企业科研单位联手共
同开发新产品。
燃料电池可用作未来动力能源，
它利用氢和氧发电，将来可以用它
取代汽油和柴油。戴姆勒克莱斯勒
汽车公司力争在……

*Treffen **zwei Satzzeichen** aufeinander, reicht das voreingestellte Kerning meist nicht aus, um harmonische Weißräume zu erzeugen [→ 224]. Hier wurde nochmals manuell nachgearbeitet, Anführungen schieben sich dabei bis in das vorletzte Zeichen.*

*Horizontal ausgelegte Schriftsatzprogramme stoßen hier buchstäblich an ihre Grenzen, auch wenn das Kerning einen optisch etwas ausgeglicheneren **Satzrand** bewirkt. Im Programm Adobe Illustrator können vertikale Zeilen mit der Bulasagari-Methode eingebracht oder gestreckt werden, um hängende Interpunktionen zu erzeugen [→ 205].*

耶拿蔡司子公司 Jenoptik 与德国一批高技术企业联合后, 一跃成为世界半导体工业新兴新片生产企业。预计 2007 年开始可以生产出体积更小, 功率更大的节能型半导体来。

此外, 芯片生产企业需要所谓的 Microstepper, 曝光机, 这些设备可以满足将越来越小的线宽投影到芯片的光敏材料上去。精密曝光只能采用极短波紫外光 (13.5 纳米波长), 对光学器件, 反射镜和光源的精度要求极高。

*Man kann sich für den kompletten **Austausch von Satzzeichen** (zum Beispiel Kommas oder Klammern) eines lateinischen Fonts entscheiden, die den Satzrand horizontal gesetzter Texte sensibler ausgleichen. Im Text müssen dann die nun fehlenden Weißräume wieder hinzugefügt werden. Nur sehr kurze Passagen lohnen diesen Aufwand.*

Man muss Wert auf innere Qualitäten legen und nicht nur nach Äußerlichkeiten gehen. Ich glaube, das ist auch das, wofür die Deutschen in der Welt am meisten geschätzt werden.

Wang Quan'an 王全安

段落的开始和结尾。

Der Absatz. Sein Anfang und sein Ende.

Während ein Gestalter auf die vielen typografischen Variablen eines zu setzenden Textes Einfluss nehmen kann, wird sein Inhalt durch Wortschatz und Syntax vom Autoren vorgegeben. Dieser fasst Sinneinheiten von einem oder mehreren Sätzen in *Absätzen* (lat.: *Passus*) zusammen und bestimmt, an welcher Stelle dem Leser eine Zäsur visuell deutlich gemacht werden muss. ■ Als gebräuchlichste Formen haben sich der *automatische Texteinzug* nach einer Zeilenschaltung oder eine ganze *Leerzeile* zwischen zwei Absätzen durchgesetzt. Es gibt weitere Möglichkeiten, die miteinander kombinierbar sind. Mehrfache Texteinschübe oder Erläuterungsebenen, auch komplizierte Gesprächskonstellationen erfordern eine individuelle Behandlung der einzelnen Textabschnitte. ■ CJK-Texte bedienen sich generell gleicher *Absatzkennzeichnungen* wie die westliche Typografie, daher gelten hier in gleichem Maße ästhetische Grundsätze. ■ Das Initial als schmückender Absatzanfang wird ab →242 erläutert. □

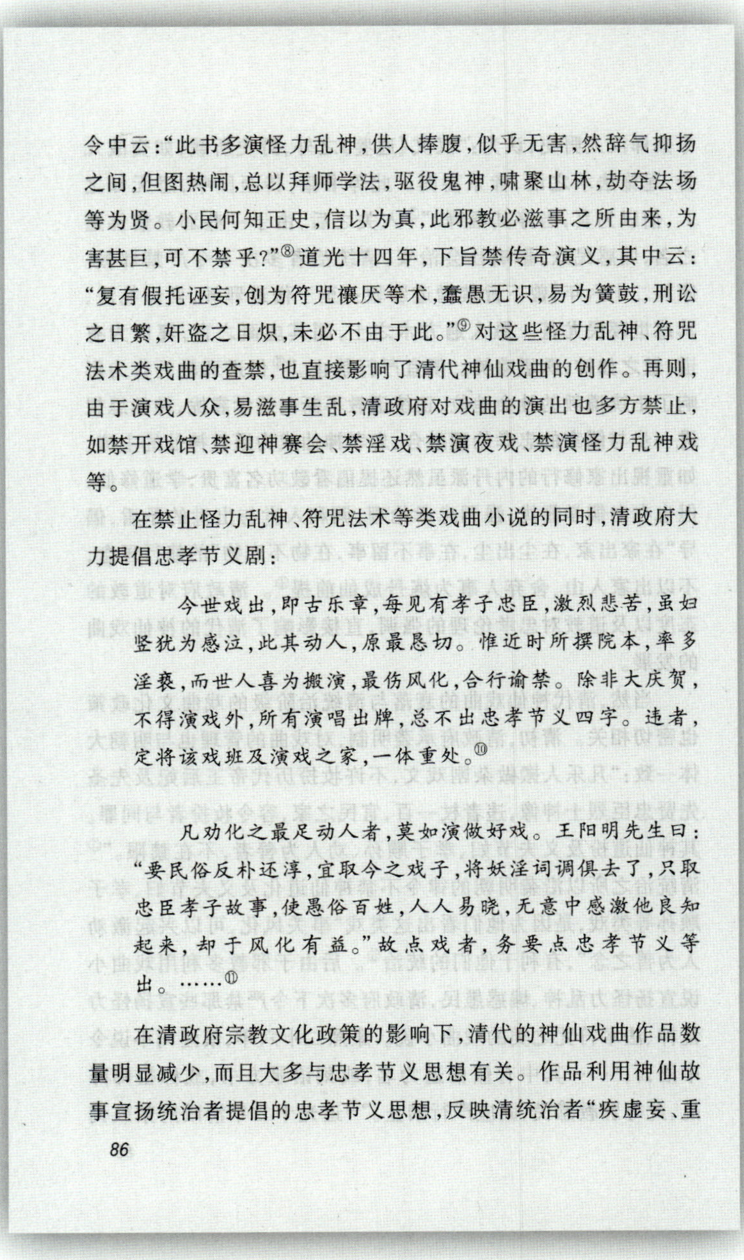
令中云:"此书多演怪力乱神,供人捧腹,似乎无害,然辞气抑扬之间,但图热闹,总以拜师学法,驱役鬼神,啸聚山林,劫夺法场等为贤。小民何知正史,信以为真,此邪教必滋事之所由来,为害甚巨,可不禁乎?"⑧道光十四年,下旨禁传奇演义,其中云:"复有假托诬妄,创为符咒禳厌等术,蠢愚无识,易为簧鼓,刑讼之日繁,奸盗之日炽,未必不由于此。"⑨对这些怪力乱神、符咒法术类戏曲的查禁,也直接影响了清代神仙戏曲的创作。再则,由于演戏人众,易滋事生乱,清政府对戏曲的演出也多方禁止,如禁开戏馆、禁迎神赛会、禁淫戏、禁演夜戏、禁演怪力乱神戏等。

在禁止怪力乱神、符咒法术等类戏曲小说的同时,清政府大力提倡忠孝节义剧:

今世戏出,即古乐章,每见有孝子忠臣,激烈悲苦,虽妇竖犹为感泣,此其动人,原最恳切。惟近时所撰院本,率多淫亵,而世人喜为搬演,最伤风化,合行谕禁。除非大庆贺,不得演戏外,所有演唱出牌,总不出忠孝节义四字。违者,定将该戏班及演戏之家,一体重处。⑩

凡劝化之最足动人者,莫如演做好戏。王阳明先生曰:"要民俗反朴还淳,宜取今之戏子,将妖淫词调俱去了,只取忠臣孝子故事,使愚俗百姓,人人易晓,无意中感激他良知起来,却于风化有益。"故点戏者,务要点忠孝节义等出。……⑪

在清政府宗教文化政策的影响下,清代的神仙戏曲作品数量明显减少,而且大多与忠孝节义思想有关。作品利用神仙故事宣扬统治者提倡的忠孝节义思想,反映清统治者"疾虚妄、重

86

Wo es chinesischen Texten an Wortabständen fehlt, »atmen« sie durch Absatzeinzüge und Leerzeilen. Doch zwei verschiedene Einzugsmaße, abweichende Leerzeilenabstände und eine zusätzliche Leerzeile, die keine sein sollte – das ist etwas zu viel des Guten. Der Texteinschub hätte einen rechten Einzug vertragen, um seine starke Sperrung zu vermeiden. Die hohe Opazität des Papiers verlangt nach einer Ausrichtung am Grundlinienraster [→234]. [Abb. verkleinert]

HÄNGENDER EINZUG

看你的电影，觉得人活着是件很不容易的事，很累。这种对生活的反省很严肃，似乎从根本上排斥了幽默，进而不允许娱乐性存在。电影里也很少见到快乐。

你是一个人少快乐的人吗？

我其实倒是比较随和的，而且尽量不会让大的事情烦扰到自己，尽量保持好的心态。

我也不缺乏幽默，目前我的电影里，主观上还没有太多的幽默体现，但是我个人认为，我的电影里即便没有这些，也不缺乏故事性，不缺乏观赏性，也不是特别晦涩，讲得其实都是很普通的情绪和情感而已。

Ein HÄNGENDER EINZUG *eignet sich besonders für mittlere Spaltenbreiten und bei häufiger Zeilenschaltung, d.h. kurzen Sätzen oder Dialogformen.*

Dass der ausgerückte Zeilenanfang in chinesischen Texten ein Schattendasein fristet, ist unverständlich. Keine Absatzkennzeichnung tut sich leichter mit vereinzelten Schriftzeichen auf einer ***letzten Absatzzeile,*** *die Weißräume der Zeilenausgänge entwickeln einen angenehmen Rhythmus. Dies gilt für die horizontale wie für die vertikale Schreibrichtung.*

TIPP: Verwenden Sie in den Voreinstellungen der Einzüge nicht das metrische Maßsystem (mm), sondern geben Sie ***Punktwerte*** *(pt) ein (z.B. für Schriftgrad 8 pt: »16 pt« anstelle von »5,6 mm«), das Programm rechnet den Wert automatisch in Millimeter um. Auf diese Weise stehen die dicktengleichen CJK-Zeichen annähernd untereinander [s. Hinweis unten].*

TABULATOREN

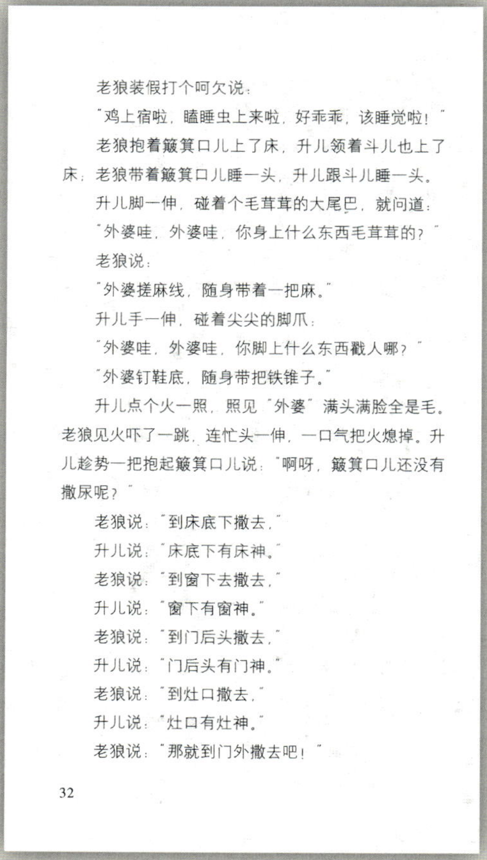

老狼装假打个呵欠说：

“鸡上宿啦，瞌睡虫上来啦，好乖乖，该睡觉啦！”

老狼抱着簸箕口儿上了床，升儿领着斗儿也上了床；老狼带着簸箕口儿睡一头，升儿跟斗儿睡一头。

升儿脚一伸，碰着个毛茸茸的大尾巴，就问道：

“外婆哇，外婆哇，你身上什么东西毛茸茸的？”

老狼说：

“外婆搓麻线，随身带着一把麻。”

升儿手一伸，碰着尖尖的脚爪：

“外婆哇，外婆哇，你脚上什么东西戳人哪？”

“外婆钉鞋底，随身带把铁锥子。”

升儿点个火一照，照见“外婆”满头满脸全是毛。老狼见火吓了一跳，连忙头一伸，一口气把火熄掉。升儿趁势一把抱起簸箕口儿说：“啊呀，簸箕口儿还没有撒尿呢？”

老狼说：“到床底下撒去。”

升儿说：“床底下有床神。”

老狼说：“到窗下去撒去。”

升儿说：“窗下有窗神。”

老狼说：“到门后头撒去。”

升儿说：“门后头有门神。”

老狼说：“到灶口撒去。”

升儿说：“灶口有灶神。”

老狼说：“那就到门外撒去吧！”

32

老狼装假打个呵欠说：

“鸡上宿啦，瞌睡虫上来啦，好乖乖，该睡觉啦！”

老狼抱着簸箕口儿上了床，升儿领着斗儿也上了床；老狼带着簸箕口儿睡一头，升儿跟斗儿睡一头。

升儿脚一伸，碰着个毛茸茸的大尾巴，就问道：

“外婆哇，外婆哇，你身上什么东西毛茸茸的？”

老狼说：“外婆搓麻线，随身带着一把麻。”

升儿手一伸，碰着尖尖的脚爪：

“外婆哇，外婆哇，你脚上什么东西戳哪？”

“外婆钉鞋底，随身带把铁锥子。”

升儿点个火一照，照见“外婆”满头满脸全是毛。老狼见火吓一跳，连忙头一伸，一口气把火熄掉。升儿趁势一把抱起簸箕口儿说：

“啊呀，簸箕口儿还没有撒尿呢？”

老狼说：“到床底下撒去。”

升儿说：“床底下有床神。”

老狼说：“到窗下去撒去。”

升儿说：“窗下有窗神。”

老狼说：“到门后头撒去。”

升儿说：“门后头有门神。”

老狼说：“到灶口撒去。”

升儿说：“灶口有灶神。”

老狼说：“那就到门外撒去吧！”

Das nebenstehende Beispiel zeigt einen verbalen Schlagabtausch, der häufigen Zeilenwechsel erfordert. Die sehr kurzen Sätze gaukeln durch den voreingestellten Absatzeinzug einen hängenden Einzug vor und verursachen eine verwirrende Zeilenführung.

Für Texte mit komplexeren Strukturen kann es sich empfehlen, auf den automatischen Einzug zu verzichten und stattdessen Absätze individuell zu behandeln, indem ***Tabulatoren*** *eingesetzt werden.*

HINWEIS: Sofern für den Text das ***Kerning*** *aktiviert ist (und das sollte es in der Regel sein), können Tabulatoren nicht mit Punktwerten festgelegt werden. Eine Häufung von Satz-zeichen unterschneidet die Zeichen erheblich, sodass ihre Dickten nicht mehr exakt untereinander stehen. Hier muss nach Augenmaß aligniert werden.*

PSEUDO-TABULATOR

Obwohl sich die dicktengleichen Zeichen schön aufreihen, sind die Weißräume der Interpunktionen ohne Kerning viel zu groß.

老狼说：　“到床底下撒去。”
升儿说：　“床底下有床神。”
老狼说：　“到窗下去撒去。”
升儿说：　“窗下有窗神。”
老狼说：　“到门后头撒去。”
升儿说：　“门后头有门神。”

Nach einem Kerning stehen die Satzzeichen hier hässlich untereinander, da die Zeichen verschieden unterschneiden.

老狼说：“到床底下撒去。”
升儿说：“床底下有床神。”
老狼说：“到窗下去撒去。”
升儿说：“窗下有窗神。”
老狼说：“到门后头撒去。”
升儿说：“门后头有门神。”

Das Kerning plus zusätzlicher manueller Weißraumausgleich – beschränkt auf die Satzzeichen – führen zum schönen Ergebnis.

老狼说：“到床底下撒去。”
升儿说：“床底下有床神。”
老狼说：“到窗下去撒去。”
升儿说：“窗下有窗神。”
老狼说：“到门后头撒去。”
升儿说：“门后头有门神。”

Zugegeben, diese Konstellation ist aus dem obigen Kontext gerissen.

Sie zeigt aber, dass in bestimmten Fällen (z.B. Aufzählungen [→ 275]) ***keine Tabulatoren-Setzung*** *nötig ist. Die dicktengleichen Zeichen sorgen von sich aus für eine optisch gerade Linienführung.*

DIE FAUSTREGEL: ZWEI GEVIERTE

独立电影其实不仅仅一个跟经济、投资有关的概念。你会一直坚持做独立电影吗？为什么？

　　这其实是做电影的基本方式问题。我觉得一个导演，在做东西的时候，如果环境是更加鼓励创造性，他就应该更重视在专业操作层面上挖掘导演的特性，那么，这样才能保护好作者，相反的话就会差一点。

*Der stets quadratische Kegel chinesischer Schriftzeichen gibt als Standardmaß für Absatzeinzüge das Geviert fast zwangsläufig vor, da Zeichen somit ausgerichtet untereinanderstehen. Traditionell wird in CJK-Texten ein Einzug von **zwei Gevierten** verwendet.*

你导演的电影，都是自己编剧吗？今后会不会有改变？

　　会，我现在也是正在找编剧合作，希望能够多点时间沟通，能够更准确地传达出我要的东西，或者他能够有什么东西知道我会感兴趣——这是比较漫长的工作。

*Häufig ergibt sich in der Ausgangszeile ein vereinsamtes Schriftzeichen, das den Einzug des nächsten Absatzes **nicht deckt**. Es ensteht der optische Eindruck einer Leerzeile. Unregelmäßige Wiederholungen dieser Klüfte zerfleddern den GRAUWERT eines Textkörpers.*

你导演的电影，都是自己编剧吗？今后会不会有改变？

　　会，我现在也是正在找编剧合作，希望能够多点时间沟通，能够更准确地传达出我要的东西，或者他能够有什么东西知道我会感兴趣——这是比较漫长的工作。

*Daher sollte ein Absatz mit mindestens zwei Schriftzeichen ausklingen, hier wurde ein **harter Zeilenumbruch** gesetzt.*

*MERKE: **Je breiter die Satzspalte, desto mehr Zeichen können problemlos manuell umbrochen werden, da sich die Zeichenabstände angenehm ausgleichen.***

OHNE DOGMA: EIN GEVIERT

独立电影其实不仅仅一个跟经济、投资有关的概念。你会一直坚持做独立电影吗？为什么？

　这其实是做电影的基本方式问题。我觉得一个导演，在做东西的时候，如果环境是更加鼓励创造性，他就应该更重视在专业操作层面上挖掘导演的特性，那么，这样才能保护好作者，相反的话就会差一点。

耶拿蔡司子公司Jenoptik与德国一批高技术企业联合后，一跃成为世界半导体工业新兴新片生产企业。

　预计从2007年开始可以生产出体积更小，功率更大的节能型半导体来。此外，芯片生产企业需……

*Die »Zwei-Gevierte-Einzug-Regelung« wird in chinesischen Publikationen geradezu dogmatisch befolgt. Das muss nicht sein! Speziell schmalere Kolumnen freuen sich bereits über ein **einzelnes Geviert**.*

STUMPFER ZEILENANFANG

看你的电影，觉得人活着是件很不容易的事，很累。这种对生活的反省很严肃，似乎从根本上排斥了幽默，进而不允许娱乐性存在。电影里也很少见到快乐。你是一个人少快乐的人吗？
我其实倒是比较随和的，而且尽量不会让大的事情烦扰到自己，尽量保持好的心态。

*Beginnt nach einem Zeilenwechsel ein neuer Absatz stumpf, d.h. ohne eingerückten Text, dann kann es passieren, dass die **Zäsur verloren** geht und überlesen wird, wenn die letzte Zeile des vorherigen Absatzes fast auf Satzbreite endete.*

看你的电影，觉得人活着是件很不容易的事，很累。这种对生活的反省很严肃，似乎从根本上排斥了幽默，进而不允许娱乐性存在。电影里也很少见到快乐。你是一个人少快乐的人吗？
我其实倒是比较随和的，而且尽量不会让大的事情烦扰到自己，尽量保持好的心态。

*Daher kann die **Zeile gestreckt** werden: Durch das recht breite Kolumnenmaß können mit einem HARTEN ZEILENUMBRUCH ganze drei Zeichen auf die nächste Zeile gezwungen werden.*

Der Absatz verschwindet in der sehr schmalen Kolumne.

电影里也很少见到快乐。你是一个人少快乐的人吗？
我其实倒是比较随和的，而且尽量不会让大的事情烦扰到自己，尽量保持好的心态。

Ein Streckung der Zeile erzeugt unharmonische Zeichenabstände.

电影里也很少见到快乐。你是一个人少快乐的人吗？
我其实倒是比较随和的，而且尽量不会让大的事情烦扰到自己，尽量保持好的心态。

Verringerte Spaltenbreiten können Abstände wieder ausgleichen.

电影里也很少见到快乐。你是一个人少快乐的人吗？
我其实倒是比较随和的，而且尽量不会让大的事情烦扰到自己，尽量保持好的心态。

Oder man entscheidet sich doch für einen Einzug – auch schön!

电影里也很少见到快乐。你是一个人少快乐的人吗？
　我其实倒是比较随和的，而且尽量不会让大的事情烦扰到自己，尽量保持好的心态。

Varianten, Handschriftliche

HYShuTongJ
Vereinfachte Zeichen

字体设计的艺术？

36 / 39 pt

Hmbgbt.!?字体是一种最基本的视觉设计元素，设计师使用它就如同建筑师们使用玻璃，石料，钢铁和无数其他材料一样。280!?…

9,5 / 13 pt

Hmbgbt.!?字体是一种最基本的视觉设计元素，设计师使用它就如同建筑师们使用玻璃，石料，钢铁和无数其他材料一样。280!?…

6 / 9,5 pt

Diese Schrift ist auch mit traditionellen chinesischen Schriftzeichen erhältlich.

Hanyi Keyin, Peking und URW++, Hamburg

Nach Leerzeile ohne Einzug

有的放矢在关键技术研究领域, 德国领先世界, 企业科研单位联手共同开发新产品。

燃料电池可用作未来动力能源, 它利用氢和氧发电, 将来可以用它取代汽油和柴油。戴姆勒克莱斯勒汽车公司力争在该技术领域处于霸主地位, 以应对福特, 通用电气, 本田和丰田等公司的激烈竞争。

2000年5月, 施瓦本地区的市民发起 "巴登符腾堡然燃料电池 "行动, 参与该行动的除戴姆勒克莱斯勒公司外, 该州几乎所有研究机构, 如卡尔斯路厄大学研究所, 斯图加特大学研究所, 弗劳恩霍夫研究协会, 马克斯普朗克研究学会, 乌尔姆太阳能和氢研究所 (ZSW) 联合起来, 结成一合作网络, 以协调配合科学家和企业行动。威尔纳雷内尔特说: "联合让我们形成一股战斗力, 我们能够迅速进入市场。"

Vor der Übernahme vieler westlicher Typografie-Konventionen kennzeichnete man mit dem Aufkommen der fernöstlichen Druckkunst Textpassagen schon durch leere Zeilen.

*Wird nach jedem Absatz eine Leerzeile gesetzt, sind **weitere Kenntlichmachungen** nicht mehr nötig, aber möglich. [Ein minimalistisches Beispiel auch →257]*

独立电影其实不仅仅一个跟经济、投资有关的概念。你会一直坚持做独立电影吗? 为什么? 这其实是做电影的基本方式问题。我觉得一个导演, 在做东西的时候, 如果环境是更加鼓励创造性, 他就应该更重视在专业操作层面上挖掘导演的特性, 那么, 这样才能保护好作者, 相反的话就会差一点。

你导演的电影, 都是自己编剧吗? 今后会不会有改变?
会, 我现在也是正在找编剧合作, 希望能够多点时间沟通, 能够更准确地传达出我要的东西, 或者他能够有什么东西知道我会感兴趣　　这是比较漫长的工作。

*In dem besonderen Fall des Dialogs werden hier die Fragen und Antworten zusammengehalten und jeweils durch eine Leerzeile getrennt. Dass die erste Frage fast die **gesamte Satzbreite** ausfüllt, kann hingenommen werden, denn ein Fragezeichen leitet zur Antwortstellung über, …*

独立电影其实不仅仅一个跟经济、投资有关的概念。你会一直坚持做独立电影吗? 为什么?
这其实是做电影的基本方式问题。我觉得一个导演, 在做东西的时候, 如果环境是更加鼓励创造性, 他就应该更重视在专业操作层面上挖掘导演的特性, 那么, 这样才能保护好作者, 相反的话就会差一点。

你导演的电影, 都是自己编剧吗? 今后会不会有改变?
会, 我现在也是正在找编剧合作, 希望能够多点时间沟通, 能够更准确地传达出我要的东西, 或者他能够有什么东西知道我会感兴趣　　这是比较漫长的工作。

*… doch die **zusätzliche Auszeichnung** durch eine Schriftmischung wäre die lesefreundlichere Lösung.*

Nach Leerzeile mit Einzug

　　有的放矢 在关键技术研究领域, 德国领先世界, 企业科研单位联手共同开发新产品。

　　燃料电池可用作未来动力能源, 它利用氢和氧发电, 将来可以用它取代汽油和柴油。戴姆勒克莱斯勒汽车公司力争在该技术领域处于霸主地位, 以应对福特, 通用电气, 本田和丰田等公司的激烈竞争。

　　2000年5月, 施瓦本地区的市民发起 "巴登符腾堡然燃料电池 "行动, 参与该行动的除戴姆勒克莱斯勒公司外, 该州几乎所有研究机构, 如卡尔斯路厄大学研究所, 斯图加特大学研究所, 弗劳恩霍夫研究协会, 马克斯普朗克研究学会, 乌尔姆太阳能和氢研究所联合起来, 结成一合作网络, 以协调配合科学家和企业行动。威尔纳雷内尔特说: "联合让我们形成一股战斗力, 我们能够迅速进入市场。"

　　目前, 第一件产品和样机已经完成实验室试验。弗劳恩霍夫弗赖堡太阳能系统研究所和南韩 LG 公司和 CETI 公司推出一种可用于便携式计算机的燃料电池。下一步计划开发较大型, 可用于电动工具, 如摄像机和电动游艇的燃料电池。在该基础上再开发小型发电厂, 靠天然气中的氧有效转换成热能和电能, 为私人住宅或数个数个家庭供热供电。

　　独立电影其实不仅仅一个跟经济、投资有关的概念。你会一直坚持做独立电影吗? 为什么?
　　这其实是做电影的基本方式问题。我觉得一个导演, 在做东西的时候, 如果环境是更加鼓励创造性, 他就应该更重视在专业操作层面上挖掘导演的特性, 那么, 这样才能保护好作者, 相反的话就会差一点。

　　你导演的电影, 都是自己编剧吗? 今后会不会有改变?
　　会, 我现在也是正在找编剧合作, 希望能够多点时间沟通, 能够更准确地传达出我要的东西, 或者他能够有什么东西知道我会感兴趣　　这是比较漫长的工作。

Links: Nach einer Leerzeile beginnt der nächste Absatz eingezogen. Größere Satzbreiten vertragen diese Auszeichnung, da den Textblöcken etwas Luft gegeben wird. Für schmale Kolumnen ist sie ungeeignet.

Rechts: Die Leerzeile trennt größere Sinneinheiten, die in sich absatzweise nochmals durch Einzüge gliedernd gekennzeichnet werden.
Für diese – in China präferierte – Absatzkennzeichnung mag man sich nicht erwärmen – mindestens eine Absatzauszeichnung ist hier zu viel.

Weissraum

独立电影其实不仅仅一个跟经济、投资有关的概念。你会一直坚持做独立电影吗? 为什么?　　这其实是做电影的基本方式问题。我觉得一个导演, 在做东西的时候, 如果环境是更加鼓励创造性, 他就应该更重视在专业操作层面上挖掘导演的特性, 那么, 这样才能保护好作者, 相反的话就会差一点。　　你导演的电影, 都是自己编剧吗? 今后会不会有改变?　　会, 我现在也是正在找编剧合作, 希望能够多点时间沟通, 能够更准确地传达出我要的东西, 或者他能够有什么东西知道我会感兴趣——这是比较漫长的工作。

*Für diese Form der Pausenkennzeichnung stehen kalligrafische Schriftstücke Pate, die traditionell weder Interpunktionen noch andere Satzzeichen kannten [→58]. Die Absatzkennzeichnung wird durch mindestens **zwei Geviert-Leerzeichen eingefügt**, damit sich der Absatz von den Interpunktionsweißräumen klar abhebt. Um den Eindruck eines Einzugs zu vermeiden, darf die Kennzeichnung nicht am Anfang einer Zeile stehen. Hier muss zuweilen aufwändig umbrochen werden.*

Schmuck

独立电影其实不仅仅一个跟经济、投资有关的概念。你会一直坚持做独立电影吗? 为什么? ※ 这其实是做电影的基本方式问题。我觉得一个导演, 在做东西的时候, 如果环境是更加鼓励创造性, 他就应该更重视在专业操作层面上挖掘导演的特性, 那么, 这样才能保护好作者, 相反的话就会差一点。※ 你导演的电影, 都是自己编剧吗? 今后会不会有改变? ※ 会, 我现在也是正在找编剧合作, 希望能够多点时间沟通, 能够更准确地传达出我要的东西, 或者他能够有什么东西知道我会感兴趣——这是比较漫长的工作。

✲ 老狼装假打个呵欠说: 鸡上宿啦, 瞌睡虫上来啦, 好乖乖, 该睡觉啦!老狼抱着簸箕口儿上了床, 升儿领着斗儿也上了床; 老狼带着簸箕口儿睡一头, 升儿跟斗儿睡一头。❉ 升儿脚一伸, 碰着个毛茸茸的大尾巴, 就问道: 外婆哇, 外婆哇, 你身上什么东西毛茸茸的? ✲ 外婆搓麻线, 随身带着一把麻。❉ 升儿手一伸, 碰着尖尖的脚爪: 外婆哇, 外婆哇, 你脚上什么东西戳哪? ✲ 外婆钉鞋底, 随身带把铁锥子。❉ 升儿点个火一照, 照见〈外婆〉满头满脸全是毛。老狼见火吓一跳, 连忙头一伸, 一口气把火熄掉。升儿趁势一把抱起簸箕口儿说: 啊呀, 簸箕口儿还没有撒尿呢? ✲ 到床底下撒去。❉ 床底下有床神。✲ 到窗下去撒去。❉ 窗下有窗神。✲ 到门后头撒去。❉ 门后头有门神。✲ 到灶口撒去。❉ 灶口有灶神。✲ 那就到门外撒去吧!

***Ornamente** können Absätze ohne einen Zeilenwechsel kennzeichnen. Die eingefügten Schmuckelemente werden zwischen zwei Schriftzeichen **eingemittet**.*

Häufig aufeinander folgende Absätze von nur einzelnen oder wenigen Sätzen sind dankbar für diese Behandlung, wenn platzsparend typografiert werden muss.

Zu finden sind diese Fälle vor allem in Zeitungsleads, Bilduntertiteln oder Dialogen.

Auszeichnungsschrift

独立电影其实不仅仅一个跟经济、投资有关的概念。你会一直坚持做独立电影吗? 为什么? 这其实是做电影的基本方式问题。我觉得一个导演, 在做东西的时候, 如果环境是更加鼓励创造性, 他就应该更重视在专业操作层面上挖掘导演的特性, 那么, 这样才能保护好作者, 相反的话就会差一点。**你导演的电影, 都是自己编剧吗? 今后会不会有改变?** 会, 我现在也是正在找编剧合作, 希望能够多点时间沟通, 能够更准确地传达出我要的东西, 或者他能够有什么东西知道我会感兴趣——这是比较漫长的工作。

《问题》独立电影其实不仅仅一个跟经济、投资有关的概念。你会一直坚持做独立电影吗? 为什么?《回覆》这其实是做电影的基本方式问题。我觉得一个导演, 在做东西的时候, 如果环境是更加鼓励创造性, 他就应该更重视在专业操作层面上挖掘导演的特性, 那么, 这样才能保护好作者, 相反的话就会差一点。《问题》你导演的电影, 都是自己编剧吗? 今后会不会有改变?《回覆》会, 我现在也是正在找编剧合作, 希望能够多点时间沟通, 能够更准确地传达出我要的东西, 或者他能够有什么东西知道我会感兴趣——这是比较漫长的工作。

Q: 独立电影其实不仅仅一个跟经济、投资有关的概念。你会一直坚持做独立电影吗? 为什么? **A:** 这其实是做电影的基本方式问题。**B:** 我觉得一个导演, 在做东西的时候, 如果环境是更加鼓励创造性, 他就应该更重视在专业操作层面上挖掘导演的特性, 那么, 这样才能保护好作者, 相反的话就会差一点。**Q:** 你导演的电影, 都是自己编剧吗? 今后会不会有改变? **A:** 会, 我现在也是正在找编剧合作, 希望能够多点时间沟通, 能够更准确地传达出我要的东西, 或者他能够有什么东西知道我会感兴趣——这是比较漫长的工作。

*Zeilenförmig ineinander übergehende Absätze können durch den Wechsel von Stilmitteln, die nochmals **kombinierbar** sind, voneinander abgesetzt werden. Dazu gehören alle für den CJK-Schriftsatz möglichen Auszeichnungsformen [→250 ff.].*

Die gegenüber der Grundschrift eines Textes – meist stark – vergrößerten Zeichen sind ein auffälliger und gleichzeitg schmückender Absatzbeginn. Sie können nochmals als Schriftmischung oder illustriert daherkommen. Westliche Schriftsatzprogramme erfordern eine ordentliche Portion manueller Feinarbeit, um sie harmonisch in ihr Umfeld zu setzen.

Eingebautes Initial

看你的电影，觉得人活着是件很不容易的事，很累。这种对生活（LIFE）的反省很严肃，似乎从根本上排斥了幽默，进而不允许娱乐性存在。电影里也很少见到快乐。你是一个人少快乐的人吗？我其实倒是比较随和的，而且尽量不会让大的事情烦扰到自己，尽量保持好的心态。

看你的电影，觉得人活着是件很不容易的事，很累。这种对生活的反省很严肃，似乎从根本上排斥了幽默（Humor），进而不允许娱乐性存在。电影里也很少见到快乐。你是一个人少快乐的人吗？我其实倒是比较随和的，而且尽量不会让大的事情烦扰到自己，尽量保持好的心态。

Chinesische Schriftzeichen flattern auf der Schriftlinie. Ihr Unterhang wird über den Grundlinienversatz korrigiert. Abhängig vom initialen Zeichen erfolgt ein ***Ausgleich zum oberen und linken Satzrand****. Meist wird der Abstand zwischen Initial und Text nicht automatisch hinreichend geregelt.*

看你的电影，觉得人活着是件很不容易的事，很累。这种对生活的反省很严肃，似乎从根本上排斥了幽默，进而不允许娱乐性存在。电影里也很少见到快乐。你是一个人少快乐的人

看**你的电影，**觉得人活着是件很不容易的事，很累。这种对生活的反省很严肃，似乎从根本上排斥了幽默，进而不允许娱乐性存在。电影里也很少见到快乐。你是一个人少快乐的人吗？我其实倒是比较随和的，而且尽量不会让大的事情烦扰到自己，尽量保持好的心态。

Verwendet das Initial die Text-Grundschrift, kann die erste Sinneinheit zusätzlich ausgezeichnet werden.

主要是基于这点，我的电影其实是一种表面上的残酷，表面上的绝望。实际上你看到人的内心里面，都是很火热的，活生生的在那里的。这是个基本的态度，因为我觉得我们可以对

主要是基于这点，我的电影其实是一种表面上的残酷，表面上的绝望。实际上你看到人的内心里面，都是很火热的，活生生的在那里的。这是个基本的态度，因为我觉得我们可以对世界有判断。但是，对生活无论有什么样的看法，你都必须保存好自己，好好的善待自己，这是最基本的。

Der automatische ***Austritt des Initials*** *aus dem Textrahmen kann entweder sehr schön oder für vorherige Zeilen zu groß sein. Dann wird nach optischen Gesichtpunkten verkleinert, ein exakter Abschluss mit der* ***oberen Satzkante*** *lässt manche Zeichen zu klein wirken.*

Die Stärke des Zeichenüberhangs an der ***linken Satzkante*** *sowie der Abstand zwischen* ***Initial und Text*** *werden individuell ermittelt.*

就目前中国的市场状况来看，调和是比较困难的。要抓住市场不是没有办法，也是很有可能性的，但在导演的创作过程里、以及放置在整个中国电影审查制度背景中，这种可能性实现起来往往比较困难。

国际的交流，还有包括个人的地位的逐渐提升，慢慢使得一些创作家希望把一些个人需要、个人态度、个人立场、个人表达越来越多地放在创作的作品中，不光是电影，还有文学、艺术等。精神表达所需要的自由空间和余地越来越大，只是目前还没有达到那种程度而已。拍电影那么不顺，是什么支撑你一直坚持下来？现在中国比较开放了，在开放的环境下，电影除了导演，也有很多其他方面

Die ***Zeilenanzahl*** *nach einem Initial sollte mindestens der Anzahl der Initialzeilen entsprechen.*

Das Initial wird mit dem ersten Zeichen der relevanten Zeile optisch auf eine ***Schriftlinie*** *gestellt.*

イエナオプティック社は他のドイツのハイテク企業との連携を開始して以来、一躍世界の半導体関連業界で新興チップ生産企業に躍り出た。2007年からは、更に体積を小さくし効率を高めた省エネ型半導体の生産を開始する見通しである。また、チッ

2007年からは、更に体積を小さくし効率を高めた省エネ型半導体の生産を開始する見通しである。また、チップ生産企業に欠かせない所謂マイクロステッパー、露光装置などの設備も今後益々小さくなるプロセスルールをチップに投影する為の機材として満足できるものである。

Wenn es das Gestaltungskonzept verlangt, können ***lateinische Ziffern*** *Initiale bilden.*

Die chinesischen Zeichen für die Zahlen »Eins« und »Zwei« der Song- und Hei-Fonts sind problematisch *[→246.]**. Kalligrafische Initiale bilden hier einen schöneren Kontrast.*

一九九九年，他与乌弗·迪克斯及安德里亚·提罗共同组建了纪录片、音乐电影制作公司「BOOMTOWN MEDIA」。2004年托马斯·格鲁博导演的纪录片《舞动柏林》获得了德国电影节最佳纪录片奖和德国电影评论委员会最佳纪录片奖，该片讲述了柏林爱乐乐团对250名来自贫苦家庭的青少年们进行舞蹈培训的一次创新之举。 产生一些成绩。所以说，短时间调和有点困难。但美国

二零零四年托马斯·格鲁博导演的纪录片《舞动柏林》获得了德国电影节最佳纪录片奖和德国电影评论委员会最佳纪录片奖，该片讲述了柏林爱乐乐团对二五零名来自贫苦家庭的青少年们进行舞蹈培训的一次创新之举。二零零八年他又完成了新作《亚洲之旅》，跟随拍摄记录了柏林爱乐乐团穿越亚洲六大城市——北京、首尔、上海、香港、台北、东京的巡回演出，影片获得二零零九年香港国际电影

Selbst wenn innerhalb des Textes arabische Ziffern stehen, werden die einem ***Zahlzeichen-Initial*** *unmittelbar folgenden Ziffern durch chinesische Zahlzeichen vervollständigt (z.B. durch Jahresangaben).*

Freistehendes Initial

我其实倒是比较随和的，而且尽量不会让大的事情烦扰到自己，尽量保持好的心态。我也不缺乏幽默，目前我的电影里，主观上还没有太多的幽默体现，但是我个人认为，我的电影里即便没有这些，也不缺乏故

“我其实倒是比较随和的，而且尽量不会让大的事情烦扰到自己，尽量保持好的心态。我也不缺乏幽默，目前我的电影里，主观上还没有太多的幽默体现，但是我个人认为，我的电影里即便没有这些，也不缺乏故事性，不缺乏

*Einem freistehenden Initial am **stumpfen Absatzanfang** folgen mindestens drei Zeilen.*

***Anführungszeichen** vor einem eingezogenen freistehenden Initial sind deutlich größer als die Grundschrift.*

Angesetztes Initial

二零零四年托马斯 格鲁博导演的纪录片《舞动柏林》获得了德国电影节最佳纪录片奖和德国电影评论委员会最佳纪录片奖，该片讲述了柏林爱乐乐团对二五零名来自贫苦家庭的青少年们进行舞蹈培训的一次创新之举。二零零八年他又完

2007年からは、更に体積を小さくし効率を高めた省エネ型半導体の生産を開始する見通しである。また、チップ生産企業に欠かせない所謂マイクロステッパー、露光装置などの設備も今後益々小さくなるプロセスルールをチップに投影する為の機材として満足できるものである。

*Angesetzte Initiale dürfen sich **nicht verselbständigen.** Bei Wiederholungen dieser Initialsetzung sollten Textinhalt und der auszeichnende Font im Vorfeld genauer geprüft werden, denn nicht jedes chinesische Schriftzeichen bietet visuelle Freuden.*

Kassetteninitial

国际的交流，还有包括个人的地位的逐渐提升，慢慢使得一些创作家希望把一些个人需要、个人态度、个人立场、个人表达越来越多地放在创作的作品中，不光是电影，还有文学、艺术等。精神表达所需要的自由空间和余地越来越大，只是目前还没有达到那种程度而已。拍电影那么不顺，是什么支撑你一直坚持下来？现在中国比较开放

コタイ地区、フォーシーズンズホテル・マカオの中にある高級感あふれる落ち着いた雰囲気のカジノ。開業以来ちょうど1周年を迎えるプラザ・カジノは、多くのエグゼクティブ層に支持されてきたマカオの人気カジノの1つだ。プラザ・カジノではパーソナルなサービスがたいへん充実している。例えば、ハイリミットのテーブルゲームが並ぶエリアでは、すべての利用者がスパークリン

*Das gerahmte Initial aligniert mit dem Textrahmen und der **relevanten Schriftlinie.***

Viele chinesische Schriftzeichen sind schon von sich aus »das Zeichen in der Box« – solche Gelegenheiten darf man sich nicht entgehen lassen.

Gerahmte japanische Katakana, gesetzt in einer Grotesk, wirken nicht nur futuristisch-elegant, sondern sind als Auszeichnung schlicht besser lesbar.

Vertiakle Schreibrichtung

世界各地的年轻人用颜料喷罐将自己的足迹留在城市的那种热情在中国的大都市培育出一个规模不大但却更富激情的涂鸦艺术家圈子。这个圈子从香港延伸到中国南方的深圳和广州，并一直蔓延到中国的北方。近一段时间来在涂鸦图像中不断出现的中国古典绘画

のんびりとした世界遺産の街が一変して爆音に包まれる——。このギャップこそがマカオGPの一番の見どころだ。普段は一般車が走る市街地の道路を、猛スピードのレーシングカーが走り抜ける非日常的な光景は公道レースならでは。サーキット場とは違いガードレールで囲まれて逃げ場もほとんどない難しい

普段は一般車が走る市街地の道路を、猛スピードのレーシングカーが走り抜ける非日常的な光景は公道レースならでは。サーキット場とは違いガードレールで囲まれて逃げ場もほとんどない難しいコースを攻略するドライバーのテクニックに注目だ。特に名物コーナーの「リスボア・ベンド」はクラッシュ続出の最難関。このコーナーを征するかどうかが

Ob eingebaut, angesetzt oder gerahmt – vertikale Texte lassen sich gern durch einen initialen Absatzbeginn auflockern.

*Freistehende Initiale eignen sich nur in Ausnahmefällen, da die horizontalen Striche von Schriftzeichen **in die folgende Zeile »stechen«** können.*

难忘的丽江春节

文、图／上海会员 迷路的萝卜

窗外阴雨霏霏，音响里缓缓流淌着《凤求凰》的旋律，角落的香炉中青烟袅袅，不甘寂寞的思绪又开始了兴奋跳跃。年关将至，过往春节间的一幕幕难忘画面在脑海里悠然地切换着，那些在青春岁月里的经历，略微有些发黄的记忆，在跳跃着……

2004年的春节，为了一句承诺，为了一个心愿，我独自乘上前往昆明的列车，准备再坐汽车到那座约定的古镇——丽江。

玉龙雪山、束河古道、高原阳光、东巴文化……这些构成丽江魅力的基本元素令人难忘。我喜欢独自行走的感觉，这样可以让人的思绪变得自由。春节的丽江并没有我想象的寒冷，也没有我想象的热闹，初一的下午，刚刚踏上古镇的青石板，就有一位纳西族妇女向我推荐她家的客栈。没有过多的言语，她只是诚恳地说："去看看，不满意也当是客人。"于是免费接我一趟。车到门庭，眼前出现一座四合小院。院中有井，堂门之外是木桌，上边茶香浓郁。院中的老人、孩子，安祥宁静。檐廊前空地上盛开的鲜花映衬着春联，让整个空间看起来清清爽爽。登上屋顶眺望，雪山迎面而来。询问下来，价格也很实惠，老板还问起我的行程，说尽可能提供我方便，生怕有所疏忽。望着掌柜黑里透红的脸，我有了到丽江最初的感动。

邻近傍晚，阳光依旧那么温煦透明，仿佛可以透亮每个

039

雍容華貴

對細節極盡專注用心，巧妙結合尊尚的貴氣及家居的舒適，難怪旺多姆酒店成為巴黎酒店之最

撰文: PATRICIA NELSON 攝影: 由LISA WALKER PUBLIC RELATIONS提供

巴黎旺多姆酒店好比一幅賞心悅目的大師級畫作，裡裡外外的豪華裝飾，洋溢濃厚的法式古典情調，隱約流露法國皇室的顯赫氣度。設計的概念是要營造一份悠然親切，烘托尊貴典雅的裝潢，巧妙結合懾人貴氣及輕鬆閒趣，呈現舒適的家居生活質感。

酒店前身是一幢一七二三年興建的私人大宅，本來是旺多姆一家的住所，但由於地理位置優越而且建築物外型典雅，在一八四二年被改成德州大使館。當時只有法國承認德州是獨立的國家。

五十年後，大樓再次改變用途，一九零七年成為高級酒店。九十年代，酒店曾經一度暫停營業進行裝修工程，一九九八年重開，回復昔日堪比皇室的富麗堂皇，瑰麗非凡。

旺多姆酒店坐落於巴黎心臟地帶。巴黎是世上最繁華的城市之一，總有說不完的吸引力：羅浮宮博物館、國家大劇院、杜樂麗花園及網球場國家藝廊等著名景點全部都在酒店附近，要購物也絕對沒問題，旺多姆廣場就有齊法國最頂尖的珠寶名店，一帶的設計名牌店更加不少。

旺多姆酒店最著名的，莫過於親切感十足的客房設計。酒店僅僅有廿九間客房，包括十九間標準房及十間套房，住客會完全感受到什麼叫貴族式豪華生活。四周放滿精緻的古董傢俱、名貴木材、鍍金裝飾及精品布藝，做工精巧的大理石地板更展現一片華美。酒店大廳的特高樓底配襯水晶吊燈，整個畫面猶如時光倒流，回到昔日的皇室時代。

一樓的餐廳及酒吧窗外，是歷史名勝旺多姆廣場。近日酒店進行大規模翻新工程，Le 1 Place Vendôme餐廳也重新裝潢，準備今月底開張。

Le 1 Place Vendôme餐廳出自意大利室內設計師Michele Bönan的手筆，餐廳主打法國菜，菜式按時令季節變化。Michele擁有豐富餐廳室內設計經驗，曾設計過佛羅倫斯的JK Place Firenze、JK Place Capri、Heidelberg Suites Boutique Hotel；也曾翻新過Palazzo Tornabuoni住宅及Ferragamo家族經營的倫卡諾酒店。他的設計不落俗套，融合時裝元素及摩登舒適的質感，所選的碎花銀腳椅、絨製沙發、柔滑的緞子窗簾及黑白間條的圓形粉紅坐墊等等傢具，成熟大方卻不失好玩創新。

旺多姆酒店處處講究細節，成為巴黎地標實至名歸。酒店的設計別具一格，充滿時尚氣息，出色設計與內涵配合得絲絲入扣。儘管如此，像家一樣輕鬆宜人的氣氛與舒適感受亦同樣動人；酒店豐富的歷史背景沉澱出今天醇厚的文化底蘊，配合現代設計的觸感，賦予這個空間源源不絕的生命力。

Ob sich als Absatzkennzeichnung die Kombination Leerzeile plus Texteinzug eignet, ist abhängig von Spaltenbreite und Schriftgröße. In China wird diese Lösung etwas überstrapaziert. Der links abgebildete Text aber verträgt die luftig gesetzten Absätze bestens. Da mag man auch die alleinstehende letzte Zeile nicht verteufeln. Schade ist dagegen die unausgeglichene Überschrift.

Auch vertikale Texte lassen sich gern durch Initiale auflockern.

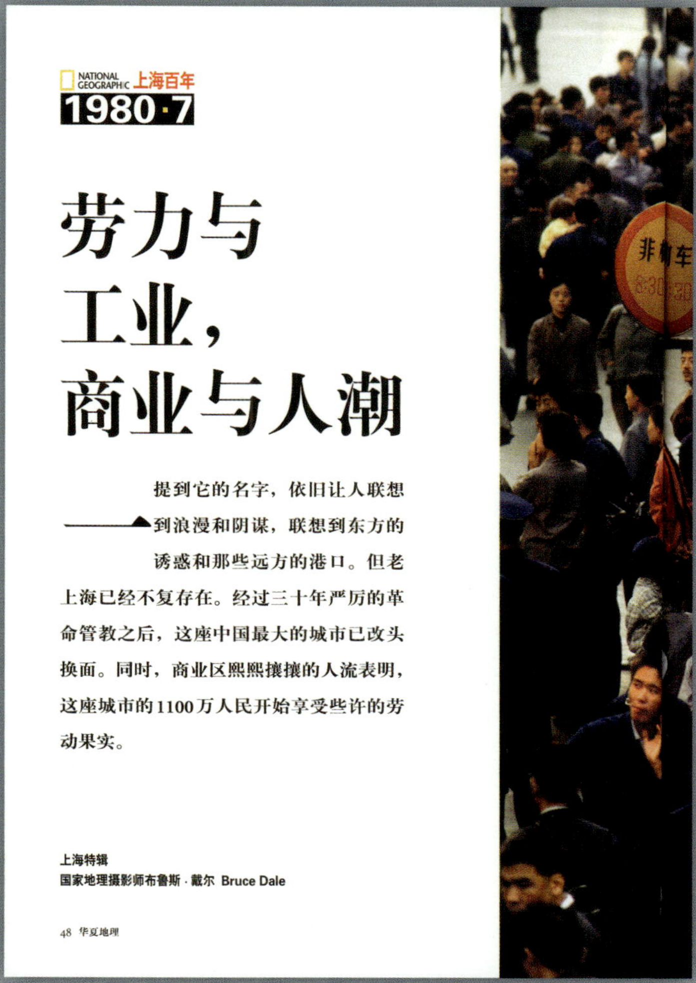

NATIONAL GEOGRAPHIC 上海百年

1980·7

劳力与工业，商业与人潮

提到它的名字，依旧让人联想到浪漫和阴谋，联想到东方的诱惑和那些远方的港口。但老上海已经不复存在。经过三十年严厉的革命管教之后，这座中国最大的城市已改头换面。同时，商业区熙熙攘攘的人流表明，这座城市的1100万人民开始享受些许的劳动果实。

上海特辑

国家地理摄影师布鲁斯·戴尔 Bruce Dale

48 华夏地理

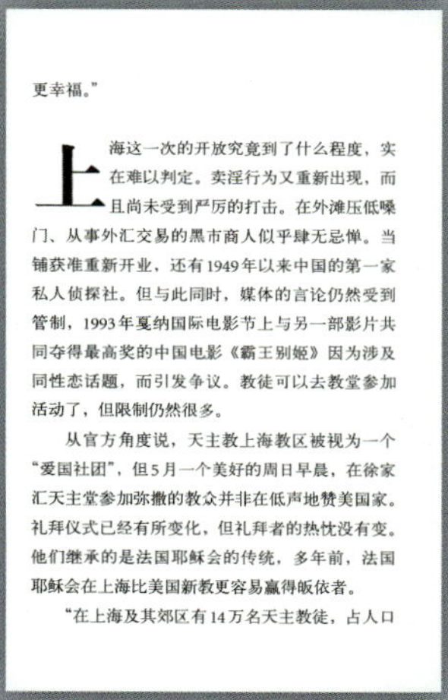

更幸福。”

上海这一次的开放究竟到了什么程度，实在难以判定。卖淫行为又重新出现，而且尚未受到严厉的打击。在外滩压低嗓门、从事外汇交易的黑市商人似乎肆无忌惮。当铺获准重新开业，还有1949年以来中国的第一家私人侦探社。但与此同时，媒体的言论仍然受到管制，1993年戛纳国际电影节上与另一部影片共同夺得最高奖的中国电影《霸王别姬》因为涉及同性恋话题，而引发争议。教徒可以去教堂参加活动了，但限制仍然很多。

从官方角度说，天主教上海教区被视为一个“爱国社团”，但5月一个美好的周日早晨，在徐家汇天主堂参加弥撒的教众并非在低声地赞美国家。礼拜仪式已经有所变化，但礼拜者的热忱没有变。他们继承的是法国耶稣会的传统，多年前，法国耶稣会在上海比美国新教更容易赢得皈依者。

“在上海及其郊区有14万名天主教徒，占人口

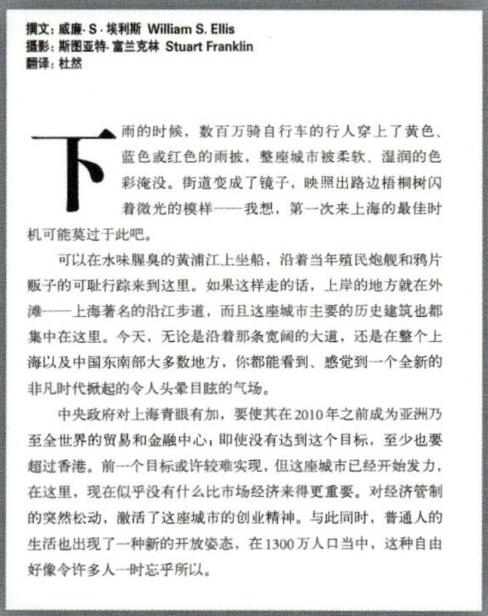

撰文：威廉·S·埃利斯 William S. Ellis
摄影：斯图亚特·富兰克林 Stuart Franklin
翻译：杜然

下雨的时候，数百万骑自行车的行人穿上了黄色、蓝色或红色的雨披，整座城市被柔软、湿润的色彩淹没。街道变成了镜子，映照出路边梧桐树闪着微光的模样——我想，第一次来上海的最佳时机可能莫过于此吧。

可以在水味腥臭的黄浦江上坐船，沿着当年殖民炮舰和鸦片贩子的可耻行踪来到这里。如果这样走的话，上岸的地方就在外滩——上海著名的沿江步道，而且这座城市主要的历史建筑也都集中在这里。今天，无论是沿着那条宽阔的大道，还是在整个上海以及中国东南部大多数地方，你都能看到、感觉到一个全新的非凡时代掀起的令人头晕目眩的气场。

中央政府对上海青眼有加，要使其在2010年之前成为亚洲乃至全世界的贸易和金融中心，即使没有达到这个目标，至少也要超过香港。前一个目标或许较难实现，但这座城市已经开始发力，在这里，现在似乎没有什么比市场经济来得更重要。对经济管制的突然松动，激活了这座城市的创业精神。与此同时，普通人的生活也出现了一种新的开放姿态，在1300万人口当中，这种自由好像令许多人一时忘乎所以。

Das chinesische Schriftzeichen für die Zahl »Eins« eignet sich in Song- oder Hei-Schnitten nicht als initialer Absatzbeginn. Auch CJK-Intitiale sollten mit Textrahmen und Zeilen optisch ausgeglichen sein, die Anzahl der auf Intitiale folgenden Zeilen sollte der Höhe des Initials entsprechen.

标题和引文。

Titel und Zitate. Großes im Umbruch.

未来技術報告

The future of technology and design

Eine japanische Überschrift, die Gefallen fand, weil sie genauso gut als Motto diesem Buch vorstehen könnte und gleichzeitig behutsam auf die Problematik dieser Seite hinweist: In sehr großen Schriftgraden werden die Klüfte zwischen der traditionellen Struktur chinesischer Schriftzeichen und den Erfordernissen eines modernen Titelsatzes überdeutlich. ■ Den Song- oder Kai-Schriften, die sich formal noch recht stark nach den Vorbildern klassischer Buchdrucke ausrichten, sieht man besonders in Schaugrößen an, dass sie mit der horizontalen Schreibrichtung fremdeln. Im dritten Kapitel dieses Buches wird vorgeführt, dass für bestimmte Gestaltungsaufgaben – zum Beispiel Firmenlogos, Namensschilder, Verpackungen usw. – das Unerhörte notwendig sein kann, nämlich, in die Schriftzeichen verändernd einzugreifen *[→ 168]*. ■ Steht gute Lesbarkeit im Vordergrund, sollten auch im gemischtsprachigen Titelsatz die wenigen, aber um so sperrigeren Hürden Beachtung finden, die auf dieser Seite zusammengefasst sind. □

Die häufigsten Fehler im bilingualen Titelsatz am Beispiel auf der gegenüberliegenden Seite

Zeichenausgleich chinesischer Schriftzeichen

Besonders größere Schriftgrade bedürfen eines optischen Zeichenausgleichs.

- *Die Zeichen der **Headline** wurden nicht ausgeglichen, sondern lediglich die Laufweite viel zu stark verringert. Die Komponenten der beiden mittleren Zeichen verschmelzen und erzeugen damit neue, Verwirrung stiftende Wortbilder: Aus der »Suzhou-Ära« wird »Suzhous alte Inch-Zeit«*

  苏州时代 → 苏州旧寸代

  Hier hätte eine leicht vergrößerte Laufweite gutgetan.

(– Die links abgebildete japanische Überschrift wurde gesperrt, die Abstände sind jedoch nicht so groß, dass sich die Zeichen als einzelne Wort-Bilder verselbständigen könnten.)

- *Der Grundlinienversatz des **Akronyms** in der Subline fehlt [→ 221]. Es steht außerdem zu eng zwischen den chinesischen Schriftzeichen [→ 222].*
- *Der originale Fahrzeug-**Produktname** muss sich hier zwischen die chinesischen Schriftzeichen und die Abbildung quetschen, während sein Wortabstand viel zu groß ist.*
- *Die **vertikale englischsprachige Zeile** wurde einer Behandlung nach chinesischem Vorbild unterzogen und lässt somit Weißräume vor und nach den (falsch gewählten) Strichen vermissen. Die drei Trennstriche sollten durch zwei Gedankenstriche ersetzt werden [→ 266].*

Die Satzzeichen chinesischer Fonts entsprechen häufig nicht dem Duktus der Schriftzeichen und dürfen durch einen anderen Font ausgetauscht werden. Ihr Kerning ist oft unharmonisch [→ 236].

- *Die **Gedankenstriche** der ersten Zwischenüberschrift wirken viel zu fett, zwischen ihnen klafft eine Lücke [→ 266].*
- *Das Zeichen 一 für die **Zahl »Eins«** steht zu dicht am Gedankenstrich.*
- *Der Weißraum des worttrennenden typografischen **Mittelpunkts** im transliterierten chinesischen Fahrzeug-Produktnamen ist zu groß und wurde optisch nicht eingemittet.*

Schriftmischung

Informationshierarchie muss deutlich gemacht werden. Dies kann durch Mischungen von Schriftenarten und -stilen oder Schriftgraden erfolgen.

- ***Autorennamen** gehören nicht in die Subline [rechts außen] und bedürfen eines geringeren Schriftgrades, sofern der Autor nicht im Mittelpunkt des Artikels steht.*
- *Diese **Zwischenüberschrift** ist unappetitlich! Lateinische Buchstaben zu dekorativen Statisten zu machen, ist leseunfreundlich. Titelsatz mit Zierschriften-Versalien ist verboten!*

Satzausrichtung und Zeilenumbruch

- ***Zwischenüberschriften** müssen nicht auf Kolumnenbreite und Blocksatz getrimmt werden.*
- *Hurenkind- und Schusterjungen-Verbote gelten auch für den CJK-Satz: eine verwaiste **letzte Absatzzeile** nach Bild- oder Zitateinschüben sollte vermieden werden.*
- *Auch die englische Übersetzung eines **Zitats** wird überflüssigerweise auf Block gezwungen, der für die schmale Kolumne ungeeignet ist.*

“苏州时代“

专访LVMH钟表珠宝中国区总经理 翁秉娴

尽管很多曾经怀揣雄心壮志的同学纷纷告别了导演职业甚至远离了电影，但王小帅还是一路不停地拍到了今天。《左右》获得第58届柏林国际电影节最佳编剧银熊奖后，向来出言谨慎的他放话出来：要是《左右》的票房不好，他可能就此封镜，不用等到别人来骂。可是，从2008年4月1日起，《左右》在国内院线令王小帅又一次遭遇了票房的冷遇。其实，在这部电影之前，王小帅就已经出现了转型的迹象，“每一个导演都希望自己的影片票房很高，”他确实也在用行动证明他渴望获得商业认同的苦心。作为内地独立电影的标志性人物，他在业界的生存状况已经今非昔比。可是，像他的角色普遍遭遇困境一样，艺术还是票房，依然令这位不惑之年的导演左右为难。

标题——一个例子

中国的涂鸦和街头艺术：将城市作为沟通交流的空间

电影在你生活中扮演了什么角色？是自己爱好的东西，同时又是从事的工作。有些人从事的工作可能不是自己喜欢的，只是为了生存，我所从事的正

角度来理解它的话，这个事情就不是那么苦恼、可怕了。有一点无奈，从目前的环境以及我们的政策角度上来说，先阶段是需要一种统一的声音、步

DIM SUM LUNCH

港式午茶

调。但是毕竟我们、包括以后的人们都是生活在一个信息化的，一个开放的时代。国际的交流，还有包括个人的地位的逐渐提升，慢慢使得一些创作家希望把一些个人需要、个人态度、个人立场、个人表达越来越多地放在创作的作品中，不光是电影，还有文学、艺术等。精神表达所需要的自由空间和余地越来越大，只是目前还没有达到那种程度而已。

拍电影那么不顺，是什么支撑你一直坚持下来？现在中国比较开放了，在开放的环境下，电影除了导演，也有很多其他方面的参与者。很多的朋友，提供资本的人士，也愿意借助电影来实现年轻时没有完成的理想。虽然遇到各种各样的问题和不顺，但是电影有机会让你表达，因此大家还是支持你。其实，拍电影，结果顺不顺不是非常重

印你在心 金石为证

Stamp--seal deeply in your mind for ever like the solid metal & stone

像手机一样给它充电

菲斯克·卡玛 Fisker Karma

酷评：环保还是动力？将这个问题抛给了消费者。

新车期待星级：★★★★

好与自己的乐趣结合在一起。

你是什么时候开始确立拍电影这一职业理想的？其实在决定考电影学院的时候，只是对电影学院、对电影导演、对电影有个向往，知道这条路很难走，对自己能不能走下来都不确定。不过那个时候考大学，专业就是你的未来职业方向。不过，我们很多同学虽然学了这个专业，后来也没有继续走这条路。

> **“It seems to me most crucial to preserve and respect the company's history and spirit.”**

第六代导演的电影总是与“解”和“禁“联系在一起。作为一个导演，自己的电影总是与这两个词联系在一起，是什么感觉？从一个比较清晰的

要。兴趣始终能够往下延续，有表达的机会，这才是重要的。从另外一方面来讲，我们现在的困难，只不过是来自布局环境，如果把电影放在国际市场的这个大背景来看的话，我们的电影并不是孤独的，国外有一定的市场和观众群。只不过，我们现在的电影与国际完全接轨，还需要一段时间而已。另外，做这项工作也是一种乐趣　　在中国本土，坚持这么多年，慢慢地越来越多的人了解、理解你的工作。

从《十七岁的单车》直到《左右》，主人公的性格都挺拧的。其实《青红》的主人公也挺倔的。

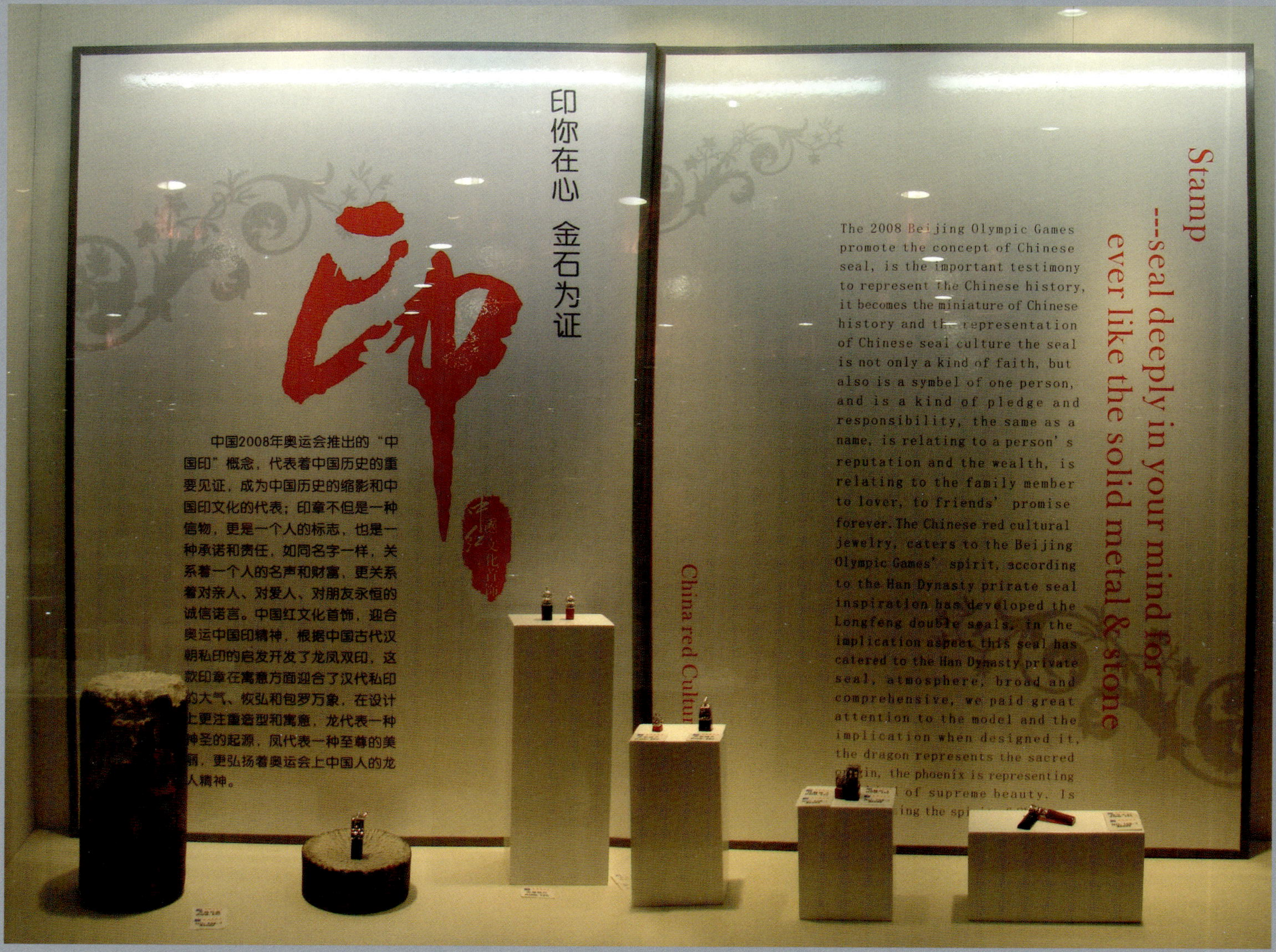

Peking-Fundstücke: *Die chinesische Kultur ist mit Recht stolz auf ihre lange Historie mit all ihren Erfindungen und Errungenschaften, wozu auch eine außergewöhnliche Schriftsprache zählt. Doch Besucher »anderer Länder, anderer Sitten« sollten gleichen Respekt als Leser erwarten dürfen und sich in China nicht verbiegen müssen.*

Illuster: *Dieses Display ziert eine Autobahnabfahrt. Doch wer gehört darauf eigentlich zum wem oder was? Man rückt hier recht unbegründet auseinander und zusammen, und der Betrachter schaut von unten eingeschüchtert auf die illustre Zeichengesellschaft.*

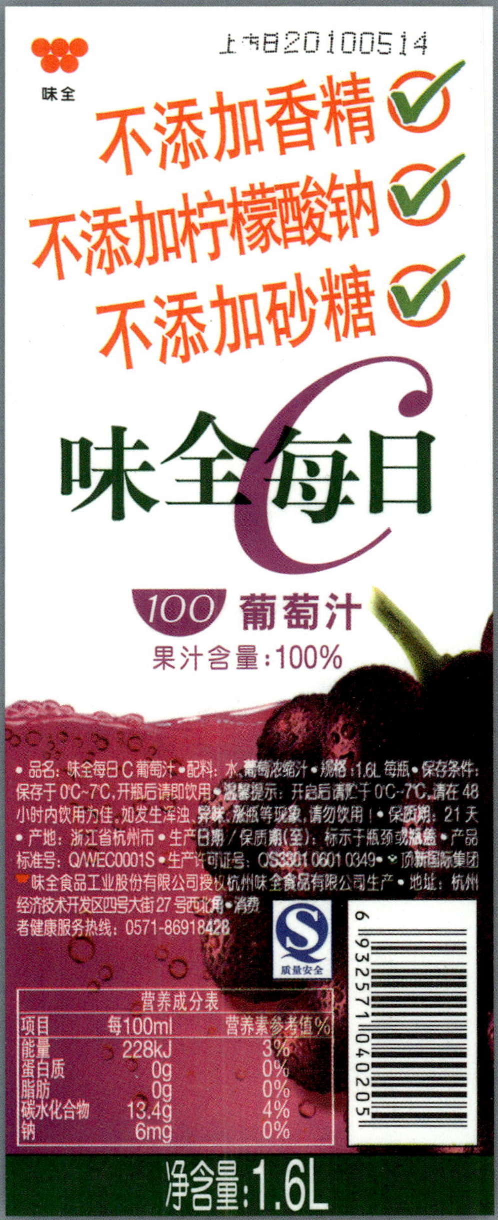

Auch wenn das Fehlen der »großen Drei« der Nahrungsmittelindustrie (Geschmacksverstärker, Konservierungsstoffe, Süßungsmittel) den Typophilen kulinarisch nicht überzeugt – »Der volle Geschmack für jeden Tag« sieht lecker aus, denn der Schriftzug macht aus der Not eine Tugend: Der Gestalter aligniert die Zeichen optisch mittels versetzter Grundlinie und hebt damit gleichzeitig das Zeichen für »vollständig, ganz« 全 hervor. Für diese Idee nimmt sich deren Schriftgröße auf dem Etikett noch viel zu bescheiden aus.

Die vier originalen Schriftzeichen des Etiketts wirken unbehandelt nebeneinanderstehend auf den ersten Blick etwas zusammengewürfelt, tatsächlich gehören sie gemeinsam einem chinesischen Font an.

味全每日

Der japanische Font zeigt, dass durch harmonisierte Glyphenhöhen eine vermeintlich flatternde Grundlinie vermieden werden kann. Die Weißräume beider horizontaler Schriftzüge sind jedoch noch nicht ausgeglichen.

味全每日

Der Vertikalen ist eine horizontale Grundlinie egal. Die stark schwankenden Glyphenausdehnungen der chinesischen Schrift wirken hier plötzlich charmanter gegenüber der japanischen, einfach natürlich – so natürlich, wie chinesische Schriftzeichen in der Vertikalen entstanden.

味全每日 味全每日

告别德国问题——回顾走向西方的漫漫长路

作者: 海因里希 · 奥古斯特 · 温克勒

德国问题的历史长达184年。它始于1806年……日，当时弗兰茨二世，德意志民族神圣罗马……的末代皇帝，屈服于拿破仑的最后通牒，……帝国皇冠，解除了帝国阶层的义务，并以此……了"古老帝国"。德国问题最终获得解决的……是1990年10月3日，这一天，在四个前占领……同意下，德意志民主共和国加入了德意志……共和国。在柏林交响乐厅举行的国家大典……邦总统理查德 · 冯 · 魏兹泽克用一句值得……史册的话语点出了两德重新统一的历史……"整个德国有史以来首次在西方民主社会中……自己永久席位的一天来到了。"

从1806年到1990年，德国问题并非不间断……存在。在1871年到1918年的德意志帝国……没有人想到去谈论某个悬而未决的德国……毋庸置疑的是，最迟在1945年5月8日及9日……志帝国向第二次世界大战的胜利者无条件……后，德国问题又被重新提出。德国的一分为……对德国问题的一个暂时性的回答，其最终……答则是两个国家的联合，同时在国际法上……

德国概况

3 历史与当代

神圣罗马帝国
这一帝国系962年奥托一世加冕起由东法兰克帝国发展而来，1512年后的正式名称为"德意志民族神圣罗马帝国"。它的名称一方面表明了继古代"罗马帝国"后的统治要求，另一方面也彰显了皇帝的神圣作用。"帝国"存在了8个多世纪，直到莱茵联盟建立后不久的1806年，那年哈布斯堡家族的弗兰茨二世应拿破仑的要求摘下了帝国皇冠。

德意志同盟
这一由德意志主权国家和自由城市组成的松散联盟建立于1815年的维也纳会议。同盟的成员最初为41个，终结的时候为33个。结盟的主要目的是为了所有成员的内外安全。同盟只有一个唯一的机构：设在美因河畔法兰克福的联邦大会。19世纪中叶起，普鲁士与奥地利之间的对立日益尖锐，致使德意志同盟走向尽头，1866年同盟解体。

1945年的边界。1990年10月3日后，德国的位置以及哪些属于和哪些不属于它，就确定无疑了。

1830–1848：三月革命前夕以及保罗教堂运动

对于德国人来说，德国问题总是有两个方面：它既是疆土的问题，也是宪法的问题，确切地说，也就是统一和自由之间的关系问题。疆土问题的中心点是"大德意志"或是"小德意志"问题。如果能成功地在**神圣罗马帝国**的位置上建立一个德意志民族国家的话，那么这一国家是否必须包括讲德语的奥地利？抑或德国问题可以在不包括这一地区的情况下求得解决？宪法问题首先涉及到人民与王位之间的权力分配。在一个统一的德国中，谁应当拥有发言权：是选举产生的德国人民的代表，还是诸侯，或者更确切地说，诸侯中的最强者？

第一次为统一和自由的奋斗，是在反抗拿破仑的解放战争中。法国皇帝被打倒了，但赶走了外来统治者，却既没有给德国人带来一个统一的德国，也没能在1815年为取代旧帝国而建立的**德意志同盟**各国中带来自由的形势。但向往统一和自由的呼声再也不能被长久地压制了。19世纪30年代初期，法国人通过1830年七月革命的斗争建立起一个市民-自由的君主政体后，这个呼声再度高涨起来。即使德国的旧势力再次赢得了胜利，但是自由主义者和民主主义者也再没有给予过其安宁。1848年3月，在法国二月革命的激励下，德国

1832年"汉巴哈大会"："三月革命前夕"市民反对派掀起的一个高潮

30 德国概况

Ganz oder gar nicht: Die gesperrte Überschrift reißt auch den doppelten Gedankenstrich auseinander, was hier ganz und gar nicht stört. Dass die Subline auf der anderen Seite jedoch im Block auf die volle Satzbreite ausgetrieben wird, stört umso mehr. [Abb. verkleinert]

Varianten, Handschriftliche

FZZJ-LJD

Vereinfachte Zeichen

字体设计的艺术？

36 / 39 pt

Hmbgft.!?字体是一种最基本的视觉设计元素。设计师使用它就如同建筑师们使用玻璃，石料，钢铁和无数其他材料一样。280! ? …

9,5 / 13 pt

Hmbgft.!?字体是一种最基本的视觉设计元素。设计师使用它就如同建筑师们使用玻璃，石料，钢铁和无数其他材料一样。280! ? –

6 / 9,5 pt

Founder Electronics, Peking

字体混合。突出文本。

Schriften mischen. Hervorheben und Absetzen.

FLIESSTEXTE WERDEN GEWÖHNLICH im *normalen* Schriftschnitt gesetzt, wahlweise auch als *Book* oder *Regular* bezeichnet. Sie sind das *Schriftgewicht* und die aufrechte *Schriftlage* innerhalb einer *Schriftfamilie*, die sich um beste Lesbarkeit längerer Texte bemüht. Um bestimmte Textstellen hervorzuheben oder die Gestaltung des Dokuments zu beleben, bedient man sich unterschiedlicher Stilmittel, die unter dem Begriff *Auszeichnungen* zusammengefasst werden. Strenggenommen ist eine Auszeichnung somit stets eine Schriftmischung, da sie sich von der Grundschrift des Textes unterscheidet. ■ LATEINISCHE FONTS DÜRFEN neben ihren CJK-Kollegen alle auszeichnenden Register der westlichen Typografie ziehen. Die uns bekannten orthotypografischen und ästhetischen Grundsätze behalten ihre Gültigkeit. Für CJK-Fonts verbieten sich einige Möglichkeiten der im Westen geläufigen Auszeichnungen; die möglichen dagegen werden den westlich geschulten Gestalter anfangs teilweise etwas befremdlich anmuten. ■ IN DER SCHRIFTSYSTEM-MISCHUNG bewegt sich die Grenze zwischen *echten Auszeichnungen*, d. h. gestalterisch begründeten Betonungen, und einer *Fremdsprachen-Eingliederung* fließend [→ 215], denn lateinische Buchstaben wirken zwischen CJK-Zeichen aufgrund der formalen Unterschiede bereits ohne Zutun wie *Auszeichnungen*. □

DIE INTEGRIERTE AUSZEICHNUNG NÈIZHÌ QIÁNGDIÀO 内置强调/內置 強調 …

… hält sich optisch zunächst zurück; sie soll erst während des Lesens wahrgenommen werden, um z. B. Eigennamen, Fremdwörter oder Zitate zu kennzeichnen. Dazu greift man in der lateinischen Typografie meist auf

- *KURSIVE*
- *KAPITÄLCHEN oder*
- *VERSALSATZ zurück.*

Da CJK-Zeichen eine Unterscheidung von großen und kleinen Zeichen nicht kennen, bleiben ihnen diese Auszeichnungsmöglichkeiten versagt. Stattdessen ist es üblich, hervorzuhebende Textstellen in Anführungszeichen zu setzen.

Das SPERREN von Wörtern ist die einzige Auszeichnungsform, die gänzlich ohne eine Schriftmischung auskommt. Für CJK-Wörter eignet es sich nur bedingt.

DIE AKTIVE AUSZEICHNUNG WÀIZHÌ QIÁNGDIÀO 外置强调/外置 強調 …

… hebt sich auf den ersten Blick hervor. Sie strukturiert Texte, indem sie den Leser sofort auf wichtige Stichwörter oder Textpassagen aufmerksam macht. Im lateinischen wie im CJK-Schriftsatz verwendet man zum Auszeichnen gleichermaßen sich voneinander absetzende

- *SCHRIFTGEWICHTE*
- *SCHRIFTGRÖSSEN*
- *SCHRIFTARTEN*
- *FARBEN oder*

separat angesetzte MARKIERUNGEN wie Unter- oder Anstreichungen.

Traditionell wurden – zunächst im vertikalen CJK-Schriftsatz – Textstellen durch ANSTREICHUNG und ANPUNKTIERUNG ausgezeichnet. Diese Formen findet man heute nur noch selten.

9

Vorwort

Seit Jahrzehnten liegen für das Englische und Französische besondere einsprachige Wörterbücher vor, die sich an alle richten, die diese Sprachen *erlernen* wollen. Das Ziel einsprachiger *Lernerwörterbücher* ist es, so viel über den Gebrauch des allgemeinen Wortschatzes zu vermitteln, daß die Lernenden die Wörter beim Sprechen, Schreiben und Übersetzen richtig verwenden können und für das Hör- und Leseverstehen verläßliche Hilfe finden. Für den *Spracherwerb* sind einsprachige Wörterbücher daher besser geeignet als zweisprachige Wörterbücher

Ein speziell für Deutschlernende konzipiertes Nachschlagewerk fehlte bisher für die deutsche Sprache. Deshalb wurde an der Universität Augsburg ein Forschungsprojekt entwickelt, das ein Wörterbuch für Deutschlernende zum Ziel hatte – unter Berücksichtigung der Erfahrungen, die schon in Großbritannien und Frankreich mit … waren. Eine Forschungsgruppe … (Anglistik), Günther Haensch (R… manistik) schuf 1985 die Grundlag… Augsburg das Wörterbuch erarbeit… scheidt bearbeitet und redigiert wu…

Langenscheidts Großwörterbuch … Wörterbuch der modernen deutsch… aber auch den Wortschatz, der fü… tagssprache, des öffentlichen Sprac… forderlich ist, mit denen Lernende …

Dementsprechend werden die … österreichischen und schweizerisc… ebenso Ausdrücke der Verwaltung… usw Größter Wert wurde auf neu… folgenden Beispiele zeigen: *abgasr…* *Besserwessi*, *Betonkopf*, … *formatieren*, *frau*, *IM*, *Nac…* *Tschechische Republik*

Die Wörter werden nicht isoliert, … Wörtern und Wortgruppen beh…

11

前　言

几十年以来，英语和法语都有专门的单语词典供所有想学会这种语言的人使用。单语学生词典的宗旨是尽量介绍一般词汇的使用，以便学习者能在说、写、译方面正确使用单词，并在听、读的理解上得到可靠的帮助。因此对语言习得而言，单语词典比双语词典更适用。

至今德语缺少一本专门为学习德语者设计的工具书。为此，奥格斯堡大学——考虑到英、法在编写此类词典时所积累的经验——推出了一项旨在为学习德语者编写一本词典的科研计划。1985 年，迪·格茨教授（英语语言文学）、冈·亨施教授（拉丁语系语言文学）和汉·韦尔曼教授（日耳曼语言文学）组成一个科研小组为此奠定了基础，在此基础上奥格斯堡的编辑人员首先编写了这本词典，1989 年后则由朗氏出版社对它进行了修订和审校。

朗氏对外德语大词典是一本现代标准德语词典，但它把理解日常口语、官方用语以及学习者一般在接触其它文体时所必要的词汇也考虑了进去。

此外，奥地利用语和瑞士用语的最主要特点，以及管理语言、时尚青年语言等表达同样受到重视。我们对较新的语词和较新的概念如：减少废气、交通灯大联合、好斗激进分子、高傲的西德人、水泥脑袋瓜、短运动裤、晚间服务、格式化、有人（女）、原民德国家安全部工作人员、简装、臭氧杀手、条形码、捷克共和国给予极大重视。

词不是孤立地，而是与其它词和词组相结合处理的，以便词典使用者能找到典型的使用方法和语词环境。释义尽量采用简明易懂的语言，必要时采用同义词和反义词、例句或图解对词义作补充说明，连构词、造句的范例也用作释义模式。

总而言之，这本词典为使用者手头提供了一本工具书，用它能够大大地改进和完善自己的语言知识。最后，本词典也考虑到德语作为国际交际工具在迈向共同欧洲的道路上日趋重要的意义。

出版者和出版社

DOPPELT WICHTIG:
Obwohl die Kursive in westlichen Texten ein (ausgezeichnetes) integratives Dasein neben ihren »normalen« Kollegen führt, spielt sie sich hier durch arrogante Distanz in den Vordergrund. Die chinesische Übersetzung traut ihrer eigenen Schriftmischung nicht und unterstreicht zur Sicherheit die hervorzuhebenden Wörter nochmals.

KURSIVE XIÉTǏZÌ 斜体字 / 斜體字

De.Cn: 对你来说什么 „最中国"?
Julia Mok-Russo: 最中国？这真是不容易回答呢。或许是同中国人在一起比较容易进入对话状态，比如当你坐在出租车里时。[Aus der Rubrik Zehn Fragen an*]*

De.Cn: 对你来说什么*最中国?*
Julia Mok-Russo: 最中国？这真是不容易回答呢。或许是同中国人在一起比较容易进入对话状态，比如当你坐在出租车里时。[Aus der Rubrik *Zehn Fragen an*]

ECHTE KURSIVE sind keine elektronisch schräggestellten Zeichen, sondern eigens gezeichnete Schriftschnitte, die zu ihrer jeweiligen Schriftfamilie gehören.

Mangels ECHTER KURSIVE kann man es nicht verteufeln, chinesische Zeichen in kleineren Schriftgraden ***algorithmisch schrägzustellen.*** *Das ist kein typografisches Verbrechen!*

In der Schriftsystemmischung sollte der ***Neigungswinkel*** *der chinesischen Schriftzeichen optisch dem der lateinischen Buchstaben angepasst werden. Er bewegt sich zwischen 10 und 13 Grad.*

Die ***Weißräume*** *zwischen aufrechten und kursivierten Schriftzeichen sowie Interpunktionen müssen ausgeglichen werden.*

De.Cn: 对你来说什么 „最中国"?

Die Normalen eines lateinischen und chinesischen Fonts im Vergleich.

De.Cn: 对你来说什么 „最中国"?

Die chinesischen Zeichen wurden um 10 Grad geneigt. Die Vergrößerung zeigt, dass sie sehr wohl leiden, doch es bleibt erträglich.

De.Cn: 对你来说什么 „最中国"?

Das Chinesische um 5 Grad geneigt – dieser Winkel ist weder „Fisch noch Fleisch".

De.Cn: 对你来说什么 „最中国"?

Das automatische Kursivieren (hier ca. 15 Grad) versetzt die chinesischen Zeichen in eine unerträgliche Schieflage.

G E S C H M A C K

假倾斜体字 / *假倾斜体字*

假倾斜体字

假倾斜体字

假倾斜体字

In der vertikalen Leserichtung wirkt diese Ausnahme-Auszeichnung geschmäcklerisch bis dynamisch – ebenso wie das Untereinanderstellen lateinischer kursiver Buchstaben, so echt sie auch sein mögen.

Für kalligrafische CJK- und lateinische Fonts bleibt der Grundsatz bestehen: Elektronisches Kursivieren ist tabu!

VERSALIEN DÀXIĚTǏZÌ 大写体字 / 大寫體字

DE.CN: 对你来说什么 „最中国"?
MOK-RUSSO: 最中国？这真是不容易回答呢。或许是同中国人在一起比较容易进入对话状态，比如当你坐在出租车里时。[Aus der Rubrik ZEHN FRAGEN AN]

Chinesische Schriftzeichen kennen keinen Unterschied zwischen Groß- und Kleinschreibung. CJK-Texte können mittels unterschiedlicher Schriftgrößen ausgezeichnet werden *[→254]**.*

在文章中常用大写拉丁字母作为醒目字体（示例：招标公告 AUSSCHREIBUNGSBEKANNTMACHUNGEN）。德语中，用大写体书写那些由很多拉丁字母构成的单词，其实并不美观。然而在汉字中却没有大小写字体之分。

Versalien als Auszeichnungsform erzeugen – besonders in der deutschen Sprache – ***Wortmonster.*** *Für Akronyme (z.B. UNO, VW) sind sie besser geeignet als Kapitälchen.*

月刊2010年5月1日出版
国内统一刊号 CN 53 -1204/K
国际统一刊号 ISSN 1673-6974
版权登记号刊字 23－2005－007号
广告经营许可证
云南工商广字第5300004000026号

主 管/主 办 云南省社会科学院
协 办 时尚杂志社
出 版 发 行 华夏地理杂志社

社 长 纳麒
总 编 辑 杨福泉
副 社 长 拉木·嘎吐萨
地 址 云南省昆明市气象路133号
社科院207-209室
邮 编 650034
编辑部联系人 石莉
TEL: (0871) 4142039
FAX: (0871) 4137607

理事会主席 靳剑生
理 事 刘江/熊晓鸽
出 版 人 刘江
助理出版人 马艳丽

编 辑 部
执 行 主 编 叶南
编 审 林薇
主 笔 艾绍强
资 深 编 辑 颜竹/吉喆/王晓波
编 辑 王烨/陈昊
助 理 编 辑 张凌健
图 片 编 辑 杨昶/王晓丽
特约摄影师 高铭/奚志农/陈新宇
美 术 主 管 闫波
美 术 编 辑 卜洪权/方磊
插 画 编 辑 任超
流 程 主 管 董志斌

地理信息组
主 任 孙长泉
制 图 指 导 国家基础地理信息中心
E-mail: ngmchina@trends.com.cn

广 告 部
广告总代理 北京时尚科比亚广告有限公司
广 告 总 监 马艳丽(兼)
广告部副经理 王皎
客 户 经 理 赵维敬
驻上海高级客户经理 俞松青
驻上海客户经理 田佳禄
TEL: (010) 65872030/31/32/35
(021) 52921000-7008/7009
市场及策划部
市场专员 张怡茜/陆阳
策划编辑 李坦
TEL: (010) 65872033/38
(010) 65872037
网 络 部
网 站 经 理 王晟
网 站 编 辑 戚为
Email:ngmweb@trends.com.cn

时尚读者订阅中心
地址 北京市朝阳区光华路9号时尚大厦17层
邮编 100020
TEL: (010) 65872222 FAX :(010) 65871866

学术咨询委员会（排名不分先后）
历史学 李学勤/秦晖/荣新江
历史地理学 葛剑雄
边疆史地 厉声
地理学 唐晓峰
思想史 葛兆光
艺术史 林冠夫
考古学 李零
人类学 何星亮/杨圣敏
天文学 江晓原
建筑学 郭黛姮/王贵祥/吕舟
环境学 梁从诫

发行服务
国内发行 北京报刊发行局
国内订阅 全国各地邮局
邮发代号 80-465
国外总发行 中国国际图书贸易总公司
代号 BM403
发行总经销 北京时尚迅达书刊发行有限公司
地址 北京市朝阳区光华路9号时尚大厦17层
邮编 100020
发行总监 殷红
发行经理 高晓菲
团购电话TEL: (010) 65871714 FAX :(010) 65871742

集团市场部
市场总监 徐聪
TEL :(010) 65872517 FAX :(010) 65872547

时尚网
网址 http://www.trends.com.cn
本刊网址 http://www.ngmchina.com.cn
TEL :(010) 65871111 FAX :(010) 65871971
地址 北京市朝阳区光华路9号时尚大厦16层

上海办事处
总经理 王月
地址 上海市静安区威海路755号文新报业大厦25楼
邮编 200041
TEL:(021) 52921000 FAX :(021) 52920988

广州办事处
业 务 主 管 张媛
广州发行经理 余鑫文
地址 广州市越秀区华侨新村和平路37号
邮编 510095
TEL:(020) 83497586 FAX：(020) 83497331

分色制版/印刷装订：北京利丰雅高长城印刷有限公司
TEL:(010) 59011339 FAX：(010) 59011234

IN DEM UMFANGREICHEN IMPRESSUM sucht man vergebens nach einem System, das der Stichwortsetzung zu Grunde liegt. Die anfängliche Idee, das erste und letzte Schriftzeichen der Begriffe am längsten Stichwort auszurichten, führt zu riesigen Abständen in Wörtern von lediglich zwei Schriftzeichen. Sie wird spätestens in der mittleren Spalte völlig aufgegeben und zerfällt fortan in Beliebigkeit. [Abb. vergrößert]

Geografie
地理

Deutschland ist ein Bundesstaat aus 16 Ländern, die jeweils eigenständige, wenn auch eingeschränkte Staatsgewalt besitzen.

德国是联邦制国家，由16个州组成，各州拥有独立的、却也有限的国家主权

Lage	Mitteleuropa	**位置**	中欧
Größe	357 021 qkm	**面积**	面积 357021平方公里
Grenzen	3 757 km	**国界**	国界 3757公里
Küste	2 389 km	**海岸线**	海岸线 2389公里
Nachbarstaaten	Deutschland liegt im Herzen Europas und ist von neun Nachbarstaaten umgeben: Frankreich, Schweiz, Österreich, Tschechien, Polen, Dänemark, Niederlande, Belgien, Luxemburg	**邻国**	德国位于欧洲中心，四周毗邻9个邻国：法国、瑞士、奥地利、捷克、波兰、丹麦、荷兰、比利时、卢森堡
Höchster Berg	Zugspitze 2 963 m	**最高的山峰**	楚格峰2963米
Längste Flüsse	Rhein 865 km, Elbe 700 km, Donau 647 km (innerhalb Deutschlands)	**最长的河流**	莱茵河865公里,易北河700公里,多瑙河（德国境内）647公里
Größte Städte	Berlin (3,4 Mio. Einwohner), Hamburg (1,8 Mio.), München (1,3 Mio.), Köln (1,0 Mio.), Frankfurt am Main (662 000)	**最大的城市**	柏林340万人口，汉堡(180万)，慕尼黑（130万），科隆(100万)，美因河畔法兰克福(66.2万)
Landschaften	Von der Nord- und Ostsee bis zu den Alpen im Süden gliedert sich Deutschland geografisch in das Norddeutsche Tiefland, die Mittelgebirgsschwelle, das Südwestdeutsche Mittelgebirgsstufenland, das Süddeutsche Alpenvorland und die Bayerischen Alpen.	**地形**	从北海、波罗的海到南边的阿尔卑斯山脉，德国在地理上可划分为北德平原、中德山地、西南德梯地、南德高原和巴伐利亚阿尔卑 斯山脉
Klima	Gemäßigte ozeanisch/kontinentale Klimazone mit häufigem Wetterwechsel und vorwiegend westlicher Windrichtung	**气候**	温带海洋性/大陆性气候区，气候多变，盛行 西风

14 Tatsachen über Deutschland 德国外交政策的基本特征

IN DER WESTLICHEN TYPOGRAFIE würde niemand auf die Idee kommen, Stichwörter so weit zu sperren, dass sie einen Block bilden. Auch im CJK-Satz sorgt eine einseitig bündige Satzkante – vor allem bei größerem Zeilenabstand – für die beruhigtere Optik. [Abb. verkleinert]

Lage	**L a g e**	位 置	位置
Größe	**G r ö ß e**	面 积	面积
Grenzen	**G r e n z e n**	国 界	国界
Küste	**K ü s t e**	海 岸 线	海岸线
Nachbarstaaten	**Nachbarstaaten**	邻 国	邻国
Höchster Berg	**Höchster Berg**	最高的山峰	最高的山峰

KAPITÄLCHEN XIǍOTǏDÀXIĚZÌ 小体大写字/小體大寫字

DE.CN: 对你来说什么„最中国"?
JULIA MOK-RUSSO: 最中国？这真是不容易回答呢。或许是同中国人在一起比较容易进入对话状态，比如当你坐在出租车里时。[Aus der Rubrik ZEHN FRAGEN AN]

DE.CN: 对你来说什么„最中国"?
JULIA MOK-RUSSO: 最中国？这真是不容易回答呢。或许是同中国人在一起比较容易进入对话状态，比如当你坐在出租车里时。[Aus der Rubrik ZEHN FRAGEN AN]

ECHTE KAPITÄLCHEN sind Großbuchstaben in der Höhe von Kleinbuchstaben eines Fonts und eigens gezeichnete Schriftschnitte. Sie integrieren sich auf dezente Weise in den Text.

CJK-Zeichensätze weisen (bisher noch) keine Kapitälchen-Varianten lateinischer Großbuchstaben auf [→ 153]. Werden diese elektronisch verkleinert, spricht man von UNECHTEN KAPITÄLCHEN – ein typografisches Verbot!

Wer auf dieser Auszeichnungsform besteht, muss auf einen lateinischen Font zurückgreifen, der einen Kapitälchen-Zeichensatz aufweist.

SPERRUNG ZÌJIĀNJÙ 字间距

DE.CN: 对你来说什么„最中国"?
MOK-RUSSO: 最中国？这真是不容易回答呢。或许是同中国人在一起比较容易进入对话状态，比如当你坐在出租车里时。[Aus der Rubrik Z e h n F r a g e n a n]

Diese Auszeichnungsart ist in der westlichen Typografie etwas aus der Mode gekommen. Doch für ***Spitzmarken*** *eignet sie sich bestens – auch in der Schriftsystemmischung.*

两 院 制：除了 联 邦 议 院 以外，由州政府代表组成的 联 邦 参 议 院 也参与立法，保证各州在立法方面的利益。

两 院 制：除了 **联 邦 议 院** 以外，由州政府代表组成的 **联 邦 参 议 院** 也参与立法，保证各州在立法方面的利益。

两 院 制：除了 <u>联 邦 议 院</u> 以外，由州政府代表组成的 <u>联 邦 参 议 院</u> 也参与立法，保证各州在立法方面的利益。

Das Sperren chinesischer Schriftzeichen in horizontaler Leserichtung ist problematisch. Man bekommt den Eindruck eines ***unausgewogenen Zeichenabstands.*** *Ohne die Kombination mit mindestens einer weiteren Auszeichnung ist diese Form der Hervorhebung ungeeignet.*

In der ***zusätzlichen Mischung*** *mit Gewichten, Schriftarten oder Farben können die ausgezeichneten Wörter ungewollt zu »aktiv« wirken.*

Unterstreichungen *dagegen bieten eine deutliche, aber unaufdringliche zusätzliche Auszeichnungsform.*

创 新 领 域 — —
研 究 是 推 动 力 … …

创 新 领 域 ——
研 究 是 推 动 力 ……

Unabhängig von der Schreibrichtung werden Beschriftungen und Überschriften jeder Art gern gesperrt. Die stets doppelt gesetzten ***Gedankenstriche*** *oder* ***Auslassungspunkte*** *müssen davon ausgenommen werden.*

Besonders in ***größeren Schriftgraden*** *wirken Striche oder Punkte oft zu MAGER oder zu FETT, man ersetzt sie einfach durch einen anderen Font.*

位　置	中欧
面　积	面积357021平方公里
国　界	国界3757公里
海岸线	海岸线2389公里
邻　国	德国位于欧洲中心，四周毗邻9个邻国

位　　　置	中欧
面　　　积	面积357021平方公里
国　　　界	国界3757公里
海　岸　线	海岸线2389公里
邻　　　国	德国位于欧洲中心，四周毗邻9个邻国
最高的山峰	楚格峰2963米
气　　　候	温带海洋性/大陆性气候区，气候多变，盛行西风

Es ist üblich, Stichwörter, Aufzählungen oder Lemmata auf Blocksatz zu zwingen, dessen ***Spaltenbreite*** *sich nach der höchsten Zeichenanzahl richtet.*

Besteht das ***längste Wort*** *aus drei oder vier Zeichen, ergibt sich dabei eine angenehm ruhige Kolumne. Spätestens Begriffe mit mehr als vier Schriftzeichen stoßen jedoch an die Grenzen guter Lesbarkeit.*

Schriftklassen-Mischung *Zìtǐ fēnlèi hùnhé* 字体分类混合 / 字體分類混合 *mit integrierendem Charakter*

Die Serife und Serifenlose einer Schriftsippe zu mischen, ist die sichere Variante. Man muss ja nicht gleich die komplette Sippschaft einladen, das geht meistens schief!

Die Serifen und Serifenlosen einer Schriftsippe setzen sich manchmal zu gering voneinander ab und sind daher als Auszeichnungspaar für einen glatten Text ungeeignet *(westliche Texte bevorzugen für zu integrierende Passagen kursive Schriftschnitte)*. Möchte man eine deutliche Hervorhebung erzeugen, muss man eine andere oder zusätzliche Auszeichnungsform wählen.

01 从没有在一篇文章中使用两种以上的字体！同时使用有脚体和无脚体这两种字体是非常协调的。然而，不同的书法字体却不能混合使用。

02 从没有在一篇文章中使用两种以上的字体。同时使用有脚体和无脚体这两种字体是非常协调的。然而，不同的书法字体却不能混合使用。

03 从没有在一篇文章中使用两种以上的字体。同时使用有脚体和无脚体这两种字体是非常协调的。然而，不同的书法字体却不能混合使用。

Um Texteinschübe, Merksätze oder Zitate integriert auszuzeichnen, greift man mangels kursiver chinesischer Schriftzeichen aktiv zu Fonts einer ***anderen Schriftklasse.*** *Insgesamt bietet die Schriftmischung ohne zusätzliche Auszeichnungsformen ästhetisch geringes Potential.*

Für gewöhnliche Fließtexte eignen sich die Schriftklassenpaare:
01 *Heiti mit auszeichnender Fangsongti*
02 *Songti mit auszeichnender Heiti*
03 *Heiti mit auszeichnender Kaiti*

Interpunktionen und andere ***Satzzeichen*** *schließen sich gegenüber dem anderen Font zuweilen völlig aus. Hier muss die Zeichensetzung manuell aufeinander abgestimmt werden.*

从没有在一篇文章中使用两种以上的字体。同时使用有脚体和无脚体这两种字体是非常协调的。然而，不同的书法字体却不能混合使用。

从没有在一篇文章中使用两种以上的字体！同时使用有脚体和无脚体这两种字体是非常协调的。然而，不同的书法字体却不能混合使用。

Sind nur einzelne Stichwörter innerhalb glatter Texte zu kennzeichnen, setzen sich Hei-, Song- und Fangsong-Schriften ähnlicher ***Strichstärke*** *nicht deutlich genug voneinander ab.*

然而，不同的书法字体却不能混合使用。从没有在一篇文章中使用两种以上的字体！同时使用有脚体和无脚体这两种字体是非常协调的。

Diese Kombination wirkt bereits, als seien hier Schriftgewichte gemischt worden, was nicht der Fall ist.

Merke: ***In glatten Texten werden Schriften einer Schriftart nicht gemischt.***

字体混合 从没有在一篇文章中使用两种以上的字体。同时使用有脚体和无脚体这两种字体是非常协调的。然而，不同的书法字体却不能混合使用。

Lemmata *müssen sich stark absetzen. CJK-Fonts kennen viele ernstzunehmende (meist kalligrafische) Schriften, die sich nicht allein durch den anderen Duktus, sondern ebenso durch ihre Eleganz anbieten.*

Schriftgrössenwechsel *Zìtǐ dàxiǎo hùnhé* 字体大小混合 / 字體大小混合

Bevor Schriften gemischt werden, die besser nicht in einen Topf gehören, bevor man sich am Schriftgewicht verhebt, ruft man Aufmerksamkeit durch unterschiedliche Schriftgrößen hervor.

在使用混合字体之前，通常使用不同的字体大小来作为醒目字体。从没有在一篇文章中使用两种以上的字体！

在使用混合字体之前，通常使用不同的字体大小来作为醒目字体。从没有在一篇文章中使用两种以上的字体！

NOTE: *Setting the other (!) language in a much smaller size is dismissive and mostly looks just ugly!*

Das Mischen von Schriftgrößen in ***Fließtexten*** *eignet sich nur für Leseschriften wie eine Songti oder Heiti.*

Diese Auszeichnungsform kann mit einem Schriften- und Gewichtswechsel und mit nochmaligem Einfärben der Zeichen einhergehen.

GEWICHTSUNTERSCHIEDE ZÌTǏ FĒNLIÀNG BÙTÓNG 字体分量不同 / 字體分量不同

Je leichter die Grundschrift, desto variantenreicher die Auszeichnungsmöglichkeiten. Man kann geringere Hervorhebung erzeugen oder **starke** und **gewaltige**, indem zwei und mehr Kontraststufen gewählt werden.

Auch in Kombination mit einer Schriftfamilien-Mischung eignen sich **fette Schnitte** zur Hervorhebung von Stichwörtern.

从没有在一篇文章中使用两种以上的字体！使用不同的**字体分量**非常适合在文章中作为醒目字体。

字体分量不同 使用不同的分量非常适合在文章中作为醒目字体。[从没有在一篇文章中使用两种以上的→**字体**。]

字体分量不同 使用不同的"分量"非常适合在文章中作为醒目字体。[从没有在一篇文章中使用两种以上的→**"字体"**。]

*MERKE: **Je leichter die Grundschrift, desto stärker die Auszeichnungsmöglichkeiten durch fettere Gewichte.***

Lemmata können nochmals vergrößert, auch gesperrt werden.

***Satzzeichen** vor oder nach fetteren Wörtern werden gemäß dem Grundtext gesetzt. Abstände müssen meist manuell nochmals ausgeglichen werden. Gänsefüßchen gehören zum Wort und haben damit die gleiche Schriftfette.*

FARBEN YÁNSÈ 颜色 / 顏色

Besonders in **multilingualen** Dokumenten erleichtert das farbige Absetzen der Sprache die Orientierung. Setting the other language much brighter is also dismissive!

hé 河 (8) [氵 Wasser + 可 phon. **kě**]
NOMEN = Fluss (条 **tiáo**)
■ 这条河水太急，不能游泳。
Zhè tiáo hé shuǐ tài jí, bù néng yóuyǒng.
= *Die Wasserströmung ist zu heftig. Man kann hier nicht schwimmen.*

INFO: Der berühmteste Fluss 河 **hé** Chinas, der 黄河 **Huánghé** = *der Gelbe Fluss*, ist der zweitlängste nach dem 扬子江 **Yángzǐjiāng** = *der Jangtse* (*Langer Fluss*).

*Wörter oder ganze Textpassagen können **eingefärbt** oder **flächig unterlegt** werden, um Lemmata, Fremd- und Stichwörter oder auch Absatzanfänge zu kennzeichnen.*

Die strenge Beschränkung auf eine Schriftfamilie und zwei Schriftfetten für jede Sprache bietet genügend kreativen Raum, um auch komplexere mehrsprachige Texte übersichtlich zu ordnen.

SCHRIFTBREITEN-MISCHUNG ZÌTǏ KUĀNDÙ HÙNHÉ 字体宽度混合 / 字體寬度混合

Das Auge springt **schnell** zur sich deutlich abhebenden Schrift. Wenn sie gut aussieht, darf es auch die BREITE Type einer anderen Familie sein.

Zum Vergleich die elektronisch veränderten Breiten:

Das Auge springt schnell zur sich **deutlich** abhebenden Schrift. Wenn sie gut aussieht, darf es auch die **BREITE** Type einer anderen Familie sein.

从没有在一篇文章中使用两种以上的字体！**拉丁字母**有着不同的字体宽度。汉字体宽度大多数是一样的。

从没有在一篇文章中使用两种以上的字体！**拉丁字母**有着不同的字体宽度。汉字体宽度大多数是一样的。

从没有在一篇文章中使用两种以上的字体！**拉丁字母**有着不同的字体宽度。汉字体宽度大多数是一样的。

Nein, es gibt (noch) keine CJK-Fontfamilien, die echte breitlaufende Schnitte aufweisen [→177]. Nebenstehende Spielerei zeigt aber, dass die elektronische Veränderung der Grundschrift zu passablen Ergebnissen führt.

Wenn Kursivieren erlaubt sein soll, dann doch bitte auch für knackige fette Auszeichnungen! [→176, 251]

SEPARATE MARKIERUNGEN DĀNDÚ BIĀOJÌ 单独标记 / 單獨標記

Automatische Unterstreichungen sind meist zu dünn oder viel zu dick.

> Vertikale Anstreichungen werden nur im horizontalen Schriftsatz manuell hinzugefügt. [→259]

从没有在一篇文章中使用两种以上的字体！带有下划线的字体（Typeface）在西文中并非很流行。然而，在竖排中文文章中，侧划线则是作为一种非常漂亮的醒目

从没有在一篇文章中使用两种以上的字体！带有下划线的字体（Typeface）在西文中并非很流行。然而，在竖排中文文章中，侧划线则是作为一种非常漂亮的醒目

从没有在一篇文章中使用两种以上的字体！带有下划线的字体（Typeface）在西文中并非很流行。然而，在竖排中文文章中，侧划线则是作为一种非常漂亮的醒目

Automatische Unterstreichungen sind ungeeignet. Sie kleben exakt an den CJK-Zeichen. In der Schriftmischung schließen sich die unterschiedlichen Strichstärken aus, zumal westliche Texteinschübe mit der CJK-Grundlinie alignieren [→235].

*Bei längeren Textpassagen oder Sätzen werden die **Satzzeichen mit unterstrichen**. Der Abstand der Linie richtet sich nach den Unterlängen lateinischer Schriften.*

*Das Anpunktieren ist ein Erbe der vertikalen Leserichtung [→258 ff.]. **Satzzeichen** und fremde Schriften werden **nicht anpunktiert**.*

Rechts ist recht: Zwei kontrastreiche Interviews, die ganz verschiedene Sprachen sprechen. Auf der linken Seite zeichnet sich ein heftiger Schlagabtausch ab, die riesigen Einzüge treiben agressive Keile zwischen die Gesprächspartner [→ 239]. Rechts reden drei Leute etwas beruhigter miteinander, das Gewicht liegt hier auf Sachlichkeit.

楊瀾訪談錄

立即批准的最高限度，更多金額則要由總部董事會通過。尤格霖回到公司總部瑞典後，立即說服董事會向中國災區提供救助，最後利樂拉伐集團撥出了一千五百萬美元，折合人民幣約一億元，專款用於緊急救助和災後重建，是在華外企中賑災款項最多之一。

如果說茜茜和莉萍遭受的是失去親人的痛苦，那麼對於十六歲的周仁貴來說，過去的一年他要面對的是來自身體和心理的雙重折磨。曾經在都江堰聚源中學就讀的阿貴被困了十二個小時以後被救出來，當時他還安慰父母，我的腿只要打上石膏，上上鋼板很快就會好了。第二天當他從昏迷中醒來的時候，他的左腿已經被截肢了。十四天之後，醫生又告訴他，右腿也保不住了。他的父母哭著不肯在手術書上簽字，最後是阿貴自己在手術同意書上簽了字。

楊：我聽說要截右腿的時候，爸爸媽媽都不肯簽字。

周仁貴（以下簡稱貴）：對。

楊：當時醫生在討論你的醫療方案，就是在你面前討論的，也沒有避諱你，最後是你自己簽的字，為什麼？

貴：因為當時有ICU，就是重症監護室去會診，許多專家在那裡，國際上的專家也在那裡，就是說這孩子如果肌肉壞死少的話，就把這條腿保住，如果肌肉壞死多的話就截肢，我當時想能活下來就很不容易了，因為我出來的時候，看到很多同學的屍體躺在面前，最後醫生跟我說叫我簽字的時候，沒猶豫就簽了。

楊：聽說你那時候還問醫生說，我要是兩條腿沒有，以後怎麼養活我的爸爸媽媽？你說過這樣的話嗎？

貴：開始的時候，右腿還在的時候說過。

楊：你為什麼會首先想到這個，可能其他的孩子首先想到我將來怎麼走路，我將來怎麼生活，你為什麼首先想到要怎麼養活爸爸媽媽呢？

貴：我是家中獨子，爸爸媽媽把一切心血都花在我身上，我不能辜負爸爸媽媽。

一年來，阿貴的雙腿一直不停的在做手術，由最初的左腿小腿切除手術，到右腿全部截肢，之後，壞死的肌肉不停感染新肉，還要不斷的做清創手術，安裝假肢後又發現接口處疼痛難耐，還得做手術……這其中的痛苦成人都無法想像，他一個十六歲的少年，卻硬是挺過來了。

楊：在這後來的一年當中，你做了超過二十次的手術。做了這麼多次手術，最疼的是哪一次？

貴：最疼的就是右下肢截除手術。

楊：疼到什麼程度，能跟我說說嗎？

貴：當時也沒流淚，就把被子咬住。

楊：最疼的時候為什麼不哭呢？為什麼你不許自己哭？

貴：在家裡就很少哭，我性格比較堅強。

楊：什麼時候你才第一次哭呢？

貴：妹妹來看我。我小叔的女兒。

楊：為什麼堂妹來看你哭了呢？

貴：因為我特別喜歡妹妹，她還小，每次看她，我都把她舉起來，特別喜歡她。

楊：她到醫院來看你，她害怕嗎？看到你兩條腿沒有了。

貴：還小，應該不懂，她叫哥哥，然後哭了。那時候覺得心裡酸酸的。我哭了，那是第一次哭。

阿貴畢竟還只是個孩子，雖然挺過了身體上的痛苦，但失去雙腿的打擊他還是難以承受。手術後阿貴出現了心理障礙，有一段時間他幾乎不和任何人說話，對外界失去了正常的反應，甚至對疼痛都失去了感覺。

楊：是什麼時候不願意跟別人交談？

貴：右下腿截肢後，大概持續了兩、三周左右。

楊：不願意跟別人說話，覺得別人沒有辦法理解你？

貴：當時就挺鬱悶的，本來截一條腿對心理打擊很大了，另一條腿也沒有了，打擊就更大了，就不想說話。

楊：後來怎麼慢慢能夠跟別人交流了呢？

貴：當時有一位教授，看到我挺鬱悶的，每次扎針的時候都說不疼，他就覺得我可能受地震的打擊太大了，對心理有影響，然後就去找心理醫生，害怕語言不通，找的是重慶的心理醫生，經過他們一段時間的輔導之後，慢慢就好了。

楊：他怎麼輔導你的。

貴：我也不知道，開始時候是沒理他們的。

楊：他們來找你說話，你不理他們。

貴：他穿著白大褂，過來就說你是周仁貴嗎？你好，我是重慶那邊來的心理醫生。我沒理他，挺鬱悶的。

我想他不可能理解我心裡的痛苦，一段時間之後，慢慢跟我聊，我也嘗試和他聊，聊了之後挺開心的，

心理醫生和阿貴聊喜歡的電影，聊他最愛的足球，慢慢的醫生打開了阿貴的心結。心理治療的神奇功效也讓阿貴偷偷的樹立了一個未來的目標，他也要當心理醫生，為人們解除心理上的問題。為了測試自己是否有這方面的能力，他甚

38 2009年6月16日 | 2009年7月15日

DNAを見つけること……
そして、"レガシー" をつくりたい。

出会って、少しずつでも何かが起きる。それに、持ち時間は長くないから、ダイアグラムを使って、難しい説明なんてしていられない。ビジュアルでいかに伝えるかが勝負。だからエンターテインメントにもなるのです。

K　実は、ぺちゃくちゃないとはオートデスク社のスポンサーでファウンデーションになる予定です。そこでは、イベントだけではなくて、若い人々の支援などもできればと考えています。

── 現在、おふたりの間に役割分担はあるのでしょうか。

K　はっきりしたものはなくて、スタッフも含めてできるだけみんなで進めていくというかたちですね。ただ、マークは大きな建築的ビジョンから入ってきて、構造やテクニカル部分を受け持つ割合が多く、私はテクスチャーや色や形の話をすることが多いかもしれませんね。

D　でも、「これは誰のアイデアだ」というようなオーナーシップはありません。私たちのアイデアに、スタッフのアイデアが積み重なっていくことで、最終的にはみんなのアイデアになっていく。

── クライン・ダイサムのプロジェクトは、建築や空間にしても外に向けて、人に向けて "語りかけていく" というイメージがあります。

D　プロジェクトでいちばん大切なのは、DNAを見つけることです。その場所や建築、クライアントのDNAが必ずある。DNAをエッセンスと言い換えてもいいかもしれない。それをちゃんと捕まえて、そこに焦点を絞って、その場所やそのときにしかできないものをつくりたいのです。

K　カスタムテイラーみたいなね。何回も試着して、最終的にすごくフィットする。そのお客様にしか着ることができない。プロジェクトはそうあるべきだと思っています。特に建築のプロジェクトは1、2年からもっとかかることがある。人生の中の2、3年というのは、本当に大切な時間のはずです。私たちにも、クライアントにとっても。そう思うと、後悔しないように、ハッピーでリッチなものにしなくてはいけないし、もっと "スマイル" を加えていきたい。そんな思いが作品に出ているのかもしれません。もちろん、プロジェクトの途中では、いろんな問題やストレスを抱えていますよ。

D　特に建築は真面目すぎます。東京の建築のほとんどはゼネコンがやっていて、みんなグレースタイルで、顔がない。平均的で優等生かもしれないけれど、エモーションがない。私たちはそこに、「生きているんだ!」という意味を植え付けたいんです。それが、私たちのプロジェクトが外に向けて発信していると言われる所以かもしれません。

── 南アフリカのケープタウンでは、低所得者層向けのローコスト住宅プロジェクト「10×10」を手がけていますが、社会的なプロジェクトにも積極的ですね。

D　地元で簡単に手に入る素材を使って、専門家ではない地域の人たちがいかに簡単に、いかに住み心地のいい家をつくるかというプロジェクトです。とても挑戦的で、やりがいがありました。まさにデザインです。元となるコンセプトは世界のどこででも通用するはずです。私たち自身は、エコやサスティナブルなんて言葉はどこにも使っていないけども、それらを体現したプロジェクトだと自負しています。

K　エコとかではなくて、アプロプリエイト（そこにふさわしい、適切である）という考え方から入ったんです。最新のテクノロジーを使うほどCO_2が出ますが、アフリカで昔ながらの生活を営む種族はカーボンゼロです。今、いちばんハイテクなのはそういう人たちかもしれません。東京はハイテクじゃない。

── 88年に来日されて、91年にクライン・ダイサム・アーキテクツを設立されるのですが、ちょうどバブルの時期を経験されています。日本や東京はどう変わってきたと感じていますか。

K　本当にバブルがはじけて良かったと思います（笑）。お金をバンバン使うけども、決して面白くなかった。表面だけがキラキラしてて、中身が空っぽ。バブル以来、日本人はソフィスティケート・コンシューマーになり、表面的なものだけにとらわれなくなった。それでもまだ、いくら買ってもハッピーにならないところは変わらない。コンシューマー・ファティーグですね。モノが溢れて、つくるほうも買うほうもモノに飽きてしまった。デザイナーが "もう1つの新しい照明や椅子" をつくり続けるけども、そのもう1つって、本当に必要なのか、誰に向けたものなのか、もうお腹いっぱいだよって感じですよね。

D　だから、新しいものではなくて、後に残るもの、つまり "レガシー" をつくりたい。後世の人が、それをデザインしたデザイナーの名前なんか知らなくてもいいから。そういう意味では、ぺちゃくちゃないとは、私たちが死んだ後も残っていく、レガシーだと思うんです。

K　デザインに限らず、みんな「新しいものを!」と言うけども、人間って実はそんなに新しいものが好きじゃない。変化ばかり好む人は稀で、本当はベターなものが欲しいんですよね。

── これからも東京にオフィスを構え続けるのですか。

K　永住権も取ったし、もうずっといます（笑）。

D　東京は本当に面白いフューチャーシティです。決してビジュアル的ではないけれど、ポジティブな意味で、新しいもの好きだし、建築でもいろんなことにトライできます。ロンドンではそうはいかない。実は2012年のロンドン・オリンピックの選手村のデザインをすることになったのですが、全然進まないんです（笑）。建物を建てるのに時間がかかる。

K　日本のコンシューマーはプロダクトの背景を細かく知りたがりますよね。誰がどうやってつくったのか、どんな技術かって。これは日本での「○○道」というものに繋がると思うんですが、とても大事なことです。それにメイド・イン・ジャパンはこれから本当にパワーを発揮すると思うんです。日本人は自信を持っていいよね。

── 最後に若いデザイナーやデザインを学ぶ学生たちにメッセージをいただけますか。

Auszeichnungen. Überraschende Sieger.

CJK-Texte bedienen sich traditionell weiterer – uns unbekannter – Satzzeichen für die Hervorhebung von Textstellen. Die neumodischen Westimporte auszeichnender Gestaltungsmittel eignen sich ohnehin größtenteils nur für lateinische Buchstaben [→ 250 ff.]. Dies gilt einmal mehr für den vertikalen Satz. Jahrhundertelang kannte man hier nicht einmal Interpunktionen, um eine grammatische Satzstruktur zu erzeugen oder Anführungen, welche die wörtliche Rede kenntlich machten [→ 58]. Inhalte erschlossen sich ausschließlich aus kontextuellem Lesen. ■ An der Schwelle zum 20. Jahrhundert griff man dann die Idee des Einklammerns auf und adaptierte sie für den noch vorherrschenden vertikalen Schriftsatz. Auf diese Weise entstanden die bis heute üblichen *Klammerarten*, welche Titelangaben, Zitate und Eigennamen verdeutlichen und bald auch in der horizontalen Leserichtung ihre ordnenden Dienste leisteten. ■ Zunehmende Übersetzungen ausländischer Literatur brachten es mit sich, die unzähligen völlig neu geschaffenen Wortkonstrukte in Form transliterierter *Lehnwörter* und fremder Eigen- oder Ortsnamen kennzeichnen zu müssen. Die visuell reizvolle wie lesetechnisch effektive frühe Methode des *Anstreichens* und *Anpunktierens* bestimmter Textpassagen findet man in China inzwischen nur noch selten. Heute werden den Wortschöpfungen die originalsprachigen Begriffe überwiegend als *konjunktive Fremdsprachen-Eingliederung* eingeklammert nachgestellt, sodass sich eine zusätzliche Auszeichnung erübrigt [→ 215 ff.]. ■ Die den sogenannten »Mutterzeichen« zugehörigen *Auszeichnungen* können in asiatischen Schriftsatzprogrammen über das Annotationssystem Ruby-Markup ルビ automatisch nebengestellt werden. (In dem ohnehin für die vertikale Leserichtung eingeschränkt verwendbaren Programm Adobe Illustrator sucht man Ruby vergebens [→ 205].) Die Ruby-Methode wird auch als Ausspracheanleitung – vor allem im Lehrmittelbereich – genutzt [→ 80]. □

Furigana 振り仮名 (chines.: Zhènjiǎmíng 振假名) …

… sind Anmerkungszeichen, die mit dem Basistext in einer Zeile stehen.

Ruby-Markup ルビ (chines.: Pángzhùbiāojì 旁注标记 / 旁註標記) …

… ist ein Annotations- und Auszeichnungssystem, das vor allem in japanischen und gelegentlich in chinesischen Dokumenten Anwendung findet. Dabei stehen die zu Ruby-Texten zusammengefassten Furigana-Zeichen bei senkrechtem Satz rechts oder links neben, bei horizontalem Satz über oder unter dem auszuzeichnenden Haupttext, dessen Zeichen »Basis- oder Mutterzeichen« heißen. □ Vor allem wird diese Methode als Transkriptionshilfe verwendet. Im Japanischen werden dabei Hiragana- oder Katakana-Zeichen, im Chinesischen Bopomofo- oder Pīnyīn-Zeichen für gewöhnlich in halber Schriftgröße neben die zu umschreibenden Haupttexte gestellt.

Komplexes Ruby-Markup …

… verbindet mehr als eine Ruby-Zeile mit dem Basistext. Zum Beispiel können neben Auszeichnungen oder Umschreibungstexten parallel Fußnoten-Verweise automatisch eingebunden werden [→ gegenüberstehendes Beispiel].

Anpunktieren und Anstreichen (Ruby-System)

*Zeichen wie der sogenannte »weiße und schwarze Sesampunkt«, das »Fischauge«, sowie verschiedene Wellenlinien und Striche, werden als **Auszeichnung bestimmter Schriftzeichen** mit der Basiszeile verknüpft.*

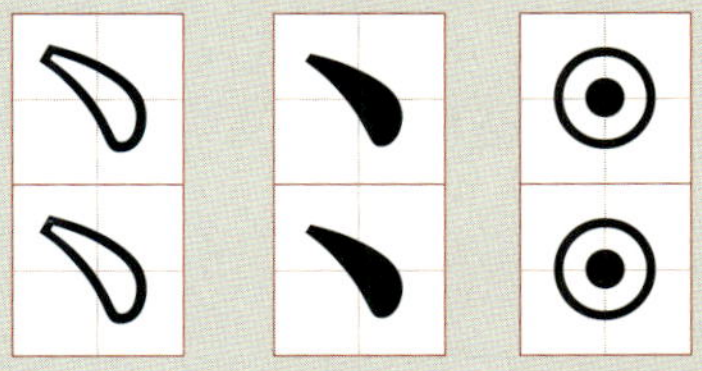

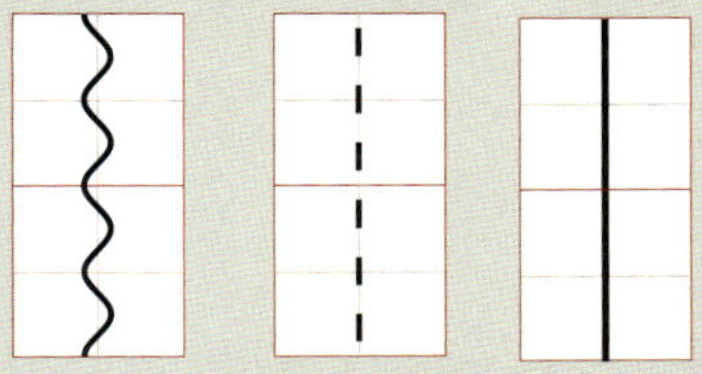

❖圏点……強調を示すために、文字符号の右側（縦書きの場合は上）に付す「、」「ᐤ」「●」「○」「◎」「◉」「▲」「△」などの符号を「圏点」といいます。その起源は、漢文訓読のための、声調を示す声点で、その付ける場所、形の違いによって声調の違いを表わしました。現代では、強調の意味にのみ使用されます。圏点は、親文字一字に一つだけ付け、中付きにします。

❖下線・傍線・打ち消し線……親文字列の右・左（縦書きの場合は上・下）に付ける線を「下線」「傍線」といいます。中央に付ける線を「打ち消し線」といいます。下線・傍線・打ち消し線の長さは、親文字列長に揃えます。

Ruby-Annotationen

*Kleine japanische Kana-Zeichen, die Furigana, **transkribieren** seltene chinesische Schriftzeichen.*

五普通乗といふ相人あり。六宇治殿・七二條殿をば、「君三代の關白、ともに御年八十」と申たりしもたがはず、八帥のうちのおとゞをば、「流罪の相まします」と申たりしもたがはず。九聖德太子の崇峻天皇を、「横死の相在ます」と申させ給ひたりしが、馬子の大臣にころされ給ひにき。一〇さもしかるべき人々は、必ず相人としもにあらねども、一一かうこそめでたかりしか、これは相少納言が不覚にはあらずや。一二中比兼明親王・一三具平親王と申しは、一四前中書王・後中書王とて、ともに賢王聖主の王子にてわたらせ給しかども、位にもつかせ給はず。

Schriftgrössen mischen

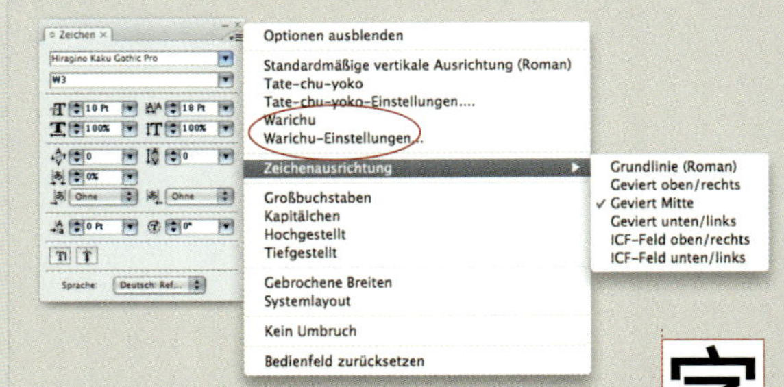

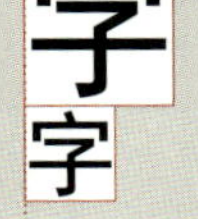

links aligniert

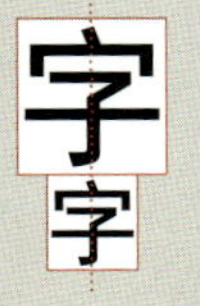

mittig aligniert

rechts aligniert

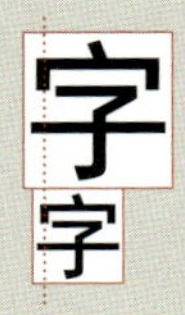

an vertikaler Proportionsgrundlinie aligniert

Warichu 割り注 *bedeutet Zwischenanmerkung. Im Adobe Illustrator ermöglicht die Funktion **das mehrzeilige Auszeichnen pro Hauptzeile.** Angewählte Wörter werden dabei automatisch verkleinert.*

在西方社会中，我们正面临着巨大的变化。应该意识到，我们自己的评判标准尺度并不代表着所有事物的标准尺度。（我们应该学着去认同那些对于全球共存有着不同想法的文化观念，即使我们尚无法分享这种文化。）中国文化尤其如此，因为它所带来的文明，是几千年来唯一完全不依赖西方文化而发展起来的一种高度文明。

*Im Adobe Illustrator manuell **verkleinerte Zeichen** können innerhalb der Zeile verschiedener Zeichenausrichtung folgen [→ Abb. links]. In Adobe InDesign funktioniert dies nur über den Grundlinienversatz.*

在西方社会中，我们正面临着巨大的变化。应该意识到，我们自己的评判标准尺度并不代表着所有事物的标准尺度。我们应该学着去认同那些对于全球共存有着不同想法的文化观念，即使我们尚无法分享这种文化。中国文化尤其如此，因为它所带来的文明，是几千年来唯一完全不依赖西方文化而发展起来的一种高度文明。

Varianten, Handschriftliche

FZZJ-TTMB
Vereinfachte Zeichen

字体设计的艺术？

36 / 39 pt

Hmbgft.!?字体是一种最基本的视觉设计元素。设计师使用它就如同建筑师们使用玻璃，石料，钢铁和无数其他材料一样。280!?…

9,5 / 13 pt

Hmbgft.!?字体是一种最基本的视觉设计元素。设计师使用它就如同建筑师们使用玻璃，石料，钢铁和无数其他材料一样。280!?…

6 / 9,5 pt

Founder Electronics, Peking

約翰福音

施洗約翰爲眞光作見證

第一章 一太初有道、道與上帝同在、道就是上帝。二這道太初與上帝同在。三萬物是藉着他造的．凡被造的、沒有一樣不是藉着他造的。四生命在他裏頭．這生命就是人的光。五光照在黑暗裏、黑暗卻不接受光。六有一個人、是從上帝那裏差來的、名叫約翰。七這人來、爲要作見證、就是爲光作見證、叫衆人因他可以信。八他不是那光、乃是要爲光作見證。九那光是眞光、照亮一切生在世上的人。十他在世界、世界也是藉着他造的、世界卻不認識他。十一他到自己的地方來、自己的人倒不接待他。十二凡接待他的、就是信他名的人、他就賜他們權柄、作上帝的兒女。十三這等人不是從血氣生的、不是從情慾生的、也不是從人意生的、乃是從上帝生的。十四道成了肉身、住在我們中間、充充滿滿的有恩典有眞理。我們也見過他的榮光、正是父獨生子的榮光。

約翰福音　第一章

恩典眞理是由耶穌基督來的

十五約翰爲他作見證、喊着說、這就是我曾說、那在我以後來的、反成了在我以前的、因他本來在我以前。十六從他豐滿的恩典裏我們都領受了、而且恩上加恩。十七律法本是藉着摩西傳的、恩典和眞理、都是由耶穌基督來的。十八從來沒有人看見上帝、只有在父懷裏的獨生子將他表明出來。

約翰證明自己不是基督

十九約翰所作的見證、記在下面、猶太人從耶路撒冷差祭司和利未人到約翰那裏、問他說、你是誰。二十他就明說、並不隱瞞、明說、我不是基督。二一他們又問他說、這樣你是誰呢、是以利亞麽、他說、我不是。是那先知麽、他回答說、不是。二二於是他們說、你到底是誰、叫我們好回覆差我們來的人、你自己說、你是誰。二三他說、我就是那在曠野有人聲喊着說、修直主的道路、正如先知以賽亞所說的。二四那些人是法利賽人差來的。或作那差來的是法利賽人 二五他們就問他說、你既不是基督、不是以利亞、也不是那先知、爲甚麽施洗呢。二六約翰回答說、我是用水施洗、但有一位站在你們

一百二十五

Aktiv: Die handgesetzte chinesische Bibelübersetzung streicht Personennamen einmal, Ortsnamen doppelt an. (Das lange Wort unten bedeutet Jerusalem Yēlùsālěng.) Selbst Fußnotennummern behindern den Lesefluss nicht. Der Zeilendurchschuss wird platzsparend für Interpunktionen genutzt – unglaublich überschaubar!

Integriert: Traditionell wurden gelegentlich Überschriften der vertikalen Leserichtung mit erweiterten Abständen geschrieben, dazu abermals betont durch größeren Schriftgrad, seltener in einem weiteren Schriftstil.

Ausgezeichnete Auszeichnung: Ein chinesisches Kulturmagazin verlegt im Jahr 2009 einen kommentierten Nachdruck von Autorentexten der Bewegung »Vierter Mai« [→ 24]. Sämtliche Eigennamen sind angestrichen, Institutionsbezeichnungen und Buchtitel zusätzlich eingeklammert.

寻访「五四」

一个中文名字的心灵之旅

撰文：张泉　摄影：BILL BURKHART

舒衡哲一九六九年在耶鲁大学攻读研究生，学习汉语，并研究「五四运动」，「舒衡哲」这个中文名字也是那时所起，舒衡哲后来发现，这个名字不断地成就巧合与机缘，也成为她在中国的心灵之旅的开始。

一九七三年，舒衡哲到中国台湾进行访问学习，一九七九年作为首批美国留学生在北京大学中文系进修。中国大陆与中国台湾留存着两套关于「五四」的话语体系，而海外则流传着另一种视野，舒衡哲将三种话语形态下的「五四」记忆与「五四」观念，加以冷静的取舍，结合对「五四」人勤奋的寻访，从启蒙的角度观察并反思「五四」，她的著作成为继周策纵之后，「五四」研究的又一座思想的高峰。

舒衡哲是一位锋利的观察者，又是一个睿智的倾听者。悲悯与怀疑批判这两种态度始终交织在她的追问与思辨中，诗性的文笔与她的思想并驾齐驱。充沛的情感，则支撑着她的研究工作，也支撑着她与「五四」一代的相互信任与相互温暖。三十年后，舒衡哲告诉《生活月刊》，让她铭记至今的，是那一代人在讲述完那些业已成灰的往事之后，每每陷入的沉默，「这些沉默比话语更有力量，令我体会到知识分子们许许多多隐藏的力量，即便是在艰难岁月里，它们依然活着。」　同时，舒衡哲还慷慨地提供了她在寻访「五四」人时所记录下的见闻与思考，篇幅所限，我们只能节选其中一二，刊登于此，这些散落在二三十年前的记忆碎片，时至今日，依然散发着光辉。

舒　衡　哲

一九七九年，中国开始整理「五四」遗事，对这场六十年前的往事作重新评价。失语长达三十年甚至更久的「五四」一代幸存者，开始被邀请出来，重述往事。随着海峡两岸的「五四」故人相继谢世，「五四」终于从一代人的戮力追索，沦为少数人的记忆。以至，连一向对这种纪念活动退避三舍的俞平伯也终于提起笔来——这些已是暮年的文化英雄们知道，这可能是他们最后的陈述，以及集体的告别。与此同时，在古城北京鳞次栉比的瓦楞下，在许多凋敝破旧的四合院里，年轻的美国学者舒衡哲（VERA SCHWARCZ）在进行另外一场与命运的追逐。从一九七九年到一九八五年，许德珩，俞平伯，叶圣陶，朱光潜，冯友兰，金岳霖，张申府，梁漱溟……老人们为来访的舒衡哲留下了不同于主流版本的「五四」记忆，也开启了舒衡哲进入「五四」现场的一条新的路径。

标点符号。圆点表示什么？

Satzzeichen in CJK-Fonts. Wohin mit dem Punkt?

Die Satzzeichen aus dem CJK-Zeichenvorrat nehmen zwar den gleichen Raum ein wie alle andern chinesischen Schriftzeichen – den eines *Quadrats*. Für die ganz unterschiedlichen Bedürfnisse eines vertikalen oder horizontalen Satzes sind jedoch die in Aussehen gleichen *Glyphen* jeweils eigenen *Zeichen* eingeschrieben: Zum Beispiel kann der *Satzschlusspunkt* unter einer vertikalen Zeile rechts oben stehen, horizontal ausgerichtet ist er links unten seines *Zeichens* platziert. Aufmerksamkeit erfordern diejenigen chinesischen Fonts, die ihre Interpunktionen – für uns ungewohntermaßen – einmitten *[→ 236]*. Grundsätzlich gilt: Innerhalb eines Textes sollten stets die gleichen Zeichen für gleiche inhaltlichen Differenzierungen zum Einsatz kommen. ■ Wer Gassen und ein fleckiges Textbild vermeiden will *[→ 234]*, sollte sich einen CJK-Font hinsichtlich der Satzzeichen und ihrer Anwählbarkeit genau anschauen. *Type Foundries* bieten heute den Service, Fonts ganz individuellen technischen und typografischen Erfordernissen anzupassen. *Corporate Typefaces* und umfassende Publikationen lohnen den geringen zeitlichen und finanziellen Aufwand! ■ Auf die koreanische Sprache wird nicht weiter eingegangen, da Fließtexte nicht in chinesischen Schriftzeichen, sondern in Hangeul gesetzt werden. Bis auf wenige Ausnahmen gelten hier aber die uns bekannten Regeln. Selbst den hübschen Satzschlusskreis sucht man hier vergebens. □

Die wichtigsten Satzzeichen in Texten mit chinesischen Schriftzeichen

		Horizontaler Satz	Vertikaler Satz
Interpunktionen	lateinisch	. , ; : ! ? …	. , ; ! ?
	CJK	。 、 • …	︒ ︑ • ‥ ︙
Anführungen	öffnend	« » ‹ › „ ‚ “ ‘ 「 『 《 〈	“ ‘ ︽ ︿ ﹁ ﹃
	schließend	» « › ‹ ’ “ 」 』 》 〉	“ ’ ︾ ﹀ ﹂ ﹄
Klammerarten	öffnend	(⸨ [⟦ 〔 【	﹇ ⟦ ︵ ⸨ ︹ ︻
	schließend	) ⸩] ⟧ 〕 】	﹈ ⟧ ︶ ⸩ ︺ ︼
Stricharten		- – — _ ～ /	︱ ≀ ／
Sonderzeichen		% ℃ ㎟	% ℃ ㎟ グラム ムグラ

SATZZEICHEN FÜR VERSCHIEDENE LESERICHTUNGEN

燃料電池可用作未來動力能源，它利用氫和氧電，將來可以用它取代汽油和柴油。戴姆勒克萊斯勒汽車公司力爭在該技術領域處于霸主地位，可以應對福特，通用電氣，本田和豐田等公司的激烈競爭。

燃料电池可用作未来动力能源，它利用氢和氧电，将来可以用它取代汽油和柴油。戴姆勒克莱斯勒汽车公司力争在该技术领域处于霸主地位，可以应对福特通用电气，本田和丰田等公司的激烈竞争。

燃料电池可用作未来动力能源，它利用氢和氧电，将来可以用它取代汽油和柴油。戴姆勒克莱斯勒汽车公司力争在该技术领域处于霸主地位，可以应对福特，通用电气，本田和丰田等公司的激烈竞争。

燃料電池可用作未來動力能源，它利用氫和氧電，將來可以用它取代汽油和柴油。戴姆勒克萊斯勒汽車公司力爭在該技術領域處于霸主地位，可以應對福特，通用電氣，本田和豐田等公司的激烈競爭。

燃料电池可用作未来动力能源，它利用氢和氧电，将来可以用它取代汽油和柴油。戴姆勒克莱斯勒汽车公司力争在该技术领域处于霸主地位，可以应对福特，通用电气，本田和丰田等公司的激烈竞争。

Nicht alle CJK-Fonts geben Satzzeichen für die vertikale Ausrichtung mit. Besteht man auf einer Schrift, kann man die Interpunktionen eines anderen Fonts einsetzen, was sich natürlich nur für überschaubare Textpassagen eignet. Klammern richten sich tatsächlich nach der gewünschten Schreibrichtung.

SATZZEICHEN UND FREMDSPRACHEN-EINGLIEDERUNGEN

斯圖加特除了擁有汽車制造也外，還有大型電子企業，如Bosch，IBM，Hewlett-Packard及世界最大的電鋸生產公司斯蒂爾。德國南部城市慕尼黑抓住像西門子，寶馬，奥斯拉姆和宇航公司EADS。德國西部城市亞深主要集中在激光技術，機器制造技術的創新。

斯圖加特除了擁有汽車制造也外，還有大型電子企業，如博世，國際商業機器公司，惠普公司 (Bosch，IBM，Hewlett-Packard) 及世界最大的電鋸生產公司斯蒂爾。德國南部城市慕尼黑抓住像西門子，寶馬，奥斯拉姆和宇航公司 (EADS)。德國西部城市亞深主要集中在激光技術，機器制造技術的創新。

*Der linke Text zeigt, dass es durchaus möglich ist, einen Text **vollständig mit fonteigenen Zeichen** zu setzen [→ 155]. Nach den Fremdwörtern werden die eingemitteten Kommas weitergeführt.*

*Trotz Schriftmischung im rechten Text nimmt sich die Verwendung der **fonteigenen chinesischen Interpunktionen** nur konsequent aus. Die Klammern gehören zur Schriftmischung.*

斯圖加特除了擁有汽車制造也外，還有大型電子企業，如博世，國際商業機器公司，惠普公司 (Bosch, IBM, Hewlett-Packard) 及世界最大的電鋸生產公司斯蒂爾。德國南部城市慕尼黑抓住像西門子，寶馬，奥斯拉姆和宇航公司 (EADS)。德國西部城市亞深主要集中在激光技術，機器制造技術的創新。

*Werden CJK-Texten längere Passagen fremdsprachiger Sinneinheiten eingeschoben, sollten sie grundsätzlich die **fonteigenen Satzzeichen** verwenden.*

斯图加特除了拥有汽车制造也外，还有大型电子企业，如 Bosch, IBM, Hewlett-Packard 及世界最大的电锯生产公司斯蒂尔。德国南部城市慕尼黑抓住像西门子，宝马，奥斯拉姆和宇航公司 EADS。德国西部城市亚深主要集中在激光技术，机器制造技术的创新。

斯图加特除了拥有汽车制造也外，还有大型电子企业，如博世，IBM，惠普公司及世界最大的电锯生产公司斯蒂尔。德国南部城市慕尼黑抓住像西门子，宝马，奥斯拉姆和宇航公司 EADS。德国西部城市亚深主要集中在激光技术，机器制造技术的创新。

*Werden CJK-Texten Fremdsprachen-Eingliederungen lateinischer Fonts eingeschoben, sollten sie die fonteigenen Satzzeichen verwenden. **Vereinzelte** – in Schriftmischung gesetzte – **Fremdsprachen-Eingliederungen integrieren sich** so wenig abgehoben wie möglich, indem auch sämtliche Satzzeichen in der CJK-Grundschrift gesetzt werden.*

斯图加特除了拥有汽车制造也外，还有大型电子企业，如Bosch, IBM, Hewlett-Packard及世界最大的电锯生产公司斯蒂尔。德国南部城市慕尼黑抓住像西门子，宝马，奥斯拉姆和宇航公司EADS。德国西部城市亚深主要集中在激光技术，机器制造技术的创新。

斯图加特除了拥有汽车制造也外，还有大型电子企业，如博世，IBM，惠普公司及世界最大的电锯生产公司斯蒂尔。德国南部城市慕尼黑抓住像西门子，宝马，奥斯拉姆和宇航公司EADS。德国西部城市亚深主要集中在激光技术，机器制造技术的创新。

*Ohne automatischen Zeichenausgleich (KERNING), flexible Leerzeichen zwischen CJK- und lateinischen Zeichen, Grundlinienversatz sowie einen optischen Randausgleich sind Weißräume des CJK-Textblocks **unausgewogen**. Satzzeichen reißen Löcher und bilden Gassen [→ 221, 222, 224, 236].*

正字法和印刷术。

Orthotypografie. Horizontal und vertikal.

CJK-TEXTE WENDEN die gleichen Satzzeichen nach dem Vorbild britisch-englischer Regeln an, von deren Orthotypografie die deutsche nur marginal abweicht. Der Einsatz von *Interpunktionen* unterscheidet sich zwischen chinesischen und japanischen Texten teilweise erheblich; uns sind einige von ihnen gänzlich unbekannt. Eigenwillige *Gedankenstriche* oder *Auslassungspunkte* wirken nicht nur ästhetisch reizvoll, sondern gliedern Inhalte ausgesprochen lesefreundlich. *Strich- und Klammerarten* finden ähnliche Verwendung in Japan und China, wobei man sich auch gern über Konventionen hinwegsetzt. Anwendungsregeln von Satzzeichen sind in China seit 1951 amtlich festgelegt. ■ SO ENTSPRICHT DER überaus dekorative kleine Kreis am Ende eines Satzes unserem *Schlusspunkt*. Seine historischen Wurzeln hat er in den Texten der Gelehrten, die ehemals gänzlich ohne Pausenzeichen geschrieben wurden [→ 58]. Erst nach der Niederschrift oder dem Druck gliederte man gedanklich Zusammenhänge oder kennzeichnete Wichtiges mit kleinen Kreisen neben den Schriftzeichen, ähnlich unseren *Auszeichnungen*. ■ DIE FOLGENDE AUFLISTUNG der *Satzzeichen* für die horizontale und vertikale Schreibrichtung kann nicht ganz vollständig sein, zeigt aber die wichtigsten auf. □

SATZZEICHEN FÜR DEN VERTIKALEN UND HORIZONTALEN SCHRIFTSATZ

Die folgenden Seiten stellen ausführlich die wichtigsten Satzzeichen für chinesische und japanische Texte vor:
- *die linken Tabellen geben Anwendungsbeispiele innerhalb **vertikaler** Texte an*
- *die rechten Tabellen zeigen die gleichen Zeichen in **horizontal** ausgerichteten Texten*
- *Erläuterungen der **Satzregeln** für beide Schreibrichtungen und*
- *Übersetzungen aller **Beispielsätze** befinden sich in den rechtsseitigen Tabellen.*

SATZSCHLUSSPUNKT, KOMMA UND AUFZÄHLUNGSZEICHEN

Nr.	Satzzeichen	Name		Beispielsätze
01	。	Jùhào 句号 oder Quān 圈	A	中国是一个大国。
			B	「我们去吧。」
			C	「你好吗。」
			D	「你呢　好吗。」
		Maru マル（丸） oder Kuten 句点	a	日本は島国です。
			b	「おおい、山本君。」
			c	「どこですか。」
02	、	Dùnhào 顿号	A	老师、学生、父母和兄弟姐妹
			B	乔治·华盛顿、乔治·布什、巴拉克·奥巴马
		Ten てん（点） oder Tôten 読点	a	はい、そおです。
			b	「おおい、山本君。」
			c	五、六、七
			d	五、六七〇円
03	，	Dòuhào 逗号	A	是，那是对的。
			B	嗯，我不这样想……
			C	我需要兩間，三天。
			D	不单单是 Dior, 还包括 Chanel, Gucci 等等
		Konma コンマ	a	はい, そおです。
			b	「おおい、山本君。(Ah, Herr Yamamoto!)」

SATZSCHLUSSPUNKT

01 。 。 。

JÙHÀO 句号 oder **QUĀN 圈**

Dieses Zeichen entspricht unserem abschließendem PUNKT in Aussagesätzen [A]. Im Chinesischen gibt es Fragewörter im Satz oder Fragepartikel am Ende eines Satzes, die eindeutig auf eine Frage hinweisen. Korrekterweise sollten auch sie mit einem JÙHÀO enden [B, C, D]. In der Praxis richtet sich heute in China niemand mehr nach dieser Konvention, man setzt – nach westlichem Vorbild – Fragezeichen.

A 中国是一个大国。 B「我们去吧。」 C “你好吗。” D “你呢——好吗。”

A China ist ein riesiges Land. B »Lasst uns gehen!« C »Wie geht's?« D »Und Du – wie ist es mit dir?«

MARU マル (丸) oder **KUTEN 句点**

Gleich dem Chinesischen enden hier Aussagesätze und eindeutige Fragesätze, die Fragepartikel und -wörter enthalten, mit einem MARU. Diese Regel wird in japanischen Texten meist eingehalten.

a 日本は島国です。 b「おおい、山本君。」 c “どこですか。”

a Japan ist ein Inselstaat. b »Ah, da ist ja Herr Yamamoto!« c »Wo ist das?«

AUFZÄHLUNGSZEICHEN (nur Chinesisch) UND KOMMA (Japanisch nur vertikal)

02 、 、 、

DÙNHÀO 顿号

Ein Satzzeichen, das uns unbekannt ist: Im Chinesischen gibt es das wunderbare Aufzählungszeichen. Es darf keinesfalls mit dem Komma verwechselt werden!

A 老师、学生、父母和兄弟姐妹 B 乔治·华盛顿、乔治·布什、巴拉克·奥巴马

A Lehrer, Schüler, Eltern und Geschwister B George Washington, George Bush, Barack Obama

TEN てん (点) oder **TÔTEN 読点**

Im Japanischen wird dieses Zeichen in der uns bekannten Funktion des Kommas angewendet. Es dient der Satzgliederung und kennzeichnet Sprechpausen [a, b]. Außerdem trennt es aufeinanderfolgende Zahlen [c] sowie vier- und mehrstellige Zahlen in Dreiergruppen [d].

a はい、そおです。 b「おおい、山本君。」 c 五、六、七 d 五、六七〇円

a Ja, so ist es. b »Ah, Herr Yamamoto!« c 5, 6, 7 d 5.670 ¥

KOMMA

03 ， ， ，

DÒUHÀO 逗号

Entsprechend dem deutschen Komma dient dieses Zeichen heute im vertikalen wie horizontalen Text der Satzgliederung und kennzeichnet Sprechpausen [A, B]. Außerdem werden Zahlen getrennt, die keine zusätzlichen Einheiten im Sinne von »oder« bilden [C]. Satzzeichen innerhalb eingeschobener anderer (Schrift-)Sprachen werden grundsätzlich nach den jeweiligen grammatikalischen Landesregeln und bei Schriftmischungen im selben Schriftfont gesetzt [D].

A 是，那是对的。 B 嗯，我不这样想。 C 我需要兩間，三天。 D 不单单 Dior, 是还包 Chanel, Gucci 等

A Ja, korrekt. B Nein, ich denke nicht so. C Ich werde wohl zwei, drei Tage brauchen.
D Nicht nur Dior, ebenso Chanel, Gucci und viele weitere ...

KONMA コンマ

Im Japanischen wird das lateinische Komma im vertikalen Satz nur in der waagerechten Schreibrichtung anstelle des TEN 点 verwendet. Auch hier gilt: Satzzeichen im Kontext einer anderen Schriftsprache werden im selben Font gesetzt.

a はい、そおです。 b「おおい、山本君。(Ah, Herr Yamamoto!)」

a Ja, so ist es. b »Ah, Herr Yamamoto! [Übersetzung] (Ah, Herr Yamamoto!)«

Varianten, Handschriftliche

FZZJ-TTYB
Vereinfachte Zeichen

字体设计的艺术?

36 / 39 pt

Hmbgft.!?字体是一种最基本的视觉设计元素.设计师使用它就如同建筑师们使用玻璃.石料.钢铁和无数其他材料一样。280! ? …

9,5 / 13 pt

Hmbgft.!?字体是一种最基本的视觉设计元素.设计师使用它就如同建筑师们使用玻璃.石料.钢铁和无数其他材料一样。280! ? …

6 / 9,5 pt

Founder Electronics, Peking

PUNKTE UND STRICHE

Satzzeichen

04 05 06

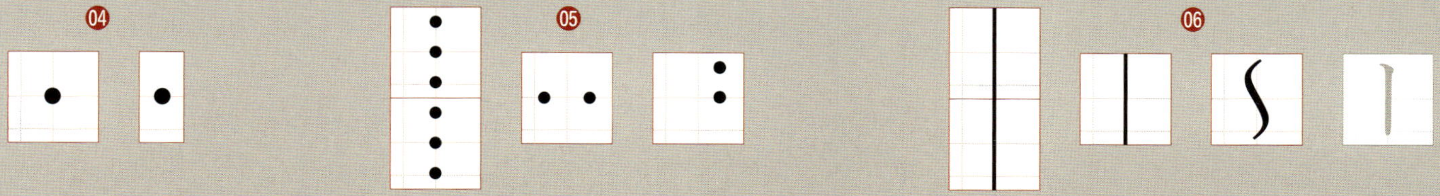

Name / *Beispielsätze*

JIÀNGÉHÀO 间隔号

A 奥巴马・巴拉克与希拉莉・克林顿

B 二〇〇九・三・四

NAKATEN 中点

a ジョン・F・ケネディ

b 果物……りんご・モモ・バナナ

c 〇・五パーセント *oder* 〇・五㌫ *oder* 〇・五％ *aber* 0.5％

SHĚNGLÜÈHÀO 省略号 und MÀOHÀO 冒号

A ※**字母宽度**……一个字母还有……

B ※**字母宽度**：一个字母还有……　※**字母宽度**：一个字母还有……

C 「嗯，我一直以为我是没弄明白话的意思……」

TENSEN 点線 und SHÔRYAKUTEN 省略號

a 「なるほど、そうなのか。」「……」

b (1) (2) (3) ⋮ (20)

c 第三章 字母と漢字……第一五頁

PÒZHÉHÀO 破折号 und XIÀNGSHĒNGHÀO 象声号

A 这—我们都觉得—是一件即将来临的非常敏感的事。

B 上海——北京坐火车需12个小时。

C 星期二——星期四开放

D 第三章 字母和汉字——15

E 「哇～～」突然哭起来了。

NAKASEN 中線 und NAMIGATA 波形

a 「なるほど。——そうなのか。」

b 京都～大阪

[c] コンピュータ・インターネット・ホームページ

MITTEPUNKT

04

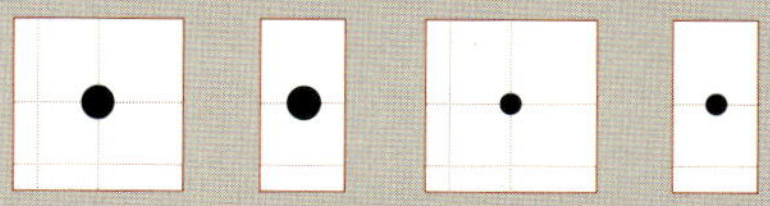

JIÀNGÉHÀO 间隔号

Im Chinesischen dient der typografische MITTEPUNKT als Abgrenzungszeichen zwischen Vor- und Nachnamen ausländischer transkribierter Personennamen [A, auch 2B] und als Trennungszeichen bei Datumsangaben (steht anstelle von JAHR 年, Monat 月, TAG 日) [B].

A 巴拉克・奥巴马与希拉莉・克林顿　B 二〇〇九・三・四 *anstelle von* 二〇〇九年三月四日星期一

A Barack Obama mit Hillary Clinton　B 2009-03-04 *anstelle von* Montag, der 4. März 2009

NAKATEN 中点

Im Japanischen grenzt der MITTEPUNKT Vor- und Nachnamen in KATAKANA geschriebener ausländischer Personennamen voneinander ab [a]. Er wird verwendet zwischen Aufzählungen von Substantiven [b], zeigt in Brüchen den Beginn der Dezimalstellen an (wird dann als TEN gelesen) [c] und dient – wie im Chinesischen – bei Datumsangaben als Trennungszeichen [4B].

a ジョン・F・ケネディ　b りんご・モモ・バナナ　c 〇・五 パーセント *oder* 〇・五 ㌫ *oder* 〇・五％ *aber* 0.5％

a John F. Kennedy　b Früchte: Äpfel, Pfirsiche, Bananen　c 0,5 % (dt.) *oder* 0.5 % (engl.)

Varianten, Handschriftliche

FZZJ-ZZGKT
Vereinfachte Zeichen

字体设计的艺术？

36 / 39 pt

Hmbgft.!?字体是一种最基本的视觉设计元素，设计师使用它就如同建筑师们使用玻璃，石料，钢铁和无数其他材料一样。280！？…

9,5 / 13 pt

Hmbgft.!?字体是一种最基本的视觉设计元素，设计师使用它就如同建筑师们使用玻璃，石料，钢铁和无数其他材料一样。280！？…

6 / 9,5 pt

Founder Electronics, Peking

AUSLASSUNGSPUNKTE UND DOPPELPUNKT

05

SHĚNGLÜÈHÀO 省略号 …
MÀOHÀO 冒号 ：

DREIPUNKT-Zeichen bzw. ELLIPSEN finden grundsätzlich die uns bekannten Anwendungen: Sie dienen als Hinweis auf einen unvollendeten Satz [A–C,a], Gedankengang oder Schweigen [c]. Während wir meist drei einzelne (Schluss-)Punkte setzen, ist im Kontext chinesischer Schriftzeichen stets der jeweils vertikal oder horizontal eingemittete DREIPUNKT zweimal zu setzen, als Auslassungszeichen für Aufzählungen und Zahlenreihen einmal [b]. In vertikal gesetzten Inhaltsverzeichnissen wird er als Führungslinie verwendet [c]. Eine uns unbekannte Funktion übt er als »Doppelpunkt« aus: DREIPUNKTE sollten in vertikal zu lesenden Texten dem Kolon immer vorgezogen werden [A]. Das KOLON (DOPPELPUNKT) wurde auch für den vertikalen Satz adoptiert und wird frei in vertikaler oder horizontaler Ausrichtung angewendet. Wenn möglich, sollte es in vertikalen Texten vermieden werden. Horizontal gilt diese Regel umgekehrt: Da horizontale Schreibrichtung wie Interpunktionen späte Typografie-Importe in Asien sind, sollten hier konsequenterweise westliche Regeln einheitlich gehandhabt werden.

A, B **字母宽度：**一个字母还有…… C 「嗯，我一直以为……」

A, B ***Zeichenbreite:*** *Lateinische Buchstaben weisen ebenso …* C *»Hmm … diese Frage verwirrt mich …«*

SHÔRYAKUTEN 省略號 …
TENSEN 点線 ：

Für die japanische und chinesische Sprache decken sich die Anwendungsfelder der beiden Interpunktionsarten.

a 「なるほど、そうなのか。」 「……」 b (1) (2) (3) … (20) c 字母と漢字……………………………第一五頁

a *»Klar! So ist das also …«* b *1., 2., 3. … 20.* c *Über Buchstaben und Schriftzeichen ……………… 15*

GEDANKENSTRICH (GEVIERTSTRICH)

06

PÒZHÉHÀO 破折号 —
XIÀNGSHĒNGHÀO 象声号 ～

Als GEDANKENSTRICHE werden – wie im englischen Satz – Geviertstriche verwendet, die in CJK-Fonts tatsächlich die volle Geviert-Dickte füllen. Sie können Auslassungen anstatt der Dreipunkte anzeigen [5A–C, 5a, 6a]. Umgeben sie einen Einschubtext, sind sie einmal [A], dienen sie als Streckenstrich, sind sie lückenlos zweimal hintereinander zu setzen [B, C]. Als Aufzählungszeichen kommen sie nur im horizontalen Satz vor und können wahlweise ein- oder zweimal gesetzt werden [F]. Nur in vertikalen Inhaltsverzeichnissen sind sie als lückenlose Verbindungslinie zwischen Kapitelüberschriften und Seitenangabe zu finden [D]. Eingeordnet wurde hier auch der WELLEN-BINDESTRICH (chines.: Elefantenton-Strich), uns bekannt als mathematisches Proportionszeichen, das nicht mit dem Akzent Tilde zu verwechseln ist. Er wird im Chinesischen gern als tonales Zeichen benutzt, um Erregung oder Lautstärke zu transportieren [E].

A 这—我们都觉得—是一件即将来临的非常敏感的事。 B 上海——北京坐火车需12个小时。

C 星期二——星期四开放 E 「哇～～」突然哭起来了。

F 欧洲——英国 *oder* 亚洲——中国
——德国 ——日本
——法国 ——韩国

A *Das ist – wir sind uns sicher einig – eine sensible Angelegenheit.* B *Die Zugfahrt Shanghai–Peking dauert 12 Stunden.* C *Geöffnet von Dienstag bis Donnerstag* E *»Waaahh …«, weinte es plötzlich jämmerlich.*

NAKASEN 中線 —
NAMIGATA 波形 ～
CHÔON 長音 ー

Der GEDANKENSTRICH verweist – gleich dem Dreipunkt [5A–C, 5a] – auf Auslassungen oder Pausen und wird zweimalig gesetzt [a]. Entsprechend dem Chinesischen steht er auch hier als Strecken- und Verbindungsstrich [6B–6D]. In dieser Funktion wird er häufig vom WELLEN-BINDESTRICH (od. GEVIERT-TILDE) ersetzt [b]. Heute wird die WELLE – wie im Chinesischen – gern als tonales Zeichen benutzt [6E], z. B. bei Film-Untertiteln oder in der Comic-Sprache. Das diakritische Zeichen CHÔON ist eine japanische Besonderheit, das nicht zur Grammatik und damit eigentlich nicht hierher gehört. Es zeigt in KATAKANA-Wörtern einen Langvokal an [c]; oft wird der Geviertstrich hier irrtümlich als Verlängerungszeichen angewendet.

a 「なるほど。——そうなのか。」 b 三月～九月 [c コンピュータ、インターネット、ホームページ]

a *»Ach! Ist das wirklich so?«* b *Tokyo – Osaka* [c COMPÛTA, INTÂNETTO, HÔMPÊJI]

Anführungszeichen und Klammern

Lateinische Interpunktionen

Satzzeichen

07
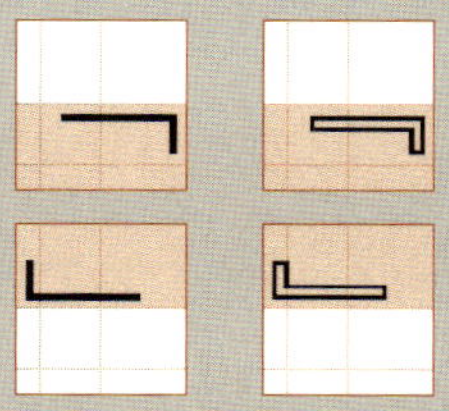

08
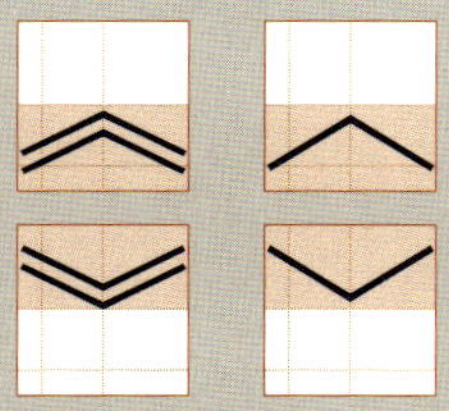

09
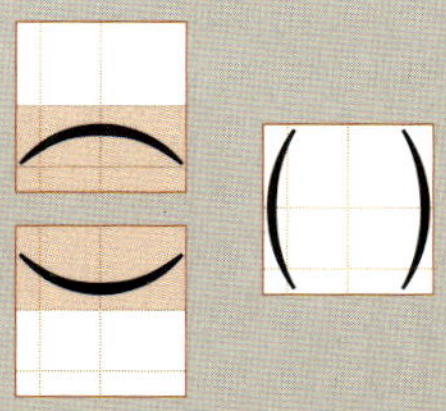

10

Name / Beispielsätze

Name		Beispielsatz
Yǐnhào 引号	A	他很惊讶「那是你……?」
	B	他叙述我「副总统说『不』，我们必须接收。」
	C	这样的「聪明人」还是少一点好。
	a	这样的〃聪明人〃还是少一点好。
Shūmínghào 书名号	A	在《上海文学》发表中篇小说〈城市之音〉
	B	拉丁大楷字母〈Ca, Pi, Tal〉是字母的大写印刷法、不是大写字母〈CAPITAL〉。
	C	在页〈5〉、〈9〉∽〈12〉
	D	在章〈字母〉、〈文体〉和〈网格〉
Kuòhào 括号	A	长途跋涉始于足下（中国谚语） 长途跋涉始于足下（中国谚语）
	B	㈠、㈡、㈢ (3)——(100) (a) (b) (c) ∽ (z)
	C	古希腊字 Logos〔逻各斯〕（希腊语 λόγος）意味「理念」
	D	【德】约翰·沃尔夫冈·冯歌德
	E	〔俄〕费奥多尔·陀思妥耶夫斯基 (F. Dostojewski)
Diǎn 点	A	一九八七年五月二十三日星期三 (Wed., 1987.5.23)
Jīngtànhào 惊叹号	B	「那是对的！」
	C	「真的！」
Wènhào 问号	D	「那是对的？」
	E	「真的？」

Punkt, Ausrufe- und Fragezeichen

10
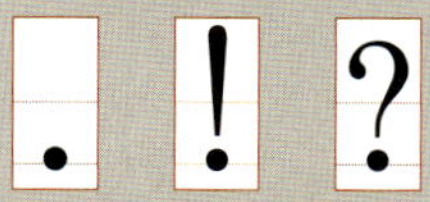

[chinesisch s.o.]

[jp.]
Piriodo
ピリオド

Kantanfu
感嘆符

Gimonfu
疑問符

Traditionell hatten die westlichen Satzzeichen Punkt, Ausrufe- *und* Fragezeichen *in chinesischen (oder japanischen) Texten nichts zu suchen. Normalerweise lässt die Satzstruktur bereits erkennen, ob es sich um einen Aussage-, Ausruf- oder Fragesatz handelt, der stets mit einem* Jùhào *bzw.* Maru ｡ *endete [1B–1D und 1b, 1c]. In Japan wird dieser Konvention bis heute recht konsequent gefolgt. Die VR China entschied 1995 endgültig, Frage- und Ausrufezeichen der westlichen Typografie aufgrund ihrer Aussagestärke zu übernehmen [B]. Der* Punkt *(engl.:* Period*) steht nur zwischen waagerecht zu lesenden Datumsangaben [A] oder im Kontext westlicher Typografie [9E]. Übersetzungen fremdsprachiger Literatur fügen oft Textpassagen der Ursprungstexte oder erklärende Begriffe aus der Originalsprache ein. Hier werden natürlich die typografischen Regeln der jeweiligen Landessprache befolgt.*

A 一九八七年五月二十三日星期三 (Wed., 1987.5.23) B "那是对的！" C "真的！" D "那是对的？" E "真的？"

A *Mittwoch, den 23. Mai 1987* B *„Das ist richtig!«* C *»Wirklich!«* D *»Ist das richtig?«* E *»Wirklich?«*

ANFÜHRUNGSZEICHEN (Rede)

07
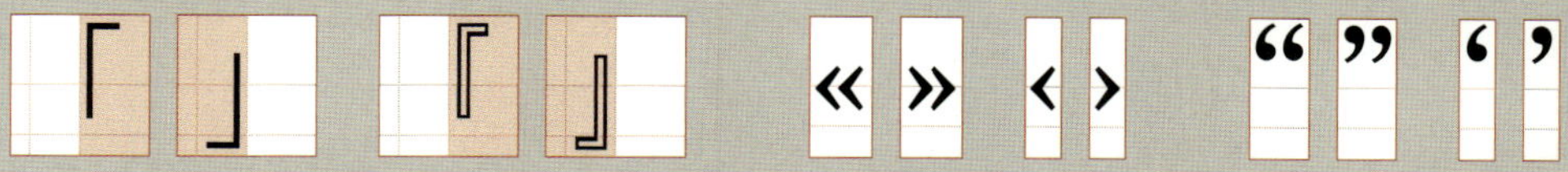

YĬNHÀO
引号

Der Begriff YĬNHÀO bezeichnet zunächst sämtliche möglichen ANFÜHRUNGSZEICHEN, obwohl noch einmal zwischen chinesischen und englischen unterschieden wird. Für chinesische Texte sollten stets die eckigen Anführungen Anwendung finden [B horizontal]. In horizontalen Texten sieht man allerdings heute immer öfter englische Anführungen (die anderen Regeln folgen als der deutschen) [A horizontal]. YĬNHÀO stehen – wie bei uns – für die direkte Rede [A] und für Zitate. Unterschiedlich ist die Konvention der Zeichensetzung: die doppelten stehen innerhalb der einfachen [B]. Da CJK-Texte keine Auszeichnungsarten wie kursive Schriftschnitte, Kapitälchen oder Sperren kennen, werden Wörter, Phrasen u.a. mittels Anführungen [C, 9C] oder Klammern hervorgehoben.

A 她很惊讶：“那是你……？” B 他告诉我：「副总统说『不』，我们必须接收。」
C 这样的「聪明人」还是少一点好。 d 这样的 "聪明人" 还是少一点好。

A *Sie war ganz überrascht: »Du hier ...?«* B *Er berichtete mir: »Der Vizepräsident sagte: ›Nein!‹, und wir hatten das zu akzeptieren.«* C *Solcherart »clevere Typen« sind rar, nicht wahr?!* d *Die SMARTEN findet man selten.*

KAGIKAKKO
鉤括弧

Im Japanischen hat sich statt der traditionellen Anführungen die reizvolle Auszeichnungsart IN'YŌFUKO 引用符 etabliert, die vor allem in der Bedeutung »sog.« verwendet wird [a].

ANFÜHRUNGSZEICHEN (Titelangaben und Verweise)

08

SHŪMÍNGHÀO
书名号
[jp.]
KAGIKAKKO
山括弧

Diese Interpunktionszeichen umschließen Buchtitel oder Artikelüberschriften innerhalb eines Textes [A] oder verweisende Seitenzahlen, Kapitel, Medien usw. [C, D]. Traditionell gab es für den vertikalen Satz Auszeichnungen, die man links neben die Schriftzeichen setzte, um Titelbezeichnungen oder Eigennamen kenntlich zu machen; sie wurden offiziell durch die sog. WINKELKLAMMER ersetzt. Spezielle, z.B. ausländische, oder auszuzeichnende Begriffe können mit einem 〈〉 abgegrenzt werden [B, 9C].

A 在《上海文学》发表中篇小说〈城市之音〉 B 拉丁大楷字母〈CA, PI, TAL〉是字母的大写印刷法，不是大写〈CAPITAL〉。 C ……在页〈5〉、〈9〉～〈12〉 D ……在章〈字母〉，〈文体〉和〈网格〉

A *Im Magazin SHANGHAI DICHTUNG erschien die Novelle »Klang der Städte«* B *KAPITÄLCHEN sind nicht gleichzusetzen mit VERSALIEN.* C *s. Seiten 5 sowie 9 – 12*
D *siehe Kapitel BUCHSTABEN, CHINESISCHE SCHRIFTZEICHEN und RASTER*

KLAMMERARTEN

09

KUÒHÀO
括号
[jp.]
KAKKO
括弧

KLAMMERN umschließen erklärende Zusätze [A, C]. Die horizontale RUNDE KLAMMER umschließt Zahlen und Buchstaben, die Abschnitte, Paragraphen usw. gliedern [B, 5b]. ECKIGE KLAMMERN dienen meist einem phonetischen Hinweis [C], die sehr dekorative LINSEN-KLAMMER rekrutiert sich aus dem Formenschatz der traditionellen chinesischen Typografie und weist heute u.a. auf die Nationalität des Autors eines Buchs oder Artikels hin [D, E]. Die Konventionen über den Einsatz von Klammern sind bisher weder festgelegt noch einheitlich. (Hier kann nur eine kleine Auswahl aufgezeigt werden.)

A 长途跋涉始于足下（中国谚语） B (a)(b)(c)～(z) C 古希腊字〈Logos〉[逻各斯]（希腊语λόγος）意味「理念」
D【德】约翰·沃尔夫冈·冯歌德 E〔俄〕费奥多尔·陀思妥耶夫斯基

A *Auch lange Wege beginnen mit dem ersten Schritt (chines. Sprichwort)* B *a, b, c – z*
C *Das altgriechische Wort LOGOS [Luógèsī] (griech: λόγος) bedeutet »Erkenntnis, Idee, Rede, Geist, Konzept«.*
D *(Deutsch) J. W. von Goethe* E *(Russisch) Fjodor Dostojewski*

Varianten, POP-Schriften

HYManBuJ
Vereinfachte Zeichen

字体设计的艺术？

36 / 39 pt

Hmbgft.!?字体是一种最基本的视觉设计元素，设计师使用它就如同建筑师们使用玻璃，石料，钢铁和其他材料一样。280! ?…

9,5 / 13 pt

Hmbgft.!?字体是一种最基本的视觉设计元素，设计师使用它就如同建筑师们使用玻璃，石料，钢铁和其他材料一样。280! ?…

6 / 9,5 pt

Diese Schrift ist auch mit traditionellen chinesischen Schriftzeichen erhältlich.

Hanyi Keyin, Peking und URW++, Hamburg

字符和数字。

Zahlen und Einheiten. Listige Listen.

Die chinesische Schrift kennt ihre eigenen Schriftzeichen für Ziffern und Maßeinheiten, die sich völlig unauffällig und ohne typografische Sonderbehandlung in Texte integrieren. Mit dem Einzug des lateinischen Alphabets in den alltäglichen Schriftgebrauch werden *arabische* Ālābó shùzì 阿拉伯数字/阿拉伯數字, *römische* Luómǎ shùzì 罗马数字/羅馬數字 und *chinesische Zahlzeichen* Zhōngwén shùzì 中文数字/中文數字 auch parallel in den Texten verwendet. ■ Während die den CJK-Fonts implementierten lateinischen Buchstaben meist nicht den Herausforderungen eines gemischten Schriftsprachensatzes genügen, erweisen sich hier die europäischen Ziffern in vielen Fällen sogar als die bessere Wahl. □

Die chinesische Zählweise

零 oder 〇	一	二 oder 兩	三	四	五	六	七	八	九	十	百	千	万	亿	兆
零*	壹	貳	參	肆	伍	陸	柒	捌	玖	拾	佰	仟	萬	億	
Líng	Yī/Yāo	Er/Liǎng	Sān	Sì	Wǔ	Liù	Qī	Bā	Jiǔ	Shí	Bǎi	Qiān	Wàn	Yì	Zhào
0	1	2	3	4	5	6	7	8	9	10	100	1.000	10.000	100 Millionen	Billion

Die in der zweiten Reihe dargestellten komplexeren Zeichenformen werden im Finanzwesen zur Vermeidung von Fälschungen eingesetzt.

Chinesische Masseinheiten

Das Chinesische kennt viele für uns unbekannte Maßeinheiten. Für alle international gängigen Maßeinheiten existieren zudem eigene Schriftzeichen, die auch dann Anwendung finden, wenn westliche und chinesische Numerale gemischt werden.

Zeitangaben Shíguāng 时光 / 時光			
秒	Miǎo	s, sec.	Sekunde
分	Fēn	min, min.	Minute
刻	Kè		Viertelstunde
小时 / 小時	Xiǎoshí	Std., h, hr.	Stunde
天	Tiān	d	Tag
日	Rì	dd	Tag [schriftlich]
月	Yuè	mo., mm	Monat
年	Nián	yr., a, yyyy	Jahr
世纪 / 世紀	Shìjì	cent.	Jahrhundert
Gewicht / Masse Zhòngliàng 重量			
毫克	Wéikè	mg	Milligramm
克	Kè	g	Gramm
分克	Fēnkè	dg	Dezigramm
斤	Jīn	lb.	Pfund, 1/2 Kg
公斤	Gōngjīn	kg	Kilogramm
吨 / 噸	Dūn	t	Tonne
Länge / Distanz Chángdù 长度			
纳米	Námǐ	nm	Nanometer
毫米	Háomǐ	mm	Millimeter
厘米 oder 公分	Límǐ oder Gōngfēn	cm	Zentimeter
分米	Fēnmǐ	dm	Dezimeter
寸	Cùn		Chines. Inch (ca. 3,5 cm)
吋	Cùn	in.	Britisches Inch
尺	Chǐ		Chines. Fuß (1/3 m)
呎 oder 英尺	Chǐ oder Yīngchǐ	ft.	Britischer Fuß
米 oder 公尺	Mǐ oder Gōngchǐ	m	Meter
里	Lǐ		Chines. Meile (ca. 500 m)
哩 oder 英里	Lǐ oder Yīnglǐ	mi	Britische Meile
公里	Gōnglǐ	km	Kilometer
光年	Guāngnián	ly	Lichtjahr
Flüssigkeiten / Volumen Tǐjī 体积			
毫升	Wéishēng	ml = cm^3	Milliliter
厘升	Líshēng	cl	Zentiliter
分升	Fēnshēng	dl	Deziliter
升 oder 公升	Shēng oder Gōngshēng	l, L	Liter
百升	Bǎishēng	hl	Hektoliter
立方米	Lìfāngmǐ	m^3	Kubikmeter
Währungen Huòbì 货币 / 貨幣			
元 / 圓	Yuán	¥	Yuán (chines. Währung)
交 / 角	Jiāo		Jiāo (1/10 ¥)
毛 / 毫	Máo		Jiāo (1/10 ¥)
分	Fēn		Fēn (1/100 ¥)
港币 / 港幣	Gǎngbì	HK$	Hongkong-Dollar
美元	Měiyuán	$	US-Dollar
美分	Měifēn	¢	US-Cent
欧元 / 歐元	Ōuyuán	€	Euro
欧分 / 歐分	Ōufēn	c, ct	Euro-Cent

Auswahl klassifizierender Zähleinheitswörter (Hochchinesisch)

Im Chinesischen können einfache Numerale ein Substantiv nicht selbst quantifizieren. Die Sprache benötigt dazu die Zähleinheitswörter (ZEW), deren Verwendung verbindlich ist. In Aufzählungen und Listen sollten das Numeral, ZEW und Substantiv oder Verb möglichst nicht getrennt werden.

把	BǍ	*Objekte mit Griffen (Messer, Schlüssel; auch Stühle)*
包	BĀO	*Paket, Päckchen (z.B. Zigarettenschachteln)*
杯	BĒI	*Becher, Tasse*
倍	BÈI	*-mal (Multiplikator), -fach*
本	BĚN	*gebundene Druckerzeugnisse (z.B. Bücher)*
遍	BIÀN	*-mal, -fach (wie oft eine Handlung von Anfang bis Ende durchgeführt wurde)*
部	BÙ	*Romane, Filme, Folgen einer Serie*
册	CÈ	*Buch-Band, Exemplar*
层 / 層	CÉNG	*Stockwerk, Lagen (Überzug)*
场 / 場	CHǍNG	*(Sport-)Veranstaltungen, Spiele*
床	CHUÁNG	*Bettbezüge, Decken, Tücher*
次	CÌ	*Male, Gelegenheiten, Aktionen (müssen nicht abgeschlossen sein, wie bei* BIÀN 遍 *)*
袋	DÀI	*Säcke, Beutel, Taschen voll*
段	DUÀN	*Abschnitte von etwas Langem (z.B. von Straßen, Kabeln*
顿 / 頓	DÙN	*Mahlzeiten*
朵	DUǑ	*Blumen, Wolken*
份	FÈN	*Portionen*
封	FĒNG	*Briefe, Post*
幅	FÚ	*Kunstwerke*
服	FÙ	*einzunehmende medizinische Dosen*
副	FÙ	*Sets, paarweise Objekte (z.B. Handschuhe, Schachspiel)*
个 / 個	GE (GÈ)	*einzelne Dinge oder Menschen*
根	GĒN	*dünne, schlanke Objekte (z.B. Nadeln, Stifte, Säulen)*
户	HÙ	*Haushalte*
回	HUÍ	*Tätigkeiten, Vorfälle*
家	JIĀ	*Gruppen von Menschen (z.B. Familien, Betriebe)*
架	JIÀ	*Maschinen, Geräte (z.B. Flugzeuge, Klaviere)*
间 / 間	JIĀN	*Räume*
件	JIÀN	*Stoffe, Kleidung usw.*
节 / 節	JIÉ	*Abschnitt (z.B. Buchkapitel, Eisenbahnwaggon, Knoten, Gelenke)*
届 / 屆	JIÈ	*regelmäßige Treffen, Jubiläen*
句	JÙ	*Linien, grammatische Sätze*
棵	KĒ	*Bäume und ähnliche Pflanzen*
颗 / 顆	KĒ	*kleine runde Dinge (z.B. Perlen, Zähne usw.) und klein wirkende Dinge (entfernte Sterne, Planeten)*
课 / 課	KÈ	*Fach, Kurs, Lektion, Unterrichtseinheit*
口	KǑU	*Menschen in Regionen, Familienmitglieder*
块 / 塊	KUÀI	*Dinge, die zerbrochen sind/werden können (z.B. Münzen, Steine) und Kuchen, Brote (keine Scheiben)*
类 / 類	LÈI	*gleichartige Objekte, Klassen, Kategorien*
粒	LÌ	*Korn, Körnchen, kleine runde Dinge (z.B. Reiskörner)*
辆 / 輛	LIÀNG	*Fahrzeuge (z.B. Autos, Fahrräder)*
列	LIÈ	*Reihen, Kolonnen, Züge*
门 / 門	MÉN	*Unterrichtseinheiten (z.B. Kurse, Schulstunden, Lehreinheiten)*
面	MIÀN	*flache, glatte Dinge (z.B. Spiegel, Flaggen, Trommeln)*
名	MÍNG	*hochrangige Persönlichkeiten (Doktoren, Anwälte, Politiker, Adlige usw.)*
排	PÁI	*aufgereihte Dinge (z.B. Menschenschlangen, Stühle)*
盘 / 盤	PÁN	*flache Dinge (z.B. Teller, Platten)*
匹	PǏ	*Reittiere, Stoffballen*
篇	PIĀN	*Geschriebenes (z.B. Papiere, Artikel, Kapitel)*
片	PIÀN	*dünne, flache Dinge (z.B. Karten, Brotscheiben)*
瓶	PÍNG	*Flaschen*
群	QÚN	*Herden, Schwärme, Scharen*
扇	SHÀN	*Türen, Fenster*
首	SHǑU	*Gedichte, Musikstücke*
双 / 雙	SHUĀNG	*paarweise Objekte*
艘	SŌU	*Schiffe*
所	SUǑ	*Gebäude*
台	TÁI	*schwere Objekte (z.B. Fernseher, Computer) und Vorstellungen (z.B. Theater)*
趟	TÀNG	*Bewegungen, Reisen, Besuche, Transporte*
套	TÀO	*Sets, Sätze (z.B. Bücher, Sammelobjekte, Geschirr)*
条 / 條	TIÁO	*längliche Objekte (z.B. Straßen, Hosen, Fische)*
头 / 頭	TÓU	*Haare , bestimmte Tiere (z.B. Schweine, Kühe)*
位	WÈI	*höflicher Klassifikator für Personen*
项 / 項	XIÀNG	*Projekte*
张 / 張	ZHĀNG	*flache Objekte (z.B. Papier, Tische, Betten)*
支	ZHĪ	*stockartige Objekte (z.B. Stifte, Essstäbchen)*
只 / 隻	ZHĪ	*einer/s von einem Paar, bestimmte Tiere (z.B. Katzen)*
種	ZHǑNG	*Arten von Objekten*
组 / 組	ZǓ	*Gruppen, Sätze, Serien, Batterien*
座	ZUÒ	*große, solide Dinge (z.B. Berge, Gebäude)*

Verroht

1．Beispiel：近5300万人信奉基督教（2600万人信奉天主教，2600万人信奉新教，90万人是东正教徒），此外还有330万穆斯林，23万名佛教徒，10万名犹太教徒，9万名印度教教徒。

2. Beispiel：近5300万人信奉基督教(2600万人信奉天主教，2600万人信奉新教，90万人是东正教徒)，此外还有330万穆斯林，23万名佛教徒，10万名犹太教徒，9万名印度教教徒。

3．Beispiel：近5300万人信奉基督教（2600万人信奉天主教，2600万人信奉新教，90万人是东正教徒），此外还有330万穆斯林，23万名佛教徒，10万名犹太教徒，9万名印度教教徒。

*Die identisch formatierten Texte gleichen Inhalts verwenden jeweils Fonts verschiedener chinesischer Schriftenanbieter. Über die Ästhetik der **Integration europäischer Ziffern** innerhalb chinesischer Texte herrschen gänzlich unterschiedliche Auffassungen.*

Einige Schriften versuchen, die sich neben den CJK-Zeichen ohnehin optisch stark absetzenden europäischen Zahlen durch geringere Glyphenhöhe einzugliedern. Die Idee, sich der vertikalen Glyphenausdehnung der chinesischen Nachbarn anzunähern, kann etwas (vor-)laut wirken.

Fonteigene europäische Ziffern und Grundlinienversatz

1. Beispiel: 近5300万人信奉基督教(2600万人信奉天主教，2600万人信奉新教，90万人是东正教徒)，此外还有330万穆斯林，23万名佛教徒，10万名犹太教徒，9万名印度教教徒。

2. Beispiel: 近5300万人信奉基督教(2600万人信奉天主教，2600万人信奉新教，90万人是东正教徒)，此外还有330万穆斯林，23万名佛教徒，10万名犹太教徒，9万名印度教教徒。

3. Beispiel: 近5300万人信奉基督教(2600万人信奉天主教，2600万人信奉新教，90万人是东正教徒)，此外还有330万穆斯林，23万名佛教徒，10万名犹太教徒，9万名印度教教徒。

*Die Ziffern so mancher Fonts »flattern« etwas bodenlos über der Schriftlinie, sodass für sie ein **Grundlinienversatz** vorgenommen werden muss, wie das erste Beispiel zeigt [→ 221].*

*Im Gegensatz zu den fonteigenen Ziffern in CJK-Schriften genügen die **lateinischen Buchstaben** oft nicht den Ansprüchen einer Sprachmischung. In allen drei Texten wurde die Spitzmarke ausgetauscht.*

Zahlen in der Schriftmischung

1. Beispiel: 近5300万人信奉基督教(2600万人信奉天主教，2600万人信奉新教，90万人是东正教徒)，此外还有330万穆斯林，23万名佛教徒，10万名犹太教徒，9万名印度教教徒。

2. Beispiel: 近5300万人信奉基督教(2600万人信奉天主教，2600万人信奉新教，90万人是东正教徒)，此外还有330万穆斯林，23万名佛教徒，10万名犹太教徒，9万名印度教教徒。

3. Beispiel: 近5300万人信奉基督教(2600万人信奉天主教，2600万人信奉新教，90万人是东正教徒)，此外还有330万穆斯林，23万名佛教徒，10万名犹太教徒，9万名印度教教徒。

*Dass latinisierte Fremdsprachen-Eingliederungen den zusätzlichen Einsatz eines westlichen Fonts benötigen, ist meist unvermeidbar [→ 154 f.]. Ob für eine **starke Häufung von Numeralen** in längeren Texten ebenso alle Zahlzeichen ausgetauscht werden sollten, muss der Gestalter abwägen.*

*Stilvorlagen für **Schriftgrößen, Zeichenausgleich und Grundlinienversatz** müssen jeweils individuell angelegt werden.*

Mediävalziffern

3. Beispiel: 近5300万人信奉基督教(2600万人信奉天主教，2600万人信奉新教，90万人是东正教徒)，此外还有330万穆斯林，23万名佛教徒，10万名犹太教徒，9万名印度教教徒。

3. Beispiel: 近5300万人信奉基督教(2600万人信奉天主教，2600万人信奉新教，90万人是东正教徒)，此外还有330万穆斯林，23万名佛教徒，10万名犹太教徒，9万名印度教教徒。

4. Beispiel: 近5300万人信奉基督教(2600万人信奉天主教，2600万人信奉新教，90万人是东正教徒)，此外还有330万穆斯林，23万名佛教徒，10万名犹太教徒，9万名印度教教徒。

Bisher galten Mediävalziffern als völlig unpassend zwischen CJK-Zeichen, da diese keine Ober- und Unterlängen aufweisen. Entsprechend findet man sie nicht in CJK-Fonts.

*Für **zu stark ausgeprägte Mediävalziffern** mag das zutreffen, wie nebenstehendes oberes Beispiel zeigt.*

*Die Schriftmischungen der beiden anderen Texte jedoch beweisen, dass Mediävalziffern **harmonieren** können; ihre geringeren Punzen sorgen für einen **homogenen Grauwert**.*

Europäische Zahlen in chinesischen vertikalen Texten (Adobe Illustrator)

Verroht

近5300万人信奉基督教(2600万人信奉天主教，2600万人信奉新教，90万人是东正教徒)，此外还有330万穆斯林，23万名佛教徒，10万名犹太教徒，9万名印度教教徒。

近5300万人信奉基督教(2600万人信奉天主教，2600万人信奉新教，90万人是东正教徒)，此外还有330万穆斯林，23万名佛教徒，10万名犹太教徒，9万名印度教教徒。

*Fließt ein chinesischer Text im Programm Adobe Illustrator ein, verlaufen die chinesischen Zeichen nach der Einstellung > vertikale Textausrichtung zwar vertikal, europäische Ziffern jedoch **rotieren um 90° nach rechts.***

***Hinweis:** Um lateinische Zeichen gemäß der horizontalen Lesung auszurichten, muss in der Zeichenpalette die > standardmässige vertikale Ausrichtung eingestellt werden.*

Tate-Chu-Yoko

近5300万人信奉基督教(2600万人信奉天主教，2600万人信奉新教，90万人是东正教徒)，此外还有330万穆斯林，23万名佛教徒，10万名犹太教徒，9万名印度教教徒。

近5300万人信奉基督教(2600万人信奉天主教，2600万人信奉新教，90万人是东正教徒)，此外还有330万穆斯林，23万名佛教徒，10万名犹太教徒，9万名印度教教徒。

*Zahlenreihen von **drei oder vier Ziffern vertikal** verlaufen vertikal untereinander. Zahlen **bis 99 werden horizontal nebeneinander** in eine Zeile gesetzt.*

***Hinweis:** Die Zeichenpaletten-Option Tate-Chu-Yoko ist ein japanischer Ausdruck und im Chinesischen mit den gleichen Schriftzeichen belegt* *[→204 f.]**. Sie bedeutet, dass eine bestimmte Anzahl von Zeichen vertikaler Leserichtung zur Schriftzeile mittig ausgerichtet und horizontal zu lesen sind. Dazu müssen die Zeichen vorher aktiviert werden und die Abstände zur Zeile alle auf Null gesetzt werden.*

Zahlen in der Schriftmischung

近5300万人信奉基督教(2600万人信奉天主教，2600万人信奉新教，90万人是东正教徒)，此外还有330万穆斯林，23万名佛教徒，10万名犹太教徒，9万名印度教教徒。

近5300万人信奉基督教(2600万人信奉天主教，2600万人信奉新教，90万人是东正教徒)，此外还有330万穆斯林，23万名佛教徒，10万名犹太教徒，9万名印度教教徒。

*Hier wurde der **Austausch der Zahlen** in den gleichen Schriftmischungen vorgenommen wie auf der gegenüberliegenden Seite.*

*Ein **individueller Zeichenabstandsausgleich** erfolgt mit Hilfe der Zeichen-Optionen Aki und Tsume* *[→205]**.*

Massangaben

从1989～2003年，萨克森-安哈尔特州的人口已经下降了17%。

从1989年到2003年，萨克森-安哈尔特州的人口已经下降了17%。

精密曝光只能采用极短波紫外光(13.5纳米波长)，对光学器件，反射镜和光源的精度要求极高。

*Auch **Dezimalzahlen** stehen lediglich in Zweiergruppen pro Zeile nebeneinander. Nach Vorbild der amerikanisch-britischen Typografiekonventionen setzt man einen Punkt anstelle eines uns gewohnten Kommas. Der vertikale Satz verlangt einen typografischen **Mittelpunkt*** *[→266]**.*

Wird der Wellenstrich als Distancezeichen (Bis-Strich) statt dem chinesischen Begriff »bis« 到 eingesetzt, darf das erste maßangebende Schriftzeichen (hier für »Jahr« 年) entfallen.

Varianten, POP-Schriften

HYShuiDiJ
Vereinfachte Zeichen

字体设计的艺术？

36 / 39 pt

Himbgft.!?字体是一种最基本的视觉设计元素，设计师使用它就如同建筑师们使用玻璃，石料，钢铁和无数其他材料一样。280!？…

9,5 / 13 pt

Himbgft.!?字体是一种最基本的视觉设计元素，设计师使用它就如同建筑师们使用玻璃，石料，钢铁和无数其他材料一样。280!？…

6 / 9,5 pt

Diese Schrift ist auch mit traditionellen chinesischen Schriftzeichen erhältlich.

Hanyi Keyin, Peking und URW++, Hamburg

Chinesische Zahlzeichen im Zeilenumbruch

耶拿蔡司子公司与德国一批高技术企业联合后，一跃成
为世界半导体工业新兴新片生产企业。预计二零零七年
开始可以生产出体积更小，功率更大的节能型半导体来。

*Chinesische Zahlzeichen haben das **gleiche Dicktenmaß** wie sämtliche andere Zeichen ihres Fonts. Sie integrieren sich daher unauffällig in die Texte.*

耶拿蔡司子公司与德国一批高技术企业联合后，一跃成
为世界半导体工业新兴新片生产企业。预计二〇〇七年
开始可以生产出体积更小，功率更大的节能型半导体来。

Für die Ziffer Null existieren zwei gängige Schreibweisen:

- 零 *Líng entspricht dem geschriebenen Wort für »Null«.*
- 〇 *Líng, die kreisförmige, sogenannte »chinesische Null« oder „ideografische Null" wurde schon im 13. Jahrhundert eingeführt und füllt ebenso das Quadrat aus. Das Zeichen darf nicht verwechselt werden mit dem lateinischen Buchstaben **O** oder der europäischen Ziffer **0**.*

耶拿蔡司子公司与德国一批高技术企业联合后，一跃
成为世界半导体工业新兴新片生产企业。预计二〇
〇七年开始可以生产出体积更小，功率更大的节能型
半导体来。

*Gemäß der **lückenlosen Schreibweise** werden auch Zahlzeichen nicht durch Weißräume optisch abgesetzt und können an jeder Stelle im Fließtext umbrochen werden [→ 165].*

耶拿蔡司子公司与德国一批高技术企业联合后，一跃成
为世界半导体工业新兴新片生产企业。预计二〇〇七
年开始可以生产出体积更小，功率更大的节能型半导体
来。

*Den Numeralen nachgestellte **Maßeinheiten oder Klassifikatoren** dürfen in Fließtexten – entgegen westlichen Regeln – auf die nächste Zeile **umbrochen** werden. Sofern es sich aus dem Kontext ergibt, um welche Maßeinheiten oder Klassifikatoren es sich auf der nächsten Zeile handelt, wird die Lesbarkeit nicht eingeschränkt [→ 270 f.].*

Europäische Zahlzeichen im Zeilenumbruch

耶拿蔡司子公司与德国一批高技术企业联合后，一跃
成为世界半导体工业新兴新片生产企业。预计2007
年开始可以生产出体积更小，功率更大的节能型半导
体来。

Heute ist es üblich, statt der eigenen chinesischen Zahlzeichen die europäischen Pendants einzusetzen. Es ist erlaubt, nachfolgende Maßeinheiten und Klassifikatoren (hier für »Jahr« 年) auf die nächste Zeile fließen zu lassen.

精密曝光只能采用极短波紫外光(13.5纳
米波长)，对光学器件，反射镜和光源的精
度要求极高。

精密曝光只能采用极短波紫外光(13.5纳米
波长)，对光学器件，反射镜和光源的精度要
求极高。

*Wird einem europäischen Numeral eine chinesische Maßeinheit zugestellt, dürfen ihre **Schriftzeichen getrennt** werden. Wenn möglich, sollte dies jedoch vermieden werden.*

精密曝光只能采用极短波紫外光(13.5n
m波长)，对光学器件，反射镜和光源的
精度要求极高。

精密曝光只能采用极短波紫外光(13.5nm
波长)，对光学器件，反射镜和光源的精度
要求极高。

从1989年到2008年，萨克森-安
哈尔特州的人口已经下降了17
%。

从1989年到2008年，萨克森-安
哈尔特州的人口已经下降了17%。

*Wird dem europäischen Numeral eine international akzeptierte, in **lateinischen Buchstaben** ausgedrückte Maßeinheit nachgestellt, wird diese – gemäß westlichen Typografie-Regeln – **nicht getrennt.** Die beiden Beispiele links zeigen westliche Trennverbote.*

Mischen chinesischer und europäischer Zahlzeichen

德国有八十二个人口超
过十万的大城市。

德国有82个人口超过十
万的大城市。

*Es ist üblich, **europäische und chinesische Zahlzeichen parallel** zu verwenden. Auch wenn chinesische Zahlen auseinandergerissen werden dürfen, ist dies in statistischen Dokumenten weitestgehend zu vermeiden, da es die Lesbarkeit – je nach Kontext – erheblich einschränken kann.*

德国有82个人口超过10
万的大城市。

德国有82个人口超过10万
的大城市。

Zahlenwerte werden heute häufig in Kombination von europäischen und chinesischen Zahlzeichen gebildet (hier: 100.000). Auch sie sollten nach Möglichkeit zusammengehalten werden.

EINFACHE UND KOMPLEXERE AUFZÄHLUNGEN

一、德國歷史各階段
二、德國概況
三、德國外交政策的基本特徵
四、作爲經濟區位的德國
五、德中文化合作

1、德国历史各阶段
2、德国概况
3、德国外交政策的基本特征
4、作为经济区位的德国
5、德中文化合作

Nach Ordnungszahlen wird kein Punkt, sondern das sogenannte ***Aufzählungskomma*** *gesetzt. Die meisten CJK-Fonts beinhalten* ***eingeklammerte Ordnungszahlen,*** *einige Fonts auch lateinische* ***eingeklammerte Buchstaben****. Ihnen folgt keine Interpunktion.*

㈠ 德国历史各阶段
㈡ 德国概况
㈢ 德国外交政策的基本特征
⋮
㈩ 德中文化合作

⑴ 德国历史各阶段
⑵ 德国概况
⑶ 德国外交政策的基本特征
⋮
⒇ 德中文化合作

⒜ 德国历史各阶段
⒝ 德国概况
⒞ 德国外交政策的基本特征
⋮
⒵ 德中文化合作

一、德漢合作

㈠ 德國歷史各階段
1、德國歷史各階段
2、德國概況
3、德國外交政策的基本特徵
4、作爲經濟區位的德國
5、德中文化合作

㈡ 作爲經濟區位的德國
1. 外國投資
2. 最重要的經濟領域
3. 汽車制造：行業佼佼者
4. 服務：最大的行業
5. 經濟支柱：經濟關系

Komplexere Auflistungen verwenden für die Haupt- und Unterpunkte ***unterschiedliche Zahlzeichen*** *und eingeklammerte Buchstaben. Europäischen Zählzeichen darf auch ein Punkt nachgesetzt werden.*

Viele Fonts führen eingeklammerte oder eingekreiste Zeichen bis zur Zahl 20 und/oder dem gesamten lateinischen Alphabet.

INHALTSVERZEICHNISSE

第一章 德国历史各阶段
第一节 德国历史各阶段
第二节 德国概况
第二章 作为经济区位的德国
第一节 外国投资
第二节 最重要的经济领域
第三节 服务：最大的行业

Ⅰ 德国历史各阶段
ⅰ 德国历史各阶段
ⅱ 德国概况
Ⅱ 作为经济区位的德国
ⅰ 外国投资
ⅱ 最重要的经济领域
ⅲ 汽车制造：行业佼佼者
⋮
ⅹ 服务：最大的行业

第一章 德国历史各阶段
第一节 德国历史各阶段
第二节 德国概况
1、德意志联邦共和国
2、地理
3、人口
第二章 作为经济区位的德国
第一节 外国投资
1、最重要的经济领域
2、汽车制造：行业佼佼者
3、服务：最大的行业
第二节 经济支柱：经济关系

第一章 德国历史各阶段
第一节 德国历史各阶段
第二节 德国概况
⒜ 德意志联邦共和国
⒝ 地理
⒞ 人口
第二章 作为经济区位的德国
第一节 外国投资
⒜ 最重要的经济领域
⒝ 汽车制造：行业佼佼者
⒞ 服务：最大的行业
第二节 经济支柱：经济关系

In Büchern findet man überwiegend Ordinalzahlen, die mit dem Hilfswort dí **第** *gebildet werden. Die nachgestellten chinesischen Schriftzeichen bedeuten »Kapitel«* **章***, »Abschnitt«* **节/節***, »Lektion«* **课/課** *usw.*

Dem Gestalter obliegt es ebenso, römische Zahlen einzusetzen, die als eigene Zeichen in CJK-Fonts zu finden sind. Den eingemitteten Zahlen folgt kein Punkt oder Aufzählungskomma.

Weitere Untergliederungen können mit den oben gezeigten Aufzählungsformen vorgenommen werden.

MERKE: ***Chinesische Aufzählungen werden ohne »optisches« Kerning gesetzt, damit die Zahlzeichen und Aufzählungskommas untereinander alignieren.***

Varianten, POP-Schriften

FZCaiYun-S
Vereinfachte Zeichen

字体设计的艺术？

36 / 39 pt

Hmbgft.!?字体是一种最基本的视觉设计元素，设计师使用它就如同建筑师们使用玻璃，石料，钢铁和无数其他材料一样。280 !?…

9,5 / 13 pt

Hmbgft.!?字体是一种最基本的视觉设计元素，设计师使用它就如同建筑师们使用玻璃，石料，钢铁和无数其他材料一样。280 !?…

6 / 9,5 pt

Diese Schrift ist auch mit traditionellen chinesischen Schriftzeichen erhältlich.

Founder Electronics, Peking

[Abbildungen dieser Seite verkleinert]

Diese Beispiele für Inhaltsangaben Mùlù 目录/目錄 zeigen ganz unterschiedliche Gestaltungsansätze, vor allem die praktitable Mischung von chinesischen und europäischen Zahlzeichen – egal, ob in der vertikalen oder horizontalen Leserichtung. Zahlen, die sich aus den Ziffern für 1, 2 und 3 zusammensetzen und mit den traditionellen chinesischen Zahlzeichen untereinander gesetzt werden [mittlere Abbildung], wirken auf das westliche Auge verwirrend. Chinesische oder japanische Leser halten diese Kombinationen mühelos auseinander.

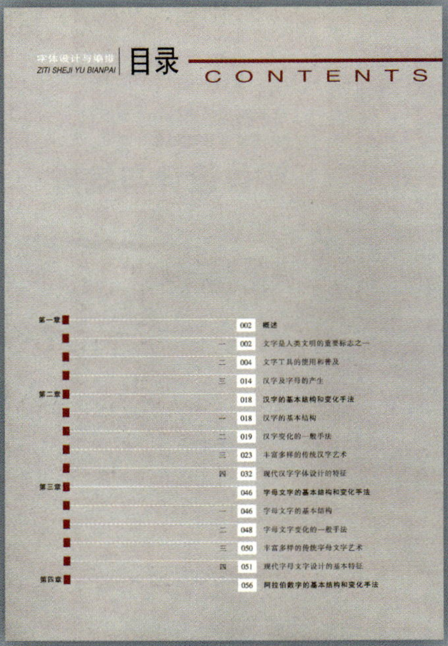
字体设计与编排
ZITI SHEJI YU BIANPAI
目录 CONTENTS

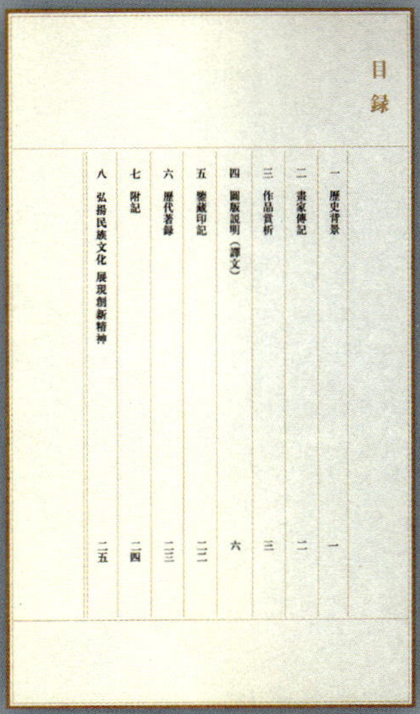
目錄

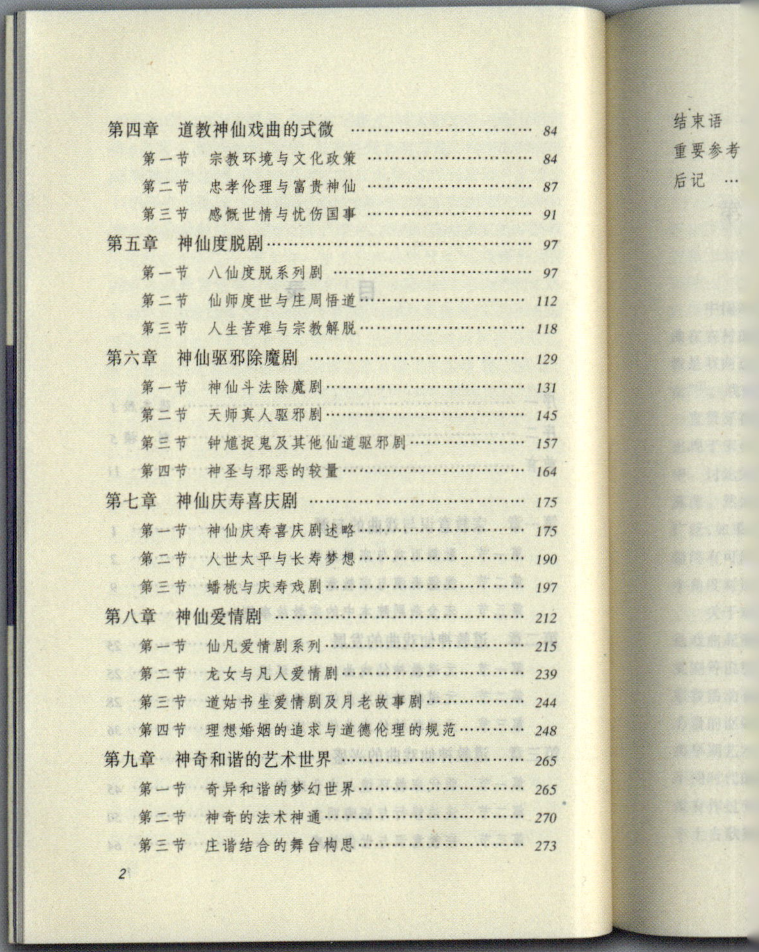

2

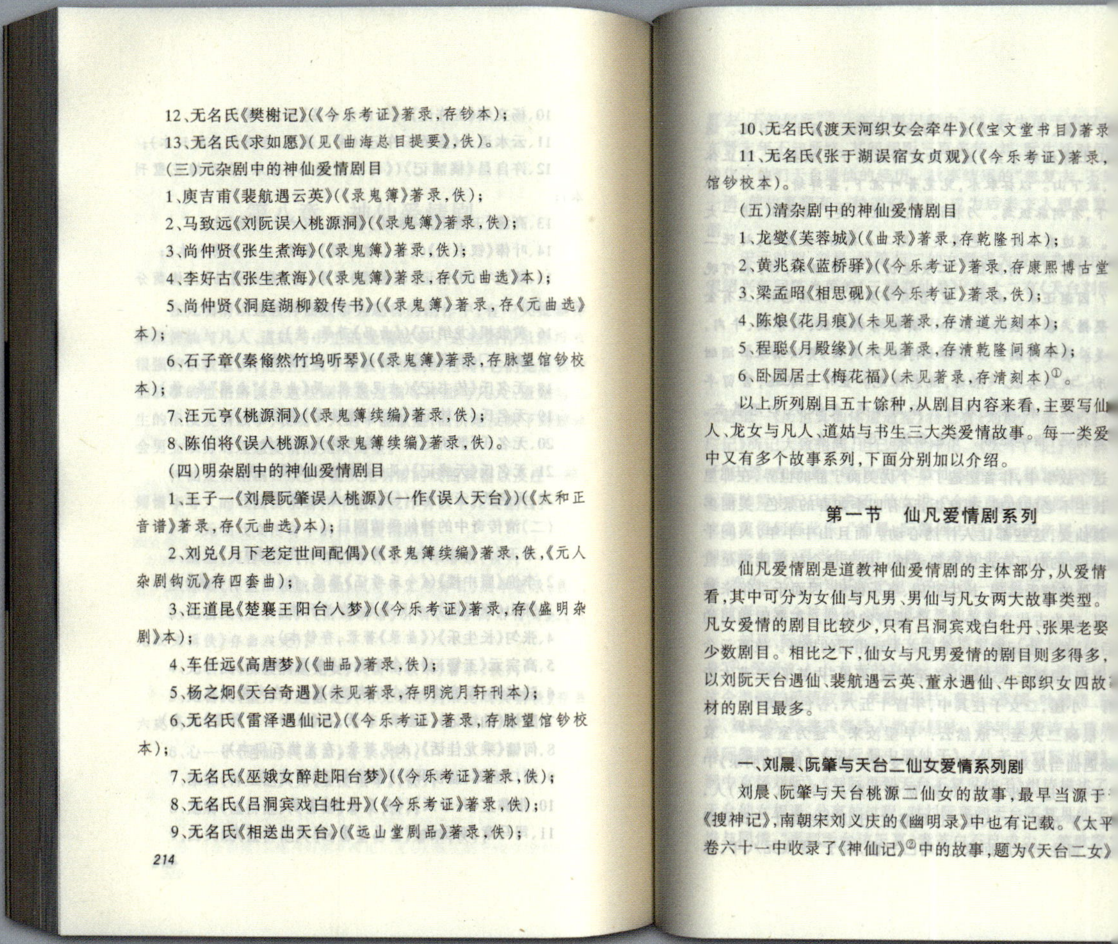
12、无名氏《樊榭记》(《今乐考证》著录,存钞本);
13、无名氏《求如愿》(见《曲海总目提要》,佚)。
(三)元杂剧中的神仙爱情剧目
1、庾吉甫《裴航遇云英》(《录鬼簿》著录,佚);
2、马致远《刘阮误入桃源洞》(《录鬼簿》著录,佚);
3、尚仲贤《张生煮海》(《录鬼簿》著录,佚);
4、李好古《张生煮海》(《录鬼簿》著录,存《元曲选》本);
5、尚仲贤《洞庭湖柳毅传书》(《录鬼簿》著录,存《元曲选》本);
6、石子章《秦翛然竹坞听琴》(《录鬼簿》著录,存脉望馆钞校本);
7、汪元亨《桃源洞》(《录鬼簿续编》著录,佚);
8、陈伯将《误入桃源》(《录鬼簿续编》著录,佚)。
(四)明杂剧中的神仙爱情剧目
1、王子一《刘晨阮肇误入桃源》(一作《误入天台》)(《太和正音谱》著录,存《元曲选》本);
2、刘兑《月下老定世间配偶》(《录鬼簿续编》著录,佚,《元人杂剧钩沉》存四套曲);
3、汪道昆《楚襄王阳台入梦》(《今乐考证》著录,存《盛明杂剧》本);
4、车任远《高唐梦》(《曲品》著录,佚);
5、杨之炯《天台奇遇》(未见著录,存明浣月轩刊本);
6、无名氏《雷泽遇仙记》(《今乐考证》著录,存脉望馆钞校本);
7、无名氏《巫娥女醉赴阳台梦》(《今乐考证》著录,佚);
8、无名氏《吕洞宾戏白牡丹》(《今乐考证》著录,佚);
9、无名氏《相送出天台》(《远山堂剧品》著录,佚);
214

10、无名氏《渡天河织女会牵牛》(《宝文堂书目》著录
11、无名氏《张于湖误宿女贞观》(《今乐考证》著录,馆钞校本)。
(五)清杂剧中的神仙爱情剧目
1、龙燮《芙蓉城》(《曲录》著录,存乾隆刊本);
2、黄兆森《蓝桥驿》(《今乐考证》著录,存康熙博古堂
3、梁孟昭《相思砚》(《今乐考证》著录,佚);
4、陈烺《花月痕》(未见著录,存清道光刻本);
5、程聪《月殿缘》(未见著录,存清乾隆间稿本);
6、卧园居士《梅花福》(未见著录,存清刻本)①。
以上所列剧目五十馀种,从剧目内容来看,主要写仙人、龙女与凡人、道姑与书生三大类爱情故事。每一类爱中又有多个故事系列,下面分别加以介绍。

第一节 仙凡爱情剧系列

仙凡爱情剧是道教神仙爱情剧的主体部分,从爱情看,其中可分为女仙与凡男、男仙与凡女两大故事类型。凡女爱情的剧目比较少,只有吕洞宾戏白牡丹、张果老娶少数剧目。相比之下,仙女与凡男爱情的剧目则多得多,以刘阮天台遇仙、裴航遇云英、董永遇仙、牛郎织女四故材的剧目最多。

一、刘晨、阮肇与天台二仙女爱情系列剧
刘晨、阮肇与天台桃源二仙女的故事,最早当源于《搜神记》,南朝宋刘义庆的《幽明录》中也有记载。《太平卷六十一中收录了《神仙记》②中的故事,题为《天台二女》

Diese Seiten ziehen zwar das ganze Register numeraler Aufzählungsformen, doch das Festhalten an der »Zwei-Gevierte-Einzug«-Doktrin *[→239]* *führt zum zerfledderten Satzbild. Europäische Zahlen sollten rechtsbündig untereinander alignieren, und zwischen Aufzählungskomma und Satzanfang sollte ein angemessener Weißraum eingefügt werden.*

カギは信頼、スピード、リピーター

中国でヒットを生む方法

13億人超の人口を抱える中国の消費パワーは凄まじい。この急成長マーケットに挑む日本企業は増える一方だが、成功例はまだ少ない。ヒット商品を生む法則を探った。

1位 上海万博

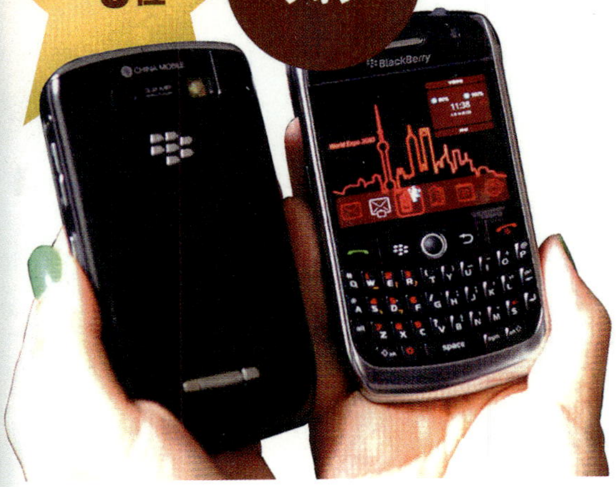

3位 スマートフォン

史上最大の7308万人を超える人が来場——。2010年5月から10月末までの半年間、中国上海市で開催された上海国際博覧会（上海万博）。PRソングの盗作騒ぎなどで日本国内では一時冷ややかな見方が広がったが、終わってみれば大阪万博を超える入場者を集めた。

この史上最大の万国博覧会を初めて開催し、2010年に日本を抜いて世界第2位の経済大国となることが確実な中国でどんなものがヒットしているか。本誌は、北京、上海、広州という3大都市に住む20～40代の男女1970人を対象に、「ヒットした」と考える商品・サービスを聞き、ヒット商品ランキングを作成した（調査概要は75ページ参照）。

iPadには発売前から熱視線

ランキングから見えてくるのは、まず、中国都市部では先進国での流行情報が瞬時に伝わるというスピード感だ。

例えば、2位に入った米アップルの「iPad（アイパッド）」。調査時点では香港を除き中国大陸では正式に発売されていなかったが、既に31・5%が、「ヒットした」と答えている。インターネットの普及で今や中国と世界各国の情報格差はほとんどない。世界でヒットするものは中国でも流行する証拠であり、3位の

4位 映画「唐山大地震」

7億元（約91億円）近い興行成績を上げ、中国映画の中では2010年トップ

写真：町川 秀人（上海万博）、中国新聞社（スマートフォン、唐山大地震）

第五章

[→161]

Anhang

文献索引。

Quellenverzeichnis

AIGA CHINA – the professional association for design (Hrsg.): *Design Business and Ethics.* Peking 2008: AIGA / AIGA China

PHIL BAINES / ANDREW HASLAM: *Lust auf Schrift.* Mainz 2006: Verlag Hermann Schmidt Mainz

BAO SHIYUE 鲍士月 / TANG Changxing 汤长兴 / XU Xiaochun 徐筱春: *Xin Gainian Deyu* 新概念德语. Heba 2007: Anhui Kexue Jishu Chubanshe 安徽科学技术出版社 (di'erce 第二册)

WOLFGANG BAUER: *Die Besonderheiten der chinesischen Schrift.* München 1991: TGM (Typographische Gesellschaft München)

WOLF BAUS: *Langenscheidt Schreibübungsbuch Chinesisch.* Berlin / München 1996: Verlag Langenscheidt KG

Beijing Waiguoyu Xueyuan Deyuxi 北京外国语学院德语系 (多名作者 duoming zuozhe): *Xin Hande Cidian* 新汉德词典. Peking 2006: Shangwu Yinshuguan Chuban 商务印书馆出版

JOHANNES BERGERHAUSEN: Unicode entschlüsseln. In: *Signa. Beiträge zur Sinographie.* Grimma 2004: Verlag Denkmalschmiede Höfgen, Edition Wæchterpappel (Heft 6/2004: Unicode)

JOHANNES BERGERHAUSEN / SIRI POARANGAN: *Decodeunicode.* Mainz 2011: Verlag Hermann Schmidt Mainz

【英】LUYISI BULAIKEWEI'ER (LOUIS BLACKWELL) 路易斯·布莱克威尔: *Xifang Ziti Sheji Yibainian* 西方字体设计一百年. Shanghai 2005: Shanghai Renmin Meishu Chubanshe 上海人民美术出版社

ROBERT BRINGHURST: *The Solid Form of Language.* Kentville 2004: Gaspereau Press

BRIAN BUTTERWORTH / JOEY TANG: *Dyslexia has a language barrier.* In: *Guardian.co.uk*. London 23.09.2004: Guardian News & Media Ltd.

CAO ZHENYING 曹振英 / QIU CONG 丘淙: *Shiyong yinshua ziti shouce* 实用印刷字体手册. Peking 1994: Yinshua Gongye Chubanshe 印刷工业出版社

EDOARDO FAZZIOLI: *Gemalte Wörter.* Wiesbaden 2004: Marix Verlag (Originalausgabe 1986 unter dem Titel *Caratteri Cinesi*)

JAMES FELICI: *The Complete Manual of Typography.* Berkeley 2003: Adobe Press

【美】JIMUSI FEILIQI (JAMES FELICI) 吉姆斯·菲利奇: *Ziti Sheji Yingyong Jishu Wanquan Jiaocheng* 字体设计应用技术完全教程. Shanghai 2006: Shanghai Renmin Meishu Chubanshe 上海人民美术出版社

JOHN DE FRANCIS: *The Chinese Language. Fact and Fantasy.* Honululu 1886: University of Hawaii Press

JOHN DE FRANCIS: *Nationalism and Language Reform in China* Princeton 1950: Princeton University Press

JOHN DE FRANCIS / MARSHALL UNGER: Rejoinder to Geoffrey Sampson »Chinese Script and the diversity of writing systems«. In: *Linguistics 32.* New Haven (USA) 1994: Yale University Press

ADRIAN FRUTIGER: *Buch der Schriften.* Wiesbaden 2005: Marix Verlag

FWBG: B. FISCHER / H. WEBER / M. BISCALDI / S. GEZECK: *Aktives Sehen – Eine visuomotorische Koordinationsleistung des Gehirns.* Freiburg 1997: Freiburger Universitätsblätter 135 (Arbeitsgruppe Optomotorik)

THOMAS GEIGER: Deutscher Luxus für China. In: *Welt.de.* Berlin 25.04.2009: Axel Springer AG

JAQUES GERNET: *Die chinesische Welt.* Frankfurt am Main 1997: Suhrkamp Taschenbuch Verlag

ANDREAS GUDER-MANUTIUS: *Chinesisch-Deutsches Lernwörterbuch.* Tübingen 2006: Julius Groos Verlag

CHRISTIAN GUTSCHI: *Schriftwirkung und Sprachraum.* Wien 2009: Universität Wien, Fakultät für Psychologie (Dissertationsarbeit)

HARALD HAARMANN: *Sprachenalmanach, Zahlen und Fakten zu allen Sprachen der Welt.* Frankfurt am Main 2002: Campus Verlag

HARALD HAARMANN: *Universalgeschichte der Schrift.* Frankfurt am Main 1991: Campus Verlag

WOLFGANG HADAMITZKY: *Langenscheidts Handbuch und Lexikon der japanischen Sprache.* Berlin / München 1995: Verlag Langenscheidt KG (12. Auflage)

RAINER HESSE: *Das Kanji-Netzcode-System.* Hamburg / Amsterdam 2000: r.h.a. buiksloot

DOROTHEA HOPPMANN: *Einführung in die koreanische Sprache.* Hamburg 2007: Helmut Buske Verlag

Japan – An illustrated Encyclopedia. Tokyo 1993: Kodansha Ltd.

RALF DE JONG / FRIEDRICH FORSSMAN: *Detailtypografie.* Mainz 2002: Verlag Hermann Schmidt Mainz

DAVID JURY: *What is typography?* Mies 2006: Roto Vision SA

KANG YUHUA 康玉华 / LAI SIPING 来思平: *Hanyu Huihua 301 Ju* 汉语会话301句. Peking 2005: Beijing Yuyan Daxue Chubanshe 北京语言大学出版社

BERNHARD KARLGEN: *Schrift und Sprache der Chinesen.* Berlin / Heidelberg 2001: Springer-Verlag (Die englische Originalfassung erschien in: *The World's Manuals. Language and Literature Series.* Oxford 1923: The Clarendon Press)

DERRICK DE KERCKHOVE: *Schriftgeburten.* München 1995: Wilhelm Fink Verlag

LOTHAR LEDDEROSE: *Ten Thousand Things: Module and Mass Production in Chinese Art.* Princeton 2001: Princeton University Press

LI LEYI: *Entwicklung der chinesischen Schrift am Beispiel von 500 Schriftzeichen.* Peking 2001: Verlag der Hochschule für Sprachen und Kultur Beijing

MARGRITH LIN-HUBER: *Chinesen verstehen lernen.* Bern 2006: Hans Huber Verlag

LIU GOUJUN / ZHENG RUSI: *Geschichte des chinesischen Buches.* Peking 1988: Verlag für fremdsprachige Literatur

LUO SHUBAO (Hrsg.): *An Illustrated History of Printing in Ancient China.* Hong Kong 1998: City University of Hong Kong Press

ELLEN LUPTON: *Mit Schrift denken.* New York 2007: Princeton Architectural Press

【美】AILIN LUPUDUN (ELLEN LUPTON) 埃伦·鲁普顿: *Ziti Sheji Zhinan* 字体设计指南. Shanghai 2006: Shanghai Renmin Meishu Chubanshe 上海人民美术出版社

ELLEN LUPTON: *thinking with type.* New York 2004: Princeton Architectural Press

J.-C. MARTZLOFF: Chinesische Astronomie oder Mathematik als Provisorium, in: Spektrum der Wissenschaft Spezial: *Ethnomathematik.* Heidelberg 2006: Verlag Spektrum der Wissenschaft

JOSEPH NEEDHAM: *Science and Civilization in China.* Cambridge 1954: Cambridge University Press

【德】URSULA RAUTENBERG / ULRICH JÖRG: *Hanyi deguo chuban cidian* 汉译德国出版词典. Peking 2009: Zhongguo Shuji Chubanshe 中国书籍出版社

CHRISTOFFER RICHARTZ: Chinesische und japanische Schrift. In: *Bilder / Schriften / Alphabete.* Berlin (ehem. DDR) 1985: Staatliche Museen Preußischer Kulturbesitz

ANDREW **ROBINSON**: *Die Geschichte der Schrift*. Bern 1996: Verlag Paul Haupt

GEOFFREY **SAMPSON**: Chinese Script and the diversity of writing systems. In: *Linguistics 32*. New Haven (USA) 1994: Yale University Press

FERDINAND DE **SAUSSURE**: *Course in general linguistics*. Memphis 2009: General Books. (Nachdruck der Originalausgabe. New York 1954: Philosophical Library)

ROBERT **SCHINZINGER** / Akira **YAMAMOTO** / Minoru **NAMBARA**: *Wörterbuch Japanisch – Deutsch*. Tokyo 1988: Sansyusya Publishing

JEAN-MARIE **SIMONET**: Das Papier, Steinabreibungen und die Druckkunst in China. In: *In China ... längst vor Gutenberg*. Böblingen 1996: Böblinger Bauernkriegsmuseum

HONGKAI **SUN** / MINGLANG **ZHOU**: *Language Policy in the People's Republic of China: Theory and Practice since 1949*. Amsterdam 2004: Springer Netherlands

INSUP **TAYLOR** / M. MARTIN **TAYLOR**: *Writing and Literacy in Chinese, Korean and Japanese*. Amsterdam 1995: Benjamin Publishing

WANG JIANWEI 王鑑偉: *Shufa Jiyao* 书法技要. Nanjing 2006: Jiangsu Meishu Chubanshe 江苏美术出版社 (7 Bände)

KURT **WEIDEMANN**: *Corporate ASE-Präsentation von URW*. Hamburg 2006: URW++ Design & Development

【美】ALIKESI WU HUAITE (ALEX W. **WHITE**) 阿历克斯·伍·怀特: *Ziti Sheji Yuanli* 字体设计原理. Shanghai 2006: Shanghai Renmin Meishu Chubanshe 上海人民美术出版社

DOROTHEA **WIPPERMANN**: *Das phonetische Alphabet Zhuyin Zimu*. Bochum 1985: Studienverlag Brockmeyer

XU ZHENMIN und andere (Hrsg.): *Das Neue Chinesisch-Deutsche Wörterbuch*. Peking 2006: Shangwu Yinshuguan Chuban

YANG YANPING 杨艳平 / **ZHANG** SHUHAI 张树海: *Ziti Sheji yu Jiaoxue* 字体设计与教学. Changsha 2009: Hunan Meishu Chubanshe 湖南美术出版社

YE FEIFEI (Hrsg.) 叶菲菲: *Changyong ziti sucha shouce* 常用字体速查手册. Shanghai 2009: Shanghai Renmin Meishu Chubanshe 上海人民美术出版社

YIN BINYONG / JOHN S. **ROHSENOW**: *Modern Chinese Characters*. Peking 1997: Sinolingua (2. Auflage)

YOO JUNG-SOOK: *Koreanische Typografie. Ein Ausbildungsmodell unter besonderer Beruecksichtigung der Koreanischen Identitaet*. Wuppertal 2003: Bergische Universität Wuppertal (Dissertationsarbeit)

ZHAO SHOUHUI / RICHARD B. **BALDAUF** JR.: *Planning Chinese Characters*. Dordrecht 2008: Springer Verlag

ZHOU JIAN (Hrsg.) 周健: *Chinese Character Breakthrough – Hanzi Tupo* 汉字突破. Peking 2005: Beijing Daxue Chubanshe 北京大学出版社

ZHOU MINGLANG: *Multilingualism in China. The Politics of Writing Reform for Minority Languages 1949 – 2002 (Contributions to the Society of Language, 89)*. Berlin / New York 2003: Mouton de Gruyter

DIETER E. **ZIMMER**: Die Koexistenz der Schnörkel. In: *Die Zeit online*. Hamburg 1999: Zeitverlag Gerd Bucerius GmbH & Co. KG (drei Teile in Ausgaben 18 bis 20/1999)

WEITERFÜHRENDE LITERATUR IM INTERNET ZU CJK-SPRACHEN [*Stand: Juli 2011*]

auswaertiges-amt.de
bpb.de/wissen
chinaiprlaw.com
chinesischesprache.com
cultural-china.com
decodeunicode.org
finetext.de/Amtssprachen.php
forum-typografie.de
gutenberg-museum.de
hanzismatter.com
logoi.com
omniglot.com/writing/chinese.htm
planet-wissen.de
schielen.de/seiten/page_171.htm
sino-platonic.org
transparent-ls.com
weikopf.de
weltbevoelkerung.de
zhongwen.com

WEITERFÜHRENDE INFORMATIONEN ZU CJK-FONTS UND UNICODE

decodeunicode.org
googleblog.blogspot.com
linotype.com/de/9/support.html
nsonic.de/chinesisch/technik/win2000/china_win2000.html
meiert.com/de/w3/TR/ruby
urwpp.de/deutsch/home.html
wapedia.mobi/de/Chinesische_Zeichenkodierung
wapedia.mobi/de/Liste_von_Transkriptionssystemen_für_die_chinesischen_Sprachen
yale.edu/chinesemac/wubi/xing.html

BILDNACHWEIS

Die nicht mit einem Schatten unterlegten Abbildungen sind Fotografien der Autorin. Ausnahmen werden explizit auf den entsprechenden Seiten ausgewiesen.

Das umfangreiche bildhafte Beispielmaterial wurde von der Autorin zusammengetragen. Die Quellen stellt der Verlag auf Anfrage zur Verfügung.

Die Kalligrafien der Seiten 60, 114/115 und 165 wurden von WANG JIANWEI, Suzhou, angefertigt. Die Rechte der Abbildungen [1] bis [6] auf den Seiten 166 und 167 liegen ebenfalls bei © WANG JIANWEI.

Karte »Chinesische Sprachen« Seite 28/29 unter Mithilfe von PIUS LADENBURGER, Suzhou
Illustration »Bildaussage« Seite 50 von JANA FAUST, Berlin

索引和词典。

Index und Wörterbuch

*Die folgende Auflistung ist **Index** und **deutsch-chinesisches Typografie-Wörterbuch** in einem, da sie mehr Stichwörter bietet, als im Buch vorkommen. Für viele von ihnen gäbe es mehr als eine mögliche Übersetzung ins Chinesische. Aus Platzgründen werden hier die chinesischen Begriffe ausschließlich mit **vereinfachten chinesischen Schriftzeichen** dargestellt.*

Symbole auf einen Blick

Diakritika	重音符号	Zhòngyīnfúhào
Akut ´	尖音符	Jiānyīnfú
Breve ˘	短音符	Duǎnyīnfú
Cedille ¸	软音符	Ruǎnyīnfú
Chinesische Silbenton-Zeichen	声调 *oder* 四声	Shēngdiào *oder* Sìshēng
– 1. Ton (hoch) ¯	第一声 *oder* 阴平	Dìyī shēng *oder* Yīnpíng
– 2. Ton (steigend) ´	第二声 *oder* 阳平	Dì'èr shēng *oder* Yángpíng
– 3. Ton (tief) ˇ	第三声 *oder* 上声	Dìsān shēng *oder* Shǎngshēng
– 4. Ton (fallend) `	第四声 *oder* 去声	Dìsì shēng *oder* Qùshēng
– 5. Ton (neutral)	第五声 *oder* 轻声	Dìwǔ shēng *oder* Qīngshēng
Doppelakut ˝	双尖音符	Shuāngjiān yīnfú
Gravis `	沉音符	Chényīnfú
Hatschek oder Caron ˇ	变音符	Biànyīnfú
Kreis ˚	圈音符	Quānyīnfú
Makron ¯	长音符	Chángyīnfú
Ogonek ˛	倒钩鼻音符	Dàogōubíyīnfú
Tilde ˜	波浪号	Bōlànghào
Trema (Diärese) ¨	分音符 *oder* 变音符	Fēnyīnfú *oder* Biānyīnfú
Zirkumflex ˆ	变长音符	Biàncháng yīnfú
Klammern	括号	Kuòhào
Akkolade { }	大括号	Dàkuòhào
Eckige Klammer [ ]	方括号	Fāngkuòhào
Linsenklammer, gefüllt 【 】	实心方头括号	Shíxīn fāngtóu kuòhào
Linsenklammer, hohl 〖 〗	空心方头括号	Kōngxīn fāngtóu kuòhào
Runde Klammer (Parenthese) ( )	圆括号	Yuán kuòhào
Sechskantklammer 〔 〕	六角括号	Liùjiǎo kuòhào
Spitze Klammer 〈 〉	尖 括号	Jiān kuòhào
Mathematische Symbole	数学符号	Shùxuéfú hào
ungefähr gleich ≈	约等于号	Yuēděng yúhào
Grad °	度	Dù
Division :	除号	Chúhào
Gleichheitszeichen =	等号	Děnghào
größer >	大于号	Dàyǔhào
größer gleich ≥	大于等于号	Dàyú děngyú hào
kleiner <	小于号	Xiǎoyú hào
kleiner gleich ≤	小于等于号	Xiǎoyú děngyú hào
Minus -	减号	Jiǎnhào
Multiplikation x	乘号	Chénghào
Negativ-Zeichen (Viertelgeviertstrich) -	负号	Fùhào
nicht gleich ≠	不等号	Bùděnghào
Prozent %	百分号	Bǎifēnhào
Plus +	加号	Jiāhào
Plus-Minus ±	加或减号	Jiā huò jiǎn hào
Satzzeichen	标点符号	Biāodiǎn fúhào
Anführungen (in cn. /jp. Rede)	中日文引号	Yǐnhào
– innere 『 』 ﹃ ﹄	内部引号	Nèibù yǐnhào
– normale 「 」 ﹁ ﹂	正常引号	Zhèngcháng yǐnhào
Anführungen (in cn. /jp. Titelangaben)	书名号	Shūmínghào
– doppelte 《 》 ︽ ︾	双书名号	Shuāng shūmínghào
– einfache 〈 〉 ︿ ﹀	单书名号	Dān shūmínghào

Anführungen (westlich)	引号	Yǐnhào
– doppelte „" "" »« «»	双引号	Shuāng yǐnhào
– einfache ‚' '' ›‹	单引号	Dān yǐnhào
– deutsche „" ‚'	德文引号	Dèwén yǐnhào
– englische "" ''	英文引号	Yīngwén yǐnhào
– französische »« ›‹	法文引号	Fǎwén yǐnhào
– schweizerische «» ‹›	瑞士文引号	Ruìshìwén yǐnhào
Aufzählungskomma 、	顿号	Dùnhào
Auslassungszeichen … ……	省略号	Shěnglüèhào
– Dreipunkt oder Ellipse …	三点省略号	Sāndiǎn shěnglüèhào
– cn.: 6-Punkt-Zeichen ……	六点省略号	Liùdiǎn shěnglüèhào
Ausrufezeichen !	感叹号	Gǎntànhào
Doppelpunkt (Kolon) :	冒号	Màohào
Fragezeichen ?	问号	Wènhào
Komma ,	逗号	Dòuhào
Mittepunkt •	中点号	Zhōngdiǎnhào
– als Betonungszeichen •	着重号	Zhuózhònghào
– als Namenstrenner •	间隔号	Jiàngéhào
Satzschlusspunkt . *und* 。	句点 *und* 句号	Jùdiǎn *und* Jùhào
Semikolon ;	分号	Fēnhào
Sonstige Symbole	其他符号	Qítā fúhào
at-Zeichen @	»在«号	»Zài«-hào
Ampersand (et-Zeichen) &	»和«号	»Hé«-hào
Copyright ©	版权符号	Bǎnquǎn fúhào
(Doppel-)Kreuz ‡ †	(双)剑号	(Shuāng-)Jiànhào
Raute #	数字或磅号	Shùzì huò bànghào
Referenzsymbol ※	脚注参考符号	Jiǎozhù cānkǎo fúhào
Registrierte Marke ®	注册符号	Zhùcè fúhào
Eingetragenes Warenzeichen ™	商标符号	Shāngbiāo fúhào
Asterisk *	星号	Xīnghào
Paragraph §	分节号	Fēnjiéhào
Alineazeichen ¶	段落号	Duànluòhào
Striche	线	Xiàn
Geviertstrich —	全身破折号	Quánshēn pòzhéhào
Halbgeviertstrich –	半身破折号	Bānshēn pòzhéhào
Längsstrich |	竖线号	Shùxiànhào
Schrägstriche / /	斜线号	Xiéxiànhào
Umgekehrter Schrägstrich \	回斜线号	Huíxié xiànhào
Unterstrich _	下横线号	Xiàhéng xiànhào
Viertelgeviertstrich -	连字号	Liānzìhào
Wellenstrich ~	象声号	Xiàngshēnghào
Währungszeichen	货币符号	Huòbì fúhào
Cent	分	Fēn
Amerikanischer Dollar	美元	Měiyuán
Europäischer Euro	欧元	Ōuyuán
Englisches Pfund	英镑	Yīngbàng
Chinesischer Renminbi *oder* **Yuan**	人民币 *oder* 元	Rénmínbì *oder* Yuán
Japanischer Yen	日圆 / *jp.:* 円	Rìyuán / *jp.:* Yen
Koreanischer Won	韩圆 / *kn.:* 이기는	Hányuán / *kn.:* Won

A

L

W

X Y

Z

感谢。

Dank

Sämtliche Kalligrafien verdanke ich **Wang** Jianwei aus *Suzhou*, der die Werke eigens für dieses Buch angefertigt hat. Die Texte zur Strichsetzung chinesischer Zeichen und Schriftklassifizierung sowie über die chinesische Schriftgeschichte stützen sich erheblich auf sein Wissen.

Mein besonderer Dank gilt dem Sinologen Markus **Wegner** aus *Frankfurt/Main*. Er hat dieses Buch nicht nur fachlich vom ersten bis zum letzten Tag begleitet, sondern die Autorin in bewundernswerter Geduld freundschaftlich unterstützt.

Dem Verleger-Ehepaar Karin und Bertram **Schmidt-Friderichs** aus *Mainz* sei gedankt für das Vertrauen in dieses Projekt und die stets fröhliche und warmherzige Betreuung des gesamten Verlagsteams.

Den folgenden Menschen aber danke ich für die unbezahlbare Zeit, die sie aufgewendet haben, um zu übersetzen, Fragen zu beantworten, erwünschtes Material in Bild und Text aufzuspüren und zu senden, Türen und Archive zu öffnen, meine Kinder in langen Abwesenheitsphasen liebevoll zu betreuen und dafür, dass sie über Jahre hinweg nicht den Glauben an den Sinn dieses Buches verloren haben. Denn ich hätte es sonst getan!

Manabu **Arashikawa**, *Tokyo*
Jürgen **Barthel**, *München*
Prof. Johannes **Bergerhausen**, *Mainz*
Prof. Jaqueline **Berndt**, *Kyoto*
Pierre **Bernard**, *Paris*
Dr. Astrid **Bernhardt**, *Solothurn*
François **Caspar**, *Paris*
Uta-Micaela **Dürig**, *Stuttgart*
Gunter **Epple**, *Stuttgart*
Jana **Faust**, *Berlin*
Philipp **Fries**, *Shanghai*
Susanne **Gassner**, *München*
Eva **Geigr**, *Berlin*
Prof. Amy **Gendler**, *Peking*
Andreas **Gronem**, *Berlin*
Prof. Matthias **Gubig**, *Berlin*
Dr. Christian **Gutschi**, *Wien*
Eva-Maria **Hanebutt-Benz**, *Mainz*
Miho **Haraguchi**, *Seoul/Tokyo*
Mona & Jim **Heffernan**, *Suzhou*
Reiner **Holthaus**, *Stuttgart*
Huang Yinzi, *Dalian*
Huang Yuhong, *Changzhou*
Hyunju **Häussler**, *Peking/Seoul*
Corrina **Kagaya**, *Suzhou*
Akira **Kobayashi**, *Bad Homburg*
Gudrun **Konzelmann**, *Heiningen*
Andreas **Ladenburger**, *Suzhou*
Elias **Ladenburger**, *Suzhou*
Pius **Ladenburger**, *Suzhou*
Li Lijing, *Taipeh*
Liu Jiayu, *Peking*
Liu Ying, *Suzhou*
Ningning **Loh-John**, *Dortmund*
Ma Jianwu, *Suzhou*
Dr. Claus **Maywald**, *Mainz*
Nguyen Son Thach, *Berlin*
Suzu **Pahlke**, *Eschborn*
Thomas **Pauli**, *Stuttgart*
Peter **Reichardt**, *Offenbach*
Hans **Reichel**, *Wuppertal*
Peter **Rosenfeld**, *Hamburg*
Jörg **Schweinsberg**, *Bad Homburg*
Gerhard **Seizer**, *Shanghai*
Andrea **Seltmann**, *Ingolstadt*
Prof. Kayoko **Shimon**, *Berlin*
Frank **Sieren**, *Peking*
Renate **Stefan**, *Berlin*
Alexandra **Steppat**, *Edingen*
Prof. Birgit **Tümmers**, *Berlin*
Prof. Kurt **Weidemann** †
Cornelia **Wenzel**, *Böblingen*
Kenji **Yamamoto**, *Berlin*
Prof. **Yuan** Youmin, *Hangzhou*
Zhu Zhiwei, *Peking*
Prof. Christian **Zippel**, *Berlin*
Cornelius **Zippel**, *Berlin*
Dr. Herta **Zippel**, *Berlin*
Johannes **Zippel**, *Berlin*
Dr. Magnus **Zippel**, *Berlin*

Ich danke folgenden Firmen und Einrichtungen für das umfangreiche Material in Bild und Druckschriften, das mir zur Verfügung gestellt wurde:

Audi, *Ingolstadt*
Bosch, *Stuttgart/Shanghai*
Founder Electronics, *Peking*
Gutenberg-Museum, *Mainz*
Hanyi Keyin Technology, *Peking*
Linotype, *Bad Homburg*
Siemens, *München*
TGM, *München*
Typosition, *Offenbach*
URW++, *Hamburg*
Wilddesign, *Gelsenkirchen/Shanghai*
Xenosign, *Edingen*

版本说明。

Impressum

Copyright © 2011 Verlag Hermann Schmidt Mainz und bei der Autorin, erste Auflage 2011
Gestaltung Susanne Zippel, Berlin
Fotos © Susanne Zippel (soweit nicht anders gekennzeichnet)
Übersetzungen Miho Haraguchi, Hyunju Häussler, Huang Yuhong, Elias Ladenburger, Liu Ying, Ma Jianwu, Markus Wegner, Kenji Yamamoto
Schriften DTL Antares, DTL Prokyon
Die CJK-Fonts wurden mit freundlicher Genehmigung von Founder Electronics (Fangzheng), Hanyi Keyin Information Technology (beide Peking), Linotype (Bad Homburg) und URW++ Design & Development (Hamburg) zur Verfügung gestellt.
Druck Universitätsdruckerei H. Schmidt, Mainz
Farben mineralölfreie Ökofarben von Epple
Buchbinderei Schaumann, Darmstadt
Papier Luxoart Samt, 1,1 Vol. 1, 150 g/qm

Kontakt Verlag Hermann Schmidt Mainz
Robert-Koch-Straße 8, 55129 Mainz
T +49 (0) 61 31 / 50 60 30 www.typografie.de *facebook* Hermann Schmidt Verlag
F +49 (0) 61 31 / 50 60 80 info@typografie.de *twitter* VerlagHSchmidt

Printed in Germany with love.

ISBN 978-3-87439-818-3